食品科技译丛

未来植物基食品：

设计、生产和性能

Next-Generation Plant-based Foods: Design, Production, and Properties

［美］大卫·朱利安·麦克莱门茨
［美］卢茨·格罗斯曼 著

程李琳 张 超 张 垚 李 伦 肖建辉 译

中国纺织出版社有限公司

著作权合同登记号：图字：01-2024-0480

图书在版编目（CIP）数据

未来植物基食品：设计、生产和性能/（美）大卫·朱利安·麦克莱门茨，（美）卢茨·格罗斯曼著；程李琳等译. --北京：中国纺织出版社有限公司，2024. 5

书名原文：Next-Generation Plant-based Foods: Design, Production, and Properties

ISBN 978-7-5229-1510-4

Ⅰ. ①未… Ⅱ. ①大… ②卢… ③程… Ⅲ. ①食品工业—研究 Ⅳ. ①TS2

中国国家版本馆 CIP 数据核字（2024）第 074760 号

责任编辑：毕仕林　　责任校对：高　涵　　责任印制：王艳丽

中国纺织出版社有限公司出版发行
地址：北京市朝阳区百子湾东里 A407 号楼　邮政编码：100124
销售电话：010—67004422　传真：010—87155801
http://www. c-textilep. com
中国纺织出版社天猫旗舰店
官方微博 http://weibo. com/2119887771
北京华联印刷有限公司印刷　各地新华书店经销
2024 年 5 月第 1 版第 1 次印刷
开本：710×1000　1/16　印张：26. 00
字数：512 千字　定价：168. 00 元

凡购本书，如有缺页、倒页、脱页，由本社图书营销中心调换

本书翻译人员

主　译：程李琳（河南农业大学）

张　超（北京市农林科学院）

张　垚（河南科技学院）

李　伦（无锡赞匠生物科技有限公司）

肖建辉（江西农业大学）

参　译（以姓氏笔画为序）：

王彬晨（无锡赞匠生物科技有限公司）

吕莹果（河南工业大学）

范荣子渊（无锡赞匠生物科技有限公司）

姜　平（国家粮食和物资储备局科学研究院）

译者序

植物基食品的生产是现代食品工业发展最快的领域之一。由于担心全球变暖及其对环境和生物多样性的破坏性影响，许多国家越来越注重实现零排放，这意味着越来越多的消费者需要更加环境友好和可持续的蛋白质来源，在饮食中选用了更多的植物基食品。此外，一些消费者出于道德和健康原因，也正在采用植物性饮食。

植物基食品以及其他替代蛋白质来源的食品的开发为投资者和食品工业提供了许多经济上的机遇。因此，许多食品公司正在开发类似于动物性食品的植物基食品，如乳制品、鸡蛋、肉类和海鲜产品。原则上，这些产品的制造成本比传统的动物基的食品更低，从而可以增加销售额和利润。引进植物基食品系列的老牌食品公司数量正在迅速增长，而且许多创业公司也正在制造新的植物基食品。随着越来越多的消费者选择植物基食品，每年企业对植物基食品的投资也大幅增加。尽管植物基食品的种类在过去几年大幅增长，但仍仅占整个食品市场的一小部分。在西方发达国家，已有超过一半的家庭购买过多种形式的植物基食品。此外，倾向于购买植物基食品的人往往来自较高收入阶层，而且是较年轻的消费者，这意味着植物基食品的发展还有相当大的空间。

植物基食品的研发是极具挑战性的，因为要模拟的动物性食品的结构和成分非常复杂。植物基食品市场由种类繁多的产品组成，这些产品通常是为了模仿肉类、鱼类、蛋类和乳制品等动物性食品的特性而设计的。目前的传统食品如传统肉类、奶酪和蛋制品在价格和品质方面仍然占有很大优势，这是植物基食品的主要挑战之一。从品质上来说，许多植物基食品在准确模拟原始动物基食品的理化和感官属性方面，还有很大的发展空间。随着科学的发展，这些食品的质量将会提高，成本将会降低，这可能会进一步刺激植物基食品行业的发展。

《未来植物基食品：设计、生产和性能》共10章内容，包括植物基食品的兴起，植物基原料的性质和功能，生产植物基食品的工艺和设备，植物基食品的理化和感官特性，营养和健康方面，肉类和鱼类替代品，蛋和蛋制品，植物基乳及奶油的类似物，乳制品替代品——奶酪、酸奶、黄油和冰淇淋，促进向植物性饮食的过渡等。本书旨在介绍植物基食品的设计、生产与利用背后的科学技术，对成分、加工操作、营养、质量属性和特定植物基食品类别等内容进行了全面而详细的综述，如牛奶和乳制品、鸡蛋和蛋制品、肉类和海鲜产品，提供了创造未来更健康、更可持续的植物基食品替代品所需的基本知识。

本书内容全面丰富，条理清晰，特色突出，理论与实践紧密结合，有很强的科学性和实用性，是一本系统性论述植物基食品的专业著作。本书可作为高等学校食品科学与工程专业及相关专业的教师、学生，以及食品企业研发人员的参考用书；也可作为对植物基食品感兴趣的普通消费者的学习和参考用书。

本书由河南农业大学程李琳翻译第1、第2、第3、第10章，北京农林科学院张超翻译第4章和附录，河南科技学院张垚翻译第5、第7章，国家粮食和物资储备局科学研究院姜平翻译第6章，无锡赞匠生物科技有限公司李伦及其团队的王彬晨、范荣子渊翻译第8章，河南工业大学吕莹果翻译第9章，江西农业大学肖建辉统稿并对内容进行审阅。由于本书所涉及的知识内容非常广泛，加之译者知识水平有限，书中难免存在疏漏与不妥之处，敬请各位读者批评指正！

译者

2023年8月

目　　录

第 1 章　植物基食品的兴起

1.1　引言

许多消费者对植物基饮食的兴趣逐渐增长。越来越多的消费者开始采用纯素食（不含动物产品）、素食（不含肉类，但仍含有一些乳制品和鸡蛋）或鱼素饮食（不含肉类，但含有一些鱼类）。然而，更常见的是，消费者采用弹性素食，他们仍然吃肉，但趋于减少肉的消费总量。美国植物基食品协会的一项调查显示，杂食者、弹性素食者、素食者或纯素食者的人数比例分别为 65%、29%、4%和 2%。人们给出了在饮食中排除或减少动物性食品的各种理由，主要包括健康、可持续性和动物福利（Fox et al.，2008；Fresan et al.，2020；Stoll-Kleemann et al.，2017）。由于目前在对植物基食品感兴趣的消费者中弹性素食者所占比例最大，而且最大的潜在消费人群仍然是杂食者，因此人们一直致力于创造能够准确模拟动物性食品外观、感觉和味道的植物基食品。这些产品可以很容易地融入到人们的饮食中，而不需要对生活方式做出太大的改变。动物性食品包括多种产品，如畜禽类（牛肉、羊肉、猪肉、鸡肉、汉堡、香肠、鸡块）、海鲜类（鱼、虾、扇贝）、乳制品（牛奶、奶油、奶酪、酸奶）、和鸡蛋制品（炒鸡蛋、蛋黄酱、果馅饼）。这些动物性食品本质上是复杂的材料，其理化特性、感官属性和营养成分取决于它们所包含的成分类型和结构组织。例如，肌肉食品中的蛋白质形成复杂的嵌套纤维结构，这对肉类和鱼类产品的外观、触觉和口感有明显的影响。植物成分（如蛋白质、碳水化合物和脂类）通常与动物成分的分子特征和功能属性相差很大。因此，创造能够准确模拟具有动物性食品属性的植物基食品是极具挑战性的。本书的目的是强调未来优质植物基食品形成的基础科学和技术。我们所说的“未来”指专门设计来模仿现有动物性食品（如肉类、海鲜、鸡蛋和乳制品）特性的食品。我们不考虑天然植物基食品，如水果、蔬菜、坚果、谷物和豆类等，或由这些成分制成的传统植物基食品，如豆豉、豆腐和面筋等。我们承认这些是健康植物基饮食的重要组成部分，但它们超出了本书讨论的范围。

在本章中，我们概述了消费者食用植物基饮食的主要动机，还强调未来植物基食品不断增长的需求，以及为食品行业带来的机遇。

1.2　食用植物基食品在环境和可持续性方面的原因

降低人们饮食中动物产品含量的最紧迫和最引人关注的原因之一是饲养动物作为食物对环境的负面影响。饲养牛、猪、羊、鸡和鱼作为食品会大量消耗地球资源，污染土地、水和空气，并减少当地物种的生物多样性（Poore et al.，2018）。如果不加以控制，这个问题会变得更严重。全球人口持续增长，预计到2050年将达到近100亿，这意味着到那时需要生产足够的粮食来养活新增的30亿人（图1.1）。此外，世界许多地区的人会变得更加富裕，寿命更长，这意味着他们想要更高质量的饮食。动物产品（尤其是肉类）的消费通常与更富裕的生活方式相关。例如，过去20年来，全球食用动物的数量增加了80%。据预测，如果按目前的趋势持续下去，到2050年，全球肉类消费量将再增加50%。

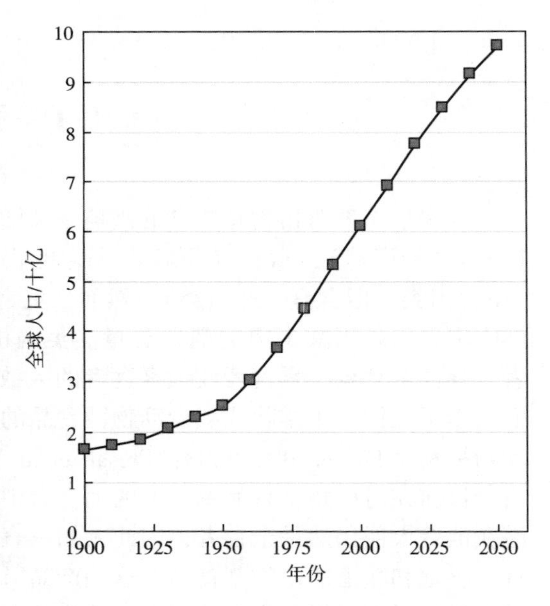

图1.1　人口增长趋势

英国牛津大学的Hannah Ritchie和Max Roser团队统计了过去几十年全球肉类生产的相关数据（图1.2）。数据表明，为了满足世界不断增长的需求，肉类产量迅速增加。现在世界消耗的肉类几乎是50年前的4倍。2018年，肉类产量约为3.4亿吨，其中包括约690亿只鸡、15亿头猪、5.74亿只羊和3.02亿头牛。因此，对于地球上的每一个人来说，每年有近10只动物因作为食品而死亡。当然，这取决于生活在世界不同地区的人们的经济资源和文化习惯。平均而言，美国人吃的肉比世界上大多数其他地区的人多得多。2017年，美国人平均每人每年吃掉超过124千克（273磅）的肉，相当于大约1/4头牛、1头猪或37只鸡。如果我们想要减少食用动物性食品对我们的环境所产生的负面影响，很重要的一点是，食品工业中有消费者真正想要吃的这些动物性食品的替代品。

1.2.1　动物作为食物的转化效率较低

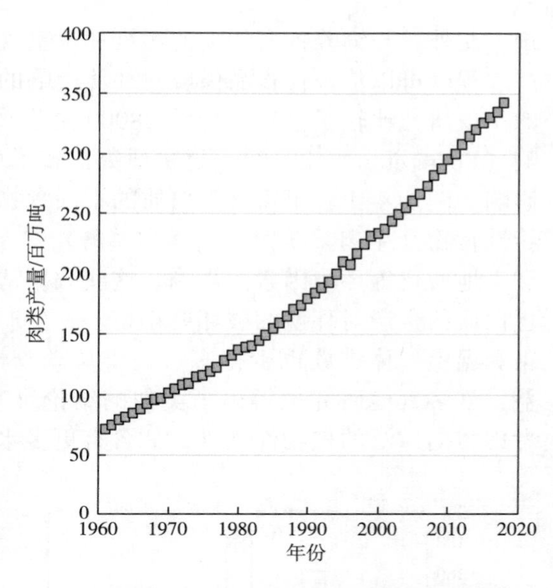

图 1.2　过去几十年来，每年的肉类产量急剧增加

食用动物基食品的主要问题之一是它们并不是将地球稀缺资源转化为食物的特别有效的手段。图 1.3 是不同种类家畜在同一土地面积上可生产的动物蛋白量与植物蛋白量的比较。这些数据表明，我们直接吃植物基食物比用它们来喂养动物之后再食用要好得多。这是因为动物的饲料转化效率较低，即它们需要消耗部分能量和资源来生长和维持通常不能食用的结构（如骨头）。此外，它们消耗的食物中的一些能量用来为动物生存提供动力，如呼吸、思考、移动和维持体温。

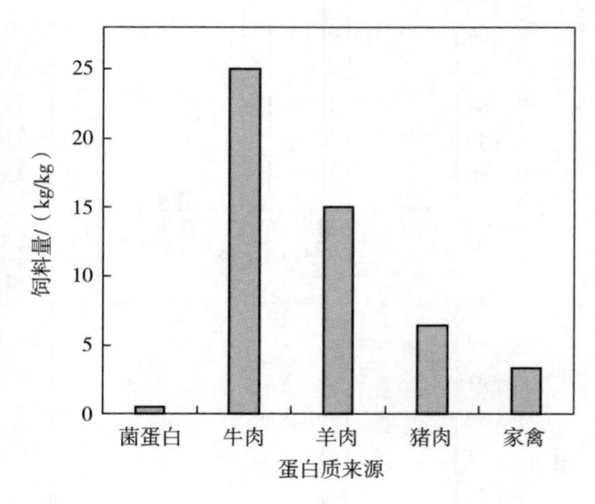

图 1.3　动物性和植物性富含蛋白质的食品单位面积蛋白质产量的比较。植物产生的食物蛋白质比家畜多得多

（数据摘自 Alexander et al.，2017）

如果只看饲料转化效率，那么人们会认为吃肉不是最优选。但要注意的是，在某些情况下，动物会将我们不能吃的东西（草）转化为高营养的东西（肉和牛奶）。因此，出于粮食安全的原因，有人主张在人类不易耕种植物基食品的土地上饲养牲畜。尽管如此，动物将饲料转化为食物的效率不是特别高，这一事实是把目前用于饲养牲畜的大部分土地转变为生产农作物土地的一个很好的论据。然而，我们承认这是不可能的，并且在世界许多地方可以提出良好的经济和文化论据来支持饲养一些牲畜（Houzer et al.，2021）。

1.2.2　动物食品对环境的影响

在那些可以用农作物代替动物的地区，这样做的理由非常充分。事实上，牲畜，特别是牛，在将饲料转化为食物方面并不是特别高效，这意味着与直接食用植物基食物相比，生产同样能量的动物基食物需要更多的土地、水、肥料和杀虫剂。此外，与饲养牲畜相关的污染和温室气体排放量远多于农作物。这种影响的严重程度可以从现代食品供应对环境影响的研究中看出。英国牛津大学研究人员的一项研究比较了世界各地约38000个生产40种不同农产品的农场对环境的影响（Poore et al.，2018）。这项研究比较了生产各种动物和植物基食品对环境的影响。图1.4比较了富含蛋白质的不同食物，包括植物基食物（豆腐）和几种动物性食物（牛肉、羊肉、猪肉和家禽）对土地利用情况、用水量、温室气体排放和土地酸化等环境因素的影响。这些数据清楚地表明，与动物蛋白质相比，植物蛋白质的生产对环境的破坏要小得多，生产其所需的土地和水也更少，造成的污染和温室气体排放也少得多。关于从动物性饮食转向植物性饮食的总体环境效益，许多其他研究也得出了类似的结论（Xu et al.，2021）。这些研究大多数都考虑转向广泛的植物性饮食，如含有更多水果、蔬菜、谷物和坚果的饮食，而不

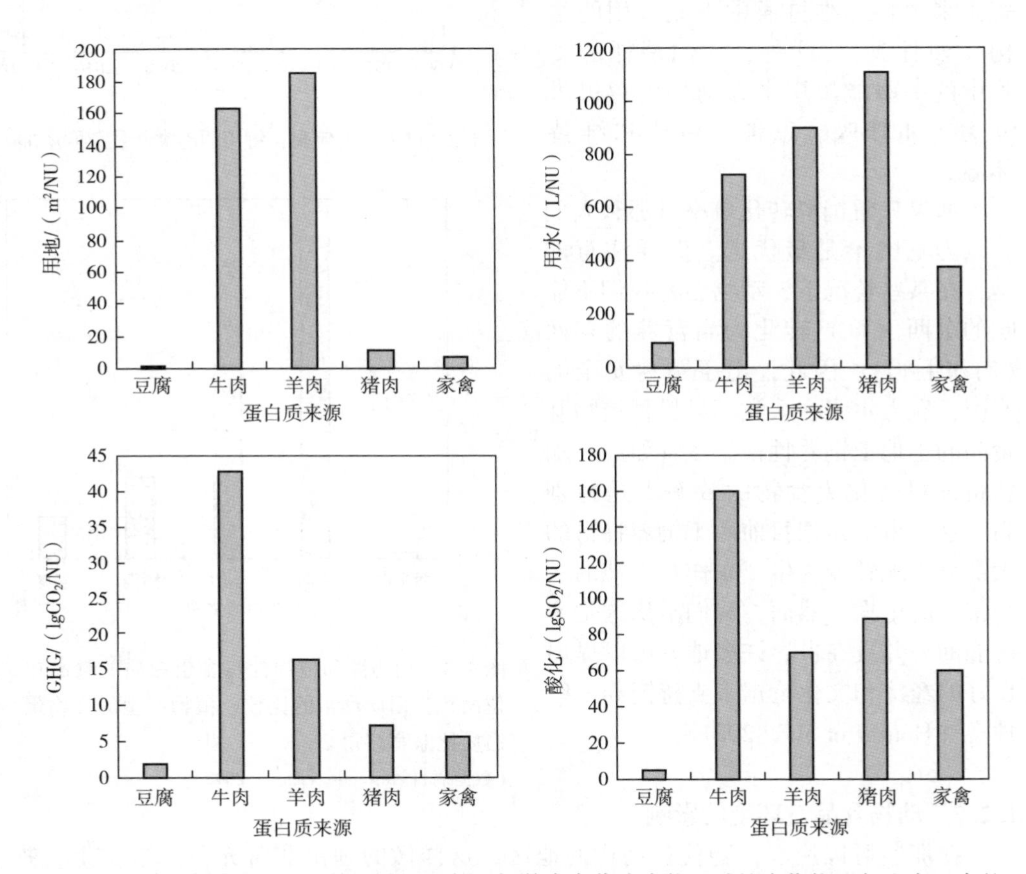

图1.4 不同蛋白质来源对环境影响的比较。饲养家畜作为食物比种植农作物（如生产豆腐的大豆）对环境的影响要糟糕得多
（数据来源于Poore et al.，2018）

是在饮食中引入更多的下一代植物基食物。然而，生命周期分析也有一些证据表明，用植物性替代品替代特定的动物性食品（如肉丸或汉堡）也可以对环境产生好处（Saerens et al.，2021；Saget，et al.，2021a；Saget et al.，2021b）。

全球新蛋白智库（Good Food Institute）最近报告称，全球粮食系统温室气体排放量约占全球温室气体排放总量的34%，其中一半来源于蛋白质的生成（GFI，2021a）。这些温室气体排放与多种来源有关，包括用于牲畜和饲料生产的森林砍伐、生产饲料作物的气体排放，以及甲烷和一氧化二氮等直接排放。

1.2.3　提高粮食生产效率

饲养动物作为食物对环境的影响取决于饲养和宰杀的方式。根据动物和耕作方法的不同，存在巨大差异。用于畜牧生产的家养动物经过几个世纪的培育，能够在尽可能短的时间内高效产生尽可能多的肉类。而且，现代工业化农场通常是集中动物饲养场（CAFO），其中大量动物被限制在相对较小的空间内，并且它们的饲料是经过精心设计的以确保最大生长率。值得注意的是，与那些在绿色牧场上自由漫步的动物相比，在大型工业化农场中饲养的肉类动物对环境的影响（在某些重要指标上）往往更小。美国加利福尼亚州（California）和俄勒冈州（Oregon）的一组研究人员发表的一篇论文中强调了这一点（Swain et al.，2018），他们得出结论，"现代集约型畜牧系统，特别是牛肉，与传统的粗放型畜牧系统相比，对土地的需求和平均每公斤肉类的温室气体排放都要低得多。"例如，工厂化养殖牛肉生产的碳足迹在9~42个单位（kg CO_{2-eq}/kg），而牧场养殖牛肉（牛可以自由漫步）的碳足迹为12~129个单位。同样，工厂化养殖牛肉的土地使用（15~29m^2/kg）显著低于牧区牛肉（286~420m^2/kg）。这些作者认为，现代工厂化养殖方式有助于保护环境，特别是在巴西亚马逊地区，因为生产同样数量的肉类需要的土地和资源更少。需要较少的水和饲料的原因是在该地区动物生长得更快，并且在更短的时间内就达到了成年体型。因此，砍伐热带雨林的压力就会减轻，而热带雨林对于维持健康的全球气候至关重要。

但是，CAFO存在严重的伦理和环境问题。人们尤其担心动物福利问题和数百万吨粪便的产生，这些粪便污染了周围的土地、空气和水。事实上，集中养殖场过程中所产生的污水湖极大地降低了附近居民的生活质量和健康。如果人们在饮食中食用较少的肉类，那么关于对使用传统方法饲养牲畜的担忧就会减少。因此，更大比例的家畜可以在改善其福利的条件下进行饲养，并且不会造成过度污染。此外，新型再生农业实践或许能够减少温室气体的排放，甚至将其中一些温室气体隔离在空气中，从而减缓全球变暖（Kleppel，2020）。这些耕作方法可以改善土壤质量、减少污染，对确保可持续和有弹性的农业系统至关重要。

研究人员正尝试开发新的方法来减少牲畜对我们环境的负面影响。奶牛对全球变暖的一个主要影响是，当它们消化草和其他饲料时，胃里会产生甲烷，然后通过打嗝或胀气的方式释放到大气中。科学家们目前正在努力减少奶牛的甲烷排放，从而减少它们对全球变暖的负面影响（Schlossberg，2020）。例如，研究发现，在奶牛的饲料中添加相对少量的在澳大利亚海岸种植的深红色海藻（*Asparagopsis*），可以减少约98%的甲烷产生。这类海藻之所以能做到这一点，是因为它含有一种天然化合物（三溴甲烷），可以阻止牛胃内的氢和碳转化为甲烷。此外，种植的海藻可以从空气中吸收温室气体，从而对气候产生积极影响。因此，人们正在建立海藻养殖场和加工设施，以便从可持续资源中提取这种减少甲烷的化合物，并提供给农民加入动物的饲料中。如果这些成分能够以经济的方式大量生产，它们可能会对全球变暖产生重要影响。然而，研究人员仍然需要确定这些成分不会损害奶牛的健康，也不会改变肉质和产量。同样，改用更多植物性饮食将更有效地缓解当前与畜牧业生产相关的许多环境问题。

鱼是人们饮食中优质蛋白质的一个重要来源，也是其他重要营养素（如 ω-3 脂肪酸、维生素和矿物质）的良好来源。然而，对野生鱼类种群的过度捕捞正在耗尽海洋中的这一宝贵资源（FAO，2020；GFI，2019）。此外，气候的变化也在改变鱼类的洄游模式，对渔业和沿海地区产生了深远影响（FAO，2018；Lavelle，2015）。野生鱼还可能含有大量毒素，如汞或持久性有机污染物。快速发展的水产养殖业缓解了其中一些问题，但自身也面临着挑战，其中包括需要富含蛋白质的资源来喂养鱼类以及富营养化等造成的环境污染（De Weerdt，2020；White，2017）。由于鱼类疾病，如鲑鱼中的海虱，水产养殖业也会遭受巨大损失，这导致了食物的浪费和经济损失（De Weerdt，2020）。另外，人们也会担心用于应对这些疾病的抗生素和杀虫剂可能会污染鱼类和环境。

1.2.4 地球边界的建立

由哈佛大学公共卫生学院 Walter Willet 教授领导的 EAT-Lancet 委员会对不同食物对人类和地球健康的影响进行了全面研究（Willett et al.，2019）。研究人员建议，创建更健康、更可持续的粮食生产系统的最有效方法之一是增加人类饮食中植物基食品的数量，同时减少动物性食品的消费水平，特别是红肉和加工肉类（Willett et al.，2019）。报告指出：到2050年，向健康饮食转型需要大幅改变饮食习惯。全球水果、蔬菜、坚果和豆类的消费量将增加一倍，红肉和糖等食品的消费量将减少50%以上。富含植物基食品和较少动物源性食品的饮食可以改善人体健康并带来良好的环境效益。

EAT-Lancet 委员会表示，“全球粮食生产威胁着气候稳定和生态系统的恢复能力，是环境退化和侵犯地球边界的最大驱动因素”。研究表明，需要对全球粮食系统进行根本性变革，以帮助应对与气候变化和食品可持续性相关的问题。该委员会就如何实现这一目标提出了一些具体建议，并为粮食系统设定了几项“适用于所有人和地球的通用科学目标”。为此，该委员会制定了一套指导方针，以定义如何在不超越地球边界和破坏地球的情况下生产健康的食品。表 1.1 总结了一些建议。个人、政府和行业可以应用这个框架来努力实现粮食供应的环境可持续性，以便我们能够在不破坏地球的情况下养活子孙后代。不幸的是，我们已经接近或超过了提议的界限，除非个人、公司和政府尽快采取行动，否则情况可能会恶化（图 1.5）。

表 1.1　由 EAT-Lancet 委员会制定的关键粮食和农业工艺目标，旨在帮助所有人生产健康饮食而不损害我们的星球

地球系统过程	控制变量	目标边界
天气变化	温室气体排放	50 亿吨 CO_{2-eq}/年
土地系统变化	耕地利用	1300 万 km^2
淡水利用	用水量	2500km^3/年
氮循环	施氮量	90 太吨/年
磷循环	施磷量	8 太吨/年
生物多样性率	灭绝率	10 个物种/年

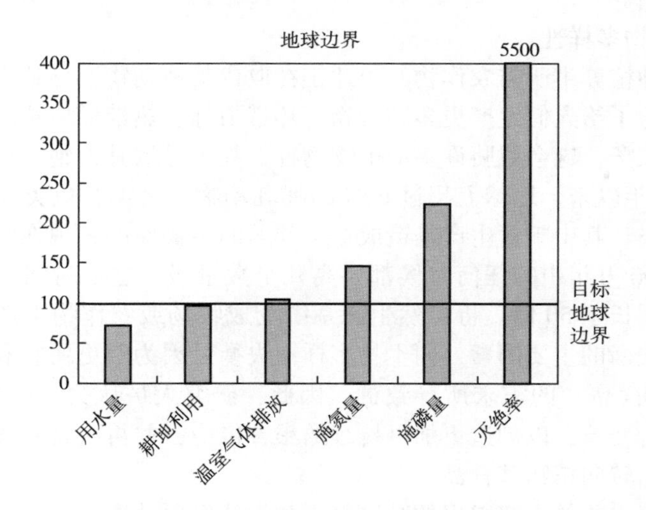

图 1.5　当前状况与目标地球边界的比较（以目标的百分比表示）。数据显示，许多地球极限已经突破，需要改变现状
（数据来自 Willett et al.，2019）

EAT-Lancet 委员会提出了为实现拟议目标而应采取的一系列具体行动，其中涉及食品生产和消费方式的一些根本性改变（Willett et al.，2019）：

- 饮食的改变：人们应该少吃肉，多吃健康的植物基食物，如水果、蔬菜、全谷物、坚果和种子。

- 提高产量和效率：应改进农业、交通和粮食生产系统，以利用更少的资源（土地、水、化肥、农药和化石燃料）可持续地生产健康食品。
- 减少浪费：应减少目前在生产、储存和消费过程中的浪费。

因此，要实现这些目标，需要对农业、运输和食品制造部门，以及食品营销和销售方式进行改变。这需要国内和国际层面的政策改变，如税收、补贴、法规、捐款和教育计划等，以促进负担得起的、可获得和可持续的健康食品。这些政策变化旨在鼓励农业和渔业生产各种健康且可持续的食品，而不仅仅是增加数量和降低成本。有关农业和食品部门还应更加重视开发和采用技术、管理创新。再生农业等改良农业实践以及基因编辑、细胞农业、替代蛋白质、生物技术、纳米技术、传感器、机器人、自动化和大数据等先进技术至关重要（McClements，2019；WEF，2019）。因此，食品和农业行业需要变革。事实上，《科学》杂志最近一项研究得出这样的结论，全球粮食供应的快速彻底的转变对于实现将全球变暖限制在2℃或更低的气候目标至关重要（Clark Michael et al.，2020）。

在本书中，我们重点关注开发以植物为基础的替代品来替代传统的动物基产品，如肉、鱼、蛋和奶制品，这将为确保这一转型的成功做出重要贡献。

1.2.5 确保生物多样性

最终用于种植养牛所需农作物的土地正在取代其他动物，导致全球生物多样性的急剧下降。为了给人们生产更多的食物，热带雨林、热带稀树草原和草原正在逐渐变成农田和牧场，这会威胁许多动植物物种，甚至导致其灭绝。世界自然基金会估计，自1970年以来，地球上超过60%的哺乳动物、鸟类、鱼类和爬行类动物因人类活动而消失，其中粮食生产是造成这一问题的主要原因。现在物种灭绝的平均速度比过去1000万年中的任何时候都要高几个数量级。这个时间比现代人类在地球上生活的时间长了50倍。将自然生态系统变成牧场或农作物生产的农田被认为是生物多样性失衡的主要因素，而生物多样性失衡是因为对更便宜和更丰富的食品（尤其是动物基食品）的需求所导致的。因此，研究人员认为，迫切需要对社会、政策和经济进行变革，以创造更加可持续的粮食供应，并再次特别强调人们的饮食应从动物性食品转向植物基食品。

总之，许多重要的研究得出的结论是，如果我们要认真地解决全球变暖和其他环境问题，就应该少吃肉。

1.3 食用植物基食品的道德原因

有些人不食用动物的一个主要原因是道德因素——他们担心动物福利以及饲养

动物作为食物的其他不良后果（Alvaro，2017a；Ursin，2016）。最近的一项研究报告称，动物福利是许多18~30岁的年轻人关心的问题（Feldmann et al.，2021）。这些人认为动物有一定的权利，因此限制和杀死它们来为人类提供食物是错误的。许多消费者表现出一种认知失调——他们会将活体动物与盘子里的食物区分开来。在大多数发达国家，很少有人愿意屠宰活体动物作为食物。然而，许多人很乐意购买汉堡、鸡块或牛排。如前所述，每年有近700亿只动物被宰杀作为食物，其中大部分是鸡。这些动物的培育、饲养和屠宰的方式根据农场的性质不同有很大的差异。有些动物生活在农场或牧场上，可以自由行走，而另一些动物则被限制在狭小的空间里，甚至无法转身。越来越多的动物在大型工业化农场中饲养，从而可以低成本地生产大量的动物性食品，如肉、蛋和奶（Rossi et al.，2014）。然而，这些农场饲养和屠宰动物的做法对动物福利、环境、人畜共患疾病传播和农村社区产生了不利影响。

除了受到高度的限制外，许多家畜还被饲养在非自然的照明条件下，并被迫站在坚硬或不平坦的表面上，这让它们感到不舒服或痛苦（Rossi et al.，2014）。它们也可能与其他动物挤得太近，导致精神上的痛苦、打斗和伤害。为了避免这些问题，农民可能会切掉鸡喙、牛角或猪尾巴等。许多家畜的饲养是为了快速高产，而不考虑它们的舒适或健康。此外，这些家畜还会吃一些对他们来说不正常的食物。生活在这些不自然的条件下的动物往往更容易患病和畸形，进一步降低了它们的生活质量。一些哲学家们利用美德伦理学来论证，当有类似或更好的植物性替代品且不涉及伤害动物时，食用肉类不是最优选（Alvaro，2017a，2017b）。他们认为，一个有道德的人不会想给另一个能感受到痛苦的生物带来痛苦。然而，其他哲学家则用美德伦理学来论证，在某些情况下，一个有道德的人在饮食中加入肉类是合理的（Bobier，2021）。这一论点部分基于这样一个事实：即使种植植物作为食物也会对动物造成一些伤害，如使用杀虫剂，并且清理土地和机械收割农作物也会对动物、鸟类和鱼类造成伤害或令其死亡。这一哲学立场的追随者被称为有道德的新杂食者，他们不支持消费“工厂化农场”生产的动物性食品。相反，他们认为食用没有痛感的动物（如昆虫）或自然死亡或其他原因死亡的动物（如被撞死）是合乎道德的，因为这意味着对家畜动物的需求将会减少，因此痛苦也会减少。然而，对大多数人来说，被撞死的动物可能是不足够或是不能接受的肉类来源。另外，只要人们能够克服心里的厌恶和恐惧感，昆虫可能是人们饮食中一种可行的蛋白质来源（La Barbera et al.，2018；Tan et al.，2015）。例如，龙虾在17世纪和18世纪曾被认为是欧洲和北美洲穷人的食物，但后来成为许多人想要吃的流行食物（Spanier et al.，2015），这说明食物的接受度是会发生变化的。

1.4 食用植物基食品的健康原因

许多人食用更多植物基食品的主要原因之一是认为植物基食品更健康（Corrin et al.，2017；Fox et al.，2008）。植物性和动物性食品中所含的大量营养素（蛋白质、脂肪和碳水化合物）、微量营养素（维生素和矿物质）和营养物质（如类胡萝卜素、益生元、膳食纤维、生物活性肽和 $\omega-3$ 脂肪酸）的类型和数量不同。根据其成分、结构和加工程度的不同，它们在胃肠道内的消化速度和程度也不同。此外，在潜在的负面营养物质和其他成分（如盐、糖、饱和脂肪和毒素）的水平上也不同。植物性和动物性食物对人类肠道微生物有不同的影响，这可能会影响人们的健康（Toribio-Mateas et al.，2021）。因此，杂食、素食或纯素食饮食对营养和健康的影响可能会有明显的差异。但是，饮食和健康的关系极其复杂，营养学家和医学家仍在努力探究不同种类饮食的相对利弊。尽管如此，研究表明，健康的植物性饮食，尤其是那些富含水果、蔬菜、豆类、坚果、全谷物、茶和咖啡的饮食，似乎比含有大量动物性食物的饮食，特别是红肉和加工肉类，对健康的益处更多（Hu et al.，2019）。相反，不健康的植物性饮食，含有大量精制谷物、土豆、糖果、甜点、零食、果汁和含糖饮料，可能会对健康造成有害的影响。从杂食性饮食转向植物性饮食的潜在的健康影响将在后面的章节中详细讨论（第 5 章）。

转向更多以植物为基础的饮食，除了可以促进人类健康，也可能降低人类患病的风险。在很多国家，很大一部分抗生素是为了确保家畜的健康，而不是为了治疗人类疾病，这导致了抗生素耐药性的增加。因此，目前有效治疗人类疾病的一些抗生素在未来可能不起作用，这可能会对普通民众的健康产生严重的影响（Ma et al.，2019；Mthembu et al.，2021）。另一个潜在的健康问题与大型工业化农场的动物饲养有关。家畜生活在靠近人的地方会增加人畜共患病的风险，即在家畜中出现疾病，然后传播给人类的机会增大。由猪流感、禽流感等人畜共患病传播引起的病毒感染，在全球造成的毁灭性后果突显了这些疾病对人类健康和全球经济的潜在威胁。因此，有研究人员认为，如果动物或其产品是在工厂化农场饲养的，就会增加我们所有人患人畜共患病或死于人畜共患病的风险（Jones，2021）。

1.5 味道的重要性

尽管消费者可能会因为道德、环境或健康等原因而改变他们的饮食习惯，但植物基食品也须满足合乎要求、负担得起、方便和容易获得等要求，否则大部分的人也不会食用。事实上，国际食品信息理事会（IFIC）每年会进行一次消费者调查，以确定推动消费者对食品和饮料偏好的主要因素。2021年，调查显示，主要驱动因素是味道（82%）、价格（66%）、健康（58%）、便利性（52%）和环境可持续性（31%）（图1.6）。在过去十年左右的时间里，这些驱动因素的相对重要性基本保持不变。这些调查强调了这样一个事实，如果一种食物不好吃，价格也不便宜，那么无论它多么健康或环保，都不太可能被消费者接受。良好食品研究所（GFI）进行的一项调查报告称，人们不吃更多植物肉的最普遍的原因是味道和价格（GFI，2021b）。其他原因包括植物基食品加工过度、含有太多成分，或者看起来不像动物性食品那么有营养。因此，植物基食品行业投入了大量资源来创造消费者真正想要购买的优质且廉价的产品。食品行业在过去十年左右的时间里取得的主要成果之一就是消费者现在可以买到各式各样美味、实惠、方便的植物基食品。其中许多食品的设计目的是准确模仿传统的动物产品（如肉、鱼、蛋或乳制品）的理化和感官属性。这是因为许多消费者已经熟悉这些产品并且可能对其产生情感依赖。此外，如前所述，植物基食品最大的潜在市场是日益增长的弹性素食者市场。植物基食品的研发需要对众多学科有全面了解，包括农业、食品化学、化学工程、材料科学、分析化学、工程学、营养学、微生物学、人类生理学、感官科学、心理学和营销学等。某些类型的加工肉制品已经取得了相当大的进展，如植物汉堡（图1.7）。因此，这一领域的进一步发展将取决于我们对每个相关学科的理解，以及如何将它们成功地整合在一起。当前许多植物基食品都是高度加工的产品，含有很多不同的成分。因此，研究人员需要进行研究和开发，简化生产这些食品所需的成分和工艺，同时保持食品的质量。此外，目前许多产品没有经过专门的设计使其具有与动物产品相当或更好的营养，因此该领域还需要进一步研究。

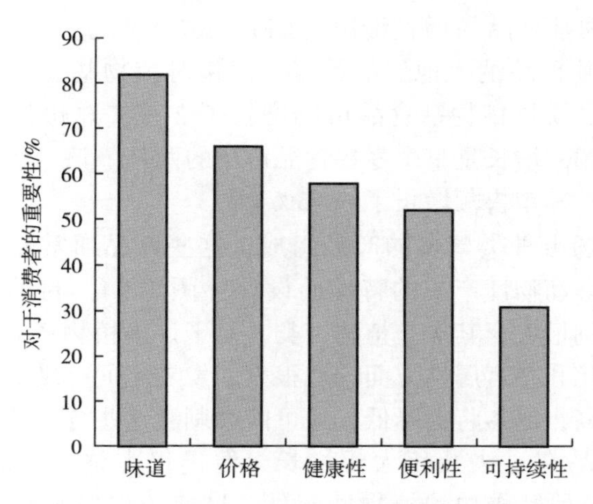

图1.6　对影响消费者购买食品或饮料选择的购买驱动因素的调查

图 1.7　植物汉堡在烤架上滋滋作响

彩图

1.6　食品行业的机遇

植物基食品以及其他替代蛋白质来源的食品的开发为投资者和食品工业提供了许多经济方面的机会。许多政府越来越注重实现零排放，这意味着越来越多的消费者正在寻找更加气候友好和可持续的蛋白质来源。原则上，这些产品的制造成本比传统的动物产品更低，从而可增加销售额和利润。世界经济论坛强调了食品行业内（包括替代蛋白质领域）的巨大创新机会（WEF，2019）。事实上，引进植物性产品系列的老牌食品公司数量正在迅速增长，而且许多创业公司也正在制造新的植物性产品（GFI，2021b）。

GFI 总结了植物基食品的增长情况（GFI，2021b）。过去十年间，随着越来越多的消费者将植物基食品纳入他们的饮食，每年对植物基食品的投资也大幅增加（图 1.8）。2020 年，美国植物基食品市场增长了 27%，总价值达到约 70 亿美元。据报道，这部分市场的增长是整个零售食品市场的两倍。该市场增长最快的分市场之一是植物性肉类，其销售额增长了约 45%。

植物基食品市场由种类繁多的产品组成，这些产品通常是为了模仿肉类、鱼类、蛋类和乳制品等动物性产品的特性而设计（图 1.9）。目前，植物奶在食品工业领域中所占的比例最大，其次是植物肉类。对于许多植物产品来说，在准确模拟原始动物产品的理化和感官属性方面，有很大的发展空间。随着科学的发展，这些产品的质量将会提高，成本将会降低，这可能会刺激这些行业的进一步发展。

尽管植物基食品在过去几年大幅增长，但仍仅占整个食品市场的一小部分（图 1.10）。植物奶是最成功的植物性产品，目前约占牛奶和奶类产品总市场的 15%（GFI，2021b）。而植物性肉类、奶酪和鸡蛋仅占总市场的 1.4%、1.1% 和

0.4%，这意味着还有相当大的发展空间。主要挑战之一是令传统肉类、奶酪和蛋制品质量高且价格实惠。美国超过一半的家庭已经购买了一些形式的植物基食品，因此如果能够生产此类产品，将很可能会取得成功。此外，倾向于购买植物性产品的人往往来自较高收入阶层，而且是更年轻的消费者（GFI，2021b），这表明他们有足够的资源购买这些产品，并且在未来将继续发挥重要的作用。GFI 的一项报告称，到 21 世纪 30 年代，全球植物性肉类市场的价值预计将达到 120 亿~3800 亿美元。

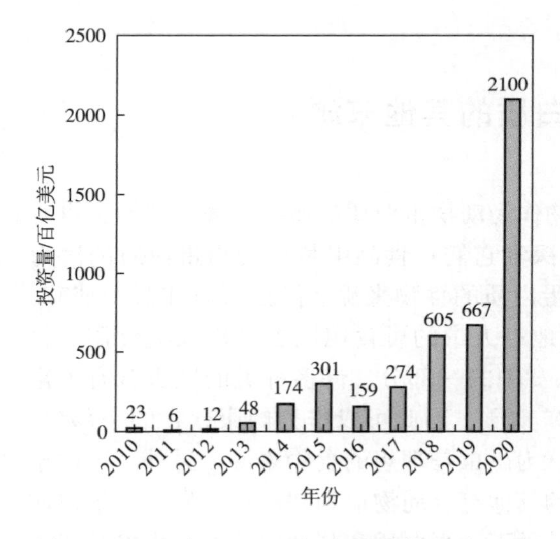

图 1.8　2010 年至 2020 年全球植物基公司的年度投资

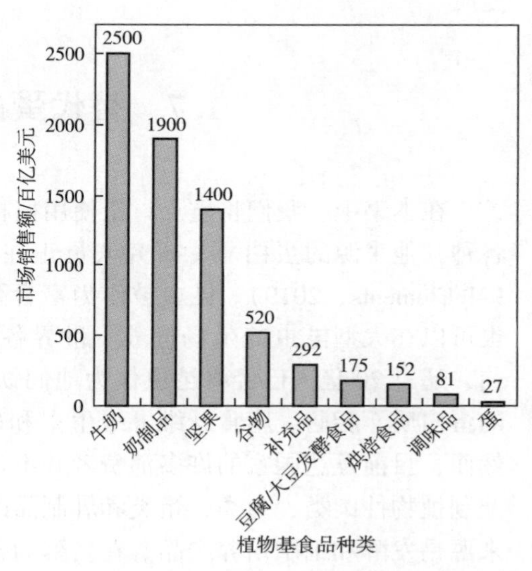

图 1.9　不同类别的植物基食品零售额

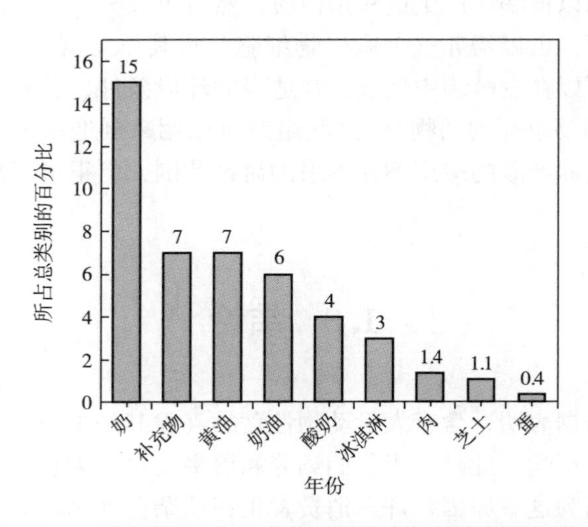

图 1.10　不同植物基食品占美国零售市场总类别的百分比

食品制造商用植物基食品替代动物性食品的另一个潜在优势是减少关键食品成分的供应和价格波动（Grizio et al.，2021）。由于供应链中断，许多动物产品的价格和供应量容易波动。例如，禽流感、猪流感导致鸡肉、猪肉等的供应严重中断。因此，如果食品制造商用植物性替代品取代动物性成分，那么他们也许能够减少这些的价格和供应波动。此外，植物成分通常比动物成分便宜，这可能会有经济优势。并且，植物性成分通常比动物性成分更容易处理和储存，因为动物性成分极易变质。

1.7 替代蛋白质的其他来源

在本书中，我们将重点讨论使用植物作为动物蛋白质的替代来源。然而，也有各种其他来源的蛋白质，研究人员正在探索它们在食品中替代动物蛋白质的潜力（McClements，2019）。昆虫被作为富含蛋白质的食物来源。昆虫可以在野外捕获，也可以在大型昆虫养殖场饲养。世界各地有大量的可食用昆虫可供人类食用。目前，超过20亿人已经将昆虫作为他们饮食中的一部分。许多种类的昆虫含有丰富的蛋白质、脂肪、膳食纤维、维生素和矿物质，因此可以作为健康饮食的一部分。然而，目前发达国家的许多消费者并不认为昆虫是理想的食物来源。另外，可用于配制植物性肉类、鱼类、蛋类和乳制品的其他符合动物福利和可持续发展的蛋白质来源是发酵和细胞培养产品。在发酵的条件下，蛋白质和其他成分通常由发酵罐中的酵母、真菌、细菌产生。特定动物蛋白质的DNA序列可以被插入到这些微生物中，这样它们就可以被编译产生这些蛋白质，然后可以分离、提纯这些蛋白质并用作食物成分。或者，可以培养整个微生物细胞，将其作为富含蛋白质的食物来源。畜肉和鱼组织也可以在发酵罐中生长，在适当的环境条件、营养物和生长培养基中培育活细胞（不需要杀死的动物）。这些组织可以用来制造畜肉类或鱼类产品。昆虫、发酵和细胞培养产品的应用不在本书的讨论范围，但很可能成为未来蛋白质的重要替代来源。

1.8 结论

越来越多的证据表明，含有大量动物性食品（尤其是牛肉等）的饮食对环境和人类健康产生负面影响。此外，当我们饲养和屠宰动物作为食品时，存在与动物福利相关的问题。因为这些原因，许多消费者正在从杂食动物转向纯素食、素食、鱼素食或弹性素食，即不消费肉类或减少肉类消费。生产植物基食品比饲养牲畜需要的土地和水更少，并且造成的污染和对生物多样性的损害也少得多。如果我们真的要养活未来 30 年左右出生的数十亿人口，而又不严重破坏我们的星球，我们就必须对食物的生产和分配方式做出巨大改变。

EAT-Lancet 委员会的作者指出，“富含植物基食品和较少动物源性食品的饮食可以改善健康和环境效益”。然而，如果植物基食品不美味、价格不实惠、获取不方便、不健康也不安全的话，人们也不会将其纳入饮食中。在本书中，我们描述了可用于创造符合这些标准的下一代植物基食品的成分和工艺。我们特别专注于肉类、海鲜、鸡蛋和乳制品的植物基类似物的生产，因为目前这些产品对大多数消费者极具吸引力。我们希望这本书中提供的知识将促进这一领域的更多研究和发展，并促进向更加可持续、更加健康和更符合动物福利的食品消费过渡。

参考文献

参考文献

第2章　植物基原料的性质和功能

2.1　引言

在这一章中，我们主要关注可以用来制作植物基食品的原料。这些产品的生产需要对功能性植物原料进行适当组合，然后仔细选择使用。这些成分会导致最终产品的物理化学、功能和感官属性非常接近所要替代的动物性食物，如肉、鱼、蛋或奶制品。此外，如果要将这些成分用于制作成功的商业产品，还需要具备其他几个属性，包括监管批准、低成本、供应可靠性、性能一致性、易用性、丰富性和标签友好性等。在理想情况下，植物基产品应使用尽可能少的成分配制，并且所有成分都应是标签友好型的，因为许多消费者表示他们不愿意采用当前一代的植物基食品，因为它们要么含有过多成分，要么含有合成或不良成分（GFI，2021）。用于配制具有所需外观、感觉、气味、味道、声音和口感的植物基食品的功能性成分，包括胶凝剂、黏合剂、增稠剂、乳化剂、发泡剂、着色剂、调味剂、维生素、矿物质、防腐剂等。每一类植物基食品（如植物肉、植物鱼、植物蛋或植物乳）都需要一组不同的成分才能获得该特定产品所预期的质量属性。高质量的植物基产品的配方需要了解不同种类功能性成分的性质和相互作用，以及它们在食品加工、储存和制备过程中的变化情况。因此，在本章中，我们概述了用于配制植物基食品的最常见功能性成分的特性和功能。这些成分包括蛋白质、碳水化合物、脂质和各种添加剂。

2.2　蛋白质

植物蛋白因其功能的多样性而被广泛用于植物基食品中。在本节中，我们使用“植物”这个术语来涵盖陆地来源（如大豆、豌豆、小麦和玉米）以及海洋和微生物来源（如藻类和微藻）的物种。后一种来源从技术上来讲不是植物，但它们通常用作植物基食品中的功能性成分。植物蛋白表现出广泛的功能特性，使其适用于配制植物基食品，它们可作为黏合剂、增稠剂、胶凝剂、乳化剂、发泡剂和营养强化剂（Loveday，2019，2020）。例如，植物蛋白可用作乳化剂以稳定植物基肉、鱼、蛋和奶中的脂肪滴，用作植物基肉、鱼、蛋和奶酪中的胶凝剂，或作为植物性鲜奶油或冰淇淋的发泡剂。因此，为特定应用选择合适的植物蛋白或植物蛋白组合是至关重要的（McClements et al.，2021a）。市面上有多种植物蛋白，它们具有不同的分子结构、物理化学性质、功能和营养属性（表 2.1 和表 2.2）。值得注意的是，蛋白质的功能取决于其生物来源、分离方式、加热历史以及使用的环境条件。

表 2.1 肉、蛋、奶中主要蛋白质的分子和理化特性

成分	蛋白质含量/%	M_w/kDa	pI	T_m/℃	构象
肉类蛋白质					
结缔组织					
胶原蛋白	50~90	300	5~8	60~70	纤维状
肌肉组织					
肌球蛋白	29	480	~5.3	40~60	纤维状—球状
肌质	29	20~100	变化的	50~70	球状
血红蛋白	3	67	6.8	67	球状
肌红蛋白	1	17~18	6.8~7.2	79	球状
肌动蛋白	13	43	~5.2	70~80	球状
鸡蛋蛋白质					
鸡蛋蛋黄			6.0		
卵黄蛋白（α，β，γ）	12	33~203	4.3~7.6（5.3）	83.3	球状
卵黄高磷蛋白	7	35	40	80	球状
HDL	12	400	4	72~76	脂质和磷脂的胶体组装体（4~20nm）
LDL	68		3.5	72~76	脂质和磷脂的胶体组装体（约 30nm）
鸡蛋蛋白			4.5		
卵清蛋白	58	45	4.6	85	球状
伴清蛋白	13	80	6.6	63	球状
卵类粘蛋白	11	28	3.9	70	球状
卵球蛋白	8	30~45	5.5~5.8	93	球状
溶菌酶	3.5	14.6	10.7	78	球状

续表

成分	蛋白质含量/%	M_w/kDa	p*I*	T_m/℃	构象
卵黏蛋白	1.5	210	4.5~5.0	—	球状
乳蛋白					
酪蛋白			4.6	N/A	柔性
α_{s1}-酪蛋白	39	23.6		N/A	柔性
α_{s2}-酪蛋白	10	25.2		N/A	柔性
β-酪蛋白	36	24		N/A	柔性
κ-酪蛋白	13	19		N/A	柔性
乳清蛋白			5.2		
β-乳球蛋白	51	18.4	5.4	72	球状
α-乳白蛋白	19	14.2	4.4	35 和 64[a]	球状
BSA	6	66.3	4.9	64	球状
免疫球蛋白	12	变动	变动	变动	球状
乳铁蛋白	1~2	78	8~9	70 和 90[a]	球状

注 [a]α-乳清蛋白和乳铁蛋白的较低和较高热变性温度分别代表 apo-（不含钙或铁）和 holo-（结合钙或铁）两种形式，其中：M_w 为分子量、p*I* 为等电点、T_m 为热变性温度。

表 2.2 某些植物原料中主要蛋白质的分子和理化特性

成分	蛋白质含量/%	M_w/kDa	p*I*	T_m/℃	构象
大豆					亲水多聚体
球蛋白					
β-伴大豆球蛋白（7S）	17~24	150~200	5	80	球状
大豆球蛋白（11S）	36~51	300~380	4.5	93	球状
豌豆					亲水多聚体
球蛋白	55~80		4.5	75~79	
-豆球蛋白（11S）		360			球状
-豌豆球蛋白（7S）		150			球状
-豌豆伴球蛋白		280			球状
白蛋白	18~25				球状

续表

成分	蛋白质含量/%	M_w/kDa	p*I*	T_m/℃	构象
-白蛋白（2S）		50	6. 0	110	球状
小扁豆			4. 5	120	亲水多聚体
球蛋白	51	15~92			球状
-豆球蛋白	45	14~92			球状
-扁豆球蛋白	4	20~80			球状
白蛋白	17	20~82			球状
谷蛋白	11	17~46			球状
醇溶谷蛋白	4	17~64			球状
鹰嘴豆			4. 5	90	亲水多聚体
球蛋白	74	15~92			球状
白蛋白	16	20~82			球状
醇溶谷蛋白	0. 5	17~64			球状
羽扇豆			4. 5	79~101	亲水多聚体
球蛋白	75	150~216	5. 6~6. 2	103	球状
白蛋白	25		4. 3~4. 6		球状
菜籽		14~59	4. 5	84~102	亲水多聚体
球蛋白	60				球状
白蛋白	20				球状
谷蛋白	15~20				球状
醇溶谷蛋白	2~5				球状
玉米醇溶蛋白			6. 4	89	亲水多聚体
α-醇溶蛋白	75~85	19~24			密集螺旋
β-醇溶蛋白	10~15	14~15			密集螺旋
γ-醇溶蛋白	5~10	16~17			密集螺旋

注　M_w 为分子量、p*I* 为等电点、T_m 为热变性温度。

2.2.1 蛋白质的结构

一般而言，蛋白质是由肽键连接在一起的氨基酸的线性链组成（Brady，2013）。自然界中常见的 20 种氨基酸用于组装这些多肽链。一般来说，蛋白质的结构是在不同的层级上定义的（图 2.1）。

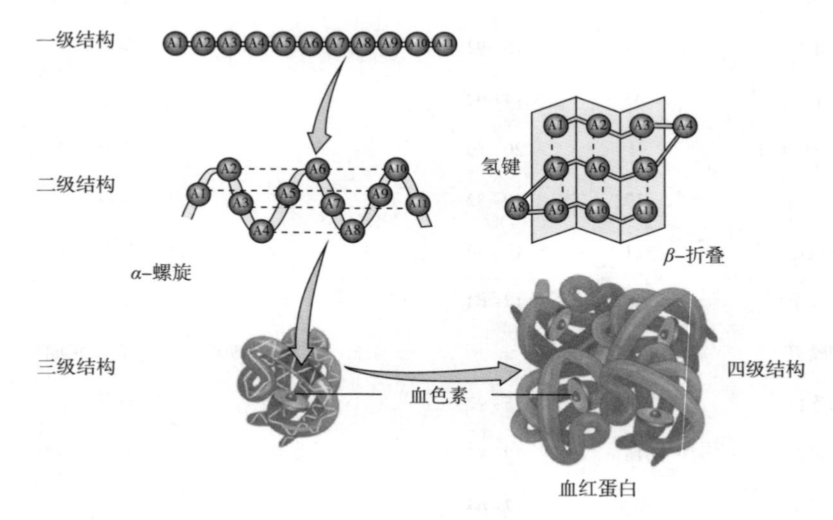

图 2.1 球状蛋白质的一级、二级、三级和四级结构（血红蛋白）

- 一级结构：指多肽链中氨基酸的数量、类型和序列。
- 二级结构：指多肽链中存在具有某种结构组织的局部区域，如 α-螺旋、β-折叠或 β-转角。此处假设多肽链的其他区域为无序结构。
- 三级结构：指单个多肽链在特定环境下所采用的整体 3D 构型。
- 四级结构：指发现的某些蛋白质的超分子结构。这些结构由一种或多种类型的蛋白质（或其他分子）通过物理作用或化学键连接在一起组成。

归根结底，蛋白质的一级结构是由 DNA 所决定的。蛋白质的一级结构不同，可在自然界中发挥不同的功能，如酶、转运蛋白、信号分子和结构模型等。多肽链中氨基酸的数量、类型和序列决定了它们在环境中的构型。蛋白质分子倾向于采用在特定环境中其自由能最小的构型，这涉及最大化有利分子间相互作用数量和最小化不利分子间相互作用数量的构型。这些分子间相互作用包括范德瓦耳斯力、位阻作用、静电相互作用、氢键和疏水相互作用，以及构型熵效应。这些相互作用的相对重要性取决于蛋白质的一级结构和环境条件如 pH、离子强度和温度等。

一般来说，蛋白质可能采用多种三级结构，通常根据多肽链的整体构型分为球状、柔性或纤维状（图 2.2）。球状蛋白具有致密的结构，大致呈球状。柔性蛋白具有相对无序的结构，高度的构象流动性。通常由采用螺旋的多肽链形成的纤维蛋白则相对坚硬且伸展。这些不同结构基序的重要性将在本节后面讨论，因为它们会影响植物蛋白模拟某些动物蛋白功能的能力。

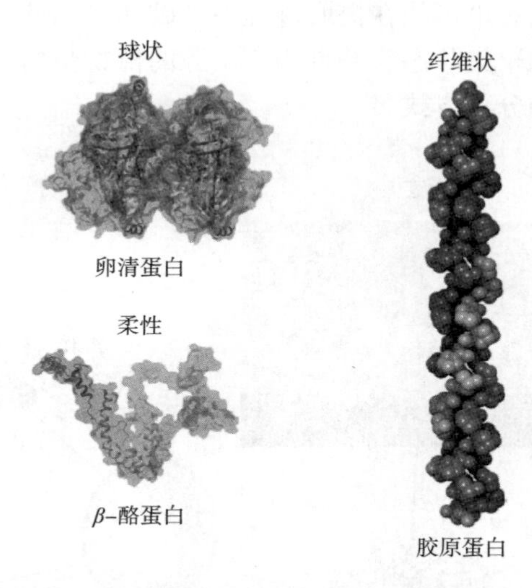

图 2.2　食物中的蛋白质根据其多肽链的构象具有不同的三级结构，如球状、柔性或纤维状

蛋白质在自然环境中倾向采用的构象被称为天然状态，这通常是其自由能最低的多肽链构型（图 2.3）。蛋白质的天然结构支配着它们的生物功能，如酶活性、信号传递、运输、运动性、机械性能或结构的形成。当蛋白质从其自然环境中分离出来后，由于分子之间相互作用平衡被打破，其三级和四级结构可能会发生改变。此外，由于动能势垒的存在，多肽链在特定环境中可能无法达到其自由能最低的状态。在这种情况下，蛋白质可能会被困在一个或多个变性状态，因为它不能跳过动能势垒，达到自然状态。这种现象对食物中蛋白质的功能很重要。例如，生鸡蛋中的球状蛋白质在烹饪前处于天然状态，但烹饪后它们会展开和聚集，从而保持一种变性状态，导致煮熟的鸡蛋具有理想的固态或半固态结构。

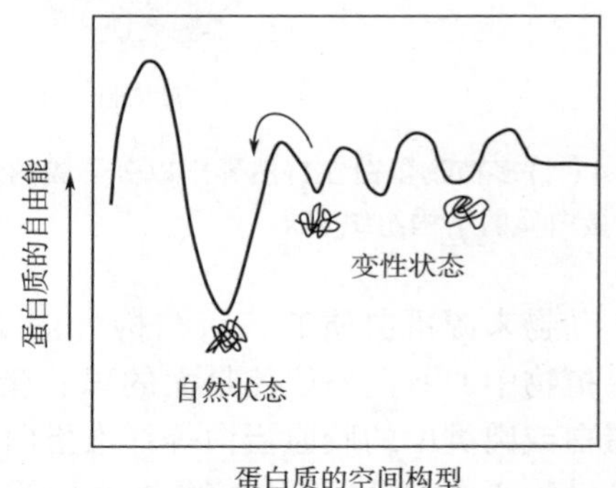

图 2.3　蛋白质可以根据自由能和势垒而采用不同的构象。如果势垒太高，它们可能无法移动到最低自由能状态（自然状态）

许多植物蛋白质是相对较大的球状蛋白，在自然界中以超分子结构的形式存在，这些超分子结构由许多蛋白质组成，而这些蛋白质可能相似也可能不同，并通过物理或化学作用连接在一起（图 2.4）。这些超分子结构中蛋白质的类型和数量取决于它们的植物来源和提取方式，因为提取方式可能会打乱蛋白质之间的联系。一些球状蛋白的天然状态也可能在提取过程中被破坏。因此，蛋白质的功能特性取决于它们的天然状态和聚集状态，并且相同来源的植物蛋白也可能具有不同的功能属性，这取决于它们的分离方式。

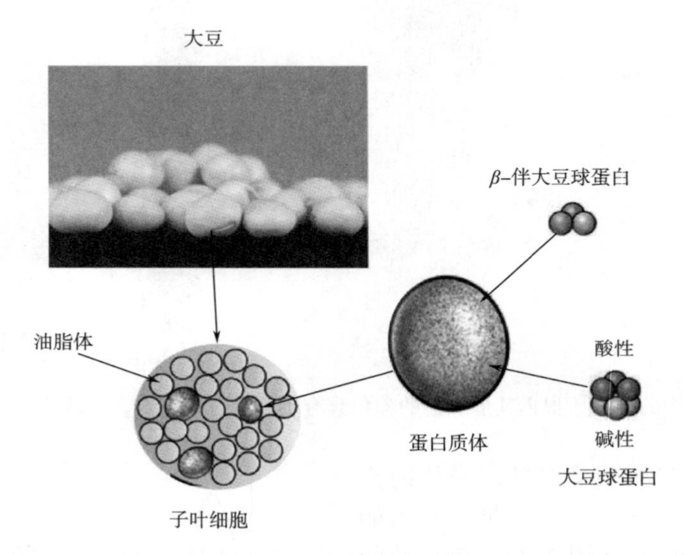

图 2.4　许多植物蛋白在自然界中以分子簇的形式存在于植物细胞内的蛋白体中，图中显示了大豆中蛋白质的结构组织

动物来源蛋白质的三级结构（图 2.2）往往与植物来源蛋白质的三级结构不同，植物中的蛋白质往往是大的球状蛋白（图 2.4）。例如，牛奶中的酪蛋白等柔性蛋白或肉类中的胶原蛋白等纤维蛋白在植物中很少发现。因此，使用植物蛋白来模拟动物蛋白的功能属性变得更加困难。不过，在动物体内发现的一些重要功能蛋白也具有球状结构（如牛奶中的β-乳球蛋白或鸡蛋中的卵清蛋白），因此它们更像植物中的球状蛋白（如大豆中的 11S 球蛋白）。因此，它们的功能属性通常更容易模拟。然而，球状植物蛋白的分子量、表面化学性质和热稳定性与球状动物蛋白不同，想要球状动物蛋白被植物蛋白取代，仍然具有挑战性。

动物中发现的蛋白质的四级结构多与在植物中发现的蛋白质的四级结构不同。例如，肉和鱼的肌肉组织由一束束纤维蛋白质组成，被包裹在由三股胶原蛋白组成的结缔组织鞘中（图 2.5）（Tornberg，2013；Tornberg et al.，2000）。肌肉和结缔

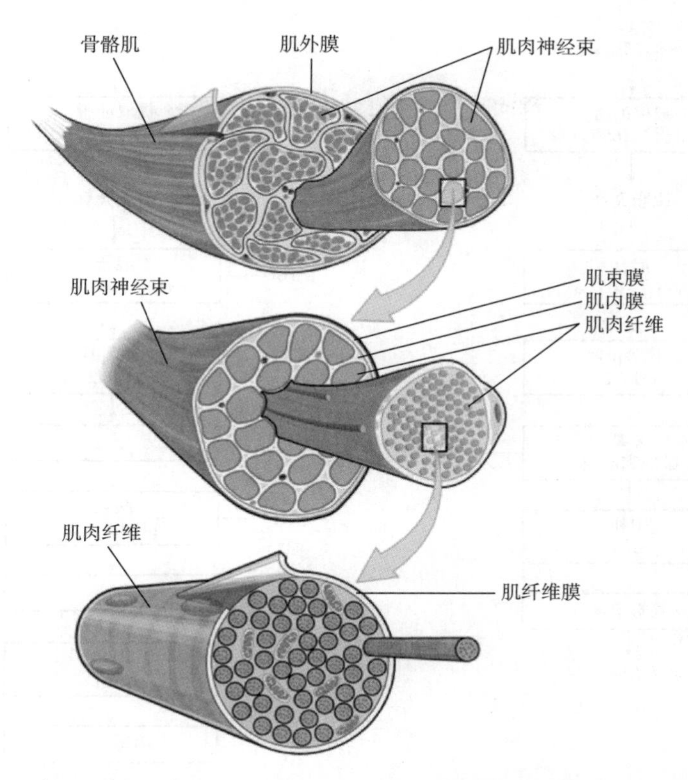

图 2.5　肉类和海鲜中的肌肉组织具有复杂的层次结构，通常很难使用球状植物蛋白进行模拟

组织中蛋白质的独特分子结构在决定其功能属性（如肉制品的嫩度和多汁性）方面起着关键作用。用植物中的球状蛋白模拟肉类和鱼类中蛋白质的复杂分子结构是非常具有挑战性的，因此模拟它们所需的物理化学和感官属性具有挑战性。同样地，像牛奶、酸奶和奶酪等乳制品的特性由它们内部酪蛋白分子的性质决定（Chandan et al.，2013；Fox et al.，2016）。酪蛋白是由极性和非极性区域组成的无序的柔性分子，极性区域含有多个磷酸基团（Farrell et al.，2002）。因此，酪蛋白是两亲性的带电分子，可以通过疏水、钙介导和静电相互作用与相邻的基团发生相互作用，导致牛奶中出现独特的胶体颗粒（酪蛋白胶束）。此外，这些酪蛋白胶束在酸奶和奶酪的形成过程中经历了部分分解和重新组装，这导致了 3D 网络的形成，从而有助于这些产品具有理想的质地属性。同样地，使用坚硬的球状植物蛋白很难模仿这些灵活的无序的酪蛋白分子的复杂行为，这使制造植物性乳制品具有挑战性。使用植物蛋白模拟动物蛋白功能特性的潜在策略将在本书之后关于不同植物基食品的章节中进行讨论。

球蛋白：球状蛋白中的多肽链折叠成紧凑的结构，灵活性有限（图 2.2）。疏水作用是这种类型结构的主要作用力，即多肽链使非极性氨基酸侧基与水的接触面

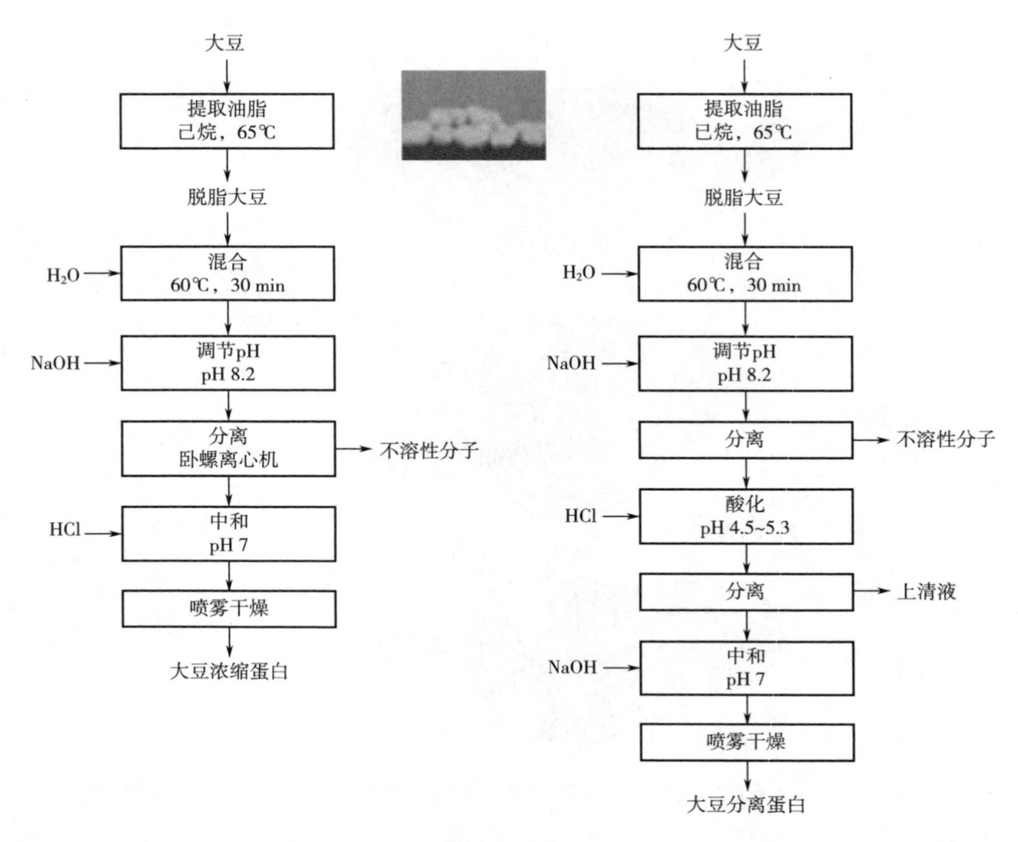

图 2.6　不同方式生产的生产大豆蛋白粉中蛋白质的含量不同。浓缩蛋白中蛋白质含量通常为60%~80%，而分离蛋白含量>88%。该过程包括额外的洗涤步骤

积减小。因此，大多数非极性氨基酸倾向于形成疏水的内部，而大多数极性氨基酸倾向于形成亲水性的外部。然而，可能仍有一些非极性基团位于蛋白质的外部，这导致其表面具有疏水性。多种其他类型的分子间相互作用也可能在决定球蛋白的结构组织中发挥作用，如氢键（α-螺旋、β-折叠和β-转角）、静电力（吸引力和排斥力）、范德瓦耳斯力和二硫键。特定蛋白质中的这些不同的分子间相互作用的存在取决于它所包含的氨基酸的类型和序列。

大多数球蛋白都表现出表面活性，因为它们的表面既有极性区，也有非极性区。因此，它们可以吸附到油—水或空气—水界面，作为乳化剂或发泡剂。当加热温度超过变性温度时，许多球蛋白结构会展开，可以用作热固性胶凝剂。因此，一些原本位于蛋白质内部的非极性基团和巯基暴露在水相中，通过疏水作用和二硫键促进蛋白质的聚集。牛奶（如β-乳球蛋白）和鸡蛋（如卵清蛋白）中的球蛋白会表现出这种凝胶特性，这在确定它们的功能属性方面起着重要作用。植物来源的许

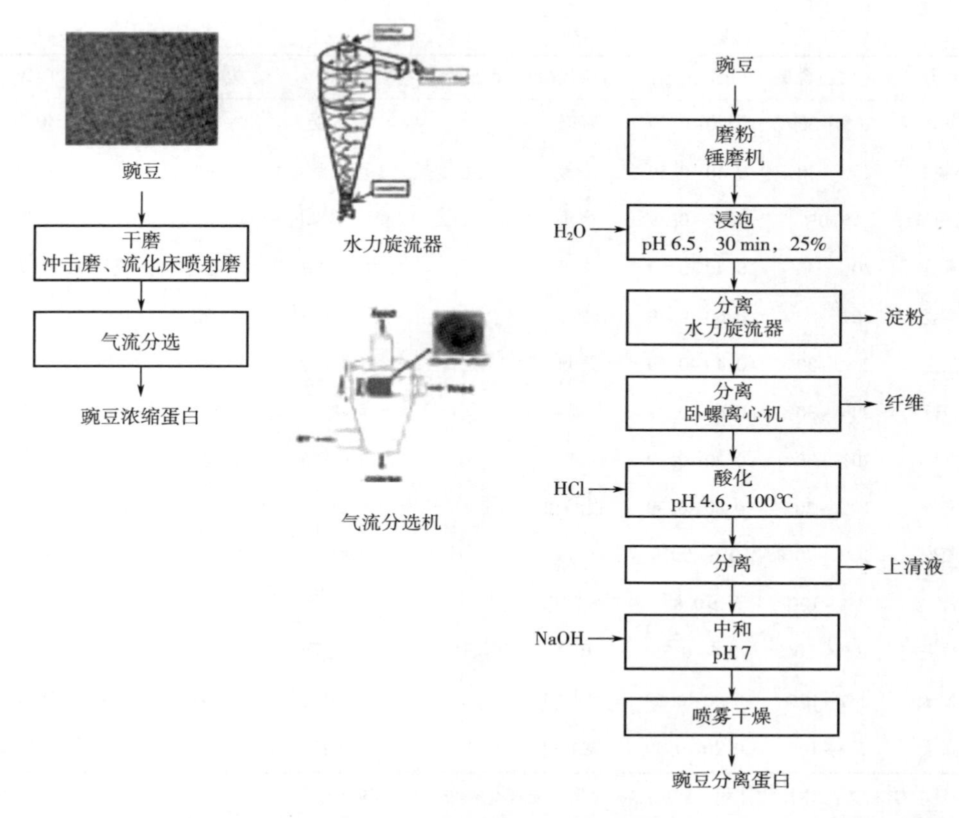

图 2.7　豌豆浓缩蛋白可以使用干磨和空气分级方法将淀粉颗粒（20μm）与蛋白体（1～3μm）分离，从而获得浓缩蛋白。豌豆分离蛋白（干物质中含 86%的蛋白质）是使用湿法提取和等电点沉淀法生产的

多球状蛋白（如大豆或豌豆蛋白）在受热时也会展开和聚集，因此它们也可以用作热固性胶凝剂（表 2.3 和表 2.4）。

表 2.3　可用于配制植物基食品的不同类型植物蛋白的示例，以及有关它们的含量、成本、物理化学、功能和营养属性的信息。应该注意的是，这些值通常取决于蛋白质的分离和加工方式

种类	蛋白质含量	PDCAAS	过敏风险	商业阶段	风味	功能性	成本	GCV
大豆	>30%	>0.8	严重	大宗商品	令人不愉悦	极好	低	大量
豌豆	20%～30%	0.6～0.79	中等	大	可接受	好	低	中等
小麦	10%～20%	0.40～0.59	中等	大	可接受	极好	很低	大量
菜籽	20%～30%	>0.8	严重	小	可接受	好	—	高
鹰嘴豆	20%～30%	0.40～0.59	中等	大	可接受	好	高	高

续表

种类	蛋白质含量	PDCAAS	过敏风险	商业阶段	风味	功能性	成本	GCV
蚕豆	20%~30%	0.40~0.59	轻微	小	可接受	一般	高	中等
小扁豆	20%~30%	0.40~0.59	中等	小	可接受	—	高	中等
羽扇豆	>30%	0.40~0.59	严重	小	令人不愉悦	一般	—	中等
绿豆	20%~30%	0.40~0.59	中等	大	相对中立	好	高	中等
菜豆	20%~30%	0.60~0.79	中等	研发	相对中立	一般	—	低
花生	20%~30%	0.40~0.59	严重	小	相对中立	好	—	高
向日葵	20%~30%	0.60~0.79	很温和	小	可接受	好	高	好
杏仁	20%~30%	0.20~0.39	高	小	相对中立	一般	高	中等
玉米	10%~20%	0.20~0.39	很温和	小	相对中立	低	高	大量
燕麦	10%~20%	0.6~0.79	轻微	小	相对中立	低	—	中等
马铃薯	5%~10%	>0.8	很温和	大	可接受	好	高	大量
藜麦	10%~20%	0.6~0.79	轻微	研发	可接受	好	高	低
大米	5%~10%	0.40~0.59	很温和	大	相对中立	一般	中等	大量
高粱	5%~10%	0.20~0.39	很温和	研发	相对中立	差	—	高

注 GCV 为全球作物体积，PDCAAS 为蛋白质消化率校正氨基酸评分。

表 2.4 植物蛋白在植物基食品中应用的关键特性

等级	蛋白质含量	PDCAAS	过敏风险	商业阶段	风味	功能性	成本/（美元/千克蛋白质）	GCV（MMT）
极好	>30%	>0.8	在人群中的风险低或轻微	大宗商品	无味	功能性好	<2	>100
好	20%~30%	0.6~0.79	↕	大	↕	↕	2~4	10~99
一般	10%~20%	0.40~0.59	↕	小	可接受	↕	5~9	1~9
低	5%~10%	0.20~0.39	↕	起步	↕	↕	10~19	0.1~0.9
差	<5%	<0.20	在人群中的风险高或严重	研发	可接受	功能性低	>20	<0.1

注 GCV 为全球作物体积，PDCAAS 为蛋白质消化率校正氨基酸评分。

如前所述，许多植物蛋白在自然环境中以超分子组装的形式存在，这些超分子通过物理或共价键组装结合在一起（图 2.4）。这些植物蛋白质的功能特性受超分子组件在提取和纯化过程中的解离程度的影响。此外，植物蛋白的变性温度通常与动物蛋白的变性温度不同，这在烹饪过程中想要创造出与动物性食品表现相同的植物基食品时是非常重要的（表 2.1 和表 2.2）。例如，在制作植物鸡蛋时，最好使用与鸡蛋蛋白具有相似热变性温度的球形植物蛋白。植物蛋白与动物蛋白的等电点也不同，这会影响它们在某些食品中发挥作用的能力。例如，在制作植物酸奶或植物奶酪时，选择等电点与酪蛋白接近的植物蛋白会很重要，因为植物酸奶或植物奶酪在 pH 降低时会发生聚集。考虑到这个因素，在模拟动物性食品时，通常选择与动物蛋白性质相似的植物蛋白来取代它们。总结下来，大多数用于制作植物基食品的植物蛋白是来源于大豆、豌豆、土豆、绿豆和大米等的球蛋白（Sha et al.，2020）。

柔性蛋白：一些食物蛋白质具有无序的柔性构象，其多肽链能在溶液中迅速改变结构，如牛奶中的酪蛋白以及肉和鱼中的明胶（在高温条件下）（图 2.2）。例如，明胶是从肉类和鱼类工业产生的皮肤、肌腱、韧带和骨骼等副产物，通过酸或碱水解而获得的胶原蛋白。当加热到螺旋—卷曲转变温度以上时，明胶呈现的是一个高度柔韧和无序的分子状态。然而，当冷却到螺旋—卷曲转变温度以下时，明胶通过氢键与邻近的分子交联形成螺旋结构。明胶在食品中的一个重要功能特性是能够形成透明的热可逆冷凝胶体。只有几种植物蛋白具有酪蛋白或明胶类似的柔性结构。这意味着在酸奶、奶酪、肉类和甜点等食品中，这些分子扮演着重要的角色，但模拟这些分子所需的物理化学和感官特性是具有挑战性的。然而，从植物中提取的多糖，无论是游离还是与植物蛋白结合的多糖，可以模仿柔性动物蛋白的一些理想特征。例如，尽管凝胶—溶胶转变温度较高，但是一些多糖在低于特定温度冷却时可以形成透明凝胶，如琼脂、卡拉胶、结冷胶或琼脂糖（Amici et al.，2001；Rhein-Knudsen et al.，2017）。

纤维蛋白：几种动物性食品因具有纤维蛋白而产生理想的物理化学和感官特性。特别是存在于肉类和鱼类产品中的胶原蛋白，由于三条相互缠绕的多肽链形成的三股螺旋结构呈现刚性的棒状结构（图 2.2）。胶原蛋白存在于猪、牛和鱼等动物的皮肤、骨骼、蹄或结缔组织中。当加热到螺旋—卷曲转变温度以上时，由于氢键的减弱和构象熵效应的增加，三螺旋结构被破坏，从而导致肉和鱼的质地变软。肉和鱼的肌肉组织中含有肌动蛋白和肌球蛋白，它们会形成复杂的纤维结构，从而影响其质地。因很难找到天然具有纤维结构并组装成三维结构的植物蛋白质，这使得用植物蛋白质来模拟肉类和鱼类的特性具有一定的挑战性。但是，一些植物蛋白（如小麦或大豆的谷蛋白）可以通过加工的方法诱导形成纤维结构（Grabowska et al.，2016；Mattice et al.，2020b），并且一些真菌蛋白（菌丝体）天然地具有丝状结构，类似于肉类中的蛋白质（Delcour et al.，2012）。在第 3 章中，我们将讨论几种可以用植物蛋白生产纤维状肉类结构的加工和物理化学方法，如挤压法、剪切单元法和受控相分离法。

2.2.2 蛋白质的提取与纯化

通过不同加工方法的组合，可以从各种植物原料中分离出富含蛋白质的成分。根据所采用的分离方法的复杂程度，可以得到含有不同浓度、分量和纯度的蛋白质，包括全粉（蛋白质含量<60%）、浓缩物（蛋白质含量 60%~90%）和分离物（蛋白质含量>90%）（Loveday，2019，2020；Sha et al.，2020）。理想条件下，在分离过程中蛋白质不会变性或聚集，通过分离方法所得到的蛋白质应该保留其功能特性。此外，通常分离过程中，还要去除会干扰蛋白质功能的成分（如碳水化合物、脂类、矿物质、酶和抗营养因子）。当代植物蛋白成分面临的挑战之一是它们通常是植物原料提取的油或淀粉等过程的副产物。因此，提取过程未考虑保留蛋白质特有的功能特性，考虑的是增加油或淀粉的产量等方面。未来，优化从植物中提取所有不同功能成分方法以提高其功能性和可持续性将非常重要。

我们需要根据植物原料中分离的蛋白质的特定性质来确定其分离的方法。通常用于分离植物蛋白的操作如下。一般先清洗植物原料，然后去除外层部分（如外皮、壳或皮）。在某些情况下，脱脂阶段可以去除之前在碾磨过程中富含油脂的植物原料中的大部分脂肪（图 2.6）。传统的溶剂提取方法，可能会导致蛋白质失去功能特性。因此，研究人员研究了一些正在开发的替代方法，将在 2.4.2 部分中进行讨论。此外，如果有必要的话，植物原料可以在水中加热进行软化，可促进氧化或水解的酶活性。软化的原料可以使用高剪切搅拌机等进行机械分解，从而减小颗粒的大小并增加其表面积；可以添加外源水解酶来分解细胞壁，从而促进蛋白质（和油脂）的释放；还可以通过碱提取和使用醇溶液选择性地沉淀来去除多糖。经历这些步骤之后通常会形成富含蛋白质的悬浊液，其中含有可溶和不可溶的蛋白质。不溶性蛋白质可通过离心法、重力沉降法或过滤法分离。然后，可溶性蛋白质可以通过调节 pH 值接近其等电点或添加盐，使它们从溶液中沉淀出来进行分离。然后，沉淀的蛋白质组分再经过收集、洗涤、干燥、研磨成粉末，可以用作食品配料。在某些情况下，可以使用更复杂的过程来获得可能具有特定功能的特定蛋白质组分，如超滤（Ratnaningsih et al.，2021）。

在本节的后面部分，我们将介绍大豆蛋白、豌豆蛋白、面筋蛋白和马铃薯蛋白等几种常见植物蛋白的提取和分离技术。

许多植物基食品使用大豆浓缩蛋白或大豆分离蛋白进行配制（图 2.6）。有多种方法可以用于生产大豆浓缩蛋白（蛋白质含量 50%~80%）。最简单的方法是使用脱脂的大豆薄片或粉作为原料，这些大豆薄片或大豆粉通常是将大豆脱壳、剥皮或碾磨，用热己烷去除油脂，然后再干燥获得。将干燥的薄片重新分散在碱性溶液中，以溶解蛋白质。不溶部分用倾析器分离，可溶部分进行喷雾干燥，从而得到大豆浓缩蛋白（Johnson，1999）。其他工艺使用乙醇提取、钙沉淀、空气分级、过滤和酶处理来生产抗营养因子含量低的大豆浓缩蛋白（Konwinski，1992；Nardelli，1994；Singh，2006，2007；Thomas，2001）。大豆分离蛋白（蛋白质含量>90%）也是将脱脂的大豆薄片或粉在碱性条件下溶解而获得。但是，并不是将可溶部分进行干燥，而是将上清液的 pH 值调整到大豆蛋白的等电点（pH 4~5），从而将可溶的蛋白质沉淀下来（Puski，1987）。加热蛋白质溶液可以提高蛋白质的聚集性和产率。将凝聚的蛋白质从分散体中分离、中和并进行喷雾干燥后可以得到大豆分离蛋白（Segal et al.，2017）。

豌豆浓缩蛋白和豌豆分离蛋白也遵循相同的原理，但生产方法略有不同（图 2.7）。豌豆天然脂肪含量较低，干豌豆的脂肪含量小于 4%（USDA，2021），但淀粉含量较高，可采用离心的方法进行分离。淀粉颗粒的直径约为 2~40μm，比直径约为 1~3mm 的蛋白质大得多（Ratnayake et al.，2002；Schutyser et al.，2015）。利用这两种天然颗粒大小和密度的差异，干法或湿法分馏的方法可以将淀粉颗粒与蛋白质体分离。干法分馏利用空气进行分级，使用分级轮分离豌豆粉中的颗粒（Pelgrom et al.，2013）。富含蛋白质的细小部分穿过轮子，而富含淀粉颗粒的粗大部分则分离到底部。得到的粗蛋白含量在 40%~60%（Schutyser et al.，2015）。而豌豆分离蛋白通常是使用水力旋流器把淀粉颗粒从蛋白质中分离出来，初产物的蛋白含量为 40%~50%。再用倾析器将这部分蛋白质在 pH 为 4.6 的高温条件下进行沉淀，使其从膳食纤维中分离出来，然后干燥，得到的蛋白质的含量在 86%以上（Salome，2007）。

小麦蛋白是利用面筋蛋白在水中自聚集趋势来制备的（Pojic et al.，2018）。将小麦籽粒磨成粉，与水混合，然后再孵化诱导面筋蛋白聚集。可以使用倾析器、离心机或筛子将面筋蛋白从淀粉浆中分离出来，然后干燥得到可用于食品的蛋白质粉。

多种方法可以用于提取土豆中的蛋白质（Zhang et al.，2017）。将马铃薯研磨成浆，加入亚硫酸钠溶液以防止蛋白质氧化，从而获得马铃薯蛋白。马铃薯浆中含有约 3%的蛋白质，可以通过不同的工艺回收这些蛋白质。分散体系可以用卧式离心机进行初步分离，然后采用连续锥形离心筛和水力旋流器等对蛋白质进行进一步的分离。一种常见的方法是将马铃薯浆过滤浓缩，再将 pH 值调到 4.8~5.6。然后，溶液在 102~115℃的温度下进行喷雾干燥，凝结的蛋白质用卧式离心机分离并干燥，得到蛋白质含量约为 90%的粉末（Grommers et al.，2009）。也可以利用其他方法来获得特定的马铃薯蛋白质组分，如各种过滤或层析的方法（Giuseppin，2008；Waglay et al.，2019）。

2.2.3 蛋白质组分

如上所述，食品工业中使用的植物蛋白成分有多种形式，包括全粉、浓缩蛋白或分离蛋白等，它们蛋白质的含量不同（Loveday，2019，2020；Sha et al.；2020）。植物（如大豆、豌豆或小麦）的一些干燥组分经研磨、过筛后可以得到粉末物质。因此，其中通常含有含量相对较高的淀粉、膳食纤维和矿物质，以及蛋白质，这会影响它们各自的功能特性（Sharan et al.，2021）。分离蛋白的蛋白质含量（>90%）高于浓缩蛋白（60%~90%），高于全粉（<60%）。分离蛋白因其纯度高而常在学术研究中使用，但其价格比较昂贵，在商业食品中的应用较少。分离蛋白或浓缩蛋白中非蛋白质组分的类型和浓度可能会对蛋白质的功能特性产生较大的影响。因此，可以购买到成分明确的成品蛋白质，或在使用之前测定蛋白质的组分是很重要的。值得注意的是，有时纯度较低的成分确实表现出良好的功能性，且提取和纯化所需的能量和消耗的资源会更少，这可以提高它们的可持续性（Kornet et al.，2021）。

在一些应用中，植物蛋白质组分以组织植物蛋白（TVPs）的形式被利用，TVPs是富含蛋白质的微粒，旨在模仿碎肉、香肠和汉堡等产品的结构和质地属性。这些产品通常是将从大豆、其他植物来源（如小麦、鹰嘴豆或燕麦）获得的全粉或浓缩蛋白，挤压成特定的大小和形状（如块、片或纤维）来进行制备的（Zhang et al.，2019）。通常情况下，TVPs含有50%~70%的蛋白质，其余主要是淀粉、膳食纤维和脂肪。

目前，配制植物基食品的一个重大挑战是缺乏具有可靠功能特性的蛋白质成分，这是由以下四个因素导致的。一是在用于提取蛋白质的植物原料中，蛋白质的类型和数量是不同的，这取决于所使用的植物原料的品种和生长条件。因此，了解和控制作物的育种和生长条件很有必要。二是某种特定的植物中有许多种类的植物蛋白质，每种蛋白质都具有不同的分子和功能特性。因此，某种蛋白质成分的表现取决于其所包含的其他蛋白组分。此外，植物蛋白质中的淀粉、膳食纤维、脂类和矿物质也会改变其功能特性。三是植物蛋白的原始结构可能在原料制粉的过程中被破坏。蛋白质结构的变化会对其稳定性和功能性产生很大的影响，如溶解性、乳化性、发泡性、结合性、增稠性和胶凝性等。因此，明确和控制蛋白质的变性条件对该蛋白质的应用是很重要的。四是植物蛋白质的聚集状态在纯化过程中可能会被改变，这也会对其功能产生明显的影响。

表2.1和表2.2总结了几种常见的动物和植物蛋白质的分子和物理化学性质。一般来说，这些性质取决于蛋白质在自然环境中所表现出的生物功能，以及将其转化为食品级蛋白质成分时的分离和其他加工操作。这里重点介绍了在选择应用于植物基食品中的优质植物蛋白时遇到的一些挑战：

• 有异味——许多植物蛋白质因含有令人不适的气味成分而产生使人不愉悦的味道，这些气味成分可能是天然存在的，也可能是在制备过程中经过化学反应形成的（Bangratz et al.，2020；Rackis et al，1979）。此外，一些植物蛋白质具有苦或涩等令人不悦的味道，这通常是由于这些蛋白质中含有皂苷、酚酸和黄烷醇等植物化学物质（Bangratz et al.，2020；Sharan et al.，2021）。大豆和羽扇豆蛋白通常含有令人不愉快的味道，这限制了它们在一些食品中的应用（表2.3和表2.4）。因此，研究人员正试图确定植物蛋白质中不同种类的不良气味和味道，并制定有效的策略来减少它们的影响（Sharan et al.，2021）。例如，可以用植物育种的方法来改变植物蛋白质的组成和与之相关的植物化学物质，从而减少令人不愉悦的味道。另外，可以使用如分馏、膜处理或色谱法等方法使这些异味成分失活；也可以在这些产品中加入其他成分来掩盖蛋白质那些令人不愉悦的味道，这些物质可以跟舌头上蛋白质的受体结合（味道阻断），或与令人不愉悦的蛋白质或植物化学成分结合（味道掩盖）。

- 溶解性差——许多植物蛋白质的水溶性较差，这限制了它们的应用。蛋白质的溶解性有些是其固有的分子特性，有些是在分离、纯化和加工过程的中发生了变化。在20世纪20年代，奥斯本首次对蛋白质的溶解性进行了定义（Osborne，1924）：白蛋白易溶于水；球蛋白可溶于盐溶液；醇溶谷蛋白可溶于酒精溶液；谷蛋白可溶于弱碱性或酸性溶液。某一植物蛋白质中不同蛋白质组分的相对含量由其来源决定（表2.1和表2.2）。植物蛋白质分离可以丰富特定蛋白质的种类、改善它们的功能特性或制备具有特定功能特性的组分。如前所述，蛋白质的溶解度也可能受到其变性和聚集状态的影响，这可能会因加工和储存条件的不同而改变。由于这些原因，优化用于控制蛋白质变性和聚集状态的提取和纯化过程通常是很有用的。例如，可以根据蛋白质的特定属性（如等电点、分子量、表面疏水性和热变性温度）来选择所采用的溶液和环境条件，如pH、盐类型、溶剂和温度。

- 不一致性——在商业产品中使用植物蛋白成分的另一个主要障碍是它们批次之间的差异。这种差异可能由于原材料、提取方法、加工方式或使用的储存条件的差异而产生，这些因素会影响蛋白质的组成、变性状态和聚集状态。由于这些原因，许多公司都在努力优化他们的提取和加工方式，以获得更高质量和更一致的植物蛋白成分。

- 纯度——除蛋白质外，提取出的植物蛋白质中还可能含有各种其他物质，如淀粉、膳食纤维、糖、脂类、矿物质和其他植物化学物质，这些物质会影响蛋白质的功能特性。蛋白质原料中其他物质的类型和浓度通常并不明确，因此很难确定它们在应用中对原料性能的潜在影响。因此，需要制备能够明确控制、组成清晰的植物蛋白质。在某些情况下，可能需要将植物蛋白质的不同组分进行组合来改善它们的性能。例如，在实际应用中，含有膳食纤维的蛋白质混合物的成分可能比仅含有蛋白质的成分表现地更好，但这需要根据具体情况而定。

许多现有的植物蛋白成分没有表现出所需的功能特性，其原因有很多。例如，大豆通常被种植和加工以得到高产量和高效提取的大豆油。因此，它们中蛋白质含量较低，并且在油分离过程中这些蛋白质经常会受损，从而失去其功能。随着植物基食品日益受到重视，许多科学家正在开发大豆和其他作物的品种，使其蛋白质含量较普通品种高得多，从而增加了它们作为植物蛋白质成分来源的潜力（GFI，2021）。此外，许多公司正在开发更温和的农产品加工方法，以防止功能蛋白在分离过程中发生变性和聚集。例如，酶用来选择性地分解植物材料的细胞结构，以释放蛋白质（Bychkov et al.，2019；Sari et al.，2015）。因此，由于作物育种和分离方法的进步，未来可能会出现新一代更高质量的蛋白质成分。

植物蛋白成分也可以使用微生物发酵方法生产，而不从植物原料中提取（Celik et al.，2012；Rasala et al.，2015）。在细胞农业中，在微生物质粒中插入编码特定蛋白质的DNA序列，这些特定的蛋白质基因引入能够在商业条件下进行发酵的微生物，如合适的细菌、酵母或真菌。这些微生物在含有促进其生长和繁殖的营养混合物（如糖、维生素和矿物质）的水溶液中孵育。然后将它们保存在能够促进其生长的环境条件下（如氧气、温度和光照）。随着它们的生长和分裂，它们会在质粒DNA的控制下产生编码的植物蛋白。然后使用合适的分离方法将产生的植物蛋白从微生物细胞中分离出来，再纯化，最终用作功能成分。目前这种方法的缺点之一是蛋白质的产量相对较低而成本较高，因此需要更多的研究来优化这一过程，以便经济地生产植物基食品所需要的蛋白。

2.2.4 蛋白质表征

蛋白质的分子特征通常使用一系列不同的分析技术来表征（Kessel et al.，2018）。本节简要概述了一些最广泛使用的方法。

一级结构：多种方法可以用来确定蛋白质中氨基酸的数量、种类和序列。氨基酸种类的确定通常采用强酸或强碱水解蛋白质以破坏蛋白质分子中的所有肽键；然后使用色谱法确定组成蛋白质的不同氨基酸的相对量。一些氨基酸在强酸或强碱条件下可能会发生化学降解，因此需要不同的方法来量化它们。氨基酸序列可以通过多肽链的选择性片段化来评估，使用酶产生一系列相对较短的肽（10~20个氨基酸）；再添加仅与肽的氨基末端结合的化学物质（埃德曼试剂）；然后可以将该末端氨基酸从肽链的其余部分切下并进行鉴定。多次重复这类过程可以确定肽的完整氨基酸序列。使用不同的酶在多肽链的不同位置切割原始蛋白质，可以根据肽的氨基酸序列计算出整个蛋白质的整体氨基酸序列。质谱法也被开发用于提供有关蛋白质氨基酸序列的信息（见附录）。在这种情况下，蛋白质是在质谱分析之前还是期间被部分水解形成肽，取决于所使用的方法。测量蛋白质的分子量可以深入了解蛋白质中的氨基酸数量，常用的方法有电泳（如SDS-PAGE）、层析（如尺寸排阻）或光散射方法（如激光衍射）。

二级结构：有关蛋白质二级结构的信息，如 α-螺旋、β-折叠、β-转角和无规则卷曲，可以利用对多肽链的局部排序敏感的光谱方法获得。最常用的方法是圆二色谱（CD）和傅里叶变换红外（FTIR）光谱。

三级和四级结构：蛋白质的三级和四级结构通常使用结晶蛋白质的 X 射线衍射分析或蛋白质溶液的核磁共振（NMR）分析获得，还可以使用先进的电子显微镜方法深入了解蛋白质结构。现在，计算机建模的方法在根据蛋白质的一级结构预测蛋白质的三级结构方面变得越来越准确。许多用于确定蛋白质三级结构的方法都需要由训练有素的专业人员来操作复杂且昂贵的设备。因此这种方法在食品公司中并未得到广泛应用。此外，有观点认为可以使用更广泛应用且价格相对便宜的设备来获取蛋白质的构象（如天然状态与变性状态）。例如，球蛋白或纤维蛋白的构象变化可以通过使用差式扫描量热法（DSC）测量热流随温度的变化，或使用荧光光谱仪测量荧光发射光谱随温度的变化来确定。这些装置通常可在使用前建立球状植物蛋白的天然状态。例如，图 2.8 显示了天然和变性植物蛋白的热流随温度变化的曲线。天然蛋白质分子的展开可以清楚地观察到吸热峰，而变性蛋白未出现热转变。由于蛋白质的变性在确定其在植物基食品中的功能方面发挥重要作用，因此使用适当的分析工具对其进行测定很重要。

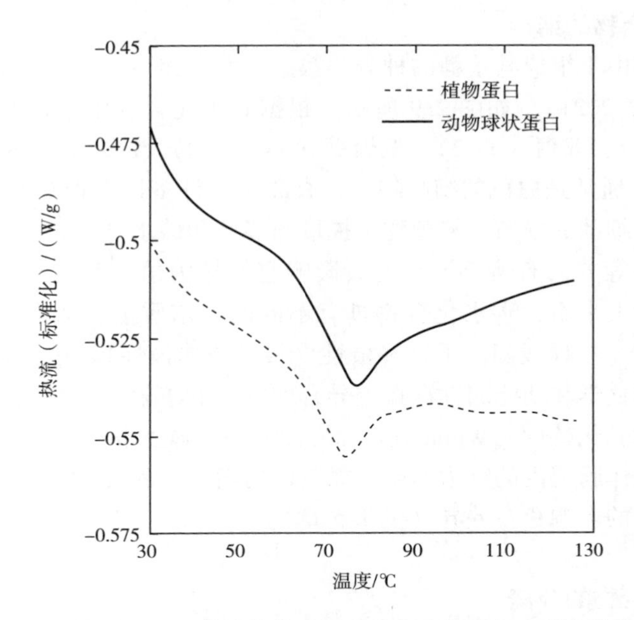

图 2.8　植物蛋白（核酮糖-1，5-双磷酸羧化酶）和动物球状蛋白（乳清蛋白）在加热（pH 7）时的 DSC 图。当冷却时，未观察到峰，表明发生了不可逆的变性

2.3 碳水化合物

碳水化合物是用于配制植物基食品的另一种重要的功能成分，在产品的外观、质地、风味和烹饪性等方面发挥着重要作用。碳水化合物是由单一或多种单糖通过糖苷键连接在一起的有机分子（Brady，2013；Huber et al.，2021）。通常动物基食品中碳水化合物的含量相对较低。例如，美国农业部食品数据中心在线数据库报告显示，大多数肉类、鱼类、鸡蛋和牛奶的碳水化合物含量分别为0、0、2.4%和4.8%。相比之下，许多植物中碳水化合物的含量相对较高。例如，小麦、玉米、大豆和豌豆的碳水化合物水平分别约为76%、74%、11%和15%（按湿法计算）。这些碳水化合物是植物利用阳光和二氧化碳通过光合作用合成的。从生物学上讲，碳水化合物在植物中具有多种作用，如提供能量、支持保护、构成结构和提供信号。在植物基食品中，碳水化合物具有调味、着色、增稠、胶凝、结构化、乳化和保水性等特性。在这一部分中，我们简要概述了碳水化合物的分子结构和性质，以及它们作为功能成分的应用。

2.3.1 碳水化合物的结构

碳水化合物由于组成其单糖的种类、数量、顺序和结合方式等不同而彼此不同（Williams et al.，2021），如图2.9所示。根据碳水化合物中单糖的数量（n），可分为单糖（$n=1$）、双糖（$n=2$）、低聚糖（$n=3\sim10$）或多糖（$n>20$）。单糖和双糖（简单糖类）通常是白色的结晶物质，有甜味。许多低聚糖具有益生元的特性，可以刺激结肠中细菌的繁殖。从植物中提取的多糖和碳水化合物通常在结构、物理化学和生理属性等方面有所不同，这会影响它们作为植物基食品中功能成分的性能。从分子层面上来看，碳水化合物具有不同的摩尔质量、结构（线性或支链）、电特性（阴离子、中性或阳离子）和极性（极性或非极性）。这些分子层面的不同导致它们的物理化学和功能属性存在差异，如它们的溶解度、黏稠性、胶凝性、结合性、保水性和乳化特性（Williams et al.，2021）。碳水化合物分子特性的差异也会导致它们在人体肠道内的行为不同，如它们的消化率和发酵性，从而导致它们对人类营养和健康的影响存在差异（见第5章）。

2.3.2 碳水化合物的分离

在本节中，我们将重点介绍从植物原料中分离的多糖，因为它们通常是植物基食品中用作功能性成分的最重要的碳水化合物。在商业上，淀粉通常源于玉米、小麦、木薯或马铃薯等原料，通过研磨、分离和干燥等方法获取（Mitchell et al.，

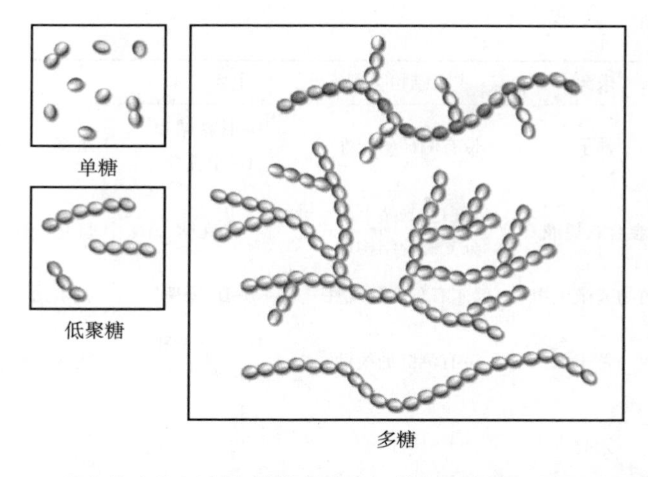

图 2.9　碳水化合物因所含单糖的种类、数量和顺序不同而互不相同

2021）。淀粉的应用取决于植物原料类型。提取程序的设计是确保淀粉颗粒保持天然状态，使其形态和部分结晶结构不受破坏。琼脂、海藻酸盐、角叉菜胶、纤维素、瓜尔胶、果胶和黄原胶等亲水胶体来自不同的生物原料，包括微生物发酵、海藻、苹果和柑橘果渣、棉花和种子等（Phillips et al.，2021）（表 2.5），因此必须根据原材料的性质调整提取和纯化方法。然而，有一些方法经常用于分离不同种类的亲水胶体，如水解、分离、浓缩、回收、洗涤、干燥和研磨。另外，酸水解、碱水解或酶促水解通常用于分解植物原料中的非多糖成分，通过醇溶液（如乙醇）来选择性地从溶液中沉淀回收多糖。然后进行清洗、干燥和研磨等步骤，以制成可用作食品成分的多糖粉末。在一些情况下，多糖在生产过程中被化学或酶促反应改变了它们的功能属性，例如，果胶的去甲基化、纤维素的甲基化或淀粉的磷酸化。

表 2.5　一些可用作食品功能成分的植物多糖的分子特征

名称	来源	主要结构类型	主要单体	功能
琼脂	海藻	线性	β-D-吡喃半乳糖	构成结构、增稠、凝胶化（Ca^{2+}）、稳定
海藻酸盐	海藻	线性	β-D-甘露糖醛酸	构成结构、增稠、凝胶化（Ca^{2+}）、稳定
角叉菜胶	海藻	线性/螺旋	硫酸半乳聚糖	构成结构、增稠、凝胶化（K^+或Ca^{2+}）、稳定
壳聚糖	蘑菇	线性	2-氨基-2-脱氧糖-β-D-葡萄糖	构成结构、凝胶化（多磷酸盐）

续表

名称	来源	主要结构类型	主要单体	功能
瓜尔胶	种子	带有侧链的线性	D-甘露糖和D-半乳糖	增稠、稳定
阿拉伯胶	金合欢树液	蛋白质支架上的分支螺旋结构域	半乳糖	乳化、稳定
菊粉	植物或微生物	偶尔有分支的线性	β-D-果糖	益生元、增稠
槐树豆胶	种子	带有侧链的线性	D-甘露糖和D-半乳糖	构成结构、增稠、稳定
甲基纤维素	木浆	线性	甲基化葡萄糖	增稠、稳定、凝胶化（热定型）
果胶（柑橘）	植物细胞壁	高度分支的螺旋	葡萄糖醛酸酯（主链）	HM：构成结构、凝胶化（糖+热）、稳定 LM：构成结构、凝胶化（Ca^{2+}）、稳定
果胶（甜菜）	甜菜果肉	含蛋白质的分支螺旋	葡萄糖醛酸酯（主链）	构成结构、乳化、凝胶化（糖+热；Ca^{2+}或漆酶）、稳定
淀粉颗粒	玉米、马铃薯、大米、	分支和线性	α-D-葡萄糖	增稠、胶凝、黏合、稳定
塔拉胶	植物种子	带有分支的线性	D-甘露糖和D-半乳糖	增稠、稳定
黄原胶	油菜黄单胞菌渗出物	线型/螺旋（高分子量）	β-D-葡萄糖（主链）	构成结构、增稠、稳定

注 实际上，在每个类别中，商业多糖成分的分子和物理化学特性各不相同，这会影响它们的功能属性。

2.3.3 碳水化合物配料特性

在配制植物基食品时，重要的是选择最合适的碳水化合物配料进行组合以获得最终产品所需的理化、感官和营养特性。葡萄糖、果糖或蔗糖等糖类通常用作甜味成分（Huber et al.，2021）。糖类在食品中还有其他作用，如控制水分活度或充当填充剂。某些种类的低聚糖，如低聚果糖和低聚半乳糖，被用作食品中的益生元成分，以刺激人体结肠中有益细菌的繁殖，对身体健康具有好处（Holscher，2017）。多糖如淀粉、改性淀粉、改性纤维素、瓜尔胶、刺槐豆胶、果胶、黄原胶和阿拉伯胶等经常使用，因为其具有增稠、胶凝、乳化、黏合和保水等特性（Williams et al.，2021）。然而，多糖对健康也可能具有重要的影响，这取决于它们的消化率和发酵能力。例如，快消化淀粉可能会导致血糖水平迅速升高，而膳食纤维对健康有益处，如减少便秘、胆固醇水平和结肠癌的发病率（见第 5 章）。因此，选择合适的多糖或多糖组合以在植物基食品中产生所需的物理化学特性、功能特性和营养特性是至关重要的。

表 2.5 总结了可在植物基食品中用作功能性成分的不同种类的碳水化合物。多糖的功能属性将在 2.6 中作更详细的描述。

当购买在植物基食品中使用的碳水化合物原料时，特别是多糖，需要考虑许多因素。商业的糖类原料通常具有明确和一致的成分和功能。相比之下，多糖成分的功能通常取决于它们的植物来源、分离、纯化以及将其转化为成分的加工方式，还有它们在使用期间的储存条件（如时间、温度、光照和氧气等）。因此，具有特定名称（如果胶）的多糖成分的功能特性可能因这些因素而差别很大。在这种情况下，重要的是选择一种具有最合适的功能属性的成分以符合预期目的，并确保其每批次性能都是可靠的。造成批次间差异的原因多与蛋白质部分所讨论的原因相同。例如：用于生产碳水化合物配料的材料中多糖的类型有所不同，如分子量、组成和结构等；分离和纯化过程可能选择性地对特定分子特征的多糖组分进行浓缩，或者可能改变了它们的一些原始的分子特征；可能有不同类型和数量的杂质组分残留在最终产品中，如其他类型的碳水化合物、蛋白质、脂肪和矿物质。为确保碳水化合物成分具有可靠的功能特性，建立标准化的表征方法是很有必要的，这将在下一节中讨论。

除了多糖的技术功能特性外，还需要考虑各种其他因素，如它们的调节状态、成本、适用性、可靠性和标签友好性。例如，一些消费者不购买含有卡拉胶的产品，因为他们认为这种从海藻中提取的成分对健康有负作用。这导致一些食品制造商无法在他们的产品中使用卡拉胶作为功能性成分。此外，一些消费者可能不会购买含有化学修饰的多糖产品如甲基纤维素，因为他们只想购买由“全天然”成分制成的产品。在这种情况下，制造商正在努力寻找能够提供相同功能的替代成分。理想情况下，这些成分也应该是可持续和健康的。

2.3.4　碳水化合物的表征

了解用于配制植物基食品的碳水化合物的分子特性对于确保它们在最终产品中提供所需的功能特性是非常重要的。如前所述，因为糖是高度纯化的成分，因此其组成和性质通常是明确一致的。相比之下，基于多糖成分的组成和性质往往因批次或供应商不同而不同，因为这些属性取决于其天然的来源（如物种、生长条件），以及将其转化为食品成分的提取、纯化和其他操作。因此，了解此类食品级多糖成分相关的分子特征是很重要的。多种分析仪器可用于检测和提供有关多糖的组成和结构等信息，有关文献进行了详细的综述（Alba et al.，2021；Nielsen，2017；Ren et al.，2019）。在本节中，我们简要概述了这些方法。

某一组分中的所有成分（如碳水化合物、蛋白质、脂肪、灰分和水分）含量可以通过标准化的分析方法确定。组分中总碳水化合物的含量可以使用化学方法来测定，如苯酚—硫酸法。商品用多糖通常含有具有不同分子和功能特征的多糖组分，使用色谱法（如凝胶渗透色谱法或高效液相色谱法）或电泳法［如聚丙烯酰胺凝胶电泳、碳水化合物凝胶电泳（PACE）］测量其分子量分布，可以获得不同组分的含量。如果获得单峰或单个条带，则可以认为该成分包含一种类型的多糖；如果观察到多个峰，则可以认为存在多个不同的组分。

多糖的分子量对其很多功能特性包括溶解度、增稠、凝胶化和结构形成等有重要影响。多糖的平均分子量或分子量分布可使用多种方法进行测定，包括高效液相色谱法、凝胶渗透色谱法、质谱法、光散射和流变仪等。多糖的单糖组成通常用酸水解断开所有的糖苷键，然后进行色谱或电泳分析进行测定。而糖苷键的性质、分支度和分支位置、单糖序列、任何侧基的类别（如甲基、羧基、氨基或硫酸基）是很难确定的。通常，需要采用不同分析方法进行组合来获得这些信息，如化学衍生、酶水解、红外光谱、拉曼光谱、质谱和核磁共振等。另外，可以使用电子显微镜、原子力显微镜、圆二色谱、光散射和黏度仪等分析技术获得溶液中多糖分子的构象信息。

当使用多糖衍生物配制植物基食品时，可使用上述技术中的一种或多种来表征其特性以确保具有所需的功能特性。

2.4 脂质

脂质是另一类用于配制植物基食品重要的功能性成分（McClements et al.，2021b）。选择这些成分是为了模拟动物脂肪为肉类、海鲜、鸡蛋和乳制品提供的理想的物理化学属性、功能属性和感官属性。因此，准确设计出模拟的植物基食品的特性时，了解动物性食品中脂质的性质是非常重要的。动物脂质使动物产品具有理想的外观、口感、味道以及营养成分。这些脂质对于产品整体质量属性的贡献取决于它们的类型、浓度和结构组织。动物体内的脂质由不同种类的分子组成，这些分子不溶于水，但溶于有机溶剂，如三酰甘油、二酰甘油、单酰甘油、游离脂肪酸、磷脂、甾醇和油溶性维生素（Gunstone，1996）。动物性食品中的脂质以多种形式存在，如块状脂质（如猪油）、生物细胞（如肉类和鱼类的脂肪组织）和胶体颗粒（如牛奶中的脂肪球、鸡蛋中的脂蛋白）。在创造植物基替代品时，模仿这些动物基脂质的组成和结构组织，以及它们的物理化学和功能特性，显得尤为重要。

可作为植物基食品成分的脂类来源广泛，包括鳄梨、油菜籽、可可、椰子、玉米、红花、芝麻、大豆和葵花籽（Sha et al.，2020）。其中许多脂质中不饱和脂肪酸的含量很高，因此在室温下是液态的（如鳄梨油、菜籽油、玉米油、红花油、芝麻油、大豆油和葵花油），而有些脂质饱和脂肪酸含量较高，因此在室温下是半固体状态（可可脂油和椰子油）。因此，选择一种合适的结晶或熔化性能的脂质来满足相应的需求是很重要的。例如，在植物奶和鸡蛋中，使用室温下呈流动态的脂质会更好；对于植物基奶酪，则使用部分结晶的脂质来满足其所需的机械性能。植物性脂肪通常以游离的形式存在，因此有必要将它们转化为乳剂或其他形式，来配制植物基食品。

2.4.1　脂质的结构

三酰基甘油，又称甘油三酯，是动植物制品中脂质的主要存在形式。它们由三个脂肪酸链与甘油分子上的三个羟基通过酯键结合而成（Brady，2013）。脂肪酸含有不同数量的碳原子，不同数量和位置的双键，不同的异构体形式（顺式或反式），以及甘油分子上不同的结合点（图 2.10）。构成甘油三酯的脂肪酸的性质会影响食品的物理化学特性、功能特性和营养特性。因此，食品工业中经常使用不同的方法来控制天然脂质中脂肪酸的组成。例如，利用基因工程和作物育种的方法来培育具有不同脂质组成的植物。此外，可以根据脂质的熔点，利用分馏的方法，将脂质分离成具有不同脂肪酸组成的馏分。常用的方法是将脂质保持在一个特定的温度下，使特定部分的甘油三酯结晶，然后通过过滤、沉淀或离心去除晶体。值得注意的是，天然脂质中的脂肪酸在甘油分子上的位置通常不是随机的。使用化学法或酶法完成酯交换，脂肪酸的位置随机分配，会导致脂质的物理化学和营养特性变化。特别是这个过程改变了固体脂肪含量与温度的关系曲线，这在某些应用中很重要。氢化是在氢气和催化剂的作用下对脂质进行加热的过程，可用于降低脂肪酸的不饱和度，从而使脂质更像固体，不易被氧化。然而，利用氢化来改变脂质的物理化学性质存在着健康问题，因为会增加脂质中饱和脂肪酸和反式脂肪酸的比例（如果氢化控制不当），会增加心血管疾病的风险（第 5 章）。

单甘酯、甘油二酯与甘油三酯具有相似的结构，但它们分别只有一个或两个脂肪酸连接到甘油分子上。与甘油三酯一样，脂肪酸分子的性质和位置因脂质的来源和加工过程的不同而不同。单甘酯和甘油二酯可用作植物基食品中的功能性成分，如产生类似固体的质地或用作乳化剂。此外，由于脂肪酶对摄入的甘油三酯的分解，它们在人类肠道中是自然形成的。脂质消化过程中形成的单甘酯和游离的脂肪酸与小肠中的胆汁盐和磷脂结合，形成混合胶束，将这些消化产物运送到上皮细胞壁，从而被吸收。混合胶束在促进其他疏水分子的吸收也起了重要作用，如油溶性的维生素和营养素。

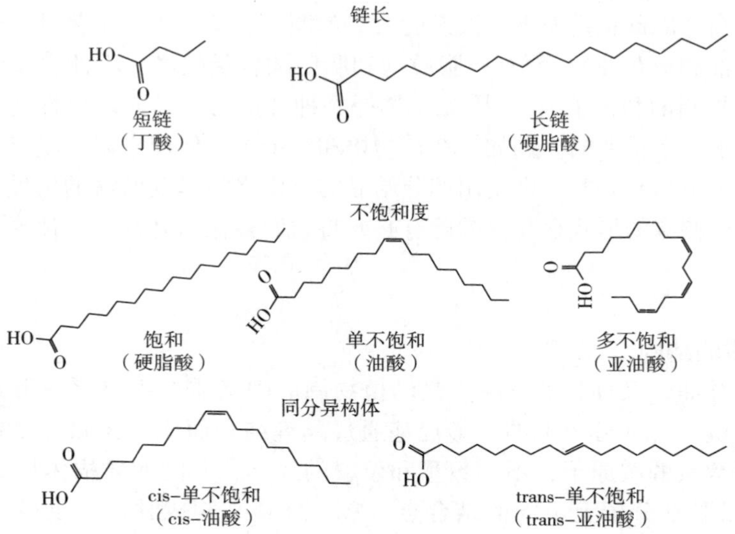

链长

HO
O
短链
（丁酸）

HO
O
长链
（硬脂酸）

不饱和度

HO
O
饱和
（硬脂酸）

O
HO
单不饱和
（油酸）

O
HO
多不饱和
（亚油酸）

同分异构体

O
HO
cis–单不饱和
（cis–油酸）

O
HO
trans–单不饱和
（trans–亚油酸）

图 2.10　动物或植物脂质中的甘油三酯分子由甘油及连接在甘油主链上的三个脂肪酸组成。脂肪酸的链长、不饱和度和同分异构体影响其功能和健康作用

食品中使用的磷脂通常由两个脂肪酸和一个磷酸基团连接到甘油分子上组成。脂肪酸的链长和不饱和度等性质，因其生物来源不同而不同。而且，不同类型的官能团可以连接到磷酸基团上，如胆碱（PC）、乙醇胺（PE）、丝氨酸（PS）和肌醇（PI）。磷脂可以用作乳化剂来稳定水包油型乳状液，或者用来组装成包裹和输送生物活性物质的脂质体。磷脂的功能特性取决于脂肪酸的性质及其所包含的官能团。

动物制品中通常含有胆固醇，这是一种对人类健康至关重要的类固醇分子，但在某些情况下也与某些疾病有关，如心脏病。相比之下，植物制品中含有植物甾醇和植物甾烷醇，它们的结构与胆固醇相似，但已证明对健康有好处，可以降低胆固醇水平。食物中的油溶维生素也是对人类健康至关重要的脂类，包括维生素 A、D、E 和 K（第 5 章）。其中有些维生素可以直接从植物基食物中获得［如维生素 A（作为前体）、E 和 K］，但有些需要从动物性食物中获得（如维生素 D）。因此，需要在植物基食物中添加维生素 D 或服用维生素 D 补充剂，以避免维生素 D 缺乏。

2.4.2　脂质的分离

食用脂质可以从各种富含油脂的植物和藻类原料中分离出来，包括藻类、油菜籽、椰子、玉米、棉籽、亚麻籽、橄榄、棕榈油、油菜籽、红花和向日葵。通常是种子或植物中油脂含量丰富的部分（如中果皮或胚芽）（Rani et al.，2021）。传统工业中，使用溶剂萃取法从油籽和其他富含油脂的植物原料中提取食用油，有时在此之前要进行机械压榨（Rosenthal et al.，1996）。机械压榨对含有大量油的植物原料很有效，如橄榄油可以很容易地通过施加外力压榨出来。采用额外的溶剂萃取如正己烷，具有萃取效率高、易回收等特点，是常用的有机溶剂（Rani et al.，2021）。溶剂萃取法通常采用以下几个步骤：清洗去除外来物质；去除外壳或其他外层涂层；研磨以减小颗粒尺寸并增加表面积；烹调以软化植物原料并增强溶剂的渗透性；在有机溶剂中浸提油；分离有机溶剂；挥发有机溶剂。一旦油脂分离出来，可以进行进一步的加工，以去除杂质，如游离脂肪酸、磷脂、色素和助氧化剂。此外，还可以使用冬化、分馏、酯交换或氢化等方法对其进行加工以改善其功能特性。据报道，溶剂萃取工艺的效率很高，油品产量和溶剂回收率都超过 95%（Rosenthal et al.，1996）。因此，溶剂萃取法在世界范围内被广泛用于食用油的商业生产（Rani et al.，2021）。然而，人们担心使用的有机溶剂的安全性和对环境的负面影响，以及回收有机溶剂所需的成本和对油品质量的不利影响。因此，人们一直对开发替代的提取方法很感兴趣，如酶辅助、微波辅助、超声辅助和超临界流体提取等（Rani et al.，2021）。

最有前景的油提取替代方法之一是酶辅助水基法，因为不需要使用有机溶剂。这些方法通常需要一系列的步骤，如清洗、粉碎、加热、浸泡、酶解、分离和分级（Rani et al.，2021）。这个过程中重要的步骤是利用特定的酶选择性地水解植物油脂体周围的多糖和蛋白质，利于油的释放。水提法的主要优点是不涉及刺激性的化学物质，不需要回收溶剂，更安全，并且可以保持其原本功能特性分离油和蛋白质。

2.4.3　脂质组分

脂质结晶和形成半固体 3D 网络的能力在决定许多动物产品（如肉类、奶酪和冰淇淋）的质地属性方面起着重要作用。脂质的固体脂肪含量（SFC）与温度的曲线在这类的产品中至关重要（图 2.11），这在很大程度上受到了甘油三酯中脂肪酸类型的影响。甘油三酯的熔点随碳原子数的增加和双键数的减少而升高。从肉类和牛奶中提取的动物脂肪通常含有较多的长链饱和脂肪酸，它们往往具有相对较高的熔点，在室温下会部分凝固（图 2.12）。脂肪熔化和结晶对许多常见的动物性食品的质量属性起着重要作用，包括奶酪的熔化、黄油的涂抹性、冰淇淋的质地和鲜奶油的起泡。因此，基于植物替代产品的配料需要采用可提供类似熔化或结晶属性的植物来源的脂质。

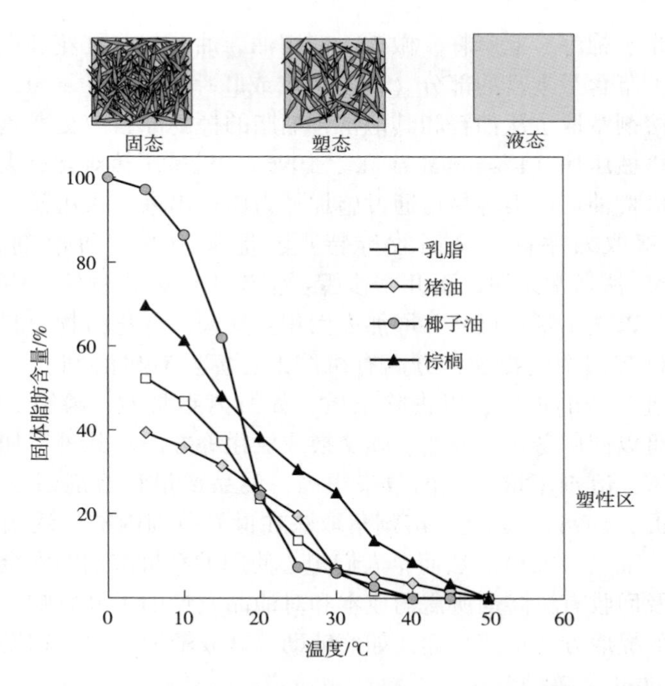

图 2.11　食用脂肪的固体脂肪含量—温度曲线（由脂肪酸组成决定，而脂肪酸组成由其来源决定）

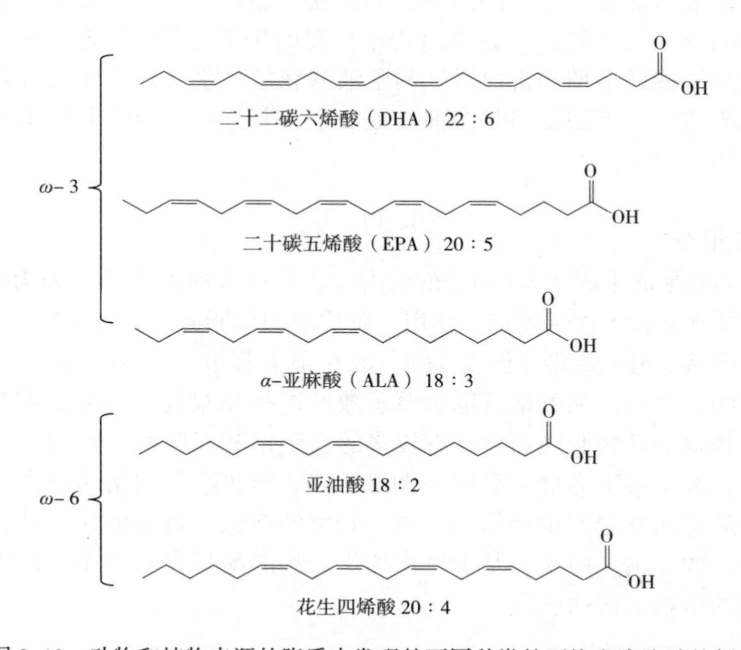

图 2.12　动物和植物来源的脂质中发现的不同种类的不饱和脂肪酸的例子

表 2.6　常见动植物脂肪的脂肪酸组成

脂肪酸	牛肉	猪肉	家禽肉	三文鱼	牛奶	鸡蛋	菜籽	椰子	玉米	橄榄	棕榈	花生	向日葵	大豆
C4：0	—	—	—	—	3	—	—	—	—	—	—	—	—	—
C6：0	—	—	—	—	2	—	—	—	—	—	—	—	—	—
C8：0	—	—	—	—	—	—	—	8	—	—	—	—	—	—
C10：0	—	—	—	—	3	—	—	7	—	—	—	—	—	—
C12：0	—	—	—	—	4	—	—	48	—	—	—	—	—	—
C14：0	3	2	1	3	12	—	—	16	—	—	—	—	—	—
C16：0	27	27	22	11	26	23	4	9	13	10	44	13	7	10
C16：1	11	4	6	5	3	3	—	—	—	—	—	—	—	—
C18：0	7	11	6	4	11	6	2	2	3	2	4	3	3	4
C18：1	48	44	37	25	28	41	56	7	31	78	40	38	14	23
C18：2	2	11	20	5	2	21	26	2	52	7	10	41	75	51
C18：3	—	—	1	5	—	—	10	—	1	1	—	—	—	7
C18：4	—	—	—	2	—	—	—	—	—	—	—	—	—	—
C20：1	—	—	1	—	—	—	—	—	—	—	—	—	—	—
C20：4	—	—	—	7	—	1	—	—	—	—	—	—	—	—
C20：5	—	—	—	5	—	—	—	—	—	—	—	—	—	—
C22：4	—	—	—	2	—	—	—	—	—	—	—	—	—	—

续表

脂肪酸	牛肉	猪肉	家禽肉	三文鱼	牛奶	鸡蛋	菜籽	椰子	玉米	橄榄	棕榈	花生	向日葵	大豆
C22：5	—	—	—	7	—	—	—	—	—	—	—	—	—	—
C22：6	—	—	—	17	—	—	—	—	—	—	—	—	—	—
其他	2	1	6	2	6	2	2	1	0	2	2	1	4	5
SFA	37	40	29	18	61	29	6	90	16	12	48	16	10	14
MUFA	59	48	44	30	31	43	56	7	31	78	40	38	14	23
PUFA	2	11	21	50	2	23	36	2	53	8	10	41	75	58

注　SFA、MUFA和PUFA分别指饱和、单不饱和和多不饱和脂肪酸。

模拟某些动物脂肪理想的熔化或结晶行为的一个主要难题是，因大多数植物脂肪含有较高的不饱和脂肪酸而具有相对较低的熔点（表 2.6）。这些脂肪在室温下多呈液态，因此不能再现动物脂肪所表现出的那些理想的功能属性。如前所述，可以使用氢化的方法将氢原子连接到双键上，从而来提高不饱和脂肪的熔点。然而，在食品中使用氢化植物油（尤其是部分氢化的植物油）通常是不可取的，因为会同时含有一定量的饱和脂肪酸和反式脂肪酸（过程控制不当的话），这会增高患心血管疾病的风险（Hu et al.，2001）。因此，植物基食品的制造商倾向于使用天然含有较高饱和脂肪酸（很少或不含反式脂肪酸）的植物油，如可可脂、椰子油或棕榈油（图 2.11）。需要注意的是，椰子油中饱和脂肪酸的含量相对较高（表 2.6），这引起了营养学家对健康的担忧（Ludwig et al.，2018）。椰子油中的饱和脂肪酸主要是中链脂肪酸（8~14 个碳原子），从营养的角度来看，这与大多数动物脂肪中含有的长链脂肪酸（16~18 个碳原子）不同。

一般来说，甘油三酯的脂肪酸组成会影响它们的营养特性（第 5 章）。观察性研究和临床试验表明，不饱和脂肪酸（尤其是 ω-3 型多不饱和脂肪酸）对人体的健康有益，而饱和脂肪酸对健康有害（Saini et al.，2018；Shahidi et al.，2018）。家畜（如牛、羊和猪）中通常含有相对较少的多不饱和脂肪酸，而海洋动物（如鱼）含有相对较高的多不饱和脂肪酸。图 2.12 显示了动物和植物基食品中几种常见的不饱和脂肪酸。鱼油中通常含有大量的二十二碳六烯酸（DHA）和二十碳五烯酸（EPA），它们都是长链 ω-3 脂肪酸，对健康有益，可以减少心脏和神经退行性疾病。从植物原料分离的甘油三酯中通常含有相对较高的 ω-6（如棕榈油酸）或 ω-9（如油酸）单不饱和酸或 ω-6（如亚油酸）多不饱和脂肪酸（图 2.12）。但是，某些种类的植物油，如菜籽油、亚麻籽油、大豆油和核桃油中含有含量较高的 ω-3 脂肪酸，即 α-亚麻酸（ALA）（Rajaram，2014）。因此，在配制植物基食品时，这些油可以用作 ω-3 脂肪酸的来源。话虽如此，ALA 对健康的好处不如 EPA 和 DHA。因此，富含 DHA 的海藻油可用作这些产品中 ω-3 脂肪酸的替代来源。此外，现代的基因编辑方法如 CRISPR，正被用于生产含量较高的 ω-3 脂肪酸的农产品（如大豆）（GFI，2021）。

将不饱和脂肪酸（尤其是多不饱和脂肪酸）加入食品中的一个主要障碍是它们在加工、储存或使用产品时会因氧化而被降解（McClements et al.，2021）。这些脂质氧化反应会导致产生一系列的挥发性产物，这些挥发性产物会产生令消费者感到不愉快的气味（酸败），并且还可能会有毒性（Arab-Tehrany et al.，2012；McClements et al.，2021；Nogueira et al.，2019）。氧化还可能导致某些不饱和色素，如类胡萝卜素褪色（Qian et al.，2012）。为了攻克这些问题，科学家们开发了多种策略来抑制食物中的脂质氧化。这些策略包括减少脂质在促进氧化反应条件（如热、氧、光和促氧化剂）中暴露的时间，添加抑制氧化反应的保护剂（如螯合剂和抗氧化剂），以及控制食品中脂质内部的结构组织（Jacobsen，2015；Jacobsen et al.，2013；McClements et al.，2018）。对于植物基食品，重要的是使用源自植物的保护剂，最好是从植物提取的纯天然保护剂，这样才能更加做到标签友好。因此，未来更健康的植物基食品的创造依赖于利用这些方法来保护多不饱和植物油脂受到氧化。

总之，用于配制植物基食品的脂质成分具有所需的理化、功能和营养特性是很重要的。例如，它们应具有适当的风味特征、固体脂肪含量-温度依赖性、流变学特性、化学稳定性和营养特性。这些参数取决于脂质的类型和数量。此外，监管状态、成本、可靠性和可持续性等其他因素也要考虑在内。具有环保意识的消费者可能会不购买含有棕榈油的产品，因为用于种植和栽培棕榈树的方法可能会破坏环境和生物多样性。由于饱和脂肪的含量较高，注重健康的消费者可能会避免食用含有椰子油的食物。一些消费者可能不会食用由转基因作物（如转基因大豆）提取的油所制成的食品。因此，制造商在选择合适的脂质成分用于植物基食品时需要考虑这些问题。此外，还需要有合适的分析工具来确定用于配制植物基食品的脂质成分的质量和特性。

2.4.4 脂质表征

确定脂质成分的一些特征，可以评估它们是否适合于特定的应用，包括脂质存在的类型、脂肪酸组成、品质、固体脂肪含量，以及对氧化的敏感性等。可用于表征这些特性的不同种类的分析方法在一些文章中进行了详细的介绍（Christie et al.，2010；Nielsen，2017）。脂类的类型，如甘油三酯、甘油二酯、单甘酯、游离脂肪酸、磷脂和胆固醇的相对量，可以使用薄层层析色谱（TLC）或高效液相色谱（HPLC）等方法确定。脂类的脂肪酸组成需要先经过皂化、甲基化，然后用气相色谱（GC）进行分析。脂肪酸在甘油分子上的位置可以通过各种化学、酶和光谱（NMR）方法来确定。脂类的品质可以通过测量其酸值（存在的游离脂肪酸的数量）和皂化值（脂肪酸的平均分子量）来确定。脂类的固体脂肪含量与温度的关系可以使用膨胀法、差示扫描量热法或 NMR 来确定。脂类成分对氧化的敏感性可以通过测量初级（过氧化值或共轭双烯）和二级（硫代巴比妥酸活性物质和醛）反应产物随时间的变化来确定。脂类在长期储存期间的潜在氧化稳定性可以通过加热、添加氧气或其他促氧化剂加速脂类氧化反应来进行预测。关于脂类化学结构的有效信息也可以用 NMR、红外和质谱等方法获得。

2.5 其他添加剂

植物基食品还添加有其他物质，以改善其品质，延长其保质期，或提高其营养价值（Sha et al.，2020）。本节将简要讨论其中一些重要的添加剂。

2.5.1　盐类

在植物基食品中添加盐类，可以增强其风味，并控制其物理化学特性。摄入后，食物中的矿物质离子可能与口腔内的唾液混合或溶解。之后可能扩散到位于舌头上味蕾的盐受体，导致信号通过神经细胞传到大脑，在那里被感知为咸味。咸味被感觉的量取决于矿物离子的类型和浓度。因此，我们要认真选择适当的富含矿物质的成分，以便在植物基食品中提供适当的可感知的咸度。矿物质可能来自结晶盐（如食盐），也可能是其他成分（如酱油）。盐类中的矿物质离子在植物基食品中还发挥着其他重要的作用。它们屏蔽带电物质之间的静电相互作用，这将减少带相似电荷的物质之间的静电排斥或增加带相反电荷的物质之间的吸引力。因此，添加盐类会改变植物基食品中蛋白质、多糖和磷脂之间的相互作用，从而影响它们的溶解度、黏稠度、凝胶性和乳化特性。高盐分也会影响食物的水分活度，从而影响食物的化学稳定性和对微生物生长的敏感性。应该注意的是，由于分离的方法（如盐析或 pH 值调节）等，用于配制植物基食品的蛋白质成分中也可能存在一定的盐类。

2.5.2　着色剂和调味剂

着色剂和调味剂经常被加入到植物基食品中，以提高其视觉和味觉上的吸引力。通常这些添加剂可使植物基食品从色泽和味觉上像被模拟的动物性食品，达到消费者食用和处理食品的重要指标。例如，肉类（如牛肉）会从生的状态下的红色变成煮熟后的褐色。不同研究人员采用了不同的方法来模拟肉制品的颜色。有人使用豆血红蛋白（一种最初在大豆植物根部发现的铁结合蛋白）来模拟肉的颜色（见第 6 章）。这种血红素蛋白的颜色变化与真肉中的肌红蛋白非常相似。其他人有使用甜菜提取物等天然色素为植物基人造肉提供微红色。在植物鸡蛋中，可以使用姜黄素（来自姜黄）或类胡萝卜素（来自胡萝卜或其他来源）等天然植物色素来模拟真实鸡蛋的淡黄色。通常这些添加剂是强疏水性的分子，因此需要设计专门的输送系统将它们掺入植物基食品中，如乳剂或纳米乳剂（Zhang et al.，2020）。通常，制造商首先会表征要模拟的动物性产品外观的光学特性，如 Lab 值。然后，他们将选用一种或多种植物性颜料来匹配所需的亮度和颜色。在第 4 章中，我们将对用于配制植物基食品的几种最常见的色素作详细介绍。

许多调味剂也可以用来模拟特定动物产品的风味特征，包括盐、糖、香料、草药和风味提取物（Sha et al.，2020）。在这种情况下，研究人员将尝试确定动物性食品中决定其独特风味的关键挥发性和非挥发性物质。这些食物的整体风味特征可能是原始食物中天然存在或在食物加工、储存和烹饪过程中产生的多种不同种类的物质，包括盐、糖、有机酸、氨基酸、肽、脂质及它们的降解产物和衍生物。研究人员将尝试确定这些物质的植物来源，将其分离出来并用作食品成分，或通过化学方法来合成这些物质。此外，一些受控的化学反应，如美拉德反应、焦糖化反应或酶促反应，可用于产生特定的风味物质。例如，酵母提取物通常在植物基食品中用于提供“肉味”（鲜味）（Sha et al.，2020；Watson，2019）。通过改变所用的微生物（如细菌、霉菌和酵母）、底物（如大豆、小麦或豌豆）和发酵条件（如时间、温度和湿度），可以产生不同的风味物质。许多植物成分天然含有一些异味，如泥土味、白垩味、绿草味、涩味或苦味。在这种情况下，往往需要加入与舌头上的受体相互作用的风味阻断剂或与异味本身相互作用的风味掩蔽剂，从而抑制异味和受体的结合（图 2.13）。

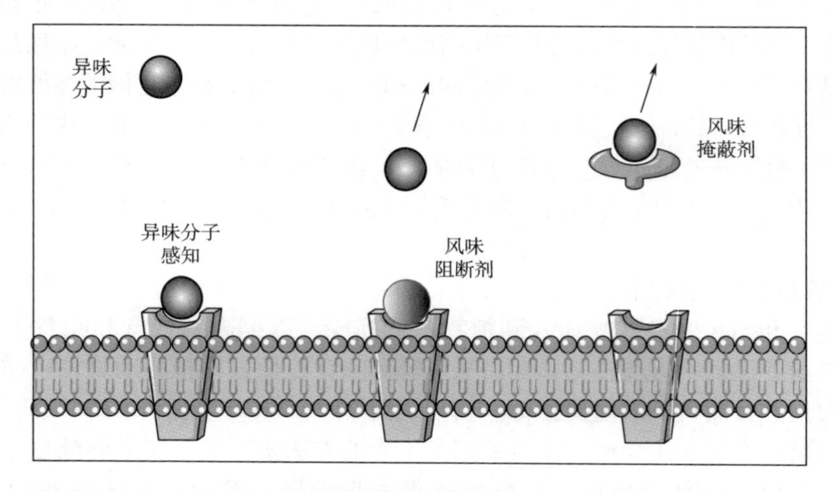

图 2.13　通过使用与风味分子或味觉受体结合的适当物质，可以阻断或掩盖对异味的感知。这些物质可用于改善植物基食品的风味

第 4 章将对植物基食品的着色剂和调味剂的物理和化学基础进行更全面地讨论。关于特定植物基食品中使用的着色剂和调味剂的更多细节将在关于植物肉类、植物海鲜、植物鸡蛋和植物乳的章节中讨论。

2.5.3　pH 的调控

植物基产品的 pH 会影响其物理化学、生物化学和感官特性，包括对微生物生长的敏感性、化学反应速率、溶解度、组分的相互作用、质地、风味和外观。因此，控制产品的 pH 值是很重要的。pH 可以通过添加食品级的酸和碱来调节，而使用适当的缓冲剂可以将 pH 保持在固定的范围（Brady，2013）。pH 调控重要性的一个具体例子是，植物奶添加到酸性咖啡中时，因 pH 接近蛋白质的等电点，通常会变得不稳定（Chung et al.，2017a，2017b）。在这种情况下，保持相对高的 pH 值并添加缓冲剂来增加原始产品的缓冲能力，可以达到防止类似问题的目的（Kyriakopoulou et al.，2021；Lampila，2013）。

2.5.4　交联剂

在肉类、鸡蛋和奶酪等半固体植物基食品中，需要通过添加交联剂来提高其凝胶强度（Khalesi et al.，2020；McKerchar et al.，2019）。例如，转谷氨酰胺酶等可在植物蛋白之间形成共价交联，从而增加产品的机械强度，使其更接近于所模拟的动物产品的质地（Mattice et al.，2021）。多年来，转谷氨酰胺酶一直用来增强肉制品的质地。或者，将金属阳离子（如钙）添加到阴离子植物蛋白溶液中，通过静电桥接效应促进它们之间的交联（Zhao et al.，2017）。此外，还可以加入酸或碱，使其接近蛋白质的等电点，从而降低蛋白质的净电荷，促进蛋白质的物理交联，降低蛋白质分子之间的静电排斥作用。由于它们之间的范德瓦耳斯力和疏水作用，蛋白质相互聚集。这种物理吸引力在植物基酸奶和奶酪的配制中很重要，制造过程与传统工艺类似，即酸化含有蛋白质的胶体分散体系（Grygorczyk et al.，2013）。

2.5.5　防腐剂

植物基食品中也可能含有植物或微生物来源的抗菌剂和抗氧化剂，以延长保质期，从而减少浪费，改善品质，加强食品安全（Sha et al.，2020）。例如，精油、植物提取物、生育酚、类胡萝卜素、香料和草药等都可用作天然的抗氧化剂，而精油、姜黄素、多酚和乳链菌素可以用作天然的抗菌剂（Dominguez et al.，2021）。应该注意的是，植物防腐剂不像合成防腐剂那样效果很明显，因此需要使用较高的浓度，或者相互结合使用。此外，还要考虑到防腐剂在复杂的食物基质中的分布和作用。例如，疏水性防腐剂可能在脂质相的非极性内部被溶解，或者带电防腐剂可能与带相反电荷的蛋白质或多糖相互作用，这会导致与微生物膜相互作用的浓度减小而降低其功效（Loeffler et al.，2014，2020；Weiss et al.，2015）。

2.5.6　微量营养素和功能物质

植物基食品与其替代的动物性食品应当具有相似或更优的营养成分，否则，食用植物性饮食可能会导致营养不足（第 5 章）。因此，许多食品制造商在素食或纯素饮食等植物基食品中加入可能会缺乏的微量营养素，如维生素 D、ω-3 脂肪酸、维生素 B_{12}、钙、铁或锌（Tuso et al.，2013）。尽管建议在饮食中补充维生素 B_{12} 和维生素 D，但几乎没有证据表明食用植物基饮食会导致饮食丰富地区的成年人因营养缺乏而出现健康问题（McDougall et al.，2013）。相较而言，在饮食不丰富的地区，以植物性饮食为主的人可能会患上与维生素或矿物质缺乏症相关的疾病，如在印度农村，当地的饮食主要以谷物为主，缺铁性贫血普遍发生（Taneja et al.，

2020）。此外，还有些人担心，由于缺乏健康成长所需的足够水平的维生素和矿物质，素食或纯素饮食可能会对婴儿的发育产生不利影响（Biesalski et al.，2020）。因此，需要在素食或纯素饮食中添加可能缺少的必需营养素来强化这些产品。植物基食品还可以用有生物活性的植物化学物质（功能物质）进行强化，如类胡萝卜素、姜黄素、白藜芦醇、绿茶多酚等，这些植物化学物质可以通过抑制某些疾病来改善人类健康（Calabrese，2021）。维生素、矿物质等营养素常常需要被包埋在设计好的胶体递送系统中，以便它们能够以稳定的状态成功地融入食品基质中，并确保它们在摄入后具有较高的生物利用率（Dima et al.，2021；McClements，2020）。或者，控制食物基质效应以提高这些生物活性物质的生物利用率（Nair et al.，2018）。

2.6 配料的功能性

配制植物基食品的配料对其理化、感官和胃肠道特性方面发挥着多种作用，如可以提供理想的光学、质地、口感、保水性、风味和稳定性等。因此，在本节中，将对植物来源成分的一些最重要的功能属性进行概述，重点将放在三类主要营养素（蛋白质、碳水化合物和脂质）上，这些是用来配制植物基食品时最重要的功能成分。

2.6.1 溶解性

许多植物配料在油、水或其他溶剂中的溶解性是一个重要的物理化学属性。特别是来源于植物的水溶性蛋白质和多糖，在许多植物基食品的形成、稳定和品质方面起着重要作用。例如，在水中充分溶解这些功能性蛋白质和多糖，会影响溶液的黏稠度、形成凝胶能力和乳液的稳定性（Phillips et al.，2021）。

生物聚合物的溶解性由其独特的分子特性决定的，如摩尔质量、表面疏水性和电学特性等（Guo et al.，2017）。通常情况下，因为相邻分子之间的疏水作用力加强，它们在水溶液中的溶解度随着表面非极性基团数量的增加而降低。这是麦醇溶蛋白和玉米醇溶蛋白等疏水性蛋白质水溶性较低的原因（Davidov-Pardo et al.，2015）。疏水性多糖在加热时发生缔合，这与甲基纤维素的情况一样（BeMiller，2019；Murray，2009）。由于多糖分子之间形成疏水交联，甲基纤维素在低温下倾向于形成透明的溶液，但在高温下会形成不透明的凝胶（Arvidson et al.，2013；Spelzini et al.，2005）。此外，多糖之间能够相互靠近并形成较强的分子间氢键，如线性的纤维素分子，其水溶性也很低（Guo et al.，2017）。

水不溶性的蛋白质，如玉米醇溶蛋白和麦醇溶蛋白也被于植物基肉制品中，创造类似于真实肉制品的结构特征，如肉纤维或颗粒（Mattice et al.，2020a）。同样，纤维素等水不溶性的多糖也已经被用作加工食品中的脂肪替代物、质地改良剂或膨松剂。因此，可以使用化学或机械手段将结晶的纤维素材料破碎成微粒或纳米粒，然后将其作为食品的功能成分使用（Duan et al.，2018；Khalil et al.，2014）。

配料在水中的溶解性还取决于它们的电学特性。带强电的蛋白质或多糖的溶液因为分子间产生的较强的静电排斥作用而无法相互靠近，具有很好的水溶性（Curtis et al.，2006）。许多植物性蛋白质在其等电点附近因失去电荷致使水溶性降低，此时范德瓦耳斯力和疏水相互作用是主要的弱排斥力（Gehring et al.，2010）。此外，在同时含有阴离子和阳离子的体系中，由于带相反电荷的分子之间发生静电吸引，水溶性会降低。如当阳离子蛋白质与阴离子多糖混合时，会形成不溶性的静电复合物（Weiss et al.，2019）。但在某些情况下，这些复合物的形成是有利的，因为它们会产生所需的结构特征，如纤维或颗粒。与大多数植物基生物聚合物一样，大分子的溶解度随着分子量的降低而增加，因为混合过程中的熵发生变化，所以有利于它们在水中随机组合（Curtis et al.，2006）。

生物聚合物的溶解度特性与它们的分子特征相关，假设它们是分散在溶剂中的聚合物或胶体颗粒，然后根据理论模型计算相互之间的各种作用力，如范德瓦耳斯力、空间作用力、静电相互作用、疏水相互作用和熵相互作用（Curtis et al.，2006）。当排斥力大于吸引力时，生物聚合物是可溶的，但当吸引力大于排斥力时是不可溶的。

2.6.2　分子结合作用

许多用于配制植物基食品的蛋白质和多糖的极性、非极性、阴离子和阳离子表面基团等表面化学性质比较复杂（Phillips et al.，2021）。这些表面基团的类型、数量和衍生物聚合物链的空间分布可能有所不同，这影响了它们与环境中其他分子的相互作用（Foegeding et al.，2011；Stephen et al.，2006）。许多植物球状蛋白，有暴露在表面的非极性区域的生物聚合物，可以与非极性分子通过疏水相互作用的结合。由于静电相互作用的吸引力，暴露的阴离子或阳离子区域的生物聚合物可以在环境中结合带相反电荷的分子（Blackwood et al.，2000）。在设计植物基食品时，了解这些分子之间的相互作用很有用。例如，植物性蛋白质会与饮料中的芳香分子结合，从而改变饮料的整体风味（Guo et al.，2019；Wang et al.，2015）。在某些情况下，这是有利的，减少了异味，但在某些情况下，这可能是不利的，因为它改变了预期的风味。目前，人们已经建立了数学模型来描述风味物质的分子特性对它们在食物中结合的蛋白质的影响，以及是如何影响整体风味的（Viry et al.，2018）。

在植物奶和植物奶油中，识别和了解脂肪滴或油体与周围水相中的其他成分之间发生的结合作用是非常重要的，这会影响整个系统的稳定性。比如，带相反电荷的多糖可以通过桥接结合到蛋白质包被的油滴表面絮凝，促进它们的聚集（Dickinson，2019）。相反，在蛋白质包被的油滴上覆盖一层带相反电荷的多糖分子，可以增加液滴之间的空间阻力和静电斥力，从而保护油滴不发生聚集（Li et al.，2018；Xu et al.，2020）。植物蛋白涂层油滴也可能会与水相中的矿物离子结合，从而受到影响。因此，阐明、了解和控制这些产品中的结合作用至关重要。

2.6.3 保水性

半固体植物基食品，如植物肉、植物蛋、植物奶酪和植物酸奶中，通常含有大量液体，比如纯液体（水或油）、溶液（盐水或糖溶液）或分散体系（乳液或悬浮液）。这些液体会影响食品的外观、质地、风味和稳定性。例如，植物肉中汁液的量对其质地和多汁性等起着关键作用（Cornet et al.，2021），酸奶发生液体分离（脱水）会使产品品质下降（Grasso et al.，2020）。因此，在制备和储存过程中，控制植物基食品持水力很重要。

将生物聚合物添加到植物肉、植物蛋和植物酸奶等植物基食品中，可以提高它们的保水能力（WHC），即将水（或其他基于水的溶液或分散体）保留在食物结构中的能力（Cornet et al.，2021；Grasso et al.，2020）。如前所述，这些液体对某些植物基食品的质地和口感起着至关重要的作用，如人造肉的多汁性。因此，确保水不从植物基食品中分离出来是很重要的。生物聚合物可以形成能够通过毛细管和水合力来维持水分的多孔的3D网络，从而促进其保水作用（Blackwood et al.，2000；Stevenson et al.，201）。能直接结合到生物聚合物分子表面的水分子数量取决于它们的表面化学性质，以及暴露的总表面积。毛细管作用力的强度可以通过多孔材料的拉普拉斯压力来近似计算，见式（2.1）（Stevenson et al.，2013）：

$$\Delta P = 2\gamma\cos\theta/r \tag{2.1}$$

式中，ΔP 为毛细压力，γ 为表面张力，θ 为水—物质接触角，r 为孔隙半径。这个公式表明毛细管压力随着孔径的减小和表面张力的增加而增加。从物理上讲，WHC是衡量食品在存在重力或施加压力（如挤压或离心）等外力的情况下保持水分的能力。多孔材料中孔隙数量的增加和尺寸的减小会导致其WHC增加。因此，通常在食品中要形成精细均匀的多孔结构以避免其水分流失。

研究人员试图使用热力学等方法将聚合的多孔食品（包括肉类和植物）的WHC与其结构和化学特性联系起来（van der Sman，2012，2013；van der Sman et al.，201）。从这种分析方法得出的数学理论强调了三个重要因素会影响生物聚合物食品的溶胀压力，进而影响WHC：一是生物聚合物—水的混合；二是生物聚合物—离子相互作用；三是凝胶变形产生的弹性效应。这些模型可以通过确定关键分子及其物理化学特性的重要性来设计具有改进液体保持性的食品（Cornet et al.，2021；van der Sman et al.，2013）。通常，随着生物聚合物分子之间交联度的增加，凝胶网络的剪切模量增加，使其更难膨胀，因此生物聚合物基质的吸水和溶胀能力降低（Cornet et al.，2021）。目前，毛细管（孔径/水化）理论和热力学（混合/离子/弹性）理论之间的关系尚不清楚，仍需要进一步阐明。

2.6.4　增稠作用

植物基生物聚合物（特别是延伸的多糖）经常用作液体或半固体植物基食品，包括牛奶、奶油、流态蛋、调味料和酱料的功能成分，以增加水相的黏度（Williams et al.，2021）。这些增稠剂的使用可以产生所需的质地或口感，或降低颗粒物质（如脂肪滴、油体、植物组织碎片、蛋白质聚集体、草药或香料）的重力分离率。增稠剂提高水溶液黏度的能力可用增稠率来描述，这是衡量需要多少配料才能使黏度大幅增加的一个指标。一种好的增稠剂通常只需要少量添加就能有效地增加黏度。生物聚合物的增稠率取决于它的体积比（R_V），即生物聚合物分子在溶液中溶解时所占据的有效体积（生物聚合物分子+包裹的水）除生物聚合物链所占据的体积（Bai et al.，2017）。R_V 值越高，多糖的增稠率就越高。一般来说，R_V 随着摩尔质量的增加、支化程度降低和分子的构象延伸程度的增加而增加（图 2.14）。因此，硬质细长多糖（如黄原胶）比致密多糖（如阿拉伯树胶）或蛋白质（如豌豆或大豆蛋白）具有更高的增稠率。

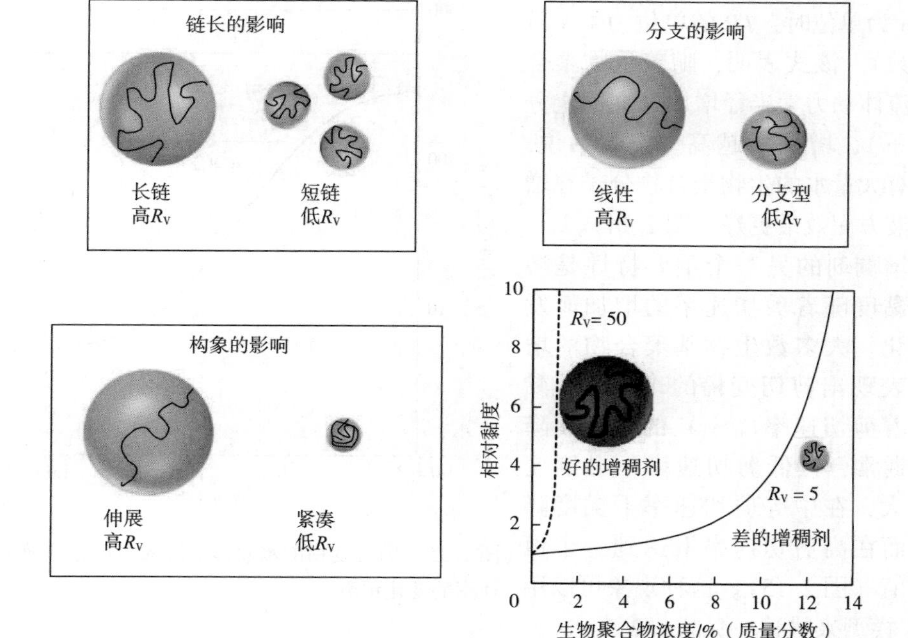

图 2.14　生物聚合物的增稠能力取决于其分子特性，如体积比 R_V。通常，增稠能力随着分子量的增加、伸展程度的增加和分支度的减少而增加

此外，生物聚合物对水溶液的增稠率可以用方程（2.2）来表示（Bai et al.，2017）：

$$\eta = \eta_1 \left(1 - \frac{\phi_E}{0.57}\right)^{-2} \tag{2.2}$$

式中，η 和 η_1 分别表示生物聚合物溶液和溶剂的剪切黏度，ϕ_E 为水合生物聚合物分子（包括被包裹的水）占据的溶液的有效体积分数。ϕ_E 的值可以粗略地由式（2.3）表示（Bai et al.，2017）：

$$\phi_E = \frac{4}{3}\pi r_H^3 \left(\frac{cN_A}{M}\right) \tag{2.3}$$

式中，r_H 表示生物聚合物分子在溶液中的流体动力学半径，c 是生物聚合物的浓度，N_A 为阿伏加德罗常数，M 是生物聚合物分子的分子量。这些方程进行的预测表明，生物聚合物的增稠率随着其有效体积的增加而升高（图 2.14）。

对于一级近似值，增稠率（TP）可以由以下简单公式（2.4）来表示，表明增稠率与生物聚合物的浓度成反比（Grundy et al.，2018）：

$$TP = \frac{r_H^3}{21M} \tag{2.4}$$

式中，当生物聚合物的分子量以 $kg \cdot mol^{-1}$ 为单位且流体动力学半径以 nm 为单位时，TP 的单位为%（质量分数）。该式表明，随着生物聚合物的流体动力学半径增加（在固定分子量下），增稠率越高。换句话说，包裹有大量水的生物聚合物分子在增稠溶液方面效果更好（图 2.14）。

增稠剂的另一个重要特性是溶液的黏度随着剪切速率的增加而发生变化。大多数生物基聚合物的增稠剂表现出剪切变稀的现象，即黏度随着剪切速率（$\dot{\gamma}$）的增加而降低。通常，在低剪切速率下黏度变化不大，在中等剪切速率下黏度降低，而在高剪切速率下达到一个恒定的值（图 2.15）。这种现象可以用 Cross 模型来描述，见式（2.5）：

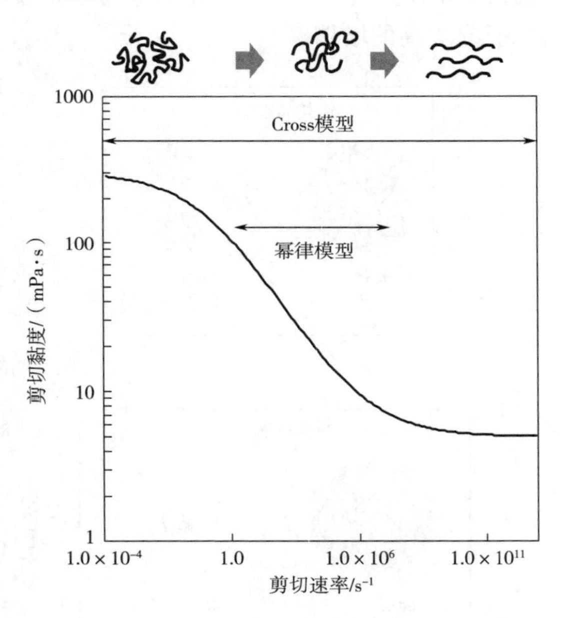

图 2.15　剪切变稀的水胶体溶液的剪切黏度随剪切速率的变化预测

$$\eta = \eta_\infty + \frac{\eta_0 - \eta_\infty}{1 + (K\dot{\gamma})^{n-1}} \tag{2.5}$$

式中，K是Cross常数，n是剪切稀化指数。对于黏度不依赖于剪切速率变化的理想流体，$n=1$；对于剪切变稀的流体，$n<1$；对于剪切增稠的流体，$n>1$。在中等剪切应力下，可以使用以下表达式，称为幂律模型（图2.14）：

$$\eta = K\dot{\gamma}^{n-1} \tag{2.6}$$

这里，K是稠度指数，n是幂指数。应该注意的是，幂律模型和Cross模型中的K和n的值不需要具有相同的数值。剪切变稀对植物基蘸酱、酱汁和调味品等很重要，会影响这些物质的流动性，还会影响食品的口感。因此，所使用的增稠剂具有剪切变稀的现象是很重要的。通常在浓缩的生物聚合物溶液中可以观察到显著的剪切稀化现象，生物聚合物溶液中的分子彼此重叠，可能会导致黏度降低几个数量级。

一些半固体植物基食品具有一定的屈服应力。当施加的应力低于屈服应力时，表现为弹性固体，但当施加的应力超过屈服应力时，则表现为黏性流体（Rao，2007）。蘸酱、酱汁和调味品等产品应具有屈服应力。这个值应当足够大，使这些产品在应用于食品后不会因自重而发生塌陷；但也不能太高，不然会导致无法从容器中流出。具有屈服应力的材料的流变特性可以通过Herschel Bulkley模型方程（2.7）来表示（Kaltsa et al.，2018）：

$$\tau - \tau_0 = K\dot{\gamma}^{n} \tag{2.7}$$

式中，τ_0表示屈服应力，K是稠度指数，n是幂指数。该方程仅适用于施加的应力大于屈服应力的情况，此时材料像非理想流体一样流动。

2.6.5 胶凝作用

生物聚合物如蛋白质和多糖，经常被用作胶凝剂，为植物肉、植物鸡蛋、植物奶酪和植物酸奶等半固态植物基食品提供理想的质地特征。许多基于植物的生物聚合物可以在适当的条件下通过物理或化学相互作用进行结合，从而形成生物聚合物链的多孔3D网络，将水和其他液体包裹在内部（Phillips et al.，2021）。这些生物聚合物水凝胶的物理化学特性，包括光学、流变学、保液性，以及它们对环境条件（如温度、pH或盐）的敏感性，取决于所采用的生物聚合物的类型和浓度，以及它们之间的交联性质。可以形成具有不同外观（透明、浑浊或不透明）、质地（软/硬、橡胶状/脆性）、凝固特性（热、冷、离子、pH或酶）和胃肠道消化性（可消化/不可消化，可发酵/不可发酵）的生物聚合物凝胶（McClements，2021）。因此，配方设计师必须选择适当的生物聚合物或生物聚合物组合，以获得最终产品的理想特性，如硬度、咀嚼性或咀嚼时的断裂性。本节强调了影响由植物性蛋白质和多糖形成的凝胶性质的一些关键因素。

生物聚合物凝胶的整体凝胶强度（弹性模量）是由水凝胶网络中生物聚合物分

子的类型、浓度和相互作用决定的（Vilgis，2015）。对于相对简单的系统，可以利用理论模型将生物聚合物凝胶的分子特征与它们的质构特性联系起来（Gabriele et al.，2001；Rubinstein et al.，1996）。这些模型的预测表明，凝胶强度随着生物聚合物的浓度、交联密度和结合强度的增加而增加（Cornet et al.，2021）。

许多植物基食品含有嵌入水凝胶基质的颗粒，如植物肉类、植物脂肪、植物鸡蛋、植物酸奶或植物奶酪中的脂肪滴或蛋白质颗粒。这些复合系统的流变特性也可以用数学模型来描述（Fu et al.，2008）。这些模型所做的预测表明，聚合物网络中嵌入的颗粒的浓度、大小和相互作用会影响它们的结构性质，如凝胶强度、刚度、韧性和断裂特性。了解这些理论模型对食品配方设计有好处，有助于确定影响半固体植物基食品质地的主要因素。但是，大多数植物基食品的成分和结构比较复杂，这限制了大多数模型的预测，仅能进行定性分析（而不能进行定量分析）。然而，在选择应用于植物基食品的生物聚合物胶凝剂时需要考虑的一些最重要的特性，简要总结如下：

- 最终凝胶强度：最终的凝胶强度（弹性模量）决定了凝胶的硬度或软度，以及咀嚼过程中凝胶的口感（尤其是第一口）。
- 胶凝温度：在某些应用中，凝胶形成或熔化的温度（范围）很重要。例如，植物鸡蛋在加热到约70℃以上时会形成不透明的凝胶，可以模仿真正鸡蛋的烹饪特性，而植物基明胶在冷却至35℃以下时会形成透明的凝胶。
- 最低浓度：形成凝胶所需的最低生物聚合物的浓度取决于生物聚合物分子的结构和相互作用。只有当生物聚合物分子贯穿整个材料形成3D网络时，才会形成凝胶。与大的线性分子如多糖［通常<1%（质量分数）］相比，天然的球蛋白等这样紧凑的球形小分子需要更高的浓度（通常>10%）才能形成凝胶。
- 碎裂特性：施加力时，使凝胶破裂的应力决定了它的脆性或弹性。此外，凝胶破裂时的破裂方式也很重要（尤其是在咀嚼过程中），如形成的碎片的大小和形状。因此，碎裂特性在植物奶酪和人造肉等产品中尤为重要。

表2.7显示了不同种类的植物基生物聚合物及其胶凝特性的示例和形成凝胶的植物蛋白质的例子。许多植物蛋白质在加热时因为热能会导致球状蛋白质展开而形成凝胶，从而暴露出可以通过疏水作用相互结合的非极性表面基团（Mezzenga et al.，2013）。尽管如此，还必须控制pH值和离子强度以减少蛋白质分子之间的静电排斥。如果静电排斥太强，蛋白质可能会因距离不够近而无法聚集。一旦未折叠的蛋白质通过疏水作用力聚集，就可以通过含硫基团形成二硫键，或者可以通过添加交联酶（如转谷氨酰胺酶）使植物蛋白形成凝胶，转谷氨酰胺酶可通过共价键与相邻的蛋白质结合在一起（McKerchar et al.，2019）。

表 2.7　使用不同种类基于动植物的生物聚合物形成的凝胶特性（仅显示了常见动物蛋白的胶凝机制）

生物聚合物类型	胶凝机制	相互作用	凝胶特性
动物蛋白			
明胶	冷凝固可逆	氢键	透明
鸡蛋	热凝固不可逆	疏水作用和二硫键	不透明
乳清蛋白	热凝固不可逆	疏水作用和二硫键	不透明
酪蛋白	酸凝固不可逆	范德瓦耳斯力、疏水作用和离子键	不透明
植物蛋白			
球蛋白	热凝固不可逆	疏水作用和二硫键	不透明
	酶凝固不可逆	共价键	不透明
	离子凝固不可逆（Ca^{2+}）	盐桥	不透明
植物多糖			
琼脂	冷凝固不可逆	氢键	透明—浑浊
海藻酸盐	离子凝固不可逆（Ca^{2+}）	盐桥	透明—浑浊
卡拉胶	离子凝固不可逆（Ca^{2+}或 K^{+}）	盐桥	透明—浑浊
结冷胶	冷凝固可逆	氢键和盐桥	透明—浑浊
甲基纤维素	热凝固不可逆	疏水作用	不透明
低甲氧基果胶	离子凝固不可逆（Ca^{2+}）	盐桥	透明—浑浊
高甲氧基果胶	酸和糖凝固	范德瓦耳斯力、疏水作用和渗透作用	透明—浑浊
淀粉	热凝固不可逆	疏水作用	透明—浑浊

植物基多糖也可以通过各种机制形成凝胶（表 2.6）（Williams et al.，2021）。源自海藻（红藻）的琼脂可以通过热可逆机制形成透明的凝胶：冷却时凝胶化，加热时熔化。这种源自海藻的成分采用适当的方式在沿海地区能够可持续生产，这是许多植物基食品应用的理想属性。同样，来自微生物发酵的结冷胶也可以形成冷固热可逆凝胶。这些冷固多糖在高温下以无规则卷曲的形式存在，但在冷却时会从无规则卷曲转变为螺旋结构。体系中的任何阳离子都可以充当盐桥，将不同分子上的阴离子螺旋连接在一起。从褐藻中提取的海藻酸盐在存在二价金属阳离子，尤其是钙离子（Ca^{2+}）的情况下，可以在室温下形成凝胶。这些离子在相邻海藻酸盐分子上的羧基阴离子之间形成盐桥。凝胶的强度可以通过控制钙浓度、海藻酸盐的浓度和海藻酸盐的类型（如 M/G 区比、分子量）来调节。从红海藻中提取的卡拉胶具有胶凝特性。有许多不同种类的角叉菜胶，它们的分子结构和功能特性各不相同，ι 和 κ 是食品工业中最广泛用作胶凝剂的两种类型。ι 角叉菜胶每个二糖单元中含有

两个硫酸根基团，在钙离子存在的情况下形成凝胶。而 κ 角叉菜胶每个二糖单元只有一个硫酸根基团，在钾离子存在的情况下形成凝胶。此外，形成透明凝胶的可逆热定型多糖已被开发为植物基明胶替代品（Jaswir et al.，2016）。像明胶一样，这些多糖在冷却到临界温度以下时会凝胶化，但在加热到临界温度以上时会熔化。这一领域的主要挑战是获得的植物明胶怎样具备真实明胶的凝胶特性、熔化温度以及流变性和口感特性。由于分子上甲基之间的疏水作用的增加，甲基纤维素在加热时倾向于形成凝胶（Spelzini et al.，2005）。这种现象对于烹饪后需要半固体质地的植物鱼和植物肉的配方而言，是非常有益的。

还有一些其他疏水性物质可用于结构油脂，从而形成油脂凝胶（Puşcaş et al.，2020）。这些物质包括蜡、植物甾醇、甘油单酯和改性纤维素（如乙基纤维素）。通常，将适量的油脂胶凝剂分散在油相中，加热混合物使其熔化。然后冷却液体混合物，油脂胶凝剂结晶并形成 3D 网络结构，为油相提供机械强度。油脂胶凝剂可以形成不含有高含量饱和脂肪酸或反式脂肪酸的固体脂肪，这对健康有一定的好处。

2.6.6 黏合剂和增量剂

生物聚合物通常作为黏合剂添加到植物基食品中，目的是将产品中的不同成分结合在一起，使其不会塌陷（Williams et al.，2021）。它们也可以用作增量剂，目的是为产品增加更多质感。黏合剂和增量剂可通过多种方式发挥作用，包括保液、增稠、胶凝和黏附。各种植物蛋白和多糖可用作黏合剂或增量剂，包括大豆、小麦和豌豆蛋白，以及不同类型的淀粉。这些成分在需要保持半固体质地的植物基食品中很有用，如在未加工的汉堡、香肠或鸡块中。通常情况下，蛋白质或多糖被用作黏合剂和扩展剂。例如，小麦面筋蛋白通过挤压将蛋白质颗粒黏合在一起。果胶、瓜尔胶、角叉菜胶、纤维素和甲基纤维素等多糖也经常用作人造肉产品中的黏合剂。有研究人员对这些成分的分子特性和功能进行了总结（Kyriakopoulou et al.，2021）。

2.6.7 乳化性

乳化剂是可以吸附在油水界面并稳定脂肪粒的成分（McClements et al.，2017）。它们在液滴周围形成一个保护层，该保护层提供一定的机械刚性，或产生防止它们相互聚集的排斥力。最常见的排斥力是静电斥力和空间位阻，这取决于吸附乳化剂层的表面电荷和厚度（McClements，2015）。可用作乳化剂的植物成分通常是表面活性分子，在其表面具有一些极性和非极性区域，或者是具有适当润湿特性的小的胶体颗粒，即它们均能被油和水部分润湿（McClements et al.，2016）。分子植物基乳化剂包括一些蛋白质（来自豌豆、蚕豆、扁豆和大豆）、多糖（改性淀粉和阿拉伯树胶）、磷脂（来自大豆或葵花籽）和皂苷（来自皂树或茶）（McClements et al.，2016）。颗粒植物基乳化剂包括由蛋白质或多糖制成的纳米颗粒，如玉米醇溶蛋白、高粱醇溶蛋白和大豆蛋白（Sarkar et al.，2020；Shi et al.，2020）。使用颗粒状乳化剂的优点是它们可以为脂肪粒提供强大的保护，防止其凝聚，这在液滴长时间接近的产品中可能是有用的（如植物基调味品和植物基蛋黄酱）。相反，使用颗粒乳化剂很难制造出细小的脂肪粒，这将导致低黏度产品（如植物基牛奶或奶油）快速乳化。

乳化剂通常用于促进乳化植物基食品中脂肪粒的形成，增强其稳定性，如植物奶、植物奶油、植物调味品和植物酱汁（McClements et al.，2016）。在这种情况下，含有植物基乳化剂的水相与油相均质化，形成由乳化剂包裹的小脂肪粒。控制脂肪粒的大小和电荷，可以确保它们在重力分离和聚集条件下能够保持稳定。乳化脂肪在决定植物基食品的外观、质地、口感、风味和稳定性等方面发挥着多种作用（McClements et al.，2019；McClements et al.，2021b）。例如，由于光的散射，脂肪粒的存在使产品看起来是乳白色或不透明的，同时通过干扰液体流动和润滑舌头来增加黏度和顺滑的口感。此外，脂滴可以作为亲脂性香味分子的储存器，改变脂肪类食品的风味。

乳化剂可用于植物肉中，以帮助形成模拟的脂肪组织。在哺乳动物中，脂肪组织由嵌入在胶原纤维网络中大的脂肪细胞（一般为几十到几百微米）组成（Urrutia et al.，2018）。这种结构可以用植物成分通过制备含有乳化剂包被脂肪粒的浓缩水包油乳液来模拟，可以嵌入生物聚合物的凝胶网络中。这些植物基的高内相乳液（HIPEs）是不透光的半固体材料，可以模拟脂肪组织的一些物理化学特性。

2.6.8　起泡性

起泡剂是一种能吸附在空气—水界面上，并促进气泡形成和稳定的成分（Amagliani et al.，2017；Narsimhan et al.，2018）。与乳化剂一样，它们在气泡周围形成一层保护层，通过引入一些机械刚性或产生可抑制其聚集的排斥力来提高其稳定性。起泡剂可用于植物油、植物基冰淇淋和植物基烘焙食品等产品中，这些产品中可能含有气泡以获得理想的质地和稳定性。有一系列已经确定的可以适用于这类应用的分子和颗粒植物基起泡剂（Amagliani et al.，2017；Narsimhan et al.，2018）。这些材料通常是植物蛋白质或蛋白质纳米颗粒，但这些蛋白质通常通过与植物性多糖结合使用来提高其功能特性。此外，在某些情况下，气泡周围脂肪晶体网络的形成可以有助于增强其稳定性。在传统的搅打奶油或冰淇淋过程中，部分结晶的乳脂肪球由于结合而相互聚集，在气泡周围形成一个半固态的外壳，有助于防止气泡破裂。因此，对于创造这些植物基产品来说，确定能够执行类似功能的植物基脂肪粒的合适来源会很重要。

2.6.9　熔融和结晶性

植物来源脂类的熔融和结晶行为对某些植物基食品的质地、稳定性和口感方面起着重要作用。特别地，它们对制造植物基肉类、奶酪和冰淇淋很重要，可以模仿这些产品的质地特性。此时，固体脂肪含量（SFC）与温度有关系（图 2.11），与形成的脂肪晶体的形态、多晶态和相互作用也有关系（Marangoni et al.，2012；Ramel et al.，2016）。在浓度足够高的情况下，会形成由小的、聚集的脂肪晶体组成的 3D 网络，提供半固态特性，如屈服应力和弹性模量。这些脂肪晶体网络的凝胶强度通常随着晶体浓度、交联度和结合强度的增加而增加。理想情况下，基于植物的脂质相应与其替代的动物的脂质相的热学和结构特征相匹配。这通常需要将不同种类的脂质混合在一起以获得合适的 SFC—温度曲线。因此，高熔点的植物脂质如椰子油、可可脂或棕榈油被广泛应用。如果操作得当，可以得到合适的 SFC—温度曲线，并形成具有合适的大小、形状、晶型、相互作用和机械性能的脂肪晶体网络。

2.6.10 营养性

一些添加剂可以改善植物基食品的营养状况（Kyriakopoulou et al.，2021；McClements et al.，2021b）（第 5 章）。产品可以添加维生素和矿物质来模拟动物食物中的维生素和矿物质，或提供植物基饮食中可能缺乏的微量营养素，如维生素 B_{12}、维生素 D、铁、钙和锌。植物蛋白为饮食提供了必需氨基酸。然而，个别植物蛋白通常缺乏一种或多种必需氨基酸，而动物蛋白氨基酸种类更丰富（Herreman et al.，2020）。表 2.8 比较了不同植物和动物来源的可消化必需氨基酸评分（DIAAS）和缺乏的必需氨基酸。赖氨酸是谷物蛋白中的主要限制性氨基酸，而蛋氨酸和半胱氨酸是豆类蛋白中的限制性氨基酸。因此，可以通过在同一产品中使用适当的谷物和豆类蛋白质混合物，或全天食用各种不同来源的蛋白质来解决这个问题（Herreman et al.，2020）。然而，我们需要进一步研究以了解不同植物基食物中特定蛋白质混合物在人体肠道内的表现，因为它们的营养效果将取决于氨基酸的性质，以及它们在肠道中上消化道的消化速度和程度（Reynaud et al.，2021）。如前所述，富含 ω-3 性的油脂（如亚麻籽油或海藻油）也可用于强化植物基食品中的必需脂肪酸，从而改善其营养状况。

表 2.8 不同植物和动物来源的可消化必需氨基酸评分（DIAAS）和所缺乏的必需氨基酸的比较

蛋白质来源	DIAAS	限制性氨基酸
玉米	36	赖氨酸
大米	47	赖氨酸
小麦	48	赖氨酸
大麻	54	赖氨酸
蚕豆	55	蛋氨酸+半胱氨酸

续表

蛋白质来源	DIAAS	限制性氨基酸
燕麦	57	赖氨酸
油菜籽	67	赖氨酸
羽扇豆	68	蛋氨酸+半胱氨酸
豌豆	70	蛋氨酸+半胱氨酸
菜籽	72	赖氨酸
绿豆	86	亮氨酸
大豆	91	蛋氨酸+半胱氨酸
马铃薯	100	N/A
明胶	2	色氨酸
乳清	85	组氨酸
酪蛋白	117	N/A
牛奶	116	N/A
鸡蛋	101	N/A
猪肉	117	N/A
鸡肉	108	N/A
牛肉	112	N/A

注　经许可改自 McClements 和 Grossmann（2021b）。

2.6.11　胃肠消化特性

食物成分经常被忽视的功能之一是它们的胃肠道消化特性，即它们在摄入后在人体肠道内的表现（McClements，2021）。植物基成分在消化过程中的表现与它们要替代的动物性成分不同（Ogawa et al.，2018），尤其是营养物质消化的部位、速度和营养成分在胃肠道（GIT）内消化吸收的程度存在差异，其会影响血液中营养物质及其代谢物的药代动力学特征。此外，食物的组成和消化速度会影响激素和代谢反应，从而引发糖尿病、肥胖症和心脏病等疾病（Xie et al.，2020）。许多动物产品，包括肉、鱼和蛋主要由蛋白质和脂肪组成，碳水化合物很少（Toldra，2017）。相反，许多植物基食物含有可消化和不可消化的碳水化合物，如糖、淀粉和膳食纤维，它们在人体肠道内的表现不同（Mariotti，2017）。最近的一项体外研究（INFOGEST）表明，不同植物和动物蛋白质（豌豆蛋白、草豌豆蛋白、大豆扁豆蛋白、酪蛋白和乳清蛋白）的消化率曲线存在明显差异（Santos-Hernandez et al.，2020）。一般来说，大豆蛋白在胃液和肠液中的消化率低于其他蛋白质。

此外，膳食纤维能被大肠（结肠）中的结肠细菌发酵的程度也影响着植物基食品的健康性（Wilson et al.，2020）。从杂食性饮食转向以植物为主的饮食对营养和健康的影响很大，也是未来研究的一个关键领域（Hemler et al.，2019）。有关植物基食品及其成分的潜在的营养和健康影响将在第5章进行讨论。

2.6.12 其他

除了上述描述的特性外，植物基成分还可以提供各种其他特性，这些特性对于模仿传统动物基食品的特性很重要。例如，生物聚合物可能有助于抑制植物基冷冻食品和冰淇淋中大冰晶的形成，从而改善它们的质地和口感。它们还可以抑制水分的迁移，避免因食品脱水收缩而导致的水分流失。这一点在植物酸奶中尤为重要，可以尽量避免产品顶部出现可见的水层。

其他植物基成分如风味、颜色、pH调节剂和防腐剂，对准确创造模拟动物来源的植物基食品也很重要。风味和颜色的类型取决于被模拟产品的确切性质。本书后面有关特定植物基食品（如植物肉、植物蛋和植物乳制品）的章节中会给出一些具体示例。

2.7 成分的利用

在选择了一组合适的成分来制备植物基食品后，重要的是要以适当的方式将它们利用和组合。执行此操作时需要考虑许多因素。第一，将成分储存在适当的条件下（如温度、湿度、光照和氧气水平），以避免它们在使用前发生变质。第二，在使用前将它们溶解或分散在某种介质中。例如，许多亲水成分（如蛋白质和多糖）在使用前可能必须溶解或分散在水溶液中。水溶液的pH、离子组成、温度，以及搅拌的持续时间和强度对分散过程是很重要的。许多功能性多糖在使用前必须加热，以确保它们经历螺旋到线性的转变，增加它们的溶解度和功能性。同样，许多疏水性成分（如香料、色素或油溶性维生素）需要在使用前溶解在适当的油中。同样，这可能需要控制温度和搅拌条件以确保其能够更好地分散和溶解，如在使用前加热油相以熔化结晶材料。第三，不同成分的添加顺序也很重要。例如，如果植物基食品中含有乳化脂肪，那么最好先将油、水和乳化剂进行均质，形成乳状液，然后加入颗粒状物质，不然会堵塞均质机。对于化学性质不稳定的成分，需要在制造过程的最后阶段添加，以避免发生降解。添加成分的顺序也会影响其溶解的速度和程度。在某些情况下，在将成分组合在一起之前，最好先给它们添加一定的水分，以避免发生结块。第四，应考虑到成分之间的相互作用可能对最终产品的质量产生的影响。发生的这种相互作用有很多种可能，我们在这里只举几个例子来说明它们的重要性。因为 Fe^{2+} 和 Fe^{3+} 是有效的促氧化剂，将多不饱和脂质和铁混合在一起可以促进脂质的氧化反应。在 pH 值高于蛋白质等电点时，因为阳离子 Ca^{2+} 在阴离子蛋白质分子之间作为桥梁，将蛋白质和钙离子混合在一起可以促进其发生聚集和沉淀。同样，将阳离子蛋白质和阴离子多糖混合在一起会导致形成具有沉淀倾向的生物聚合物聚集体。第五，因为风味分子可以与蛋白质表面的疏水性部分结合，将疏水性风味物质与球状蛋白质混合可以降低风味分子的强度。因此，了解植物基食品中的不同成分以及它们之间的相互作用很重要，可以选择能够提供所需最终特性的成分组合。

2.8　轻度加工成分

在本章中，我们主要关注从植物原料中分离出来的相对纯净的成分（如蛋白质、多糖和脂质）的加工与利用。这些成分的分离和纯化通常是一个能源密集且耗时的过程，涉及许多不同的步骤，会产生一些可能无法作为人类食品的副产品。因此，人们对开发应用于这些产品的“轻度加工”成分感兴趣。在这种情况下，原始植物原料的加工程度只能生产出能够提供所需功能属性的成分，而不是生产出高度纯化的成分。因此，该成分的可持续性和经济可行性得到了提高。例如，从植物基原料中分离油体，而不是分离纯油和蛋白质部分（Iwanaga et al.，2007）。油体是许多植物（尤其是种子）中天然存在的小胶体颗粒。是以一个甘油三酯为核心，周围包裹一层磷脂，磷脂中嵌入蛋白质所组成。这些油体可用作预乳化油的来源，从而减少纯化油和蛋白质用量，以及有助于将油和蛋白质均质化在一起形成乳液（这节省了成本和能源）。这种方法的另一个优点是它可以减少出现在食品标签上的成分数量，这通常是消费者所希望的。因此，大量的研究正在进行以达到使用最少加工方法生产相应成分的目的。

2.9　结论和未来方向

高质量植物基食品的配方需要选择最合适的功能成分组合，这由许多因素决定，如监管状况、成本、功能属性、相互作用、标签友好性、易用性、可靠性、供应情况和过敏性。阻碍下一代优质植物基食品开发的主要因素之一是缺乏大量且持续供应的、具有所需功能特性且价格合理的植物成分来源，尤其是植物蛋白。目前，对特定植物蛋白可能具有的功能特性以及影响这些特性的因素缺乏了解。这让为特定应用选择最合适的成分变得具有挑战性。此外，不同供应商和不同批次的植物蛋白成分（即使来自同一物种）的功能性能往往存在很大差异。例如，植物蛋白的溶解度、乳化性、起泡性、结合性、胶凝性或增稠性在批次之间可能会有很大差异，这使配制具有所需质量特性的植物基食品比较困难。这些差异通常是植物蛋白的天然状态、聚集状态或成分中的杂质发生变化导致的。因此，在未来，创造范围广泛且具有一致功能特性的植物来源成分非常重要。为实现这一目标，研究人员尝试专门培育具有所需功能的蛋白质的农作物。研究人员还需要开发分离和纯化程序，以保证不改变其所需功能特性，使植物蛋白成分具有一致的特性如变性状态、聚集状态和纯度。一些公司已经在这些领域开展工作，越来越多的优质植物蛋白成分开始商业化。并且，许多已被证明具有良好功能特性的新型植物蛋白目前无法以足够大的规模生产，使其具有商业可行性，因此仍然需要研究来扩大生产它们所需的农业和制造过程。同样，许多公司目前正在这一领域开展工作，以扩大其生产规模。另外，重要的是要建立一个标准化的分析方法，以系统地表征不同植物蛋白在不同条件下的功能特性（表 2.9）。所获得的信息可以包含在一个开放式的数据库中，食品公司可以使用该数据库为特定应用选择最合适的功能成分。

表 2.9　用于表征配制植物基食品的植物蛋白的功能特性的方法

蛋白质成分特性	功能表征
组成	组分分析——水分（干燥法或卡尔费休法）；蛋白质（凯氏定氮法或杜马斯法）；脂肪（索氏抽提法）；灰分（马弗炉或原子光谱）；碳水化合物（苯酚—硫酸法或质量平衡法） 傅里叶变换红外（FTIR）——用已知标准校准后的水分、蛋白质、脂质、灰分和碳水化合物
分子特征	蛋白质类型、分子量分布和聚集状况——SDS PAGE；非变性电泳；体积排阻色谱；光散射 等电点——等电点聚焦，微量电泳 天然状态——差示扫描量热法、荧光光谱—温度
功能特性	溶解性——不同 pH 下的孵育/离心/定量；浊度值—pH 值 乳化性——界面张力—浓度；在标准化均质条件（压力，通过）下，液滴尺寸—浓度的关系；粒径与 pH、离子强度、温度的关系 起泡性——在标准发泡条件下测量的发泡能力和泡沫稳定性 增稠作用——剪切黏度与浓度 胶凝性——最低凝胶浓度；剪切模量—温度；质构特性分析；外观；持水性

参考文献

参考文献

第 3 章　生产植物基食品的工艺和设备

3.1　引言

将植物原料的成分转化为植物基食品需要设计和运用合适的食品制造工艺。该过程由一系列单元操作组成，这些单元操作按照特定序列进行组合，以实现所需的转换。这些单元操作根据它们预期目的进行分类（Berk，2013）。例如，过滤和离心是用来分离颗粒或相的单元操作，而均质和研磨是用来减少颗粒或相尺寸的单元操作。每个单元操作会使用到特定类型的设备，如搅拌机、挤压机、热交换器、过滤器、离心机、均质机或研磨机，这些设备的设计和操作原理各不相同。单元操作也可能导致食品中不同类型的分子变化或物理化学变化，如混合、相分离、相变、聚集和构象变化。因此，食品制造商必须选择最合适的单元操作、工艺和设备来生产特定的植物基产品，如植物奶、植物鸡蛋、植物肉类或植物海鲜。这需要对植物成分的行为以及食品工程和加工原理有很好的理解。

很多用于制造植物基食品的程序多年来一直被食品行业用来生产其他种类的食品。然而，最近食品行业有一些创新，这些创新是专门为创造植物基食品而开发的。此外，在过去，食品制造商往往专注于创造安全、美味、实惠、易保存和方便的食品。但最近人们越来越重视让它们更健康、更可持续，这需要进行加工的创新。

本章介绍了适合制作不同种类植物基食品的最重要的工艺、单元操作和设备，旨在提供有关如何生产植物基食品、所需的设备以及如何操作这些设备等方面的知识。

3.2　构建植物基成分的分子方法

创造具有特定物理化学、质地和感官属性特性的植物基食品需要控制其所含成分的结构组织，这可以通过 3.4 中讲述的热机械加工的方法来实现。但是，在某些情况下，其也可以通过控制用于配制植物基食品的不同成分（如蛋白质、多糖或脂质）之间的分子相互作用来实现。本节介绍了几种可用于构造植物成分的分子和软物质的物理方法。

3.2.1　生物聚合物的相分离

用于生产植物基食品的成分通常是生物聚合物的混合物，尤其是蛋白质和多糖。这些成分可以是人为地组合在一起，也可以天然地出现在一起，如植物蛋白浓缩物通常含有>30%的碳水化合物（Boye et al.，2010；Ingredion，2020；Pelgrom et al.，2013）。因此，在加工过程中需要考虑蛋白质和多糖的相互作用。蛋白质和多糖的相互作用可用于在植物基食品中产生特定的结构和理化特性。例如，控制植物蛋白和多糖的混合物之间的相互作用和叠加剪切力，可以生产类似于动物肉中发现的各向异性的纤维结构（Dekkers et al.，2016）。在本节中，我们将介绍可用于构造植物成分以获得理想的质地和其他功能特性的潜在分子和物理化学机制。

蛋白质和多糖通过各种分子和胶体相互作用，以及各种熵效应相互作用（McClements，2006；Tolstoguzov，1991）。例如，含有带电官能团的生物聚合物表现出排斥或吸引的静电相互作用，而含有非极性基团的生物聚合物表现出吸引的疏水相互作用。此外，构象熵和混合熵对生物聚合物在溶液中的构象和分布也有影响。这些分子特性通过改变系统的整体自由能影响生物聚合物的混合行为（Fang，2021）。由于生物聚合物表现出不同的分子特性，蛋白质和多糖的不同组合的混合物会导致不同的现象，包括混溶、缔合或分离（图 3.1）。

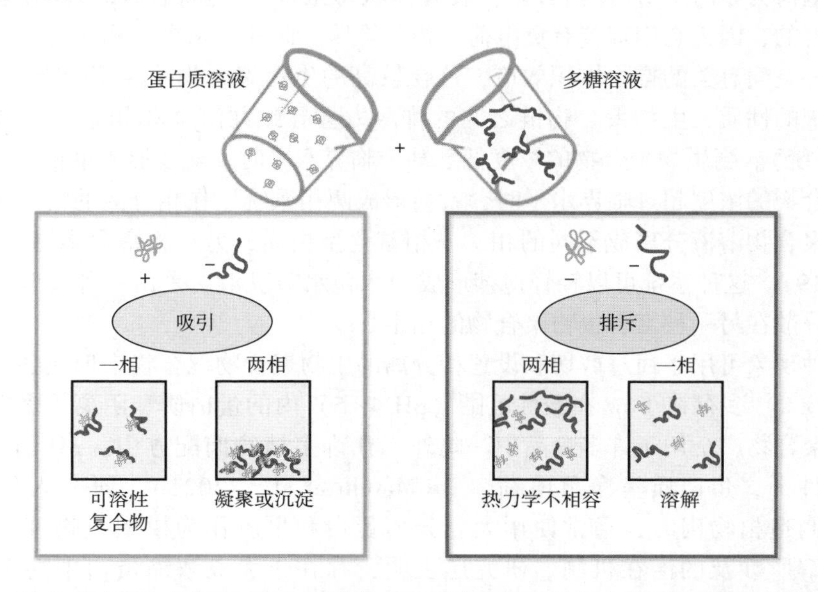

图 3.1　两种基于植物的生物聚合物（通常是蛋白质和多糖）的混合物可以形成一相或两相，具体由生物聚合物分子之间相互作用的强度决定。由于热力学不相容或络合，可能会发生相分离

当混合效应的熵大于作用于它们之间的吸引或排斥相互作用时，生物聚合物倾

向于完全混溶且在混合后形成单一相。然而，在许多情况下，生物聚合物在溶液中结合时会发生相互作用。在相互作用时，即使它们之间存在静电吸引或排斥，仍然可以作为单一相存在且是可溶的。例如，它们可以分别作为可溶性复合物或共溶性的单个聚合物存在（Weiss et al.，2019）。

根据溶液和环境条件，当生物聚合物之间存在足够强的吸引力或排斥力时，它们也可以分离成不同的相。当两种生物聚合物相互吸引并形成凝聚层或沉淀物的分子复合物时，就会发生缔合分离。凝聚层具有相对松散的开放结构，而沉淀物具有相对紧密的紧凑结构。此时，系统分为包含生物聚合物复合物的相和主要由水组成的另一相。当两种生物聚合物由于带相反的电荷或排除的体积效应而相互排斥时，发生相分离。在这种情况下，体系也会分离成两个部分：一部分是富含蛋白质但缺乏多糖，另一部分是富含多糖但缺乏蛋白质（McClements et al.，2021）。分离机制已被用于在植物肉中构建肉的结构，而结合机制已被用于探索提高植物奶的稳定性（Dekkers et al.，2018；Kyriakopoulou et al.，2018）。

3.2.1.1 互斥相分离

当两种生物聚合物分子带有相似的净电荷，如阴离子多糖和阴离子蛋白质（pH>p*I*），在生物聚合物混合物中会产生互斥现象。p*I* 是蛋白质的等电点，即蛋白质的净电荷为零时所对应的 pH 值。在互斥状态条件下，蛋白质和多糖在热力学上是不相容的，因为它们都带有负电荷并相互排斥。此外，两个生物聚合物分子不能占据同一空间有关的排除体积效应，这在较高的生物聚合物浓度下会促进相分离。根据系统的性质，生物聚合物链之间的排斥力会导致共溶（单相系统）或相分离（两相系统）。当生物聚合物的浓度低于某个临界水平时，就会形成单相系统，而当生物聚合物的浓度超过临界水平时，就会形成两相系统。在相分离的情况下，混合的生物聚合物溶液分离成不同的相，一相富含蛋白质，另一相富含多糖（Weiss et al.，2019）。这种系统可以轻轻搅拌形成“水包水”乳液，是由一种富含生物聚合物的相分散在另一种富含生物聚合物的相中。

这种现象可用于通过剪切和设置相分离的生物聚合物混合物来形成各向异性结构（图 3.2）多存在于 p*I* 在酸性范围（pH 4~5）内的蛋白质和阴离子多糖，且这些生物聚合物广泛用于许多食品中。此外，在许多植物肉配方中，pH 值为 5~7，在该条件下，蛋白质呈净负电荷（De Marchi et al.，2021）。研究人员利用这一现象制造植物肉时，通常使用大豆分离蛋白和果胶作为模型生物聚合物，以深入了解所涉及的潜在机制。研究还表明，存在于大豆浓缩蛋白中的多糖对通过这种机制实现各向异性的结构非常重要（Dekkers et al.，2016；Grabowska et al.，2016）。

一旦生物聚合物以较高的浓度（加 2%~4%的果胶和 40%~42%的大豆蛋白）与水混合，它们会分成两个不同的相（Dekkers et al.，2016）。由于各相不混合，

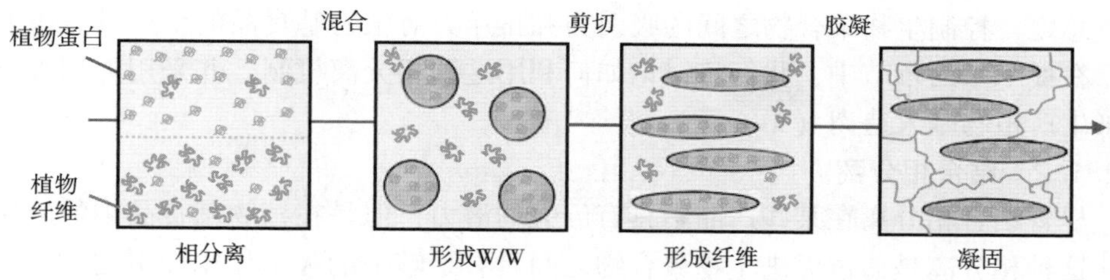

图3.2　类肉纤维结构可以使用软物质物理方法通过植物蛋白和多糖产生：①相分离；②混合和水包水乳液形成；③剪切和纤维形成；④胶凝和凝固。(McClements et al.，2021)

它们之间存在界面张力，在剪切时形成水包水乳液。因为分散相和连续相（富含多糖的相和富含蛋白质的相）都是亲水的，所以它们之间的界面张力非常低（≈μN/m水平）(Scholten et al.，2004)。这意味着形成的水滴具有非常低的拉普拉斯压力（即水滴内部和外部之间的压力差），并且很容易因外部应力而变形。此外，温度也很重要，因为随着温度升高，黏度降低，分子柔韧性增加。

利用这种相分离机制，使用剪切槽来形成纤维状的肉质结构。在这个装置中，生物聚合物、水和其他成分在旋转的锥形槽中同时被剪切和加热（见3.5.2剪切槽）。结果，生物聚合物混合物分离成富含蛋白质的相和富含多糖的相。剪切导致"液滴"的拉长，这些液滴随后嵌入生物聚合物基质中。例如，当单独使用大豆蛋白时，它们在剪切和加热过程中形成橡胶状的层状结构；而当大豆蛋白与2.2%的果胶混合时，会得到各向异性结构（Dekkers et al.，2016）。剪切导致果胶细丝向剪切方向伸长，嵌入变性的大豆蛋白连续相中。果胶很可能通过在空间上分离蛋白质来削弱蛋白质与蛋白质之间的相互作用，从而促进类似于肌肉纤维周围结缔组织的纤维结构的形成。然而，这些生物聚合物混合物中结构形成的原因仍存在争议，并且研究人员正在尝试新模型来描述这一过程（Sandoval Murillo et al.，2019）。

这些研究表明，由相分离形成的纤维结构的性质取决于生物聚合物的选择、生物聚合物的浓度、剪切条件和温度。通常，当使用较低的生物聚合物浓度时，可以在低温（环境条件）下实现混合生物聚合物溶液的相分离。

生物聚合物也可以无须剪切单元或挤压装置的方法形成类似肉的结构（图3.2）。在这种情况下，只需要简单的混合操作就可以在生物聚合物混合物中形成各向异性结构。首先，两种热力学不相容的生物聚合物（通常是一种蛋白质和一种多糖）以足够高的浓度分散在水中，从而导致自发的相分离。其次，轻轻混合生物聚合物分散体，从而形成W/W乳液。再次，生物聚合物混合物被剪切，导致分散相液滴变长。最后，形成的分散相连续相胶凝，在体系中形成纤维结构。根据所用生物聚合物的性质，可以使用不同的方法来完成最终步骤，包括加热、冷却、脱水、调节pH、加盐或添加胶凝剂（见3.2.3）。

总之，控制生物聚合物之间的吸引力和排斥力对植物基食品的生产具有重要影响。在接下来的章节中，我们将讨论如何利用这种相分离机制，并采用剪切细胞装置来生产植物基人造肉（第6章）。

3.2.1.2 结合相分离

尽管结合相分离在某些产品中具有巨大的潜力，但是在植物基食品中的应用较少。这种相分离是通过促进生物聚合物之间具有足够强的吸引作用而引起的，通常是因相反电荷引起了它们之间的静电吸引。然后，生物聚合物分子之间相互作用并形成可溶性的复合物、凝聚层或沉淀物，具体取决于所涉及的相互作用的确切性质。

蛋白质和阴离子多糖通常用于此目的。蛋白质在接近或低于其等电点（p*I*）时，其表面的基团携带正电荷，这些基团可以与多糖上带负电荷的残基相互作用。理论上，两种具有不同 p*I* 的蛋白质也可用于实现结合相分离，如可以使用等电点在 pH 为 5 的蛋白质和另一种等电点在 pH 为 8 的蛋白质。然而，只有少数食品蛋白质具有高 p*I* 且在经济上有可行性。具有高 p*I* 的食品蛋白质仅在低浓度下会带正电荷，如溶菌酶（来自鸡蛋）或乳铁蛋白（来自牛奶）。例如，据报道，牛奶中乳铁蛋白（p*I*>8）的浓度范围为 32~486μg/mL（Cheng et al.，2008）。因此，蛋白质和阴离子多糖的组合更常用于促进结合相分离，因为这些类型的多糖已普遍用作食品中的功能成分（第2章）。

目前，研究人员主要研究蛋白质—多糖复合物在植物奶中的应用，以提高植物蛋白的乳化特性。使用蛋白质—多糖复合物而不是单一蛋白质作为乳化剂的主要优势是能够提高水包油乳液对环境条件变化（如 pH、离子强度和温度变化）的抵抗力（Evans et al.，2013）。通过结合蛋白质和多糖，可以利用两种类型的生物聚合物得到理想的功能特性。许多植物蛋白是具有亲水区和疏水区的两亲性分子，因此具有表面活性。可以在均质化过程中吸附到形成的油滴界面上。所产生的蛋白质包裹的油滴主要通过油水界面上的带电蛋白质产生的静电排斥来稳定。然而，当 pH 太接近蛋白质的 p*I* 或当加入足够多的盐时，因静电斥力减少，会发生聚集。此外，当加热到超过被吸附蛋白质的热变性温度（T_m）时，增加了蛋白质和多糖之间的疏水作用力，会发生聚集。因此，植物蛋白通常利于形成乳液，但在环境胁迫下稳定乳液方面性能较差。相反，许多阴离子多糖是强亲水分子，不具有表面活性，不能吸附到油滴界面并形成乳状液，但和蛋白质之间会产生强烈的空间位阻和静电斥力。

蛋白质和阴离子多糖组成的静电复合物能吸附到油滴界面上，可以用来形成乳状液。此外，它们一旦被吸附，可以在液滴之间产生较强的空间和静电排斥力，增加对环境（如 pH、盐或热）的抵抗力。这种方法可以提高含有被乳蛋白（如酪蛋白或乳清）包裹油滴的乳液的稳定性。研究表明，酪蛋白包裹的油滴通常在 pH

接近酪蛋白的等电点（pI约4.6）时不稳定，而加入硫酸葡聚糖后，pH在2~7能够保持稳定（Jourdain et al.，2008）。这种效果归因于阴离子硫酸葡聚糖增加油滴之间的静电斥力和空间位阻，该原理也可以用来提高被植物蛋白包裹的油滴的稳定性，这有助于制造添加到热酸性咖啡中不会分解的植物奶。例如，将阴离子果胶或黄原胶添加到米浆中可提高大米蛋白包裹油滴的稳定性，防止聚集（Xu et al.，2020）。

总之，在许多植物基食品的生产过程中，控制生物聚合物，尤其是多糖和蛋白质之间的吸引力和排斥力非常重要。排斥相互作用与各向异性植物肉结构的生成密切相关，而结合相互作用是稳定植物奶的有效手段。然而，在植物基食品的设计和开发中，控制相分离也有其他许多应用。

3.2.2 凝胶化

在一些植物基食品中，如植物肉、植物海鲜、植物奶酪和植物酸奶等，能够形成类似固体的质地是很重要的。这些质地特征可以通过控制植物来源的蛋白质和多糖的凝胶化来实现，这会涉及调整溶液的条件，使生物聚合物分子之间形成吸引力。在浓度足够高时，生物聚合物分子会相互结合，形成延伸到整个系统的3D网络结构，从而产生一些弹性特性。根据系统中生物聚合物的性质，凝胶化可以通过各种机制实现：

- 热凝胶——当加热到热变性温度以上时，球状蛋白会展开并聚集，导致许多植物蛋白形成热固凝胶。一些多糖也可用于形成热固凝胶。例如，淀粉颗粒在加热时因为吸水膨胀会形成凝胶；甲基纤维素在加热时因甲基之间的疏水作用力强度随着温度的升高而增加，进而形成凝胶。
- 冷凝胶——在低温下，一些生物聚合物螺旋区域之间形成氢键或盐桥，可以形成冷凝凝胶。通常，生物聚合物先被加热到一定温度使结构展开，然后冷却，这促进了它们的自缔合。对于多糖而言，多糖从高温时的无规卷曲结构转变为低温时的螺旋结构。在多糖分子上形成的螺旋区域通过多糖类型所决定的作用机制发生相互作用。一些多糖凝胶（如卡拉胶和钾）通过阴离子螺旋和阳离子之间形成静电盐桥形成，而另一些多糖凝胶（如琼脂）通过不同螺旋区域之间的氢键形成。冷固化生物聚合物广泛用于植物基食品中以替代明胶。
- 离子凝胶——矿物离子可以与带相反电荷的生物聚合物混合，在常温下通过静电屏蔽或桥连机制发生凝胶化。例如，阳离子（如钙离子）可用于交联阴离子生物聚合物如果胶、海藻酸盐、角叉菜胶和高于其等电点的蛋白质。形成的凝胶的特性取决于所采用的矿物离子的类型和浓度，以及生物聚合物的特性。
- 酶凝胶化——特定的酶也可以用来交联生物聚合物并形成凝胶。例如，转谷氨酰胺酶和酪氨酸酶可用于交联蛋白质（Grossmann et al.，2017），而漆酶可用于交联多糖（甜菜果胶）（Jung et al.，2012）。

• pH 凝胶化——调节生物聚合物分子周围水溶液的 pH 值也可以促进凝胶化。生物聚合物与可电离官能团（如 $-COO^-$ 或 $-NH_3^+$）之间的静电相互作用取决于 pH 值，其影响了这些官能团的电离程度。一些蛋白质在其等电点附近形成凝胶，此时它们之间的静电斥力减少，可以相互接触。在传统的酸奶和奶酪生产中，这一机制尤其重要，酪蛋白分子失去电荷，相互聚集形成 3D 蛋白质网络。这种作用也可能用于生产植物基乳制品。

3.2.3 相转变

可控的相变，特别是固体到液体（熔化）或液体到固体（结晶）的相变，可用于在植物基食品中创造所需的结构、质地和其他功能属性。脂肪晶体的熔融和结晶在许多传统的肉类和乳制品中起着重要的作用，因此在植物基替代品中模拟这种行为是很重要的。椰子油或可可脂经常被利用，因为它们在环境温度和体温附近熔化，这模拟了动物脂肪的熔化行为（见第 2 章）。此外，水的融化和结晶在植物基冰淇淋中很重要，因此控制水的相变很重要，尤其是它产生的温度范围和形成的冰晶的性质。

3.3 先进的颗粒技术

最近，在设计、开发和应用先进的颗粒技术以扩展或提高食品的性能方面有许多创新（图 3.3）。控制这些颗粒的组成、结构和特性可以获得食品的特定功能属性，例如改进成分的分散性、稳定性或其他性能。许多先进的颗粒技术都可以应用于植物基食品。在本节中，我们重点介绍了几种可以完全由植物来源成分制成的高级颗粒，并重点介绍了它们在植物基食品中的一些潜在应用。读者可以在文献中找到对这些先进颗粒技术的更详细介绍（Bai et al.，2021；Tan et al.，2021）。

3.3.1 先进颗粒的类型

3.3.1.1 乳液

乳液技术是在食品中创造新颖结构和功能的最通用的方法之一。乳液是热力学不稳定的胶体分散体系，由两种不混溶的液体组成，如油和水。在最简单的情况下，一种不混溶的液体以被乳化剂包裹的小液滴（液滴直径 d，通常为 100nm～100μm）的形式分散在另一种液体中。根据是油相或水相形成的液滴，乳液可分为水包油（O/W）或油包水（W/O）型（图 3.4）。纳米乳液类似于乳液，但它们中含有更小的液滴（$d<100$nm）。多层乳液包含由多层表面活性物质包裹的液滴，通常是乳化剂层，

然后是一个或多个电荷相反的生物聚合物层，而不仅仅是一个单一的乳化剂层。Pickering乳液是由胶体粒子而不是表面活性分子来稳定的。HIPEs是含有相对高浓度液滴（通常>73%）的乳液，这导致液滴紧密堆积在一起，以至于整个系统具有类似固体的特性。对于不同的应用，每种类型的乳液都有其自身的优点和缺点。

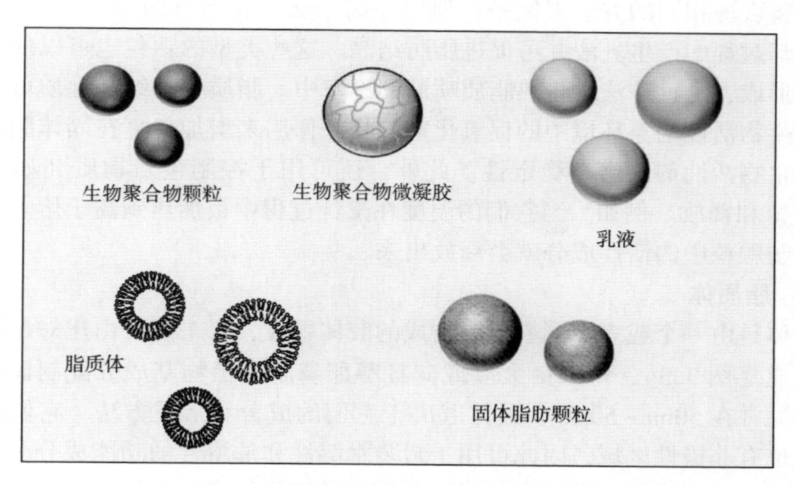

图3.3 由植物成分组装而成的不同类型高级粒子的示意图

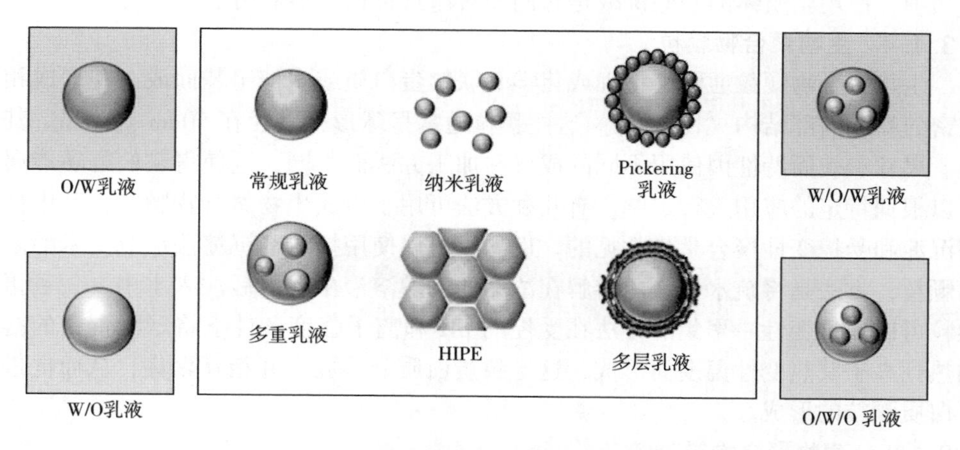

图3.4 用于植物基食品的各种高级乳液示意图

乳液通常使用均质机等设备形成，如高剪切搅拌机、胶体磨、高压阀均质器、超声发生器或微流化器。所用设备的类型、操作条件和起始材料的性质决定了产生的乳液的类型，以及所含液滴的大小。通常，液滴尺寸随着能量强度和持续时间的增加而减小。控制液滴大小对于控制植物基食品的光学性质、质地、稳定性、风味和胃肠道特性很重要。乳液可以完全由植物基的功能成分配制而成，如脂质和乳化剂。

3.3.1.2 固体脂肪粒

固体脂肪颗粒具有类似 O/W 乳液的结构，但脂质相完全或部分凝固。因此，它们由分散在水中的乳化剂包被的固体脂肪颗粒组成（图 3.3）固体脂肪颗粒。可以用与制备乳液相同的方法来制备，但应在高于脂质相熔点的温度下进行均质化，之后在冷却过程中产生乳液并可促进脂肪结晶。这些类型的颗粒也可以使用喷雾冷却的方法形成，这种方法是将热脂质喷洒到冷室中。脂质相的结晶性质可以通过减少疏水性生物活性剂与环境中的促氧化剂的相互作用来增加包裹在固体脂肪颗粒内的疏水性生物活性剂的化学稳定性。此外，还可用于控制包封物质（如颜色或香料）的保留和释放。例如，当它们的温度在烹饪过程中被加热到高于熔点时，包裹在固体脂肪颗粒中的活性成分就会释放出来。

3.3.1.3 脂质体

脂质体是由一个或多个同心双层组成的胶体颗粒，每个双层由尾对尾排列的磷脂分子组成（图 3.3），可以由大豆或向日葵卵磷脂等植物基成分配制而成。脂质体的直径通常在 50nm～50μm，具体取决于它们的成分和形成方法。它们内部既有极性区域也有非极性区域，因此可用于封装水溶性和油溶性的功能成分。可以使用多种方法来形成脂质体，其中高压阀均质化和微流化最适合大规模生产。在植物基食品中，使用脂质体的一些挑战是它们相对昂贵且在许多应用中不稳定。

3.3.1.4 生物聚合物颗粒

生物聚合物颗粒通常由物理或化学交联的蛋白质或多糖组装而成，并形成相对致密的颗粒内部结构（图 3.3）。这些颗粒通常呈球形，直径在 50nm～50μm。其组成、尺寸和表面特性因使用不同的成分和加工方法而不同，这使得它们的功能属性可以根据特定的应用进行定制。有几种方法可用于生成生物聚合物颗粒，其中抗溶剂沉淀和受控变性聚合是最常见的。例如，可以使用抗溶剂沉淀法形成玉米醇溶蛋白颗粒，方法是将疏水性蛋白溶解在浓缩的乙醇溶液中，然后注入水中。大豆蛋白颗粒可以通过变性—聚集的方法在受控的 pH 和离子强度条件下将球状蛋白的溶液加热到高于其热变性温度而形成，这导致蛋白质分子展开并相互聚集，从而促进小蛋白质颗粒的形成。

3.3.1.5 生物聚合物微凝胶

生物聚合物微凝胶也由蛋白质或多糖制成，但它们通常比生物聚合物颗粒更大（100nm～1000μm）和具有更多孔隙。事实上，它们通常由物理或化学交联的生物聚合物的 3D 网络组成，这些网络在内部包裹大量的水（图 3.3）。有多种方法可用于制备生物聚合物微凝胶，最常见的方法是注射凝胶法和凝聚法。注射凝胶法是将生物聚合物（如藻酸盐）溶液注入另一种含有胶凝剂（如钙离子）的溶液，从而形成微凝胶。凝聚法通常是用含有蛋白质和多糖混合物的溶液进行制备，然后调节pH值，使它们之间存在净静电吸引力，再次形成微凝胶。这些微凝胶的大小、形状和稳定性可以通过施加剪切作用然后交联生物聚合物来进一步控制。生物聚合物微凝胶的功能属性可以通过控制其组成、尺寸、形状、内部结构和表面特性来控制。这可以通过使用不同的原材料、加工技术或操作条件来实现。

3.3.2 先进颗粒技术的应用

在本节中，我们将简要概述先进颗粒技术在植物基食品中的一些潜在应用（Bai et al.，2021；Tan et al.，2021）。

3.3.2.1 水分散性

植物基食品中使用的几种功能性成分是强疏水性物质，不能直接掺入水性食品基质中，包括非极性色素、调味剂、防腐剂、维生素和营养素。通常可以通过将这些疏水物质封装在外部亲水和内部疏水的胶体颗粒中来提高它们的水分散性，如油滴、固体脂肪颗粒、脂质体和某些类型的生物聚合物颗粒。

3.3.2.2 化学稳定性

植物基食品中使用的一些功能性成分是化学不稳定的，并且在暴露于特定环境条件（如热、光和氧气）或存在其他成分（如过渡金属或酶）的情况下往往会发生降解。例如，ω-3脂肪酸、油溶性维生素、姜黄素和类胡萝卜素容易氧化，导致营养物质损失、产生异味或褪色。这些物质可以通过将它们封装在胶体颗粒中来提高其化学稳定性。这些颗粒可以将功能成分与周围水相中的促氧化剂隔离开，或者包含有抑制化学降解反应的抗氧化剂。例如，许多植物蛋白是天然的抗氧化剂，因此将不稳定的功能成分包裹在由植物蛋白制成的颗粒中可能会增加它们的氧化稳定性。

3.3.2.3 缓释

在一些应用中，需要控制功能成分的释放，以获得植物基食品的特定效果，如加热过程中风味或颜色的变化，可以将它们包裹在胶体颗粒中以控制功能成分的释放。通常，设计的颗粒在一定条件下功能成分被保留，而在另一种条件下进行释放。通过改变颗粒的性质，如它们的组成、结构和大小，可以控制释放曲线，如突释、持续释放或触发释放。被包裹物质的释放速度可以通过改变颗粒的大小或基质的黏度来控制：颗粒直径越大或基质的黏度越高，释放越缓慢。触发释放可以通过设计颗粒来实现，这些颗粒可以在某些外部触发因素（如pH、离子强度、温度或酶活性）的触发下发生崩解或相变。例如，当加热到特定温度以上时，固体脂肪颗粒可能会熔化，或生物聚合物微凝胶可能会经历凝胶—溶胶的转变。

这些现象可能有助于在烹饪过程中植物基食物发生颜色变化。例如，一种色素可以被包裹在固体脂肪颗粒中，当加热到脂相的熔点以上时，就会被释放出来。然后，这种色素与环境中的其他分子相互作用，从而使颜色发生变化。此外，如活性成分（如维生素或营养素）包裹在胶体颗粒中，由于酶活性的变化，胶体颗粒在胃肠道的特定区域分解，活性成分可以在人体肠道内定向释放。例如，淀粉基颗粒由于淀粉酶的作用主要在口腔和小肠分解，蛋白质基的颗粒由于蛋白酶的作用主要在胃和小肠分解，脂类基的颗粒由于脂肪酶的作用主要在小肠分解，膳食纤维基的颗粒可能由于结肠菌释放的酶的作用而到达结肠后才会分解。研究人员还可以设计的颗粒根据环境的 pH 和离子强度的变化释放包封的活性物质。例如，由于生物聚合物分子电荷的变化或静电屏蔽效应，当 pH 或离子强度改变时，因静电吸引结合在一起的生物聚合物微凝胶可能会膨胀或解体。因此，人们对开发可用于控制植物基食品中功能成分释放的胶体颗粒非常感兴趣。

3.3.2.4 掩盖味道

一些用于配制植物基食品的功能性成分，如生物活性多酚或肽，具有苦味或涩味。这些功能性成分中令人不愉悦的味道可以通过将其包裹在颗粒中来掩盖，这些颗粒在口腔中保持完好，但在摄入后在胃、小肠或结肠中分解并释放出来。例如，多酚可以被包裹在油滴、固体脂肪颗粒、蛋白质颗粒或脂质体中，这会减少它们在口腔中与舌头相互作用，在胃肠道中才被释放出来。

3.3.2.5 宏量营养素消化的控制

宏量营养素（脂肪、淀粉和蛋白质）在胃肠道内消化的速度和程度，以及消化产物（脂肪酸、单甘油、葡萄糖、氨基酸和多肽）被吸收到血液中的速度和程度，会影响它们的生物利用度以及身体对摄入食物的激素分泌情况和代谢反应（如食欲或饱腹感、胰岛素水平）。因此，宏量营养素的消化状况可能会影响人类的健康，可以通过控制含有宏量营养素颗粒的性质来控制它们的消化。将宏量营养素转化为具有高表面积（小直径）的胶体颗粒，如脂肪、淀粉或蛋白质纳米颗粒，可以实现其快速消化。相反，将宏量营养素包裹到具有小孔隙的不可消化的大颗粒中，如由膳食纤维组成的生物聚合物微凝胶，可以实现缓慢消化。

3.3.2.6 修饰质地

将某些种类的颗粒加到植物基食品中可改变食品质地特性。流动性的植物基食品（例如植物基奶）中加入胶体颗粒（如乳液液滴、生物聚合物微凝胶或生物聚合物颗粒）可增加其黏度。半固体植物基食品（如植物肉、植物海鲜、植物鸡蛋或植物基奶酪）中加入类似胶体颗粒可改变自身质地。在这种情况下，食品的凝胶强度和断裂特性取决于颗粒与凝胶网络的相互作用，以及它们的大小和形状。充当活性填料的颗粒被引入凝胶网络并对材料进行增强，而充当非活性填料的颗粒则不会被引入并对材料进行削弱。颗粒和凝胶网络之间的相互作用可以通过改变它们表面的分子类型来控制。例如，在乳液中，可以改变使用的乳化剂类型以获得不同的颗粒—网络相互作用。将小颗粒加到凝胶网络也可能影响孔径大小，这可能会改变系统的释放特性和流体保持特性。

3.3.2.7　光学性质的改变

植物基食品的外观也可以通过在其中加入胶体颗粒来控制，因为这些颗粒会发生光散射。光散射的程度以及食物的不透明度或亮度取决于存在的颗粒大小、浓度和折射率。通常，颗粒的光散射强度随着折射率对比度的增加、颗粒浓度的增加而增加，并且在大约几百纳米的颗粒尺寸处具有最大值（粒子的尺寸与光波的尺寸接近）。因此，植物基食品的光学特性（如不透明度）可以通过加入具有适当特性的颗粒（如油滴、固体脂肪颗粒或蛋白质颗粒）来改变。

3.3.2.8　宏量营养素的替代

为了生产更健康的植物基食品，有时需要降低它们的脂肪或淀粉的含量，因为这些是高热量营养素，会被迅速消化并分别被吸收到淋巴系统和血液中。这些营养素通常以颗粒的形式存在，如油滴或淀粉颗粒，为食品提供理想的视觉、质地、口感和风味特征。去除这些宏量营养素会导致产品的质量下降。因此，人们对使用更健康的成分（如蛋白质和膳食纤维）开发脂肪或淀粉模拟物产生了兴趣。例如，由蛋白质或膳食纤维组装而成的生物聚合物颗粒或微凝胶可用于替代油滴或淀粉颗粒，从而降低食物的热量。或者，多重乳液（W/O/W）可用于替代植物基食品中的传统乳液（O/W），这可以降低总脂肪含量，因为脂肪滴内的一些油相被水取代（图3.4）。

总而言之，先进的颗粒技术在植物基食品中有许多潜在的应用，但仍需要进一步研究以确保所使用的颗粒在实际食品应用中具有预期的性能，并且成本低又能大规模生产。

3.4　机械加工方法

如前所述，将植物来源的成分转化为植物基食品需要各种单元操作。这些单元操作通常涉及施加机械力或热量来改变植物来源成分的特性。在本节中，我们将重点介绍用于此目的常见的处理操作。

3.4.1　减小尺寸

许多单元操作使用专门的设备来减小食品材料中的颗粒大小，如研磨机、磨床或均质机。研磨机和磨床通常用于减小固体或浆液的粒径。研磨机通常用于生产植物蛋白粉和牛奶，而磨床通常用于生产植物性肉类。均质机主要用于将油相和水相转化为乳液或减小现有乳液中的液滴大小。在本节中，我们将介绍用于减少植物基食品应用尺寸的常见设备类型。

3.4.1.1　研磨机

干磨设备，如锤磨机，通常用于种子的研磨（图3.5）。锤磨机由一个圆柱形容器和一个嵌入的旋转轴组成，其中包含可能具有各种形状的“锤子”。物料从顶部进入研磨机，在旋转锤头的冲击下被粉碎。此外，锤子使种子向室壁加速，在那里种子被产生的冲击力压碎。样品中颗粒的尺寸通过这些过程逐渐减小，直到达到临界颗粒尺寸后从设备底部的筛出。这种研磨设备通常用于压碎种子，然后根据种子的大小进行空气分级，从而生产浓缩蛋白（第 2 章）。

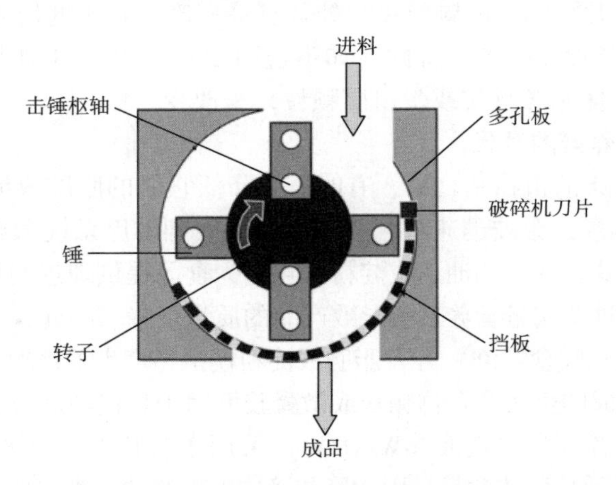

图 3.5　锤式粉碎机是一种冲击式粉碎机，常用于干磨种子以生产浓缩蛋白。主要工作原理是利用旋转锤的冲击力将种子粉碎。(Shi et al.，2003)

用于干磨的第二种磨机是刚玉石磨机，是由一种特殊类型的岩石制成。例如，结合胶体磨和刚玉石磨可以将坚果制成含有细颗粒的糊状物（图 3.6，右）。刚玉石磨由两个相互平行的圆盘组成，材料被送入两者之间的间隙。材料被至少一个旋转圆盘的作用下被压碎，该旋转圆盘将摩擦力和压力传递给颗粒。对于某些磨机，两个圆盘沿相反方向旋转以增加产生的破坏力。获得颗粒的粒径通常在 40~150μm，可以通过调整圆盘之间的间隙以及改变圆盘的转速来控制。

在植物奶的生产过程中也经常使用湿磨设备。它们用于分解植物材料的结构并可产生适当稳定性和口感的胶体分散体。牛奶类似物生产过程中的主要挑战之一是植物材料中酶反应而产生的异味（Cosson et al.，2022）。例如，脂氧合酶催化氧和不饱和脂肪酸反应，导致氢过氧化物（R—O—OH）的形成。脂质氢过氧化物分解并形成二次氧化产物，这些产物具有挥发性，会产生令人不快的豆香和绿调（Hayward et al.，2017）。其他在天然种子中仍有活性的酶，如脂肪酶和蛋白酶，也可能产生异味。因此，大多数食品加工商都试图在加工过程中尽早地使这些酶失活，以避免形成不良的异味。例如，在碾磨前，将大豆种子转移到料斗中，并以水与种子约 4∶1 的比例加入热水（>60℃，通常为 95℃），这会软化植物原料并降低酶活性（Prabhakaran et al.，2006）。对于燕麦，需用饱和蒸汽在 88~98℃ 下处理几分钟（Head et al.，2011）。但是，许多制造商在植物奶生产过程中选择不使用热处理以

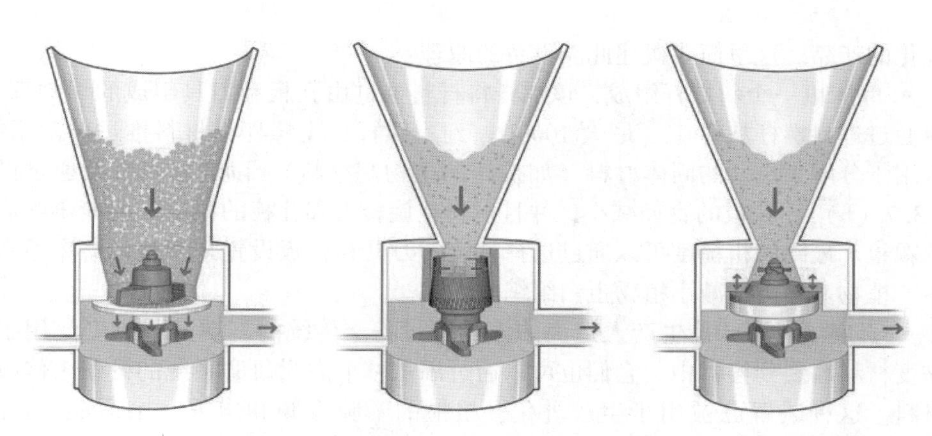

图3.6 多孔圆盘磨（左）、齿形胶体磨（中）和刚玉石磨（右）的工作原理。研磨后获得的粒度从左到右依次减小。多孔盘磨机和胶体磨机可以在研磨前处理尺寸小于约5cm的颗粒。刚玉石磨最适用于粒度在1cm以下的颗粒

保持蛋白质的天然状态，这可能有利于进一步加工。在这种情况下，可以通过其他除臭步骤去除异味（Herrmann，2009）。

通过湿磨法磨碎种子需要浸泡步骤。湿磨法通常使用两种不同类型的研磨机来研磨种子（如大豆和燕麦）：圆盘磨和胶体磨。在盘磨机中，（热）种子—水混合物通过设备将种子分解成粗颗粒（Prabhakaran et al.，2006）。通常，穿孔盘磨机（图3.6，左）用于压碎种子（Herrmann，2009）。这些研磨机由带刀的穿孔圆盘组成，圆盘靠近固定圆盘旋转。物料从顶部进入磨机，然后在刀的作用下被粉碎，直到尺寸达到0.5~5mm。然后这些小颗粒通过圆盘上的孔被输送到下一个磨机——胶体磨。胶体磨将圆盘磨形成的粗颗粒粉碎成细糊状。胶体磨设计有一个圆锥形转子，其形状像一个顶部被切割的缩短的交通锥（图3.6，中）（McClements，2015）。转子位于静止的锥形外壳中，材料在外壳和旋转的锥形转子之间受力，有利于颗粒的破碎。与普通盘磨机一样，胶体磨可以调整转子的间隙和表面以达到所需的粒度（通常为100~500μm）。生产过程中通常使用带齿的转子来提高颗粒破碎效率。胶体磨的产能可达40000kg/h。

这些研磨操作的结果是产生大小和密度不同的颗粒的浆料。其中一些颗粒相对较大（$d>100\mu m$）且致密（$\rho>1000kg/m^3$），如果留在最终产品中，将有快速沉淀的不稳定趋势（Lan et al.，2021）。因此，它们通常在包装前从产品中移除（Li et al.，2012）。

3.4.1.2 磨床

一些植物基食品（尤其是人造肉）的生产单元操作，涉及较大的原料块被分解成较小的块。用于分解大块的植物基食品（即>5cm）尺寸的设备通常类似于肉类和肉制品制造中使用的设备，如研磨机、真空填料研磨机和碗式切碎机。这种类型的设备可用于将挤出的植物基产品分解成更小的碎片，并混合不同的成分，最终形

成乳化的产品。这里简要概述此类设备的原理：

• 磨床由一个斜螺杆组成，该螺杆将材料推过由孔板和刀具组成的切割系统。材料通过进料螺杆从料斗（最大 1000L）到主螺杆，主螺杆将材料推过切割系统。磨床用于分解大尺寸的固体材料（如挤压的植物基材料）。随着材料继续通过设备［图 3.7（b）］，孔板的直径减小，并且材料在旋转刀和孔板的作用下逐渐研磨成更小的颗粒。最终的粗糙度可以通过选择特定的刀具和孔板设置来调整。磨床通常用于生产植物基碎肉并减小植物蛋白组织的大小。

• 真空填料磨床是生产人造肉的多功能设备。传统的真空灌装机广泛用于将高黏度材料灌装到容器中。它们也可以通过添加一个内联研磨系统的设备来修改研磨材料。这种装置已被用于生产乳化、粗糙的干腌香肠和肉末（Irmscher et al.，2015）。它们由一个真空泵组成，该真空泵在旋转叶片泵（正排量泵）中抽成高度真空［图 3.7（c）］。材料通过真空和料斗中螺旋钻被吸入料斗中。当隔间旋转时，材料在另一端通过内联的磨床推出，产生的压力比传统研磨系统高 4~6 倍（Weiss et al.，2010）。真空填料磨床被用于生产已用传统磨床预先切碎的植物基碎肉。

• 斩拌机由一个旋转的钵（最大 1000L）和位于钵中用于切割材料的旋转刀组成［图 3.7（a）］。钵体可以加热和冷却使原料发生相变或烹调食材。此外，通过使用盖子和安装真空泵，钵体可以在真空条件下工作。斩拌机用于精细切碎和乳化材料，并已用于生产植物基香肠。

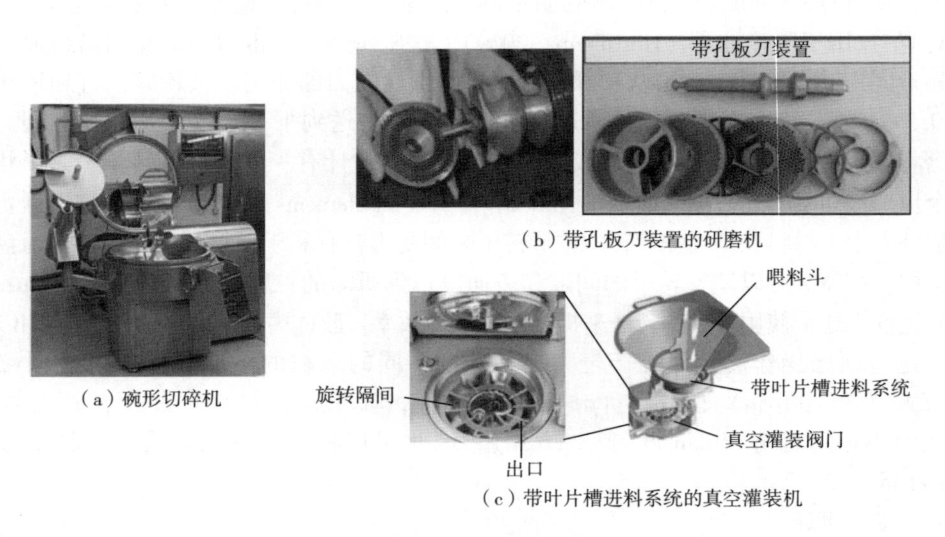

（a）碗形切碎机

（b）带孔板刀装置的研磨机

（c）带叶片槽进料系统的真空灌装机

图 3.7　用于研磨和切碎较大块固体食品材料的设备

3.4.1.3　均质机

均质机通常用于使分离的油相和水相形成乳液，或减小现有乳液液滴的尺寸。

其还可用于破坏胶体分散体系中的生物聚合物颗粒。减小流体产品的粒度是很有必要的，这可以增加流体产品对重力分离和聚集的阻力，并改善其口感。正因为如此，均质机通常用于生产植物奶，还可用于乳化疏水性添加剂（如色素、香料、维生素或油）。这些添加剂可根据需要掺入水基基质中，如植物鸡蛋、植物肉或植物海鲜中。可以使用各种设备进行均质化，包括高剪切搅拌机、胶体磨、高压阀均质器、超声仪和微流化器。高压阀均质器是用途最广泛的设备，所以是本节的重点。

高压均质机能够实现相对较高的生产率（80000L/h），这对大规模生产植物基食品是一个优势。其基本由电动机、活塞和阀门组成。待均质的液体被吸入设备，然后在活塞的作用下通过阀门。当液体流过阀门时，会受到强烈的破坏力，被分解并混合分离的相或颗粒。植物奶通常使用直径约 0.1mm 的阀门在 10~25MPa 的压力下进行均质，这会使流体流速加速至高达 400m/s（图 3.8）（Bylund，2015）。工作压力可以通过改变阀门的间隙来改变：间隙越小，压力越高。

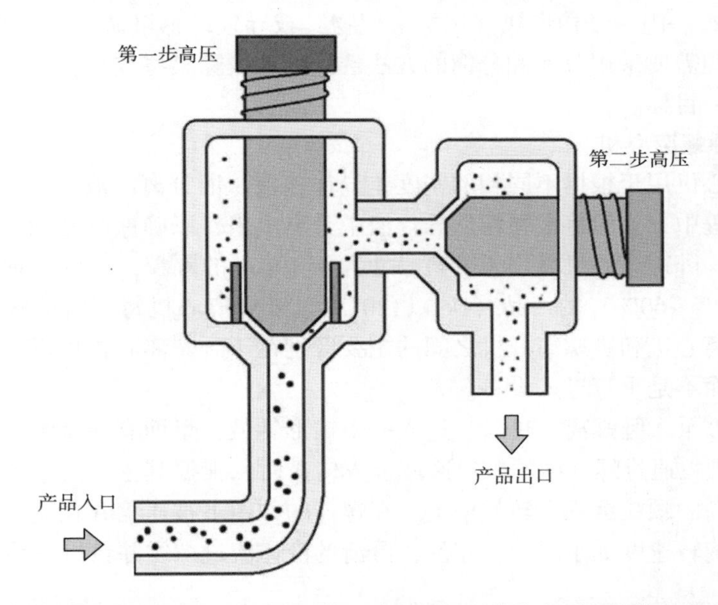

图 3.8　两步高压均质器的阀门设置。第二阶段破坏可能由未覆盖的接口产生聚合（Comuzzo et al.，2019）

均质机内流体处于高速状态，会产生强烈的剪切力和湍流力，有助于打碎液滴。此外，阀门内会发生一种称为气蚀的现象。气蚀现象的发生是因为随粒子开始移动，压力发生了转变。伯努利方程描述了这一点：

$$P_0 + \frac{1}{2}\rho v^2 + \rho g h = \text{const.} \tag{3.1}$$

式中，P_0 是静压，ρ 是密度，v 是流体速度，g 是重力常数，h 是高度。该方程式中的第一项是静压，它因分子的随机运动而起作用。第二项是动压，与流体的动能有关，作用于纵向。第三项是静水压力。

当没有施加外力时，颗粒由于热运动而在所有方向上随机移动，从而产生静压力。在均质过程中，由于活塞的作用，颗粒被迫沿一个方向移动通过阀门，这导致动态压力相对于静态压力增加。如果颗粒移动得足够快，静压会降低到液体的沸点以下，导致液体中形成小的气泡。离开阀门后，由于管道直径增加，液体再次减速，导致动压降低而静压升高。因此，气泡迅速破裂，在流体中产生液压冲击波，其强度足以破坏油滴或生物聚合物颗粒。

3.4.2 分离和分馏方法

植物种子中包含最终产品中可能需要或不需要的多种成分。例如，较大的不溶性颗粒（如外壳或细胞壁碎片）通常需要在加工前去除，因为它们会容易沉淀（牛奶类似物）、阻止结构形成（肉类类似物）或导致口感粗糙（牛奶类似物）。因此，制造过程需要采用分离和分馏的方法选择性地去除某些成分，可以利用多种设备来实现这一目标。

3.4.2.1 卧螺离心机

卧螺离心机用于根据不同相的密度差异加速液—液分离或液—固分离。在植物奶的生产过程中，一般将大颗粒从悬浮液中分离出来，以确保产品能够均质并且不会堵塞阀门。卧螺离心机可用于分离尺寸大于 10μm 的颗粒，可以处理浓度相对较高的原料（9%~60%）的产品（Berk，2013）。卧螺离心机每小时能够处理高达数万升的水。离心机和卧螺离心机之间的主要区别在于卧螺离心机可以连续工作，悬浮液是水平而不是垂直进入设备。

悬浮液被泵入卧螺离心机时，进入一个锥形转鼓，里面有一个螺丝，也在旋转（图 3.9）。颗粒通过螺杆中的入口区域进入转鼓时，根据其密度通过离心力进行分离。密度较高的颗粒沉积在转鼓壁上，在螺杆的作用下被压缩并在设备的锥形端排出，螺杆的旋转速度低于转鼓。相反，澄清的液体流过螺纹并在另一端排出。

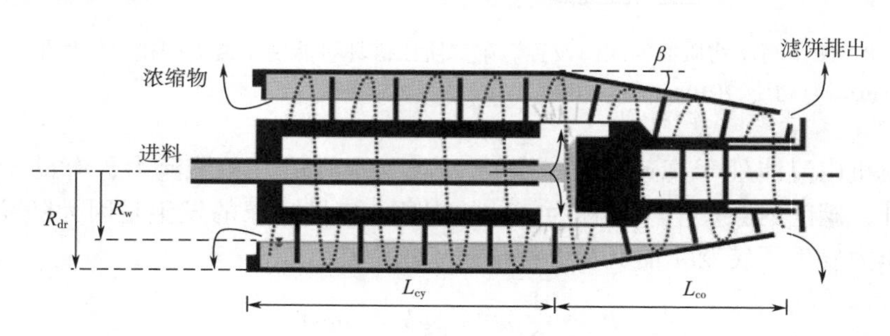

图 3.9 用于固液分离的卧螺离心机示意图（Meneskiou et al.，2021）

卧螺离心机处理中的一个重要参数是进料处理能力，可由下面基于 Stokes 沉降速度的方程式描述：

$$V = \frac{4\pi^3 \Delta\rho}{9\eta} d_p^2 n_{rot}^2 L_c R_c^2 \quad (m^3 s^{-1}) \tag{3.2}$$

式中，V 为进料体积流量（m^3/s）；$\Delta\rho$ 为固液相密度差（kg/m^3）；η 为液体动力黏度（Pa·s）；d_p 是最小粒径（m）；n_{rot} 是滚筒的转速（r/s）；R_c 是特征半径（m）；L_c 是特征长度（m），这取决于卧螺离心机的几何形状。应该注意的是，这个方程式有些局限，因为 Stokes 沉降黏度不适用于高体积分数的情况，并且该方程式假设只有 50%的回收率（Menesklou et al.，2021）。但是，理论仍然强调了在选择和操作卧螺离心机时需要考虑的重要参数：密度差、粒度和黏度。

另一个重要参数是机器对化合物的分离效率（Haller et al.，2021）：

$$\eta_{sep} = 1 - \frac{c_{centrate}}{c_{inlet}} \tag{3.3}$$

式中，c_{inlet} 和 $c_{centrate}$ 分别是入口和离心液（液体输出）的浓度。

3.4.2.2 水力旋流器

在一些植物基食品的生产过程中，水力旋流器也可用于液固分离。与卧螺离心机一样，水力旋流器也是利用离心力将颗粒与流体分离，但通常在较低的固体含量下运行，适合分离尺寸>10μm 的颗粒，并且排出的固体具有较高的水含量。水力旋流器通常用于在蛋白质提取过程中从浆液中分离淀粉（第2章）。与卧螺离心机不同，颗粒不是通过旋转元件的作用而加速，而是通过将分散体切向泵入旋风分离器所产生的离心加速度，因此水力旋流器不需要任何移动部件。底部为圆锥形、入口为圆柱形的水力旋流器的设计如图 3.10 所示。

当悬浮液进入顶部的旋风分离器时，被吸入旋转的涡流，惯性迫使颗粒向壁移动。颗粒在旋流器的锥形部分向下移动时，因为移动速度更快，惯性力变得更高。因此，当悬浮液在水力旋流器中移动时，逐渐变小的颗粒被分离。颗粒表现出一种径向力，将它们推向旋风分离器的外侧，向壁面推去。在径向运动和重力的影响下，颗粒螺旋式上升到旋流器的顶点并被排出。

3.4.2.3 过滤

卧螺离心机和水力旋流器利用离心力，根据密度差异分离悬浮液中的颗粒。相比之下，过滤技术根据颗粒的尺寸（或表面特性）使用半透膜分离和浓缩颗粒。过滤技术根据其设计可分为两大类：死端过滤和错流过滤。在死端过滤中，颗粒积聚在膜的顶部，形成滤饼，因为进料的流动是与膜表面垂直的。在错流过滤中，在平行于膜表面施加连续的流体流，最大限度地减少了厚滤饼的堆积。因错流过滤更常用于分离和浓缩，本节接下来将重点介绍。

错流过滤技术可以根据它们分离的颗粒的类型和大小进行分类：反渗透、纳

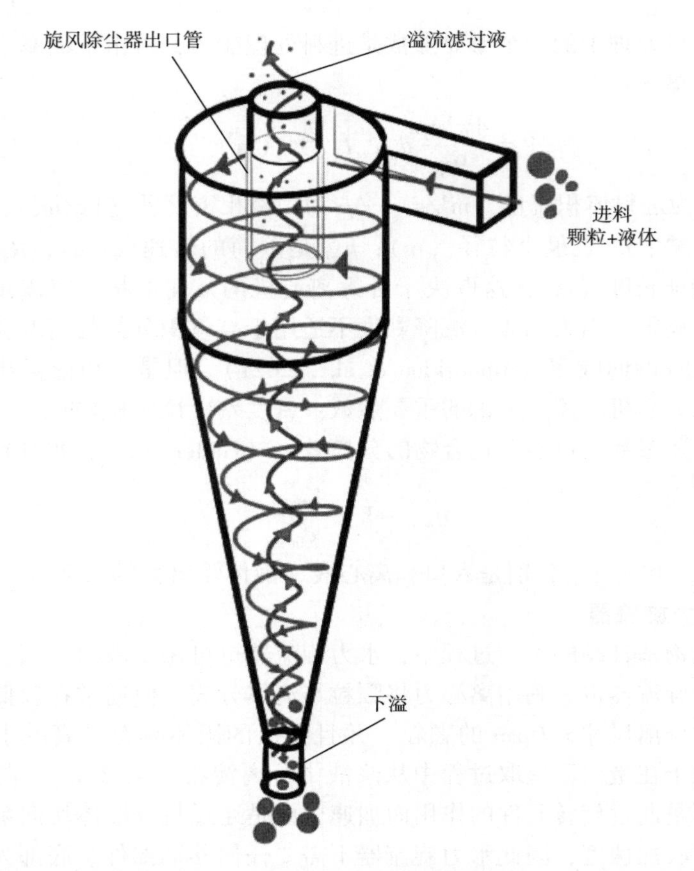

图 3.10　用于从液体中分离固体的水力旋流器的工作原理示意图（Durango-Cogollo et al.，2020）

滤、超滤、微滤（图 3.11）。在所有这些技术中，初始液体称为进料，穿过膜的液体称为透过物，保留和再循环的材料称为滞留物。根据应用，透过物或滞留物是需要回收的部分。过滤设备通常由支架、进料器、过滤模块、管道、进料泵和滞留物/透过物泵组成（图 3.12）。进料泵通常是离心泵、活塞泵、隔膜泵或 Mohno 型泵，具体取决于设备类型（Wagner，2001）。

进料泵在滞留物侧形成正压，从而在膜上产生压力，这是过滤过程的主要驱动力。跨膜压差产生通过膜的通量，以每小时每平方米膜表面积的渗透物升数（$L \cdot m^{-2} \cdot h^{-1}$）计算。通量主要受进料黏度、膜面积、膜阻力以及操作过程中污垢层形成趋势的影响（Kessler，2002）。跨膜压力利用式（3.4）计算：

$$\Delta p_{TM} = \frac{p_1 + p_2}{2} - p_3(\mathrm{Pa}) \tag{3.4}$$

式中，p_{TM} 是跨膜压力，p_1 是进料流在入口处的压力（高），p_2 是出口处的浓缩物流压力（低），p_3 是出口处的渗透流压力。

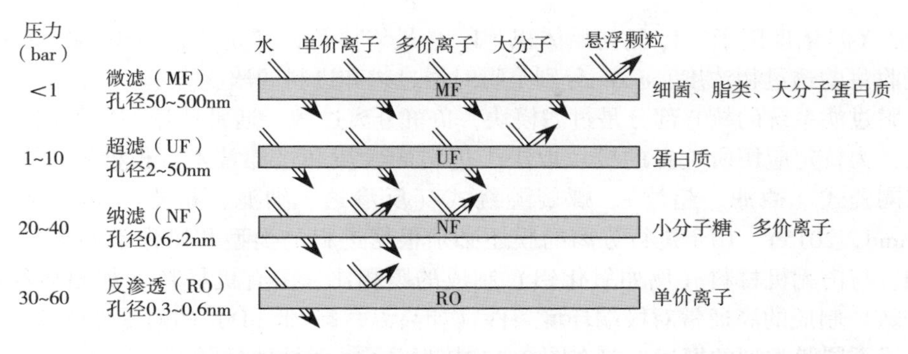

图 3.11　过滤技术可以根据孔径大小和可保留的颗粒进行分类（Kotobuki et al.，2021）

图 3.12　典型的超滤中试装置（Gienau et al.，2018）

跨膜压力引起跨膜流动，并且该过程一直进行到获得特定的浓度因子（即当化合物达到所需浓度时）。滞留物和透过物中的浓缩因子和化合物浓度可使用式（3.5）~式（3.7）计算（PS Prozesstechnik，2021）：

$$X = \frac{V_0}{V_k} \tag{3.5}$$

$$c_k = c_0 X^R \tag{3.6}$$

$$\overline{c_p} = c_0 \frac{X}{X-1}(1 - X^{R-1}) \tag{3.7}$$

式中，R 是排斥因子，反映了未通过膜的所需化合物的数量式（3.8）：

$$R = 1 - \frac{c_p}{c_f} \tag{3.8}$$

式中，X 是浓度因子，V_0 是初始体积，V_k 是最终体积，c_k 是透过液中的最终浓度，c_p 是收集的透过物浓度，c_p/c_f 分别是瞬时透过物和进料的浓度。

膜过滤系统的核心部分是过滤模块，负责分离过程。通常使用四种不同类型的模块，为特定应用所选择的模块取决于进料的性质和过滤技术：板框式（超滤）、管状陶瓷式（微滤、超滤）、螺旋缠绕式（反渗透、纳滤、超滤）、中空纤维式（Bylund，2015）。用于进行分离的膜还必须根据进料的类型和操作条件进行选择。例如，与由无机材料（例如氧化铝）制成的膜相比，由有机材料（如醋酸纤维素和聚砜）制成的膜通常对极端环境条件（如高温、高/低 pH）的耐受性较差。这里给出了不同膜类型的概述，并在图 3.13 中进行了示意性地显示：

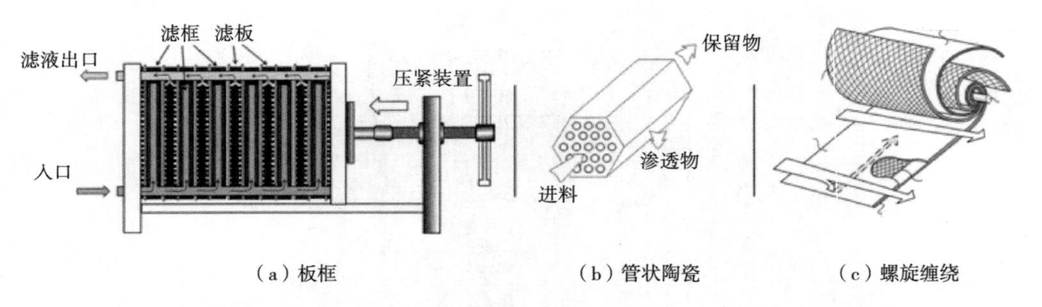

图 3.13 不同的膜组件系统用于分离和浓缩颗粒（Abdul Latif et al.，2021；Gupta et al.，2016；Hakami et al.，2020）

- 板框式由夹在一起并固定的膜堆叠组成。进料以特定的流动模式在膜之间流动，类似于板式换热器。
- 管状陶瓷式由细粒无机陶瓷材料制成的过滤器组成。通常，该模块由多个内部通道组成，以增加过滤面积。
- 螺旋缠绕式由薄片状的管状层组成，并由输送进料的进料通道隔板隔开。组装膜层和间隔物（如膜—进料间隔物—膜—渗透物间隔物—膜进料间隔物—膜）以获得高通量和高过滤面积。
- 中空纤维式通常以滤芯的形式出现，其中包含多个由聚合物组成的中空纤维膜，如醋酸纤维素或聚砜。滤筒包含多个纤维膜，这些纤维膜保留大颗粒，但允许小颗粒和液体渗透到内部纤维中，然后作为透过物排出。

膜过滤系统通常用于生产植物基食品和配料。例如，含有截留分子量为 10kD 的聚砜膜的中空纤维超滤装置已用于以 3.13L/(m^2h) 的通量浓缩豆浆的生产（Giri et al.，2014）。该技术降低了最终产品中抗营养化合物（20kD 截留值）的浓度，并证明可用于在进一步加工前浓缩豆奶，例如用于植物酸奶的生产。

3.5　结构形成方法

真正的肉类和海鲜产品是由多种蛋白质组成的纤维状的半固体材料（第 6 章）。与这些产品相关的独特的物理化学和感官属性受其纤维结构的强烈影响。因此，生产肉类和海鲜类似物的一个主要挑战是使用植物蛋白模仿这些纤维结构（Grossmann et al.，2021）。某些产生富含蛋白质的丝状菌丝的真菌（如镰孢霉）可以用来模拟肉类和海鲜产品的纤维结构（Dai et al.，2021）。这些真菌已被用于生产肉类和海鲜类似物，但它们并非严格以植物为基础。植物中发现的大多数蛋白质是储存蛋白，通常被包装成小而致密的颗粒（蛋白体），储存在植物细胞的特定位置，直到它们收到生长植物释放的信号（Grossmann et al.，2021）。因此，这些储存蛋白在自然界中的作用与动物的肌肉蛋白截然不同。单个储存蛋白往往是具有近似球形结构且直径为几纳米的球状蛋白（图 3.14）（Glantz et al.，2010；Guo et al.，2012）。因此，需要一些食品加工技术将这些球状蛋白质转化为类似于肌肉纤维质地的 3D 各向异性（方向依赖性）纤维网络。当垂直或平行于它们的方向施加应力时，这些肌肉纤维表现出不同的反应。通常，沿平行方向延伸纤维所需的应力不同于沿垂直方向延伸纤维所需的应力（McClements et al.，2021）。

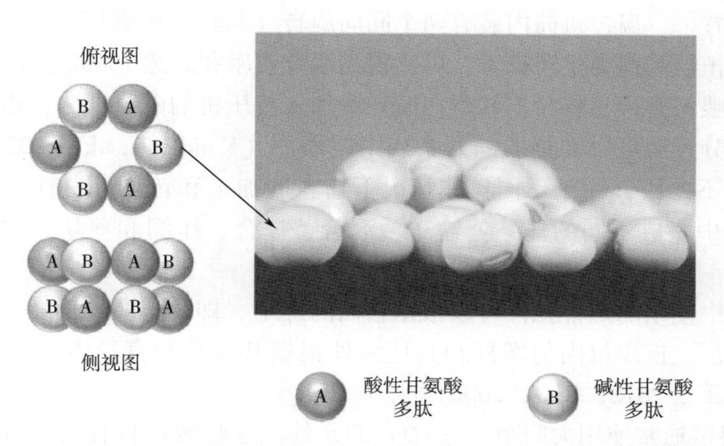

图 3.14　植物原料中的球蛋白通常以物理或共价连接在一起的多聚体形式存在。蛋白质的功能取决于它们的变性和聚集状态。此处显示了天然形式的 11S 大豆球蛋白分子的框架结构，它由酸性（A）和碱性（B）多肽链组成（McClements et al.，2021）

纤维结构可以通过精心控制的加工条件促进球状植物蛋白的展开和聚集而形成。通常，用于制造植物基人造肉的原材料是粉末状蛋白质分离物或浓缩物，而不是整株植物种子。这有利于原材料的处理和储存，但也意味着粉末在使用前需要再水化。通常，植物蛋白粉在进一步加工之前需与水混合以形成黏性浆液。

目前，有两种类型的加工设备在商业上用于利用植物蛋白生产人造肉：挤压机和剪切单元设备。这两种设备都采用热机械加工从植物蛋白中产生纤维状半固体结构。第一项挤压机专利于 1869 年申请（Bouvier et al.，2014）。从那时起，挤压机就被用于各行各业。在食品生产中，挤压机用于制造多种食品，包括早餐麦片、零食、薄脆面包和意大利面。自 1960 年以来，挤压机也被用于生产人造肉和肉类补充剂。剪切细胞装置是由荷兰瓦赫宁根大学的研究人员在 2000 年代初期开发的一种构建蛋白质的方法（Manski et al.，2007），目标是展开球状植物蛋白并将它们组装成各向异性纤维状黏弹性固体。

3.5.1 挤压机

挤压机是目前生产植物基人造肉最常用的方法。根据预期的应用，食品挤压机的产量低至每小时几克，高至每小时几吨。较小的单元用于研究和开发，而较大的单元用于商业生产。挤压机可以将几个单元操作组合到一个设备中，加混合、加热和结构化，因此被广泛使用。此外，它们可以连续运行，有利于大规模生产。挤压机包含三个主要部分：电动机（额定功率为数百千瓦），嵌入温控机筒内的一段或两段螺杆，挤出最终材料的模具。啮合双螺杆挤出机通常用于生产植物肉。

在该装置中，温控机筒内装有两个同向旋转（共转）的螺杆。同向旋转系统采用当前用于植物基肉类生产技术，可实现高混合效率和高达 $1000kg \cdot h^{-1}$ 的输出量。重力或体积喂料器用于将粉末状蛋白质计量加入挤压机的喂料部分，而泵用于将水引入第二部分。油可以在桶段的开头或结尾添加（Kendler et al.，2021）。机筒和螺杆分装成不同段，便于不同操作情况下物料的加工和转化。螺杆元件设计用于在挤出过程中完成不同的任务：输送、混合、捏合、压缩和剪切。常用螺杆元件如图 3.15 所示。

挤压机中使用的螺杆元件可以根据它们的螺距（即一整圈的长度）和它们的主要用途来表征。挤压机内的螺杆和其他元件根据其设计和直径 D 完成不同的任务（Maskan et al.，2012；Riaz，2000）：

- 进料区通常使用大间距（$\geqslant 1D$）的元件。这些螺钉具有大的自由体积和高运输能力。
- 中等间距（$0.5D \sim 1.0D$）的元件用于捏合和熔化部分。
- 在挤出机的计量部分和模具之前使用短间距（$0.25D \sim 0.75D$）的元件来增加压力。

图 3. 15　不同的元件用于组装螺杆。所示的螺杆元件是具有不同螺距的输送元件和具有不同厚度的捏合块

- 混合元件的设计目的是扰乱流态，提高填充水平，并通过摩擦将机械能转化为热量。常用的混合元件是不同几何形状交错的桨块（图 3. 15，左），以实现不同的混合、剪切和输送方式。
- 锯齿形螺杆是一种标准螺杆，可像齿轮一样切割，以增强漏出量和分布混合。
- 反向螺杆增强了流动阻力，增大了压力，从而诱导返混。

对于人造肉生产，典型的螺杆设置包括一个长径比（L/D）>20 的螺杆，该螺杆由前向输送元件组装而成，前向输送元件在第一部分中具有递减的螺距和混合元件，然后是捏合、剪切、后向和前向输送元件在挤压机机筒的中间部分，以及在模头前最后部分的前向输送元件（Caporgno et al.，2020；Pietsch et al.，2017）。原则上，同一种螺杆设计可以用于如图 3. 16 所示的低水分和高水分蛋白的挤出（Samard，2019）。

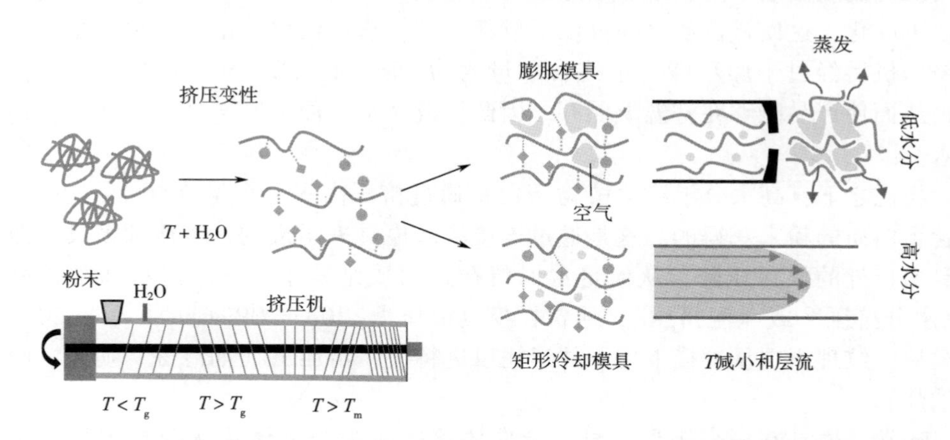

图 3. 16　低水分和高水分组织化植物蛋白的挤压工艺。挤出工艺和设备通常包括电机、进料器、水泵、带螺杆的挤压机机筒、不同的元件，如输送和捏合块、破碎板（机筒和模具之间带有小孔的孔板，用于分离材料并对其施加压力成圆柱形），冷却模具和模具出口。T_g 为玻璃化转变温度，T_m 为变性温度

挤压机不同部分的温度由加热机筒控制。在进料区，挤压机不加热，保持在室温，以将物料安全地送入螺杆。在接下来的初始部分，桶被加热到低于100℃的温度以水合和混合粉末；在中间部分，使用约100℃的机筒温度；在最后部分，采用140~160℃的机筒温度从植物蛋白材料中获得所需的结构（Pietsch et al.，2019）。当材料通过挤压机的不同部分时，原材料（植物蛋白和其他成分）被混合、剪切、水合和加热。这会导致球状蛋白质分子变性，从而暴露其表面的反应性官能团，如非极性基团和巯基。因此，由于疏水吸引力和二硫键的形成，材料倾向于在挤出机的后期与其他蛋白质结合。

在桶形部分之后，加热的物质被送入模具，该模具主要负责将蛋白质结构变为各向异性。使用的模具类型决定了最终产品的类型，如低水分或高水分组织化植物蛋白。

低水分组织化植物蛋白产品是通过挤压低水分含量（<50%）的富含蛋白质的粉末制成的。这些产品是使用短成型模具生产的。使用的最简单的几何形状是孔喷嘴。在这种模头类型中，蛋白质受到模头出口处的压降作用，通常为20~100bar环境压力。如前所述，机筒最后部分的温度为140~160℃，并且由于螺杆的压缩作用和高温作用，产品处于受压状态。该材料被水合并加热到玻璃化转变温度以上，形成胶状物质，后随温度进一步升高到变性温度以上并转变为可流动的熔体。当材料离开模具时，压力突然下降，热的蛋白质分散体通过闪蒸膨胀。水的快速蒸发导致蛋白质分子排列成各向异性结构。作为挤压机中的可流动熔体，该结构通过温度突然下降和水分去除至约20%的含水量，并在材料的玻璃化转变温度以下固化，这使蛋白质之间可以形成新的键。这些低水分组织化植物蛋白通常在挤压机后经过干燥步骤（最终含水量约为7%，蛋白质>50%）以延长其保质期，从而使产品能够在室温下储存。因此，成品是一种干燥产品，需要在食用前复水。

相比之下，高水分组织化植物蛋白是通过挤压高水分含量（50%~70%）的富含蛋白质的粉末获得的。这是通过连接冷却模具来实现的，该冷却模具可防止模具出口处的快速压降，从而将水保留在蛋白质结构中。这个过程通常被称为“高水分挤压”或“湿挤压”，通常在模具前压力<30bar（Pietsch et al.，2019）。冲模后，纹理蛋白从冲模上切下并运输以进行进一步加工（如冷冻、切碎、腌制或油炸）。

通常，模具有一个矩形狭缝，蛋白质熔体成为长方体片从模具中释放出来（图3.17），如在螺杆直径为25.5mm和*L/D*为29的研究中使用尺寸为15mm×30mm×380mm（*H*×*W*×*L*）的冷却模具（Pietsch et al.，2017）。然而，这种形状的缺点是产量有限，因为尺寸受到冷却效率的限制——这与模具的结构特性直接相关。因此，新的模具形状采用双圆柱形来增加可用于热传导的表面积。这种类型的模具形状的产量高达 1000kg/h（图 3.17）。

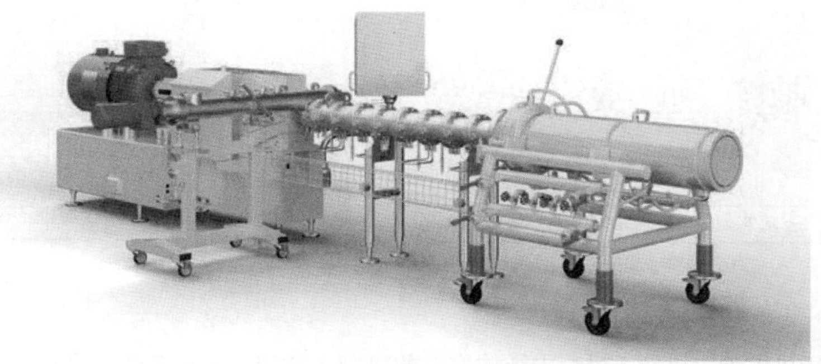

（a）BCTF93　PolyTwin挤压机上的圆柱形冷却模具

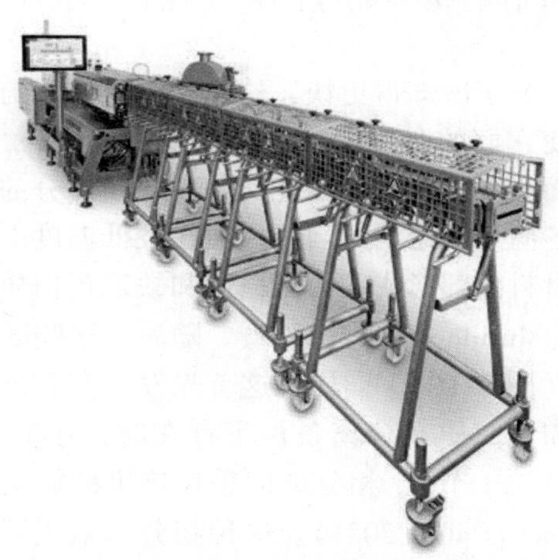

（b）ZSK　43双螺杆挤压机上的长方体冷却模具

图 3.17　对于在挤压机中生产高水分植物肉，材料被转移到挤压机中进行热机械加工，然后被推入冷却模具中，将材料冷却到 100℃以下并诱导各向异性结构形成。BCTF93 PolyTwin 挤压机（螺杆直径 93mm，最大功率 630kW）上的圆柱形冷却模具形状 PolyCool 1000，在此设置中，材料通过预调节器从左侧进入挤压机，植物蛋白粉和水在其中混合

在这两种模具形状中，蛋白质分散体都被压入模具中。在模具中，压力和温度降低，导致各向异性结构的形成。通常，使用温控水（20～80℃）来降低模具内材料的温度。挤压过程中，模具内形成的结构的性质仍然存在争议，许多研究组正在致力于揭示所涉及的机制。有学者提出，蛋白质中的键在高温时的挤压机筒中被削弱（疏水键会随着温度升高而增强），并在冷却模头中部分重新形成（Cornet et al.，2021）。因此，当材料离开挤压机并被推入模具中以层流模式流动时，材料处于部分聚集状态。一旦材料在模具中冷却下来，就会形成新的键。整个过程是在材

料流动时发生的，所以新键首先在冷却壁面附近重新形成（图 3.18）。

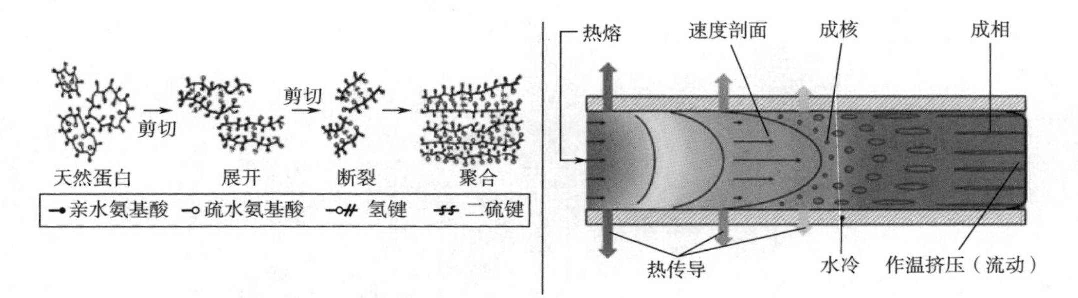

图 3.18 挤压机中蛋白质加工过程中结构形成的机制示意图。大多数键在高温下断裂并在较低温度下重新形成。冷却模具中的流动模式和冷却导致各向异性结构的形成（右）

最靠近模壁的蛋白质分子冷却得更快，这使它们更快地与相邻的蛋白质分子形成相互吸引作用，从而使它们的黏度增加、移动变慢。此外，与中间的分子相比，壁面剪切应力会减慢壁面分子的速度。因此，朝向中间部分的材料流动得更快且冷却得更慢，因此形成了各向异性结构。当蛋白质在较低温度下析出时，这种现象会被加强，因为它会导致材料内部形成富含蛋白质和缺乏蛋白质的区域，也被称为斯皮诺达相分离（Sandoval Murillo et al.，2019）。随后，这些区域因模具中流动模式叠加的剪切应力而变形（图 3.18）。同样，这首先发生在靠近壁的区域，然后到冷却模具的中间。当多糖和蛋白质在分离条件下存在时，在剪切细胞加工（见下一节）中也有报道（第 3.2.1.1 节），相分离似乎在热机械加工过程中此类结构的形成中起着重要作用（Cornet et al.，2021）。这种相分离阻止了蛋白质—蛋白质相互作用的形成，从而促进了各向异性结构的形成。最近，研究人员报告称，人造肉在挤压过程中没有形成新的键（Wittek et al.，2021）。最有可能的情况是，键的类型和总数没有发生实质性变化，但其空间位置发生了变化。例如，键可以从分子内键变为分子间键。需要进一步的研究来充分揭示挤压过程中人造肉结构形成的分子和物理化学原因。

影响挤压加工效率的一个重要工艺参数是比机械能输入（SME），它描述了单位质量的能量输入（$J \cdot kg^{-1}$）。该参数受工艺温度、螺杆组合、模具设计等多个因素的影响。SME 有助于比较不同处理条件对原材料的影响或设计挤压工艺，并有助于从中试工厂扩大到大规模生产，可以使用式（3.9）计算（Pietsch et al.，2017）：

$$\mathrm{SME} = \frac{P - P_0}{\dot{m}} = \frac{\frac{n}{n_{\max}} \frac{M_d - M_{d,\ \mathrm{empty}}}{100}}{\dot{m}} P_{\max} \quad (\mathrm{kJ} \cdot \mathrm{kg}^{-1}) \tag{3.9}$$

式中，n 和 n_{max} 是实际和最大螺杆转速（s^{-1}），M_d 和 $M_{d,empty}$ 是实际和空转扭矩（Nm），m 是总质量流量（$kg \cdot h^{-1}$），P_{max} 是最大发动机功率（W）。

假设没有压降，挤压机中输送元件的平均剪切速率可以使用以下式（3.10）计算（Vergnes，2021）：

$$\dot{\gamma} = \frac{2\pi NR}{60h} \quad (s^{-1}) \tag{3.10}$$

式中，γ 是平均剪切速率，N 是转速（以 rpm 表示），R 是螺杆半径，h 是通道深度。此外，假设没有壁面滑移，要计算冷却模具中的剪切速率，可以使用以下式（3.11）（Cornet et al.，2021）：

$$\dot{\gamma}_{apparent} = \frac{6\dot{Q}_{net}}{wh^2} \quad (s^{-1}) \tag{3.11}$$

式中，$\gamma_{apparent}$ 是模头中的表观剪切速率，w 是模头的宽度，h 是模头的高度，$\dot{Q}_{net}$ 是体积流量。

挤压中的另一个重要参数是比热能（STE）的输入式（3.12）（Caporgno et al.，2020）：

$$STE = c_p(T)\mathrm{d}T \quad (kJ \cdot kg^{-1}) \tag{3.12}$$

式中，c_p（T）是材料与温度相关的热容量，$\mathrm{d}T$ 是温度的增量。该式未考虑相变，但可以通过添加有效熔化焓 ΔH_m 将其包括在内。这对于含有在挤压过程中熔化或结晶的脂肪的配方尤为重要。

最后，来自不同植物的蛋白质已成功用于通过挤压制备植物肉。例如，大豆浓缩蛋白（Pietsch et al.，2019），大豆分离蛋白（Wittek et al.，2021），豌豆分离蛋白（Beck et al.，2017；Ferawati et al.，2021），蚕豆浓缩液（Ferawati et al.，2021），羽扇豆分离蛋白/浓缩物（Palanisamy et al.，2019）和其他（Mosibo et al.，2020）。

3.5.2　剪切槽

荷兰瓦赫宁根大学开发的剪切槽越来越多地被用于制造人造肉。最初，开发该设备是为了通过剪切力更好地理解和控制蛋白质的结构。控制、模拟和理解挤压机的机筒和机头中蛋白质的结构是具有挑战性的。相比之下，剪切槽中的参数更容易控制（如剪切速率、温度和压力），这有助于模拟和理解结构化过程。另外，剪切槽生产的肉类类似物的尺寸更接近于整块动物产品（如牛肉或鱼肉）的尺寸，尤其是其高度。然而，剪切槽也有一些缺点。它的吞吐量低于挤压，因为它是一个分批处理过程，材料必须在加工前混合。此外，与挤压加工（30s～3min）相比，剪切细胞加工（达20min）需要更长的停留时间。

通常，使用剪切槽制造人造肉的原材料与利用挤压的原材料相似。将粉状植物蛋白原料（通常是浓缩物或分离物）与水和多糖混合；然后将浆液转移到剪切槽中，干物质含量约为45%（Dekkers et al.，2016）；最后在高温下剪切材料以获得所需的结构（Cornet et al.，2021）。研究人员已经设计了两种几何形状的剪切槽来制作肉类类似物：叠锥和缸中缸。

叠锥设计由适合下锥形腔体的上锥体组成（图3.19）。两个锥体通常由不锈钢制成。下椎体被加热并能够旋转，而上椎体是静止的。首先，将待处理的材料放入下椎体中。其次，将上锥体降低到这种材料中，并在两个锥体之间建立一个确定的间隙，形成蛋白质混合物被剪切的地方。剪切室是密封的，可以减少过程中的水分蒸发。

图3.19 用于植物肉生产的叠锥剪切单元设备。在剪切室中生产植物肉先预混合并在低压和恒定剪切（约$40s^{-1}$）速率下将蛋白质悬浮液转移到剪切室中。这与挤压加工形成对比，挤压加工通常不涉及在高压和高温下进行1~2min短时间的预混合和热机械加工（Cornet et al.，2021；Kyriakopoulou et al.，2019）

缸中缸设计（Couette设计）的灵感来自同轴杯摆式旋转流变仪测量单元。首先，将待处理的材料混合，然后放入下缸（cup）中；其次，将上缸（bob）放入其中。材料在两个圆柱体之间的狭窄间隙中被剪切，尺寸受到控制（0~30mm）。这种类型的剪切槽设计有一个带盖的蒸汽加热固定外筒和一个使用驱动轴旋转的加热内筒（Krintiras et al.，2016）。当内筒旋转时，蛋白质分散体被剪切和加热。

两种类型的剪切槽通常都在高温下运行，类似于挤压加工中使用的那些。例如，使用锥中叠锥通过在高达140℃的温度下以0~100rpm的速度剪切几分钟来生产纤维蛋白结构（Grabowska et al.，2016），而它们是使用筒中筒系统，在120℃下以20rpm的速度剪切30min（Krintiras et al.，2016）。

两种设计都依赖于在规定条件下剪切蛋白质混合物，对于叠锥设计、牛顿流体和窄间隙，剪切速率可以根据以下式（3.13）计算（Peighambardoust et al.，2004）：

$$\dot{\gamma} = \frac{\omega}{\tan\theta} \quad (s^{-1}) \tag{3.13}$$

式中，ω 是转子速度（s^{-1}），θ 是锥体之间的角度（对于小角度，$\tan\theta \approx \theta$）。此装置中的 *SME* 可以使用以下式（3.14）计算：

$$SME = \frac{\left(\int_{t=0}^{t} \omega M(t)\,dt\right)}{m} \quad (kJ \cdot kg^{-1}) \tag{3.14}$$

式中，m 是剪切单元中材料的质量（kg），M 是处理时间 t 处的扭矩（Nm）。缸中缸设计的剪切速率可以使用以下式（3.15）计算（Krintiras et al.，2015）：

$$\dot{\gamma} = \frac{2R_i \pi}{60h} \quad (s^{-1}) \tag{3.15}$$

式中，R_i 是内圆柱的半径，h 是旋转圆柱和静止圆柱之间的间隙。应该注意的是，这些方程有一些局限性。

在这两种装置中，蛋白质在热的影响下在间隙中变性，这类似于挤压加工。由锥体或圆柱体的剪切作用产生的速度梯度促进了纤维状或层状结构的形成。所获得的结构显示出基于间隙内形成的速度分布（壁面剪切应力）的典型结构梯度。对于较宽的间隙，由于内外壁之间的剪切剖面，会获得非线性的“J-曲线”（Krintiras et al.，2016）。纤维结构的形成成功与否还取决于所使用的成分。不同蛋白质之间或蛋白质与多糖之间的热力学不相容性（第 3.2.1.1 节）被认为是在剪切细胞处理过程中通过在剪切下变形的水包水乳液的形成而形成各向异性结构的主要驱动力，并通过热的作用进行固定（Cornet et al.，2021）。

总之，剪切细胞技术是批量生产结构化植物蛋白的一种很有前途的方法。研究人员已经使用它成功地构建了含有果胶（Dekkers et al.，2016）、大豆分离蛋白和小麦麸质（Krintiras et al.，2015）、大豆浓缩蛋白（Grabowska et al.，2016）、豌豆分离蛋白的大豆分离蛋白结构，小麦麸质（Schreuders et al.，2019）、淀粉/玉米醇溶蛋白混合物（Habeych et al.，2008）。它特别适用于生产尺寸与整块肉相似的人造肉。

3.5.3　增材制造

增材制造（3D 打印）也可被用于生产肉类和海鲜类似物。此过程是通过从一个或多个移动喷嘴挤出可食用油墨来组装植物基食品，这些喷嘴根据 3D 数字模板在特定位置逐层添加材料。可以使用不同的食用油墨来模拟食物的不同部位。例如，富含蛋白质的红色油墨可用于打印“肌肉纤维”，而富含脂质的白色油墨可用于打印“脂肪组织”。食物的这些不同部分可以使用单个喷嘴顺序打印（即先打印一部分，然后打印另一部分）或同时使用多个喷嘴（每个喷嘴包含不同的可食用油墨）。

一般来说，有几种 3D 打印技术可用于增材制造（Le-Bail et al.，2020）。然而，用于创建类似于肉类和海鲜的结构的最常用技术是“3D 挤压”（Le-Bail et al.，2020；Dick et al.，2019），此过程不应与前面讨论的挤压过程相混淆。首先 3D 打印涉及通过喷嘴推动材料，这有点类似于挤压加工，通常不包含在打印过程中剪切和加热样品的元素。其次，3D 打印机往往比挤压机小得多。最后，3D 打印机使用逐层增材制造方法创建结构和形状，而挤压机使用特定的模具设计创建它们。

基于挤压的典型 3D 打印机的设计如图 3.20 所示。该设备通常由几个主要部分组成：

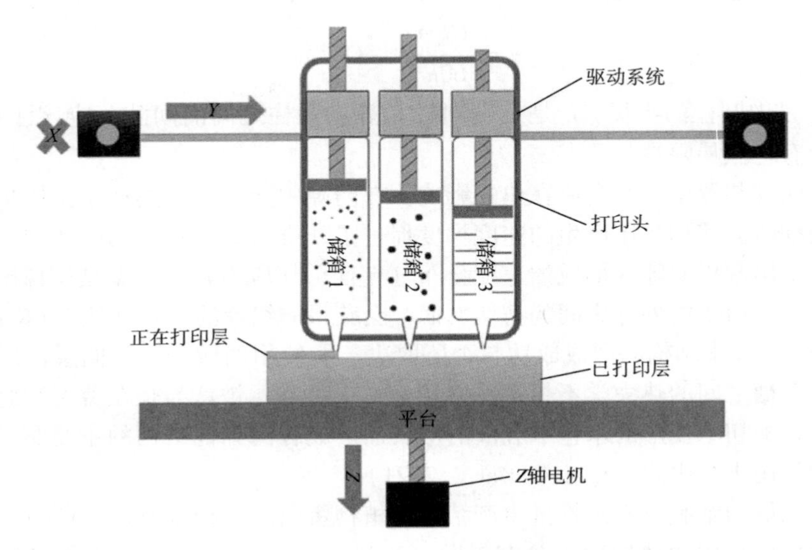

图 3.20　一台 3D 打印机由一个或多个喷嘴组成，这些喷嘴由平台上方的电机进行驱动。该图中显示了一个基于挤压的系统，该系统使用活塞将材料推出喷嘴，然后逐层将其沉积在平台上

- 一种数字处理单元，可将存储在计算机中的材料的 3D 数字尺寸转换为喷嘴或平台的运动。
- 沿 X、Y 和 Z 轴移动喷嘴或平台的伺服电机。
- 带有喷嘴头的（加热的）桶作为包含材料的出口。
- 将物料推出喷嘴的活塞装置。
- 用于放置材料的移动平台。

图 3.20 中所示的 3D 打印设备利用活塞将可食用墨水从喷嘴中推出。它由注射器和驱动活塞的电机组成，也可以使用基于螺杆的挤压将可食用墨水从注射器中挤出。这种设计包括一个位于墨盒内的螺钉。材料被装入墨盒中，当螺杆转动时，可食用油墨沉积在平台上。设备可使用气压将可食用墨水从墨盒中挤出的气动分配装置（Derakhshanfar et al.，2018）。然而，这种气动技术更适合打印流动性很高的材料，因为它不能产生挤出固体或半固体材料所需的力（Sun et al.，2018）。因此，

其打印植物肉的功能很差，因为植物肉通常使用半固态可食用油墨。在3D挤压过程中，材料可以在室温下挤出，也可以在离开喷嘴之前加热料筒以液化材料，然后材料可能会在平台上经历液体到固体的转变。

用于3D挤压打印的材料需要满足某些对挤压性和可构建性很重要的特性。可挤压性取决于与沉积过程相关的材料特性，如通过喷嘴的流量和挤出力。可构建性取决于与可食用油墨在打印到平台上后形成半固体或固体结构的能力相关的材料特性，如屈服应力、胶凝温度或胶凝时间（Wilms et al.，2021）。人们已经开发出数学模型来描述某些食品材料的印刷适性。例如，Herschel-Bulkley模型可用于描述具有塑料特性的可食用油墨的流动行为。该模型常用于描述3D打印过程中的材料流动行为：

$$\tau = \tau_y + K\dot{\gamma}^n \text{ (Pa)} \tag{3.16}$$

式中，τ是剪切应力（Pa），τ_y是屈服应力，K是稠度指数（$Pa \cdot s^n$），γ是剪切速率（s^{-1}），n是流动指数。当$n<1$时，流体发生剪切变稀，而当$n>1$时，流体发生剪切变稠。这种类型的可食用墨水在屈服应力以下表现得像不会流动的固体，但在屈服应力以上表现得像会流动的流体。表现出这种行为的食品材料有土豆泥。使用这种可食用油墨打印时，必须对注射器中的材料施加超过屈服应力的力，使其通过喷嘴挤出。然而，一旦材料被打印到平台上，施加的应力（由于重力）低于屈服应力，材料便会变成固体并保持其形状。

另一个方程式是Hagen-Poiseuille方程式，它描述了牛顿流体在通过圆柱体的层流中的压降，这对于描述迫使可食用墨水通过注射器所需的压力很有用：

$$\Delta P = \frac{8\eta LQ}{\pi R^4} \text{ (Pa)} \tag{3.17}$$

式中，ΔP为压降（Pa），η为表观黏度（$Pa \cdot s$），L为比长（m），Q为体积流量（$m^3 \cdot s^{-1}$），R为半径气缸（m）。因为这个方程只对牛顿液体有效，所以对方程进行了修改以考虑非理想流体的非线性行为［式（3.18）］（Wilms et al.，2021）：

$$\Delta P = \frac{2KL}{R}\left(\frac{3n+1}{n}\right)n\left(\frac{Q}{\pi R^3}\right)^n \quad \text{(Pa)} \tag{3.18}$$

式中，K是一致性指标，n是流量指标。该方程也有一些局限性，因为它忽略了壁滑移、堵塞、挤压不稳定性（Wilms，2021）。

尽管存在局限性，但这些方程式为影响3D打印的主要因素，如材料特性、操作条件和喷嘴几何形状作了讨论。表3.1概述了影响使用这些方程预测的不同参数。一般而言，可挤压性在低黏度下有利，而可建造性在高屈服应力下有利。材料应该能够连续流出喷嘴，但在沉积到平台上后仍能保持其结构，这需要仔细控制黏度和屈服应力。在开发具有塑料特性的可食用油墨时，需要在不同材料特性之间进行选取。

表 3.1　3D 打印材料属性和加工条件对流变特性和临界剪切速率的影响，以及对挤压压力和挤出不稳定性的影响

自变量	因变量：产品流变学[a] 稠度系数[b]（K）	流动指数[c]（n）	屈服应力（τ_y）	因变量：临界剪切速率 上边界（DST）	下边界（LPM）
材料特性					
液态[a]					
稠度系数[b]（K）	↑	n/a	n/a	↓	↓
流动指数[c]（n）		↑	n/a	↓	↓
屈服应力（τ_y）		n/a	↑		
悬浮颗粒					
颗粒体积分数（ϕ_m）	↑	↓	↑	↓	↑
粒径（$D_{4,3}$）	↓[d]		↓	↓[e]	↑
宽度粒度分布	↓	↑	↓	↑	
颗粒形状各向异性[f]（r_p）	↑	↓	↑	↓	
悬浮液					
粒子间力[g]		↓	↑[h]	→[i]	
加工条件					
温度（T）	↓		↓	↑	↑
时间和剪切（流动中）[j]（t）	↓		↓	↑	↑
时间（沉积后）[i]（t）	↑		↑	n/a	n/a

自变量	因变量：挤压压力（ΔP）	挤压不稳定性
产品流变学		
表观黏度[k]（η）	↑	
流动指数	↑	
Trouton 比[l]	↑	
加工条件		
体积流量（Q）	↑	↑
温度（T）	↓	↓
喷嘴设计		
长度（L）	↑	↓
半径（R）	↓	↑
进入角（θ）	→[m]	↑

注　如果自变量增加，箭头表示增加或减少。n/a 无关系，DST 不连续剪切增稠，LPM 液相迁移（Wilms et al.，2021）。

[a]描述为 Herschel Bulkley 流体（$\tau=\tau_y+K\gamma^n$）；[b]包括剪切和拉伸；[c]假设流动指数<1，即剪切稀化流体；[d]对于胶体粒子尤其如此，其中粒子间的作用力变得更加相关；[e]只有当颗粒尺寸明显小于喷嘴尺寸时，或者几何约束变得重要（Cheyne et al.，2005）；[f]与纵横比相关，值越大意味着离最佳值 $r_p\sim0.5$ 越远（Gan et al.，2004）；[g]有吸引和排斥相互作用；[h]只有吸引相互作用；[i]理论上只有解絮凝的悬浮液显示 DST，因为絮凝的悬浮液已经具有高黏度（Barnes，1989）；[j]假设触变行为，在流变行为的情况下，这些关系具有相反的性质；[k]剪切应力除以瞬时剪切速率；[l]拉伸黏度和剪切黏度之间的比率，较高的 Trouton 值会导致收敛流动期间压力损失增加；[m]剪切和拉伸之间的竞争，可能在 30°~45° 的中间进入角处具有局部最小值（Ansari et al.，2010；Ardakani et al.，2013）。

人们还可以依靠其他机制创建可食用油墨，在打印后形成半固体结构。例如，可以通过控制注射器和平台的温度来打印需经历液体到固体转变的材料。注射器可以加热到材料的转变温度以上。这样，可食用油墨在挤出时是流动的。相反，平台可以保持在转变温度以下，因此可食用墨水在打印后会固化。表现出这种行为的食品成分包括固体脂肪（如椰子油和可可脂）和冷凝水胶体（如琼脂）。或者，胶凝水胶体（如海藻酸盐）和胶凝剂（如钙）可以通过同轴注射器共同挤出，以促进水胶体在平台上的凝胶化（Sun et al.，2018）。

3D 打印已经被用于制造类似于真肉的植物肉。该技术能够通过使用多个喷嘴或通过同轴挤压（从内部和外部喷嘴同步挤压两种材料）同时打印多种材料。通过这种方式，可以打印脂肪和蛋白质，使其类似于真正的切肉，其中含有肌内脂肪。

Chen 等人（2021）研究了组织化和非组织化大豆蛋白与不同亲水胶体的混合物的印刷性和可构建性。打印机由一个直径为 22mm 的注射器组成，该注射器配备了一个 0.8mm 的喷嘴。材料在活塞的作用下从喷嘴中喷出，喷嘴在室温下以 20mm/s 的速度移动。使用这种工艺生产的“牛排”尺寸为 60mm×30mm×8mm。含有亲水胶体的样品显示出优异的印刷性和可构建性。由非组织化大豆蛋白的制备具有低结合水和低屈服应力，这阻碍了结构的成功构建。添加黄原胶显著改善了可印刷性和可构建性。此外，所生产的人造肉在油炸后仍保持其形状和质地。这些影响可能与黄原胶的高水结合能力有关，黄原胶也被证明可与大豆蛋白协同作用以增加屈服胁迫（Sánchez et al.，1995）。作者研究还表明，必须优化 3D 打印条件才能使用由组织化大豆蛋白和黄原胶组成的可食用油墨来生产模拟真肉的质地属性（硬度、胶黏性和咀嚼性）的人造肉。

另一项研究使用同轴挤压喷嘴 3D 打印肉类替代品（Ko et al.，2021）。制备了两种不同的可食用油墨来模拟肉制品的不同部位。第一种可食用油墨由 17%大豆分离蛋白、17%马铃薯淀粉、1% $CaCl_2$、1% KCl、0.5%黄原胶和 63.5%软化水组成。这种油墨被用来在人造肉中产生富含蛋白质的“肌肉纤维”区域。第二种可食用油墨由卡拉胶、葡甘露聚糖和海藻酸盐的混合物组成，用于产生“结缔组织”区域。所用打印机的内喷嘴直径为 1.0mm、喷嘴速度为 20mm/s，填充水平为 70%。使用挤出速度为 0.03mL/min 的直线填充图案。喷嘴设计用于从内部喷嘴挤出纤维溶液，而蛋白质溶液则从周围的外部喷嘴泵出，其中还含有钙离子和钾离子以诱导海藻酸盐和角叉菜胶的交联。这导致在通过矿物离子与水胶体的交联作用将两种材料沉积到平台上后的最初几分钟内凝胶强度显著增加。将 1.0%藻酸盐、1.5%角叉菜胶和 1.5%葡甘露聚糖与蛋白质共同挤压出到平台上的混合物获得了最佳结果。与牛肉对照样品相比，打印的人造肉表现出广泛的纤维性，具有更高的拉伸强度，但硬度低。此外，与牛肉相比，含有水胶体的样品具有较低的烹饪损失、横向和纵向收缩。这与所使用的共挤亲水胶体的高保水能力有关，它增加了保水性，并有助于与蛋白质结合的纤维结构的形成。因此，这些结果表明，利用共挤的3D打印技术可用于创建类肉结构。

如前所述，3D打印的一个优点是可以挤出不同的可食用油墨，这在制作具有模仿大理石纹肉的脂肪区域的植物肉时非常有用。目前，面临的挑战是创造一种具有纹理特性的脂肪模拟物，以实现良好的可打印性和可构建性。液体油可以打印但不能构建结构，而固体脂肪很难打印，因为它们具有非常高的屈服应力（Gonzalez-Gutierrez et al., 2018）。这个问题有时可以通过控制系统的固体脂肪含量来克服，通过控制脂肪酸组成和印刷/沉积温度来实现。或者，可以使用其他种类的材料来配制可食用油墨。例如，乳液凝胶已被用作可食用油墨，以在人造肉中创建脂肪区域。用于此目的的20%水包油乳剂由分散在连续相中的卵磷脂涂层油滴组成，使用马铃薯淀粉（5%~25%）和菊粉（40%）的混合物进行胶凝（Wen et al., 2021）。这些脂肪模拟物在室温下通过喷嘴（直径1.1mm）被挤出。马铃薯淀粉增加了脂肪模拟物的剪切模量、可印刷性和硬度，但在高浓度使用时，在160℃下其可融化性降低。低淀粉浓度因为网络太弱导致可构建性低，而高淀粉浓度导致固体网络表现出较差的可熔性。然而，由于在高温下稳定脂质网络的结缔组织网络，动物脂肪在融化条件下也会保留其部分结构。因此，重要的是找到最佳的水胶体浓度以获得所需的加工参数和最终产品质地。该研究得出的结论是，当乳化大豆油或椰子油与15%的马铃薯淀粉混合时，可以制成具有与猪肉和牛肉脂肪相当的可熔性的可食用油墨。

总之，用于生产植物基食品的3D打印技术仍处于起步阶段，但它在未来的特定应用中确实具有潜力。特别是，它可能成为分散生产植物基人造肉的可行工艺。例如，3D打印可用于在餐厅或家中制作小规模的人造肉。尽管如此，在3D打印得到广泛应用之前，仍有几个障碍需要克服。首先，打印速度相对较慢，生产一个完整的切肉模拟物可能需要几个小时。可以通过增加可食用油墨的流量以及喷嘴和平台的移动速度来提高打印速度，但这往往会降低打印精度和产品质量（Le-Bail et al., 2020）。尽管如此，3D挤压技术的改进已使每小时生产几公斤植物肉成为可能（Redefine Meat，2020）。其次，还可以同时运行多台打印机，一些植物基食品公司（例如revo-foods.com）正在探索这一点。因此，该技术可能适用于时间限制不强的人造肉的小规模分散生产。另一个问题与食品安全有关。由于打印过程通常在室温下进行且速度相当慢，因此需要控制微生物的生长。因此，每次打印之间必须仔细清洁仪器，以避免微生物污染。最后，需要开发功能性能可靠、营养价值高的标准化食用油墨。目前，关于适合生产植物肉的可食用油墨的营养质量，仍然缺乏公开的信息。

3.6 热加工方法

热处理方法由于各种原因被采用，包括使不需要的酶失活（热烫）、使腐败或致病微生物失活（巴氏杀菌或灭菌）或促进特定成分的热转变（烹饪）。在本节中，我们将简要概述用于植物基食品热处理的方法。

3.6.1　漂烫

蔬菜和水果通常会经过漂烫处理，以使其中的酶失活、减少微生物污染并去除空气。漂烫通常用于在进一步加工之前的储存（通常是干燥、冷藏或冷冻储存）过程中保持食品质量。该过程包括快速加热到特定温度，在该温度下保持特定时间，然后快速冷却到最终温度。例如，将豌豆在80℃的水中加热2min，然后冰浴冷却，这会使脂肪氧化酶活性降低90%，从而减少异味的产生（Gökmen et al.，2005）。因此漂烫对于在收获后保持种子理想的感官特性很重要。出于这个原因，这个过程通常用于植物基食品和配料的生产，例如牛奶类似物、肉类类似物和蛋白粉。

可以通过将食物与热水或饱和蒸汽接触来进行漂烫。通常情况下，蒸汽漂烫会减少营养的损失，因为可用于溶解营养物质的水较少。这两种方法都有不同的设计。在冷却和脱水之前，热水漂烫机将食物暴露在70~100℃的范围内（Fellows，2017）。卷轴漂烫机是热水漂烫机的一种，由一个旋转的圆柱形网状滚筒组成，该滚筒部分浸入热水中并缓慢向前移动食物（图3.21）。这种漂烫机经常用来烫豌豆（Featherstone，2016）。蒸汽漂烫机通常由一条传送带组成，该传送带通过一条充满饱和蒸汽的长隧道（<20m）对食物进行运送（图3.21）。传送带漂烫工艺通常利用多级逆流冷却来降低能源成本并提高可持续性。在这些过程中，用于冷却产品的水被再循环到漂烫过程的开始，预热后再次使用。

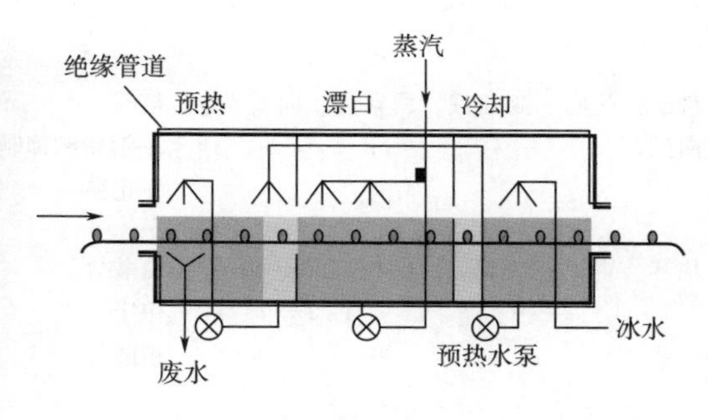

图3.21　漂烫使用热水或蒸汽进行，以灭活酶、微生物和其他可能在储存过程中降低食品质量和安全性的化合物。此处显示的是采用热水的卷式漂烫机（左）和采用逆流冷却的蒸汽漂烫机（右）（Fellows，2017）

3.6.2　抗营养素失活处理

许多植物含有抗营养素，这些物质会干扰营养物质的消化和吸收（表3.2）。

这些抗营养素的存在可归因于进化压力，这种压力使植物变得不那么受欢迎，或者阻止了种子在胃肠道中的消化，因此它们可以在排泄后存活和发芽，从而促进它们分布到新的地方。然而，植物基食物中存在的抗营养素可能会干扰正常的消化过程，从而导致营养问题。

表 3.2　许多植物原料中含有的抗营养因子

来源	类型	含量
豆类：大豆、扁豆、鹰嘴豆、花生、菜豆	植酸	386~714mg/100g
	皂苷	106~170mg/100g
	氰化物	2~200mg/100g
	单宁	1.8~18mg/100g
	胰蛋白酶抑制剂	6.7mg/100g
	草酸盐	8mg/100g
谷物：小麦、大麦、黑麦、燕麦、小米、玉米、斯佩耳特小麦、卡姆小麦、高粱	植酸	50~74mg/100g
	草酸盐	35~270mg/100g
仿谷类：藜麦、苋米、小麦、荞麦、画眉草	植酸	0.5~7.3g/100g
	凝集素	0.04~2.14mg/kg
	皂苷	
	致甲状腺肿因子	
坚果：杏仁、榛子、腰果、松子、开心果、巴西坚果、核桃、澳洲坚果等	植酸	150~9400mg/100g
	凝集素	37~144μg/g
	草酸盐	40~490mg/100g
种子：芝麻、亚麻籽、罂粟籽、向日葵、南瓜	植酸	1~10.7g/100g
	α-淀粉酶抑制剂	0.251mg/mL
	氰化物	140~370mg/kg
块茎：胡萝卜、甘薯、菊芋、木薯、山药	草酸盐	0.4~2.3mg/100g
	单宁	4.18~6.72mg/100g
	植酸盐	0.06~0.08mg/100g
茄科：土豆、番茄、茄子、辣椒	植酸	0.82~4.48mg/100g
	单宁	0.19mg/100g
	皂苷	0.16~0.25mg/100g
	氰化物	1.6~10.5mg/100g

由于这些原因，食品加工商试图去除或灭活抗营养素。在本节中，我们主要讨论两种最常见的植物基食品中抗营养素的去除或灭活：植物肉和植物奶。

据报道，高温挤压可以减少抗营养化合物，例如六磷酸肌醇（IP6）、单宁和酶抑制剂（Cotacallapa-Sucapuca et al.，2021）。然而，即使在这些高温处理之后，仍然经常观察到一些残留的抗营养化合物。对于植物奶，常规生产条件通常不足以降低某些抗营养物质的活性或浓度。一些抗营养化合物（如植酸、皂苷、单宁和凝集素）使用前面讨论的分离程序（如倾注或离心）可以完全或部分去除（Swallah et al.，2021）。尽管如此，胰蛋白酶抑制剂通常仍存在于生的或仅经过轻度加工的植物奶中，例如豆奶（Chen et al.，2014）。例如，将大豆在85℃下漂烫90s仅能将胰蛋白酶抑制剂活性降低42%（Yuan et al.，2008）。胰蛋白酶抑制剂是一种蛋白质，可降低胰蛋白酶和胰凝乳蛋白酶等胰酶的催化活性，从而抑制蛋白质在消化道中的水解和吸收。因此，它们会导致胰腺产生过多的胰蛋白酶，对健康产生不利影响（Gilani et al.，2012）。因此，在植物奶的生产过程中经常使用单独的超高温处理步骤（>135℃，持续数秒）来使胰蛋白酶抑制剂失活。

直接或间接热处理可达到上述目的。蒸汽喷射是常用的热处理方法，因为它可以实现快速加热循环（图3.22）。在此操作中，使用蒸汽喷射头在一个或多个位置将蒸汽（5～8bar；160～175℃）直接喷射到流体食品中，然后经过短的保持管，当蒸汽冷凝回液态水时，这有助于由于放热转变而快速加热。将流体食品在所需温度下保持数秒，然后在去除所加水的真空室中闪蒸冷却。快速加热和冷却可确保将有价值的营养素降解降至最低，但会使大部分胰蛋白酶抑制剂失活。

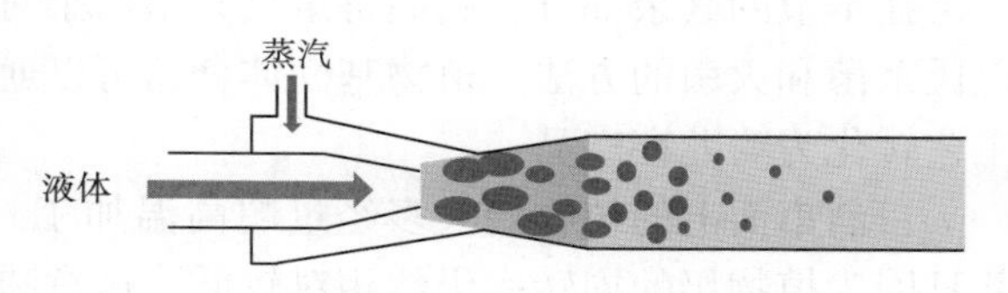

图3.22 UHT处理采用蒸汽注入，确保快速加热。在喷嘴后，液体保持特定时间，然后使用真空快速冷却以去除多余的液体

有研究人员之前已经描述了植物乳中胰蛋白酶抑制剂失活的典型加工条件（Prabhakaran et al.，2006；Yuan et al.，2008）。Prabhakaran和Perera（2006）报道，将豆浆在120℃下加热80s可使大约80%的胰蛋白酶抑制剂失活，从而提高最终产品的消化率。其他研究人员报道，在140℃下加热4s后，间接超高温处理可导致胰蛋白酶抑制剂活性降低77%。此外，将80℃漂烫2min与超高温处理相结合，可使胰蛋白酶抑制剂活性降低高达89%，具体取决于所用的时间—温度组合（Yuan et al.，2008）。因此，可以使用不同的加工方法来降低抗营养化合物的含量和活性，并且需要根据所用的原材料仔细选择最合适的条件。

3.6.3 巴氏杀菌和超高温（UHT）处理

热处理的目的是生产安全且耐贮存的食品。有两个主要因素会影响选择：用于热处理食品的时间和温度曲线。首先，热处理应该灭活所有活的病原体，这通常在低于100℃的温度下实现（Montville et al.，2012）。如果食品基质包含仍然允许微生物生长的条件（例如低盐含量和pH>4.6），则这些产品需要储存在冷藏区域，因为巴氏杀菌不会使所有酶失活，这会导致异味，并且不会使休眠形式的微生物（芽孢）失活。芽孢更耐高温，一旦环境条件允许，芽孢就会开始生长。当食物被加热到足够高的温度时，芽孢和酶就会完全失活。因此，当已知微生物、芽孢和酶在特定食品中存在问题时，可以将其加热到更高的温度以使它们失活，这称为灭菌。与灭菌相比，超高温（UHT）处理是一种不太强烈的热处理，它不会使所有的酶失活，而是使所有相关的芽孢失活。在实际操作中，即使是经过消毒的食品也不是100%无菌的，但可以被认为是“商业上”无菌的，即不含可在产品储存条件下生长的微生物（Richardson，2001）。经过消毒的产品可以在密闭容器中在室温下储存数月，并且存放多年仍可以安全食用（尽管它们的质量属性可能会下降）。

在本节的其余部分，我们将重点介绍用于对流体食品（如植物奶和鸡蛋）进行巴氏杀菌和灭菌的方法。植物基固体食品可以通过蒸煮、烹饪、高压灭菌或挤压等工艺转化为耐贮存产品。

目前市面上的植物奶大多经过超高温加工。这主要是为了确保抗营养素失活，并且因为植物奶的周转率仍然相对较低，这意味着它们可能会长时间留在超市货架上。UHT处理采用140~145℃的温度，持续5~10s（Prabhakaran et al.，2006）。这能够使芽孢失活，同时仍然比传统灭菌更有效地保留热敏化合物（如维生素），传统灭菌需要在高压灭菌器中将食物在121℃下加热几分钟。

直接UHT处理包括将蒸汽直接注入或用蒸汽加热液体食品，然后通过闪蒸将其冷却并去除添加的水。在此过程中每千克植物奶所需的蒸汽量可计算为（Kessler，2002）：

$$\frac{\dot{m}_S}{\dot{m}_L}=\frac{c_{L,F}T_F-c_{L,I}T_I}{h_F-c_{W,F}T_F}\quad(\mathrm{kg/kg})\tag{3.19}$$

式中，m_S是蒸汽的质量流量，m_L是液体（植物奶）的质量流量，h是给定压力下蒸汽的热焓，c是热容量，T是温度，并且下标L、W、F和I分别指液体、水、最终和初始。与间接UHT处理相比，该过程非常耗能，因此一些制造商常选择间接方法。

在间接UHT处理过程中，产品不会与加热介质（例如蒸汽或热水）直接接触。通常，板式换热器或管式换热器用于此操作。图3.23显示了典型板式换热器的布局。

板式换热器由几块用螺丝固定在一起的薄金属板组成，能够处理大约30000L/h。不锈钢板包夹在一个框架内，通常分为不同的部分，例如预热和最终加热部分。薄板之间的间隙通常为3~6mm，可确保高表面积与体积比，从而保证快速的加热速率（Kessler，2006）。在操作过程中，加热介质通过板的一侧泵入，而植物奶通过另一侧泵入。热量通过金属壁从加热介质利用传导和对流的方式传递到牛奶。通

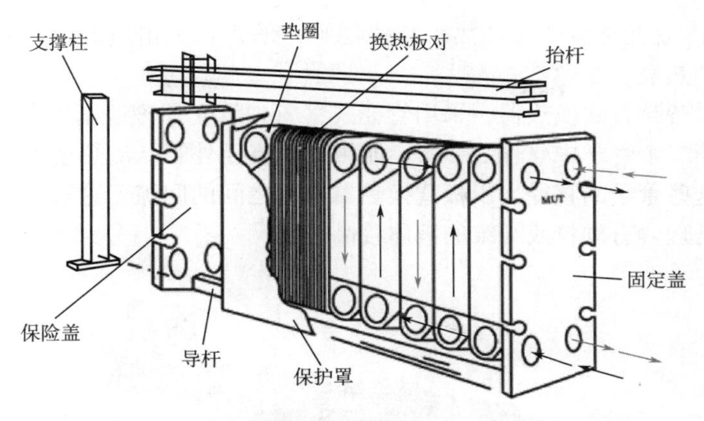

（a）板式换热器的部件

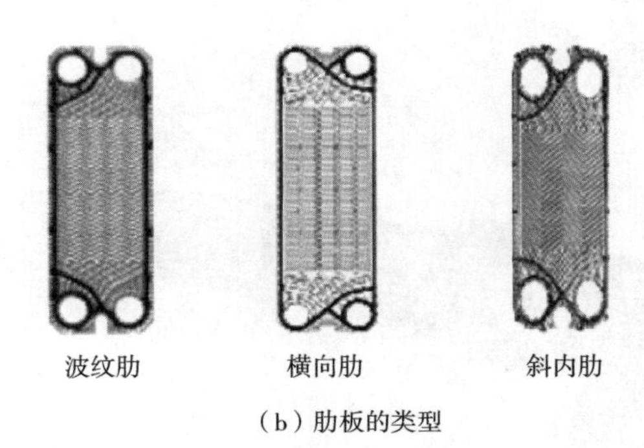

（b）肋板的类型

图 3.23　板式换热器可用于对流体食品进行间接 UHT 处理。食物以逆流方式加热和冷却

常，使用蒸汽加热的热水作为加热介质。加热后的水进入板式换热器，在流体的另一侧逆流方向流动（dT_M 恒定）并加热至所需温度。流体流过一个短的保持管以确保必要的保温时间，然后被重新插入板式热交换器，被进入的牛奶和冷却水冷却到所需的储存温度（约 4℃）。以下等式可用于计算板式换热器中加热过程所需的面积：

$$A = \frac{\dot{Q}}{kT_m} = \frac{\dot{m}c_p\Delta T}{kT_m} \quad (m^2) \tag{3.20}$$

式中，A 为所需传热面积（m^2），Q 为热流量（$kJ \cdot s^{-1}$），k 为传热系数（$W \cdot m^{-2} \cdot K^{-1}$），$T_m$ 为对数平均温差（℃），m 为质量流量（$kg \cdot s^{-1}$），c_p 为比热容（$kJ \cdot kg^{-1} \cdot ℃^{-1}$），$\Delta T$ 为在热交换器内产品的温度变化（℃）。传热系数 k 可由设备厂家计算或提供。可以使用以下等式计算对数平均温度：

$$T_m = \frac{(T_{i2} - T_{o1}T_{o1}) - (T_{o2} - T_{i1})}{\ln \frac{(T_{i2} - T_{o1}T_{o1})}{(T_{o2} - T_{i1})}} \quad (℃) \tag{3.21}$$

其中，T_i 和 T_o 是两种流体（如热水和植物奶）的入口和出口温度，下标 1 和 2 分别表示冷液和热液。

另一种设备是管式换热器，采用管壳式（管中管）原理。基本上是一个或多个管子放置在第二个管子中（图 3.24）。加热介质流经外管，加热逆方向流动流经内管的液体。这些管子的直径大于板式换热器中板之间的间隙，这意味着管式换热器通常更适合处理含有颗粒或纤维的液体食品。

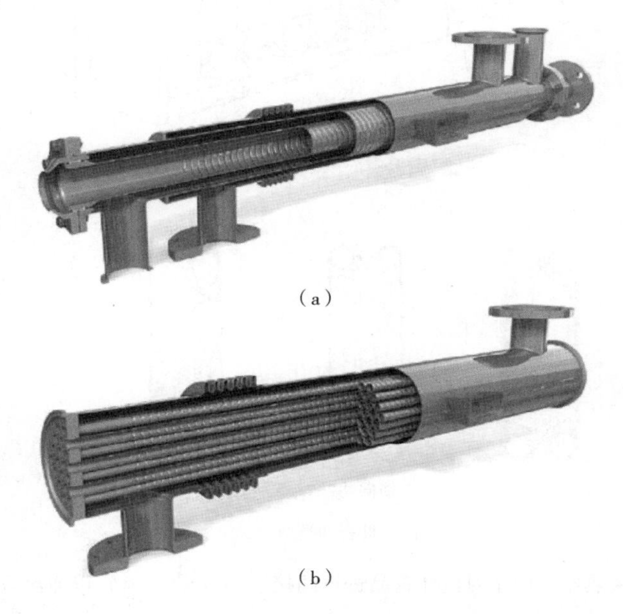

图 3.24 管式换热器具有单个（a）或多个（b）管中管设计。待处理的液体（如植物奶）流过内管，而加热或冷却介质则通过周围的外管循环

3.7 发酵方法

发酵过程用于生产一些重要的植物基食品，包括酸奶和奶酪类似物。在本节中，我们将简要回顾用于发酵植物来源成分的酶法和微生物法。

3.7.1 酶促发酵

一些植物奶通过酶或微生物发酵，以分解残留的淀粉并改善其质地和风味（稠度、口感和甜度）。例如，燕麦饮料经过专门的酶处理以水解淀粉，从而降低黏度，并释放葡萄糖增加甜度，同时去除大颗粒使口感更顺滑（Deswal et al.，2014）。类似的方法可能对其他以谷物为基础的牛奶类似物有用，这些类似物与蛋白质相比含有相对高水平的淀粉，例如米浆。在以豆类为基础的植物奶中，淀粉通常不会降解，但会被离心力分离，因为原料富含蛋白质而不是淀粉。用于分解淀粉的酶是葡萄糖苷酶，可水解淀粉分子内随机位置的糖苷键（α-淀粉酶），或在末端还原端产生麦芽糖（β-淀粉酶）或葡萄糖（α-葡萄糖苷酶）（Gong et al.，2020）。因此，植物奶的黏度、口感和甜度可以通过调节用于处理原料的酶的类型和用量，以及处理时间和温度来控制。

可以使用不同类型的反应器来进行酶促转化过程，如图 3.25 所示。酶可以直接添加到罐中，或者可以在受控气体条件下溶解在另一个较小的罐中，然后添加到反应器中。在最佳环境条件（T、pH、I）下进行反应，直到转化出所需数量的底物。其他反应器类型包括固定化酶反应器，它通过将酶保留在反应器内直到它们失去活性来最大限度地减少酶的损失。另一种技术是利用膜过滤从培养基中回收酶，并在新批次中重复使用。

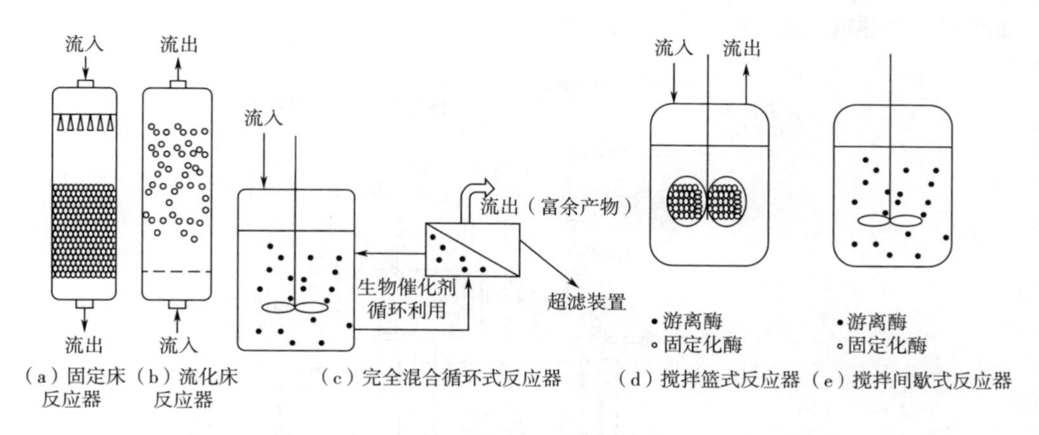

图 3.25　用于酶促转化过程的一些重要的反应器类型。搅拌间歇式反应器（e）是最常用的

3.7.2　微生物发酵

微生物发酵可以降低抗营养化合物的含量并减少异味。发酵也常用于从植物基奶制品中制造酸奶或奶酪类似物。

用于植物基食品发酵的常见菌种包括德伊氏乳杆菌亚种、保加利亚杆菌、嗜热链球菌、嗜酸乳杆菌、婴儿双歧杆菌等（Tangyu et al.，2019）。这些菌种中的大多数也用于发酵乳制品，它们已被证明也可以提高植物奶的质量。例如，发酵植物奶已被证明可以通过减少正己醛和正己醇等豆腥味以及降低植酸和胰蛋白酶抑制剂等抗营养化合物的含量来改善风味并增加钙的生物利用度（Tangyu et al.，2019）。

发酵通常在加热的不锈钢罐中，并在微生物的最适温度下进行（例如，嗜温细菌最佳生长温度为20~30℃，嗜热细菌最佳生长温度为40~45℃），数小时后植物奶再次冷却并在无菌条件下包装。通常，发酵剂培养物以冻干或冷冻形式从专业公司获得。公司通常提供可以直接使用的高度浓缩的发酵剂，但一些食品公司更愿意生产他们自己的浓缩发酵剂，他们可以将其用于生产。为实现这一目标，他们必须拥有原始菌种并逐渐增加其数量，直到获得最终的生产菌种（Bylund，2015）。在整个增殖过程中，防止设备和介质受到污染至关重要。增殖的过程包括一系列步骤：培养基热处理→冷却至接种温度→接种→培养→成品培养物冷却→培养物储存（Bylund，2015）。然后发酵剂可以直接使用或者将其冷冻或冷冻干燥后备用。

在添加发酵剂进行增殖之前，通常会对作为培养基（例如牛奶类似物）的食品进行热处理，以灭活其中含有的微生物或噬菌体，因为它们会干扰发酵过程。该过程可以在发酵反应器中进行（图3.26），例如，使用双壁反应器将产品在90℃下加热45min。随后，商业发酵剂在无菌条件下被转移到食品中。微生物开始在最佳条件下增殖，直到获得所需的细胞密度。然后可以使用适当的方法终止发酵过程，例如冷却、加热或改变pH。

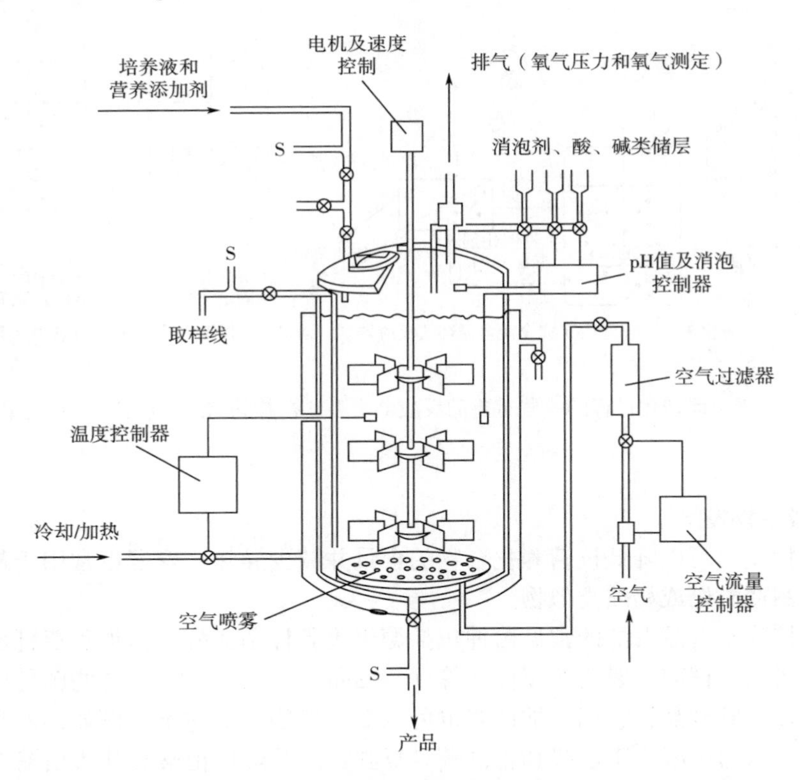

图3.26　典型的生物反应器设置。根据各发酵剂的繁殖条件，此装置在气体供应（如果有）、加热和冷却介质以及搅拌器和排气方面可能有所不同（Fellows，2017）

3.8 工艺设计示例：豆奶、燕麦奶和坚果奶

在本章中，我们讨论了几种可用于生产植物基食品的单元操作和设备。在最后一节中，我们以植物奶为例，重点介绍如何将这些单独的要素组合到一个过程中。

正如第8章所讨论的那样，植物基牛奶可以使用组织破碎法或均质法生产。在本节中，我们重点介绍组织破碎法，因为它们是目前使用最广泛的方法。使用这些方法生产牛奶类似物涉及将固体植物原料（如种子和谷物）转化为胶体流体。对于不同种类的起始材料，用于此目的的单元操作非常相似：研磨、发酵、分离、标准化、热处理和均质化。整个过程旨在生产高质量、可靠、安全且货架期稳定的产品。特别是，最终产品应具有一致的外观、质地、口感、风味特征、保质期和营养成分。

在本节的其余部分，我们将介绍三种常见的植物奶的生产：豆奶、坚果奶和燕麦奶。用于生产这些牛奶类似物的原材料的成分各不相同：大豆和坚果富含蛋白质和脂质，而燕麦则富含淀粉。所阐述的过程仅为代表性示例。实际上，商业上用于生产牛奶类似物的工艺取决于起始原料的性质以及食品制造商的偏好。

图3.27显示了豆奶的生产过程。可以在此过程中添加额外的微生物发酵步骤，以增强风味特征并减少其中的抗营养化合物。在所示过程中，豆奶经过两次热处理：第一次使胰蛋白酶抑制剂失活，而第二次使微生物（包括芽孢）失活。应该注意的是，豆奶也可以使用单一热处理生产，例如143℃加热60s（Yuan et al.，2008）。UHT工艺通常可以使芽孢数量减少9个对数值，但各国的规定各不相同，例如，某些国家或地区要求芽孢梭菌芽孢减少12个对数值（Bylund，2015）。芽孢梭菌减少5个对数值的时间—温度图像如图3.27所示。

用于生产豆奶（富含蛋白质和脂质）和燕麦奶（富含淀粉）的原材料成分的差异导致用于制造它们的加工操作存在差异。豆奶生产的一个重要目标是溶解和分散蛋白质和油体，而在燕麦奶生产中，则是水解淀粉颗粒（Peterson，2011）。如前所述，燕麦奶中的淀粉颗粒通常通过酶转化为糖，从而改善最终产品的稳定性、质地、口感和风味。此外，可能需要在配方中加入乳化油，因为燕麦中的脂质含量通常很低。可以使用如旋液分离器或倾析器等分离器从含有大量可溶性蛋白质（例如豌豆）的植物原料中去除淀粉颗粒。基于燕麦和坚果制作牛奶类似物的总体工艺设计如图3.28所示。

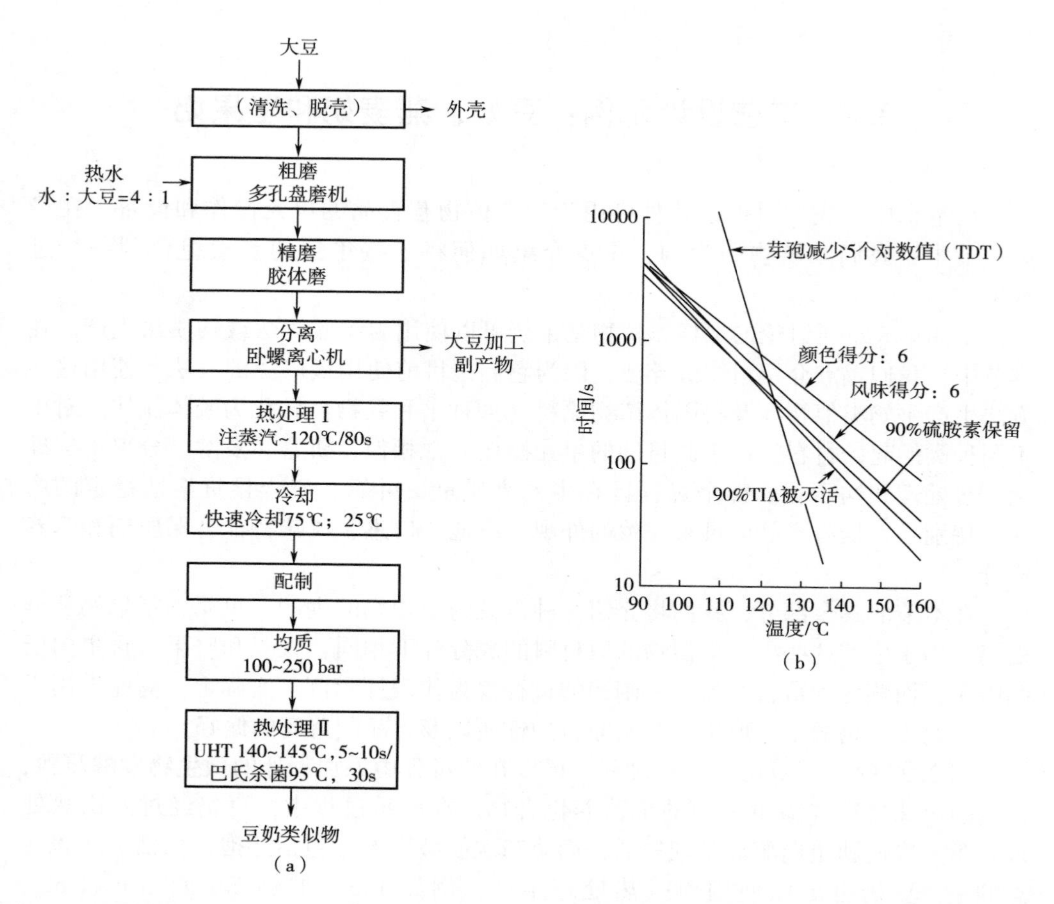

图 3.27　植物奶生产（豆奶）的工艺设计（a）和芽孢减少 5 个对数值（TDT）和胰蛋白酶抑制剂减少 90%（TIA）的时间—温度图（b）。辅助设备和流程包括板式热交换器（用蒸汽生产热水）、真空泵（闪蒸）和冰水（冷却液）

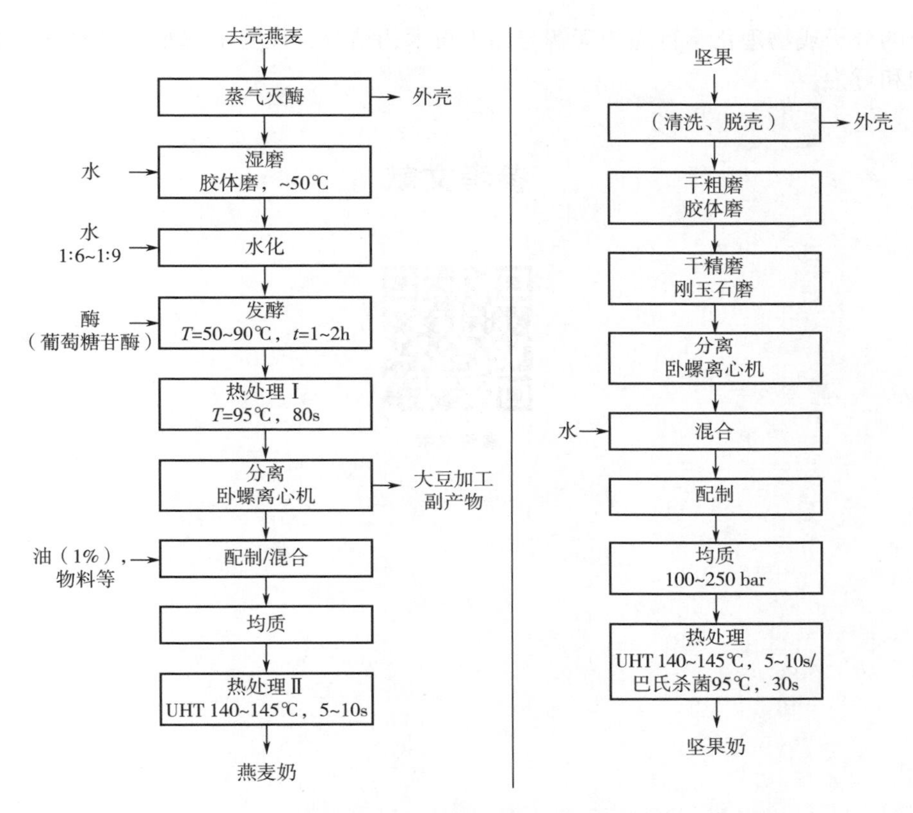

图 3.28　植物奶生产工艺流程：燕麦奶和坚果奶（Alfa Laval，2021）

燕麦和大豆生产牛奶类似物所需的整体加工设备非常相似。在这两种情况下，原材料都经过分散、研磨、离心、热处理和均质。有关用于生产植物奶的过程的更多详细信息，请参见第 8 章。

3.9　结论及未来方向

植物基食品的生产通常涉及使用食品行业已经广泛使用的单元操作和设备，例如搅拌机、研磨机、均质器、挤压机、卧炼器、离心机、过滤器和热交换器。这意味着创造这些产品所需的设备和知识已经很完善。然而，在某些情况下，需要创新设备来制造植物基食品，以准确模拟某些类型的动物性食品（如肉类和海鲜）的独特特性。例如，剪切细胞技术专门用于从蛋白质中创建纤维结构，这可用于创建肉类和海鲜类似物。此外，3D 打印是一种多功能技术，可用于从植物来源的成分中创建复杂的食品基质，如蛋白质、多糖和脂质。另一项重要的创新是将对植物来源成分的分子或物理化学行为的理解与加工技术相结合，以更准确地模拟动物产品的结构和行为。

参考文献

参考文献

第 4 章　植物基食品的理化和感官特性

4.1　引言

植物基食品的光学性、流变性、持液性、保留性及释放性和稳定性等物理化学性质影响其加工、储存、制备、消费、消化和其他质量属性。因此，了解影响这些产品的物理化学属性的主要因素十分重要。植物基食品表现出广泛的特性，从低黏度液体（类似牛奶），到高黏度液体（奶油或蛋黄酱类似物），再到黏弹性固体（肉、鱼、蛋或奶酪类似物）。这些产品成分和结构复杂，包含许多不同的成分，通过各种分子和胶体相互作用而相互作用（McClements et al.，2021）。在这一章中，我们会介绍植物基食品的光学、流变学、保留及释放和稳定性的基本物理化学原理。大多数这些产品中最重要的功能成分是生物聚合物（如蛋白质和多糖）和胶体（如脂滴、脂肪晶体、蛋白质聚集体、淀粉颗粒、气泡或冰晶）。为此，我们特别强调了可以用来描述和预测生物聚合物和胶体材料行为的数学模型。我们在这一章中还讨论了植物基食品的感官属性，因为它们在一定程度上是由它们的物理化学性质决定的，并且对消费者的接受和喜好情况有重大影响。关于特定植物基食品的物理化学和感官特性的更多信息在关于肉类、海鲜、鸡蛋和乳制品类似物的章节中进行阐述。更好地了解影响植物基食品物理化学性质的基本因素将有助于食品制造商创造更高质量的产品。

4.2　外观

植物基食品的外观通常是消费者接受和使用的第一感官印象，以决定其可接受性和可取性。因此，对于食品制造商来说，重要的是创造出以植物为基础的产品，其外观符合消费者对其将取代的动物性产品的期望。例如，牛奶类似物应该具有乳白色外观，炒鸡蛋类似物应该具有乳黄色外观，烤牛排类似物应该具有深褐色的外壳和内部应具有棕褐色（瘦肉）和白色黄色（脂肪组织）区域。在本节中，我们阐述了可以用于理解和预测植物基食品光学性质的物理化学原理。

4.2.1　影响外观的因素

一般而言，植物基食品的整体外观由与光波和人眼相互作用的若干因素所决定

（Hutchings，1999）。如前所述，许多植物基食品由分散在水介质中的胶体颗粒或聚合物组成，因此它们的光学特性可以通过最初为胶体材料开发的数学模型来描述（McClements，2002a）。

4.2.1.1 空间均匀性

根据产品的不同，植物基食品可能具有均匀或不均匀的外观。例如，牛奶类似物应该具有均匀的乳白色外观，而肉饼类似物应该具有深褐色的外壳和浅褐色的内部，其中包含明显可辨认的碎片。人眼的分辨率在200μm左右，无法分辨小于这个尺寸的物体（Hutchings，1999）。因此，一个产品要表现出均匀性，它应该在这个尺寸以下具有异质性，而要表现出不均匀性，它应该在这个尺寸以上具有异质性。此外，对于具有不均匀外观的产品，食品制造商必须创建具有正确大小、形状、空间分布、颜色和不透明度的区域。产品的异质性往往通过添加具有所需尺寸的结构件来控制，或者通过控制加工条件在制造过程中创建这些结构件来控制。或者，它们可能是在食物形成后，通过对食物特定区域进行选择性着色而形成的。在产品的储存和加工过程中，确保具有不同外观的区域保持完整也很重要。实现这一目标的一个挑战可能是色素会从一个区域扩散到另一个区域。因此，需要选择合适的色素和着色方式来防止这一问题。例如，在具有连续水相的食品中，水溶性极低的色素可以用来防止颜色从一个区域扩散到另一个区域；或者，颜色可能被捕获在不能轻易移动的胶体粒子中。

在一些产品中，植物基食物在烹饪过程中的空间均匀性预计会发生变化。例如，汉堡类似物可能开始是粉红色的外观，但在烹饪后会变成褐色，外表呈深褐色，内部呈浅褐色或粉红色。在这种情况下，重要的是在配方中包含在烹饪过程中提供这些颜色变化的成分。这种颜色变化通常是由蛋白质和还原糖之间发生的美拉德反应提供的，而烹饪过程中食物表面发生的高温和水分损失（直到达到临界失水量）加速了这种反应。或者，可以通过使用在加热过程中发生化学降解反应的成分来实现（第2章）。

4.2.1.2 透射和反射

当光波遇到以植物基食物表面时，可能会发生透射和反射（也可能发生散射和吸收，详见后文）（图4.1）。对于均匀透明材料，从表面反射的光的比例（R）为：

$$R=\left(\frac{m-1}{m+1}\right)^{2} \tag{4.1}$$

这里，相对折射率（m）是材料的折射率（n_2）除以通过光波原本穿过的介质的折射率（n_1）：$m=n_2/n_1$。大多数植物基食物主要由水（$n_2=1.33$）、蛋白质（$n_2=1.50$）、碳水化合物（$n_2=1.50$）和脂肪（$n_2=1.43$）组成，而光波通过的介质通常是空气（$n_1=1.00$）。因此，人们只期望2%~4%的光波从材料表面反射，其余的光波透射到材料中。在实际应用中，由于植物基食物内部的不规则结构（如纤维、颗粒或水滴等）对光波的散射作用，反射光波的比例可能远高于该值（见后文）。

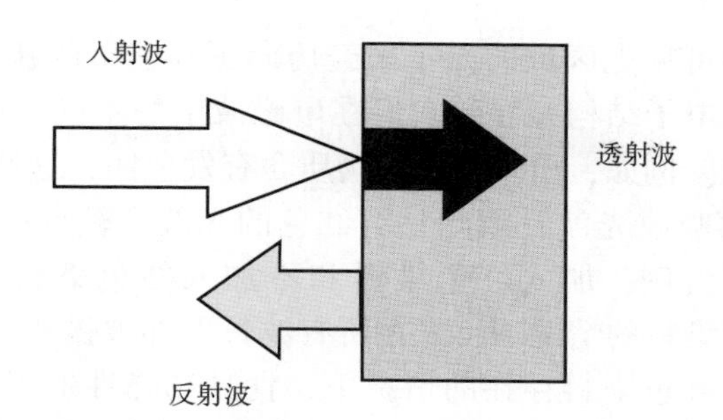

图 4.1　当光波遇到物体时，它可以部分透射、部分反射，其量取决于不同介质的折射率

4.2.1.3　表面光泽

植物基食品的表面可能预期为有光泽的（如生肉）或无光泽的（如熟肉）。因此，食品生产商控制产品表面光泽度非常重要。材料的光泽度主要取决于其表面粗糙度，即任何表面不规则体的尺寸相对于光波长的尺寸（Arino et al.，2005）不规则度小于几微米的表面通常会出现光泽，因为光波以镜面的方式反射，而不规则度在这个尺寸以上的表面则会出现哑光，因为它们在各个方向散射或反射光波，导致更多的漫反射（图 4.2）。生肉的表面由于潮湿而相当光滑，而熟肉的表面由于在烹饪过程中脱水而相当粗糙，这导致表面不规则性的形成。因此，在尝试开发以植物为基础的肉类或海产品类似物时，模仿这种行为十分重要，因为它们在烹饪过程中会从光滑变为无光泽。这可以通过在配方中包含结构异质性来实现的，当产品表面由于烹饪而干燥时，表面粗糙度约为几百纳米到几微米。

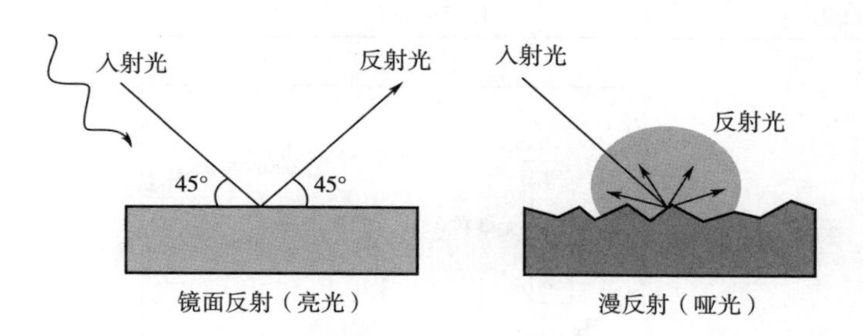

图 4.2　物体表面粗糙度影响光反射的效果

4.2.1.4　选择性吸收

食品的颜色，如红色（生肉）、褐色（熟肉）、黄色（全蛋）或橙色（切达奶酪），取决于对某些波长光的选择性吸收（Hutchings，1999）。白光由波长在 380~750nm 的不同颜色的“混合物”组成：紫色（380~450nm）、蓝色（450~495nm）、绿色（495~570nm）、黄色（570~590nm）、橙色（590~620nm）和红色（620~750nm）。食物中含有某些类型的分子（发色团），它们具有外壳电子，可以

通过吸收电磁波谱中可见光区域的光子来经历向更高能级的跃迁（表 4.1）。不同的发色团具有不同的电子结构，导致它们在电磁波谱的不同区域选择性吸收光波，从而产生不同的颜色。例如，出现红色的物质含有发色团，这些发色团在紫色到橙色对应的波长范围内吸收光波，因此只有红色的光波会被反射。以 2 种模型食品（水包油型乳状液）为例，加入红色染料和不加入红色染料的光的反射光谱如图 4.3 所示。在没有染料的情况下，光在所有波长下都被强烈反射回来，从而呈现白色外观。相反，在红色染料存在的情况下，食品选择性地吸收 380~620nm（紫色至橙色）而不吸收 620~750nm（红色）的光。因此，只有与红色相对应的光的波长向后反射，导致呈现淡红色。物质的反射光谱，以及因此产生的颜色，取决于存在的发色团的类型和浓度，以及光散射效应（见下一节）。通常情况下，光散射的增加会导致感知颜色的强度降低，因为光波无法深入样品中，这意味着吸收较少。因此，控制植物基食物中存在的发色团的性质，以及散射光的任何异质性，包括脂肪滴、蛋白质聚集体或气泡的浓度、大小和折射率是很重要的。

表 4.1　不同颜色光波的光子能量和波长

颜色	光子能量（eV）	波长（nm）
紫色	2.75~3.26	380~450
蓝色	2.50~2.75	450~495
绿色	2.17~2.50	495~570
黄色	2.10~2.17	570~590
橙色	2.00~2.10	590~620
红色	1.65~2.00	620~750

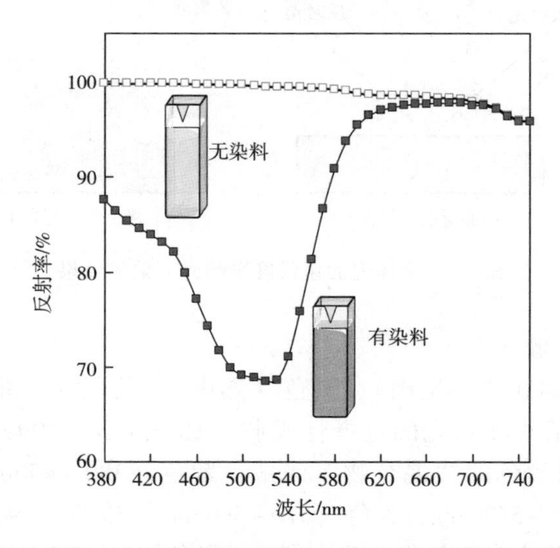

图 4.3　红色染料存在和不存在时模型食品（水包油乳液）的反射光谱

4.2.1.5　散射

当光波遇到折射率与周围基质（通常是水）不同的非均匀物质（如脂肪滴、油体、气泡、生物聚合物纤维、生物聚合物颗粒或植物组织碎片等）时，会发生散射。光波被重定向到与原始波不同的方向，从而导致散射图案（Bohren et al.，1998；Hergert et al.，2012）。光被散射的比例以及散射波的角度取决于异质结构的大小、形状、折射率和浓度（McClements，2002a）。当物体的尺寸相对于光波长（$d \ll \lambda$）较小时，散射较弱，大部分光在各个方向上散射均匀（Hutchings，1999）。对于中等尺寸颗粒（$d \approx \lambda$），散射相对较强，散射图案具有复杂的形式。对于相对较大的粒子（$d \gg \lambda$），散射再次变弱，大部分光在正向散射。足够大的粒子（$d>200\mu m$）可以被人眼识别为单个物体。粒子对光波的散射可以用一系列称为米氏理论的方程来描述（Hergert et al.，2012）。通过绘制包含球形颗粒的胶体悬浮液的归一化浊度随颗粒直径的变化曲线（图 4.4），可以得到颗粒尺寸对光散射大小的影响。当粒子远小于光波长（$d<40nm$）时，系统呈现透明状态。随着粒径的增大，浊度增大，直到在几微米（$d \approx 1.6\mu m$）左右达到最大值，之后再次下降。计算结果强调了植物基食品中颗粒尺寸对其光学特性的重要性。胶体分散体的光学性质也在很大程度上由粒子浓度决定（图 4.5）。在高度稀释的系统中，光波在穿过材料后只遇到一个粒子而离开，被称为单次散射。在浓度更高的系统中，一个光波被一个粒子散射，然后遇到另一个粒子，在离开材料之前再次散射，这被称为多重散射。在足够高的粒子浓度下，光波被许多不同的粒子散射，它可以被认为通过类似扩散的过程穿过材料，这被称为漫散射。数学模型可以准确描述稀胶体分散体的散射模式（Mie 理论），有助于预测其组成和结构对其光学性质的影响。数学模型也可用于浓度更高的系统，但这些模型通常要复杂得多，精度也较低。

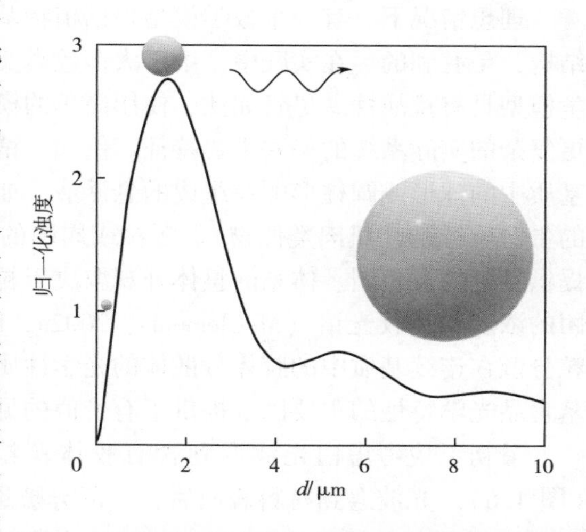

图 4.4　颗粒尺寸对胶体分散液浊度的影响。最强的光散射发生在粒子的尺寸为几微米时，因为这接近光的波长

胶体分散体对光的散射影响其浑浊度、不透明度和明度，从而影响其整体外观。在植物乳中，散射主要来自脂肪滴或油体等球形颗粒，尽管不规则形状的植物组织碎片也可能会产生散射。在植物性肉类和鱼类产品中，散射可能是由于用于模拟脂肪组织的脂肪滴，以及用于模拟肉

类中的肌纤维的蛋白质纤维（Purslow et al.，2020）。

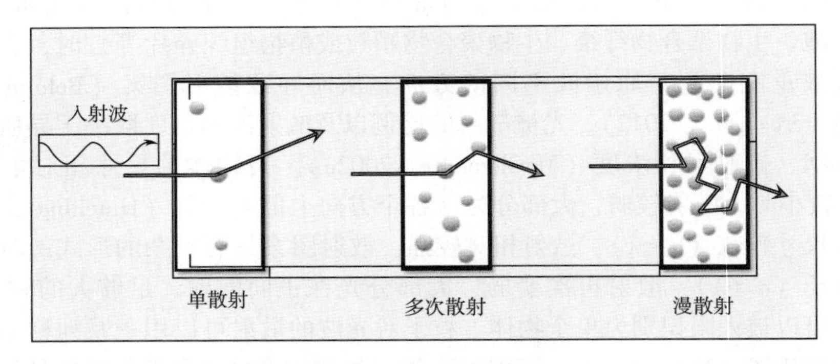

图 4.5 粒子浓度对胶体分散体散射光波的影响。单次散射发生在光波只被单个粒子散射的稀释系统中，而多次散射发生在浓度更高的系统中。发生漫散射的是浓度非常高的系统

4.2.2 外观建模与预测

理想情况下，有一个数学模型根据植物基食品的组成来预测植物基食品的外观结构，是有利的。在实践中，由于大多数真实食品的结构和成分十分复杂，构建数学模型具有挑战性。尽管如此，使用简单的模型系统可以获得一些结果，其中包括更复杂的实际系统的一些重要特征。例如，植物基食品可以被认为是由分散在连续基质中的球形或圆柱形颗粒组成的悬浮液，如水中的脂肪滴（牛奶类似物）或水中的蛋白质纤维（肌肉类似物）。颗粒或周围的基质可能含有选择性吸收光波并因此提供颜色的发色团。体系的整体外观取决于粒子的浓度、尺寸和折射率，以及发色团的浓度和吸收光谱（McClements，2002a，b）。例如，我们考虑模拟包含球形颗粒分散在连续基质中的胶体分散体的光学性质。对这个简单模型的分析为影响植物基食品光学特性的主要因素提供了有价值的见解。

最初，应考虑白光波遇到含有胶体颗粒和发色团的物质时发生的物理过程（图 4.6）。光波遇到材料表面后，一部分被透射，剩余部分被反射（Berns，2000；Bohren et al.，1998；Hutchings，1999）。透射光和反射光的相对比例取决于系统的微观结构和组成。透射光穿过材料，遇到胶体粒子发生散射。如前所述，散射图案取决于粒子的大小、形状和折射率（Bohren et al.，1998；Hergert et al.，2012）。散射波随后可能遇到一个或多个其他胶体粒子而被再次散射（多重或漫散射）。胶体颗粒或周围介质中发色团的存在导致对光波的选择性吸收，这是材料颜色的来源。颜色的强度和色调取决于存在的发色团的浓度和类型，并且会受到散射效应的影响。因此，材料的整体光学性质由光散射和吸收效应共同决定。材料的不透明度主要由散射效应决定，而颜色主要由吸收效应决定。

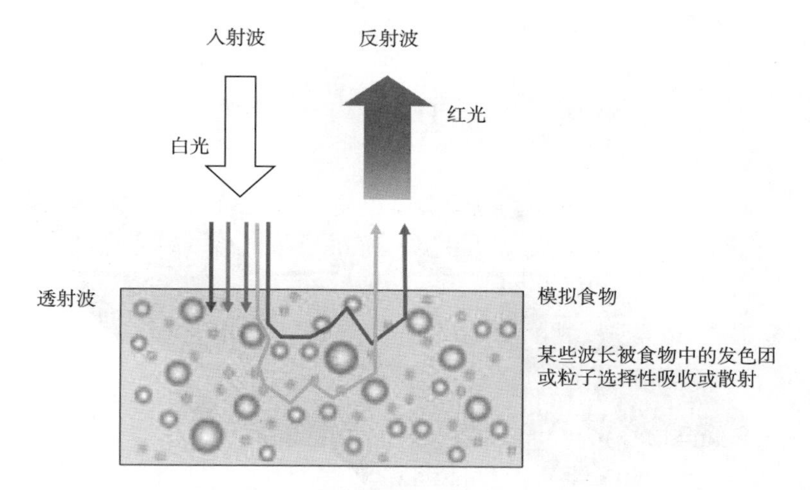

图 4.6　许多植物基食品可以被认为是由胶体颗粒在水介质中的分散体组成。它们的光学性质取决于入射到其表面的光波的反射、透射、散射和吸收

植物基食品的颜色可以通过三刺激色坐标进行客观描述，可以方便地使用紫外可见分光光度计或色差计等仪器进行测量。其中最常用的是三刺激色坐标系（图 4.7），后文将详细讨论。仪器的使用克服了人类在客观描述颜色方面的许多挑战。在本节的余下部分，简要概述了基于光散射理论发展起来的一种将胶体食品的组成和结构与其三刺激色坐标联系起来的理论（McClements，2002a，b）。假设植物基食品可以被视为包含单一类型球形颗粒分散在连续基质中的胶体分散体，可以推导出更复杂和更符合实际的理论来更准确地描述实际系统。该理论可以在个人电脑上编程实现，进而用于预测结构特性（如粒径、折射率、浓度等）和发色团特性（如吸收光谱和浓度）对植物基食品外观的影响，便于设计高品质的产品。由于大多数植物基食品是光学不透明的，因此只考虑反射率测量。用于将模型植物基食品的颗粒和发色团特性与其三刺激坐标联系起来的各种步骤如图 4.8 所示。由于此模型已在其他地方进行了详细的描述，这里仅对其进行简要概述（McClements，2002b）。

4.2.2.1　粒子散射特性的计算

预测胶体分散体光学性质所需的第一条信息是单个粒子的散射特性。特别是，粒子的散射效率（Q_s）和不对称因子（g）需要在电磁波谱的可见光区域已知，即从 380~750nm（图 4.8）。散射效率提供了粒子散射的光波比例额的度量，而不对称因子描述了散射波的角度相关性（Kerker，1969）。这些参数通常是通过使用被称为 Mie 理论的数学模型，利用粒子的尺寸和相对折射率来计算的无量纲尺寸参数（x）的函数（Hergert et al.，2012）：

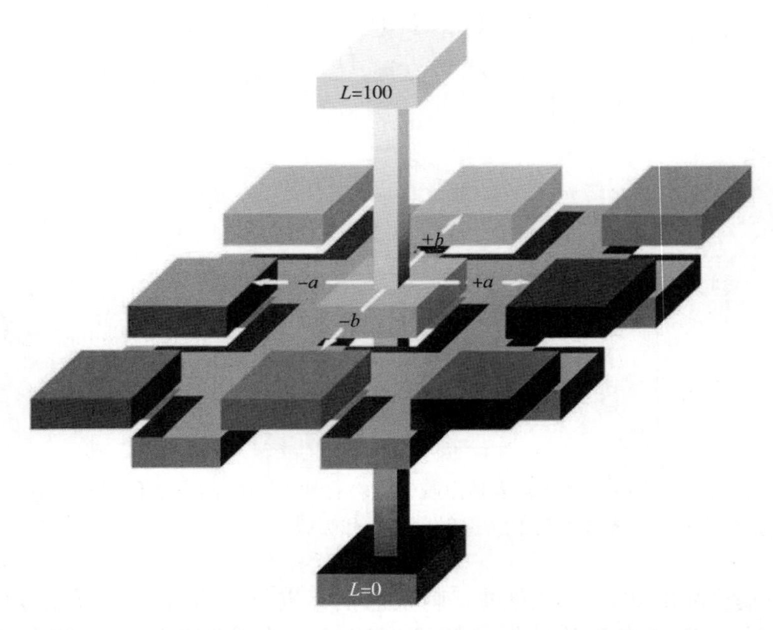

图 4.7　植物基食品的光学特性可以用三刺激色坐标来描述，如图中所示的 L^*，a^*，b^* 颜色空间

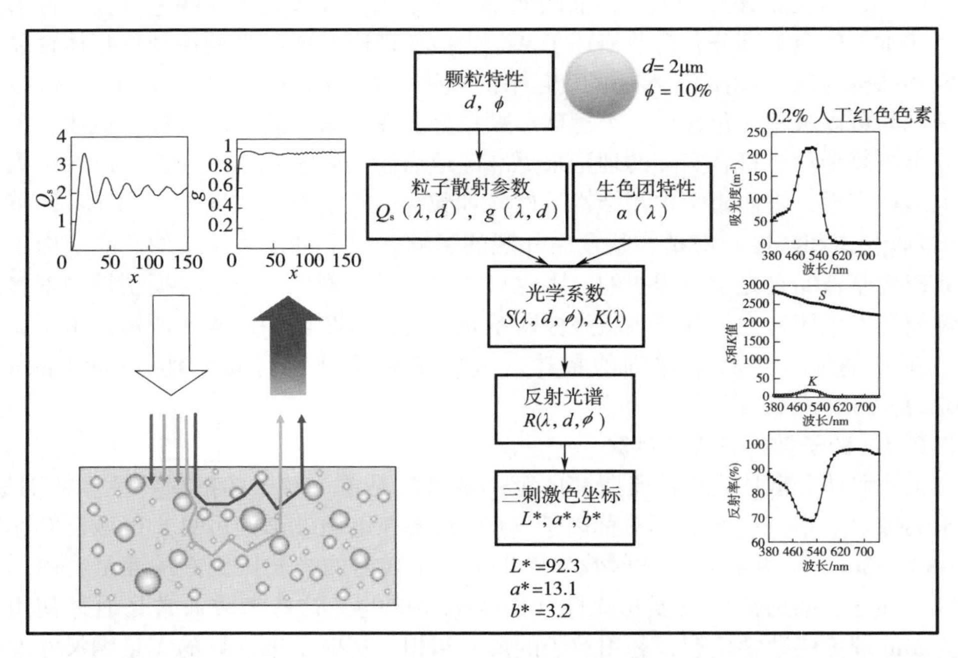

图 4.8　胶体分散体（模拟植物基食品）的光学性质可以用光散射理论来描述，它将粒子和发色团的特性与 L^*，a^*，b^* 值联系起来

$$x = \pi d n_1 / \lambda \quad (4.2)$$

式中，d 为胶体粒子的直径，n_1 为周围介质的折射率，λ 为光的波长。通过使用合适的软件程序对 Mie 理论模型进行编程，或者使用在线 Mie 理论计算器，可以将 Q_s 和 g 的值作为 x 的函数来计算。由脂肪滴分散在水中形成的胶体分散体的 Q_s 和 g 对 x 的依赖性如图 4.8 所示。这些预测表明，与光的波长相比，光散射的程度和方向取决于胶体粒子的大小。因此，它们表明植物基食品的光学特性受其所含的任何结构异质性的尺寸影响，如脂肪滴、植物组织碎片、生物聚合物颗粒或纤维。Mie 理论只适用于计算稀体系中孤立胶体粒子的散射特性，因此对聚集或集中的分散体的预测不准确（Kerker，1969）。在这种情况下，需要更先进的数学模型对粒子的散射特性进行建模。对于植物基食品，植物基牛奶、鸡蛋或肉类模拟物中的脂肪滴通常可以建模为球形。然而，植物基肉类或海产品类似物中的纤维结构应建模为圆柱体。因此，需要不同的数学方程来计算 Q_s 和 g 值对 x 的依赖关系，这取决于纤维的折射率、方向和厚度（Bohren et al.，1998）。然而，对于球体而言，也有类似的总体趋势。

4.2.2.2　发色团吸收光谱的测定

预测胶体分散体光学性质所需的第二个信息是存在的发色团的吸收特性（图 4.8）。通常使用紫外—可见分光光度计测量胶体分散体中发色团吸收系数［$\alpha(\lambda)$］的波长相关性。通常，发色团首先溶解在代表其通常位于植物基食品中的相的溶剂中，如用于疏水色素的油或用于亲水性色素的水（使用相同溶剂作为空白）。然后测量发色团溶液在 380～750nm 的吸光度，并计算吸收系数随波长的变化：$\alpha(\lambda) = 2.303 \times A(\lambda) / L$，其中 $A(\lambda)$ 是在波长为 λ 处测量的吸收率，L 是用于容纳溶液的比色皿的长度。

许多植物基食品是多相体系，在不同相含有发色团。在简单的胶体分散体中，发色团可能存在于分散相和连续相中，在许多植物基食品中通常是油和水。胶体分散体的总吸收光谱可以用下面的表达式预测：$\alpha(\lambda) = \phi \times \alpha_O(\lambda) + (1-\phi) \times \alpha_W(\lambda)$。其中，$\phi$ 为油相体积分数，下标 O 和 W 分别表示油相和水相。因此对于油溶性和水溶性发色团，可能需要分别测量油相和水相的吸收光谱。

4.2.2.3　胶体分散体光谱反射率的计算

预测胶体分散体颜色的第三阶段是计算光谱反射率 $R(\lambda)$，$R(\lambda)$ 是电磁波谱中可见光区域的反射率随波长的变化。反射率取决于胶体粒子对光波的散射，也取决于发色团对光波的吸收。大多数植物基食品可以被认为是光学不透明的胶体分散体，因为它们包含许多散射光的粒子。因此，它们的光学特性通常通过反射率（而不是透射率）测量来表征。光谱反射率是光波从材料表面反射（或后向散射）的部分，是波长的函数。使用被称为库贝尔卡—基克理论的数学模型，浓缩胶体分散体的反射率可以与其散射和吸收特性相关

(Kotrum，1969)：

$$R = 1 + \frac{K}{S} - \sqrt{\frac{K}{S}\left[\frac{K}{S} + 2\right]} \tag{4.3}$$

式中：K 和 S 分别为吸收系数和散射系数。由于胶体分散体中发色团和颗粒对光的吸收和散射均具有波长依赖性，因此 R、K 和 S 值随波长变化。含红色染料的胶体分散体的这些值的计算如图 4.8 所示。库贝尔卡—芒克理论是通过对光波吸收和散射光的介质传播的数学分析得出的（Mudgett et al.，1971）。推导出了胶体分散体的 K 和 S 系数与发色团的吸收光谱和粒子的散射特性之间的关系式：

$$K = 2\alpha \tag{4.4}$$

$$S = \frac{3}{16}\pi d^2 Q_S[1 - g] - \frac{1}{4}\alpha \tag{4.5}$$

含和不含红色染料的胶体分散体的反射光谱的预测结果如图 4.3 所示。在没有染料的情况下，在整个可见光波长范围内，反射率保持相对较高和恒定，从而导致呈现白色外观。有染料时，反射光谱有一个波谷，对应于染料吸光度光谱中的峰值（图 4.8）。通常情况下，随着染料浓度的增加，波谷变得更深，因为更多的光波被染料吸收，所以反射更少。

在实际应用中，必须修改上述简单方程以考虑其他因素，如粒子—粒子相互作用，以及样品可能被保存在容器中（而不是直接暴露在光波中），因此必须考虑光波与容器壁的相互作用（McClements，2002b）。

4.2.2.4 由反射光谱计算三刺激色坐标值

最后一步是从反射光谱中计算胶体分散体的三刺激色坐标（图 4.8）。人们已经建立了一些公式，可以从材料的反射光谱中计算出材料的 L^*、a^* 和 b^* 值（McClements，2002a；Wyszecki et al.，2000）。这些方程取决于 3 个因素：①被测材料的反射光谱 $R(\lambda)$（这取决于它的结构和组成）；②用于照射材料的标准光源的光谱分布 $S(\lambda)$，它是光强随波长变化的度量；③人眼的标准化响应函数 $x(\lambda)$，$y(\lambda)$ 和 $z(\lambda)$，它们是眼睛中不同光敏感受器（视杆细胞和视维细胞）的灵敏度随波长变化的度量。用于从反射光谱计算 L^*、a^* 和 b^* 值的公式已在其他地方提出（McClements，2002b）。在实际应用中，可能需要考虑到可能存在不同种类的结构（如脂肪滴、植物组织碎片、蛋白质聚集体等），它们具有不同的浓度、尺寸、形状和折射率，因为所有这些粒子都可能对整体散射模式产生影响。

根据植物基食品的组成和结构预测其颜色的数学理论的可用性，使食品配方制定者可以使用计算机模型来估计不同因素对最终产品整体外观的相对重要性。例如，可以估计粒子类型和尺寸对产品外观的重要性，以及混合不同种类发色团的影响。这可能有助于设计和创造以植物为基础的食品，其外观与它们所要取代的动物产品的外观更加接近。

4.2.3　影响植物基食品外观的主要因素

在这一部分，我们简要概述了影响植物基食品外观的主要因素。我们使用理论计算或在简单模型系统（由分散在水中的脂肪滴和发色团组成的胶体分散体）上进行的实验测量来证明这些因素的重要性。

4.2.3.1　发色团类型及浓度

植物基食物的整体颜色取决于其含有的各种发色团的类型和浓度，因为这决定了在不同波长下选择性吸收和反射的光波的比例。例如，发色团浓度对计算的含有不同量红色染料的胶体分散体的反射光谱和三刺激色坐标的影响如图 4.9 所示。正如预期的那样，反射光谱中波谷的深度随着染料浓度的增加而增加，因为在电磁光谱的非红色区域吸收的光波的比例增加。因此，a^* 值正值（红度）的变化幅度增加，b^* 值正值（黄度）的变化幅度增加较小。同时，由于胶体分散体表面反射回来的光较少，导致其 L^* 值（明度）降低。

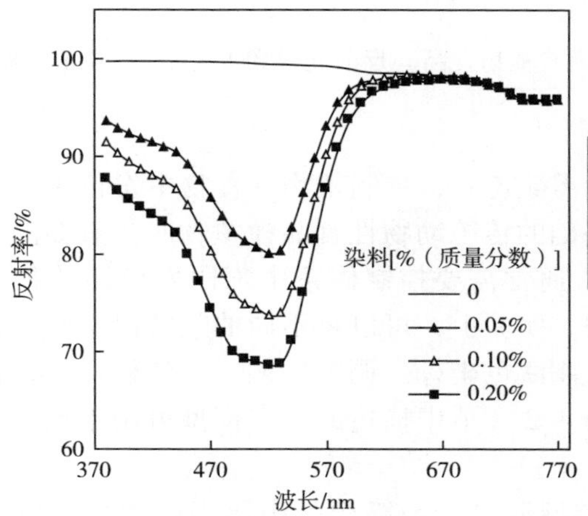

染料浓度 (%)	L*	a*	b*
0	99.7	−0.3	−0.3
0.05	95.5	8.3	0.7
0.1	93.9	11.7	1.3
0.2	92.1	14.0	2.3

图 4.9　用红色染料浓度对胶体分散体（植物基食品模型）反射光谱和 L^*，a^*，b^* 值影响的理论预测

发色团类型对含不同种类食品染料（红色、绿色和蓝色）的胶体分散体的实测反射光谱和计算的三刺激坐标的影响如图 4.10 所示。正如预期的那样，大部分光选择性地从胶体分散体中反射回来的波长取决于所含染料的类型：蓝色染料为 430~510nm（紫色/蓝色）和 700~750nm（红色）；绿色染料为 500~540nm（绿色），700~750nm（红色）；红色染料为 590~750nm（红色）。计算的 L^*，a^*，b^* 值与这些颜色一致：蓝色染料的适度负 a^*（绿色）和负 b^*（蓝色）；绿色染料的 a^* 值中等偏负（绿色），b^* 值略偏正（黄色）；而高正的 a^*（红色）和稍正的 b^*

（黄色）为红色染料（图 4.10）。人类很难在文字中指定不同样本的精确颜色，但这可以通过仪器方法来实现。

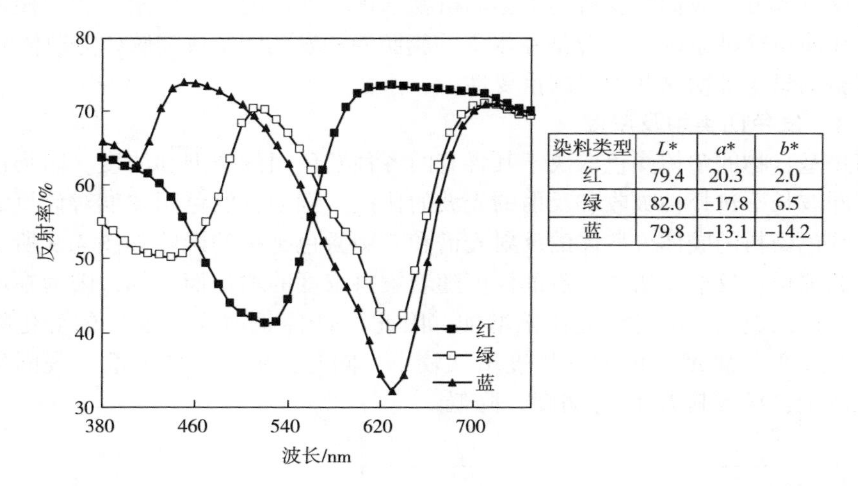

染料类型	L^*	a^*	b^*
红	79.4	20.3	2.0
绿	82.0	-17.8	6.5
蓝	79.8	-13.1	-14.2

图 4.10　不同种类染料对胶体分散体（模式植物食品）反射光谱和 L^*，a^*，b^* 值影响的理论预测

这些结果强调了在试图获得所需颜色时，控制植物基食物中发色团的类型和浓度的重要性。在创建以植物为基础的传统动物性食品模拟物时，重要的是尽可能地匹配反射光谱和颜色坐标。这通常需要控制体系中不同发色团的种类和浓度。这可以通过实验或理论来实现。实验上，可以将不同的颜料以不同的比例组合在一起，然后测量最终产品的三刺激色坐标。调整比例，直到植物基食物与动物性食物的颜色相匹配。或者，第 4.2.2 节中描述的数字模型可用于预测达到所需颜色所需色素的最佳组合。

在特定应用中使用的发色团类型取决于最终产品中所需的颜色，以及在食品制备或烹饪过程中可能需要的颜色变化（表 4.2）。例如，在烹饪过程中，牛肉类似物的颜色预计会从红色变为棕色，而鸡肉类似物的颜色预计会从粉色变为白色。在其他产品中，可能要求颜色具有热稳定性，即在烹饪过程中其颜色不发生变化。例如，肉丸类似物在烹饪前后预期具有棕色，而热狗类似物预期保持其红色。考虑用于配方产品的其他成分所引入的颜色也很重要，例如用于形成类固体基质的植物蛋白。这些成分在颜色上有很大的差异，如白色的（一些纯化的蛋白质粉末），棕色的（一些蘑菇粉），甚至是红色，黄色，或绿色的（一些海藻蛋白）。因此，在试图将植物基食品的反射光谱和三刺激色坐标与动物基食品的反射光谱和三刺激色坐标进行匹配时，必须考虑这些成分提供的基色。

表4.2 不同种类色素用于调配植物基食品的示例

色素	颜色	说明
豆血红蛋白	红色至棕色	煮制时由红色变为棕色。从大豆根部分离或经微生物发酵产生。应用在肉类类似物中，尤其是植物性汉堡
甜菜汁提取物	亮暗红色	热稳定性（烹饪过程中保持红色）。很好的模拟了肉制品烹饪后的“生”。应用在肉类类似物中
胭脂红	粉红色至橙色	水溶性。颜色取决于pH。良好的热稳定性和光稳定性。从胭脂虫中分离得到
胭脂树红	黄色至红色	油溶性（也有水分散性形式可用）。类胡萝卜素来源于红木的种子。应用于乳品类似物
β-胡萝卜素	深橙色	油溶性（也有水分散性形式可用）。类胡萝卜素来源于胡萝卜等植物。用于乳制品和鸡蛋类似物
赭色水果汁	棕色	水溶性。热、光、酸稳定。应用于肉制品和乳制品中
番茄红素	红色	油溶性（也有水分散性形式可用）。类胡萝卜素来源于番茄
辣椒红素	橙色至橙红色	油溶性（也有水分散性形式可用）。类胡萝卜素（辣椒红素）来源于红辣椒。热、水、pH稳定。用于肉类、海鲜、调料
姜黄素	嫩黄	油溶性（也有水分散性形式可用）。分离自姜黄。在热、光和酸性至中性条件下稳定，但在碱性条件下易降解。用于肉类、海产品、蛋类、乳制品等
甜菜苷	亮蓝红色至蓝紫色	水溶性。从红甜菜汁中分离得到。颜色取决于pH。在热、光和酸性至中性条件下稳定，但在碱性条件下易降解。应用于肉制品中
甜菜汁	红色	水溶性。分离自甜菜。用于肉类类似物
辣椒粉	橙色	分离自红辣椒。用于肉类和蛋类似物
红花	浅黄色	分离自红花（红蓝菊属）。对热和光稳定。作为藏红花的替代品
焦糖	金褐色	在酸、碱或盐的存在下加热碳水化合物产生
二氧化钛	白色	散射光强的无机粒子。对烹饪稳定。可能会存在潜在毒性。用于干酪类似物

颜色（尤其是天然的）的另一个重要方面是在食品生产、分销和制备过程中必须在产品中保持稳定，或者至少具有可控的不稳定性（如在烹饪过程中由红色变为棕色）。因此，在为特定应用选择合适的颜色时，必须考虑温度、光照、pH、氧气、成分间相互作用等因素的影响。

4.2.3.2 粒径及浓度

植物基食品中不同种类颗粒的大小和浓度对其外观也有显著影响。特别是它们会散射光波，使产品看起来浑浊或不透明，这是许多植物基食品的重要属性，包括肉类、海产品、蛋类和乳制品类似物。存在的颗粒可能是脂肪滴、油体、蛋白质颗粒、多糖颗粒、蛋白质纤维、多糖纤维、植物组织碎片或矿物颗粒（如 TiO_2）。在本节中，我们研究了粒径和浓度对含有脂肪液滴和红色食品染料的模型胶体分散体光学性质的影响。

预测的胶体分散体的明度（L^*）和红度（a^*）随粒径的变化如图 4.11 所示。当粒径为 10~20nm 时，材料的明度随粒径的增大而增大，在 200~800nm 左右保持较高的明度，当粒径继续增大明度反而降低。这种效应可以归因于粒子的光散射效率随着其尺寸的变化而变化。通常情况下，光散射效率在光波长（380~750nm）附近的粒径处有最大值。材料的红度则呈现相反的趋势。当粒径从 10nm 左右增加到 200nm 左右时，红度减小；当粒径从 200nm 左右增加到 800nm 左右时，红度保持较高值；当粒径进一步增加时，红度减小。这种效应可以归因于光散射相对较弱时光波可以进一步渗透到样品中，从而发生更多的选择性吸收。

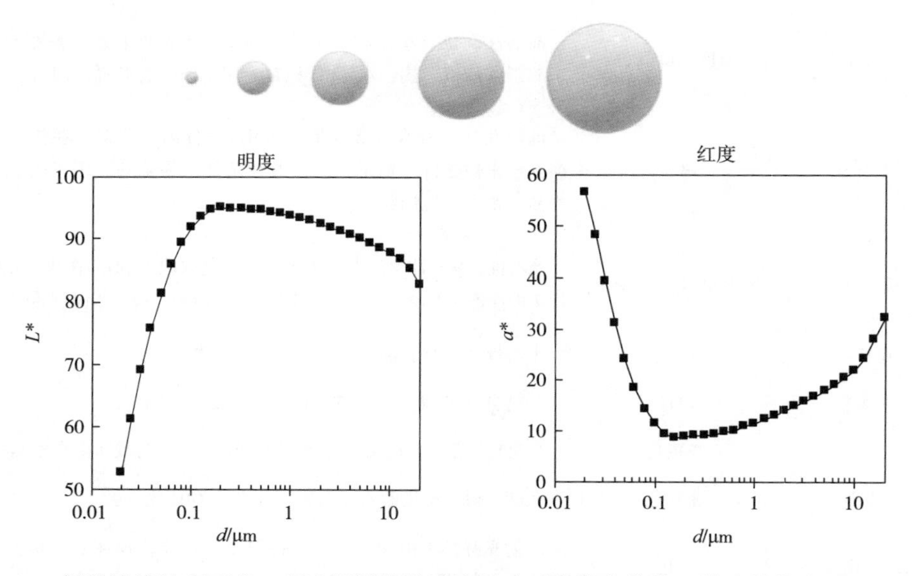

图 4.11 假设液滴浓度不变，理论预测脂肪液滴尺寸对胶体分散体（模式植物食品）的明度（L^*）和红度（a^*）的影响

模型胶体分散体的明度（L^*）和红度（a^*）与颗粒浓度的关系如图 4.12 所示。当颗粒浓度从 0 增加到 5%时，明度急剧增加，但当颗粒浓度进一步增加时，明度仅略有增加。明度的增加可以归因于粒子散射的光波的比例增加。在足够高的

粒子浓度下，光波被如此多的粒子散射，其中大部分被反射回来。胶体分散液的红度随着颗粒浓度的增加而降低，这可以归因于更多的光波向后散射，因此不会穿透到材料内部，在那里可以被选择性吸收。这些现象对设计植物基食品具有重要的影响。例如，改变产品中颗粒的浓度会影响产品的亮度和色彩强度。

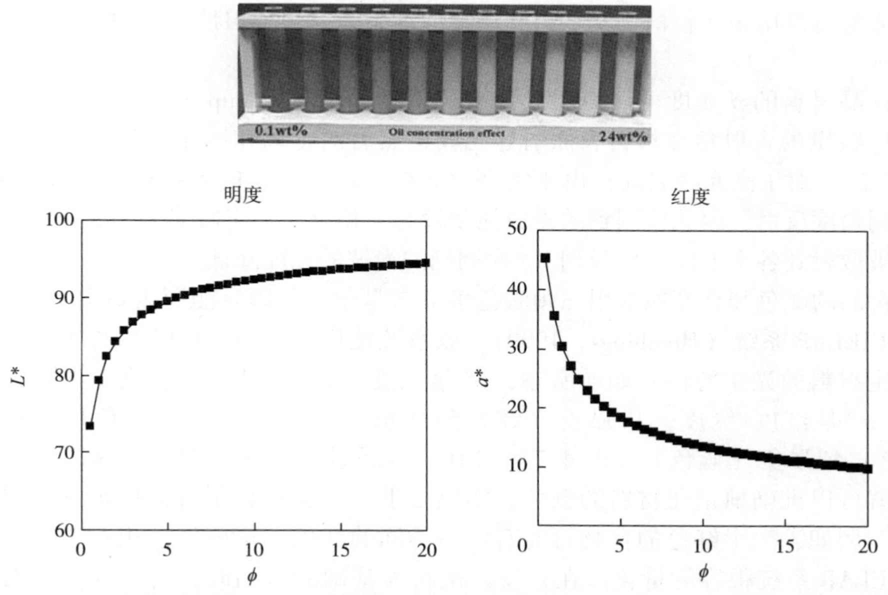

图 4.12　理论预测液滴浓度对胶体分散体（模式植物食品）的明度（L^*）和红度（a^*）的影响。照片显示了液滴浓度对相同染料浓度乳液的影响

4.2.3.3　折射率对比

植物基食品中颗粒物的折射率对其外观也有重要影响。颗粒与周围食品基质折射率反差越大，光散射越强。折射率对比度可以定为颗粒折射率除以周围基质折射率的比值（$m=n_2/n_1$）。在固定颗粒浓度和尺寸下，随着折射率对比度的增加，颗粒的明度和褪色程度增加。因此，二氧化钛颗粒（$n_2=2.5$）比脂肪颗粒（$n_2=1.43$）更能有效地提高食品的亮度。这说明，它们可以在更低的浓度下使用，以产生相同的效果，也是它们在食品中被广泛使用的原因之一。然而，由于消费者和监管机构担心这类无机粒子潜在的毒性，人们对寻找替代品产生了兴趣，例如其他形式的矿物、蛋白质或多糖纳米粒子，这些纳米粒子对光的散射很强（但通常不如 TiO_2 强）。

4.2.4　植物基食品外观性状的测定

植物基食品往往是光学不透明的，因此它们的外观通常是用从其表面反射或散射的光波来确定的。有多种仪器可用来表征它们的光学特性，需要根据特定的应用和所需信息的类型以及被测食品的性质来选择最合适的仪器。

利用数码照相结合图像分析可以表征植物基食品的整体空间均匀性（Chmiel et al.，2013；Russ，2012）。通常，食品的数字图像是在标准化的光照条件下采集的。然后使用图像分析程序（如 NIH Image J）来量化数量、面积、尺寸、形状和颜色。这些方法可以用来比较植物基食品和动物性食品的空间均匀性，从而匹配它们的整体外观。

食品材料的光泽度可以使用光泽度仪进行测量（Leloup et al.，2014）。这些仪器以特定的入射角在材料表面引导光波，然后测量以相同角度反射的光的强度（图 4.2）。对于高光泽表面，由于大部分光线与原始光波的入射角（镜面反射率）成相同角度反射，因此检测到的光波强度较高。相反，对于哑光表面，由于高比例的光被散射到各个方向（漫反射），检测到的光波的强度降低。

食品的颜色和亮度通常用三刺激色坐标来量化，如国际照明委员会（CIE）提出的 CIELAB 系统（Hutchings，1999）。该系统使用 L^*、a^* 和 b^* 系统等 3 个参数来指定材料的光学特性。如前所述，L^* 是亮度，其范围从 0（黑色）到 100（白色）；a^* 是红度/绿度，从强正（红）到强负（绿）；b^* 为黄度/蓝度，从强正（黄色）到强负（蓝色）（图 4.7）。CIELAB 系统的一个主要优点是只需要三个参数就可以准确地量化材料的颜色。相比之下，人类往往很难准确地描述材料的颜色，例如，一个红色的食物可能有许多不同的红色，这些红色很难表达，但使用 CIELAB 系统很容易量化。在开发以植物为基础的食品时，首先要量化其设计模仿的动物基食品的色坐标（L^*，a^*，b^*）。特别是，重要的是要建立这些值的范围，从而产生消费者满意的最终产品（目标“颜色空间”）。然后，通过添加一种或多种吸收光的色素或通过控制散射光的任何结构异质性的大小和浓度，可以将植物基食品的颜色和亮度设计为与动物基食品相匹配（如脂肪滴、油体、纤维或颗粒等）。

植物基食品的三刺激坐标通常使用色度计或紫外可见分光光度计测量（McClements，2015）。色度计在植物基食物表面照射一束白光，然后在光源和测量池设计等标准化条件下测量反射回来的光强随波长的变化情况（图 4.13）。通常情况下，首先使用标准化的白板和黑板对仪器进行校准，然后对样品进行分析。仪器软件计算三刺激色坐标（L^*，a^*，b^*）。在使用这些仪器时，选择合适的标准化光源（如代表日光、白炽光或荧光灯的光），以及标准化的观察者角度（如 2°或 10°）至关重要。这使得在相似条件下不同样品之间可以进行比较。紫外—可见分光光度计通常与积分球附件结合使用，可以测量反射率与波长光谱。然后利用适当的数学模型将该光谱转换为三刺激色坐标（McClements，2002a，b）。

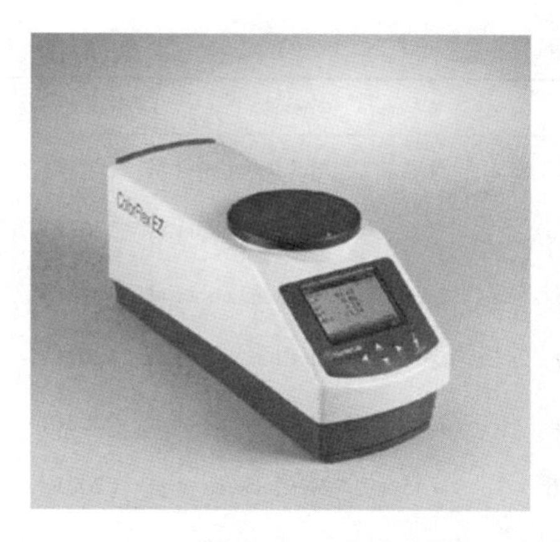

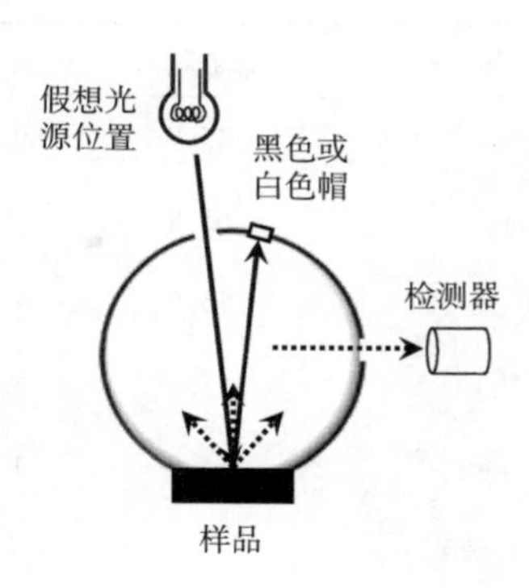

图 4.13　植物基食品的光学特性可以使用色度计测量，通过反射来自其表面的光波来确定三刺激色坐标（L^*，a^*，b^*）

4.2.5　植物基食品的颜色属性

色度计已被广泛应用于测量植物和动物源食品的三刺激色坐标（L^*，a^*，b^*）（表 4.3）。这些知识对于将植物基食品的颜色与它们设计用来替代的动物基食品进行匹配是必不可少的。植物基产品可以通过添加不同类型和数量的发色团或散射体来重新设计，以模仿所需的颜色特征。这些测量表明，每一类植物基食品都有不同的颜色要求，因此需要不同的配料才能获得所需的外观。如前所述，在一些应用中，当产品被煮熟时，颜色以特定的方式变化也很重要，例如，汉堡类似物在烹饪过程中可能会从粉红色变为棕色。在这种情况下，重要的是在烹饪前、烹饪中和烹饪后匹配产品的颜色坐标。

表 4.3　多种动植物源食品的 L^*，a^*，b^* 测量值

产品	L^*	a^*	b^*	参考文献
牛乳（脱脂）	81.7	−4.8	4.1	McClements et al.（2019）
牛乳（全脂）	86.1	−2.1	7.8	McClements et al.（2019）
杏仁露	71.4	3.3	16.0	Zheng et al.（2021）
燕麦乳	67.8	4.2	13.8	Zheng et al.（2021）
豆乳	73.1	12.1	2.1	Durazzo et al.（2015）
牛肉汉堡（生）	48.1	16.1	19.7	McClements et al.（2021）
植物汉堡（生）	38.0	21.3	20.9	McClements et al.（2021）
牛肉汉堡（熟）	33.7	8.0	16.0	McClements et al.（2021）

续表

产品	L^*	a^*	b^*	参考文献
植物汉堡（熟）	25.7	9.1	9.4	McClements et al. (2021)
真实扇贝（生）	65.8	-1.6	8.8	McClements et al. (2021)
植物基扇贝（生）	55.5	7.5	22.8	McClements et al. (2021)
真实扇贝（熟）	51.8	5.9	26.9	McClements et al. (2021)
植物基扇贝（熟）	64.6	4.6	22.9	McClements et al. (2021)
鸡全蛋（未煮熟）	77	+0.6	+45	McClements et al. (2021)
鸡全蛋（熟）	77	-3	+21	Li et al. (2018)
鸡全蛋（熟）	87	-4	+28	Kassis et al. (2010)
植物蛋（未煮熟）	71	+6	+53	McClements et al. (2021)
契达干酪	56	+6	+28	McClements et al. (2021)
植物基切达干酪	46	+22	+42	McClements et al. (2021)
椰子酸奶	62.3	-1.8	4.3	Grasso et al. (2020)
大豆酸奶	64.2	-2.8	9.7	Grasso et al. (2020)
巴旦杏酸乳	64.2	-1.0	6.9	Grasso et al. (2020)
乳制品酸奶	66.6	-3.5	6.6	Grasso et al. (2020)
蛋基蛋黄酱	79.5	+7.7	+32.5	Huang et al. (2016)
蛋基蛋黄酱	73.4	+7.1	+35.5	Alu'datt et al. (2017)
植物基蛋黄酱	74.4	+5.3	+26.5	Alu'datt et al. (2017)
鸡蛋沙拉酱	77.8	+0.94	+32.6	Song et al. (2021)
植物基沙拉酱	79.8	-10.8	+45.3	Kaltsa et al. (2018)

4.3 质地

植物基食品的质构特性在决定其加工、品质属性、货架期和感官特性等方面具有重要作用（McClements et al., 2021）。此外，这些属性通常应该被设计成尽可能地模仿它们所要替换的动物食品的属性。因此，了解和控制植物基食品的质地非常重要。一般来说，食品的质地通常以其流变特性来表征，即当对其施加明确的应力时，它们如何机械地响应（流动或变形）。植物基食品具有广泛的流变学特性，包括低黏度流体（如牛奶类似物）、高黏度流体（如奶油或酱类似物）、弱凝胶（如酸奶类似物）或强凝胶（像肉类或海鲜类似物）。在这一部分中，我们提出了各种可以用来描述植物基食品流变特性的数学模型，并对影响这些特性的主要因素给出了一些见解。另外，假设这些食品可以表示为简单的胶体分散体（流体）或聚合物或颗粒凝胶（固体），从而可以使用相对简单的模型来描述它们的行为。这些模型对影响这些系统的质地属性的主要因素提供了重要依据。还简述了可用于测量这些体系流变性能的分析仪器。

4.3.1　流体

4.3.1.1　剪切黏度的定义与描述

许多植物基食品以液体为主，如牛奶、奶油、未煮熟的鸡蛋、酱油、调料类似物等。这些产物的典型特征是其剪切黏度（η），由剪切应力—剪切速率曲线的斜率确定。对于理想（牛顿）流体，剪切应力（τ）与剪切速率（$\dot{\gamma}$）成正比，因此它们的流变行为可用下式描述：

$$\tau = \eta\dot{\gamma} \tag{4.6}$$

剪切应力的单位为 Pa，而剪切速率的单位为 s^{-1}，因此剪切黏度的单位为 Pa · s。许多植物基食品表现出非理想行为，即剪切应力与剪切速率不成正比（图 4.14）。通常情况下，剪切黏度随着剪切速率的增加而减小，这被称为剪切稀化。这种行为在许多牛奶和鸡蛋类似物中表现出来，是由于施加的剪切力破坏了其弱结构，如缠结或聚集的聚合物或粒子（第 6 章和第 7 章）。在某些情况下，剪切黏度随着剪切速率的增加而增加，称为剪切增稠（但这并不常见）。这种行为可能发生在施加剪切力促进聚合物或粒子在剪切体系中聚集时。一般而言，剪切型非理想流体的流变特性可用以下方程描述，简称 Cross 模型（McClements，2015）：

$$\eta = \eta_{\infty} + \frac{\eta_0 - \eta_{\infty}}{1 + (K\dot{\gamma})^{1-n}} \tag{4.7}$$

式中，η_0 和 η_{∞} 分别为极低和极高剪切速率下的表观剪切黏度，K 为 Cross 常数，n 为幂指数。幂指数提供了关于流体非理想行为的信息：对于理想流体 $n=1$；对于剪切稀化流体 $n<1$；对于剪切增稠流体 $n>1$（图 4.14）。因此，这类流体的流变可以用四个参数来描述：η_0，η_{∞}，K 和 n。在聚集体系中，K 的值取决于结构所受合力的大小。用 Cross 模型预测的剪切稀化流体的表观黏度随剪切速率的变化曲线如图 4.15 所示。然而，在许多情况下，黏度测量也可以在中间剪切速率范围内进行，其中样品的表观剪切黏度也可以使用简单的幂律模型进行表示（Hunter，1994）：

$$\eta = K(\dot{\gamma})^{n-1} \tag{4.8}$$

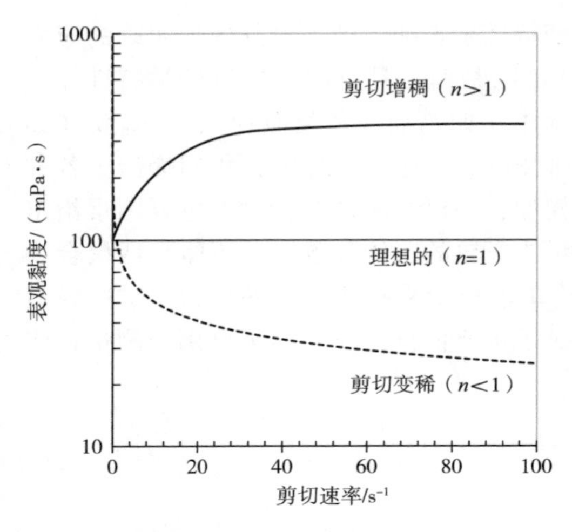

图 4.14 许多流体植物基食品表现出非理想行为，如剪切增稠或剪切变稀

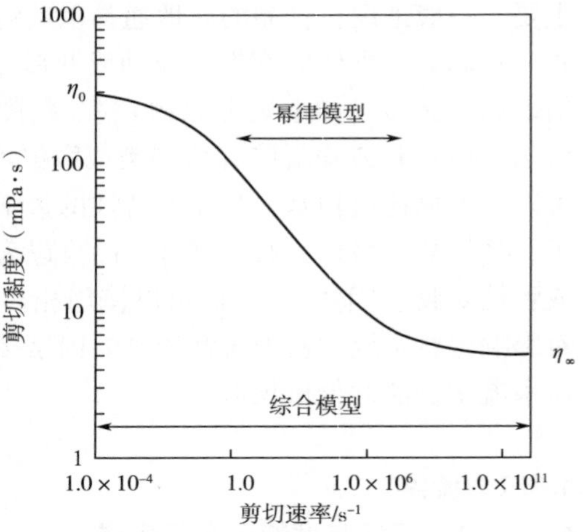

图 4.15 流体植物基食品的剪切变稀行为可以通过交叉模型进行预测。还给出了幂律模型的适用范围

在这个方程中，常数 K 和 n 分别称为一致性指数和幂指数。在这种情况下，流体的流变特性可以用两个参数来描述：K 和 n。这些参数可以通过 log（η）对 log（γ）作图得到，截距为 log（K），斜率为（$n-1$）。值得注意的是，只有当 log（η）与 log（γ）的关系在所使用的实验条件下是线性的时，才应该使用幂律模型。

非理想流体的黏度还可能取决于施加剪切应力的时间。在某些情况下，表观剪切黏度随时间的增加而降低（触变性），而在其他情况下，表观剪切黏度随时间的增加而增加（震凝性）。当样品中的结构被施加的剪切应力逐步破坏时（如弱聚集的颗粒或聚合物），与时间相关的剪切变稀行为就会发生。相反，当施加的剪切应力促进颗粒或聚合物的聚集时，与时间相关的剪切增稠就会发生。

4.3.1.2 影响黏度的主要因素

大多数流体植物基食品可以被认为是含有分散在水中的颗粒或聚合物的胶体分散体。因此，它们的剪切黏度可以与它们的组成和结构有关，可使用开发的方程来模拟胶体分散体的流变特性（McClements，2015）。胶体分散体的剪切黏度通常随着颗粒或聚合物浓度的增加而增加，增加的幅度取决于颗粒或聚合物的性质。对于含有非相互作用刚性球形颗粒的稀体系，剪切黏度可以用爱因斯坦方程进行建模：

$$\eta = \eta_1(1 + 2.5\phi) \tag{4.9}$$

式中，η 和 η_1 分别为胶体分散液和水相的剪切黏度，ϕ 为胶体颗粒的体积分数。该表达式通常适用于颗粒浓度约为 5%的情况，前提是颗粒满足推导方程的假设条件。在胶体分散更集中的情况下，由于粒子间的相互作用，剪切黏度比爱因斯坦方程预测的值增加。在这种情况下，剪切黏度可以用半经验有效介质理论来模拟（Genovese et al.，2007；McClements，2015）：

$$\eta = \eta_1\left(1 - \frac{\phi}{\phi_c}\right)^{-2} \tag{4.10}$$

在这个方程中，ϕ_c 是一个临界堆积参数（约0.65），它被认为是胶体粒子紧密堆积在一起的体积分数，整个体系具有类似固体的特征。

利用这些方程预测的剪切黏度对颗粒浓度的依赖关系如图4.16所示。在低浓度下（<5%），两个方程给出了相似的值，但在高浓度下有效介质理论给出了比爱因斯坦方程高得多的黏度。对于有效介质理论，从0%～20%颗粒附近，剪切黏度增加相对缓慢，但随后增加得更加陡峭。特别地，在体系中大约40%到50%的粒子中，由于粒子紧密堆积在一起，即 ϕ 趋近于 ϕ_c，它急剧增加。这一现象是牛奶（<5%脂肪）为低黏度流体而浓奶油（脂肪40%左右）为高黏度流体的原因。这也解释了为什么蛋黄酱（约70%脂肪）是一种半固体，即使它所包含的油相和水相都是低黏度流体。

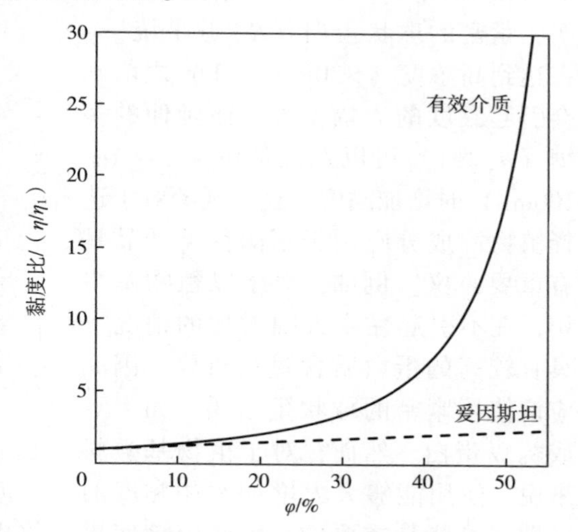

图4.16 胶体分散体的黏度可以用爱因斯坦方程（低浓度）或有效介质理论（低浓度到高浓度）进行预测

对于含有聚合物的胶体分散体，颗粒的体积分数（ϕ）应该用聚合物的有效体积分数（ϕ_{eff}）代替：$\phi_{eff}=R_V\phi$，其中 R_V 为聚合物分子的体积比。体积比为聚合物分子在溶液（聚合物链加夹带溶剂）中占据的总体积除以聚合物链单独占据的体积。因此这个表达式考虑到了聚合物分子在溶液中占据的部分体积实际上是溶剂。近似地说，聚合物的体积比可以用下面的表达式来描述：

$$R_V = \frac{4\pi r_H^3 \rho N_A}{3M} \tag{4.11}$$

式中，r_H 为聚合物分子的流体力学半径，ρ 为聚合物链的密度，N_A 为阿伏伽德罗常数，M 为聚合物分子量。对于固定的分子量，R_V 随着流体力学半径的增加而增加，这意味着更多伸展的分子比更紧凑的分子能更有效地增加黏度。对于具有相同构象的分子，R_V 随着摩尔质量的增加而增加。这是因为，r_H 和 M 不是独立变量。例如，刚性棒状结构聚合物（$r_H \propto M$）的流体力学半径与摩尔质量成正比，无规则线团结构聚合物（$r_H \propto M^{1/2}$）的流体力学半径与摩尔质量的平方根成正比，球状结构聚合物（$r_H \propto M^{1/3}$）的流体力学半径与摩尔质量的立方根成正比，因此这三类聚合物的 R_V 分别与 M^2、$M^{3/2}$ 或 M 成正比。聚合物体积比对水溶液黏度的影响曲线如图 4.17 所示。这些预测表明，紧密的球状蛋白（R_V 近乎统一）在达到高浓度（>30g/100mL）之前不会引起黏度的大幅增加，而延伸的多糖（$R_V \gg 1$）可以在极低浓度（<1g/100mL）时增加黏度。这一现象对于选择植物源成分应用于不同种类产品具有重要意义。例如，对于以植物基牛奶，在不引起黏度大幅增加的情况下具有较高的蛋白质含量很重要，因此应该使用紧密的球状蛋白质，如大豆或豌豆蛋白。然而，对于植物基敷料来说，使用能够大大增加水相黏度的增稠剂可能是重要的，因此应该使用具有延伸结构的多糖，如瓜尔豆、刺槐豆或黄原胶。

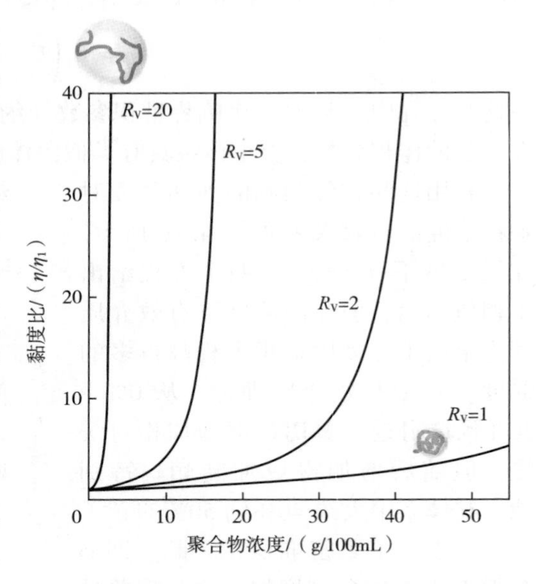

图 4.17　聚合物溶液的剪切黏度随着聚合物浓度的增加而增加，并且对于具有更多延伸结构的聚合物，增加的幅度更大

4.3.1.3　流体的流变学表征

在研发实验室中，流体植物基食品的剪切黏度通常使用旋转黏度计或动态剪切流变仪测量，能够准确量化测试材料的基本流变特性（图 4.18）。相比之下，在质量保证实验室中，通常使用这些仪器的更便宜的版本，以及更快、更简单的经验方法来测量黏度，如重力流测试或线扩散测量（Garcia et al.，2018；Rao，2013）。在本节中，我们只关注黏度计和流变仪的使用，因为它们提供了实验室之间可以比较的可靠信息。使用此类仪器时，将测试样品小心地放入温控测量池中，然后在所需温度下孵育特定时间。根据样品的性质和可用的测试材料的数量，可以采用多种不同的测量池设计，最常用的是锥盘式和杯盘式（图 4.18）。对于锥盘式，将测试样品置于锥板之间的狭小间隙中。对于杯盘式，将测试样品倒入杯子中，然后将圆筒放入杯子中。样品的前处理，以及分析前在测量池中花费的时间，往往需要进行标准化处理，以获得样品间可比较的可靠结果。然后将已知的剪切应力施加在板或凸台上，由此产生的剪切速率由仪器测定。然后将剪切应力随剪切速率的变化记录并存储在仪器的软件中，并从该曲线的斜率计算出表观剪切黏度随剪切速率（或剪应

力）的变化（McClements，2015）。然后可以将合适的数学模型，如综合或幂律模型拟合到实测数据中，并确定合适的流变参数，如稠度和幂律指数。在某些情况下，可使用更复杂的仪器测量与流体食物的口感更密切相关的数据。例如，摩擦仪测量流体对相互移动的两个表面之间摩擦的影响（Prakash et al.，2013；Sarkar et al.，2021）。植物基食品的剪切黏度范围从相对较低（牛奶类似物）到相对较高（鸡蛋类似物）（表 4.4）。这些产品中有许多表现出剪切变稀行为，但幂指数可能有很大的变化，从相对较低（<0.1）到相对较高（1.0）。液态植物基食品的黏度通常由水胶体或胶体颗粒的存在决定，如多糖、蛋白质、植物组织碎片、油体、脂肪滴等。在牛奶和鸡蛋类似物的章节中给出了更详细的关于特定流体植物食品黏度的信息。

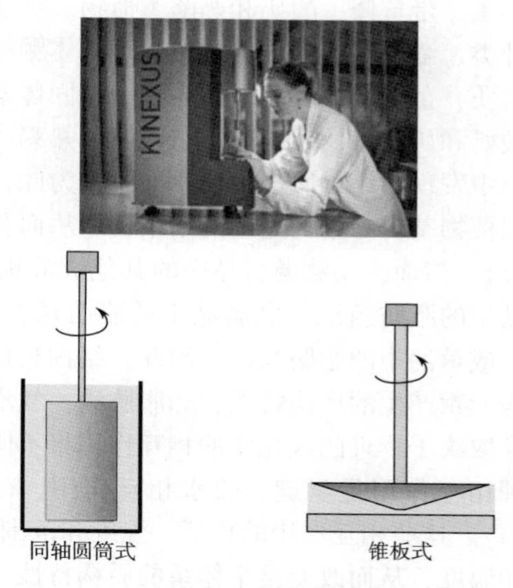

图 4.18　流体植物基食品的剪切黏度通常采用流变仪或黏度计测定。最常见的测量单元如图所示

表 4.4　用幂律模型描述的动物基和植物基食品的剪切黏度值

生产类型	$10s^{-1}$ 时的黏度/（mPa · s）	稠度指数 K/（$Pa \cdot s^n$）	流动指数（n）	参考文献
牛乳	2.2~2.6	—	1.00	Jeske et al.（2017）
杏仁露	4.6~26.3	—	0.82~0.56	Jeske et al.（2017）
燕麦乳	6.8	—	0.89	Jeske et al.（2017）
豆乳	2.6~7.6	—	1.00~0.90	Jeske et al.（2017）
坚果奶	216	0.422	0.71	Silva et al.（2020）
全鸡蛋	28	—	1.00	Panaite et al.（2019）
拌色拉的调味汁	2400	15	0.21	Briggs et al.（1997）

4.3.2　固体

一些植物基食品可以被认为是同时具有弹性和黏性的软固体，如肉类、海鲜、

熟鸡蛋、蛋黄酱、酸奶和奶酪类似物。这些材料的质构特性取决于其所含结构组分的种类、浓度和相互作用，尤其是胶体颗粒和聚合物。聚集的生物聚合物（通常是蛋白质）的3D网络的形成是许多软固体动物食品流变学特性的最重要影响因素，如酸奶和奶酪中发现的酪蛋白网络，熟鸡蛋中发现的球状蛋白质网络，以及肉类和海鲜中发现的纤维肌肉蛋白质网络。为此，生物聚合物（蛋白质或多糖）常被用来模拟植物基食品中的这些网络结构，从而获得相似的质构属性（McClements et al.，2021）。然而，动物源食品中的其他成分也有助于其理想质地的形式，如肉类和海产品中的脂肪组织，乳制品中的脂肪球，鸡蛋中的脂蛋白，冰淇淋中的冰晶和气泡，或黄油中的脂肪晶体。因此，结构相似的成分常被用来模拟植物基食品中这些结构元素产生的质构特性，如脂肪滴、气泡和脂肪晶体等。此外，固体食品的质构特性取决于物理的或化学的相互作用将不同结构组分结合在一起的性质。最重要的物理相互作用是氢键、疏水相互作用、范德瓦耳斯力和盐桥作用（McClements，2015）。这些相互作用的特征、强度和范围取决于溶液和环境条件，如pH、离子强度和温度，从而改变整个体系的质构特性。结构组分之间还可能通过化学或酶促反应形成共价键，如蛋白质之间的二硫键，这些共价键往往比物理相互作用更强、更牢固。因此，控制软固体植物基食品中不同结构组分之间相互作用的数量和类型对于控制其质构特性具有重要意义。

固体植物基食品常以其弹性模量和断裂性质为特征（Rao，2013）。弹性模量是材料在受力时抵抗变形能力的度量：较硬的材料比较软的材料需要更大的力使其变形一定量。食品的断裂特性取决于破坏其结构所需的力（断裂应力），以及食品在断裂前变形的程度（断裂应变）。对于一些固体植物基食品，还需要其他流变学参数，如屈服应力。固体植物基食品的流变特性影响其品质和感官属性，如其硬度、柔软性、脆性、柔软性、可舀性、涂抹性、切割性、食用性等。一般而言，固体食品表现出广泛的流变学属性，但通常只能用几个相对简单的概念和数学模型来描述（Tadros，2010）。

4.3.2.1 理想固体

考虑固体的最简单模型是理想弹性材料。对于这类材料，其变形量与所施加的力成正比，即胡克定律。此外，材料在受力时瞬时采用并保持其新的尺寸，在撤去力时瞬时返回其原始尺寸。也就是说，材料压缩时储存的能量全部在解压时释放出来，因此没有材料的流动。在测试固体食品时，应力（τ）通常被绘制成应变（γ）的函数，因为这使关于材料流变特性的基本信息得以确定（图4.19）。胡克定律可以表述如下：

$$\tau = E \times \gamma \tag{4.12}$$

式中，E 为弹性模量，是表征被测材料硬度的基本属性。应力为单位表面积（$\tau = F/A$）的力，应变为材料的分数阶变形：$\gamma = \Delta l/l$，其中 F、A、Δl 和 l 分别为材料的力、表面积、长度变化和原始长度（图 4.19）。应力可以通过多种方式施加在测试材料上，其中压缩应力和剪切应力是测试固体食品最常用的参数。压应力垂直于材料表面施加，而剪应力平行于材料表面施加（图 4.20）。式（4.12）中使用的弹性模量取决于所施加应力的性质：杨氏模量（Y）用于压缩试验，而剪切模量（G）用于剪切试验。需要注意的是，应力和应变可以根据表面积和长度的不同以其他方式定义（Walstra，2003）。例如，原始表面积和长度可用于计算或变形过程中的实际值。

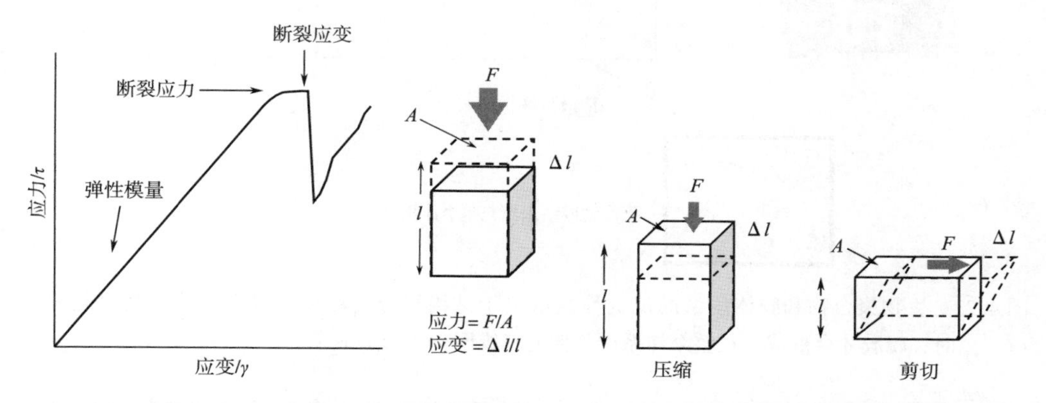

图 4.19　固体植物基食品的特性通常通过使用机械流变仪测量应力—应变曲线来确定。从该剖面可以确定弹性模量、断裂应力和断裂应变

图 4.20　固体植物基食品的性质通常采用压缩或剪切试验方法测定

固体材料的流变行为取决于结构组分（通常是聚合物或颗粒）之间作用的分子间作用力的数量、取向和强度，以及这些结构组分的浓度、形态和排列方式（Walstra，2003）。例如，考虑聚合物浓度对含有可以相互形成交联的聚合物分子的水溶液的弹性模量的影响（图 4.21）。在相对较低的浓度下，由于聚合物网络没有延伸到整个系统的体积，所以系统保持流体状态。一旦浓度超过一个临界值（C^*），聚合物分子就会形成一个 3D 网络，该网络仅在整个体系的体积中延伸，从而形成一些弹性性质。随着聚合物浓度的进一步增加，剪切模量随着体系中交联数量的增加而增加。

当对固体材料表面施加应力时，结构件之间的键发生变形，导致整个材料被压缩，然后施加的能量被存储在键中。键的数量和强度决定了材料抵抗变形的能力，从而决定了其弹性模量。为了描述软固体的流变特性，人们建立了各种各样的数学模型，这些模型通常是基于模型聚合物或胶体系统中不同结构组分之间作用力的分析。根据所涉及的结构元素和相互作用的性质，需要不同种类的理论模型来描述不同种类的植物基食品的质构特性。例如，用于将蛋黄酱类产品的质地与其所含的紧

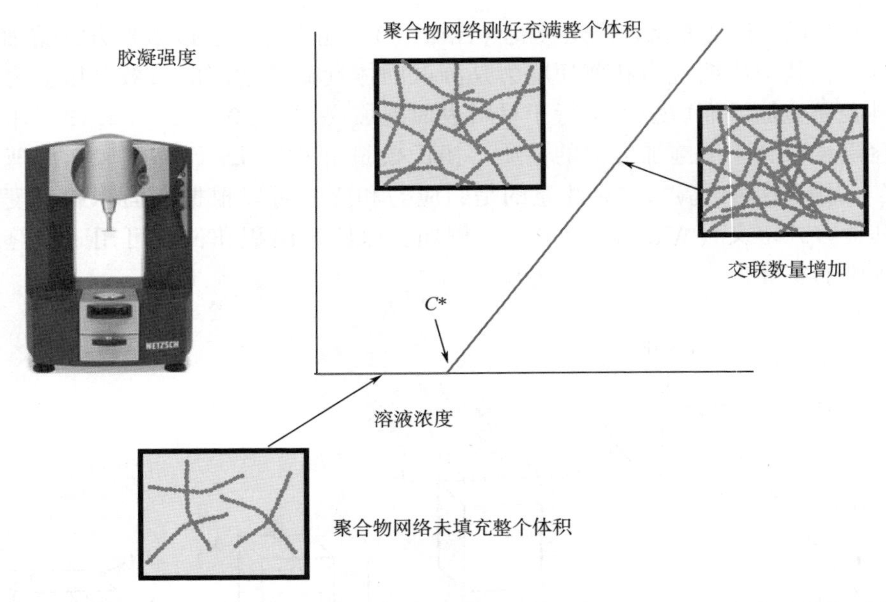

图 4.21 生物聚合物和胶体体系的流变性质取决于结构组分的浓度。只有当浓度超过临界值（C^*）时，凝胶才会形成，在整个体系中延伸的三维网络才会形成

密堆积的脂肪滴的性质联系起来的理论，不同于将肉类产品的质地与其所含纤维的堆积和相互作用联系起来的理论。如果能够为特定的植物基食物确定一个合适的数学模型，那么就可以对影响这些系统质地的主要因素提供有价值的分析（Cao et al.，2020）。

作为理论模型应用的一个例子，我们考虑一个已经推导出的方程，将纤维材料的流变性与其所包含的半柔性纤维的性质联系起来（Broedersz et al.，2014）：

$$G \approx \frac{6\rho\kappa}{K_B T l_C^3} \tag{4.13}$$

式中，G 为剪切模量，ρ 为纤维长度密度，κ 为纤维弯曲刚度，l_C 为交联点间距，K_B 为玻尔兹曼常数，T 为绝对温度。该方程预测剪切模量应该随着纤维浓度的增加（通过 ρ）、纤维刚度的增加（通过 κ）、纤维交联密度的增加（通过 l_C）而增加。在这种情况下，整体剪切模量主要是熵效应（纤维能够采用尽可能多的形成不同构型的趋势）和弯曲能量效应（纤维抵抗变形的能力）之间的平衡。该方程可能适用于描述纤维网络的行为，如在肉类或海产品中发现的纤维网络，以及它们的植物类似物。如前所述，必须确定适合所考虑的特定食品的数学模型。例如，如果内含物（脂肪滴或淀粉粒等）嵌入生物聚合物基质中，那么应该使用考虑这些内含物的情况（Gravelle et al.，2015，2019；Gravelle et al.，2021；Khalesi et al.，2021）。在这种情况下，应该考虑内含物的大小、形状和浓度，以及它们与周围生物聚合物基质的相互作用。建立了以下模型来考虑刚性球形填料粒子对聚合物基体弹性模量的影响（Gravelle et al.，2015）：

$$E_c = E_m\left[1 + \frac{15(1 - v_m)(M - 1)\phi_f}{(8 - 10v_m)M + 7 - 5v_m - (8 - 10v_m)(M - 1)\phi_f}\right] \quad (4.14)$$

其中，$M=E_f/E_m$，E_c、E_m 和 E_f 分别为颗粒填充复合材料、基体和填料的弹性模量。此外，v_m 是泊松比，ϕ_f 是嵌入聚合物基体的粒子的体积分数。在该模型中，假设粒子与周围的聚合物基体（活性填料）发生强烈的相互作用。如果颗粒之间的相互作用不强（非活性填料），则需要其他模型（Dickinson，2012）。总的来说，这些模型表明，含有颗粒的食品的弹性特性可以通过改变其浓度、尺寸、形状、流变和表面特性来调节，这为食品制造商提供了控制其植物产品的质构特性的策略。

4.3.2.2　非理想固体

大多数固体植物基食品是复杂的材料，只能用胡克定律在非常有限的条件范围内描述（如低施加应力和应变）或难以描述。例如，它们可能会断裂，因此在力被移除后不能恢复到原来的形状，或者它们可能同时表现出弹性和黏性性质（黏弹性材料），或顺序表现（塑料材料）。在这种情况下，需要更复杂的数学模型来描述其流变行为。

不可逆变形和断裂，当材料发生较小变形（<1%）时，类固体材料仅在应力与应变成正比的范围内表现出类似胡克体的行为。在较高的变形量下，不同结构组件之间的黏结可能会被打断，这使材料在应力去除后无法恢复到原来的形状。了解食品在变形下的性质对于许多实际应用是很重要的，如切割、涂抹或咀嚼（Rao，2013；van Vliet，2013；Walstra，2003）。当应变仅略高于胡克定律适用的区域（约1%）时，应力不再与应变成正比，因此采用表观弹性模量来表征流变特性。该值由指定应力或应变值下应力—应变曲线的斜率计算得到。在这种情况下，指定测量试验材料表观弹性模量的应力或应变是很重要的。在这些条件下，即使材料不服从胡克定律，力被移除后，材料仍可能恢复到原来的尺寸。然而，一旦超过某一特定的应力或应变，应力被移除时，材料就可能不再恢复到原来的形状，因为它发生了破裂或流动。

在低应变下断裂的材料称为脆性材料，而在高应变下断裂的材料称为柔韧性材料。固体材料的断裂特性对于确定其物理化学和感官特性非常重要，如它们在生产、储存和运输过程中对机械应力的抵抗能力，以及它们在咀嚼过程中在口腔中的行为。因此，确保植物基食品的断裂特性与其设计模仿的动物性食品的断裂特性紧密匹配通常是非常重要的。材料在受力时首先发生断裂的临界应力称为断裂应力（τ_{Fr}），而发生断裂的临界应变称为断裂应变（γ_{Fr}）（图 4.19）。因此，在设计模拟动物基食品质构特性的植物基食品时，量化这些特性是非常重要的。在特定条件下具有流动倾向的固体根据其流动性质的性质被称为塑性或黏弹性材料，后文将对此进行更详细的讨论。

当将其结构元素（典型的生物聚合物或胶体颗粒）结合在一起的力被超过时，食品材料通常会断裂或流动（Walstra，2003）。断裂通常开始于材料内部化学键结合较弱的位置，如裂纹或位错。因此，设计含有特定数量这些结构面的植物基材料很重要。

理想塑性材料：一些重要的植物基食品具有类似塑料的行为，这意味着它们在被施加低于临界应力（屈服应力）时表现为固体，但高于该应力时表现为流体，如植物性酸奶、奶油奶酪、蛋黄酱。当施加剪应力时，理想塑性材料可由下列方程描述：

$$\tau = G\gamma(\tau < \tau_Y) \tag{4.15}$$

$$\tau - \tau_Y = \eta\gamma(\tau \geqslant \tau_Y) \tag{4.16}$$

式中，G 为剪切模量，τ_Y 为屈服应力，η 为塑性黏度。这些方程表明有效应力在屈服应力（像固体）以下与应变成正比，在屈服应力（像流体一样）以上与应变率成正比。理想塑性材料的流变特性如图 4.22 所示。对于这类材料，重要的是植物基食品的弹性模量、屈服应力和塑性黏度要与其所要替代的动物性食品相匹配。各种分析仪器可以用来量化塑性材料的流变特性，其中剪切流变仪是最常用的。

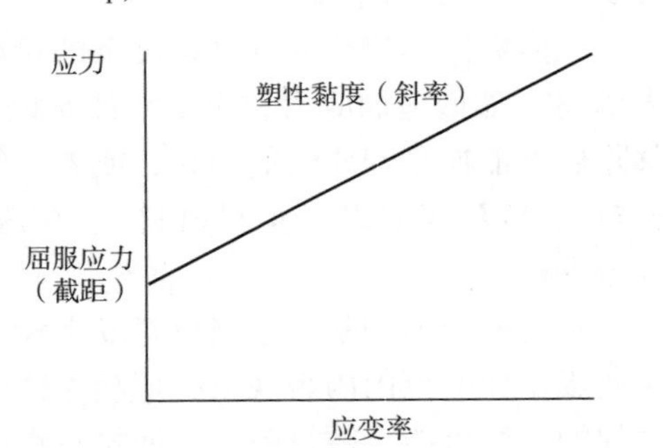

图 4.22　理想塑性材料的流变特性可以用屈服应力和塑性黏度来描述

具有类似塑性材料特性的植物基食品通常由流体介质中相互作用的生物聚合物或胶体颗粒组成的网络组成。植物基酸奶或奶油干酪是由分散在水中的聚集的蛋白质分子组成的网络，而植物基乳酪是由分散在油中的聚集的脂肪晶体组成的网络。当外加应力低于屈服应力时，结构实体之间的键发生变形但未被破坏，从而导致类固态行为。然而，一旦施加的应力超过屈服应力，键被破坏，结构实体相互移动，导致类流体行为。这种行为对于决定调味品和蛋黄酱的倾倒性、酸奶的可舀性以及奶酪奶油等产品的涂抹性非常重要。

非理想塑性材料：这类植物基食品具有类似塑料的特性，因为它们在低应力下表现为固体，在高应力下表现为流体，但它们并不严格遵循理想的塑料行为。例如，在屈服应力以下，它们可能表现出某种流动，而在屈服应力以上，它们可能表现出剪切变稀或增厚等非理想流体行为。因此，屈服应力可能不是一个容易测量的明确定义的值。其在较低的外加应力下也可能会发生少量流动。这种现象往往发生在具有以下特点的材料中，在一定的外加应力范围内，网络结构会逐渐破裂，而不是在特定的外加应力下突然破裂。在屈服应力以上观察到的非理想流体行为可以用以下方程描述，称为赫舍尔—巴尔克利（Herschel-Bulkley）模型：

$$\tau - \tau_Y = k\dot{\gamma}^n \quad (\tau \geqslant \tau_r) \tag{4.17}$$

此时，k 和 n 分别为塑性稠度指数和塑性流动指数。采用该模型确定的 k 值和 n 值与采用相同实验数据拟合幂律模型得到的 k 值和 n 值不同。动植物产品的这些参数的一些代表性值列于表4.5。对于表现出这种流变行为的植物基食品来说，匹配它们所要替代的动物基食品的屈服应力、稠度指数和流动性指数是很重要的。

表4.5　采用赫舍尔—巴尔克利模型描述的具有非理想塑性行为的动植物源食品的流变学特性

类型	屈服应力/Pa	稠度指数 K/（Pa·s_n）	流动指数（n）	参考文献
椰子酸奶	30.4	1.34	0.87	Grasso et al.（2020）
巴旦杏酸乳	28.4	6.45	0.37	Grasso et al.（2020）
大豆酸奶	27.2	3.52	0.45	Grasso et al.（2020）
乳制品酸奶	11.7	2.50	0.55	Grasso et al.（2020）
全鸡蛋	0.20	0.030	0.97	Panaite et al.（2019）
全鸡蛋	0.009	0.013	0.97	
PB全蛋	9.7	0.11	0.95	
沙拉酱	47	16.3	0.52	Hernandez et al.（2008）
蛋黄酱类似物	81.4	82.6	0.21	

黏弹性材料：许多植物基食品同时表现出类似固体和液体的行为，而不是表现为纯液体、固体或塑性材料（Rao，2013；van Vliet，2013；Walstra，2003）。对于理想固体，当对材料施加应力时，材料会瞬间发生特定量的变形，一旦应力消除，材料又会瞬间回复到原来的形状。在这种情况下，所有用于压缩材料的机械能都储存在结构单元之间的键中，然后在力被移除时释放。对于理想液体，一旦施加特定的应力，材料就以恒定的剪切速率流动。在这种情况下，所施加的机械能全部转化为热能，这是由于流体不同区域的相互运动产生的摩擦。对于理想的塑性材料，材料在屈服应力（变形但不流动）以下表现为固体，在屈服应力以上表现为流体（流动）。相比之下，黏弹性材料既像固体又像液体。当施加应力时，材料既变形又流动，使一部分能量储存在材料内部，另一部分作为热量散

失。因此，当应力作用于黏弹性材料时，它不会立即发生形变，也不会在应力消除时立即恢复到原来的尺寸（图4.23）。对于黏弹性固体，当施加应力时，材料的尺寸以有限的速率变化，直到达到一个恒定值，但当应力被移除时，尺寸以有限的速率恢复到原来的值。例如，在相对较低的压力下的植物基奶酪便是如此。对于黏弹性液体，只要施加应力，材料就会继续改变形状，但一旦应力被移除，它只会部分恢复原来的形状，并部分永久变形，如以植物基奶油奶酪或蛋黄酱。

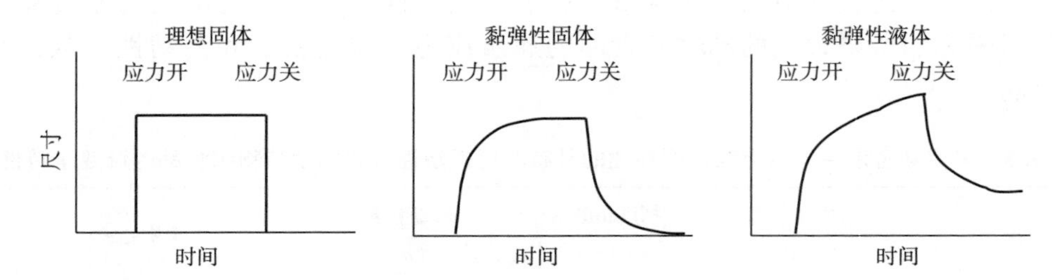

图4.23 许多植物基食品表现出黏弹性行为，它们同时表现为固体和流体的特性

黏弹性材料的结构属性通常采用动态剪切流变测量来表征，其测量的是由弹性（固体）和黏性（流体）组分组成的复合剪切模量（G^*）：

$$G^* = G' + iG'' \tag{4.18}$$

其中，G'是代表类固态行为的储能模量，G''是代表类液态行为的损耗模量。通常，使用动态剪切流变仪以正弦波的形式对样品施加振荡剪切应力，以确定材料的黏弹性能。然而，其也可以通过其他方式进行测试，如在动态力学分析（DMA）中施加振荡压缩应力。

在这里，我们考虑使用动态剪切流变仪来表征黏弹性植物基食品的流变特性，因为这种方法是使用最广泛的（饶品贵，2013；van Vliet，2013）。在食品材料表面施加正弦剪应力并测量正弦剪切应变（反之亦然）。施加的剪应力的最大振幅（τ_0）和角频率（ω）可以控制。测量的应变波与施加的应力波具有相同的频率，但由于材料内部的松弛机制导致部分机械能因黏性耗散而损失，因此相位可能不同。理想固体的相位角为0°，而理想液体的相位角为90°（图4.24）。对于黏弹性材料而言，它介于两者之间，随着材料变得更加坚固而减小。通常，当相位角低于45°（虽然这取决于使用的频率）时，材料被假设为凝胶。

4.3.2.3 固体的流变学特性

有多种分析技术可用于测量植物基固体的质构特性，包括经验方法、模拟方法和基本方法（Rao，2013）。经验方法通常涉及对材料施加力，并使用简单的设备测量其变形，如渗透仪。模拟方法是为了模拟某种食品的重要特征过程，如切割、切

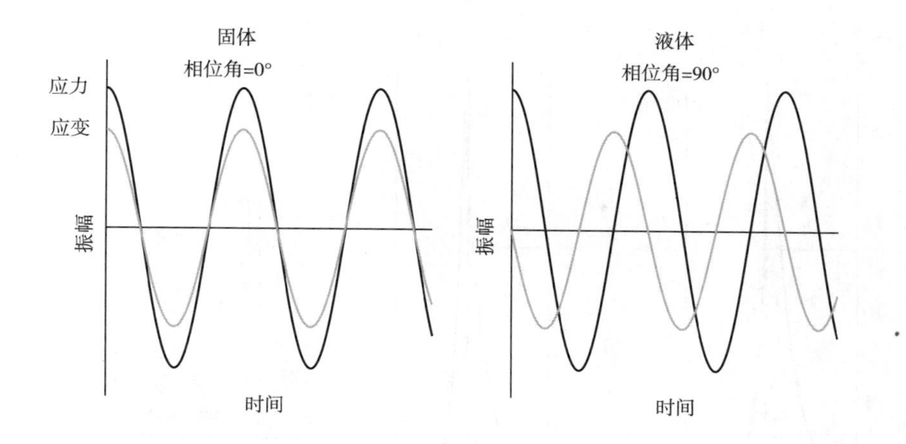

图 4. 24　黏弹性植物基食品的流变学特性通常通过施加正弦剪应力和测量正弦剪应变来测量

片或咀嚼等。这些方法的主要优点是价格低廉、快速简便，而主要缺点是不能提供被测材料基本流变特性的信息。同时结果依赖于所使用的设备，这使从一个实验室到另一个实验室的数据难以对比。相比之下，基础方法提供了关于被测材料内在流变特性的信息，可以测量当温度、时间、频率和剪切应力等条件改变时这些特性的变化，从而更详细地了解它们的纹理属性。然而，进行这些测量所需的仪器往往相对昂贵，并且需要对操作人员进行全面培训。

在本部分中，我们重点介绍了表征植物基固体流变特性常用的两种基本方法：压缩测试（纹理轮廓分析）和剪切测试（动态剪切流变仪）。

压缩测试，通常将一个测试样品放置在一个平板上，然后使用另一个可以固定速度向下和向上移动的平板进行压缩或解压（图 4. 25）。该仪器具有传感器，可以测量作用在其中一个平板上的力，以及平板之间的距离。因此，当材料被压缩然后被解压时，可以测量力随距离（或时间）的分布。通过测量样品的初始高度和表面积，可以通过仪器软件计算应力—应变曲线。通常，研究者必须指定样品的压缩速度和最大压缩量，如 1mm/min，直到达到 50%压缩量。由应力—应变曲线可以得到材料的流变特性信息，包括弹性模量、屈服应力、断裂应力和断裂应变等参数，这些参数取决于被测材料的性质（图 4. 19）。

其中应用最广泛的压缩方法之一是质地剖面分析（TPA），该方法涉及两次压缩或解压试验材料并记录整个过程中的应力—应变曲线（图 4. 25）。从这些图谱中可以得到与食品重要质构特性相关的几个参数（表 4. 6）：

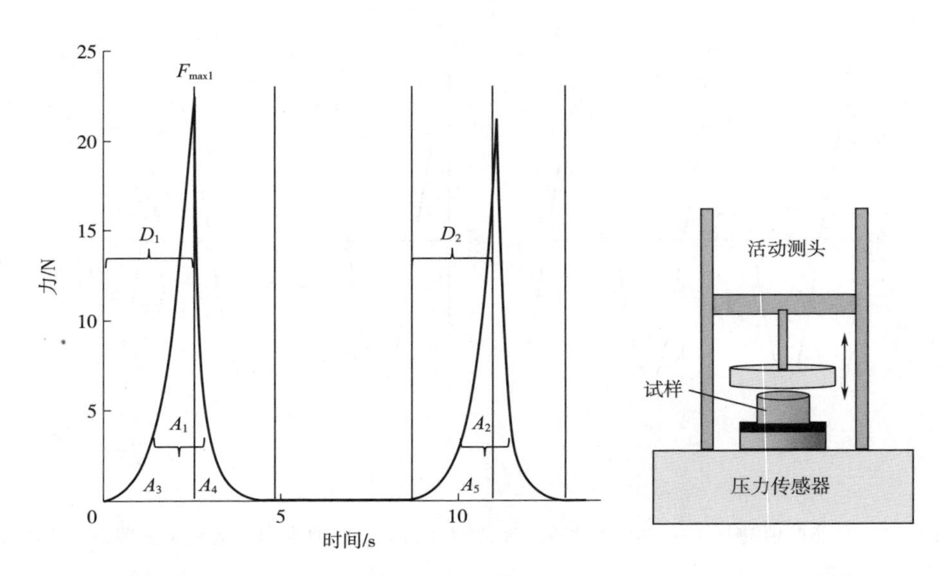

图 4.25　固态食品的流变学特性可以通过质构剖面分析（TPA）来表征，TPA 包括测量食品被压缩或解压两次时的力—时间剖面

表 4.6　食品质地剖面分析（TPA）可测得的质构特性

参数	物理意义	计算
硬度	衡量材料对压缩的抵抗能力	F_{max1}
脆性	材料首次断裂所需力的大小	F_{frac1}
内聚力	衡量材料在第一次变形后保持其纹理的程度	A_2/A_1
弹性	衡量材料在变形后能在规定的时间内恢复到原来的形状的能力	D_2/D_1
回复性	衡量材料在压缩后恢复其原始纹理特性的指标	A_4/A_3
胶性（半固体）	半固态食品内聚性和黏性有关的特性	硬度×内聚性
咀嚼性（固体）	衡量咀嚼固体食物所需的能量有关的特性	硬度×内聚性×弹性

剪切测试：软固体食品的流变学特性也常采用称为动态剪切流变仪来表征（图 4.18）。这些仪器能够提供黏弹性材料的动态流变特性信息，如复合剪切模量（G'和 G''）。根据所需信息的性质，这些特性通常被测量为剪应力、频率、时间或温度的函数。实验通常是通过将样品放置在适当的测量池中进行的，这种测量池通常是杯-杯或锥-板排列，然后让它在测试开始之前达到所需的温度。

通常，动态剪切流变测量应在试验材料的线性黏弹性区域（LVR）内进行，该区域的应变足够低，以防止试验过程中材料的破裂。因此，通常需要进行初始实验，通过测量剪切模量随应变的变化来建立 LVR：剪切模量通常在低应变下相对恒定，但一旦超过某一特定应变，由于材料的破裂，剪切模量会急剧下降（图 4.26）。商用仪器通常报告材料的储能和损耗模量（G'和 G''）。通常，这些参数被测量为不同变量的函数，如施加的剪切应力、频率、温度或时间。测量是作为剪切应力/应变的函数时，可以确定 LVR 和断裂应力/应变，而测量是作为频率的函数时，可以提供关于材料流变性质的信息。黏弹性材料具有特征松弛时间，对应于施加应力时某些结构元素发生重组所需的时间。如果一个结构单元在施加应力的期间有足够的时间进行重组，那么它就可以流动并表现出类流体的性质。反之，如果一个结构元素没有足够的时间进行重组，那么它就不能流动，表现出类固态的性质。随着施加剪切应力频率的增加，每次压缩-膨胀循环的时间减少。随着频率的增加，材料应该变得更像固体。通过测量剪切模量作为频率的函数，可以获得与其结构元素重排相关的特征弛豫时间的有用信息，从而为系统中的微观结构和相互作用提供见解（Broedersz et al.，2014）。

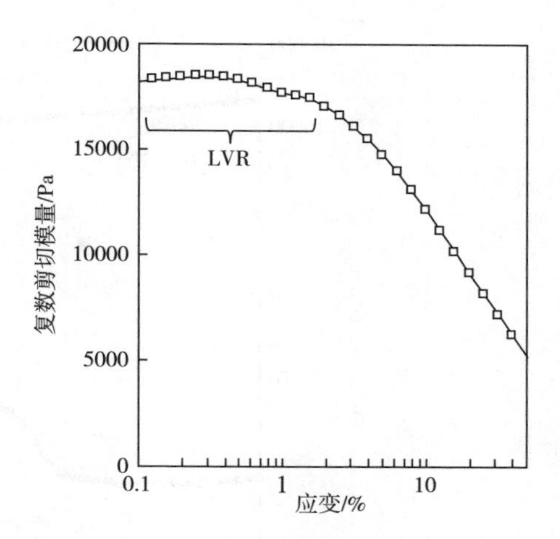

图 4.26　通常，在线性黏弹性区域（LVR）内的低应变下测量固体植物基食品的流变特性是很重要的

动态剪切流变测量可以作为时间的函数，以确定材料在加工或储存过程中流变特性的变化速率。例如，可以在食品基质中添加胶凝剂，然后测量剪切模量随时间的变化，以确定材料的凝结速度。当材料以控制的速率加热或冷却时，也可以进行测量，以确定材料发生流变特性变化的临界温度。这些变化可能是由于多种不同的物理化学现象引起的，如球状蛋白质的去折叠和聚集，一些多糖和蛋白质的螺旋转变，或者脂肪的熔融晶化。对于一些植物基食品，模拟相应的动物基食品，如肉类、海产品或鸡蛋的流变行为的温度依赖性是很重要的。这在模拟动物基食品的烹饪特性时尤为重要。因此，应测量植物基食品的流变特性的温度依赖性，并与动物源食品的流变特性相匹配。例如，蛋清蛋白溶液在以控制速率加热和冷却时，其复数剪切模量随温度的变化如图 4.27 所示。因此，在开发植物基蛋制品时，模拟这种热行为可能是很重要的。

在某些情况下，动态剪切流变测量的数据被报告为复合模量（G^*）和相位角（δ）的大小，可以通过储能模量和损耗模量计算得到：

$$G^* = \sqrt{G'^2 + G''^2} \tag{4.19}$$

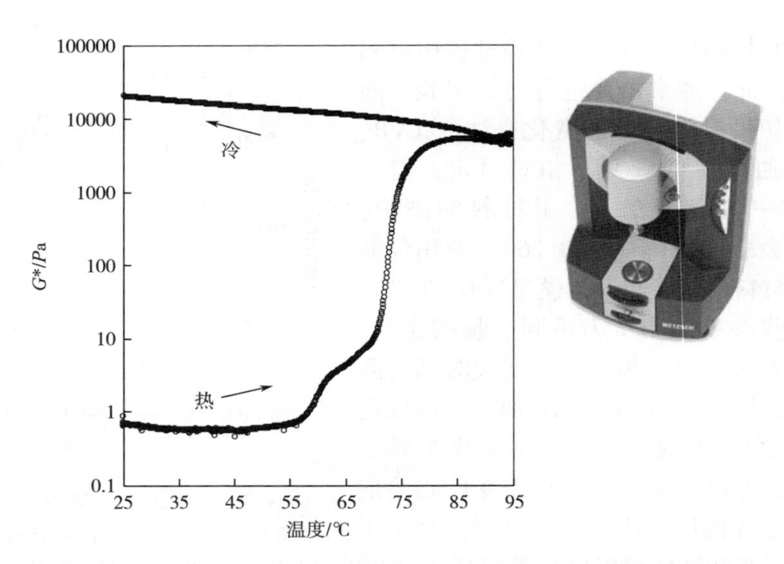

图 4. 27　动态剪切流变仪测定的蛋清加热和冷却过程中复合剪切模量随温度的变化

$$S = \tan^{-1}\left(\frac{G^{n}}{G'}\right) \tag{4.20}$$

如前所述，相位角提供了关于材料黏弹性特征的有用信息：对于理想固体，$\delta=0°$；对于理想液体，$\delta=90°$；对于黏弹性材料，$0<\delta<90°$（图 4. 24）。因此，材料的相位角越小，越趋于固态。材料的凝胶点通常被定义为相位角首次低于 45°的点，但这个值取决于所使用的应力的频率，因此在报告凝胶点时应该指定这个值。

最后，动态剪切流变仪是提供植物基食品流变学信息的有力工具，但相对昂贵，用户往往需要全面的培训以确保测量得到正确的数据。

4. 3. 3　实际问题

在本节中，我们强调了对植物基食品进行流变学分析时需要考虑的一些问题。首先，所有测试样品的性质（比如它们的大小和形状）应尽可能保持相似，这意味着它们应以一致的方式制备。例如，对于肉类产品，在分析之前，制备具有相同高度和直径的圆柱形样品，然后在相同条件（时间、温度和湿度）下储存。其次，重要的是要考虑任何可能影响结果准确性的因素，如测试样品与测量池边界处的“滑移”，测量池内颗粒的重力分离，或者测量池中存在相对于间隙过大的颗粒。再次，植物基食品在进行流变学测量前不应暴露于过大的机械力，因为这会导致结构变化和水分流失，从而改变材料对施加的剪切应力的响应。最后，在测试（特别是长时间加热时）的过程中，防止样品中的水分蒸发可能很重要，这可以通过使用特殊设计的盖子或在暴露的表面放置一层薄薄的矿物油来实现。

4.4 稳定性

植物基食品的稳定性可以定义为其抵抗其性质随时间变化的能力，这取决于各种物理、化学和生物过程（McClements et al.，2021）。食品的物理稳定性取决于其抵抗不同成分的空间位置随时间变化的能力，如由于相分离、聚集、重力分离或质量传递过程。化学稳定性是由各种化学反应的速率决定的，这些化学反应会导致食品中分子的类型发生不良的变化，如氧化、还原或水解反应，这些反应会导致营养物质的损失、不良风味的形成以及理想颜色或风味的降解。食品的生物稳定性取决于腐败或致病微生物的生长，如细菌、酵母或霉菌，这些微生物会导致产品质量的不良变化或食源性疾病。特定食品对这些不同过程的抵抗力决定了其货架期。因此，仔细确定植物基食品在加工、贮藏和利用过程中发生的各种物理、化学和生物过程是很重要的。这些数据可以用来制定有效的策略来抑制产品特性的不良变化，如控制储存条件、包装、防腐剂或食品基质设计。

在本节中，我们简要地强调了发生在各种植物基食物中的一些不稳定机制的物理化学起源（图 4.28）。在实际中，每种食品基质都是独特的，因此在经验上为每种特定产品建立机制是很重要的。

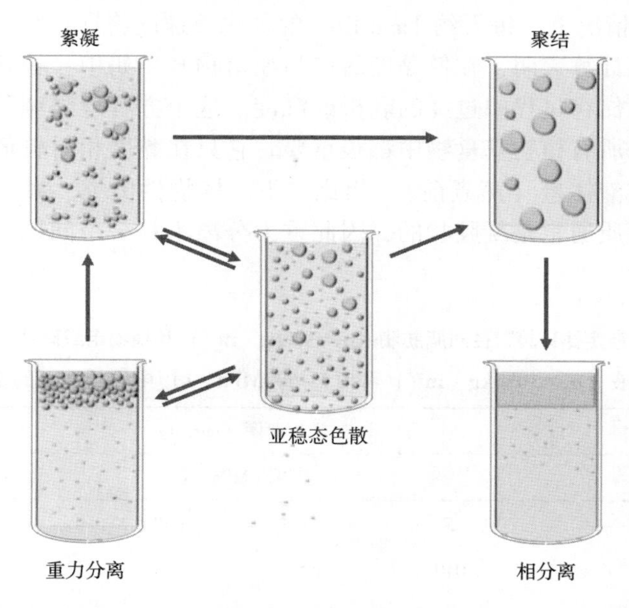

图 4.28 胶体传递系统中最常见的不稳定机制示意图：重力分离、絮凝、聚结、奥斯特瓦尔德熟化和相转化

4.4.1 重力分离

植物基食品中含有不同种类的颗粒，根据其密度的不同，这些颗粒可能是奶油（上升）或沉积物（下降）（McClements，2015）。密度小于水（如气泡、油体或脂肪滴等）的颗粒有向上运动的趋势，而密度大于水（如蛋白质聚集体、淀粉颗粒或植物细胞碎片等）的颗粒有向下运动的趋势（McClements，2015）。产品中颗粒的乳析或沉降通常是不希望出现的，因为它会导致外观的不良变化，如出现在顶部的奶油层或底部的沉积物层。发生重力分离的速率可以用斯托克斯定律来描述，斯托克斯定律最初是通过考虑刚性球形颗粒在理想流体中运动时所受的重力和黏性的平衡而推导出来的：

$$v = -\frac{gd^2(\rho_2 - \rho_1)}{18\eta_1} \tag{4.21}$$

其中，v 为颗粒向上运动的速度，d 为颗粒的直径，ρ_1 为周围流体的密度，ρ_2 为颗粒的密度，g 为重力常数，η_1 为周围流体的黏度。斯托克斯定律预测重力分离速率随密度差增大、颗粒粒径增大或周围流体黏度减小而增大。颗粒的运动方向由 v 的符号决定，这取决于颗粒与周围液体的相对密度：当 v 为正（$\rho_2<\rho_1$）时，颗粒向上运动，当 v 为负（$\rho_2>\rho_1$）时，颗粒向下运动。利用斯托克斯定律预测粒径对悬浮在不同黏度水溶液中的模型脂肪滴和植物组织碎片的乳析速度的影响（表 4.7）。通常情况下，每天约 1mm 以上的乳化液速度将导致胶体体系相当迅速的相分离。这些计算表明，在低黏度的产品如植物基牛奶中，必须有相对较小的颗粒，以避免在储存过程中过度的乳析或沉淀。这个方程也强调了一个事实，即重力分离并非在所有植物基食物中都很重要。它只在黏度相对较低的流体中很重要，如植物乳或液体蛋（蒸煮前）。相比之下，植物性肉类、海产品和熟蛋制品中颗粒周围的基质通常是凝胶状的，因此重力分离不是一个问题，因为颗粒不能移动。

表 4.7 利用斯托克斯定律计算粒径对脂肪滴（ρ_2=930kg·m^{-3}）和植物组织碎片（ρ_2=1350kg·m^{-3}）在不同黏度的水溶液（ρ_1=1050kg·m^{-3}）和（1~500MPa·s）中乳析速度的影响

脂肪球	乳析速度/(mm/d)					
直径/μm	黏度/(MPa·s)					
	1	5	10	50	100	500
0.1	0.1	0.0	0.0	0.0	0.0	0.0
0.2	0.2	0.0	0.0	0.0	0.0	0.0
0.5	1.4	0.3	0.1	0.0	0.0	0.0

续表

脂肪球	乳析速度/(mm/d)					
直径/μm	黏度/(MPa·s)					
1	5.8	1.2	0.6	0.1	0.1	0.0
2	23.0	4.6	2.3	0.5	0.2	0.0
5	144	28.8	14.4	2.9	1.4	0.3
10	576	115	57.6	11.5	5.8	1.2
20	2304	461	230	46.1	23.0	4.6
50	14400	2880	1440	288	144	28.8
植物碎片	乳析速度/(mm/d)					
直径/μm	黏度/(MPa·s)					
	1	5	10	50	100	500
0.1	-0.1	0.0	0.0	0.0	0.0	0.0
0.2	-0.6	-0.1	-0.1	0.0	0.0	0.0
0.5	-3.6	-0.7	-0.4	-0.1	0.0	0.0
1	-14.4	-2.9	-1.4	-0.3	-0.1	0.0
2	-57.6	11.5	-5.8	-1.2	-0.6	-0.1
5	-360	-72	-36.0	-7.2	-3.6	-0.7
10	-1440	-288	-144	-28.8	-14.4	-2.9
20	-5760	-1152	-576	-115	-57.6	-11.5
50	-36000	-7200	-3600	-720	-360	-72.0

斯托克斯定律强调了可以用来抑制胶体植物食品中重力分离的各种方法：

• 降低颗粒尺寸：通过减小颗粒尺寸可以降低乳析或沉淀的速率。这可能是通过使用机械均质装置，如高剪切混合器、高压阀式均质器、微量移液器或超声波仪来降低系统中颗粒的尺寸来实现的。或者通过对产物进行化学（酸或碱）或酶处理来减小粒径。此外，在储存过程中防止颗粒聚集很重要，因为这会增加它们的尺寸，从而导致更快的分离。这往往可以通过控制粒子间的胶体相互作用的电性、大小和范围来实现，通常通过选择合适的乳化剂或控制溶液条件（如 pH、离子强度、温度等）来进行。

• 增加黏度：可以通过增加颗粒周围流体的黏度来降低乳析或沉降的速率。这可以通过添加增稠剂或胶凝剂来实现，如黄原胶、瓜尔豆胶或刺槐豆胶等亲水胶体。然而，亲水胶体的类型和浓度必须加以控制，以避免引起颗粒的耗尽或桥接絮凝，这将加速重力分离（McClements，2015）。此外，最终黏度应与最终产品所期望的质量属性一致。例如，植物基牛奶不应该太黏稠，否则消费者会不喜欢。

- 降低密度差：原则上可以通过降低颗粒与周围流体的密度差（$\Delta\rho=\rho_2-\rho_1$）来抑制重力分离（McClements，2015）。在实践中，这很难实现，因为植物基油通常表现出有限的密度范围（在910~930kg·m^{-3}）。同样，植物组织碎片具有相对较高的密度，难以控制（约1500kg·m^{-3}）。对于一些植物基食品（如牛奶类似物），可以通过在其周围包裹一层厚厚的致密生物聚合物来增加脂肪滴的密度。对于牛乳，可以通过改变温度来改变乳脂肪球的密度，从而改变其固体脂肪含量。通常情况下，脂肪球的密度随着固体脂肪含量的增加而增加，降低油相和水相之间的密度差，从而可以降低了发生乳析的倾向。然而，必须注意不要发生部分聚结，否则会促进脂肪球聚集，从而改变最终产品的稳定性和质构（Fredrick et al.，2010）。类似的方法可以用于控制植物产品的密度差，即使用部分结晶的脂肪相来增加脂肪滴的密度。

4.4.2 颗粒聚集

液态植物基食品在贮藏过程中可能会因为其含有的胶体颗粒，如牛奶类似物中的脂肪滴或植物组织碎片等的聚集而降低其货架期（McClements，2015；McClements et al.，2021）。这些产品中颗粒的聚集可能会降低其质量属性：可能形成肉眼可见的大块；粒径的增加可能加速乳析或沉淀，导致产品内可见分层；聚集可能导致形成3D网络，使产物变厚或凝胶化；大颗粒的存在可能会对产品的口感产生不良的影响。因此，通常希望在储存过程中避免颗粒的聚集。在固体的植物基食品中，聚合物或颗粒的聚集会增加凝胶强度，这可能是可取的，也可能是不可取的，这取决于产品。

颗粒或聚合物之间相互聚集的趋势取决于它们之间的吸引力和排斥力的微妙平衡（McClements，2015）。吸引作用力的主要形式是范德瓦耳斯力、氢键、疏水作用和盐桥相互作用，而排斥作用力的主要形式是空间位阻和静电相互作用（图4.29）。当吸引力占主导地位时，粒子或聚合物倾向于黏在一起，而当排斥力占主导地位时，粒子或聚合物不会黏在一起（McClements，2015）。在胶体植物基食品中，如牛奶、奶油或液体蛋类似物，防止颗粒（脂肪滴或植物组织碎片）相互聚集是很重要的。实现这一目标有多种途径（图4.30）：

- 减小颗粒尺寸：通常，吸引和排斥相互作用的强度随着颗粒尺寸的减小而减小。因此，相对于系统的热能（k_BT），整体相互作用变弱。因此，减小颗粒尺寸可以降低在颗粒之间存在净吸引的系统中发生聚集的倾向。

- 增加空间位阻：聚合物材料存在于胶体颗粒表面，如多糖或蛋白质，产生短程但强烈的空间位阻力。当吸附在不同颗粒表面的聚合物链相互重叠时，由于两个颗粒靠近，这种强烈的排斥作用会产生，从而导致它们的构型熵降低。通常，空间稳定的有效性随着聚合物分子吸附层的厚度和密度的增加而增加。通过这种机制稳定的胶体粒子通常比通过静电排斥稳定的胶体粒子更能抵抗 pH 和离子强度的变化。

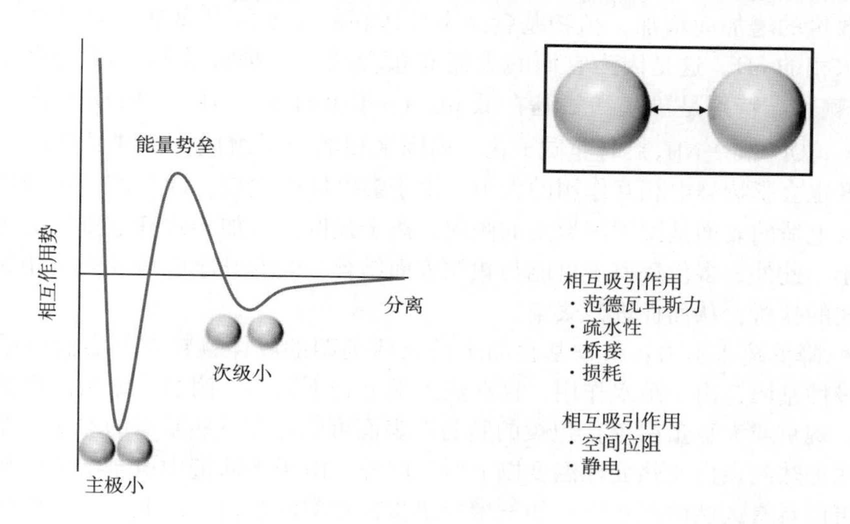

图 4.29　两个粒子之间的胶体相互作用可以通过计算相互作用势和粒子分离来模拟。整体的相互作用取决于吸引力和排斥力相互作用的组合，这种相互作用是系统特异性的。对于静电稳定系统，往往存在一个主极小、次极小和一个能量势垒

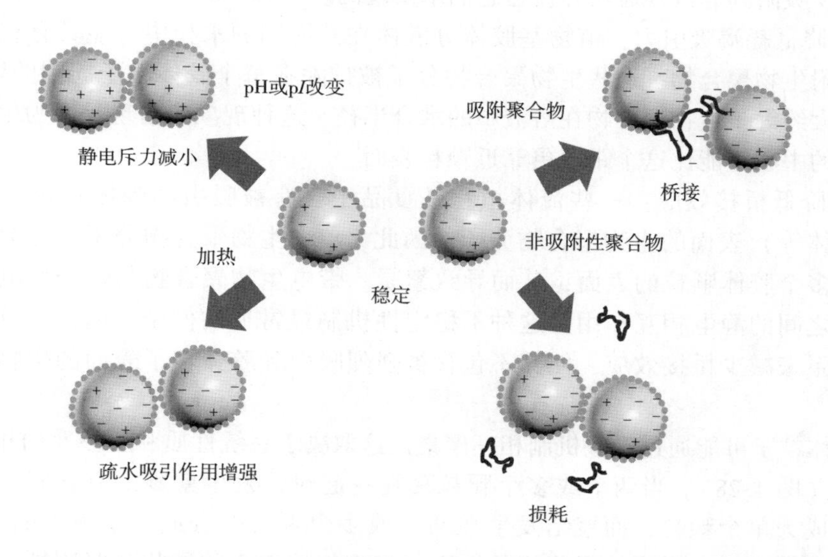

图 4.30　某些植物基食品中的乳化剂包裹的脂肪滴可能通过多种机制聚集，包括桥接絮凝、损耗絮凝、降低静电排斥或增加疏水吸引作用

• 增加静电稳定性：胶体粒子表面带电基团的存在导致它们之间的静电排斥，从而阻止它们的聚集倾向。这种静电斥力的大小随着颗粒单位表面积上带电基团数量的增加而增加。植物基食品中胶体颗粒表面的电离基团数量往往取决于周围水相的 pH。这是因为它们的表面有蛋白质、多糖或磷脂，其电学特性具有 pH 依赖性。特别是羧基和氨基在低 pH（$—COOH$ 和$—NH_3^+$）时质子化，而在高 pH（$—COO^-$和$—NH_2$）时非质子化。周围水相的离子组成，特别是反离子的种类和浓度也会影响静电相互作用的大小。由于静电屏蔽效应，即反离子在胶体颗粒上带相反电荷的表面基团周围聚集的倾向，离子强度的增加导致静电排斥的大小和范围减小。此外，多价反离子可能与颗粒表面结合，改变其净电荷或充当相邻带电粒子之间的盐桥，从而促进其聚集。

• 降低疏水引力：植物基食品中的某些类型的胶体颗粒在其表面有暴露于水的非极性基团，由于疏水作用，这在热力学上是不利的。例如，球状植物蛋白（如扁豆、豌豆或大豆蛋白等）包被的脂肪滴表面可能存在一些暴露的非极性基团，尤其是在加热到蛋白质热变性温度以上后。此外，由于多肽链中氨基酸的性质，一些植物蛋白具有天然的疏水性，如玉米醇溶蛋白和醇溶蛋白。因此，不同胶体颗粒表面的非极性区域之间存在较强的长程疏水吸引作用，足以促进颗粒聚集。因此，可能需要通过减少暴露在水中的非极性表面基团的数量来降低疏水吸引的强度。这可通过确保球状蛋白不被加热到其热变性温度以上，或者通过添加表面活性剂或两亲性聚合物吸附到非极性斑块并覆盖它们来实现的。

• 降低耗竭吸引力：植物基胶体分散体在其周围的水相中可能具有相当水平的未吸附生物聚合物。这些生物聚合物分子被排除在每个胶体粒子周围的区域中，该区域大约等于生物聚合物在溶液中的水合半径。这种现象的出现是因为生物聚合物分子的中心不能比这个距离更靠近颗粒表面。

• 降低桥接效应：一些流体植物基食品中含有被吸引到胶体颗粒（如脂肪滴或油体等）表面的生物聚合物分子。因此，单个生物聚合物分子可能会附着在两个或多个胶体颗粒的表面，从而导致絮凝。带电生物聚合物与带相反电荷的胶体粒子之间的静电相互作用是这种不稳定性机制最常见的例子。因此，可以通过设计体系来减少桥接效应，使其不包含被强烈吸引到胶体粒子表面的生物聚合物分子。

胶体粒子可能通过一些机制相互聚集，这取决于系统性质和所涉及的相互作用的性质（图 4.28）。当两个或多个颗粒黏在一起时，发生絮凝，但它们不会融合在一起成为单个颗粒，而聚结发生在两个或多个颗粒融合成一个更大的颗粒时。在絮凝的情况下，形成的聚集体的性质，如它们的大小、形状和坚固性，取决于它们之间作用的吸引力的大小。由相对较弱的作用力结合在一起的絮凝体往往更加紧密，更容易被稀释或剪切破坏。相反，由相对较强的作用力结合在一起的絮凝体往往具有更开放的结构，更耐稀释和剪切。这些絮凝体性质的差异会对胶体分散体的流变性和稳定性产生显著影响。絮凝会导致产品的剪切黏度显著增加，也可能因为粒径的增加而导致更快的重力分离（在稀系统中）。然而，在浓缩系统中，絮凝可能会抑制重力分离，因为形成了 3D 颗粒网络，阻止了颗粒的移动，导致了半固体特性。在一些体系中，粒子还可能通过其他机制发生聚集。例如，含有部分结晶脂肪液滴的胶体分散体可能会发生部分聚结，其中一个液滴中的脂肪晶体渗透到另一个液滴中的液体区域，从而在它们之间形成连接。这会导致大团簇的形成，从而增加黏度，最终导致相分离。部分聚结在乳制品中尤为重要，如冰淇淋、鲜奶油和黄油，因为它能形成理想的质地和稳定性。因此，在植物基乳制品类似物中模仿这种行为可能很重要，这将在关于牛奶和乳制品类似物的章节中讨论。

4.4.3　相分离

在一些植物基食品中，由于产品内部不同相的分离，可能会出现不稳定性。例如，在加热过程中，油脂可能与乳化的植物基食物如肉类、海鲜、调料分离（脱油），或者水可能与水凝胶如酸奶分离（脱水）和肉类分离（蒸煮损失）。此外，产品中不同的生物聚合物相可能相互分离，如富含蛋白质和多糖的相。

- 油脂化：许多植物基食品含有分散在水相基质中的油分区域。例如，牛奶类似物含有模拟牛乳中脂肪球的脂肪滴或油体，鸡蛋类似物含有模拟鸡蛋中脂蛋白的脂肪滴，肉类类似物含有模拟肌肉食品中脂肪组织的脂肪域。由于疏水效应，油和水是不混溶的，因此随着时间的推移或在某些环境变化（如加热或剪切）下有分离的趋势。在许多情况下，油的分离是不利的，因为它会导致产品质量的不利变化，如外观、质地或口感的改变。然而，在某些情况下，它可能是有利的，如促进植物基肉类或海鲜的油炸。
- 脱水收缩：许多植物基食品中含有通过水合作用或毛细管力截留在生物聚合物基质中的水。这种水可能会随着时间的推移或环境条件的改变而分离，从而导致产品外观和质地的不良变化，如一些酸奶在储存过程中顶部形成的水层。通过控制生物聚合物分子形成的 3D 网络的性质，如孔径和表面化学性质，可以避免这个问题。这可能需要在产品中添加其他成分，如黄原胶、瓜尔豆胶或刺槐豆胶等亲水胶体。
- 蒸煮损失：植物基食品在蒸煮过程中损失的液体量对最终产品的品质属性具有重要影响。特别地，植物基肉类和海产品的外观、质地和口感（如多汁性）往往取决于蒸煮损失程度。流失的液体主要由水组成，但也可能含有其他成分，如脂肪滴、盐、可溶性蛋白质和碳水化合物等。因此，植物基食品的组成和结构必须得到控制，以便在食品制备过程中发生一致的、明确的烹饪损失情况。这就需要了解烹饪过程中影响流体损失的因素。蒸煮损失可能是由于水分蒸发，水分子从多孔生物聚合物结构中挤出，可能是因为分子相互作用（例如蛋白质去折叠和聚集）的改变导致其结构的改变，或者其他情况。

• 生物聚合物相分离：一些植物基食品含有组成不同的生物聚合物结构域，如富含蛋白质和富含多糖的结构域。事实上，可控的生物聚合物相分离正在被用于在肉类模拟物中创建肉类纤维结构（McClements et al.，2021）。在这种情况下，重要的是在食品制造过程中形成具有适当结构的相分离区域，然后确保它们在储存、运输和食品制备过程中不会分解。这往往可以通过凝胶化一个或两个生物聚合物结构域来控制，尽管这会影响食品的质构特性。所使用的凝胶还必须能够抵抗环境压力，如温度、离子强度、pH 或机械力的变化。

4.4.4 化学降解

在食品制造、储存和制备过程中，由于化学反应改变了分子的性质，植物基食品的质量属性可能会恶化。有许多不同种类的化学反应可以发生，这取决于存在的成分类型，以及食物暴露的环境条件，如光、氧气、加热、pH 和矿物离子。因此，对于每一类植物基食品，识别任何可能发生的有害化学反应都很重要。这里举几个例子：

• 氧化：一些用于配制植物基食品的成分容易发生氧化，导致产品质量发生不良变化（Jacobsen，2015；Jacobsen et al.，2013）。例如，脂质的氧化会导致产生具有令人不愉快的味道的反应产物（酸败），并且可能表现出毒性。含有多不饱和脂肪酸的食品，如 ω-3 脂肪酸（如藻油或亚麻籽油）特别容易出现这一问题。其他类型的疏水性功能性成分在储存或加工过程中也可能在食品内部发生氧化，如类胡萝卜素，这会导致其颜色变化和有益生物活性的丧失。蛋白质也容易被氧化，这会导致其功能属性的降低，如其作为乳化、起泡或胶凝剂的能力降低。氧化反应可以通过控制环境条件、食品基质效应或使用添加剂来抑制。例如，通过减少食物在光、氧或热条件下的暴露，通过添加抗氧化剂或螯合剂，或通过形成物理屏障限制促氧化剂接触不稳定成分的能力，可以减缓脂质氧化的速率。值得注意的是，在某些情况下，有限的氧化量可能是有益的，因为它会产生香味分子，提供理想的风味轮廓。

• 水解作用：用于配制植物基食品的一些功能性成分容易发生水解，即由于水分子的加入，两个原子之间的共价键断裂。例如，果胶是一种可用于配制植物基食品的多糖，易被酸和酶水解（Fraeye et al.，2007；Garna et al.，2006）。因此，它的功能属性可能会降低，例如其增稠溶液、形成凝胶或构建某些结构的能力。其他种类的生物聚合物成分也可能在植物基食品加工过程中或加工后的某些条件下发生水解（Aida et al.，2010；Karlsson et al.，1999）。脂质在储存或加工过程中也容易发生水解反应，这是化学或酶促反应的结果（Swapnil et al.，2019）。例如，游离脂肪酸可能从三酰甘油和磷脂中释放出来，从而降低食品品质。因此，了解不同成分对水解作用的敏感性以及影响水解的因素非常重要。

- 交联：植物基食品中的成分之间可能发生一些共价交联反应，改变其理化和感官特性。例如，含有巯基的蛋白质之间可能形成二硫键，特别是当它们在中性pH值附近加热时（Nagy，2013）。这些键的形成可能会增加体系的凝胶强度，这可能是有益的，也可能是不利的，这取决于产品的性质。
- 美拉德反应（Maillard reaction）：美拉德反应是发生在氨基酸（蛋白质）和还原糖之间的非酶褐变反应，特别是在高温下，导致最终产物的复杂混合物的形成，这些终产物有助于熟食的颜色和风味的形成（Aljahdali et al.，2019；Lund et al.，2017）。特别地，它在很大程度上决定了动物基熟食，如烧烤、油炸或烘焙肉类和海产品表面的特征深棕色。在高温和中等水分含量下，反应速度增加，这就是为什么食物的外部变成深褐色的（较高温度/较低含水率），而内部没有（较低的温度/较高的含水率）。（Aljahdali et al.，2019）。这个问题可以通过保证食品不被过度烹饪或者通过添加某些类型的抑制美拉德反应的添加剂来控制。
- 焦糖化：焦糖化是由于糖在足够高的温度（105～180℃，取决于糖的类型）下热分解而发生的非酶褐变反应。因此，这种反应在含糖量高的熟植物基食品中可能很重要。

总的来说，识别特定植物基食品配方中可能发生的不同类型的化学反应，了解影响其速率和影响反应（如温度、氧气、光照、pH等成分）的关键因素是很重要的，然后可以通过控制食品成分或食品制备过程来控制反应的速率、程度和方向。例如，为了在植物基汉堡表面获得理想的褐色外壳，制造商可能需要进行实验以确定最佳的烹饪温度和时间，然后将其写在产品包装上的烹饪说明中。

4.4.5　微生物污染

与所有食品一样，植物基食品在整个保质期内由于腐败或病原微生物的污染，其质量和安全性可能会受到影响。因此，制造商采取适当的措施防止或减少微生物污染非常重要。这涉及维持一个卫生的食品生产和分销系统，可通过以下措施防止，使用有效灭活微生物（如热加工）的加工操作，使用合适的包装材料，控制储存条件，添加防腐剂（如抗菌剂）。一般来说，食品制造商识别所有潜在的微生物污染来源并开发一个强大的系统来预防、去除或灭活它们是很重要的。

4.4.6　稳定性的量化

植物基食品在储存过程中的稳定性变化或对其环境变化的响应可以使用各种分析仪器和测试方法进行监测，这将在后面的章节中详细讨论每一类主要的植物基食品。在本节中，我们对可以使用的方法进行了总体概述。

通过拍摄保存在透明容器中的测试样品在储存期间的数码照片，可以监测食品因重力分离（乳析或沉淀）而产生的可见分离。分离的速率和程度可以通过测量不同层之间边界的高度来量化，如顶部的奶油或底部的沉积物。然而，有时很难明确地识别这些边界的位置。因此，重力分离往往使用更精密的分析仪器进行监测。其中最常用的是基于剖面激光器、核磁共振（NMR）成像和X射线断层扫描（McClements，2015）。例如，使用可以向上和向下移动的激光束，测量从食品材料表面反射的光的比例可以作为为其高度的函数（图4.31）。反射率通常随着粒子浓度的增加而增加，因为入射光会发生更多的后向散射。因此，可以通过测量反射率随样品高度随时间的变化来监测颗粒的乳析或沉降。核磁共振成像和X射线断层扫描可以提供食物（如水、脂肪）内部不同组分分布的详细三维图像，因此可以用于监测重力分离过程。

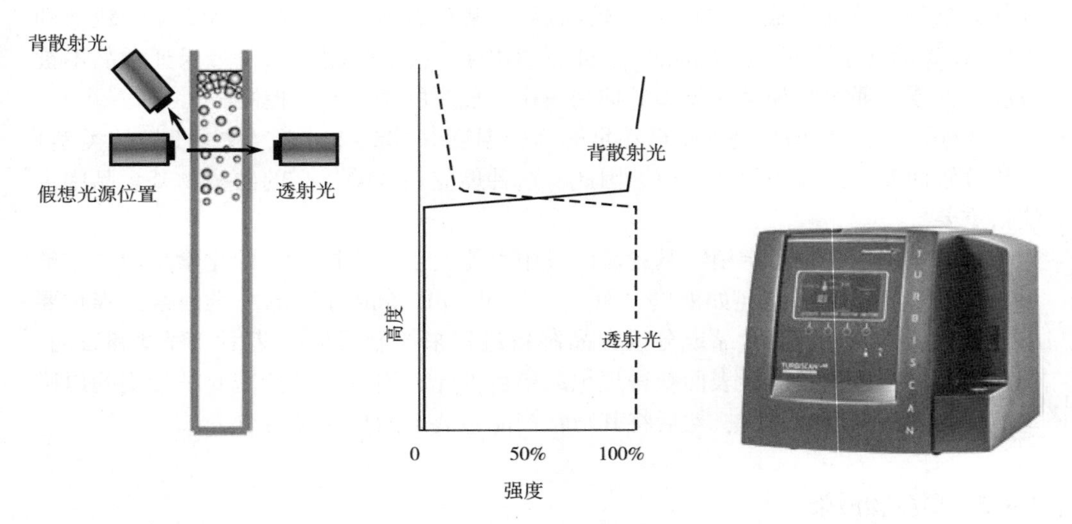

图4.31　通过测量透射光和后向散射光随样品高度随时间的变化，可以方便地监测流体植物食品对沉降或乳析的稳定性

植物基食品中胶体颗粒聚集状态的变化，如液体牛奶和鸡蛋类似物中的脂肪滴、油体或植物组织碎片，通常使用光散射或显微镜方法监测（图4.32）。当粒子相对较小（10nm~10μm）时，可以使用动态光散射来评估聚集情况，而当粒子相对较大（200nm~1000μm）时，可以使用静态光散射。用于提供颗粒聚集状态信息的显微镜最常见的是光学、荧光共聚焦和电子显微镜。相分离过程也可以通过显微镜方法，以及核磁共振成像、多光谱成像和X射线断层扫描方法进行监测。

图 4.32　可用于表征胶体植物基食品中颗粒大小、形态和聚集情况的仪器示例

4.5 持液性和可煮性

许多固体植物基食品如肉类、海鲜、奶酪、酸奶和鸡蛋，在其制造、分配和制备过程中保留或释放液体的能力，在决定其整体质量属性方面起着主要作用。植物基食品关注的流体可能是简单的液体如油或水，溶液如盐或糖溶液，或分散体如乳液、悬浮液。这些液体的保留或释放对食品的外观、触感和味道以及保质期都有影响。例如，在酸奶顶部形成水层影响消费者的购买欲（Grasso et al.，2020）。此外，肉类和海产品的嫩度和多汁性取决于它们在烹饪过程中保留的水量（Cornet et al.，2021）。肉类或海鲜类似物在烹饪过程中释放的液体也会影响它们发出的声音，这是它们理想的品质属性的重要感官成分。因此，控制植物基食品中流体的滞留或释放对于确保其具有所需的理化性质、感官属性和功能性能至关重要。

与固体食品的持水特性相关的最重要的品质属性之一是持水能力（WHC），它是衡量食品在施加外部应力时，如法向力、离心力或热处理过程中保持水分（加上任何溶解的溶质）的能力（Cornet et al.，2021；Grasso et al.，2020）。WHC 的概念往往是不明确的，不同的作者对其有不同的定义。可用于肉类及其植物类似物的 WHC 的一个常见定义由以下表达式给出（Gaviria et al.，2021）：

$$\mathrm{WHC} = 100 \times \frac{m_{\mathrm{R}}}{m_{\mathrm{T}}} \tag{4.22}$$

其中，m_{R} 为施加一定外力（例如离心）后系统中保留的水的质量，m_{T} 为原系统中存在的水的总质量。固体食物保持水分的能力通常是由于缠结或交联的生物聚合物（通常是蛋白质或多糖）的三维网络的存在。这些三维网络通过三种主要机制保持水：水—生物聚合物混合效应、离子效应（如盐类）、网络弹性形变效应（Cornet et al.，2021；van der Sman et al.，2013）。水—生物聚合物混合效果取决于水和生物聚合物分子结合时发生的焓变（如分子间相互作用）或熵变（如混合或构型熵）。因此，它取决于水和生物聚合物分子之间的相互作用的性质，如氢键、疏水相互作用和静电相互作用，以及生物聚合物网络的表面积。离子效应是由于生物聚合物网络内外离子（如矿物离子）的浓度存在差异，从而产生渗透压。这种浓度梯度可能是由于反离子优先吸引凝胶网络中带相反电荷的生物聚合物表面，如 Na^+ 离子对阴离子表面基团或 Cl^- 离子对阳离子表面基团。网络弹性形变效应是由于当施加外力时，生物聚合物网络对压缩或拉伸的机械阻力。已开发出可用于描述由生物聚合物凝胶网络组成的植物基食品的持水特性的数学模型（Cornet et al.，2021）。当生物聚合物分子之间的交联数量增加时，生物聚合物网络保持水的能力通常会增加，因为这增加了凝胶的强度，从而使其更耐机械压缩（Cornet et al.，2021）。因此，如果不对产品的其他理想的理化或感官属性造成不利影响，就可以通过具有更强的凝胶网络来抑制植物酸奶的脱水收缩。生物聚合物网络的持水能力也取决于孔径，随着孔径的减小而增加，因为此时生物聚合物有更大的表面积与水相互作用，更小的孔隙导致更强的毛细管力将水保持在凝胶网络中。

4.6 分配、保留和释放性能

植物基食品中不同成分的位置，以及它们从一个位置移动到另一个位置的速度，在决定其质量属性方面起着重要作用。一些物质的化学反应活性，如天然色素、香料和生物活性物质，取决于它们是否被油或水包围（Choi et al.，2009；Kharat et al.，2017）。通常，化学降解反应在物质溶于水时比溶于油时发生得更快。植物基食品的风味特征取决于不同的香气和味觉分子到达人体鼻子和嘴巴中受体的类型、浓度和时间。植物基肉或鱼产品在烹饪过程中改变颜色的能力可能是由于在原料产品中保持分离但在烹饪过程中聚集在一起并相互反应的两种成分之间的相互作用。因此，控制植物基食品中不同功能性成分的分配、保留和释放具有重要意义。

4.6.1 分配现象

许多植物基食品是含有两种或两种以上不同相的多相材料，最常见的是油和水。在本节中，我们考虑了影响功能分子在这类多相材料中分配的一些主要因素。

关于分配现象的更详细的信息可以在早期的出版物中找到（McClements，2014）。

4.6.1.1 均衡分配系数

近似地说，物质在油相和水相之间的分配可以通过其油水平衡分配系数来量化：

$$K_{OW}=\frac{C_O}{C_W} \tag{4.23}$$

其中，C_O 和 C_W 分别为该物质在油相和水相中的浓度。分配系数的大小取决于物质对油相和水相的相对亲和力。非极性物质对油的亲和力较高，因此倾向于优先在油相（$K_{OW}>1$）中积累；而极性物质对水的亲和力较高，因此倾向于优先在水相（$K_{OW}<1$）中积累。通常，物质的疏水性越强，其油水分配系数越高。

4.6.1.2 多相体系中物质的分配

在多相体系中，确定特定物质在不同相中的含量往往很重要，因为这会影响其稳定性和功能性。近似来说，包含油和水的食品基质的油相中物质的分数（Φ_O）可以用式（4.24）建立：

$$\Phi_O=\frac{\phi_O K_{OW}}{1-\phi_O(1-K_{OW})} \tag{4.24}$$

该方程表明，随着食品基质中油相体积分数（ϕ_O）的增加，以及油水分配系数（K_{OW}）的增加，油相中存在的物质的比例增加（图4.33）。该表达式可用于预测不同成分的多相植物基食品中物质的位置如含油量。需要注意的是，该方程假设物质的浓度比较小且低于饱和极限。

4.6.1.3 风味物质在顶部空间的分配

植物基食品的风味特性取决于挥发性风味分子在食品和其上方气相之间的分配（图4.33），因为挥发性分子必须到达鼻子内的香气传感器才能发挥作用（McClements，2005）。风味物质的顶空浓度取决于风味分子的挥发性，以及食品基质的组成。挥发性物质在含有油相和水相的食品基质和其上方的气相之间的分配需要定义另外两个分配系数：

$$K_{GW}=c_G/c_W \text{ 和 } K_{GO}=c_G/c_O \tag{4.25}$$

其中，K_{GW} 和 K_{GO} 为气—水或气—油分配系数，分别描述了挥发性物质在气—水相和气—油相之间的分配。更多的挥发性物质具有更高的 K_{GW} 值，因此更容易在顶空中。然后气相和乳液之间的总分配系数为（McClements，2015）：

$$K_{GE}=\left[\frac{\phi_O}{K_{GO}}+\frac{1-\phi_O}{K_{GW}}\right]^{-1} \tag{4.26}$$

可以重新排列这些表达式，以开发一个方程，将风味分子的顶空浓度与多相食品基质的整体组成联系起来：

$$\Phi_G=\left\{1+\frac{V_E}{V_G}\left[\frac{\phi_O K_{OW}}{K_{AW}}+\frac{(1-\phi_O)}{K_{AW}}\right]\right\}^{-1} \tag{4.27}$$

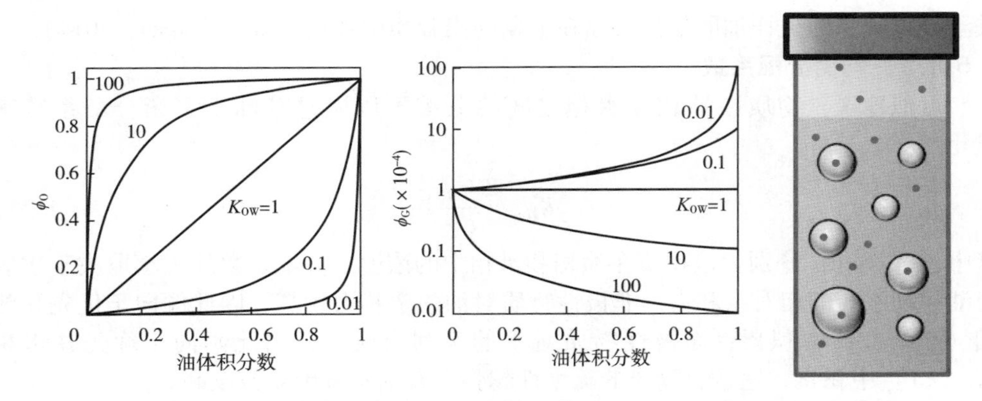

图 4.33 计算得到的在与固定体积的气体接触的油水混合物中，油相浓度和分配系数对气油相中某种物质浓度的影响

式中：Φ_G 为风味分子在气相中的质量分数。这一点很重要，因为植物基食品中的风味分配对其感官属性有重要影响，因此了解影响顶空中风味物质含量的主要因素很重要。利用上述方程可以预测植物基食品的脂肪含量对其顶空中风味分子的比例进而对其风味强度的影响（图 4.33）。这些预测表明非极性风味物质（$K_{OW}>1$）在顶空中的浓度随着脂肪含量的增加而降低，而极性风味物质（$K_{OW}<1$）的浓度具有相反的作用。在实际应用中，还需要考虑各种其他因素，如风味分子与蛋白质、多糖、胶束或其他食品成分的结合，这可能会降低它们的顶空浓度，从而降低了风味强度（McClements，2015）。此外，还必须考虑食品基质的风味释放动力学情况。

4.6.2 保留和释放过程

在一些植物基食品中，当贮藏（如脂肪滴内部）时，将某一特定成分保留在一个环境中，当条件改变时，将其释放到另一个环境（如进入食物上方的顶空）中。这对于在食品制备和消费过程中应该释放的风味尤其重要，但对于将各种特殊功效设计到食品中也可能是重要的。例如，在储存过程中，可能会将两种化学反应性成分分离，将它们定位在食品基质中的不同部分，然后在烹饪过程中接触它们，从而导致化学反应，使颜色或纹理发生理想的变化。由于平衡或非平衡效应，组分可能在某一阶段内被保留。平衡效应是基于上一节讨论的分配现象，如非极性成分优先位于油相的趋势。非平衡效应是基于通过动力学效应将一种成分捕获在特定的相中，如通过创建物理屏障抑制其释放或通过创建固化相延缓其运动。

当环境条件发生变化时，如稀释、加热或机械应力等，食品基质中的某种成分可能从特定部位释放。成分的释放速率往往在决定食品的理化和感官属性方面起着重要作用。因此，能够预测释放动力学和了解影响释放速率和程度的主要因素是很重要的。一般而言，释放动力学取决于体系的物理化学和结构属性，如成分种类和浓度，不同相的尺寸和流变特性，以及剪切力的施加。物质从特定部位的释放可能是多种过程的结果，如简单的扩散、侵蚀、溶胀或崩解（McClements，2014）。在这里，我们通过考虑嵌入在流体基质中的球形颗粒由于简单扩散释放物质强调这些过程进行数学建模的重要性。这个过程可以用下面的方程来描述，即 Crank 模型（Lian et al.，2004）：

$$\frac{M(t)}{M_\infty} = 1 - \exp\left[-\frac{4.8D\pi^2}{K_{OW}d^2}t\right] \tag{4.28}$$

式中，$M(t)$ 为 t 时刻从颗粒内部释放的成分质量，M_∞ 为无限时间后释放的成分质量，D 为成分在颗粒内部的平动扩散系数，d 为颗粒直径。该方程可用于预测粒径、分配系数、黏度（与扩散系数成反比关系）等因素对物质释放时间的影响。例如，利用该方程预测了粒径对悬浮在水中的脂肪滴释放疏水性成分（$K_{OW} = 1000$）的释放动力学的影响（图 4.33）。最初，有疏水性成分的快速释放，然后在更长的时间内有更缓慢的释放。由于小颗粒以分子形式扩散出的距离更短，所以随着颗粒尺寸的减小，成分释放更快。这些计算表明，可以通过控制颗粒的尺寸来控制释放动力学。对于第一种近似，物质从颗粒中释放一半所需的时间由下式给出（Lian et al.，2004）：

$$t_{1/2} = \frac{d^2 K_{OW}}{68D} \tag{4.29}$$

粒径和分配系数对水分散脂肪滴中初始所含成分 $t_{1/2}$ 的影响见表 4.8。这些预测表明，对于小脂肪滴，半衰期很短。例如，对于强疏水性成分（$K_{OW} = 1000$），半数成分从直径为 5μm 的脂肪滴中释放所需时间小于 1s。对于疏水性较小的成分，这个时间更短。半衰期随着成分疏水性（K_{OW}）的减弱而减小。因此，这些方程对于设计食品结构以控制植物基食品中不同区域的风味或其他活性成分的释放是有用的（图 4.34）。

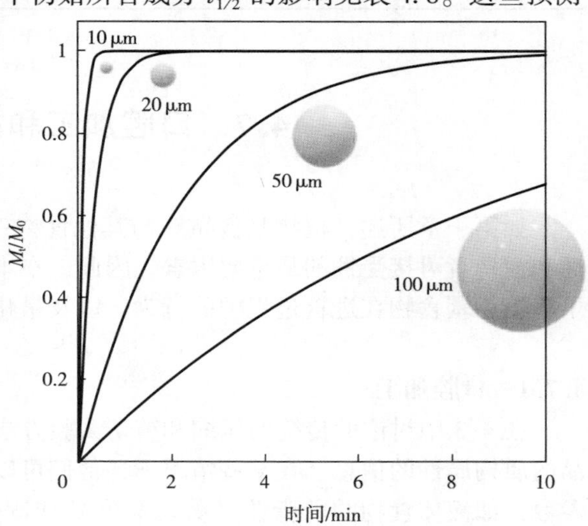

图 4.34　粒径对疏水性成分（$K_{OW} = 1000$）从水中悬浮的胶体颗粒（脂肪滴）内部释放动力学的影响

一般来说，在食品制备和消费过程中，需要更复杂的方程来预测风味分子释放到食品上方的顶空的情况，这些方程考虑了它们通过颗粒和周围基质然后进入鼻子的运动过程。其中一些方程已经在其他地方进行了回顾（McClements，2015）。

表 4.8　颗粒直径和油水分配系数对分散在水中的球形油滴运动出一半所需时间影响的预测（Crank 模型）

d（μm）	$K_{ow}=1$	$K_{ow}=10$	$K_{ow}=100$	$K_{ow}=1000$
	释放时间：$t_{1/2}$/s			
0.1	3.7×10^{-7}	3.7×10^{-6}	3.7×10^{-5}	3.7×10^{-4}
0.2	1.5×10^{-6}	1.5×10^{-5}	1.5×10^{-4}	1.5×10^{-3}
0.5	9.1×10^{-6}	9.1×10^{-5}	9.1×10^{-4}	9.1×10^{-3}
1	3.7×10^{-5}	3.7×10^{-4}	3.7×10^{-3}	3.7×10^{-2}
2	1.5×10^{-4}	1.5×10^{-3}	1.5×10^{-2}	1.5×10^{-1}
5	9.1×10^{-4}	9.1×10^{-3}	9.1×10^{-2}	9.1×10^{-1}
10	3.7×10^{-3}	3.7×10^{-2}	3.7×10^{-1}	3.7
20	1.5×10^{-2}	1.5×10^{-1}	1.5	1.5×10^{1}
50	9.1×10^{-2}	9.1×10^{-1}	9.1	9.1×10^{1}
100	3.7×10^{-1}	3.7	3.7×10^{1}	3.7×10^{2}
200	1.5	1.5×10^{1}	1.5×10^{2}	1.5×10^{3}
500	9.1	9.1×10^{1}	9.1×10^{2}	9.1×10^{3}
1000	3.7×10^{1}	3.7×10^{2}	3.7×10^{3}	3.7×10^{4}

4.7　口腔加工和感官属性

如第一章所述，植物基食品（与其他食物一样）的感官属性通常是决定其可取性和消费者可接受性的最重要因素。因此，在本节中，我们考虑已经开发的方法来了解植物基食物在进食过程中的行为，以及量化这些食物的感官属性。

4.7.1　口腔加工

在 4.3 中讨论的传统的压缩和剪切试验方法有助于在食用前提供有关植物基食品的质构属性的信息。在某些情况下，他们可以测量与食物在口腔中的行为有关的参数，如液体食物的乳脂性（剪切黏度）或固体食物在第一次咬合时的抗断裂性（硬度）。然而，它们无法提供食物在整个咀嚼过程中的复杂行为信息。流体食物可以覆盖口腔表面，减少舌和腭之间的摩擦，从而起到润滑剂的作用（Sarkar et al.，2021）。这些影响与感知到的食物的水份、乳脂性或涩味有关。固体食物与唾液混合，通过牙齿和颌骨的机械作用（咬、磨、嚼）逐渐破坏，导致其结构、理化性质和感官知觉随时间发生变化（Panda et al.，2020）。因此，人们对研究食物在口腔内的行为产生了极大的兴趣，这是一个被称为口腔加工的学科（Chen，2015；Wang et al.，2017）。该学科的主要目标之一是减少目前食品质地常规仪器检测结果（第4.3节）与感官试验中获得的数据之间存在的差距。在口腔加工测试和感官分析之间建立稳健的相关性有一些重要的好处。例如，许多口腔加工方法不涉及使用感官评价人员品尝食物，这可以节省时间和金钱，以及提供更多的定量数据，可以很容易地在不同的产品和配方之间进行比较。

目前，人们已经开发了多种不同的分析仪器来监测食品的口腔加工过程（Panda et al.，2020；Sarkar et al.，2021；Wang et al.，2017）。测量两个柔软表面相互移动时发生的摩擦的摩擦学仪器（设计用于模拟舌和腭）提供了关于食物润滑口腔的能力的有价值的信息（Sarkar et al.，2021）。这些仪器最适合表征流体样品的性质，因此可用于直接分析液体食品或固体食品经咀嚼转化为液体后的特性。一些研究人员开发了机械流变仪，用于模拟人体颌骨的运动、唾液的分泌以及食团的形成和吞咽（Panda et al.，2020）。这些仪器往往包含一组人工牙齿来分解食物，以及传感器来测量食物在模拟咀嚼过程中的性质变化。一些口腔加工设备也涉及人类受试者的使用，主要用于更好地了解食物在咀嚼过程中的行为。例如，研究人员通过将小磁铁附着在人的牙齿上或使用摄像机，开发了可以跟踪咀嚼过程中颌骨运动和肌肉活动的仪器（Çakır et al.，2012；Laguna et al.，2016；Wilson et al.，2016）。这些仪器可以提供关于一个人咀嚼特定种类食物的咀嚼次数、频率、持续时间和力量的信息（Çakır et al.，2012），然后可以与食品的组成、结构和性质相关联（Wagoner et al.，2016）。

这些口腔加工仪器可能有助于设计植物基食品，更好地模拟动物基食品在咀嚼过程中的行为，从而更好地匹配其理想的感官属性。例如，它们可以帮助理解物质属性（如纤维长度、厚度、硬度）如何与口腔属性（如咀嚼次数和咬合力）和感官属性（如感知硬度、咀嚼性和多汁性）联系起来。

4.7.2 感官评价

最终，任何新开发的植物基食品的质量属性，如其外观、质地、口感和风味，都应该由实际消费和评级的人类来评估（Civille et al.，2015；Lawless et al.，2010；Stone et al.，2020）。这通常是在严格控制的条件下使用适当数量的感官小组成员或消费者进行的，以便提供可靠和有意义的结果。相关人员根据检测产品的外观、质地、风味等一种或多种感官属性进行判断。植物基食品通常是为了准确模拟动物基食品的感官属性而设计的。因此，感官评价的目标往往是确立这两类产品的相似性或差异性。一般而言，感官研究大致分为辨别性测试（产品间差异的检测）、描述性测试（特定属性的感知强度排序）和情感性测试（对产品的喜爱程度）（Lawless et al.，2010）。所有这些测试方法都可以用于测试植物基食品，而描述性测试和情感测试是最常用的（McClements et al.，2021）。

辨别性测试：这些试验用于确定两种或两种以上产品的指定感官属性是否存在可检测的差异。这些测试可以通过多种方式进行。例如，在二—三检验中，一个人被赋予三个样本（AXY），一个是已知的（A），两个是未知的（X 和 Y）。在三角形测试中，一个人被赋予三个未知样本（XXY），然后他们需要说出其中哪一个是不同的。在 ABX 测验中，一个人被赋予两个已知（A 和 B）和一个未知（X），并且必须将未知与已知中的一个相匹配。例如，在 ABX 测试中，一个人可以被赋予一个真实的香肠（A）和一个植物基香肠（B），然后他们被赋予一个未知的香肠（X），并决定它是真实的还是植物基的。

描述性测试：在描述性感官测试中，小组成员被要求在预定义的尺度上对食物的给定属性（“描述符”）进行评分。在某些情况下，小组成员可能被要求自己确定描述产品的最合适的属性。例如，根据“纤维度”“硬度”“多汁性”“弹性”“脆性”“鸡肉”“易碎性”“潮湿”“嫩度”“味道”“风味”和“气味”等属性对肉类类似物进行了评级（Lin et al.，2002；Savadkoohi et al.，2014；Grahl et al.，2018；Palanisamy et al.，2018；Stephan et al.，2018；Chiang et al.，2019；Taylor et al.，2020）。这些属性的每个强度都在一个尺度上进行评级。描述性检验的一个主要挑战是定义最合适的属性，并为每个属性建立最合适的强度量表。因此，在品尝相同食物的人之间，评分可能会有很大的差异。为了克服这个问题，通常建议描述性感官评价包括 8~12 名小组成员，这些小组成员在进行感官分析之前接受培训，以便用定义的属性校准小组标准（Savadkoohi et al.，2014）。强度尺度通常为 1~9，每个数字都与强度增加的特定描述符相联系，如 1=软、5=结实、9=硬。在可能的情况下，试验应在标准化条件下的测试间进行，并在每个产品之间提供水，以减少滞留效应（Chiang et al.，2019）。

情感测试：这些测试用来评估消费者对指定产品属性的喜爱程度，以及对产品的整体接受程度。在这种方法中，未受过培训的消费者通常被要求对他们喜欢的食物进行评分。因此，情感测试是一个有价值的工具，可以获得关于产品可取性的反馈，这将影响其在市场上的潜在成功。通常，从“非常不喜欢”到“非常喜欢”的 9 点享乐主义量表用于评估消费者对产品或其某些特定属性的喜好（Wichchukit et al.，2015）。但也有其他类型的量表，可根据具体情况使用（Lawless et al.，2010）。情感测试已被用于评估各种植物基食品的接受度，包括由豌豆、小麦、花生、鹰嘴豆、大豆蛋白和真菌蛋白组成的肉类类似物（Rehrah et al.，2009；Kim et al.，2011；Savadkoohi et al.，2014；Yuliarti et al.，2021）。然而，不同的研究者往往采用不同的量表和测验程序，使不同研究的结果难以互相比较。这凸显了开发标准化程序来表征植物基食品感官特性的必要性。

对于感官分析而言，重要的是招募足够多的人参与，以确保结果具有足够的代表性。这些人可能是受过训练的（小组成员）或未经训练的（消费者），这取决于正在进行的测试类型。通常，使用经过培训的小组成员可以获得更详细的见解，但它更耗时和昂贵。因此，与未受过培训的消费者相比，受过培训的小组成员通常使用的参与者数量要少得多。例如，8~12名受过培训的小组成员通常用于描述性测试，而60~120名未受过培训的消费者用于描述性和情感测试。还应该认识到，经过培训的小组成员所得到的结果并不总是准确反映正常消费者的偏好。对被测材料使用适当的控制也很重要，例如，比较植物基产品（如鸡块类似物）和动物基产品（如鸡块），在进行感官分析时，产品应按照随机采样的顺序呈现，在平板上应具有相似的大小、形状和分布，实验应在一定的环境条件（如照明和温度）下进行，样品应以三位码盲法呈现，以帮助减少偏差。

许多研究者对植物基食品的质构和感官特性进行了比较。例如，仪器和感官分析被用来表征添加了钝顶节旋藻（螺旋藻）的肉类类似物的质构特性（Grahl et al.，2018）。采用高水分挤压生产大豆蛋白基肉类模拟物，并测定螺旋藻含量、挤压温度、螺杆转速和水分含量对其性质的影响。肉类类似物由一个专业的感官小组进行分析，开发描述符，通过质构剖面分析和切割力测试进行分析。小组成员用各种描述符评估肉类类似物，包括不同的气味、颜色、质地和味道属性。例如，“脆性”被用作质地的描述符，而“鲜味”被用作回味的描述符。一个有趣发现是，在低水分含量（57%）的挤压过程中，高达50%的螺旋藻的加入仍然导致了纤维质地的形成，而所生产的肉类类似物的切削力和硬度并没有因为螺旋藻的存在而发生显著变化。然而，当螺旋藻含量较高时，气味、风味、回味和颜色的强度增加，这很可能是由于螺旋藻具有强烈的内在味道和强烈的颜色。此外，随着螺旋藻含量的增加，弹性更差，纤维更少，质地更柔软。基于其仪器质构检测和感官测试，研究人员得出结论，将螺旋藻加入大豆基肉类模拟物中达到一定水平是可行的。

4.8　结论

植物基食品是一种成分和结构复杂的材料，具有广泛的物理化学性质，从低黏度流体（牛奶类似物）到硬固体（冷冻肉类类似物）。这些食品的理化和功能特性决定了它们的加工、分布、制备、感官属性和消化特性。因此，高品质植物基食品的设计和配方需要充分了解影响其理化特性的因素。在了解某些类别的植物基食品的理化性质方面已经取得了一些进展，但仍需要做大量的工作。特别是，需要对这些食物的组成和结构与它们的可烹饪性、外观、稳定性、质地、口感、风味和胃肠道消化特性之间的关系有更深入的基本了解。这一领域的进展可以将它们视为复杂的胶体—聚合物材料，然后确定或发展适当的数学或计算模型来描述它们的性质。这些模型一旦建立，就可以用来识别对植物基食品的理想属性有贡献的最重要的因素，以及设计性能改进的产品。这项工作的一个重要部分将是更好地了解植物基食品的分子和理化特性如何影响它们在咀嚼和消化过程中与人体的相互作用。关于特定种类植物基食品（如肉类、海产品、蛋类、奶制品等）理化性质的更多细节在后面的章节给出。

参考文献

参考文献

第5章　营养和健康方面

5.1　引言

许多消费者认为，摄入植源性饮食会改善他们的健康状况，但这取决于摄入的食物性质（Hemler et al.，2019）。如果摄入了植物基汉堡、香肠和鸡块，再搭配上精制谷物、油炸土豆、零食、糖果和含糖饮料，是不太可能达到预期的目的的。相比之下，以水果、蔬菜、豆类、全谷物和坚果为主的植源性饮食可能会更加健康。因此，植源性饮食中包含健康的食物是十分重要的，这通常意味着它们含有适当且平衡的宏量营养素（碳水化合物、蛋白质和脂肪），包含充足的生物可利用的微量营养素（维生素、矿物质和营养补充成分），富有高水平的膳食纤维，并且在人体肠道中不会被过快的消化。此外，植物基食物对饱腹感（餐中或餐后饱腹感）以及新陈代谢（如胰岛素反应）的影响也很重要，因为这可能会影响食物的总摄入量，进而影响肥胖和糖尿病等慢性病。最后，植物基食物对肠道微生物菌群有着重要的影响，众所周知，结肠中微生物的性质对人类的身心健康有重大影响。因此，在制造植物基的肉、鱼、蛋或乳制品的类似物时，应考虑到植物基食品的营养成分和健康效应。事实上，向更多植物基食品过渡为食品工业界提供了一个极好的机会，以解决目前与现代西方饮食相关的许多不利健康的影响。在本章中，我们将重点介绍在设计下一代植物基产品时需要考虑的一些因素。

5.2　宏量营养素

在本节中，我们将概述植物基食物中主要宏量营养素的营养成分，即蛋白质、脂类和碳水化合物。这些宏量营养素的每个类别都有不同的分子特征，这些特征影响着它们在胃肠道中的代谢命运和对人体健康的影响。此外，在每一类宏量营养素中都有不同种类的分子，具有不同的营养作用。例如，脂质中就包含饱和脂肪酸、单不饱和脂肪酸以及多不饱和脂肪酸。因此，了解不同种类宏量营养素（蛋白质、脂类和碳水化合物）的总浓度以及每一类宏量营养素的具体种类是很重要的。此外，了解不同营养物质之间如何相互作用，如何改变彼此的胃肠道消化特性和营养作用也很重要。一般来说，摄入的植物基食物会在人体肠道内被物理作用、化学作用和酶分解，从而形成适合胃肠道上皮细胞吸收的小分子的消化产物（图 5.1）。

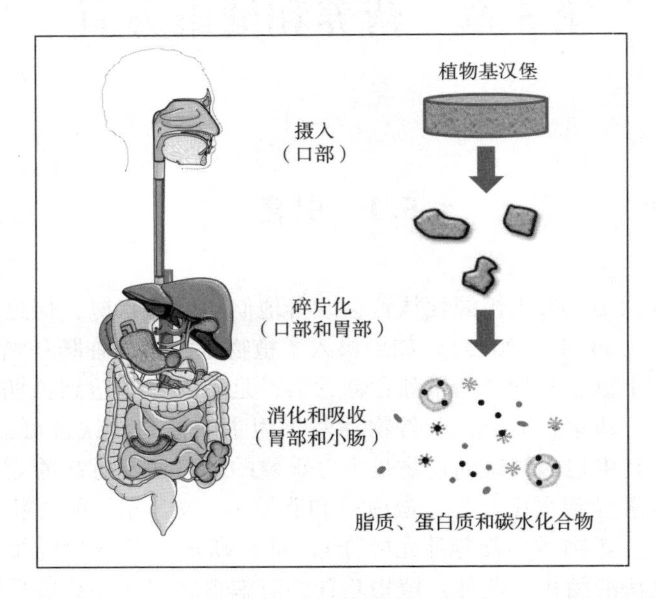

图 5.1　疏水性生物活性物质的总体生物利用度取决于许多因素，包括其生物利用度、吸收、分布、代谢和排泄

5.2.1　蛋白质

5.2.1.1　前言

肉、鱼、蛋和奶制品是人类饮食中蛋白质的主要来源，特别是在发达国家。例如，对国家健康和营养检查调查（NHANES）数据的分析发现，2007—2010 年美国成年人的平均蛋白质摄入量主要来自动物（46%）和奶制品（16%）（Pasiakos et al.，2015）。不到 1/3 的蛋白质（30%）来自植物。因此，从以动物为基础的饮食转变为以植物为基础的膳食可能会对蛋白质的种类和数量产生重大影响，这可能会产生重要的营养和健康问题。

5.2.1.2　氨基酸构成

每种蛋白质都有其独特的氨基酸图谱，这取决于其来源和在自然界中的功能（Loveday，2019，2020）。植物蛋白的氨基酸组成不同于动物蛋白，这可能影响其营养效果（Mathai et al.，2017）。一些氨基酸被归类为必需氨基酸（IAAs），因为它们不能在人体内以足够高的速率合成，因此必须从饮食中获得。必需氨基酸包括异亮氨酸、亮氨酸、赖氨酸、蛋氨酸、苯丙氨酸、苏氨酸、色氨酸、组氨酸和缬氨酸。动物蛋白质如肉、鱼、蛋和牛奶中的蛋白质，通常具有完整的必需氨基酸，但某些种类的植物蛋白质具有有限的特定必需氨基酸（表 5.1）。例如，小麦、大米、玉米、大麦和燕麦等谷物的赖氨酸含量相对较低，而大豆、芸豆、鹰嘴豆、豌豆和扁豆等豆类的含硫氨基酸（如蛋氨酸和半胱氨酸）含量相对较低（Gorissen et al.，2018）。如果一个人只从这些植物来源中的一种获得所有蛋白质，那么机体可能会表现出营养缺乏的症状。在实践中，人们倾向于将来自不同来源的蛋白质（如豆类和谷类）组合在一起摄入，以此来获得身体健康所需的所有必需氨基酸（Herreman et al.，2020）。此外，发达国家的人们为了满足基本营养需求而摄入的蛋白质（每天每公斤体重摄入约 0.8 克蛋白质）往往远超过他们的实际需要，因此，即使某些必需氨基酸含量较低的蛋白质来源也可能满足推荐的每日摄入量（RDA）。值得注意的是，虽然非必需氨基酸（DAAs）可以在人体内合成，但摄取它们对确保身体健康仍然很重要。

如前所述，在大多数发达国家，大多数人能够摄入足够的蛋白质来满足他们的基本营养需求，但可能有一些亚人群并没有摄入足量蛋白质来满足机体需求，如老年人（Joye，2019）。相比之下，在许多发展中国家，由于日常饮食中缺乏足够高质量的蛋白质来源，蛋白质缺乏可能是一个主要的健康问题。对于目前食用下一代植物基食品（如肉、鱼、蛋和乳制品类似物）的消费者来说，必需氨基酸缺乏不太可能成为一个问题，因为这些人主要生活在发达国家，这些国家的总体蛋白质消费量足够高，但饮食仍应仔细规划和监测。然而，随着下一代植物基食品在全球人口中普及的比例越来越大，它们的配方必须能够提供均衡、高质量的蛋白质。

5.2.1.3　消化特性

某些必需氨基酸的生物利用度可能受到某些植物蛋白质相对较差的消化率的限制。一般来说，蛋白质的消化通常发生在人的胃和小肠内，这是由于这些器官存在胃蛋白酶、胰蛋白酶、凝乳蛋白酶、弹性蛋白酶和羧基肽酶等胃蛋白酶（Joye，2019）。这些酶水解蛋白质链中氨基酸之间的肽键，从而释放出小到足以被吸收的游离氨基酸或肽（只有氨基酸、二肽和三肽被吸收到血液中）。人体肠道中的蛋白酶可以是外肽酶，也可以是内肽酶，这取决于它们是否分别在多肽链的外部或内部断裂肽键。蛋白酶在上消化道中水解食物中的蛋白质并将其转化为肽和氨基酸的能力可能由于以下几个原因而受到阻碍：

- 蛋白质结构：蛋白质的分子结构，如氨基酸序列、构象和交联，影响消化酶进入肽键并水解它们的能力（Joye，2019）。例如，含有高水平富含脯氨酸序列的蛋白质（如面筋）倾向于相对抵抗酶消化，因为这些序列限制了蛋白酶与肽键的接触。蛋白质的构象也会影响蛋白酶进入多肽链。例如，天然 β-乳球蛋白对胃蛋白酶在胃中的水解具有很强的抵抗力，但其热变性形式会被迅速消化。一般来说，含有大量 β-折叠二级结构的蛋白质往往更难消化（Carbonaro et al.，2012）。广泛的分子内或分子间共价交联的蛋白质，如通过二硫键，也可能限制它们在胃肠道条件下的消化率。

表 5.1 不同来源的动植物蛋白质的氨基酸组成对比（克/每 100 克物质）

氨基酸		大豆	小麦	豌豆	燕麦	羽扇豆	大麻	马铃薯	糙米	玉米	微藻	牛奶	乳清蛋白	酪蛋白	鸡蛋	肌肉
必需氨基酸	苏氨酸	2.3	1.8	2.5	1.5	1.6	1.3	4.1	2.3	1.8	2.1	3.5	5.4	2.6	2	2.9
	甲硫氨酸	0.3	0.7	0.3	0.1	0.2	1	1.3	2	1.1	0	2.1	1.8	1.6	1.4	1.7
	苯丙氨酸	3.2	3.7	3.7	2.7	1.8	1.8	4.2	3.7	3.4	2.1	3.5	2.5	3.1	2.3	3.8
	组氨酸	1.5	1.4	1.6	0.9	1.2	1.1	1.4	1.5	1.1	0.7	1.9	1.4	1.7	0.9	2.8
	赖氨酸	3.4	1.1	4.7	1.3	2.1	1.4	4.8	1.9	1	3.6	5.9	7.1	4.6	2.7	6.6
	缬氨酸	2.2	2.3	2.7	2	1.4	1.3	3.7	2.8	2.1	2.1	3.6	3.5	3	2	4.3
	异亮氨酸	1.9	2	2.3	1.3	1.5	1	3.1	2	1.7	1.2	2.9	3.8	2.3	1.6	3.4
	亮氨酸	5	5	5.7	3.8	3.2	2.6	6.7	5.8	8.8	4	7	8.6	5.8	3.6	6.3
	总计	19.9	18	23.6	13.7	13.1	11.6	29.3	22.1	21	15.7	30.3	34.1	24.8	15.6	31.8
非必需氨基酸	丝氨酸	3.4	3.5	3.6	2.2	2.5	2.3	3.4	3.4	2.9	2.1	4	4	3.4	3.3	2.3
	甘氨酸	2.7	2.4	2.8	1.7	2.1	2.1	3.2	3.4	1.6	2.6	1.5	1.5	1.2	1.4	3.1
	谷氨酸	12.4	26.9	12.9	11	12.4	7.4	7.1	12.7	13.1	5.7	16.7	15.5	13.9	5.1	13.1
	脯氨酸	3.3	8.8	3.1	2.5	2	1.8	3.3	3.4	5.2	2.3	7.3	4.8	6.5	1.8	0
	半胱氨酸	0.2	0.7	0.2	0.4	0.2	0.2	0.3	0.6	0.3	0.1	0.2	0.8	0.1	0.4	0
	丙氨酸	2.8	1.8	3.2	2.2	1.7	1.9	3.3	4.3	4.8	4	2.6	4.2	2	2.6	4.1
	酪氨酸	2.2	2.4	2.6	1.5	1.9	1.3	3.8	3.5	2.7	1.2	3.8	2.4	3.4	1.8	2
	精氨酸	4.8	2.4	5.9	3.1	5.5	5.9	3.3	5.4	1.7	3.4	2.6	1.7	2.1	2.6	4.4
	总计	31.9	48.9	34.4	24.7	28.2	22.4	27.8	36.8	32.3	21.4	38.6	34.9	32.5	19	29

注 数据以克/每 100 克原料表示。未测量天（门）冬氨酸、天冬酰胺、谷氨酰胺和色氨酸的浓度。这些数据加起来并没有达到 100%，是因为一些氨基酸没有被测量，并且因为所分析样品的总蛋白质含量不同（Gorissen et al，2018）。

• 聚合状态：食品中的蛋白质可能以单个分子或小簇（如二聚体）的形式存在，如牛奶中的乳清蛋白；也可能以通过物理或共价相互作用结合在一起的大聚集体的形式存在（如热凝固凝胶中的乳清蛋白质）。通常，单个蛋白质比高度聚集的蛋白质消化得更快，因为蛋白酶更容易到达其表面（Deng et al.，2020；Guo et al.，2014）。此外，在胃肠道条件下，聚集物的解离率和解离程度会影响蛋白质的消化率（Guo et al.，2017a）。

• 食物基质效应：许多植物基食物中的蛋白质嵌入在细胞组织中，例如细胞膜或细胞器，这使得蛋白酶很难进入它们（Becker et al.，2013；Bhattarai et al.，2017）。这些组织在上消化道中通常没有完全分解，这意味着蛋白质没有被完全水解，从而降低了氨基酸的生物利用度。

• 膳食纤维：一些植物基食物中高水平的膳食纤维也可能抑制蛋白质的消化（McClements，2021；Williams et al.，2019）。膳食纤维可以通过一系列的作用机制实现这一点，包括增加胃肠道脂肪的黏度，从而减少混合和传质过程，在蛋白质周围形成保护层，从而抑制蛋白酶进入蛋白质表面，或与蛋白酶结合，从而降低其活性。

• 抗营养因子：一些植物基食品含有大量的抗营养因子（ANF），包括胰蛋白酶抑制因子、单宁和植酸盐，它们可以抑制蛋白质和其他营养物质的消化和吸收（Sarwar Gilani et al.，2012）。这些抗营养因子可能会降低消化酶（胰蛋白酶抑制因子）的活性，促进蛋白质和肽（单宁）的沉淀，或与必需矿物质（植酸酶）结合。在加工过程中，食品内部也可能形成抗营养因子，如美拉德反应产物，可导致赖氨酸吸收减少。

植物蛋白的营养价值通常可以通过进行适当的加工来提高，如机械破坏、酶处理、热加工或酸碱水解，这些操作可以破坏细胞结构或使抗营养因子失活。另外，也可以在食用前从食物源中去除抗营养因子，如浸泡或清洗富含蛋白质的原料。

蛋白质的消化率可以使用标准化的体外消化模型来测量，如模拟人体肠道的标准化静态体外消化模型（INFOGEST 模型），这使得人们能够评估蛋白质水解的程度和形成的肽的类型（Santos-Hernandez et al.，2020）。这些研究方法是确定植物蛋白质的营养益处和潜在过敏性的重要工具。如果蛋白质在小肠内没有被消化和吸收，那么它们将到达结肠，在那里它们可能被结肠细菌代谢（Joye，2019）。在结肠处，未被消化吸收的蛋白质会发生脱羧和脱氨反应，将肽和氨基酸转化为短链脂肪酸和胺。结肠中蛋白质、肽和氨基酸的存在可能会通过改变肠道微生物菌群构成或与肠道微生物产生的分子相互作用而影响人体健康（Ma et al.，2017；Peled et al.，2021）。植物蛋白和动物蛋白到达结肠的多肽和氨基酸的类型和数量一般是不同的，不同的多肽和氨基酸类型将导致其对肠道微菌群和人类健康的不同影响。这一领域还需要进一步研究，以确定食用植物蛋白而不是动物蛋白的潜在有益或有害影响。

5.2.1.4 蛋白质品质

蛋白质的整体营养质量取决于它们的氨基酸组成和消化率，这是由它们的分子结构和胃肠道代谢情况决定的。目前已经研究并设计出了许多标准化的方法来确定身体实际吸收的氨基酸的数量，这可能与消耗的数量有明显的不同，因为一些蛋白质没有被完全消化，因此并不是所有的氨基酸都会被吸收。如前一节所述，蛋白质可能无法完全消化，因为它们具有抗酶水解的结构，或者因为食物中含有干扰正常消化过程的抗营养物质。联合国粮食及农业组织（FAO）的一个专家小组建议根据食物蛋白质的可消化必需氨基酸评分（DIAAS）来表征食物蛋白质的营养品质（FAO，2013）。这种方法是基于测量小肠内吸收的蛋白质中单个氨基酸的量，并将其与参考值进行比较。可消化必需氨基酸的评分表示为：

$$可消化必需氨基酸评分（\%）=100\times M_S/M_R \quad (5.1)$$

式中，M_S 是 1g 膳食蛋白质中被小肠末端（回肠）吸收的可消化膳食必需氨基酸的最低毫克量，而 M_R 是 1g 参考蛋白质中相同膳食必需氨基酸的毫克质量。参考蛋白质被认为是一种理想的蛋白质，假定一个人摄入了人类饮食中推荐的平均蛋白质质量，那么它将提供足够数量的所有必需氨基酸。这一平均量通常被认为是蛋白质的估计平均需要量（EAR）（0.66g/kg 体重/d），这是根据确保 50%的人口在其饮食中有足够氮摄入所需的最低需要量得出的（Wolfe et al.，2016）。然而，有建议指出该数值太低，应该用一个更高的数值来代替，比如推荐的每日摄入量（RDA）应为 0.8g/kg 体重/d，因为这个数值应该确保 98%的人满足他们的营养蛋白质需求。（Wolfe et al.，2016）。每种必需氨基酸的 M_R 值可在不同年龄组（如婴儿、儿童和成人）的参考表中找到，如表 5.2 所示。例如，对于特定食物蛋白质来源（如大麦）中的特定氨基酸（如赖氨酸），可消化必需氨基酸评分值为 50%意味着一个人每天需要食用两倍于参考蛋白质/模式的蛋白质才能摄入足够的特定限制性氨基酸（假设他们只食用大麦并摄入推荐的总蛋白质量）。表 5.3 列出了许多蛋白质来源中的限制性必需氨基酸。对小肠中存在的生物可利用氨基酸数量 M_S 值以及确定不同氨基酸 M_R 值的检测方法已在其他地方进行了严格审查（Rieder et al.，2021；Wolfe et al.，2016）。

表 5.2 不同年龄段的必需氨基酸的建议需求（mg/g 蛋白质）

必需氨基酸	婴儿 2 岁	幼儿 2~5 岁	少儿 10~12 岁	大于 12 岁
组氨酸	26	19	19	16
异壳氨酸	46	28	28	13
壳氨酸	46	28	28	13
赖氨酸	93	66	44	19

续表

必需氨基酸	婴儿 2 岁	幼儿 2~5 岁	少儿 10~12 岁	大于 12 岁
甲硫氨酸	66	58	44	16
苯基丙氨酸	72	63	22	17
苏氨酸	43	34	28	9
色氨酸	17	11	9	5
缬氨酸	55	35	25	13

表 5.3　不同植物和动物来源的可消化必需氨基酸评分和必需氨基酸缺乏的比较

蛋白质来源		可消化必需氨基酸评分/%	限制性氨基酸
谷物	玉米	38	赖氨酸
	大米	52	赖氨酸
	小麦	39	赖氨酸
	燕麦	44	赖氨酸
	大麦	50	赖氨酸
豆类	大豆	92	甲硫氨酸+半胱氨酸
	蚕豆	67	甲硫氨酸+半胱氨酸
	羽扇豆	68	甲硫氨酸+半胱氨酸
	豌豆	66	甲硫氨酸+半胱氨酸
	鹰嘴豆	69	甲硫氨酸+半胱氨酸
	扁豆	75	甲硫氨酸+半胱氨酸
	芸豆	61	甲硫氨酸+半胱氨酸
根菜	马铃薯	85	组氨酸
动物蛋白	明胶	2	色氨酸
	乳清蛋白	85	组氨酸
	酪蛋白	117	无
	牛奶	108	无
	鸡蛋	101	无
	猪肉	117	无
	鸡肉	108	无
	牛肉	112	无

注　通常还有其他氨基酸也低于 100%值，但只列出最低（限制）的一种（Ertl et al.，2016；Han et al.，2020；Herreman et al.，2020；Hertzler et al.，2020）。

特定蛋白质的总可消化必须氨基酸评分由其所含的不同必需氨基酸的最低的可消化必需氨基酸决定。例如，如果最低的可消化必需氨基酸是赖氨酸（如 36%），那么它被认为是来自该膳食来源的限制性必需氨基酸，该蛋白质的总可消化必须氨基酸评分将为 36%。然而，重要的是要注意，在食物来源中可能有一种以上的氨基酸低于期望的可消化必须氨基酸值（100%），但如果机体摄入了足够的蛋白质以充分摄入限制性氨基酸，那么其他氨基酸的摄入也会自动补足。事实上，人们倾向于摄入各种不同来源的蛋白质，如谷物和豆类（如大米和豆类），并且每天摄入的总蛋白质比平均需要量多，这意味着人们的饮食中通常含有足够的必需氨基酸。

应该注意的是，还有其他的蛋白质质量指标仍然被广泛使用，例如蛋白质消化率校正氨基酸评分（PDCAAS）。食品蛋白质的消化率校正氨基酸评分也基于其氨基酸含量和人体肠道内的消化率。然而，在评估蛋白质的营养成分方面，这一方法在很大程度上已被可消化必需氨基酸评分（DIAAS）所取代。这种变化有几个原因。例如，蛋白质消化率校正氨基酸评分只允许任何蛋白质的最高得分为 100%，这意味着它满足基本的营养要求。然而，一些蛋白质的氨基酸含量超过了这些基本要求，这在可消化必须氨基酸评分系统中得到了解释，蛋白质的得分可以高于 100%。此外，可消化必须氨基酸评分系统是基于摄入含蛋白质食物后回肠（小肠末端）中残留的氨基酸的测量结果，而蛋白质消化率校正氨基酸评分是基于结肠中的测量结果。回肠中残留的氨基酸水平比结肠中残留的水平更能代表未吸收的氨基酸量，因为结肠中的细菌会分解掉一些残留的氨基酸，如果在结肠后取样，这可能会导致对吸收的氨基酸量的高估。

5.2.1.5 生物活性

除了对一般营养很重要之外，蛋白质还可能具有一系列其他健康益处。摄入的食物蛋白在被胃和胰腺蛋白酶水解时，会在人体肠道中生成不同种类的肽（Bhandari et al，2020；Chakrabarti et al，2018；Karami et al.，2019）。这些肽中的一些已经被证明具有有益的生物活性，如抗氧化、抗菌或降压作用。这些肽的效果与其链中氨基酸的数量、类型和序列有关，而这取决于它们来自的蛋白质类型以及它们在肠道内的水解方式（Daliri et al，2017）。因此，摄入的蛋白质的性质不同可能会导致不同的生物活性，当从动物饮食转向植物饮食时，这可能会对健康产生重要影响。然而，关于植物或动物源生物活性肽对人类健康和福祉的相对有效性的系统研究很少。因此，这是一个需要进一步研究的重要领域。

5.2.1.6 致敏性

充分考虑用于制作植物基食品的任何蛋白质的潜在致敏性是十分重要的，尤其是当使用了可能在人类饮食中不常见的新型蛋白质来源时（Fasolin et al.，2019；Pali-Scholl et al.，2019）。越来越多的人对食物中的特定物质（尤其是蛋白质）变得敏感，从而导致发生轻度或到潜在的危及生命的反应，如过敏性休克（De Martinis et al.，2020；Valenta et al.，2015）。然而，在已报告的食物过敏病例中，很大一部分通常是由其他因素引起的，如非免疫介导的食物不耐受（Solymosi et al.，2020）。真正的过敏反应通常是由于特定蛋白质或肽片段与宿主的免疫球蛋白E（IgE）之间的相互作用所致。IgE是一种存在于哺乳动物中的抗体，在对感染的免疫反应中发挥重要作用，但也可能导致一些人出现不良过敏反应。在美国进行的一项研究中，约10.8%的受访者表示他们患有某种形式的食物过敏（Gupta et al.，2019）。

美国哮喘和过敏基金会报告称，最常见的食物过敏是牛奶、大豆、鸡蛋、小麦、花生、坚果、鱼类和贝类。其他蛋白质也会导致一些人过敏，但不太常见。因此，在某些情况下（如牛奶、鸡蛋、鱼类和贝壳），用植物基食品取代动物基食品可能是有益的。在其他情况下（例如，大豆、小麦、花生和坚果），对过敏人群来说，甄别摄入的植物基食物是很重要的。然而，食物基质和加工效果会影响蛋白质的致敏性（Lafarga et al.，2017；Vanga et al.，2017）。事实上，研究表明，使用发酵和其他加工技术可能可以降低某些植物蛋白质的过敏性（Pi et al.，2021），但对导致过敏反应的食物蛋白质的关键特征仍没有完全的基于分子层面上的认识（Valenta et al.，2018）。因此，很难根据一种新的蛋白质来源的分子结构来预测它是否会引起过敏。在新的蛋白质来源被广泛的引入市场之前，有可靠的经验方法来表征其潜在的致敏性是很重要的（Krutz et al.，2020）。

5.2.2 脂质

5.2.2.1 引言

脂质在决定食物的物理化学、感官和营养属性方面起着重要作用。动物和植物中主要的一类脂类是三酰甘油（甘油三酯），它由一个甘油骨架和三种脂肪酸组成（Akoh，2017；Leray，2014）。脂肪酸在甘油骨架上的位置、所含碳原子的数量以及所含双键的数量、位置和异构形式各不相同（图5.2）。结合在甘油骨架上的脂肪酸的位置和性质对甘油三酯的营养特性有显著影响。动物和植物脂质的脂肪酸含量差异很大，这影响了它们在食品中的功能及其对人类健康的效应。除了甘油三酯，其他类别的脂质也以相对较低的水平存在于动植物食品中，如磷脂、蜡和甾醇，它们在决定其营养特性方面也发挥着重要作用。

表2.4总结了几种具有代表性的动物和植物脂质来源的脂肪酸。这些数据表明，动物脂质往往比植物脂质含有更多的饱和脂肪酸，尽管一些植物脂质来源的饱和脂肪酸水平确实很高（如椰子油）。关于脂肪酸研究还表明，一些动物脂质（尤其是鱼类）含有相对较高水平的长链 ω-3 多不饱和脂肪酸。动物脂质也往往比植物脂质含有更多的胆固醇。动物和植物脂质组成的这些差异可能对健康有重要影响。下面我们简要概述了动物和植物来源的食物脂质中发现的不同种类的脂肪酸，并强调了它们在营养方面的一些潜在差异。

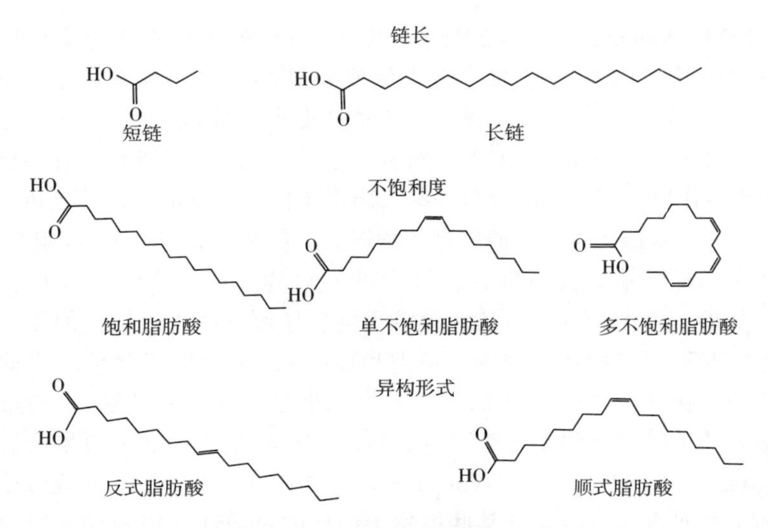

图 5.2　甘油三酯分子中的脂肪酸在链长、不饱和度和异构形式上各不相同，这影响了它们的功能和健康效果

5.2.2.2　饱和脂肪酸

大多数主要卫生组织给出的营养建议是限制饮食中饱和脂肪酸的含量。事实上，世界卫生组织（WHO）建议，根据饱和脂肪酸消耗、血液胆固醇水平（LDL）和冠心病之间的联系，饱和脂肪酸应占总能量消耗比例的 10%。特别是，世界卫生组织建议用多不饱和脂肪酸或全谷物碳水化合物替代饱和脂肪酸，以改善人类健康。这些建议是基于这样一种假设，即摄入过量的饱和脂肪酸会导致心脏病和其他慢性疾病（NAS，2005）。饱和脂肪酸与心脏病之间联系的证据主要来自流行病学研究（观察性研究）和随机对照试验（RCTs）。流行病学研究表明，摄入较少饱和脂肪酸的人群（如地中海地区）的冠心病发病率低于摄入较多饱和脂肪酸的群体（如北欧和美国）（Menotti et al.，2015）。此外，随机对照试验的荟萃分析表明，饱和脂肪酸的摄入会增加血液胆固醇水平（LDL）和心脏病的发病概率（Hooper et al.，2020）。然而，减少饮食中饱和脂肪酸的任何潜在益处都取决于它被什么所取代，如蛋白质、碳水化合物、膳食纤维、单不饱和脂肪酸或多不饱和脂肪酸（Briggs et al.，2017）。一些研究人员报告说，饱和脂肪酸对人类健康的影响取决于它们的链长，因此不应该认为它们在营养上都是等效的（Bloise et al.，2021）。特别地，短链和中链饱和脂肪酸可能对健康有益，而长链饱和脂肪酸则不然。当利用植物来源的饱和脂肪酸来配制植物基食品时，这一点可能很重要，如椰子油富含中链饱和脂肪酸。相比之下，肉制品中的饱和脂肪酸往往是长链的，而乳制品中的脂肪往往是短链和长链的混合物。因此，有必要对特定种类的饱和脂肪酸对人类健康的影响进行更多的研究。

应该注意的是，一些营养科学家对饱和脂肪酸对人类健康的潜在负面影响提出了质疑（Astrup et al.，2021；Harcombe et al.，2016）。一项被称为前瞻性城乡流行病学（PURE）的大型流行病学研究报告称，总脂肪和脂肪类型与心血管疾病无关，饱和脂肪酸摄入与脑卒中风险呈负相关（Dehghan et al.，2017）。一项随机对照试验和观察性研究的荟萃分析报告称，没有证据表明通过减少饱和脂肪酸的摄入总量可以降低心血管疾病发生率和总死亡率（Astrup et al.，2020）。有学者认为，造成这一观察结果的原因之一是食用高脂肪食物后饱和脂肪酸对血液中产生的低密度脂蛋白胆固醇类型的影响。摄入高水平的饱和脂肪酸会增加血液中相对较大的低密度脂蛋白颗粒的水平，而不是与心脏病风险增加有关的相对较小的颗粒（Astrup et al.，2021）。然而，最近一项包括 PURE 研究在内的荟萃分析得出结论，高饱和脂肪酸饮食与全因死亡率、心血管疾病和癌症的高死亡率相关（Kim et al.，2021）。总的来说，饱和脂肪酸对人类健康的作用似乎仍有很多争议。一般来说，饱和脂肪酸的影响也可能取决于其周围食物基质的性质。显然，需要更多的研究来了解饱和脂肪酸类型（链长）和食物基质对人类健康的影响。如前所述，当过渡到更多植源性饮食时，这将是十分重要的，因为与动物脂质相比，植物脂质通常含有不同类型和浓度的饱和脂肪酸。

5.2.2.3 不饱和脂肪酸

不饱和脂肪酸在烃链上含有一个（单不饱和）或多个（多不饱和）双键（Akoh，2017；Leray，2014）。这些双键在脂肪酸链上的位置也可能不同。天然多不饱和脂肪酸中的双键存在于非共轭戊二烯体系中（图 5.3）。因此，只需指定第一个双键相对于脂肪酸链的甲基端的位置，就可以知道所有双键的位置。通常，不饱和脂肪酸中的第一个双键位于亚甲基端 3 号（ω-3）、6 号（ω-6）或 9 号（ω-9）碳原子处。ω-3 和 ω-6 氨基酸被认为是必需营养素，因为它们不能在人体内合成，而 ω-9 氨基酸则不是，因为它们可以被合成。在自然界中，脂肪酸中的双键通常具有顺式结构，这会导致脂肪酸链高度弯曲（图 5.2）。这一点很重要，因为它会影响脂肪酸的熔点，以及它们融入人体的生物膜的流动性。然而，一些动物脂肪天然含有大量具有反式结构的不饱和脂肪酸，而一些食品加工操作会促进顺式到反式异构化，如部分氢化（Bloise et al.，2021）。脂肪酸中双键的数量、位置和异构形式对其营养作用有重大影响，在评估用植物脂质取代动物脂质的营养影响时必须考虑这一点。

单不饱和脂肪酸：单不饱和脂肪酸（MUFAs）在其碳氢链中有一个双键（图 5.3）。植物来源的脂质往往比动物来源的脂质具有更高水平的单不饱和脂肪酸，这可能对健康有重要影响。据报道，食用富含单不饱和脂肪酸的饮食，如地中海饮食，可能对健康有益，如促进健康的血脂水平、调节血压水平、改善胰岛素敏感性和调节血糖水平（Gillingham et al.，2011；Hammad et al.，2016）。因此，食

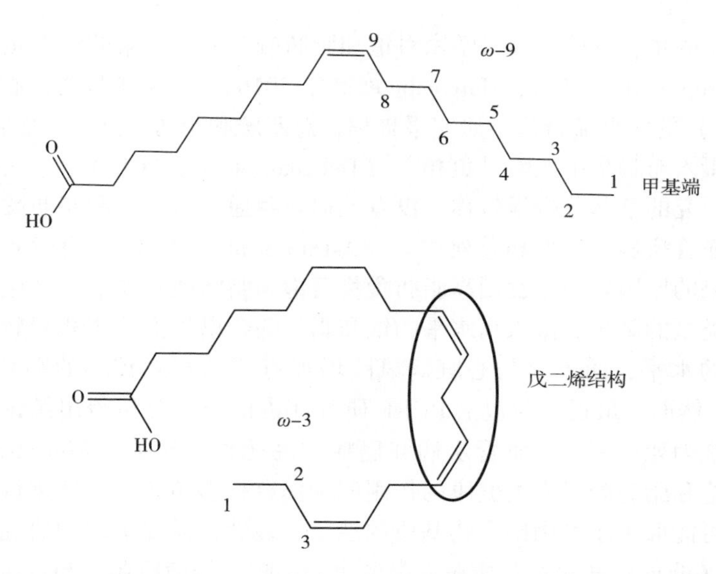

图 5.3　多不饱和脂肪酸有戊二烯结构，第一个双键位置是由甲基端碳原子的数量决定的

用植物性饮食可能通过增加饮食中 MUFAs 的摄入量而对健康有益。然而，关于应在人类饮食中应该包括多少不饱和脂肪酸以促进健康，仍存在争议（Hammad et al.，2016）。

多不饱和脂肪酸：多不饱和脂肪酸（PUFAs）在其烃链上有大量的双键（图 5.3）。根据这些双键的数量和位置，它们彼此有所差异。根据第一个双键相对于脂肪酸链甲基端的位置，大多数 PUFAs 可以分为 ω-3 或 ω-6。研究表明，不同种类的 PUFAs 对人类健康有不同的影响。ω-3 脂肪酸被认为具有抗炎作用，这可能通过减少炎症性疾病、心血管疾病、脑部疾病和癌症而对健康有益（Saini et al.，2018；Shahidi et al.，2018）。相比之下，据称 ω-6 脂肪酸具有促炎症作用，可能对人类健康产生不利影响。因此，人类饮食中 ω-6 与 ω-3 多不饱和脂肪酸的比例被认为对健康有重要影响（Candela et al.，2011；Simopoulos，2016；Zarate et al.，2017）。据报道，食物中的 ω-6/ω-3 比例已从人类进化过程中的 1∶1 左右变化到今天的 20∶1 左右，这与负面健康结果有关，因为这两种 PUFAs 对人体内各种生理过程的影响不同。特别是，较高的饮食 ω-6/ω-3 比例与炎症、心脏病、肥胖和各种癌症的发病率增加有关，因此增加人类饮食中 ω-3 多不饱和脂肪酸的含量可能对健康有益（Saini et al.，2018；Shahidi et al.，2018）。

陆地动物（如奶牛、猪和绵羊）含有相对较低水平的 ω-3 多不饱和脂肪酸，但高脂肪鱼类（如鲑鱼和金枪鱼）含有相对较高水平的 ω-3 多不饱和脂肪酸，尤其是二十碳五烯酸（EPA）和二十二碳六烯酸（DHA）。相反，从大多数植物来源的脂质含有相对较高水平的 MUFAs 和 ω-6 多不饱和脂肪酸。然而，有些植物来源确实含有相对较高水平的ω-3多不饱和脂肪酸，如在蚕豆、核桃、大豆和菜籽油中发现的α-亚麻酸（ALA）（Rajaram，2014）。因此，将这些脂质来源纳入植物基食品中以提高其营养价值可能是有益的。然而，据报道，EPA和DHA比ALA对人体的健康效应更加显著，只有一小部分摄入的ALA在人体内转化为EPA和DHA（Baker et al.，2016）。因此，在植物基食品中使用ω-3多不饱和脂肪酸的替代来源可能更好。例如，富含DHA的微藻油或来自转基因农业作物的油，这些作物通过技术手段被设计成了含有DHA和EPA脂肪酸的品种（Tocher et al.，2019）。使用这些ω-3多不饱和脂肪酸来源的一个潜在优势是，它们不含高水平的重金属如汞，而汞有时会在野生鱼类中发现。

应该注意的是，一些营养和医学科学家正在质疑多不饱和脂肪酸对健康的益处（Lawrence，2021）。一项对随机对照试验的大型分析发现，增加ω-3脂肪酸的摄入对死亡率或心血管疾病几乎没有影响（Abdelhamid et al.，2018）。此外，多不饱和脂肪酸极易氧化，这与氧化应激、炎症、动脉粥样硬化和癌症有关（Lawrence，2021）。如果事实证明是这样，那么用多不饱和脂肪酸（尤其是高度氧化的脂肪酸）取代饱和脂肪酸或单不饱和脂肪酸可能会对健康产生不利影响。

反式脂肪酸：有强有力的证据表明，食用反式脂肪酸对人体健康有害，会导致胆固醇水平升高和心脏病（Anand et al.，2015；Oteng et al.，2020）。因此，营养专家建议避免食用反式脂肪酸，特别是那些由工业生产过程产生的反式脂肪酸，比如部分氢化工艺（如果没有严格控制过程）。事实上，世界卫生组织建议，人类饮食中来自反式脂肪酸的能量应该少于1%。然而，一些综述表明，反式脂肪酸的来源（天然与工业）对人类健康有不同的影响（Dawczynski et al.，2016；Oteng et al.，2020）。特别是，在食品加工过程中，部分氢化反应产生的反式脂肪酸似乎有很强的不良影响，而一些反刍动物自然产生的反式脂肪酸实际上可能有有益的影响。总的来说，目前的营养知识表明，在配制植物基食品时应避免使用工业生产的反式脂肪酸。这在配制植物基食品时往往会带来挑战，因为大多数植物的脂质在室温下往往是液态的（如玉米、菜籽油或葵花籽油），在许多产品中，人们希望有部分结晶的脂肪相，以便为食物提供理想的质地属性，如黄油、奶酪、鲜奶油或冰淇淋类似物，传统上，这是通过植物油，如葵花籽油、大豆油或棕榈油的部分氢化来实现的。然而，这导致了高水平反式脂肪酸的形成，特别是在使用这项技术的早期阶段，而现在，这一过程已经过优化，反式脂肪酸的含量已经大大降低。然而，需要新的策略来在植物基食品中创造理想的结构属性的同时，而不引入高水平的反式脂肪酸或引入其他对健康产生负面影响的物质。

5.2.2.4 胆固醇

人们通常认为胆固醇对人体健康有不良的影响。然而，胆固醇对维持人类健康是至关重要的，因为它在许多细胞和人体系统的功能中发挥着诸多关键作用（Luo et al.，2020；Yu et al.，2019）。特别地，它能够影响细胞膜的刚性和渗透性，调节一些膜蛋白的功能，参与各种信号传导过程，并作为维生素 D、胆汁盐和类固醇激素的前体。因此，引起健康问题的不是胆固醇本身，而是正常胆固醇的稳态失调，如摄取、合成、代谢、储存和排泄（Luo et al.，2020）。这种体内平衡受到饮食中胆固醇含量的影响。食物中的胆固醇通常在小肠中脂质消化后被掺入混合胶束中，然后被肠上皮细胞中的特定蛋白质吸附（Ko et al.，2020）。随后，胆固醇被并入乳糜微粒，运输到肝脏，在那里储存，然后重新包装成脂蛋白，并携带它通过血液，从而被各种细胞吸收（Luo et al.，2020）。此外，胆固醇可以在人体内合成和代谢。通过各种分子过程的协调，包括摄取、生物合成、代谢、运输和排泄，细胞中可以达到适当的胆固醇水平。大量研究表明，人体血液中运输包括胆固醇在内的脂质的低密度脂蛋白（LDL）的浓度与心血管疾病的发病率之间存在直接相关性（Mach et al.，2020；Yu et al.，2019）。因此，采用能够降低血液胆固醇水平（即脂蛋白浓度）的饮食是有益的。需要注意的是，我们摄入的食物中的胆固醇只是影响我们体内总胆固醇水平的一个因素。我们摄入的脂质、碳水化合物和蛋白质的类型和数量，以及各种其他饮食成分，也会影响血液胆固醇水平，因为它们会改变胆固醇稳态。有科学家建议将胆固醇的饮食摄入量减少到 300mg/d 以下，尤其是对于血液胆固醇水平高的人（Mach et al.，2020）。因此，植源性饮食在降低胆固醇方面有益处，因为植物通常不含胆固醇。然而，考虑构成整体饮食的其他食物的性质也很重要。

一项营养研究的荟萃分析表明，许多食物可以显著降低低密度脂蛋白胆固醇水平：不饱和脂肪酸含量高、饱和脂肪酸和反式脂肪酸含量低的食物；用植物甾醇或植物甾烷醇强化的食物；可溶性膳食纤维含量高的食物（Schoeneck et al.，2021）。许多植物基食品富含植物甾醇、植物甾烷醇和膳食纤维，因此有助于保持健康的胆固醇水平。荟萃分析还表明，食用特定种类的植物基食物可能会显著降低血液中的低密度脂蛋白胆固醇水平，包括杏仁、牛油果、亚麻籽、榛子、豆类、大豆蛋白、番茄、姜黄、核桃和全麦食品。因此，食用含有这些食物的植源性饮食可能对健康有益，尤其是对降低心脏病发病率有益（Schoeneck，et al.，2021）。许多植物基食品，尤其是植物油，以及少量的水果、蔬菜、坚果、谷物和豆类，含有大量的植物甾醇和植物甾烷醇，它们的化学结构和生物功能与动物体内的胆固醇相似（Moreau et al.，2002）。食用相对较高水平的这些植物化学物质已被证实可以降低血液中低密度脂蛋白胆固醇水平（Ghaedi et al.，2020），这可能对人类健康有潜在的益处。例如，据报道，每天摄入约 2g 植物甾醇或植物甾烷醇可将低密度脂蛋白胆固醇水平降低 8%~10%（Gylling et al.，2015），出于这个原因，一些公司生产了富含这些降胆固醇植物化学物质的功能性食品，目的是改善人类健康。植物甾醇和植物甾烷醇被认为可以与胆固醇竞争，以掺入小肠内的混合胶束中，从而减少身体吸收的胆固醇量（Gylling，et al.，2015）。最近的一项荟萃分析还表明，植物甾醇和植物甾烷醇可能具有抗癌作用（Cioccoloni et al.，2021）。因此，食用天然富含这些物质的植物基食品或富含这些成分的加工食品可能会带来显著的好处。

5.2.3 碳水化合物

5.2.3.1 引言

大多数动物产品（肉、鱼和蛋）不含大量碳水化合物，但牛奶和肝脏除外，它们分别含有约4%的乳糖和糖原（McClements et al.，2021b）。相比之下，大多数天然植物含有相对较高水平的碳水化合物，通常可分为糖、低聚糖、淀粉和膳食纤维（图5.4）（Mattila et al.，2018）。此外，许多加工过的植物基食品，如肉类、海鲜、鸡蛋和乳制品类似物，通常是由包括碳水化合物在内的多种功能成分混合而成（McClements et al.，2021a）。然而，所使用的碳水化合物的类型和浓度可以由食品制造商控制，这意味着有可能控制他们的营养成分。碳水化合物通常作为功能性成分添加到植物基食品中，以提供理想的颜色、质构或有利的特性，但也应考虑它们对这些食品营养属性的影响。在本节中，我们将重点介绍在配制植物基食品时应考虑的碳水化合物的一些重要营养特征。

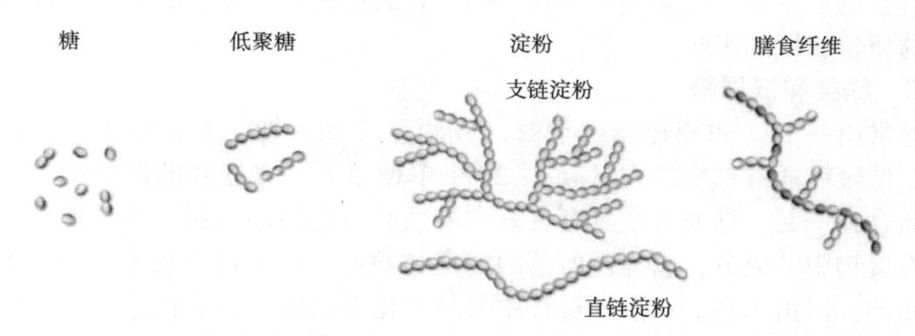

图5.4 碳水化合物的营养特性取决于它们的化学结构，而化学结构受单糖的类型、数量、顺序和键合的影响

5.2.3.2 淀粉

在自然界中，淀粉通常以致密小颗粒的形式存在，颗粒由结晶区和无定形区域的同心环组成（Cornejo-Ramirez et al.，2018）。在分子水平上，淀粉由两种同型多糖组成，这两种多糖由通过糖苷键连接在一起的葡萄糖分子的长链构成（图5.4）。直链淀粉是一种主要由α-1，4-糖苷键连接的葡萄糖单元组成的线性聚合物，而支链淀粉是一个高度支化的聚合物，由在分支点具有α-1，6-糖苷键连接的α-1，4-糖苷键连接的葡萄糖单元的线性区域组成。从营养角度来看，淀粉可分为快速消化淀粉（RDS）、慢速消化淀粉（SDS）和抗性淀粉（RS），这取决于它被人类肠道上部区域的消化酶水解的速度（图5.5），即口腔、胃和小肠（Bello-Perez et al.，

2020；Dhital et al.，2017）。RDS 分子中的糖苷键很容易被人类肠道中的淀粉酶所接近，这导致淀粉链的快速水解。因此，摄入大量 RDS 后，血液中的葡萄糖可能会激增，这与糖尿病和肥胖风险的增加有关。SDS 中的糖苷键不易被淀粉酶水解，这导致葡萄糖分子在胃肠道中的释放较慢，从而避免血糖水平的飙升。RS 淀粉具有高度抵抗消化酶水解的结构，因此倾向于抵抗上消化道的消化。然而，一旦到达结肠，RS 淀粉就可以被居住在结肠中的微生物发酵，从而产生短链脂肪酸（SCFAs），对肠道微生物和人类健康具有有益影响（Bello-Perez et al.，2020；Dhital et al.，2017）。我们目前对淀粉的胃肠道代谢情况和营养作用的了解表明，用 RS 和 SDS 形式的淀粉而不是 RDS 形式来配制植物基食品是有益的。然而，还必须考虑到不同形式的淀粉对其在食品中的功能属性和最终产品的质量属性的影响。

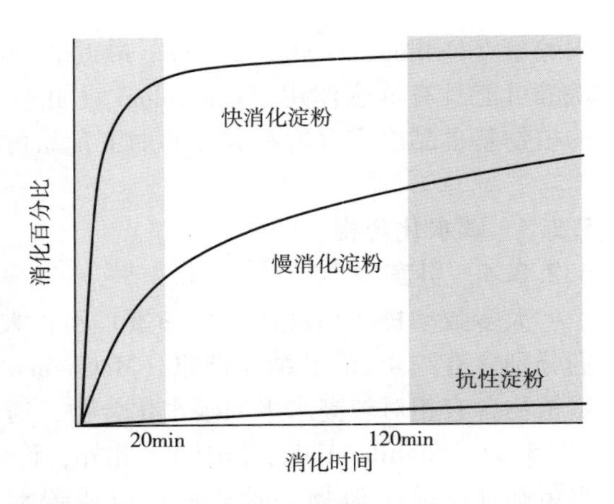

图 5.5　淀粉的营养作用取决于它的消化率。淀粉可分为快消化淀粉（RDS）、慢消化淀粉（SDS）和抗性淀粉（RS）

5.2.3.3　糖类和低聚糖

糖通常由一个（如葡萄糖或果糖）或两个（如蔗糖、麦芽糖或乳糖）单糖单元组成。低聚糖通常被定义为具有 3~20 个单糖单元。二糖和低聚糖中的单体通过糖苷键结合在一起。糖通常是具有良好水溶性的白色结晶物质。就功能而言，它们通常作为食物中的成分，以提供所需的味道和颜色，以及各种其他作用。大多数糖是天然甜的，但由于它们在烹饪过程中参与了化学反应，如美拉德反应和焦糖化反应，它们也可能会产生其他味道和香气（Elmore et al.，2009）。糖对于在烹饪过程中提供理想的棕色也很重要，这是也由于上述化学反应引起的。例如，还原糖在高温和中等湿度条件下与蛋白质或肽发生化学反应，形成类黑素，这有助于使熟肉制品呈现理想的棕色（Shaheen et al.，2021）。大多数动物产品（如肉、鱼和蛋）的含糖量相对较低，尽管牛奶中确实含有 4%左右的乳糖。然而，植物基食品可能含有添加的糖，以改善其外观、风味或其他功能特性。例如，糖经常被添加到植物奶中以提高其甜味。因此，重要的是要认识到糖对植物基食品营养特性的潜在影响。添加糖可能会对这些食物的营养成分产生许多有害影响。首先，含糖量高的食物与蛀牙（龋齿）有关（Moynihan et al.，2014）。其次，食用这些类型的食物也会增加患各种慢性病的风险，包括糖尿病、肥胖症、肝病和心脏病（O'Neil et al.，2020；Rippe et al.，2016）。最后，糖和蛋白质之间的美拉德反应的一些反应产物（如丙烯酰胺）可能对人类健康产生有害影响。例如，有报道称晚期糖基化终产物

（AGE）与糖尿病、神经疾病、动脉粥样硬化、高血压和某些形式的癌症有关（Kuzan，2021）。因此，重要的是要确保植物基食品的配方，使其不含可能导致蛀牙或慢性病的高水平糖。据报道，食品中发现的许多低聚糖具有有益健康的作用，尤其是低聚果糖（FOS）和低聚半乳糖（GOS），它们具有益生元的作用（Bosscher et al.，2009；Davani-Davari et al.，2019）。这些低聚糖可以通过刺激有益结肠细菌的生长来促进肠道菌群的健康。一般来说，它们对胃肠道、中枢神经、免疫和心血管系统有有益作用（Davani-Davari et al.，2019）。据报道，母乳中含有低聚糖，对生长中的婴儿有多种健康益处，如抵御病原体、增强免疫反应、调节肠道微生物群和增强矿物质吸收（Al Mijan et al.，2011；Vandenplas et al.，2018）。因此，在开发婴儿植物基食品（如婴儿配方奶粉）时，识别和利用能够产生类似健康益处的植物性低聚糖可能很重要。应该强调的是，当前一代的植物奶不适合婴儿食用，因为它们的宏量营养素和微量营养素含量与母乳或牛奶截然不同。然而，已经开发出含有婴儿所需营养素的植物基婴儿配方奶粉。将植物来源的益生元掺入肉类、海鲜、鸡蛋或乳制品类似物中可以为普通人群提供健康益处。

5.2.3.4　膳食纤维

许多可食用植物天然含有高水平的膳食纤维，尽管在分离用于配制加工植物基食品（如肉、鱼、蛋或乳制品类似物）的功能成分（如蛋白质和淀粉）时，这些纤维通常会被去除。然而，植物基食品可以用从植物中分离的膳食纤维强化，这可能对健康有益，但添加的膳食纤维的结构组织和营养特性通常与全食品中的天然膳食纤维非常不同（Augustin et al.，2020）。因此，从营养的角度来看，在配制植物基食品时，尽可能保留植物材料的原始结构是有益的。

膳食纤维通常是多糖（但它们也可能包括多酚、蜡或蛋白质等其他相关物质），不会在口腔、胃和小肠中被消化和吸收，因此基本上会完好无损地通过上消化道（Augustin et al.，2020）。然而，一旦它们到达结肠，便可能会被存在于结肠中的各种细菌发酵。这些可发酵的膳食纤维可以作为益生元，刺激人体肠道内有益细菌的生长，这对人类的健康有益（Roberfroid et al.，2010；Wang，2009）。不同种类的膳食纤维根据其理化和生理特性可分为可溶性/不溶性和可发酵/不可发酵的膳食纤维。食物中膳食纤维的确切性质对其营养效果有着重要影响。膳食纤维可以通过多种机制显示其健康益处，这些机制在其他地方已经进行了详细的综述（Augustin et al.，2020；McClements，2021）：

- 流变学改变：摄入的膳食纤维可能会增加胃肠液的黏度，从而改变混合和扩散过程，从而延缓大量营养素的消化和吸收。因此，膳食纤维可能会抑制血液中葡萄糖或脂质水平的飙升而导致的代谢系统失调。通过人体肠道的非吸附材料中存在的膳食纤维也会降低其坚固性，提高其通过率，从而预防便秘并改善肠道功能。

• 结合作用：膳食纤维可能与胃肠道中的其他成分结合，从而改变消化、运输和吸收过程。例如，它们可能与消化酶结合，从而降低它们水解脂肪、蛋白质或淀粉的能力。它们还可能与胆汁盐、钙离子或游离脂肪酸结合，从而干扰脂质消化、混合胶束形成和混合胶束向上皮细胞的运动，从而减少脂质和油溶性维生素的吸收。

• 聚集状态：膳食纤维可能会改变胃肠道中大量营养素的聚集状态，如脂肪滴、蛋白质颗粒或淀粉颗粒，这会改变消化酶到达其表面并水解它们的能力。例如，膳食纤维可以通过桥接或消耗机制促进脂肪滴的聚集，从而减少脂肪滴的消化和吸收。

• 包覆和包埋：膳食纤维可能会在大量营养素周围形成难以消化的覆膜或基质，抑制消化酶到达其表面，减缓其消化和吸收。

• 胃肠道屏障特性：人体肠道中膳食纤维的存在可以改变黏液和上皮层的屏障特性，从而改变营养物质的吸收速率和程度。

• 发酵和肠道菌群：一些膳食纤维不会在上部胃肠道内消化，而是在结肠中发酵，细菌可以利用它们产生短链脂肪酸（SCFAs），从而改善结肠健康。此外，食用膳食纤维可以改变肠道菌群的组成和功能，从而改善人类健康。

在一项对各种营养研究的荟萃分析中，对食用膳食纤维对人类健康的潜在有益影响进行了比较（Reynolds et al.，2019）。这项荟萃分析是基于对4635名成年人进行的185项前瞻性研究和58项临床试验中获得的相当于1.35亿人/年的数据。分析表明摄入高水平的膳食纤维导致全因死亡率、心脏病、脑卒中、糖尿病和癌症下降15%~30%。摄入最高水平膳食纤维的人的体重、血压和胆固醇水平也比摄入最低水平的人低。通过每天摄入25~29g的膳食纤维，可以最大限度地降低患慢性病的风险。这一水平大大高于发达国家大多数人口目前的平均消费量。动物性食物，如肉、鱼、蛋和奶制品含有非常低水平的膳食纤维。因此，转向含有高水平膳食纤维的植源性饮食可能对健康有重要益处。消费者可以通过多吃水果、蔬菜、全谷物、豆类、坚果或由这些成分制成的食物来增加膳食纤维的总量。但许多人并不经常食用这类产品，因为它们太贵、太费时、准备起来费力，或者不喜欢它们的味道。因此，通过用适当类型和数量的膳食纤维强化加工植物基食品（即肉类、海鲜、鸡蛋或乳制品类似物），改善其营养状况可能是有利的。然而，应该注意的是，当将膳食纤维作为全食品的一部分食用时，与将其分离并作为功能添加剂掺入加工食品时相比，膳食纤维在胃肠道中的表现可能不同（Grundy，Edwards，et al.，2016a；Grundy，Lapsley，& Ellis，2016b；Guo et al.，2017b）。这种影响主要归因于整个食物含有完整的植物细胞壁，可以抑制截留的大量营养素（如淀粉和脂肪）的消化，以及它们含有可能对健康有益的植物化学物质（如多酚和类胡萝卜素）。还应该注意的是，过度摄入某些种类的膳食纤维会对人类健康产生不良影响，如胃肠道不适、腹胀、胃胀气和便溏，尤其是对患有肠道疾病的人来说更加严重

(Nyyssola et al., 2020)。这些影响的严重程度取决于摄入的膳食纤维的数量和种类，以及周围食物基质的性质。因此，重要的是要考虑在植物基食品中加入高水平膳食纤维的潜在风险及其潜在益处。

应该注意的是，很多种物质都可以被认为是膳食纤维，它们具有不同的分子、物理化学和生理特征。目前，人们对膳食纤维的分子特征与营养作用之间的关系仍知之甚少。随着这一领域知识的增加，可能会开发出可用于植物基食品的膳食纤维成分，以提供特定的健康益处。

5.3　微量营养素

微量营养素（维生素和矿物质）是食物中的微量成分，对人类健康至关重要，但人体无法合成足够的水平（Gropper et al., 2021），因此，必须从饮食中获得。食物中有许多种类的维生素和矿物质，它们都具有不同的分子特征、理化特性和生理作用。在本节中，我们将重点关注以植物为主的饮食中可能缺乏的维生素和矿物质，如绝对素食主义及一般素食主义饮食。关注的主要微量营养素是维生素 B_{12}、维生素 D、ω-3 脂肪酸、钙、铁和锌（Bakaloudi et al., 2021；Craig, 2010）。ω-3 脂肪酸的营养影响在关于脂质的章节中进行了讨论，因此在此不再进一步考虑。表 5.4 总结了植物性饮食中可能缺乏的微量营养素。

表 5.4　植物性饮食中可能缺乏的主要维生素和矿物质及其在人体健康中的作用

微量营养素	功能	来源	推荐日摄食量
维生素 B_{12}	食物转化为能量、维持神经系统功能、红细胞形成	乳制品，蛋类，肉类，海鲜，强化谷物，强化植物基食品	2.4μg
维生素 D	血压调节、骨骼生长、钙平衡、激素产生、免疫功能、神经系统功能	鸡蛋、鱼、鱼油和鱼肝油，猪肉、强化乳制品，强化人造黄油、强化橘子、强化植物性果汁饮料、强化早餐谷物、蘑菇	15μg
铁	能量生产、生长发育、免疫功能、红细胞形成、繁殖、伤口愈合	肉类、海鲜、鸡蛋、豆类、水果、绿色蔬菜、坚果、豌豆、种子、豆腐、全谷物	8~18mg
钙	凝血、骨骼和牙齿的形成、血管的收缩和放松、激素分泌、肌肉收缩、神经系统功能	乳制品、带骨海鲜罐头、强化橙汁、强化植物饮料、强化早餐谷物、绿色蔬菜、豆腐	1000mg

续表

微量营养素	功能	来源	推荐日摄食量
锌	生长发育、免疫功能、神经系统功能、蛋白质形成、繁殖、味觉和嗅觉、伤口愈合	肉类、海鲜、乳制品、豆类、豌豆、坚果、全谷物、强化谷物	8~11mg

注　推荐日摄食量因性别、年龄和妊娠状况而异（NIH）。

许多植物基食品制造商已经在其产品中添加这些微量营养素，以改善食物的营养状况，这将有助于防止采用纯植源性饮食可能出现的任何潜在营养缺乏。应该注意的是，用特定营养素强化食物的做法已经实践了几十年（如牛奶中的维生素 D 和面粉中的叶酸），并且在减少与营养缺乏相关的健康问题方面取得了很大成功。此外，根据畜牧业系统（尤其是非反刍动物）的不同，动物饲料通常富含特定的微量营养素，以丰富其衍生的动物产品。因此，直接补充植物基食物将是将微量营养素纳入人类饮食的一种更有效的方式。

5.3.1　维生素

5.3.1.1　维生素 B_{12}

维生素 B_{12} 是一组水溶性分子，对将食物转化为能量、保持神经和血细胞正常运转以及在细胞内创造遗传物质至关重要（Rizzo et al.，2016）。因此，缺乏这种微量营养素的饮食可能会导致健康问题，尤其是贫血、神经系统问题和疲劳。美国国立卫生研究院建议成年人每天摄入 2.4μg 维生素 B_{12}，孕妇和哺乳期妇女每天摄入可略微增多。在人类饮食中，维生素 B_{12} 主要从动物来源的食物中获得，如肉类、鱼类、鸡蛋和牛奶，这是因为维生素 B_{12} 是由动物肠道中的细菌产生的（也存在于一些植物基食物的表面，但含量较低，洗涤过程会使维生素损失）。因此，食用鸡蛋和乳制品的素食者在饮食中有足够水平的这种维生素，而完全以植物为基础的素食者可能缺乏维生素 B_{12}（Pawlak et al.，2014）。这个问题可以通过服用补充剂或强化食品来解决，比如一些早餐麦片和加工植物基食品（Butola et al.，2020）。在这种情况下，维生素 B_{12} 通常是从微生物来源获得的，而不是从动物那里获得的，因此它适合不想吃任何动物衍生产品的人群。营养酵母是维生素 B_{12} 的另一个良好来源，维生素 B_{12} 在素食食谱中被广泛用作调味品。此外，人们还对开发天然富含维生素 B_{12} 的植物基食品成分感兴趣，如海藻、蘑菇和一些发酵食品（Rizzo et al.，2016）。这些成分可以用来配制加工过的植物基食品，以避免维生素 B_{12} 缺乏。

5.3.1.2　维生素 D

维生素 D 是指一组主要存在于动物性食物中的油溶性分子，对人类健康也至关重要（Gropper et al.，2021）。维生素 D 促进钙吸收、健康的骨骼形成、调节血压以及肌肉、激素、神经和免疫系统的正常功能。这种微量营养素在人类饮食中主要有两种：维生素 D_2 和 D_3。维生素 D_3 通常只在动物源性食物中大量存在，如肉、奶和蛋，但也可以在有阳光照射下的人体皮肤中合成。相比之下，维生素 D_2 主要存在于真菌等植物基食物中，但这些来源只占人类饮食的一小部分。因此，严格遵循植源性饮食（纯素食者）的人可能缺乏维生素 D，这可能会对健康产生不利影响，包括骨质疏松、骨骼脆弱、生长迟缓和肌肉无力。因此，素食主义者和纯素食者可能需要服用补充剂，或者在饮食中加入富含维生素 D 的食物。补充剂中使用的维生素 D_2 一般是来自非动物来源，但维生素 D_3 可能来自动物或非动物来源。因此，消费者在选择补充剂时应谨慎，严格遵守纯素食或素食主义者的饮食习惯。

维生素 D 是一种高度疏水的分子，当存在于许多食物基质中时，其生物利用度相对较低（Maurya et al.，2020）。因此，研究者对利用胶体递送系统，特别是乳液递送系统，来提高这种油溶性微量营养素的生物利用度有着相当大的兴趣（Ozturk，2017）。在这些系统中，维生素 D 被包埋在富含甘油三酯的小液滴中，这些液滴可以被掺入植物基食品中（图 5.6）。这些脂肪滴通常在胃肠道内被快速消化。然后，维生素 D 从脂肪滴中释放出来，溶解在水解的甘油三酯分子形成的混合胶束中，并输送到上皮细胞，从而增强其生物可及性（图 5.7）。这些类型的递送系统特别适用于提高强化植物基食品中维生素 D 的生物利用度，如肉类、海鲜、鸡蛋或乳制品类似物。

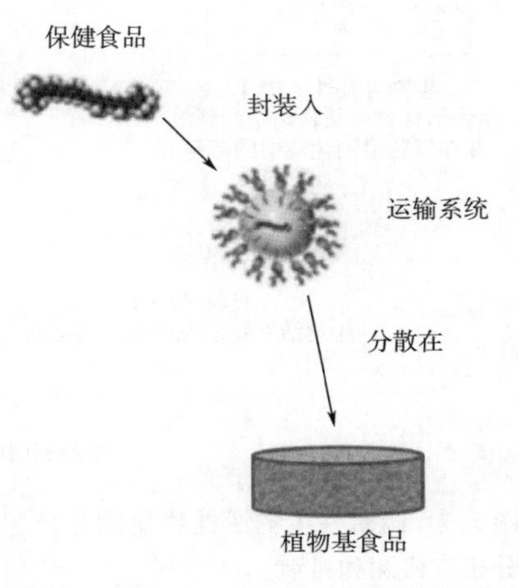

图 5.6　油溶性维生素和营养品可以封装在胶体递送系统中，然后可以将其分散在植物基食品中，以改善其营养状况

5.3.2　矿物质

5.3.2.1　铁

铁是一种在人体中发挥多种作用的微量矿物质，因此人类饮食中长期缺乏铁会导致严重的健康问题，尤其是贫血（Gropper et al.，2021）。特别地，铁在储存和运输氧气的血红蛋白和肌红蛋白的正常功能中，以及在繁殖、伤口愈合、红细胞形成、生长发育、能量生产和免疫功能中发挥着重要作用。美国国立卫生研究院（NIH）建议成年男性和女性（19~50 岁）每天分别摄入铁元素 8mg 和 18mg，孕妇则需要更多（27mg）。铁可以从各种天然和加工食品中获得，包括肉类、海鲜、鸡蛋、强化早餐谷物、强化面包、豆类、小扁豆、菠菜、芸豆、豌豆、坚果和干果。

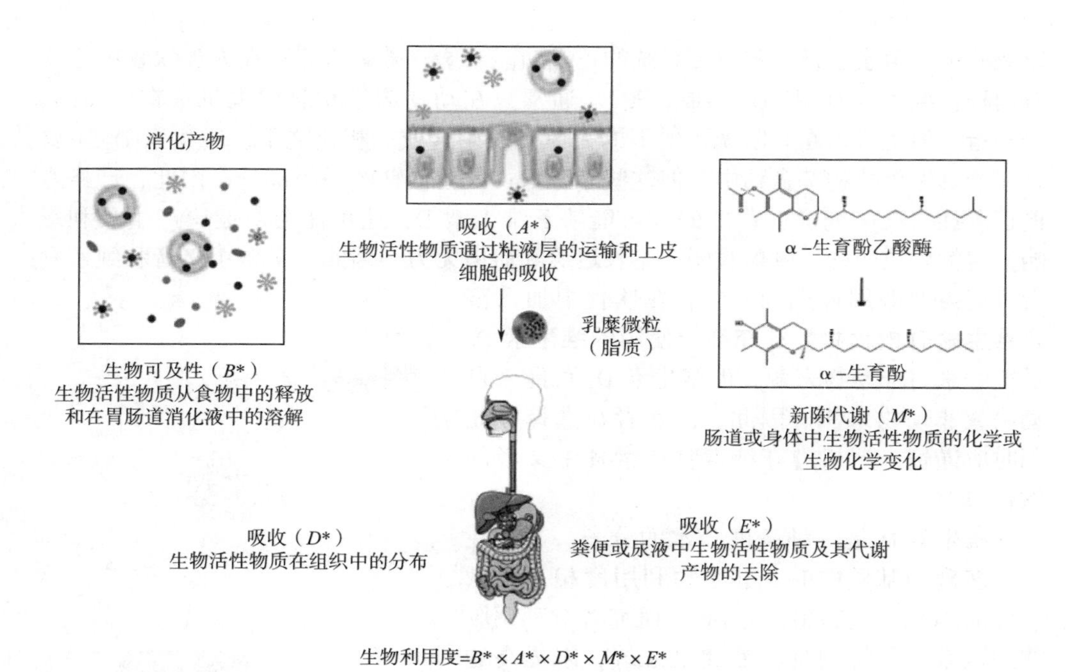

图 5.7　疏水性生物活性物质的总体生物利用度取决于许多因素，包括其生物可及性、吸收、分布、代谢和排泄

这些来源中的铁可能以血红素或非血红素形式存在。肉类和海鲜含有血红素铁，而植物基食品和强化食品含有非血红素铁。血红素铁的生物利用度相对较高，因为肠上皮细胞上有特定的受体，有助于摄取这种形式的铁（Rousseau et al.，2020）。相比之下，非血红素铁的生物利用度相对较低，因为它的水溶性较低，而且它倾向于与许多植物基食品中的矿物质抗营养素强烈结合，如植酸、多酚和膳食纤维（Rousseau et al.，2020）。因此，美国国立卫生研究院建议，那些严格植物基饮食中的铁含量应该是那些以肉类为基础的饮食的人的 2 倍左右。研究人员正在开发提高植物基食品中铁的生物利用度的方法。用于制造一些植物基肉类类似物的含铁血红蛋白在我们体内的表现应该与红肉中的血红蛋白相似，以确保其处于高度生物可利用的形式。此外，人们对利用特定的矿物形式、胶体输送系统或食物基质设计来提高补充剂和强化食品中铁的生物利用度感兴趣（Pastore et al.，2020；Trivedi et al.，2021；Zhang et al.，2021；Zuidam，2012）。这些技术在植物基食品中的应用可能有助于预防绝对素食者和一般素食者缺铁的现象。

5.3.2.2　锌

锌是另一种在纯素食或一般性素食中可能缺乏的微量矿物质，因为它通常是从动物来源获得的，如肉类和海鲜（Grungreiff et al.，2020）。在一些天然植物来源的食物中也含有锌，如豆类、豌豆、坚果和全谷物，但生物利用度通常低于动物来源。锌在对人类健康至关重要的一系列生理过程中发挥着关键作用，包括生长发育、免疫功能、神经系统功能、蛋白质合成、伤口愈合、繁殖、味觉和嗅觉。因此，长期缺锌会对健康产生不利影响，包括增加感染性疾病易感性、生长迟缓、皮肤问题以及嗅觉、味觉和眼部疾病。美国国立卫生研究所建议成年人每天应摄入8~11mg的锌，女性的锌摄入量要求低于男性（除非她们正在怀孕或哺乳）。许多植物基食品中锌的生物利用度相对较低，是因为它们含有大量的矿物质抗营养素，如植酸、多酚和膳食纤维，这些营养素会与锌强烈结合并减少锌的吸收（Rousseau et al.，2020）。因此，严格素食主义者和饮食中不含足够水平的微量营养素的素食主义者应该服用锌补充剂或食用富含锌的加工植物基食品（Bakaloudi et al.，2021）。特别地，对于严格素食主义的女性来说，在怀孕期间补充锌或食用强化食品可能很重要（Sebastiani et al.，2019）。锌的生物利用度可以通过处理技术去除或使矿物质抗营养素失活来提高。此外，特定的矿物质形式、输送系统或食品基质可用于提高强化食品和补充剂中锌的生物利用度（Pastore et al.，2020；Trivedi，et al.，2021；Zhang et al.，2021；Zuidam，2012）。这些技术在植物基食品中的应用对于预防绝对素食者和一般素食者的锌缺乏特别重要。

5.3.2.3 钙

钙是一种矿物质，在人类饮食中所需的钙含量比其他矿物质高得多，因为它对促进骨骼健康以及其他各种功能很重要（Grungreiff et al.，2020）。例如，它在肌肉、神经、血管、激素和酶功能中也发挥着重要作用。美国国立卫生研究院建议成年男性和女性（19~50岁）每天摄入钙约1000mg，但建议老年人和孕妇摄入更高水平的钙。长期缺钙会导致健康问题，如骨量减少，骨质疏松和骨折的风险增加。严重的缺钙会导致手指麻木、刺痛、抽搐和心律失常。乳制品，如牛奶、酸奶和奶酪，是许多发达国家消费者饮食中钙的主要来源（Gao et al.，2006；Romanchik-Cerpovicz et al.，2007）。因此，如果素食主义者不食用补充剂或其他富含钙的食物，他们很容易缺钙。钙也天然存在于各种植物来源中，如某些绿色蔬菜（羽衣甘蓝、西兰花）和谷物。尽管钙在谷物中的浓度不高，但它们仍然是一个很好的来源，因为它们能够被大量食用。钙也存在于许多强化食品中，如早餐麦片、果汁和植物奶。需要注意的是，钙在天然植物基食品中的生物利用度通常受到限制，因为人体肠道中存在与钙结合并抑制其吸收的抗营养素，如草酸盐和植酸（White et al.，2005）。钙成分有多种形式可用于强化食品，如碳酸钙、柠檬酸盐、葡萄糖酸盐、乳酸盐和磷酸盐，每种成分都有自己的物理化学和生物利用度特征（Fairweather-Tait et al.，2002），因此为特定产品选择最合适的形式是很重要的。此外，在用钙强化食物时，还需要考虑许多其他因素：钙的存在可能会导致其他成分（尤其是阴离子成分）的聚集、沉淀或凝胶化；钙经常给人一种不愉快的口感；钙的生物利用度通常相对较低，并且根据食物基质的性质而变化（Romanchik-Cerpovicz, et al.，2007）。因此，在用这种重要的微量营养素强化植物基食物时，选择最合适的钙和食物基质形式是很重要的。

5.4 生物活性物质

植物基食物含有多种生物活性物质，这些物质存在于食物中，对人体健康不是必需的，但仍可能提供重要的健康益处（Santini et al.，2018；Santini et al.，2017）。常见的营养素包括类胡萝卜素（如来自胡萝卜、辣椒和羽衣甘蓝）、姜黄素（如来自姜黄）、花青素（如来自红卷心菜和浆果）和其他种类的多酚物质（如来自茶、咖啡和许多植物）。定期食用足够多的营养丰富的食品可以降低患慢性病的风险，如心脏病、癌症、糖尿病、高血压、脑卒中、脑病或眼病（Gul et al.，2016）。或者，它们可以促进人类的表观状态，如耐力、能量水平、情绪和注意力。对于这些生物活性食品成分的健康益处，科学家们已经提出了许多作用机制，包括抗氧化、抗菌和抗炎症活性。尽管如此，许多关于生物活性物质的说法仍需通过精心设计的随机对照研究和荟萃分析来验证（McClements，2019）。生物活性物质可能天然存在于整个食品中，也可能被分离出来，然后作为功能性成分加入加工食品中，这可能会导致其生物活性的变化（Fardet，2015a，2015b）。因此，在加工食品中用作功能成分时，严格选取食品基质以获得生物活性物质的预期健康益处是很重要的。对于分离的生物活性物质来说，重要的是它们可以分散在食物基质中，在食物和胃肠道中化学稳定，摄入后具有高生物利用度（McClements，2018b）。这通常可以通过将它们封装在精心设计的可食用递送系统中来实现，如水包油乳液（McClements，2015；Ting et al.，2014；Velikov et al.，2008）。这些乳液中的脂肪滴具有疏水的内部和亲水的外部。因此，疏水性营养素可以被束缚在其中，然后分散到水性食品基质中，如植物基肉类、海鲜、鸡蛋和乳制品中的基质（图 5.6）。此外，油滴较小的尺寸和较大的表面积导致它们在胃肠道内能够被快速消化（McClements et al.，2015）。生物活性物质从油滴中迅速释放，并溶解在由脂质消化产物形成的混合胶束中。然后，这些混合的胶束将生物活性物质输送到肠细胞并被吸收。通过与赋形剂乳液一起食用或通过控制食物基质效应，可以提高生物活性物质在水果和蔬菜等全食品中的生物利用度（Aboalnaja et al.，2016；McClements et al.，2015）。在这种情况下，富含生物活性物质的整个食物与脂肪滴或食物基质一起食用，这些脂肪滴或食品基质在小肠中快速消化，并产生混合胶束，这些胶束可以再次溶解生物活性物质并将其运输到肠细胞，在那里它们可以被吸收。应优化基于乳化剂的递送和赋形剂系统的组成和结构，以提高营养素的生物利用度（McClements，

2018a)。通常，这涉及设计一种系统，以提高生物活性物质的生物利用度、化学稳定性或吸收（图 5.7）。

对许多食物（>3000 种）的分析表明，植物基食物含有多种成分，具有良好的抗氧化活性（Carlsen et al.，2010）。此外，植物基食品的抗氧化剂含量比动物性食品高得多。因此，通过抑制人体内的氧化反应，它们可能会表现出更强的健康益处，否则会损害关键的生物化学成分，如脂质、蛋白质或 DNA。一般来说，植物基食品比动物性食品含有更广泛的多样性和更高浓度的生物活性物质。例如，植物含有类胡萝卜素、姜黄素类、生育酚、生育三烯酚、多酚、植物甾醇、植物甾烷醇、异黄酮、有机硫化合物、益生元和生物活性肽（Abuajah et al.，2015）。因此，与动物来源的食物相比，它们有望表现出更强的健康益处。然而，一些动物性食品确实含有大量的某些营养成分，如生物活性肽、共轭亚麻酸（CLA）、多不饱和脂肪酸和益生元，这些成分可能对健康有益（Abuajah et al.，2015）。如前所述，从植物中分离出来的生物活性物质可能与它们在整个植物中存在时的表现不同，因此它们的许多促进健康的作用可能会丧失（Fardet，2015a，2015b）。在这种情况下，严格设计食物基质以确保营养素具有预期的健康特性可能很重要。表 5.5 列出了在植物基食品中发现的一些生物活性物质及其声称的健康益处。（McClements，2019）。每种营养素都有其独特的分子和物理化学特性，在配制合适的食品基质时需要考虑这些特性，以确保其稳定性和生物利用度（McClements，2018b）。

表 5.5　植物基食品中发现的生物活性物质的例子及其相关的健康作用

营养物质	天然来源	健康作用	证据强度
ω-3 脂肪酸（DHA、EPA、ALA）	藻油亚麻籽油	降低心脏病、炎症、免疫障碍和精神障碍风险	中等至强烈
类胡萝卜素：β-胡萝卜素、番茄红素、叶黄素、玉米黄质	胡萝卜，甘蓝，芒果，辣椒，菠菜，西红柿，西瓜，山药	维生素 A 前体活性、抗癌活性、改善眼部健康	中等至强烈
姜黄素	姜黄	减少癌症、糖尿病、抑郁、肥胖、疼痛和脑卒中	中等
白藜芦醇	葡萄籽，葡萄酒，浆果，花生，可可	减少癌症、心脏病、糖尿病和脑部疾病	中等
多酚类	咖啡，茶，可可，水果，浆果，豆类	减少癌症、炎症、肥胖、糖尿病、心脏病、脑病	中等至强烈
植物甾醇/植物甾烷醇	水果，豆类，坚果，种子，蔬菜，全谷物	降低胆固醇水平	中等

注　疗效背后的证据强度总结：强有力 = 得到临床试验、流行病学研究和机制研究的支持。中度 = 一些证据，但不是决定性的；弱 = 几乎没有效果的证据。

5.5 胃肠道表现：消化能力、生物利用度和发酵能力

要更好地理解动物和植源性饮食的不同营养和健康影响，就需要了解这些食物在人体肠道内的表现（McQuilken，2021a，2021b，2021c）。食物摄入后会经过一系列复杂的环境，包括口腔、食道、胃、小肠和结肠（图 5.1）。人类胃肠道在一定程度上是为了保护我们免受摄入的任何有害物质的伤害，如化学毒素或致病微生物，以及有效消化和吸收我们摄入的营养物质，以提供生长和生存所需的能量和构建基础。它通过利用天然酸、表面活性剂、酶和机械力的组合将食物分解成更小的片段，并最终分解成分子，这些分子可以穿过肠道内的肠上皮细胞，被我们的身体吸收和利用（图 5.1）。这里简要总结了人类肠道的不同区域的情况（McQuilken，2021c）：

口腔：摄入后，食物立即进入口腔。液态食物，如牛奶或植物奶，可能会被迅速吞咽，而固体食物，如动物或植物肉、海鲜、鸡蛋或奶酪，可能会在吞咽前咀嚼一段时间。在口腔中，食物与唾液混合，唾液是一种黏性流体，含有黏蛋白、矿物质和酶（如淀粉酶和舌脂肪酶），pH 约为中性（Carpenter，2013；McQuilken，2021c）。通常，固体食物会被咀嚼并与唾液混合，直到它们形成适合吞咽的形式，这被称为食团。口腔中食物颗粒大小的减少使它们更容易在胃肠道中进一步消化，因为这增加了暴露于消化酶的大量营养素的表面积。吞咽后，食团通过食道进入胃。

胃：胃由含有高酸性胃液的肌肉腔组成（McQuilken，2021c）。在禁食状态下，胃内容物的 pH 通常在 1~3，但在进食后可能立即明显增加，然后随着时间的推移回落。胃通过肌肉收缩施加机械力来混合和破坏食物（Bornhorst et al.，2014；Hunt et al.，2015）。此外，胃液中的酸和酶（胃脂肪酶和蛋白酶）有助于食物中大量营养素的化学分解和消化。在胃中停留约 2h 后，部分消化的食物（称为食糜）通过幽门括约肌进入小肠。然而，食物在胃中的停留时间（与胃排空有关）可能因其成分、结构和流变学而有很大差异，这可能会影响药物动力学和对营养物质的代谢反应，从而影响人类营养和健康（Somaratne et al.，2020）。

小肠：小肠由一根长管组成，长管由十二指肠、空肠和回肠组成，将胃与结肠连接起来（McQuilken，2021c）。由于肌肉协调收缩，部分消化的食物在蠕动力的驱动下通过小肠（McQuilken，2021b）。胰腺和胆管将含有消化酶（淀粉酶、蛋白酶、脂肪酶和磷脂酶）、胆汁盐、磷脂和矿物盐的液体分泌到小肠中，这些酶促进食物的进一步分解和消化。淀粉、蛋白质和脂质被转化为小分子，如葡萄糖、氨基酸、小肽、游离脂肪酸和单酰基甘油，这些小分子的形式适合肠上皮细胞吸

收（图5.1）。脂质的消化产物与胆汁盐和磷脂混合形成混合胶束，然后输送到肠细胞进行吸收（图5.7）。摄入的大部分营养物质通过被动或主动机制在小肠中吸收，这在一定程度上可归因于小肠相对较高的表面积。事实上，已经计算出，小肠可以被认为是一根长约3m、宽约25mm的管子，其有效表面积约为30m²（Helander et al.，2014）。这种相对较高的表面积归因于小肠壁表面存在绒毛和微绒毛，使其具有多样化的表面纹理。肠液的pH从十二指肠的微酸变为空肠和回肠的接近中性（Fallingborg，1999）。通常情况下，食物在小肠中停留约2h，但这一时间因所吃食物的性质而异。

结肠：任何未被消化和吸收的物质最终到达结肠，在那里它们可能被存在于那里的微生物分泌的酶发酵和代谢（Korpela，2018；Shortt et al.，2018）。食物通常在结肠中停留超过24h，在那里它们受到厌氧和微酸性pH条件的影响。未消化物质的性质影响结肠中发生的生化过程类型，从而影响人类健康。特别地，一些不易消化的低聚糖和膳食纤维可以转化为短链脂肪酸（SCFAs），短链脂肪酸可以用作能源，也可以作为人体的信号分子（Rios-Covian et al.，2016）。其他种类的未消化食物成分也可以被认为是益生元，可以刺激与健康相关的微生物种群的生长，如食物中的某些多酚和肽（Sanders et al.，2019）。

动物基和植物基食物在人体胃肠道中的行为方式存在差异，这对营养和健康有重要影响。如前所述，人类不会自然产生能够消化上消化道中膳食纤维的酶。动物基食物几乎不含膳食纤维，因此往往在上消化道中几乎被完全消化。相反，植物的细胞壁含有结构多糖，使其具有机械强度并控制它们的屏障特性，如纤维素、半纤维素和果胶（Dhingra et al.，2012；Holland et al.，2020）。因此，这些膳食纤维通过上消化道进入结肠。如前所述，在膳食纤维一节中，含有高水平这些不可消化食物成分的食物可能有许多健康益处，包括减少热量摄入、降低大量营养素的消化和吸收速度、减少便秘、降低胆固醇水平、改善血糖控制和降低癌症的发病率。

另外，肉类、鸡蛋和牛奶往往在人体肠道内被完全消化，从而释放和吸收所有营养物质。在远古时代，这对原始人来说是一个重要的进化优势。但现在，在大多数发达国家，饮食中有太多热量和营养丰富的食物，所以任何额外的肉类食物都不是必要的。

如前所述，仅从植物基食物中获取营养素会带来一些潜在的负面影响（但同样，这些问题在古代比现在更严重，至少在发达国家是这样）。一些植物含有反营养因子，会干扰脂肪、蛋白质或碳水化合物的正常消化，从而减少从中获得的热量和营养素（Rousseau et al.，2020；Shahidi，1997）。植物基食品中一些最重要的抗营养素如下：

- 植酸：植酸，也被称为肌醇六磷酸，天然存在于许多种子、谷物和豆类中。它是一种带负电荷的物质，可以与我们饮食中带正电荷的矿物离子强烈结合，如铁、锌、镁和钙。因此，我们的身体对这些必需矿物质的吸收就会减少。

• 单宁：单宁也常见于许多植物基食品中。这些多酚可以与人体胃肠道内的消化酶紧密结合，从而抑制脂肪、蛋白质和淀粉的消化。

• 凝集素：凝集素是一种蛋白质，存在于许多植物基食物中，尤其是种子、豆类和谷物中，大量食用可能有害。这是因为它们会干扰营养吸收，并通过使我们的肠道渗漏来促进炎症。

• 草酸盐：许多蔬菜（如菠菜）含有相对较高水平的草酸盐，草酸盐可以与钙强烈结合，从而降低其被身体吸收的能力。

这些抗营养素对大多数生活在发达国家的人来说并不是一个主要问题，因为在饮食中发现了丰富多样的微量营养素。然而，对于那些生活在营养缺乏地区的发展中国家的人，或者那些只吃某些植源性饮食的人来说，这可能是一个问题。需要注意的是，抗营养素的不良营养影响通常通过正常的食物制备和烹饪程序（如胰蛋白酶抑制剂，在第 3 章中有更详细的讨论），如浸泡、洗涤或加热可减少。

植物和动物中营养素的主要区别之一是它们的生物利用度，即我们身体实际吸收的摄入营养素的比例。一种食物可能含有高水平的营养素，但如果营养素从未被吸收，那么它就无法表现出对健康的益处。动物和植物来源的营养物质的生物利用度可能因其性质和食物基质效应而有很大差异。如前所述，肉类和鱼类中的铁包含在一种称为卟啉的环状有机化合物中，卟啉通常附着在负责储存和运输血液中氧气（血红蛋白）和肌肉中氧气（肌红蛋白）的蛋白质上。这种形式的铁具有高度的生物可利用性，这意味着它的很大一部分在摄入后被吸收。相比之下，在植物基食物中，如水果、蔬菜、谷物、坚果、种子和豆类，铁不被这种自然结构所含，这使其生物利用率大大降低。然而，如前所述，非血红素铁的生物利用度可以通过与含有高水平维生素 C（抗坏血酸）的食物（如橙子或柠檬）一起食用，通过使用适当的递送系统，或通过控制食物基质效应来提高。正如刚才所讨论的，由于植物基食品中存在抗营养因子，许多矿物质和蛋白质的生物利用度降低。最后，许多亲脂性生物活性剂，如油溶性维生素和营养品，由于其在胃肠水溶液中的溶解度相对较低，其生物利用度往往受到限制。这个问题可以通过食用适当类型和数量的可消化脂质来克服，这些脂质可以在小肠中形成混合胶束，从而溶解和运输它们（图 5.7）（McClements，2018a）。

5.6 饮食对肠道菌群的影响

越来越多的证据表明，肠道微生物的性质对人类的健康有重大影响（Dahl et al.，2020；Warmbrunn et al.，2020；Zhou et al.，2020）。人类结肠中不同种类的细菌和其他微生物的类型和数量与许多健康指标和疾病有关，如炎症、免疫反应、肥胖、糖尿病、心脏病、脑卒中和癌症（Hills et al.，2019；Singh et al.，2017；Zmora et al.，2019）。因此，人们进行了大量的研究，以确定有益的肠道菌群，然后设计策略来促进这些菌群在个体中的发展。一个“好”的菌群通常被认为是表现出高度功能多样性的菌群。改变肠道菌群的最简单方法之一是通过饮食。研究表明，肠道菌群的组成和功能受到饮食中不同营养素的相对比例的影响，如脂肪、蛋白质、碳水化合物、维生素、矿物质、膳食纤维和植物化学物质（Dahl et al.，2020；Gentile et al.，2018）。目前，饮食、健康肠道菌群和人类健康之间的确切关系尚不完全清楚，但已经有了一些有趣的发现：

- 碳水化合物：摄入大量的糖和可快速消化的淀粉似乎对肠道菌群有不利影响，而摄入大量的膳食纤维似乎有好处。膳食纤维在结肠内发酵产生短链脂肪酸（SCFAs），可作为能量来源，并可向人体发送信号，调节新陈代谢和减少炎症。植物基食品比动物性食品含有更高水平的膳食纤维，因此应该对肠道菌群和人类健康产生更有益的影响。

- 脂肪：摄入大量脂肪，尤其是饱和脂肪酸，会对肠道菌群产生不利影响。相反，摄入大量的 ω-3 脂肪可能会产生有益的效果。由于许多植物基食物往往比动物性食物含有更少的饱和脂肪，它们可能对肠道菌群有更有益的影响。此外，用 ω-3 脂肪酸（如藻类或亚麻籽油）强化植物基食物可能是有利的，可进一步提高其对肠道菌群的积极影响。

- 蛋白质：蛋白质对肠道菌群的影响取决于摄入的类型和数量。肉类中的蛋白质含有相对较高量的左旋肉碱，这是一种可以被人体结肠中的微生物转化为三甲胺 *N*-氧化物（TMAO）的氨基酸（Zeisel et al.，2017）。TMAO 与心脏病风险增加有关，因此食用高水平的肉类可能对人类健康产生不利影响（Velasquez et al.，2016）。相比之下，来自植物的蛋白质并不是这种氨基酸的重要来源，因此它们对心血管健康的不良影响应该较小。

研究表明，绝对素食者和一般素食者以富含纤维的植物基饮食为主，通常比肉食者拥有更健康的肠道菌群（更稳定、更多样）（Kumar et al.，2016；Tomova et al.，2019）。据报道，在人们从杂食转向素食几天后，肠道菌群的性质发生了有益的变化（Singh et al.，2016）。当人们采用植源性饮食时，肠道菌群的改善主要归因于它们含有更高水平的膳食纤维和植物化学物质（Tomova et al.，2019）。例如，一项随机对照研究考察了将每周 5 顿含有动物性食物（如汉堡、香肠、香肠肉饼、肉糜和肉丸）的膳食换成含有植源性替代品的膳食对人类参与者肠道菌群的影响（Toribio-Mateas et al.，2021）。研究表明，与肠道健康改善相关的生物标志物略有增加（使用 16S rRNA 分析），如微生物多样性的增加和丁酸盐产生途径的增加。在另一项研究中，将富含植物的地中海饮食与典型的富含肉类的西方饮食的影响进行了比较，发现植源性饮食还增加了丁酸盐的产生途径、粪便量和胀气（这是不同代谢途径的指标）（Barber et al.，2021）。总的来说，关于饮食对肠道菌群影响的研究表明，健康的植源性饮食对健康有很多好处。

5.7 植物性和动物性饮食营养的比较研究

理想情况下，应通过严格设计的营养研究来确定特定的植物和动物饮食对人类健康的影响。这些可能包括将报告的人们的饮食与他们的长期健康或死亡率状态相联系的流行病学研究、随机对照试验（RCT），其中不同人群摄入不同的饮食，并测量他们的健康生物标志物或健康状态的变化，或使用体外或体内方法进行的机制研究，试图建立特定营养素、食物或饮食的作用机制（McClements，2019）。

最近，有许多流行病学和临床研究的荟萃分析比较了在饮食中摄入不同水平的植物基和动物性食物的个体的健康结果。其中一些研究还考察了食用健康或不健康的植源性饮食的影响。健康的植源性饮食被认为富含水果、蔬菜、全谷物、坚果、豆类、植物油、茶和咖啡，而不健康的饮食则富含精制谷物、土豆、糖果、零食、甜点、果汁和加糖饮料（Hu et al.，2019）。据报道，在一项针对 20 多万名在研究开始时不知道自身患有慢性病的男性和女性的调查中，食用更健康的植物基食物会大大降低患 2 型糖尿病的风险（Satija et al.，2016）。这种影响主要归因于这种饮食中的食物含有高水平的膳食纤维、抗氧化剂、矿物质、维生素和不饱和脂肪酸，以及低水平的饱和脂肪酸。另外，食用更高水平的不健康植物基食物实际上增加了患糖尿病的风险，这主要归因于其高水平的快速消化碳水化合物和缺乏刚才提到的促进健康的成分。研究表明，减少一个人饮食中动物性食物的数量，用健康的植物基食物代替，可以显著降低他们患糖尿病的风险。

对大量成年人的食物消费和健康状况的类似分析也表明，健康的植源性饮食（而不是动物性饮食）也有其他好处，比如减少心血管疾病（Baden et al.，2019；Guasch-Ferre et al.，2019；Song et al.，2016），减少脑卒中（Baden et al.，2021），改善身心健康（Baden et al.，2020），以及降低全因死亡率（Baden et al.，2019）。相比之下，食用不健康的植源性饮食会产生相反的效果。

在最近的一项研究中，斯坦福医学院的研究人员比较了用植物基类似物取代动物肉制品的营养效果（Crimarco et al.，2020）。他们进行了一项为期 16 周的随机交叉试验，将植物基鸡肉、牛肉和猪肉产品的消费量与同类产品的有机动物版本进行了比较。参与者在八周内每天食用两份或两份以上的产品。食用植物基肉类类似物的参与者的胆固醇水平和体重有了显著改善。两种饮食摄入的蛋白质和钠的量相当，但植物性饮食含有更多的膳食纤维和更少的饱和脂肪。这项研究表明，在饮食中简单地用植物基类似物代替动物性食物可以对健康产生明显的益处，但还需要更多的此类研究才能对经过更多加工的植物基产品得出最终结论。

5.8　进化、遗传学和肉类消费

一些人认为，由于进化的原因，人类天生就喜欢吃肉——我们古老的祖先吃肉，所以我们也需要吃肉来保持健康。有研究从人类学的角度分析了我们的身体和饮食之间的进化差异（Mann，2007）。该分析的作者引用了埃默里大学（美国乔治亚州亚特兰大）的博伊德·伊坦（Boyd Eaten）教授的话：

“我们是数百万年遗传特征的继承人，我们的绝大多数生物化学和生理学特征都适应了农业出现之前的生活条件。从基因上讲，我们的身体实际上和旧石器时代末期的身体一样。一万多年前农业的出现和大约200年前的工业革命带来了新的饮食方式，没有人能在这么短的时间内适应这些方式。因此，我们的饮食摄入量和我们的基因适应之间存在着不可避免的不一致。”

人类学家从各种来源收集了证据，试图了解我们古老的祖先吃什么（Mann，2007）。他们观察了我们解剖结构的变化，特别是随着时间的推移，我们的大脑、下巴、牙齿和胃肠道的变化，并将我们的解剖结构与近亲（如大猩猩、黑猩猩和倭黑猩猩）进行了比较。他们还研究了世界各地现有的狩猎采集社会的饮食模式。此外，他们还研究了相对于体型而言，与发育大脑相关的能量需求。这些发现表明，我们的古代祖先从不富含能量和营养、含有高水平纤维状植物材料的饮食转变为含有更多能量和营养丰富的动物性食物。结果，旧石器时代的原始人变成了肉食者。人类从主要以植物为基础的饮食转变为杂食性饮食，发生在200万~250万年前（Zaraska，2016）。当科学家研究古人类的化石遗骸时，他们发现他们的牙齿和颌骨从专门用来消耗粗纤维植物材料，变成了更普遍地吃水果、坚果和动物肉的混合物（Mann，2007）。同样地，来自化石同位素比率（$^{13}C/^{12}C$）的证据与原始人从食用大量纤维状植物材料转变为食用以草为生的放牧动物是一致的。起初，他们可能是食腐动物，吃其他动物杀死的肉，但最终他们成为猎人，自己杀死动物（Zaraska，2016）。将人类胃肠道的解剖结构与只吃植物的动物（牛、马或大猩猩等食草动物）或只吃肉的动物（大型猫科动物）的胃肠道解剖结构进行比较后，也为吃肉进化提供了有力的证据。一方面，食草动物通常有大胃和结肠，这有助于它们分解纤维状植物材料并将其转化为能量。另一方面，食肉动物有高度酸性的胃和长长的小肠。人类肠道的解剖结构介于严格的食草动物和食肉动物之间，这表明我们是杂食动物，胃肠道可以吃各种不同的食物。我们大脑相对于身体的大小是我们古代祖先的身体进化为吃肉的另一个迹象。和其他灵长类动物一样，与我们的身体相比，我们的大脑相对较大。这种效应的确切起源目前尚不清楚，但已经提出了一些假设。大脑需要大量的能量来运行，还需要某些独特的食物成分来构建它，例如传统上来自动物来源的ω-3 脂肪酸。一种假设是，要想拥有一个大的大脑，身体必须缩小另一个主要身体器官——肠道的大小。当我们开始吃营养和能量含量更高、更容易消化的食物时，我们不需要这么大的肠道。随着我们的内脏缩小，我们的大脑也在增长。据推测，这是一个由数千年来积累的微小进化优势驱动的渐进迭代过程。也有人提出，对食物，尤其是肉类的工具加工和烹饪，使我们的大脑变得更大，因为这样我们的食物更容易在体内分解，释放出更多的能量。早期人类食用的动物肉含有高水平的蛋白质和脂肪，尤其是构建大脑所需的ω-3 脂肪酸，因此，随着我们的祖先开始从森林迁移到草原，他们似乎开始吃更多的肉。或者，由于气候变化导致森林变成大草原，他们可能已经开始吃更多的肉。因此，可用的营养植物基食物来源（如叶子、花、水果、坚果和种子）减少了，这意味着人类需要从其他来源获得更多的热量，如肉类。对一些现有狩猎采集社会的饮食分析表明，他们的大部分（>60%）能量来自动物产品，这从觅食过程的成本效益分析来看并不奇怪。然而，这取决于特定狩猎采集社会的地理位置和文化习俗，也有其他主要以植物为食的传统社会（如非洲的昆人只食用约 30%的动物性食物）。总的来说，从动物来源获得一定量的能量和营养所需的时间和能量消耗通常比从植物来源获得所需的要少得多。这是因为我们古代祖先可以获得的植物基食物是低能量密集的食物，且通常很难获得，如野生水果、蔬菜、根和坚果。我们的新陈代谢中也有其他线索表明，人类的生理机能已经适应了吃肉。例如，有些食物成分（如维生素 B_{12} 和维生素 D）对人类健康至关重要，通常只能从动物或鱼类来源获得。据推测，原始人不需要自己合成这些成分，因为他们经常从饮食中获得这些成分。因此，这些成分的新陈代谢会随着时间的推移而改变，因此我们现在不再能够合成它们。最后，有来自寄生虫的证据证明，这些寄生虫往往与宿主共同进化（Mann，2007）。已知某些种类的寄生虫（带绦虫科）与食肉动物共同进化，通过吃肉传播。在这个家族中发现的一些寄生虫只将人类作为宿主，这表明历史上一定有相当长的一段时间，早期人类或其祖先是肉食者。学者指出“没有历史或有效的科学论据可以将瘦肉排除在人类饮食之外，有很多理由表明瘦肉应该成为均衡饮食的核心部分”（Mann，2007）。

我们古老的祖先确实生活在与我们截然不同的环境中，在那里吃肉（尤其是熟肉）给了他们进化的优势，帮助他们进化成今天的物种。但我们现在的环境大不相同了——我们住在房子里，坐汽车、公交车、火车和飞机旅行，看电视，上网。此外，我们今天可以获得的食物的类型和数量非常不同，比我们祖先可以获得的更丰富、更容易获得、更高能量、更容易消化。因此，我们的基因图谱不适应的不仅仅是肉类，几乎所有的食物都不适应。此外，我们祖先采用的饮食可能不是为了健康长寿而设计的，因为将基因传递给下一代已经可以在更年轻的时候完成，而且没有必要达到当今生活在西方社会的人的寿命才能成功繁殖。因此，现代健康长寿的最佳饮食可能与我们祖先的饮食有所不同。

进化的一个重要方面是，它使人类成为适应性极强的生物，这也是我们能够生活在全球许多不同生态位的原因之一。我们的祖先可能已经进化到吃肉，但我们当然可以不吃肉（正如历史上数百万出生、生活和死亡的素食主义者所证明的那样）。我们可以从其他来源获得祖先所获得的营养，如铁、锌、ω-3 脂肪酸和维生素 B_{12}。例如，我们可以从藻类或亚麻籽油中获得 ω-3 脂肪酸，也可以从微生物发酵中获得维生素 B_{12}。因此，似乎没有强有力的论据表明人类必须吃动物产品才能保持健康。

5.9　农业革命和肉类消费

在 10000~12000 年前，由于农业革命，我们这个物种的饮食发生了深刻的变化（Mann，2007）。许多人类从在相对较小的部落狩猎和采集过渡到种植和种植野生谷物。因此，他们倾向于居住在特定的地点，以便耕种和收割作物，这导致了第一批大城镇的发展。人们可能会认为，这种向植物性饮食的转变会让我们的祖先更健康，但事实上，有强有力的证据表明，他们变得不那么健康了。生活在早期农业社会的人似乎比狩猎者和采集者矮，骨骼和牙齿更差，营养缺乏更多，传染病更多。这一事实归因于从由野生动物（鹿、羚羊）、坚果、水果、块根植物和野生豆类组成的多样化饮食，到由小麦、燕麦、大麦、大米或玉米等谷类作物组成的营养更为狭窄的饮食，这取决于地理位置。人们从高蛋白、ω-3 脂肪酸和膳食纤维的饮食（含有广泛的营养素）转变为主要由可消化的碳水化合物组成的饮食（只含有少量营养素）。因此，我们生活在这些农业社会的早期祖先更容易出现营养缺乏和疾病。

在过去 200 年左右的时间里，我们的饮食发生了另一个戏剧性的变化，这始于工业革命，并一直延续到今天许多人吃的深度加工食品。现代食品加工方法，如研磨、精炼和热加工，通常会去除或破坏有价值的膳食纤维、维生素和矿物质，导致食物味道很好，但热量也很高，消化速度很快，而且富含脂肪、糖和盐。因此，这些经过高度加工的食物被认为会导致诸如肥胖、糖尿病、心脏病、脑卒中和癌症等疾病。因此，重要的是设计下一代植物基食品，这些食品通常是深加工的食品，确保它们营养和健康。

5.10　提高植物基食品的健康度

在本节中，我们重点介绍了提高植物基食品营养价值和健康的方法。有几种方法可以用来实现这一目标。我们重点介绍了一些最常用的方法：强化和改良配方。

5.10.1 强化

正如本章前面所讨论的，与动物性食品相比，植物基食品具有不同的营养特征。特别地，微量营养素、常量营养素、膳食纤维和生物活性物质的类型和数量存在差异。在某些情况下，植物基食物缺乏人类饮食中所需的一些基本微量营养素，如维生素 B_{12}、维生素 D、铁、锌和钙。然而，如前所述，工业化畜牧生产也经常导致动物体内微量营养素缺乏，因为天然饲料可能无法提供足够的这些营养素，因此动物饲料也经常被强化。因此，直接强化植物基食品可能更有效，但一般来说，可能有必要用生物可利用形式的某些微量营养素强化植物基食物，以防止营养不良。此外，一些食品成分与改善人类健康有关，如膳食纤维和生物活性物质。因此，植物基食品的营养价值可以通过包含这些生物活性成分来提高。在用微量营养素、营养物质和膳食纤维（统称为生物活性成分）强化植物基食品时，应考虑许多因素，如下所示：

- 溶解性：生物活性成分的极性和溶解特性各不相同。根据其分子性质，它们可能在油、水或两者都不存在的情况下具有可观的溶解度。例如，维生素 D 主要溶于油，而维生素 B_{12} 主要溶于水。许多矿物质的溶解度取决于盐的形式和所用的溶液条件。例如，碳酸钙在中性条件下不溶，但在酸性条件下可溶，而氯化钙可溶于水。因此，为预期应用选择最合适的必需矿物离子形式是很重要的。通常，重要的是确保生物活性剂溶解或分散在适当的介质中。

- 分配：营养物质的油水分配系数（KOW 或 $\lg P$）决定了它们在不同相中的相对浓度，这在含有油和水结构域的食品基质中很重要。具有正分配系数（$\lg P>0$）的物质主要是疏水性的，并且往往主要位于油相中（如维生素 D 或 β-胡萝卜素）。相反，具有负分配系数（$\lg P<0$）的物质主要是亲水性的，并且往往主要位于水相中（如维生素 B_{12}）。通常，物质倾向于分布在油相和水相之间，每个相中的相对量取决于它们的分配系数和系统中的油水比。通常，分配系数越正，油水比越大，油相中的物质就越多。

- 化学稳定性：随着时间的推移或在加工过程中，许多微量营养素和生物活性物质有化学降解的趋势，这取决于溶液和环境条件（如 pH、温度、溶剂极性、氧气、光照和促氧化剂水平）。例如，许多类胡萝卜素在酸性条件、高温和光照下会迅速降解。因此，重要的是选择更稳定的微量营养素或营养品形式或设计限制其在储存和加工过程中降解的食品基质。这通常需要了解所涉及的化学反应的性质，并确定促进或抑制化学降解的关键因素。

- 食物基质相容性：重要的是，任何微量营养素、生物活性物质或膳食纤维都要与其引入的食物基质相容。特别地，它不应该对用于强化的植物基食品的外观、质地、口感或保质期产生不利影响。例如，一些膳食纤维溶解在水中时会形成高黏度溶液，这可能会对植物奶等低黏度产品的流动性产生不利影响。在这种情况下，使用分子量较低的膳食纤维可能很重要，这样它们就不会使水相过稠。一些生物活性物质（如生物活性肽）可能有苦味或涩味，这会对食物产生负面影响。在这种情况下，可能有必要将生物活性物质封装起来，使其在胃或小肠中释放，而不是在口腔中释放。

- 生物利用率：实际被人体吸收的生物活性剂的浓度比原始食物中的浓度更重要。一些生物活性剂通常具有较低的生物利用度，因为它们的水溶性低、新陈代谢快或在人体肠道中的吸收差。在这些情况下，使用精心设计的递送系统或食物基质来提高生物活性剂的生物利用度可能很重要。
- 其他因素：此外，重要的是要考虑用于强化植物基食品的任何生物活性食品成分的监管状况、成本、可持续性和标签友好性。

5.10.2　改良：减少脂肪、盐、糖和消化能力

当前一代的许多植物基食品都准确地模拟了它们想要取代的动物性食品的外观、感觉和味道。然而，在某些情况下，它们的营养状况可能与健康饮食不一致。例如，它们可能含有过多的卡路里，或者过多的脂肪、盐和糖。此外，它们可能是高度加工的食物，在胃肠道内会快速消化，从而导致血糖和脂质水平飙升，从而使激素系统失调。因此，许多植物基食品有必要重新配方，以提高其营养成分和消化率。

减少脂肪：脂肪在决定食品理想的物理化学和结构特性方面发挥着许多重要作用，有助于改善食品的外观、结构、口感和偏好（Chung et al.，2016）。因此，去除脂肪会对产品质量产生不利影响。重要的是要制定有效的策略来取代脂肪通常提供的理想特性。植物基食品中脂肪滴提供的奶油状外观可以使用其他种类的散射光的食品级颗粒来模仿，如蛋白质或难以消化的碳水化合物。可以使用增加水相黏度的水胶体或食品级颗粒，如黄原胶、瓜尔胶、刺槐豆胶、微晶纤维素或蛋白质颗粒，来模拟脂肪滴提供的质地特性。脂肪相保持油溶性蛋白质、维生素或其他物质的能力可以通过使用不易消化的脂质形式（如矿物油或糖脂肪酸酯）或使用热量较低的脂质来获得。

还原糖：糖可能以简单碳水化合物的形式存在，如单糖（葡萄糖和果糖）和双糖（如蔗糖和乳糖）。或者，它们可能来自可消化的淀粉，这些淀粉在人体肠道中被淀粉酶分解并释放葡萄糖。许多营养科学家认为，经常食用含有高水平快速吸附糖的食物可能会导致健康问题，如肥胖和糖尿病（Lang et al.，2021）。因此，食品科学家正试图找出在不改变其理想的物理化学或感官特性的情况下降低食品含糖量的有效方法（Hutchings et al.，2019）。这需要识别能够模仿糖通常提供的属性的成

分或结构。单糖通常用于在烹饪过程中（通过美拉德反应）提供甜味或更复杂的风味和颜色。淀粉通常用作增稠剂、凝胶剂或保水剂，以提供理想的质地和口感。单糖提供的甜味通常可以通过使用天然或合成的低热量甜味剂来代替。

一般来说，食品中使用的代糖剂主要有两类，根据产生某种甜味所需的浓度进行分类：低强度和高强度甜味剂（表 5.6）。低强度甜味剂通常必须以与糖相当相似的浓度使用，但它们的能量或对健康的不良影响较少，因为与葡萄糖或蔗糖相比，它们通常以较低的速率吸收并以不同的方式代谢。这类甜味剂包括天然糖（如水果中的阿洛酮糖）或通过化学修饰糖形成的多元醇（如山梨醇、甘露醇和木糖醇）。高强度人工甜味剂比糖具有更强的甜味，因此它们可以在更低的浓度下使用。这类甜味剂可以通过化学合成，如阿斯巴甜、糖精和三氯蔗糖，也可以从天然植物来源（如甜菊糖或甘草甜素）中提取。

表 5.6　不同种类的代糖的相对甜度

成分	相对甜度/(kcal/g)	成分	相对甜度/(kcal/g)
糖类		低强度	
蔗糖	100（3.9）	山梨糖醇	60（2.6）
果糖	150（3.6）	麦芽糖醇	70（2.1）
葡萄糖	70（3.8）	甘露糖醇	60（1.6）
乳糖	20（3.9）	乳糖醇	40（2.0）
果葡糖浆	100（2.7）	木糖醇	100（2.4）
蜂蜜	100（3.0）	赤藓糖醇	70（0.2）
		阿洛酮糖	70（0.3）
高强度（天然）		高强度（人工）	
甘草酸	75	安赛蜜	200
罗汉果	200	高倍甜味剂爱德万甜	20，000
甜菊糖苷	300	阿斯巴甜	200
		纽甜	10，000
		邻磺酰苯甲酰亚胺（糖精）	400
		三氯蔗糖	600

注　括号中的数字是每克的千卡热量。将相对甜度与蔗糖的相对甜度进行比较，蔗糖的甜度为 100。

在植物基食品中使用这些代糖时，需要考虑许多因素。第一，除了提供理想的甜味外，这些代糖还可能具有不理想的甜味，包括涩味、苦味和金属味（表 5.7）。第二，代糖的甜味强度与时间的关系通常与天然糖不同。例如，一些糖替代品提供了快速的初始甜味，并迅速消退，而另一些则提供了长期感知的更渐进的甜味（图 5.8）。因此，代糖不能完全符合天然糖的喜好，这可能导致消费者接受度低。第三，在烹饪过程中，代糖可能不会参与食品中的相同化学反应（如美拉德反应或焦糖化反应），因此它们不会产生所需颜色和口味的相同反应产物。第四，用代糖取代糖可能会导致食物的体积、质地或水分活度发生变化，从而改变其物理化学、稳定性和感官特性。第五，一些消费者担心合成甜味剂对人体健康的潜在不利影响，因此应避免使用含有这些成分的产品。

表 5.7　不同天然和人工甜味剂的甜味、苦味、酸味和金属味的感官评分

甜味剂	甜味	苦味	酸味	金属味
蔗糖	82	7	7	11
糖精	62	25	12	28
安赛蜜	69	31	7	33
阿斯巴甜	69	4	6	15
纽甜	76	22	14	29

淀粉通常被用来在食物中提供理想的质地和口感。这些特性有时可以通过使用其他成分来替代，如水胶体。这些可以以分子形式使用，也可以转化为设计用于模拟淀粉颗粒的微凝胶。第 2 章详细讨论了水胶体作为增稠、凝胶和保水成分的用途。许多水胶体是膳食纤维。因此，当它们被用来代替食物中的淀粉时，可以对健康有益，因为它们可以降低卡路里含量，不会导致血糖水平飙升，促进健康的肠道菌群，增加排便，并具有各种其他理想的生物活性作用。

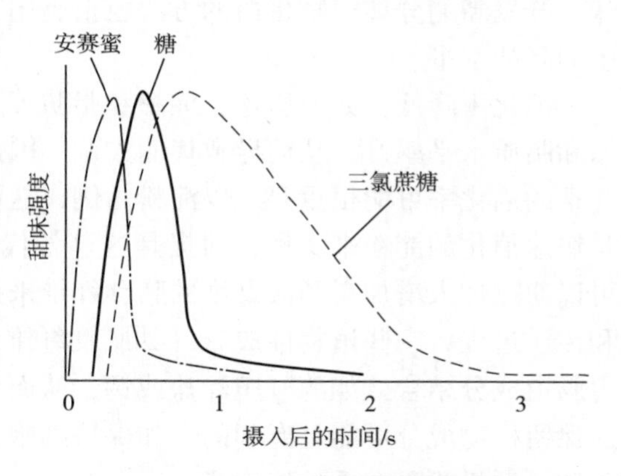

图 5.8　不同甜味剂的甜味强度随时间的变化是不同的，这会影响人们对它们的感知

甜味剂和水胶体的表现与食品中的糖和淀粉不同。因此，生产含糖量降低的植物基食品需要仔细重新配方，以确保它们具有理想的质量特性，如外观、质地、口感和口感。

减少盐分：食物中盐分的存在很重要，因为它有助于食品的理想味道（咸味），并发挥各种其他作用（Jaenke et al.，2017；Kuo et al.，2014）。例如，盐的存在会影响食品基质内的静电相互作用，从而改变其他成分的溶解度和功能。盐可以由食品制造商添加作为促进剂，也可以存在于用于配制产品的其他成分中。特别地，植物蛋白通常含有高盐含量，因为它们是用盐析方法分离的。长期摄入高水平的盐会增加患高血压和脑卒中的风险。因此，降低植物基食品（尤其是肉类）中的盐含量以改善其营养状况是有利的。

已经研究了许多策略在不改变其理想的物理化学和感官特性的情况下降低食物的含盐量，如隐形减盐、咸味增强、多感官效应、盐晶体设计和钠替代（Kuo，et al.，2014）。随着时间的推移，商业食品的含盐量可以逐渐降低，这样消费者就不会注意到它们的咸度发生显著变化。可以在食物中添加特定的成分，以增加食物的咸味，如味精。在这种情况下，可以使用较低量的盐来产生相同的咸味。研究人员正在寻找其他种类的天然植物增盐剂，也可以用于此目的。一些研究人员调控了干燥食品中盐晶体的大小和形态，以提高它们的溶解速度，从而提高它们的风味强度。例如，英国研究人员生产出了可以快速溶解在唾液中的中空小盐晶体，这使他们可以少用25%~50%的盐来产生同样的咸味。另外，一种策略是将盐捕获在口腔内爆发释放的小颗粒中。这是因为口腔内盐浓度的快速波动被认为比随着时间的推移具有恒定的盐浓度的风味更强烈。因此，可以使用更少的总盐来产生相同的咸味。开发新的分离植物蛋白的方法也很有用，这种方法不会导致最终蛋白粉末成分中的高盐水平。

消化率降低：如前所述，淀粉和脂肪等大量营养素的快速消化和吸收会导致血糖和脂质水平飙升，从而导致代谢失调。因此，重新配方植物基食品以降低大量营养素的消化率可能很重要。以淀粉为例，这可以通过使用缓慢消化或抗性淀粉而不是快速消化的淀粉来实现，前提是这种替代不会对产品质量产生不利影响。或者，可以通过加入增加胃肠液黏度的膳食纤维来抑制大量营养素的消化，从而减缓混合和传质过程。一些植物性成分（如膳食纤维或多酚）还可以与参与脂质消化的关键胃肠道成分结合，如酶、胆汁盐或钙，从而延缓消化过程。另外，以较少加工的形式保留植物成分可能是有利的，如保持细胞壁完整会抑制消化酶到达植物组织内的脂肪、淀粉或蛋白质的能力。

5.10.3 农业和加工方法

植物基食品的营养质量也可以通过开发新的农业和加工实践来提高。选择性育种或现代基因工程方法可用于生产含有高水平所需营养素的农业作物，如优质蛋白质、多不饱和脂质、维生素、矿物质或生物活性物质。此外，可以通过优化诸如土壤健康和肥料使用等农艺条件来提高作物中这些所需营养物质的浓度。食品加工操作也可以重新设计，通过减少制造过程中营养素的去除或化学降解，提高最终产品中所需营养素的含量。

5.11　微生物和化学毒素

从动物性饮食转向植源性饮食时，还应该考虑一些额外的健康问题。植物中的微生物和化学污染物与动物中的不同，因此制定适当的缓解策略和测试方案来解决这一点很重要。从植物中提取的食品成分可能含有杀虫剂或化肥，应尽量减少这些农药或化肥，以避免对人类健康产生不利影响。这可以通过在作物生长过程中适时地使用杀虫剂和化肥，以及适当的处理和加工来实现。藻类和微藻可以吸收环境中水中的有害重金属，如果它们成为食物链的一部分，可能会造成问题（Cavallo et al.，2021）。因此，重要的是在远离污染水域的地方种植和收获这些产品，并有良好的分析方法来确定污染程度。

微生物问题也需要解决。例如，一些植物来源的成分可能被细菌污染，如蜡样芽孢杆菌、沙门氏菌或大肠杆菌，后两种微生物是由于鸟类或啮齿动物在储存过程中接触到农作物而产生的。它们也可能在野外或运输过程中被各种真菌毒素污染，如某些曲霉属、镰刀菌属或青霉属，这些真菌毒素会对人类造成急性或慢性毒性（Alshannaq et al.，2017）。因此，从农作物中提取的食品成分在用于配制植物基食品之前应仔细处理、清洁和加工，以避免这些不利的健康影响。总之，植物基食品与动物性食品存在不同的食品安全挑战，在开发这些产品时应仔细考虑这一点。

5.12　结论

从动物性饮食转向植源性饮食显然会对营养和健康产生影响。正如哈佛大学公共卫生学院的胡教授所说，“植源性饮食不是健康饮食的代名词”（Hemler，et al.，2019）。重要的是选择健康的植物基食物，如水果、蔬菜、豆类、坚果和全谷物，而不是不健康的食物，如精制谷物、土豆、零食、糖果和含糖饮料。在计划一种控制良好的植源性饮食以避免任何潜在的营养缺乏症（如维生素 B_{12}）时，这一点也很重要（Hemler，et al.，2019）。研究表明，即使在饮食中相对少量地减少动物性食物的摄入，也会对人类健康产生重大改善。事实上，《EAT-柳叶刀》委员会估计，如果人们采用更多的植源性饮食，全球每年的死亡人数将减少1100万，同时也对环境产生重大的益处。尽管如此，目前这一代的许多高度加工食品可能对人类健康有害，因为它们含有高水平的卡路里、饱和脂肪、糖和盐，并且会被快速消化和吸收。随着食品制造商开发传统肉类、鱼类、蛋类和乳制品的新植物替代品，他们必须考虑营养属性，如常量营养成分、消化率和生物利用度，以及整体食品基质对这些属性的影响。然后，就有可能生产出对人类健康和地球都有益的食品。

参考文献

参考文献

第6章　肉类和鱼类替代品

6.1　引言

自古以来，人们就食用植物基肉类替代品这类可以提供丰富蛋白质的食物，尤其是在中国和印度等亚洲地区。典型的例子有豆腐（由大豆制成）、豆豉（由大豆制成）和素肉（由小麦制成）。人类食用豆腐的历史可以追溯到2000年前的中国汉朝（He et al.，2020）。然而，这些植物基食品并不能准确地模拟真实肉类产品的感官和营养属性，如其外观、质地、风味和营养成分。在过去的几十年里，许多食品公司生产了旨在模仿真正肉类产品特性的素食和纯素食品，但它们的质量往往相对较差，消费者的接受度也不高。然而最近一些食品公司开发了更准确地模拟理想品质特性的植物基肉和植物基海鲜类似物（图6.1，表6.1）。这些产品的可获得性是导致人们越来越多地选择植物基食品的主要原因之一。一些公司已经推出了各种商业上成功的植物基肉类产品，包括汉堡、香肠、肉糜和肉块。此外，在这个领域也正在成立一些新公司，而且许多传统的食品公司也在将植物基替代品添加到他们现有的肉类产品组合中，这为纯素食者、素食者和非素食者增加了可选择食品的多样性。

图6.1　商业化的植物基肉类和海鲜产品的例子

表 6.1　2021 年市场上的部分肉类模拟产品

产品	成分
未来汉堡排	水，豌豆蛋白，压榨菜籽油，精炼椰子油，大米蛋白，天然香料，干酵母，可可脂，甲基纤维素，以及添加量少于 1%的下列成分［马铃薯淀粉、盐、氯化钾、甜菜汁色素、苹果提取物、石榴浓缩物、葵花籽卵磷脂、醋、浓缩柠檬汁、硫酸锌、烟酰胺（维生素 B_3）、盐酸吡哆醇（维生素 B_6）、氰钴胺（维生素 B_{12}）、泛酸钙］
不可能汉堡排	水，大豆浓缩蛋白，椰子油，葵花油，天然香料，以及添加量少于 2%的成分［马铃薯蛋白、甲基纤维素、酵母提取物、发酵葡萄糖、食品改性淀粉、豆血红蛋白、盐、大豆分离蛋白、混合生育酚（维生素 E）、葡萄糖酸锌、盐酸硫胺（维生素 B_1）、抗坏血酸钠（维生素 C）、烟酸、盐酸吡哆醇（维生素 B_6）、核黄素（维生素 B_2）、维生素 B_{12}］
晨星农场格里勒原创汉堡排	水，小麦蛋白，大豆粉，植物油（玉米、菜籽和/或葵花籽油），蛋清粉，酪蛋白酸钙，玉米淀粉，含有 2%或更少的成分［洋葱粉、酱油粉（大豆、盐、小麦）、甲基纤维素、熟洋葱和胡萝卜浓缩汁、盐、天然香料、大豆分离蛋白、大蒜粉、香料、糖、阿拉伯胶、乳清、酵母提取物、黄原胶、马铃薯淀粉、番茄酱（番茄）、洋葱浓缩汁］
植物基肉丸	水，大豆浓缩蛋白，菜籽油，谷朊粉，大豆分离蛋白，浓缩小麦粉，小麦粉，烟酸，还原铁，单硝酸硫胺，核黄素，叶酸，2%或更少的成分（甲基纤维素、酵母提取物、洋葱粉、盐、大麦芽提取物、香料、大蒜粉、糖、茴香、天然香料、红胡椒粉、酵母）
糖浆火腿	水，谷朊粉，有机豆腐（水、有机大豆、氯化镁、氯化钙），压榨菜籽油，含有少于 2%的成分［海盐、香料、大蒜颗粒、蔗糖、天然香料、天然烟熏味香料、色素（番茄红素、紫胡萝卜汁）、燕麦纤维、卡拉胶、葡萄糖、魔芋、氯化钾、黄原胶］
植物基鸡块	小麦粉，真菌蛋白（34%），水，蛋清，小麦淀粉，菜籽油，含有 2%或更少的成分［酪蛋白、糖、组织化小麦蛋白（小麦蛋白、小麦粉）、鼠尾草、马铃薯糊精、洋葱粉、酵母提取物、瓜尔胶、小麦面筋、果胶、盐、氯化钙、改性玉米淀粉、醋酸钙、豌豆纤维、酵母、葡萄糖、胡椒、白砂糖］
亚洲风味菲力片	水，25.3%的大豆蛋白，植物油（向日葵、菜籽），醋酸，糖，酵母提取物，芝麻酱（大豆、水、盐），玉米淀粉，盐，调味品，香料（大蒜、辣椒、红辣椒、肉桂、姜），番茄粉，亚麻籽粉，色素（红辣椒提取物）
天然植物基肉	水，31%的植物蛋白（豌豆、向日葵、燕麦），豌豆纤维，菜籽油，香料制剂，维生素 B_{12}

一些技术的创新使高质量的肉类和海产品类似物的产生成为了可能。组织化植物蛋白（TVP）于20世纪60年代投放市场，是最早用于制造植物基产品的原料之一，旨在模仿肉类的纹理属性（Riaz，2011）。从那时起，植物基肉生产的科学和技术有了很大的进步，特别是创新的功能成分和加工技术的出现，以及结构设计原则的发展和应用。这些进步促进了前面提到的高品质肉类和海鲜产品类似物的产生（图6.1）。然而，这些产品的成功也是由于消费者对植物基食品的需求不断增加，因为他们也关注到了与现代食品供应相关的环境、健康和动物福利等问题（第1章）。这些产品的受欢迎程度也体现在其经济增长上。据报道，仅在美国，2020年植物基肉类类似物的销售额就达到了14亿美元左右，比上一年增长了45%（GFI，2020）。

消费者研究表明，如果植物基肉制品能与真正的肉制品类似的话，许多被认为是肉食者的西方消费者就更愿意改用植物基肉制品，（Elzerman et al.，2011；Hoek et al.，2011）。这凸显了创造能够准确模拟真肉的味道、质地、外观和烹饪体验的肉类类似物的重要性。这样，消费者就可以简单地用植物基替代品替代现有的肉制品，而不必大幅改变他们的饮食模式，例如，用植物基肉汉堡替代牛肉汉堡。然而，仍有一些社会因素在阻碍着植物基肉类产品的发展（Michel et al.，2021）。

目前这一代的植物基肉类类似物通常使用豌豆、大豆或小麦蛋白作为其主要的蛋白质来源，但其他蛋白质也正在被探索和采用。许多其他功能成分被添加到配方中以提高它们的风味（如香精、香草、香料和盐）、外观（如着色剂和上光剂）、质地（如增稠、胶凝或结合剂）和营养价值（如维生素和矿物质）。因此，植物基类似物的配料表通常比真正的肉类产品的配料表长很多。需要进行研究以了解不同的功能成分在植物基食品中的作用，这将使配方师能够减少所需成分的总数，并选择更适合标签的成分。为了更好地了解植物基肉制品应该具有什么样的特性，本章首先简要介绍了真正肉类最重要的结构特性、物理化学特性、功能特性和感官特性。

6.2　肉类和鱼类的特性

陆地上的动物，如牛、猪、羊和鸡，在人类历史上和史前时期一直被用作食物来源（Standage，2009）。在动物身上发现的大多数器官和组织都被用于食用，包括四肢、胸脯、背部、腹部、肾脏、肝脏、心脏、大脑、舌头、皮肤和骨骼。然而，在许多国家，最经常消费的肉制品是由肌肉纤维、结缔组织和脂肪组织组成的，因此这些成分将是本节讨论的重点。肌肉组织通常由大约75%的水、19%的蛋白质、2.5%的脂肪、1.2%的碳水化合物以及2.3%的其他化合物（如非蛋白氮和矿物质）

组成，但这些数值因动物和肌肉类型的不同而不同（López-Bote，2017）。人类在历史上也一直在食用鱼，鱼主要含有水（70%~80%）、蛋白质（15%~20%）和脂肪（2%~5%）（Kazir et al.，2021）。

6.2.1 肌肉结构和组成

动物组织由复杂的层次结构组成（图6.2），这一特性促成了肉类和鱼类产品独特的理化和感官特性（Prayson et al.，2008）。下面将主要介绍陆地动物肉的结构和组成，而鱼肉具有类似的特性，但也有一些重要的区别（Ochiai et al.，2020）。主要的区别是鱼肉含有由结缔组织鞘（myocommata）隔开的多层肌肉结构（myotomes），而不是肌肉束。鱼肉的结缔组织也更柔软，因为陆地动物主要有Ⅰ型和Ⅲ型纤维胶原蛋白，而鱼类主要有Ⅰ型和Ⅴ型胶原蛋白（Listrat et al.，2016），肌肉组织的这种结构差异主要是因为鱼类不需要持续地对抗重力。此外，鱼类将脂肪储存在肌周膜和肌隔皮下，而哺乳动物将脂肪储存在皮下、肌间和肌内（Listra et al.，2016）。然而，这两种类型的肌肉都由收缩元素组成，这些内容将在本节中进行讨论。

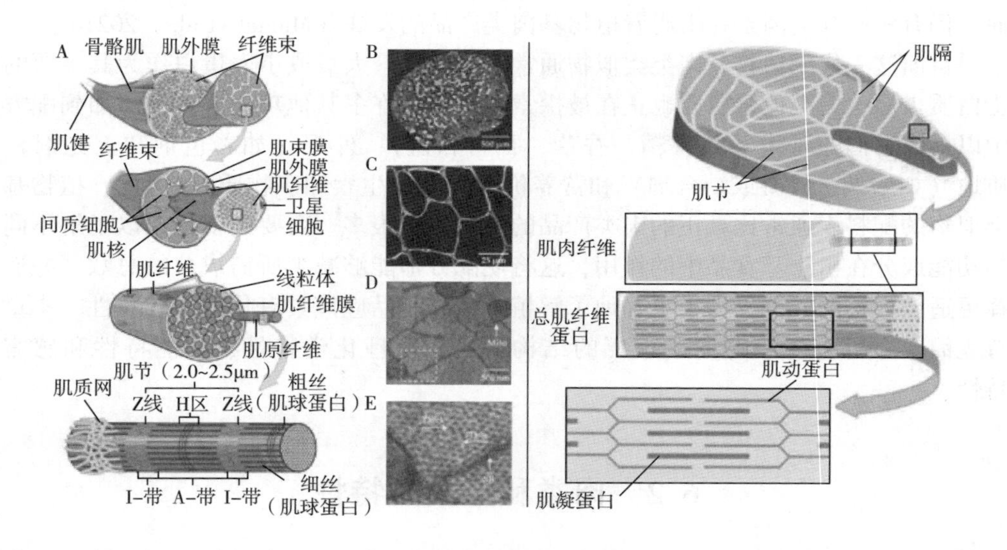

图6.2 肉（左）和鱼（右）的肌肉具有复杂的层次结构，用植物蛋白很难模仿。特别是肌肉包含几个由肌纤维组成的肌束，这些肌纤维由肌原纤维构成。所有这些结构都是由结缔组织层连接和稳定的。此外，脂肪沉积在肌束之间（未显示）。B=染色的肌纤维；C=肌膜（白色）和细胞核（绿色）；D=围绕单个肌纤维的浆液网以及线粒体；E=厚和薄的肌纤维

在活的动物中，肌肉纤维的主要功能是使肌肉收缩和舒张，从而使动物能够四处活动（Lawrie et al.，2006）。肌肉通过肌腱连接，将力量从肌肉传递到骨骼结

构。这些肌腱大多在食用前被修剪掉，主要留下肌肉组织供食用。肌肉本身由束状物组成，束状物本身是由肌肉纤维束组装而成的（图 6.2）。每根骨骼肌纤维都是一个圆柱形肌细胞，由几个核组成，这些核产生肌肉结构所需的所有不同类型的蛋白质。肌肉纤维本身有一种复杂结构，由被称为肌原纤维的蛋白质束组成。它们是由几种不同种类的肌肉蛋白质组成的肌节组成的，包括肌球蛋白、肌动蛋白、肌联蛋白、伴肌动蛋白和肌钙蛋白。肌球蛋白（5.5%）和肌动蛋白（2.5%）占据了系统中总肌纤维蛋白（11.5%）的主要份额（López-Bote，2017）。这些蛋白质对肉制品的凝胶化、乳化、黏附和流体结合（油、水）特性做出了重大贡献。此外，肌节是基本的收缩单位，它在激活时通过 ATP 使肌肉收缩。

脂肪细胞（adipocytes）也是动物肌肉的主要成分。脂肪细胞可以长到直径超过 100μm。在鱼类中，脂肪含量的增加会导致肌隔厚度的增加（Listrat et al.，2016）。一般来说，动物以甘油三酯的形式储存脂肪。几个脂肪细胞通过结缔组织组合在一起形成脂肪组织，脂肪组织作为能量储备和动物的保温发挥作用。它还通过释放各种激素在维持营养和能量稳态方面发挥重要作用（Stern et al.，2016）。肉类主要含有三种白色脂肪：皮下脂肪、肌间脂肪和肌内脂肪（Purslow，2017）。皮下脂肪是指肌肉和皮肤之间的厚厚的脂肪组织层。肌间脂肪是储存在不同肌肉之间的组织，而肌内脂肪（大理石纹）则位于肌肉组织内。这些组织通常具有高比例的 16∶0（棕榈酸）、18∶0（硬脂酸）和 18∶1（油酸）脂肪酸，而在猪肌肉中发现的脂肪也含有相当数量的 18∶2（亚油酸）脂肪酸（López-Bote，2017）。动物脂肪中高水平的饱和脂肪酸和结缔组织赋予了它独特的黏弹性特性，这是肉及其产品的质地和感官属性的重要组成部分。这种结构很难用植物性成分来模仿，因为结缔组织的结构性蛋白质和饱和脂质的组合在植物中是不存在的。

其他肌肉中发现的主要成分是结缔组织。结缔组织围绕着不同的肌肉结构以支持和保护它们。结缔组织还分离了肌肉中的不同层次结构，导致其特有的各向异性结构。如果没有结缔组织，肌肉纤维不会被分离成单独的纤维，肌肉束也不会作为单独的肌肉束出现。肌肉的各向异性结构是造成真肉的感觉和纹理属性的主要因素之一。肌肉中不同的结缔组织层被称为肌外膜、肌周膜和肌内膜（图 6.2）。肌外膜围绕着整个肌肉，肌周膜保护着肌肉纤维束，肌内膜围绕着每一根肌肉纤维。结缔组织中的主要蛋白质是胶原蛋白和弹性蛋白。胶原蛋白约占总肌肉质量的 1.0%。在分子水平上，胶原蛋白形成超螺旋的三螺旋多肽结构，含有相对较高比例的甘氨酸、脯氨酸和羟脯氨酸（Purslow，2017）。

在肌肉中发现的结缔组织对肉的嫩度起着关键作用，这取决于各种特性，如肌肉类型、年龄和动物的类型。在胶原蛋白凝胶化之前，结缔组织大幅降低了肉的嫩度，因为三螺旋有助于提高硬度。当加热时，胶原蛋白在 64~68℃ 变性，这有助于纤维的收缩并导致失水增加。这在一开始会降低肉的嫩度，尤其是从老动物身上获得的肌肉。然而，一旦温度进一步提高到80~90℃，胶原蛋白就会凝胶化，从而增加嫩度（Weston et al.，2002）。加热过程中胶原蛋白结构的变化是肉类在烹饪过程中质地改变的原因之一。因此，尝试使用植物性原料来模仿这种行为是很重要的。

肌肉纤维、结缔组织和脂肪细胞都在决定肉的整体结构和特性方面发挥着重要作用。从流变学的角度来看，肉可以被归类为黏弹性固体，它在变形时表现出黏性和弹性行为。此外，肉具有各向异性的结构特性，这意味着在平行或垂直方向上施加应力时，它的反应是不同的。图 6.3 显示了鱼（三文鱼）的动态剪切模量在应变增加时的变化。这些测量结果与组织具有肌肉纤维、结缔组织和脂肪组织的三维网络结构是一致的，因此，弹性模量大于黏性模量（$G'>G''$）。一旦超过一定的剪切应变，剪切模量就会明显下降，这可以归因于这种三维网络结构的破坏。

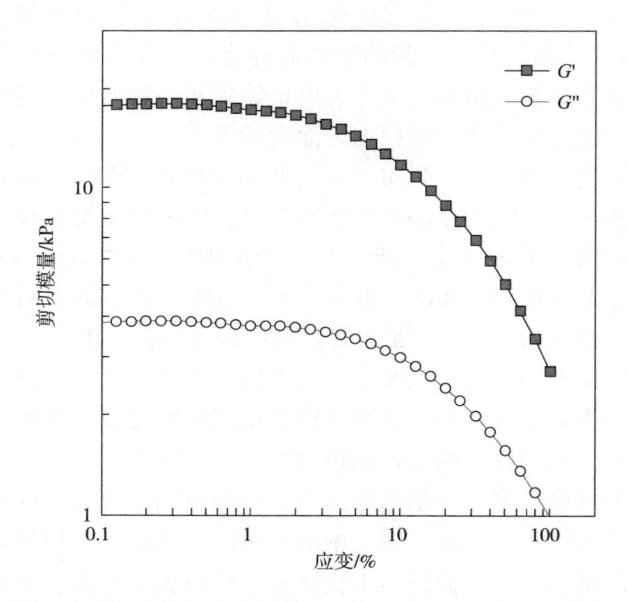

图 6.3 剪切应变增加时三文鱼的动态弹性模量（G'）和黏性模量（G''）的变化。弹性模量比黏性模量大，因为鱼主要是固体形态的。由于肌肉组织中的三维网络结构被破坏，高应变时剪切模量下降

因此，生产植物基肉类替代品的一个重要目的是模仿肉类的复杂各向异性结构（图 6.2），因为这种结构在决定肉类的质地和感官属性方面起着重要作用（Krintiras et al.，2014）。

6.2.2 外观

整个肉类是光学上不透明的半固体材料，其颜色取决于存在的天然色素（如肌

红蛋白）的类型和水平。肉类看起来不透明，因为它含有与光的波长相似的异质性，如蛋白质纤维或脂肪细胞，它们会对进入的光进行扩散散射。在鱼类中，浅外侧红肌具有高含量的肌红蛋白，颜色丰富（通常是棕色），而白肌肉几乎是半透明的（Listrat et al.，2016）。三文鱼的橙色和红色不是由肌肉色素引起的，而是由鱼摄入的类胡萝卜素引起的。肌红蛋白和氧合肌红蛋白（含有 O_2 分子并含有 Fe^{2+} 的肌红蛋白）通常强烈吸收的波长约为476nm（蓝色）和572nm（黄色）左右，但不吸收更高波长的光（红色）。因此，红色光波从生肉表面反射出来，从而使其呈现特有的红色外观（Bjelanovic et al.，2013；Wright et al.，2015）。

在食品制备过程中，肉制品的外观会发生特殊的变化。例如，从有光泽的红色或粉红色生牛排变为无光泽的棕色熟牛排，从有光泽的粉红色生鸡胸肉变为米黄色熟鸡肉。这些热诱导的颜色变化通常在特定的时间和温度范围内发生，这是由于在加热过程中产品内部发生了化学反应（图6.4）。在烹饪过程中，肉制品外观的改变也受不同成分的物理状态和结构组织的变化所制约，这些变化会改变光散射的程度（Toldra，2017）。在烹饪之前，生的整个肌肉组织呈现有光泽和不透明的外观，颜色为粉红色到红色（取决于动物品种）。出现光泽的原因是光波被光滑湿润的肉表面反射（第4章）。烹饪后会导致肉类外观无光泽，这是因为表面的一些水蒸发了，导致表面干燥，质地粗糙。此外，蛋白质变性导致不规则结构的形成，这也增加了表面的粗糙度。因此，光波从肉的表面漫反射散射，形成无光泽的外观。

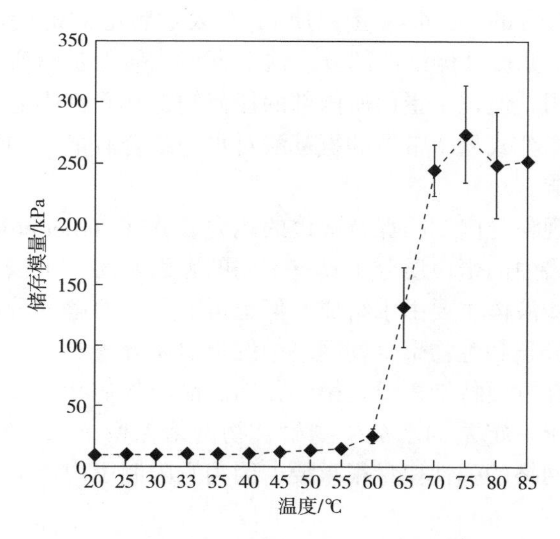

图6.4　在乳化香肠的生产过程中，加热肉浆时，肌纤维蛋白的变性诱发了黏弹性凝胶的形成，G' 在60℃以上急剧增加表明了这一点。这里显示的肉浆由75%的猪肉和25%的水组成

6.2.3 质地

如前所述，肉的半固体质地（图 6.3）是由于存在一个结构复杂的三维网络，包括肌肉纤维、结缔组织和脂肪组织，它们主要通过物理相互作用，如范德瓦耳斯力、氢键、静电吸引和疏水键而结合在一起（Acton et al.，1984；Xiong，1994）。当产品被加热时，由于蛋白质的热变性和聚集，以及水分的蒸发，这种凝胶网络的结构组织会发生变化。因此，在烹饪过程中，肉的质构特性会以一种特有的方式改变。特别地，软化和硬化通常发生在肉类蛋白发生热转变的温度下。

6.2.4 烹饪损失和热诱导变化

烹饪损失是指在烹饪过程中由于液体（通常含有水、蛋白质、矿物质和脂类）的排出和蒸发而导致的肉制品质量的减少。肉类的流体保持性能取决于生物聚合物与溶剂的相互作用、生物聚合物凝胶网络的弹性模量以及与生物聚合物凝胶网络内外矿物质离子分布不均有关的渗透压（Cornet et al.，2021）。氨基酸可以结合 1 个水分子（非极性）、2~3 个水分子（极性）或多达 7 个水分子（离子性），这取决于它们的侧链（Zayas，1997）。在有利于蛋白质分子高电荷的环境条件下（即 pH 值≠pI 和低离子强度），更有利于水被吸收到基质中。这是因为带电荷的蛋白质残基可以与水相互作用，可以用以下公式来近似表示（Schnepf，1992）：

$$A = f_e + 0.4f_p + 0.2f_n \tag{6.1}$$

式中，A 表示结合水的量（g 水/g 蛋白质）；f_e 表示带电侧链的部分；f_p 表示极性侧链的部分；f_n 表示非极性侧链的部分。这个方程式假设蛋白质中的所有氨基酸侧链都能与水相互作用，但位于蛋白质内部的任何侧链几乎都不能与水直接作用。正如预期的那样，这个公式显示带电的氨基酸对水的结合有最大的影响，因此对持水能力也有最大的影响。

一些物理化学现象与肉制品保持液体的能力有关（Cornet et al.，2021）。第一，三维生物聚合物网络中的蛋白质分子具有不同的表面基团，可以与肉中的液体分子发生相互作用。这些液体主要由水组成，但也可能包含溶解或分散的蛋白质、盐和脂滴。液体中的水分子和生物聚合物网络中的蛋白质分子之间的相互作用在决定肉制品的流体保持特性方面特别重要。第二，肉制品内外矿物质离子的不平衡产生了渗透压力，这有利于一定量的水被生物聚合物网络保留下来（以降低浓度梯度）。第三，生物聚合物网络的弹性模量很重要，因为它限制了肉制品在水存在时的膨胀或塌陷情况。

毛细管压力也是肉制品流体保持特性的方法之一。如果肉制品中的蛋白质网络被脱水，将有一个与释放的空气—蛋白质界面相关的巨大的正自由能变化。如果将这种脱水的肉制品置于水中，水分子将进入蛋白质网络，以减少蛋白质和空气之间的接触面积。这个过程的驱动力是空气—蛋白质界面张力比水—蛋白质界面张力高（热力学更不利）。因此，水会被吸收到蛋白质网络的孔隙中。毛细管压力 p_c 可以表示为：

$$p_c = \frac{2\gamma\theta}{r} \tag{6.2}$$

式中，γ 是两相之间的界面张力；θ 是液体在材料（即蛋白质）表面的润湿角；r 是孔隙的半径。因此，为了使液体在孔隙中得到最佳保留，孔隙应该很小并且具有良好的润湿性。在存在水的情况下，这将意味着蛋白质表面和水分子之间可以形成氢键。此外，孔隙应具有机械阻力，以尽量减少其在烹饪过程中的破坏（如消失或增长），因为这将促进液体的排出。

水通常分几层被蛋白质吸收。一些水直接与蛋白质结合（结合水），但更多层的水结合得更松散（多层水），水离蛋白质表面越远，发生的相互作用就越少。在肉类中，大约1%的水与蛋白质结合，而75%是肌纤维内水，10%是肌纤维外水，其余15%是细胞间水（Warner，2017）。这些液体的流失是肉明显萎缩、嫩度和多汁性发生变化的一个主要原因。由于存在的各种蛋白质的结构组织和相互作用的变化，肉的质地在烹调时也会发生变化（Hughes et al.，2014；Yu et al.，2017）。

在烹饪过程中，有两个过程主要制约着肉类的结构变化：蛋白质变性和脂肪熔化。不同种类的肉类蛋白有不同的变性温度，这影响了肉的烹饪行为。肌球蛋白通常在40~60℃变性，其中肌球蛋白S1亚片段在42~48℃变性，肌球蛋白尾部变性在55℃左右（Wu et al.，2009）。肌动蛋白具有相当高的变性温度，为70~80℃（Warner，2017）。肌浆蛋白的变性通常介于肌凝蛋白和肌动蛋白之间，通常在50~70℃（Yu et al.，2017）。肉类蛋白质的热转变导致肌纤维结构组织的改变，使其宽度（50~65℃）缩小，然后长度（70~75℃）缩小，这导致一些夹带液体被挤出，以及肉类变韧（Purslow et al.，2016）。肌纤维蛋白的变性导致肉糜在加热时从主要的黏弹性液体变成黏弹性固体，如在乳化香肠生产过程中的变化（图6.4）。

相反，在加热过程中，由于结缔组织中胶原蛋白分子的三螺旋结构被解开，可能会出现肉的软化。如前所述，胶原蛋白通常在64~68℃变性，但根据物种、年龄和动物的健康状况，可以观察到更低或更高的变性温度（Park et al.，2012）。胶原蛋白变性导致纤维的收缩，从而导致一些液体被挤压出来。这最初会降低肉的嫩度，特别是在老龄动物的肌肉中。如果温度进一步提高到80~90℃，胶原蛋白会凝胶化，从而增加嫩度（Weston et al.，2002）。在鱼类中，胶原蛋白的热稳定性很低，因此对嫩度没有重大影响。相反，鱼的嫩度主要受肌动蛋白和肌球蛋白的影响（Listrat et al.，2016）。

在烹饪过程中影响肉类质地的另一个相变是脂肪的熔化。在冰箱温度下，肉类中相当一部分的脂质相通常是结晶的，这有助于其机械强度。在加热时，固体脂肪含量（SFC）随着越来越多的脂肪晶体熔化而减少，这导致了半固体脂质相的破坏和软化。据报道，猪肉脂肪的主要峰值转换通常在30℃左右，固体脂肪含量从0℃时的30%~35%下降到40~45℃时的0%（猪油）（Manaf et al.，2014）。牛油在冷藏条件下具有稍高的固体脂肪含量，而且熔化温度高于猪油（Pang et al.，2019）。然而，固体脂肪含量与温度的关系因动物而异，也取决于脂肪在动物体内的位置（Wood et al.，2008）。加热过程中脂肪相的融化通常会导致肉的脂肪部分软化。相比之下，鱼的脂肪相通常更具流动性，因为它含有高水平的多不饱和脂肪酸。

烹饪过程中肌红蛋白的热变性是影响肉类质量的另一个重要相变。未煮熟的肉的红色或粉红色是由前面讨论的肌红蛋白对光的选择性吸收造成的。肌红蛋白是一种含有血红素基团的球状蛋白质。在血红素基团中心有一个铁原子，可以以两种氧化态之一的形式存在：Fe^{2+}或Fe^{3+}（即铁离子已经“释放”了2~3个电子）。肌红蛋白的生理作用是接受血液中血红蛋白中的氧分子，然后将其运输到肌肉细胞，以促进能量的生成。在肉类中，肌红蛋白的颜色（红色、紫色或棕色）取决于血红素基团中铁的氧化状态，以及血红素是否与氧气结合。在常温下，血红素含有Fe^{2+}，Fe^{2+}有四个未配对的电子，这使其能够与氧结合，从而产生鲜红的颜色（图6.5）。

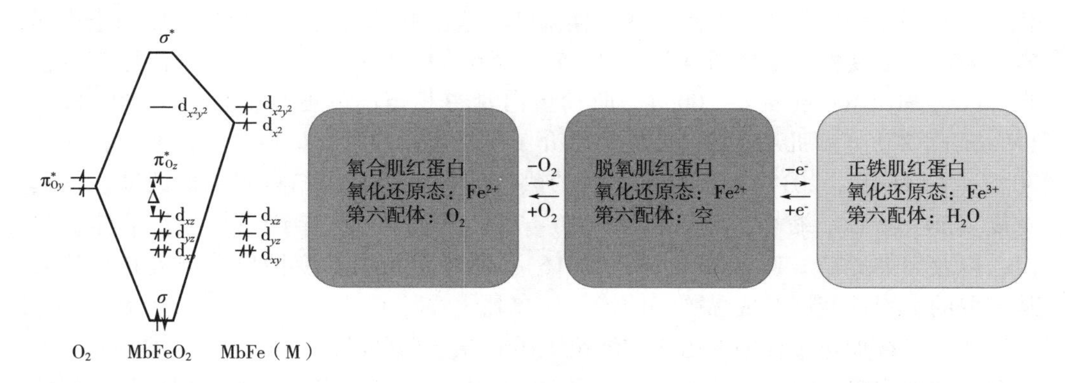

图6.5 肌红蛋白（$MbFeO_2$）与脱氧肌红蛋白（高自旋亚铁态）和二氧肌红蛋白（三重基态）键合的分子轨道图以及肌红蛋白在不同氧合和氧化还原状态下的颜色外观示意图。铁离子与肌红蛋白中的6个配体相互作用：卟啉环的4个硝基，His93的咪唑侧链，第6个是氧的结合部位

当肉被从55℃左右加热到83℃时，可见范围内的光的吸收率下降（Trout，1989）。这种颜色变化归因于肌红蛋白在高温下的变性，这使其更容易被氧化，并导致氧气的释放和Fe^{2+}向Fe^{3+}的转化。事实上，据报道，当牛肉肌肉被加热到80℃时，90%以上的肌红蛋白会变性（Trout，1989）。因此，在烹饪过程中，肉的颜色会从红色变成棕色。

最后，煮熟的肉的深棕色外壳主要是由美拉德反应引起的，美拉德反应涉及蛋白质和还原糖之间在高温和中等水分含量下的一系列复杂反应（A_w：0.4~0.8）。这些条件在烹饪过程中主要发生在肉的表面。这就是为什么它的外表是深褐色的（水分少，温度高）而内部是浅褐色的（水分多，温度低）原因。

6.2.5　风味概况和口腔加工

肉制品的独特风味是气味、味道和口感属性的结合。生肉的味道相当平淡，这表明熟肉特有的肉味是由于在烹饪过程中发生的化学变化而形成的。数千种不同化合物负责不同种类肉类的味道和气味，但其中大多数只来自少数几种成分（Flores，2017）：

- 硫胺素（维生素 B_1）→加热→硫醇、含硫化合物、呋喃、噻吩、噻唑。
- 脂类→脂肪分解→不饱和脂肪酸→氧化→烃类、醛类、醇类、酮类等。
- 蛋白质→蛋白质分解→游离氨基酸→美拉德反应→醛类、乙醛、吡嗪类、糠醛、噻吩类、吡咯类等。
- 核苷酸（如 ATP、DNA）→加热→5′-核糖核苷酸。

硫胺素降解为几种含硫化合物，而核苷酸转化为5′-核糖核苷酸，这对食用肉类时的典型的鲜美味道的形成至关重要。此外，剩余的核糖分子在美拉德反应中与氨基酸相互作用。蛋白质和脂质经过水解分别释放氨基酸和脂肪酸。不饱和游离脂肪酸与氧气反应，产生多种挥发性氧化产物，有助于提升熟肉的风味。磷脂已被证明在肉的挥发性化合物的发展中起着关键作用（Huang et al.，2010）。总的来说，肉制品的风味取决于生肉的成分，以及所使用的烹饪技术（如油炸、烘焙、烧烤、蒸和煮）。

在咀嚼过程中，肉复杂的内部结构被逐渐分解，这有助于形成其理想的口感（Lillford，2016）。肉的各向异性、纤维状结构被分解成更小的碎片，与唾液和空气混合。咀嚼过程中肉的破碎和软化意味着在较长的咀嚼时间内需要较低的机械力（Mioche et al.，2003）。有趣的是，与坚硬的干肉相比，鲜嫩多汁的牛排有不同的分解路径。肉的纤维状口感不是由初级收缩纤维引起的，而是与肌肉束本身有关（Lillford，2011）。由于肌肉束由结缔组织连接在一起，这表明胶原蛋白在咀嚼过程中对肉的质感起着重要作用。在咀嚼过程中，结缔组织保留了一些肌肉束的结构，这意味着肉没有完全断裂。一段时间后，肉被充分分解成小碎片，然后唾液和这些小碎片结合在一起（形成“食团”）后被吞下。

6.3　用于配制植物基肉类类似物的原料

上一节我们强调了肉类的复杂结构和组成，这是其质构特性和感官属性形成的原因。食品科学家们正在使用各种成分来创造以植物为基础的产品，准确地模拟肉的独特的物理化学和感官特征，同时仍然保持大致相似的营养状况。为实现这一目标，一些最常使用的功能成分有蛋白质、多糖、脂类、磷脂、水和添加剂（第2章），它们可以作为胶凝剂、质构剂、乳化剂、黏合剂、防腐剂、香精或着色剂使用（表6.1）。根据肉类产品类别所需的质地属性，通常使用特定的成分组合（Kyriakopoulou et al.，2021年）：

- 香肠类产品：组织化和非组织化的植物蛋白、黏合剂、脂肪、着色剂和香料。
- 饼状和块状产品：组织化植物蛋白、黏合剂、脂肪、着色剂和调味品。
- 全肌肉类型的产品：非组织化植物蛋白（将在加工过程中进行组织化处理）、多糖、脂肪、着色剂和香料。

对于每个产品类别，配料需要满足某些特定的功能，如组织化、凝胶、结合、乳化和持水。植物蛋白是所有这些产品中使用的关键成分之一，因为它们具有多种功能属性，而且真正的肉类产品通常具有较高的蛋白质含量。

6.3.1 植物蛋白

植物可以产生各种具有不同分子、物理化学和功能特征的蛋白质，在植物的发育、生长和功能过程中发挥不同的作用。这些蛋白质分布在整个植物组织中，包括根、茎、叶和种子。许多植物的种子中的蛋白质浓度特别高（如大豆、豌豆、玉米粒、大米和坚果）。原则上，每一种富含蛋白质的植物或植物种子，只要含有所需功能的蛋白质，都可以作为肉类替代品的成分。然而，在实践中，肉类替代品的大规模生产需要安全、价格合理、营养丰富且可大规模获得的蛋白质成分，这大幅限制了可用于此目的的植物蛋白种类。由于这个原因，目前用于配制植物基肉类类似物的最常见的蛋白质是来自大豆、豌豆、小麦、马铃薯和植物油料（如来自向日葵和油菜籽）的蛋白质（表6.1）。然而，学界正在进行积极的研究和项目开发，以确定蛋白质替代来源。大豆是目前肉类替代品中最常使用的蛋白质来源。主要原因是其价格低［2021年6月每吨成本为615美元（欧盟委员会，2021年）］，蛋白质质量相对较高［DIAAS为91（Herreman et al.，2020年）］，功能多样，数量丰富，产量高且产量稳定。豌豆蛋白的致敏性较低，其在植物基肉类配方中的利用率也越来越高（Yuliarti et al.，2021）。关于蛋白质的提取和特性的更多详细信息在第2章已给出。

用于生产肉类类似物的蛋白质需要满足一系列特定的功能特性，才能获得所需要的产品属性。表6.2给出了目前所报道的大豆、豌豆和面筋蛋白的功能特性概述。蛋白质在肉类替代品中应具备的主要功能属性是：膨胀性、胶凝性、组织化性、乳化性、黏结性、流体保持性、内聚性和黏附性。这些不同属性的相对重要性取决于所模拟的产品类别（如汉堡、香肠、肉块、肉糜或全肌肉）。

表 6.2　肉类替代品中常见的富含蛋白质配料的组成和功能概述

蛋白质配料	组成/%（质量分数）	功能	在肉类类似物中的应用
大豆分离物（碱/酸沉淀处理）	90%的蛋白质	良好的溶解性、胶凝性和乳化作用	结构加工：挤压，剪切单元，拉丝，组织化 作用：蛋白质来源，质地、黏合剂、脂肪替代物，乳化剂 产品：汉堡肉饼，肉馅，香肠
大豆分离物（额外热处理/烘烤分离物）	90%的蛋白质因热处理而变性	降低溶解度，增加持水能力，良好的胶凝性能	结构加工：挤压、剪切单元 作用：蛋白质来源，质地，黏合剂，脂肪替代品 主要产品：汉堡肉饼、肉馅、香肠
大豆浓缩物	70%的蛋白质	良好的组织化特性	加工：挤压、剪切单元 作用：蛋白质来源，组织化、黏结剂 产品：汉堡肉饼，肉馅、香肠、肌肉型产品
豆浆（喷雾干粉）	>45%的蛋白质，30%的脂肪	溶解度高，乳化性能好	过程：冷却结构化 作用：乳化剂、组织化 产品：豆腐的生产
大豆粉/面粉（脱脂的）	43%～56%的蛋白质，0.5%～9%的脂肪，3%～7%的粗纤维，>30%的总碳水化合物	结合水分和脂肪的能力，天然蛋白质	加工：挤压单元 作用：组织化、黏结剂 产品：汉堡肉饼，肉馅、香肠、肌肉型产品
小麦分离蛋白	75%～80%的蛋白质，15%～17%的碳水化合物，5%～8%的脂肪	结合力，通过二硫键形成面团/交联能力，低溶解度	加工：挤压、剪切单元 作用：黏结剂、组织化 产品：汉堡肉饼，肌肉型产品
豌豆蛋白	85%的蛋白质	水脂结合，乳化，热处理后质地牢固	结构加工：挤压，剪切单元，拉丝 作用：乳化剂、组织化、黏结剂 产品：汉堡肉饼，肉馅、香肠、肌肉型产品

大豆蛋白主要由球蛋白组成，其中 7S（β-伴大豆球蛋白）和 11S（大豆球蛋白）是存在的主要蛋白类型（Grossmann et al.，2021）。一般来说，大豆蛋白具有良好的组织化、凝胶化、乳化和流体保持特性（Nishinari et al.，2014）。然而，由于在肉类替代品生产加工过程中它们的构象和聚集状态发生了改变，从而这些特性也改变了。大豆蛋白可以使用挤压和剪切细胞加工方法轻易地进行组织化处理，这对于生产具有半固体纤维质地的植物基肉类类似物是有利的。大豆蛋白通常在挤压或剪切细胞加工过程中与其他蛋白质或碳水化合物结合，以获得所需的结构，这在第 3 章中有详细讨论（MacDonald et al.，2009；Pietschet et al.，2019）。

豌豆蛋白也被用于加工肉类类似物，因为它们数量多、成本低、功能多样、致敏性低。最重要的豌豆蛋白是 7S 豌豆球蛋白和 11S 豌豆球蛋白，它们都是球状蛋白。豌豆蛋白可以形成凝胶，但它们可能比大豆蛋白凝胶更弱（Batista et al.，2005）。豌豆蛋白已被证明具有良好的乳化、发泡和流体保持性能（Raikos et al.，2014；Sridharan et al.，2020；Zayas，1997）。它们还被证明在挤压和剪切细胞加工过程中能够形成各向异性的纤维结构（Osen et al.，2014；Schreuders et al.，2019）。豌豆蛋白的良好功能突出表现在用这种类型的蛋白加工的商业肉类类似物的数量上（表 6.1）。

小麦蛋白，如面筋（醇溶蛋白和麦谷蛋白），由于其独特的质地和其他功能特性，也常被用于肉类类似物中。一般来说，谷蛋白是一种以疏水性为主的蛋白质，具有较低的水溶性，这对其在肉类类似物中的功能表现很重要。面筋富含谷氨酰胺（约 35%）和脯氨酸（约 10%），这有利于通过蛋白质分子间的氢键和疏水键形成分子内和分子间的相互作用（Iwaki et al.，2020）。醇溶蛋白是相对较小的单体蛋白（28000~55000Da），具有很强的分子内二硫键，而麦谷蛋白是相对较大的多聚体蛋白，通过二硫键连接，形成具有高分子量（>1000 万 Da）的大型超分子结构（Wieser，2007）。纯的醇溶蛋白与水混合时相当黏稠，而纯的麦谷蛋白则形成一种坚韧的可拉伸面团，具有低弹性和高模量。然而，当这两种蛋白质结合在一起时，产生的面筋会形成一种特有的黏弹性结构，这是由于小的醇溶蛋白有能力塑化大的麦谷蛋白。面筋的高疏水性和大分子量导致其水溶性低，这也有助于其在肉类类似物中的独特质地的形成。此外，在有水的情况下，蛋白质分子之间有很强的疏水键、氢键和二硫键，这也有助于这些质地属性的形成。事实上，虽然面筋蛋白不溶于水，但它可以吸收其自身重量 225%~350%的水（Kaushik et al.，2015；Zayas，1997）。在挤压过程中，面筋蛋白已被证明在高温桶下会产生各向异性结构，这有助于模拟肉类的结构和质地（Krintiras et al.，2014；Pietsch et al.，2017）。此外，面筋的黏附性能有助于不同成分的结合，如其有助于肉类模拟汉堡生产过程中不同成分的黏合。

6.3.2 脂质

将脂质（脂肪和油）加入肉类类似物中，对于实现所需的物理化学、感官和营养特性非常重要（Kyriakopoulou et al.，2021）。根据产品的不同，脂肪含量可能从低于 5%到超过 20%不等（Bohrer，2019）。准确模仿动物脂肪组织的功能特性，特别是其质构特性，有时是很困难的。来自陆地动物的脂肪通常含有相对较高的饱和脂肪酸和单不饱和脂肪酸，这意味着它们在冷藏和室温下往往会部分结晶（表 6.3）。因此，在这些温度下，由于脂肪晶体的三维网络的形成，脂肪组织具有一些类似固体的特性。当这种类型的组织被加热时，脂肪晶体熔化，脂质相变成液体，导致脂肪组织软化。因此，脂肪相的熔化和结晶行为有助于形成真正的肉制品的质构特性。值得注意的是，某些肉类（一些猪肉制品）和大多数脂肪含量高的鱼类含有高水平的多不饱和脂肪酸，这意味着它们往往熔点较低，更像液体。因此，选择一种能够准确模拟肉或鱼类产品中脂质相的熔化和结晶行为的植物基脂质相是很重要的。

表 6.3　3 种商用植物基汉堡肉饼和 4 种肉基汉堡肉饼的脂肪酸（FA）组成（占总 FA 的百分比）的中位数和中位数 95%置信区间

脂肪酸种类	肉基		植物基	
	中位数	95%	中位数	95%
饱和脂肪酸	48.8	45.6~53.4	52.2	40.5~61.9
单不饱和脂肪酸	45.7	38.2~50.6	32.3	16.1~41.3
多不饱和脂肪酸	4.9	3.9~10.5	20.1	15.4~23.0
ω-3 多不饱和脂肪酸	0.64	0.4~0.9	3.6	0.3~4.0
ω-6 多不饱和脂肪酸	3.9	3.2~8.4	15.8	11.7~22.3
ω-6/ω-3 比例	7.3	5.3~9.5	3.5	3.2~85.0
共轭亚油酸	0.55	0.45~0.79	0.044	0.04~0.05
顺式脂肪酸	2.8	2.4~2.5	0.93	0.32~1.85
反式脂肪酸	0.13	0.06~0.18	0.079	0.004~0.099
短链脂肪酸	0.18	0.14~0.40	7.2	5.3~8.9
中链脂肪酸	35.9	35.1~37.6	41.9	32.2~49.7
长链脂肪酸	64.5	63.5~65.1	50.9	41.4~62.5

如前所述，肌肉组织中的脂类可能位于肌肉内和肌肉周围的不同位置：皮下脂肪是肌肉和皮肤之间的厚脂肪组织层；肌间脂肪是储存在不同肌肉之间的组织；肌内脂肪（大理石纹路）位于肌肉组织内。动物的某些部位含有相对较高的脂质水平，由蛋白质（结缔组织）基质稳定和结构化（图 6.6）。例如，猪背部

脂肪含有约 80%的脂肪，其余为水（17%）和蛋白质（<3%）（Olsen et al.，2005）。因此，植物基肉类类似物的设计应包含模拟动物脂肪组织的浓度、分布和行为的脂质（表 6.4）。

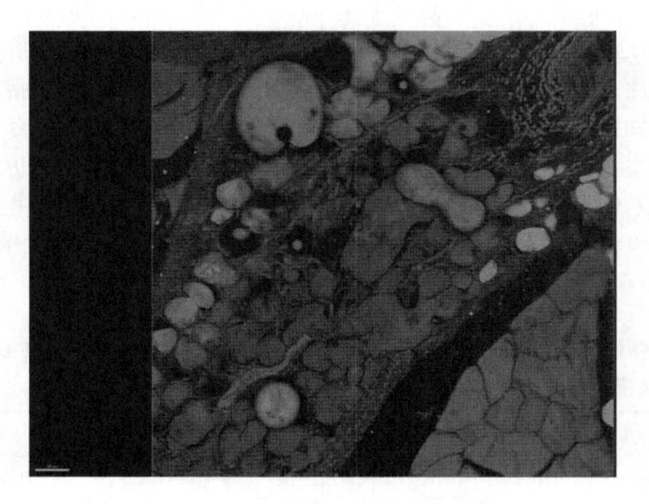

彩图

图 6.6　动物脂肪组织是脂肪细胞（绿色）被结缔组织（红色）包围的组合。植物基脂肪类似物旨在模仿这种结构，以获得类似的物理化学和质地属性

表 6.4　用氢化菜籽油部分替代菜籽油以增加固体脂肪含量（SFC）并与谷氨酰胺酶交联的乳液凝胶（脂相为 70%）的质构分析（50%压缩）

固体脂肪含量/%	硬度/N	黏聚性（-）	弹性/mm
0	2.3±0.5[a]	0.5±0.3[a]	7.1±0.7[a]
5	4.1±0.4[b]	0.5±0.2[b]	7.4±0.8[a]
10	5.3±0.7[b]	0.5±0.1[b]	7.1±0.6[a]
30	13.9±2.2[d]	0.1±0.1[d]	2.8±0.5[d]
肥肉	215±71	0.3±0.2	4.1±1.0

注　三个平行数据确定平均数±标准误差。同一列中，不同上标的数值表示有显著差异（$P<0.05$）。

大多数植物来源的脂质含有相对较高的不饱和脂肪酸，它们在室温下是液体形式的。因此，它们没有能模仿动物脂肪形成在室温下半固态结构在加热时熔化的能力。出于这个原因，通常选择具有相对较高熔点的植物来源的脂质，如椰子油、可可脂、乳木果油和棕榈油（Herz et al.，2021；Wang et al.，2018）。这些固体脂肪通常与液态油（如葵花籽油或菜籽油）混合，以获得所需的固体脂肪含量与温度的关系（第2章）。当植物来源的固体脂肪（如椰子油或棕榈油）被用于加工植物基肉类类似物时，最终产品的饱和脂肪酸含量可能高于真正的肉类产品（表6.3）。此外，植物来源的脂质所获得的质地属性通常与动物来源的脂质所产生的质地属性有很大的不同。

例如，高熔点植物脂肪与液体油的混合物（如75%固体脂肪和25%液体油）表现得像一种完美的弹塑性材料（Gonzalez-Gutierrez et al.，2018），这意味着它们可以弹性变形，直到在一定应变下不可逆地断裂。通常情况下，长链饱和脂肪酸含量越高，硬度值越高，屈服应变（材料断裂）越低，这与动物脂肪组织相比会有所不同。这表现在，对于基于半固体乳液凝胶的植物基脂肪模拟物来说，随着固体脂肪含量的增加，其弹性（材料反弹的程度）和内聚力（第二次压缩的工作量的变化）也在下降（表6.4）。因此，在模仿动物的脂肪组织时，重要的是要达到类似的硬度值，但也要考虑材料的弹性特性。

目前已经开发了几种方法来模拟纯素食和弹性素食肉类中动物脂肪组织的特性，包括它们的空间分布、微观结构和质地属性：

- 调配：通过混合不同固体脂肪含量的脂肪和油，可以调整脂肪的硬度、屈服应力/应变和熔化行为（Motamedzadegan et al.，2020；Piska et al.，2006）。然后，混合的脂肪可以通过乳化（液体油，如香肠型）或混合（固体脂肪，如汉堡肉饼）的方式加入肉类替代基质中。

- 乳化：油类可以在生产过程中直接乳化，也可以预先乳化，然后在混合阶段加入。乳化通常用于生产香肠类产品，在此过程中，蛋白质作为乳化剂，可以促进小油滴的形成和稳定。油滴随后被包裹在胶凝基质中。

- 腌制：全肌肉类产品用油类腌制期间，油类通过扩散和毛细管效应渗透到蛋白质基质中。

- 注入：油类可以直接注入蛋白质基质在挤压的早期机筒部分或在模具之前。然而，高含油量会阻碍挤压过程中各向异性结构的形成（Kendler et al.，2021）。油类也可以在蛋白质基质形成后注入，以产生细脂肪纹路的效果。

- 凝胶：油类可以凝胶化并加入肉类模拟基质中，如乳化或生发酵产品类型（图6.7）。油类的凝胶化可以通过乙基纤维素制备油凝胶，或通过由转谷氨酰胺酶交联蛋白质形成乳液凝胶来获得（Davidovich-Pinhas et al.，2015；Dreher et al.，2020）。

根据最终产品的不同，可以使用不同的方法将脂肪和油类加入肉类类似物的生物聚合物基质中。例如，半固体脂质相能以小颗粒的形式加入植物基汉堡中，这些小颗粒由部分凝固的脂肪或结构化脂质组成。这些颗粒可以在添加到产品中之前形成，也可以在混合过程中形成。同样，液态油可以在与生物聚合物基质混合之前或期间进行乳化。

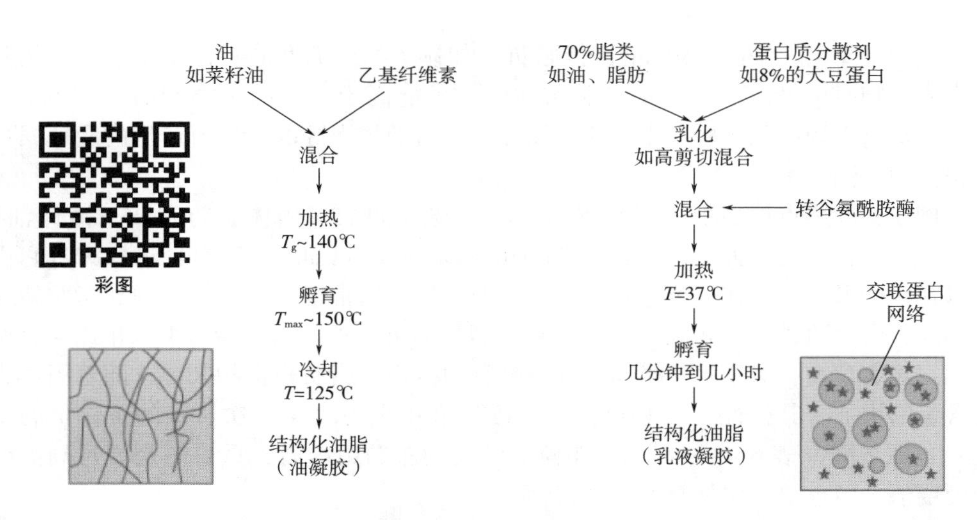

图 6.7　从液体油中生产具有半固体性质的结构化脂类的工作流程。油凝胶（左）可用乙基纤维素作为油凝胶剂生产，其玻璃化转变温度 T_g 约为 140℃。乙基纤维素在冷却时将油包裹在三维多糖网络中。乳状凝胶（右）可以通过使用交联的高内相乳液获得，其中油滴和连续相通过蛋白质—蛋白质交联相互连接，这有助于形成含有或不含固体脂肪晶体的网络（如图红色所示）

6.3.3　黏合剂

生物聚合物经常被用作肉类类似物的黏合剂，如植物基肉饼、香肠和鸡块。黏合剂的主要任务是在不同成分之间充当黏合剂，或在类似成分之间充当凝聚剂，并增加流体保持特性（Kyriakopoulou et al.，2021）。因此，它们可将不同的成分固定在模拟肉的固体基质中。

黏合剂的功效可以通过检查用于制造肉类类似物的过程来说明。许多这些产品是通过混合组织化蛋白、脂类、水和其他功能成分来生产的。在随后的生产步骤中，组织化蛋白被切成所需的一定尺寸范围大小的颗粒。例如，在制备植物基汉堡的过程中，挤出的蛋白质被切成较小的碎片，以类似于传统肉糜中的颗粒。随后，这些颗粒需要被“黏”在一起，成为食品基质的一个组成部分。由于蛋白质在高温和剪切条件下进行加工，这会导致负责吸引蛋白质-蛋白质相互作用的键（非共价和共价键）断裂损耗，因此它们往往失去了大部分的黏附特性。例如，它们在加工过程中可能经历了热变性和聚集，所以它们表面暴露的非极性和巯基的数量大大减少，这降低了它们与邻接物形成疏水相互作用和二硫键的能力。此外，它们的分子流动性降低，从而降低了遇到其他蛋白质的能力，并阻止有效的结合。然而，必须指出的是，人们对这种相互作用和纽带在热机械加工过程中的变化并不十分了解，目前的研究试图对这一领域进行更多的说明。

因此，必须添加一种能与不同成分相互作用并将它们固定在一起的黏合剂，通常是某种水胶体（第2章）。这可能是一种在加热时能够展开并聚集的天然蛋白质。它可以在蛋白质颗粒之间形成凝胶，将它们结合在一起，同时也有助于提升质地和流体保持特性。此外，几种多糖可作为植物基肉类类似物的黏合剂。其中一些多糖在室温下表现出黏性或内聚性，但在加热过程中也表现出黏性或内聚性（如甲基纤维素），这对某些应用是有利的。一般来说，黏合剂往往是高分子量的，而且绝大多数是亲水的分子，它们的官能团能够与肉类类似物中的各种成分相互作用。

肉类类似物的孔隙通常很大（图6.8），这就导致其毛细管压力相对较低 $\left[p_c=\frac{2\gamma\theta}{r}\text{见式（6.2）}\right]$，因此降低了它们流体保持的能力。通过添加高分子量的黏合剂可以克服这个问题，这些黏合剂可以渗透到这些大孔中形成具有较小孔径的三维网络结构，进而可以成功地保留液体。此外，这些黏合剂的存在增加了大孔内材料的黏度，从而降低了水的流动性，减少了液体的排出。根据所使用的黏合剂的性质，它可能会随着温度的变化（热定型或冷定型）或盐的添加（离子定型）而发生溶胶—凝胶转变。蛋白质、果胶、甲基纤维素、淀粉和卡拉胶都常被用作黏合剂。这里将进一步讨论常用于植物基肉类类似物的几种黏合剂的特点。

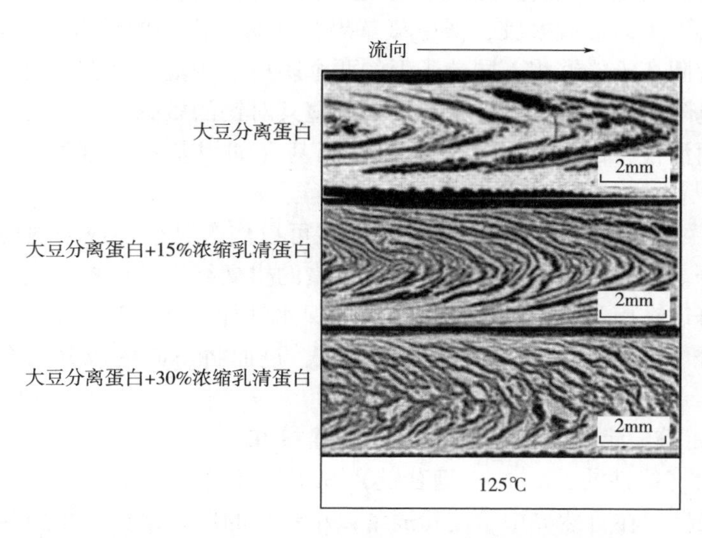

图6.8 冻干的大豆蛋白挤出物的X射线断层扫描图像，显示了挤出蛋白的多孔结构，降低了其保水能力

- 马铃薯蛋白：马铃薯蛋白中的主要蛋白成分是马铃薯糖蛋白，但也可能含有一些蛋白酶抑制剂，其相对数量取决于所使用的提取方法。与许多其他植物蛋白相比，马铃薯蛋白在相对较低的温度（T_d = 60 ~ 70℃）下就能展开和发生凝胶（Schmidt et al.，2019）。因此，它更接近于模拟真实肉类中肌纤维蛋白的热变性

行为。

• 小麦蛋白：小麦蛋白中的两个主要蛋白部分是醇溶蛋白和麦谷蛋白。这些蛋白质可以与食品基质中的各种其他成分结合，并形成一个黏弹性网络，因为它们可以与相邻的成分形成氢键（谷氨酰胺）、疏水键（脯氨酸）和二硫键（半胱氨酸）。

• 甲基纤维素：甲基纤维素是通过化学方法将甲基附着在纤维素上而形成的，纤维素通常是从木浆或棉花中获得。添加甲基使纤维素分子更加疏水，但它也允许水分子渗透到纤维素链之间，破坏通常将它们固定在一起的氢键（这使天然纤维素不溶于水）。甲基纤维素在加热到 52℃ 以上时，甲基之间的疏水吸引力的强度增加，进而形成可逆的凝胶（Murray，2009）。这种凝胶的表面有非极性（甲基）和极性（羟基）基团，这意味着它可以与环境中的疏水和亲水物质相互作用，从而促进其黏合特性。

• 果胶：果胶通常是指在植物细胞壁之间发现的一组聚合物，它们具有一些相似的分子特征，如高含量的半乳糖醛酸残基和一些其他特征化学基团。提取后的果胶可以通过使用化学或酶的方法来改变其甲基化程度。高甲氧基的果胶在酸性条件和高糖含量下可以形成凝胶，低甲氧基果胶在有钙离子的情况下可以形成凝胶，这是因为二价阳离子能够将不同分子上的两个阴离子羧基连接在一起。酰胺化的半乳糖醛酸残基附着在果胶分子上，可用于调整其对钙的敏感性。还有一些种类的果胶表现出表面活性，因为它们含有非极性侧基（如甲基和阿魏酸）（Bindereif et al.，2021）。

• 纤维：不可消化的植物材料含有许多可以作为黏合剂或增强肉类类似物保水性能的成分。例如，主要含有果胶和纤维素的柑橘纤维可以提高肉制品的保水能力，因此也可以在肉类类似物中应用以提升保水性能（Powell et al.，2019）。这些粗纤维素成分中的一些多糖也能够形成凝胶，进而将不同的成分结合在一起，如果胶。

• 改性淀粉：淀粉是由两种由糖苷键连接在一起的葡萄糖单位组成的多糖，分为直链淀粉（线性的，α-1,4-糖苷键）和支链淀粉（分支的，α-1,4-糖苷键和 α-1,6-糖苷键）。在自然界中，淀粉通常以小颗粒的形式存在，在加热（糊化）和冷却（老化）时可以吸收水分并形成凝胶。一些淀粉，如木薯淀粉和马铃薯淀粉，其糊化和凝胶化温度与肉类蛋白质的变性温度相似，即 60~70℃（Taggart et al.，2009）。用各种物理、化学和酶学方法可以来改变天然淀粉的功能特性（Klemaszewski et al.，2016；Taggart et al.，2009）。酸性水解可用于降低凝胶化过程中的糊状物黏度，并在逆转时增加凝胶强度。辛烯基琥珀酸酯衍生化可用于将非极性侧基附着在极性淀粉分子上，从而减少油分离效应。交联可以增加淀粉颗粒在加工和烹饪过程中的热稳定性和剪切稳定性。

• 卡拉胶：卡拉胶的基础成分含有线性硫酸化多糖，它由 1,3-糖苷键键合的 β-D-吡喃半乳糖或 1,4-糖苷键键合的 α-D-吡喃半乳糖或 3,6-脱水-α-吡喃半乳糖交替连接的单元组成。卡拉胶含有许多类型，它们具有不同分子量和功能属性：κ-型、ι-型和 λ-型卡拉胶的每个二糖单位分别含有 1 个、2 个和 3 个硫酸盐基团。κ-型和 ι-型卡拉胶在钾离子或钙离子存在的情况下，分别在 40~70℃以下加热和冷却时可形成热可逆的凝胶。相比之下，λ-型卡拉胶不会凝胶，但它仍然可以作为增稠剂和黏合剂使用。

• 黄原胶：黄原胶是通过一种由黄单胞杆菌发酵产生的多糖。从分子角度看，它由一个 β-D-吡喃葡萄糖骨架与阴离子三糖分支连接组成。它不发生线圈-螺旋转变，但在较宽的 pH 范围内表现出高增稠性能。当被加入食品基质时，它也可能通过形成一个具有小孔的三维网络来与水进行结合。

• 转谷氨酰胺酶：转谷氨酰胺酶是一种食品级的交联酶，通常使用微生物发酵方法获得。它将谷氨酰胺上的 γ-羧基与赖氨酸上的 ε-胺基交联，从而导致蛋白质之间形成异肽键并释放出氨。因此，通过加入足够的转谷氨酰胺酶，然后在最佳的 pH（5~8）和温度（25~50℃）条件下孵化，食品基质中的蛋白质分子或颗粒可以共价交联，然后将食品基质加热到 75℃以上可以使该酶失活。这种酶已被广泛用作植物基肉类类似物的黏合剂和胶凝剂。

总之，黏合剂的表面有各种不同的功能基团，包括极性、非极性、带电和化学反应性基团，这意味着它们可以与其他分子进行各种各样的分子相互作用。例如，极性基团可以参与氢键，非极性基团可以参与疏水吸引，带电基团可以参与静电吸引，巯基可以参与二硫键。一些黏合剂相对较高的分子量有利于它们结合空间上相互分离的成分（几纳米到几十纳米）。总的来说，这些分子特征在很大程度上决定了这些黏合剂的黏附性、内聚力以及持液特性。

6.3.4　着色剂

真正的肉和肉制品可根据产品类别表现出各种不同的颜色，包括红色、粉红色、米色和褐色。生肉和一些肉制品（如生火腿和腊肠）具有粉红色。这些肉制品因为使用亚硝酸盐进行腌制，所以其在加热过程中能保持其颜色。相比之下，生肉在加热过程中会发生从红色变成褐色的颜色变化，这是因为在高温下肌红蛋白发生了降解。其他肉类产品，如博洛尼亚型香肠，具有淡淡的米粉色。用于组织化生产肉类类似物的主要成分，如蛋白质、多糖和脂类，并不表现出这些类似肉的颜色。因此，需要使用着色剂来模仿肉和肉制品的颜色（第 2 章）。大多数植物基肉制品的生产者喜欢使用天然的着色剂。出于这个原因，我们在本节中对这些种类的着色剂进行了简要介绍。

热稳定的红色着色剂：类胡萝卜素（如番茄红素和虾青素）和铁氧化物可用于

在肉类类似物中产生热稳定的红颜色（Kyriakopoulou et al.，2021）。这些化合物不溶于水，这意味着它们必须溶于油相（类胡萝卜素）或作为小颗粒分散在配方中（铁氧化物）。

- 类胡萝卜素：从植物中提取纯化的类胡萝卜素（如番茄中的番茄红素和胡萝卜中的β-胡萝卜素）以及从植物中提取的混合类胡萝卜素（如辣椒油素或红辣椒提取物），已被证明对热处理相当稳定，热处理温度甚至高达90～100℃（Bolognesi et al.，2018；Gheonea et al.，2020）。这一特性对那些在烹饪或加工过程中不应从红色变成棕色的产品很重要，如腊肠类似物。然而，类胡萝卜素的热稳定性取决于配方和环境条件（如pH和过渡金属的存在）。此外，在有光和氧气的情况下通常会加速其降解，这在产品的包装和储存过程中需要考虑（Boon et al.，2009）。类胡萝卜素的降解也可以通过在配方中加入抗氧化剂或螯合剂来加以抑制。
- 氧化铁红：氧化铁红（E172，Fe_2O_3）是用彭尼曼·佐夫（Penniman-Zoph）法从硫酸铁（Ⅱ）中产生的（EFSA，2016）。这些颜料在广泛的环境条件下是相对稳定的，这有利于它们在肉类模拟物中的应用。然而，它们不溶于水，这意味着它们必须以小颗粒的形式使用以均匀地分散在整个食品基质中。

通常情况下，不同的颜料结合起来使用可以获得所需的颜色特征。例如，氧化铁红和β-胡萝卜素的混合物会产生一种类似于亚硝基肌红蛋白的颜色，这是腌制肉制品的主要颜色，如腊肠。

热敏红色着色剂：在一些植物基肉类类似物中，最好使用一种在加热过程中从红色变为褐色的着色剂，以模仿许多真实类型肉类的烹饪行为。通常，红色甜菜提取物或汁液被用于这一目的，它含有天然色素甜菜碱或“甜菜素”。这种色素在烹饪过程中容易降解，因此可以作为肉类类似物中的热敏红色着色剂（Cejudo-Bastante et al.，2016；Rolan et al.，2008）。它在大多数肉类类似物的pH 3～7下相对稳定，这意味着它在烹饪前的储存过程中不太容易褪色。

豆血红蛋白是另一种着色剂，已被用于商业肉类类似物。这种化合物是一种共生血红蛋白，存在于豆科植物（如大豆）的根结中。尽管这种蛋白质的氨基酸序列与动物体内的血红蛋白确实有很大的不同，但这种蛋白质的三维结构和功能与动物体内的血红蛋白却非常相似（Fraser et al.，2018）。豆血红蛋白包含一个携带铁的卟啉环，这也被称为血红素（Kumar et al.，2015）。在自然界中，豆血红蛋白与氧气结合，并能控制其在根瘤中的浓度，这使得固氮细菌能够茁壮成长。在实践中，从大豆根瘤中提取足够的豆血红蛋白用于商业目的在经济上是不可行的。出于这个原因，它通常是使用基因改造的酵母细胞利用发酵过程生产的（Brown et al.，2019；Fraser et al.，2018）。据报道，酵母菌（*Pichia pastoris*）产生的豆血红蛋白占其总蛋白质的65%（Fraser et al.，2018）。通常情况下，豆血红蛋白在肉类类似物中的使用浓度约为0.8%。它在64℃左右热变性，这与动物肌红蛋白变性的温度

（70~74℃）相当接近（FDA，2017）。此外，在烹饪过程中，它从红色变为褐色的颜色变化与动物肌红蛋白相似（图6.9）。同时，它被普遍认为是安全的（GRAS），因此在美国可以作为食品成分使用。

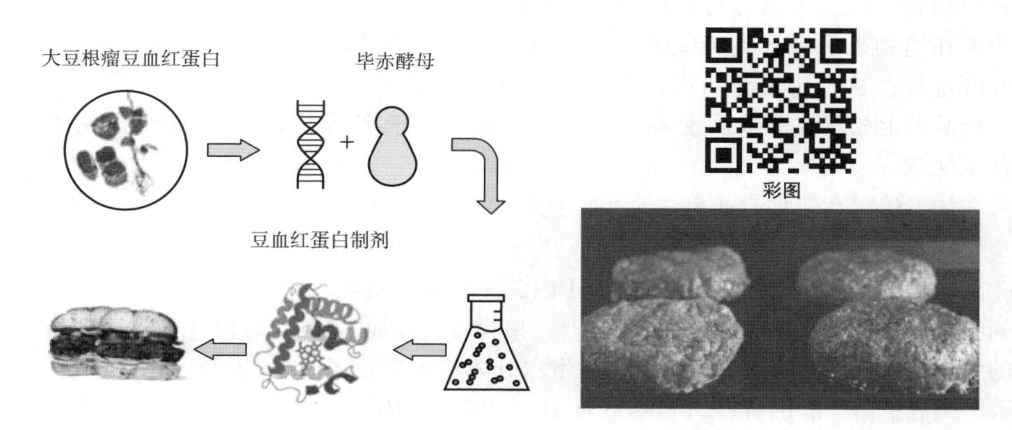

图6.9　豆科植物产生豆血红蛋白以优化根部的氧气浓度。将其编码145个氨基酸的基因导入酵母菌中进而产生豆血红蛋白。含血红素的蛋白质使植物基肉类在烹饪过程中从红色变成褐色（右图）

米红色着色剂：许多类型的香肠主要是米色带有轻微的红色或粉红色的颜色，如博洛尼亚香肠或法兰克福香肠。这些产品中的米色是通过在斩拌机中使产品乳化而获得的，这也导致乳化脂肪球的颗粒大小从几微米到几千微米不等（Youssef et al.，2010）。这些液滴散射光波后产生了蜜杏色的外观。这些产品的轻微红色到粉红色外观是亚硝基肌红蛋白选择性地反射红色区域的光波的结果。亚硝酸盐固化盐被添加到这些产品中后与肉中的肌红蛋白相互作用而转化为一氧化氮，从而导致稳定的红色或粉红色。

在肉类类似物中，通过在植物蛋白基质中加入乳化油，也可以获得米色。理想情况下，使用的油应该是不含色素的，但略带黄色的油可以有助于获得所需的米色。这种淡黄色可以使用着色剂如姜黄素、姜黄和焦糖色素获得（Kyriakopoulou et al.，2021）。为了获得略带红色的色调，可以在配方中加入低水平的类胡萝卜素或氧化铁红颗粒，如前所述。

6.3.5　调味剂

熟肉的风味是由一系列复杂的化合物组成的，这些化合物来源于硫胺素、脂类、蛋白质、糖类和核苷酸。这些化合物大部分是在烹饪过程中通过前面描述的不同种类的化学反应产生的（第6.2.5节）。理想情况下，植物基肉类类似物含有类似的挥发性和非挥发性化合物是很有利的。这是非常具有挑战性的，因为用于配制肉类类似物的许多植物来源的成分并不含有天然肉类的风味。因此，调味品公司一直在创造素食和素食调味剂来模拟牛肉、猪肉、鸡肉、火鸡或鱼等产品的特有滋味和气味。根据对特定肉类产品中存在的风味分子类型的了解，调味品公司能够在植物来源中找到相应的风味。另外，他们也可以通过精确控制化学反应或发酵过程，从植物来源的成分中创造出这些物质（第 2 章）。通常情况下，植物基食品的制造商与调味品公司紧密合作，确定用于产品中提供所需肉味合适的素食调味剂。

加工肉类类似物时的另一个主要挑战是，许多植物蛋白带有异味，如醛类、醇类、酮类、酸类、吡嗪类、硫化合物、皂甙、酚类化合物，有时还有生物碱（Roland et al.，2017）。其中一些化合物是由于内源性酶催化脂质氧化产生的，如豆科植物中的脂氧酶（Duke-Estrada et al.，2020）。植物蛋白在加工和提取过程中通过水解产生的肽也会导致其异味。例如，在豌豆蛋白分离物中发现了 14 种短的苦味肽，它们导致了豌豆蛋白产品的异味（Cosson et al.，2022）。因此，去除或掩盖这些异味很重要。目前，许多食品配料制造商正在通过培育新的植物品种、去除异味前体、灭活脂氧酶和利用发酵等方法来改善植物蛋白配料的风味（Kyriakopoulou et al.，2021）。

此外，据报道，某些挥发性化合物可以与植物蛋白相互作用降低其挥发性，从而降低其感知的风味强度（Wang et al.，2017）。大多数风味物质通过疏水相互作用可逆地附着在蛋白质上，但氢键、静电相互作用、范德瓦耳斯力和共价键也可能是某些蛋白质保留风味的原因。例如，已知酮类和醛类化合物与蛋白质通过疏水键相互作用，而香兰素也可以形成共价键（Wang et al.，2017）。当使用不同的蛋白质加工肉类类似物时，就会产生不同数量的挥发性化合物。例如，一项研究表明，当用更高含量的小麦面筋和更低的水分含量加工肉类类似物时，挥发性物质的保留率更高（Guo et al.，2020）。此外，低水分挤压豌豆蛋白和高水分挤压豌豆蛋白中挥发性化合物是具有显著差异的。例如，当在高湿度条件下使用冷却模具挤压豌豆蛋白时，己醛这种特有的青草味风味味物质与最初的豌豆蛋白相比减少了 5/6。此外，与低水分挤压相比，高水分挤压保留了更多挥发性化合物（Ebert et al.，2022）。

去除异味可以提高肉类类似物中植物基成分的感官接受度，但它却不会产生肉味。因此，调味品公司正在开发来自植物成分的香味剂，这些香味剂可以提供肉的香味，如牛肉、猪肉、鸡肉、火鸡或鱼肉的香味。它们通常是通过可控的化学反应（如美拉德反应、焦糖化反应、酶促反应），或以植物蛋白和其他物质为底物使用不同微生物（如酵母、霉菌或细菌）发酵产生的（第 2 章）。为了获得肉类的香气和味道，将这些调味剂或风味前体物质添加到植物基肉类类似物中，或在烹饪过程中在产品中产生这些调味剂或风味前体物质（Kyriakopoulou et al.，2021）。我们可以通过采用不同的策略来开发这些风味。这里重点列出了其中的几个策略：

• 风味前体物质：将风味前体物质与含血红素的蛋白质（如豆血红蛋白）混合，将在烹饪过程中催化形成类似肉类的味道（Fraser et al.，2017）。用于此目的的常见风味前体物质包括氨基酸（如半胱氨酸、谷氨酸或赖氨酸）、不饱和脂肪酸（如油酸或亚油酸）、硫胺素、乳酸、糖类（如葡萄糖或核糖）和核苷酸（肌苷酸或鸟苷酸）。例如，一项专利描述了将半胱氨酸（10mmol/L）、谷氨酸（10mmol/L）、葡萄糖（20mmol/L）、硫胺素（1mmol/L）和1%的豆血红蛋白这些物质添加到植物基汉堡肉饼中，在150℃下烹饪5min（Fraser et al.，2017），结果肉饼产生了“牛肉味”和“血腥味”，这是由5-噻唑乙醇、4-甲基呋喃、3,3′-二硫双2-甲基噻唑和4-甲基噻唑等化合物引起的。相比之下，如果不添加豆血红蛋白，就不会形成这么浓郁的“牛肉味”和“咸味”。此外，赖氨酸的添加增加了该专利中描述的类似配方中烤焦的香气（Fraser et al.，2017）。

• 美拉德反应：美拉德反应是在烹饪过程中负责产生风味的最重要的反应之一。为了使该反应在食品中发生，还原糖和氨基酸需要以最佳水分活度（$A_w \approx 0.7$）存在。之前的研究表明，将半胱氨酸和核糖混合物在145℃下加热20min，会产生各种类似肉味道的化学物质，如2-呋喃硫醇、2-甲基-3-呋喃硫醇、2-苯基硫醇和乙基硫醇（Hofmann et al.，1995）。

• 水解：水解植物蛋白是应用在植物基佐料（如酱油）中产生类似肉味的最古老的技术之一。通常，微生物发酵、酶或酸被用来启动蛋白质水解，从而产生游离氨基酸，并通过Strecker降解反应或含硫氨基酸的分解产生各种挥发性化合物（Aaslyng et al.，1998）。此外，可能会产生提供了许多肉制品中特有的鲜美味道的谷氨酸（Jo et al.，2008）。

应该指出的是，成分之间的相互作用和加工条件也会影响烹饪过程中产生味道的性质，因此在制定具有不同成分和加工要求的植物基肉类类似物方案时，应该考虑到这一点。

6.4 加工方法

在选择了合适的配料组合后，必须进行一系列的食品加工操作将它们转化为肉类类似物。这些加工操作的类型和顺序取决于所制造产品的性质。最终，生产过程应该被设计成价格合理、安全美味的高质量产品。在本节中，我们将讨论一些用于制造植物基肉类类似物的最常见的加工操作。

为了对此类类似物进行分类，了解如何定义真正的预制肉和肉制品是有帮助的[欧洲议会食品卫生条例（EC）第852/2004号]：

• “预制肉”是指已经添加了防腐剂、调味品或添加剂的鲜肉，包括已加工成碎片的肉，或经历了不足以改变肉的内部肌肉纤维结构而只是为了消除鲜肉特征的加工方式的鲜肉。

- “肉制品”是指肉类加工产生的加工产品，或对此类加工产品进行进一步加工所产生的产品，从而使切割面显示该产品不再具有鲜肉的特征。

根据这些定义，全肌肉、肉糜、肉饼、块状肉和条状肉的模拟物可以被认为是“植物基预制肉”，而香肠的模拟物可以被认为是“植物基肉制品”。用于创建这种肉状结构和组织的处理操作可以根据其基本原则分为自下而上或自上而下的方法（Dekkers et al.，2018）。自下而上的方法是通过创建各向异性的结构元素并将其组合成宏观材料来产生类似肉类的结构的方法，包括湿法拉丝和静电拉丝方法。自上而下的方法是通过对宏观原材料施加外力来诱导结构形成产生肉状结构的方法，包括挤压技术、细胞剪切技术和冷冻组织化技术。

在本节，我们将重点讨论挤压技术和细胞剪切技术，因为它们是目前大规模生产植物基肉类类似物的最经济可行的技术。此外，我们还描述了使用这些组织化蛋白获得加工产品的过程。

6.4.1 蛋白组织化

挤压是利用热加工和机械加工相结合的方式，将球状植物蛋白加工成各向异性原材料的方法。关于挤压的更深入的讨论可以在第3章中找到。通常情况下，使用同向旋转的双螺杆挤出机来生产低水分或高水分的组织化蛋白（Grossmann et al.，2021）。低水分（<50%）的组织化蛋白是使用一个短的成型模具生产的，该模具包括压降和模具处水分的释放。相比之下，高水分（50%~70%）的组织化蛋白需要使用冷却模具，该模具可以防止产品在筒部之后膨胀，冷却蛋白悬浮液，并形成层状和各向异性的肉状结构（图6.10）。

通常情况下，低水分组织化蛋白被用作肉制品添加物（也可用于植物基肉），而高水分组织化蛋白则用于制作植物基肉，如肉饼、香肠或肉块等（Fellows，2017）。在大多数商用高水分挤压机中，产品在离开冷却模具后呈矩形（Pietsch et al.，2017），然后组织化蛋白被切碎或绞碎，以获得所需尺寸范围的颗粒或块状物（图6.11）。

挤压法的一个缺点是，生产的组织化蛋白样品的厚度受到模具冷却效率的限制。因此，生产与全肌肉组织（如牛扒、猪排或鸡胸肉）相似的植物基肉是很有挑战性的。这个问题可以通过使用细胞剪切技术来解决。在同一批处理过程中，蛋白质悬浮液在加热的叠锥或基于库埃特的几何形状中被剪切（Krintiras et al.，2016）。蛋白质沿着剪切梯度排列并形成各向异性的结构。因为间隙的高度可以调整，所以可以生产更厚的植物基蛋白片，更真实地模拟真正的整块的肉类或鱼类产品（Kyriakopoulou et al.，2021）。据报道，库埃特剪切细胞系统的长和高尺寸为596mm×332mm，这大幅高于使用高水分挤压所能实现的尺寸（Krintiras et al.，2016；Palanisamy et al.，2019）。但整体的后期处理方案仍然是一样的（图 6.11）。

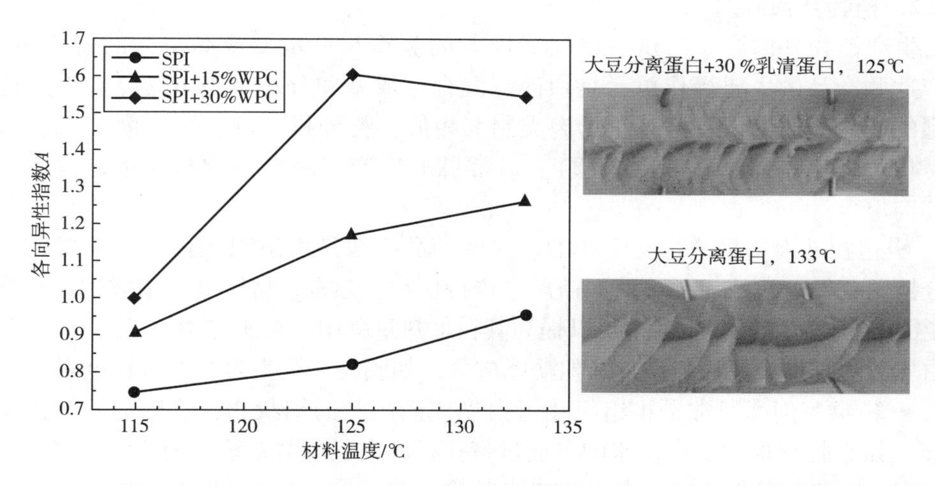

图 6.10　植物蛋白被挤压成与肉相似的各向异性结构。各向异性结构可以通过垂直方向和平行方向的拉伸试验以得到各向异性指标而形成。图中显示的是不同比例的大豆分离蛋白（SPI）与浓缩乳清蛋白（WPC）在含水量 57%、*L/D* 为 40∶1 的条件下通过高水分挤压形成的各向异性结构

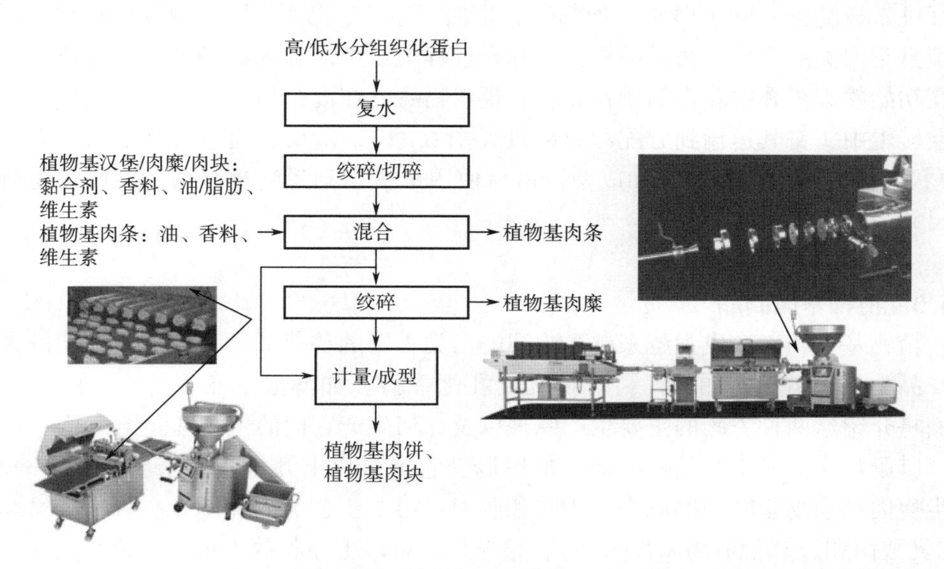

图 6.11　VF 848/838 S 真空搅拌系统混合后的植物基汉堡肉饼和肉糜生产线。植物基汉堡肉饼、肉块和肉条可以由高水分挤压植物蛋白制成，这些植物蛋白被切碎成所需的形状和颗粒大小（低水分挤压蛋白质需要一个复水步骤）后与其他功能成分混合。对于植物基汉堡肉饼和肉块，需要将切碎的组织化植物蛋白按照植物基汉堡/肉块的形状进行成型加工。植物基肉饼和肉块的制作流程也可跳过第二步切碎这个步骤直接采用细磨

6.4.2 植物基预制肉

生产植物基肉糜、肉饼、肉块或肉条的起点是低水分或高水分的挤压蛋白。生产这些产品的主要操作单元是切碎、混合、成型和分块（图 6.11）。生产这些类型的产品所需的设备与真正的肉类制剂相似：粉碎机、混合机、灌装机、切割机、传送带、包装机等（第 3 章）。最常见的生产产品是植物基肉条、肉糜、肉饼和肉块：

- 植物基肉条是最容易生产的。这些产品一般是由组织化蛋白（通常使用高水分挤压获得）制成，并按照所需尺寸进行切片。通常在挤压过程中添加一些纤维（如柑橘纤维）到这些产品中，以提高其在加热过程中的持水能力（表 6.1）。除了蛋白质和纤维外，还可能添加其他功能成分，如脂类、维生素、香料和色素。
- 植物基肉糜通常是将组织化蛋白剁成面团状的糊状物，然后加入其他功能成分（如脂肪）加工生产出来的。通过带孔板的内联研磨系统将糊状物转移到真空填料中，以获得最终的颗粒大小和整体形状（第 3 章）。通过切割将肉末分割，转移到托盘中，并密封冷藏。
- 对于植物基汉堡肉饼和肉块，切碎的组织化蛋白通常与可溶性多糖（如甲基纤维素或淀粉）和蛋白质（如马铃薯蛋白）混合，以将蛋白质颗粒结合在一起，模拟真正肉类的烹饪行为。同样，在混合过程中还可以加入各种其他功能成分。根据在初始粉碎步骤中获得的颗粒大小，糊状物可能在混合后再次粉碎或直接转移到真空转辊中，将其运输到分配和成型机（图 6.11）。随后，通过将其推入所需形状（块状）的喷嘴处进行分装和成型，最后使用机械切割系统进行切片，以获得所需的尺寸。

6.4.3 植物基肉制品

植物基香肠正在成为越来越受欢迎的肉类香肠的替代品。目前，市场上的大多数产品类似于腊肠（如意大利腊肠）或乳化香肠（如博洛尼亚香肠）。在本节中，我们将介绍这两种香肠的主要生产原理以及如何生产它们的植物基同类产品。

腊肠：意大利腊肠是一种流行的腊肠，它通过以下几个步骤来生产：第一步，将生瘦肉和动物脂肪切碎成小块脂肪和肌肉；第二步，加入腌制盐、香料和发酵剂（如乳酸菌和过氧化氢酶阳性球菌）；第三步，将以上原料放入可以渗透水蒸气的箱子中。然后对香肠进行熟化和干燥，直到它们达到 pH 低于 5.2 和水分活度低于 0.91。所得产品不需经过任何处理即可在室温下长期储存。

植物基腊肠类似物的生产采用了不同的原理。首先，对产品进行热处理以确保微生物安全，因为植物来源的成分可能含有相当数量的有害微生物（Filho et al., 2005），这种加热过程也可以促进用于制作产品的不同原料的结合。其次，植物基腊肠类似物没有用发酵剂进行发酵，但通过添加葡萄糖-δ-内酯（GDL）来降低pH。之所以使用 GDL，主要是因为用于肉类发酵的微生物还没有被用于植物来源成分的发酵。

图 6.12 是生产植物基腊肠类似物方法的一个例子。首先，将质地良好的植物蛋白与凝固的脂肪相结合（图 6.7），然后在斩拌机中切碎以达到所需的颗粒大小。组织化植物蛋白可以先预热以减少切碎前的微生物数量。然后将切碎的脂类和蛋白质与 GDL、面筋、水、盐、香料和着色剂混合。其中，GDL 促进了 pH 的降低，从而提高了保质期并提供了理想的酸味。面筋有助于改善质地，并将不同的成分结合在一起。盐和香料提供了一种理想的风味。着色剂用来模拟腊肠的红粉色。混合后，将混合物装入透水的纤维素肠衣中并进行热处理，以确保产品安全并提高面筋的结合效果。如果需要，热处理后的产品可以被熏制和干燥。据报道，使用这些加工步骤生产的产品最终的 pH 约为 5.85，水分活度约为 0.93（Dreher et al.，2021）。这些数值都高于真正的腊肠中的数值，较高的 pH 可能导致消费者有不同的味觉感受。用于生产植物基腊肠类似物的热处理应确保其即使在相对较高的 pH 和水分活度下仍可以安全食用。然而，加热步骤还会促进油脂的释放，这可能导致产品的外观和质地发生不理想的变化（Dreher et al.，2021）。

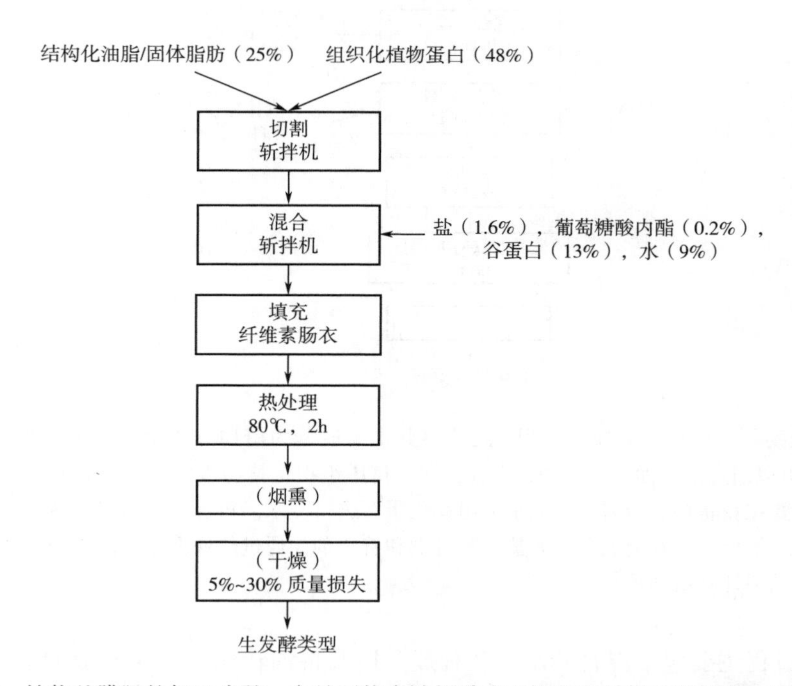

图 6.12　植物基腊肠的加工步骤。产品可能会被烟熏或干燥以延长保质期并增加更多的味道

乳化香肠：博洛尼亚香肠也是一种很受欢迎的肉制品，它被归类为乳化香肠。

这种香肠的制作方法是将肉和脂肪磨碎，然后用碗式斩碎机将两者切碎，形成均匀的乳化糊状物。在这种情况下，与前面讨论的腊肠相比，脂肪颗粒变小并完全分散在肉基质中（也有一些颗粒更大的香肠，如粗烘肉卷）。在加入亚硝酸盐腌制盐、磷酸盐、冰和香料后，肉面糊被进一步切碎，装入肠衣并进行热处理。在这一过程中，香肠的核心温度达到75℃左右，由于蛋白质变性和聚集，导致热不可逆的热固性凝胶的形成。此外，由于这些产品没有经过发酵或干燥，因此需要进行热处理以确保其微生物安全。简而言之，这种工艺主要是通过机械加工制备含有细小脂肪颗粒的均匀蛋白质基质，然后对肉糊进行加热处理。

可以使用类似的加工步骤制备乳化香肠的植物基类似物。使用的植物蛋白需要满足几个功能：能够乳化添加的油，有保持液体的能力，并可以将不同的成分结合在一起。图 6.13 总结了一个可用于生产这种香肠的过程的例子。

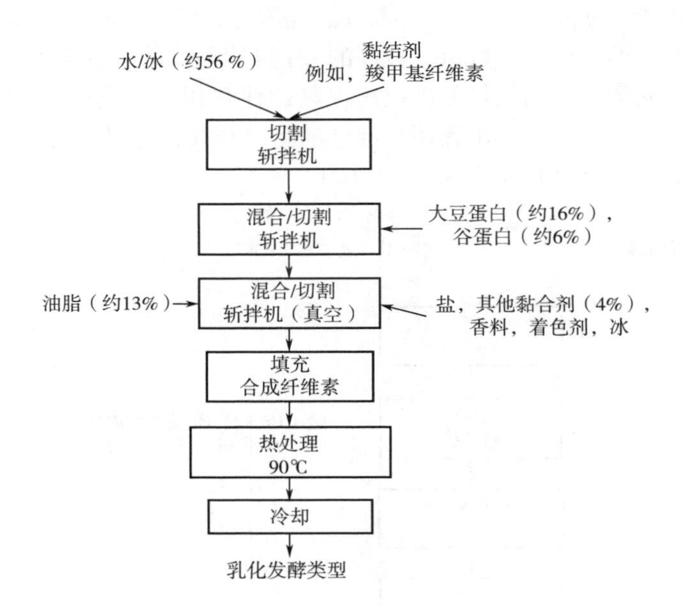

图 6.13　植物基乳化香肠的加工过程。通常，其主要成分为植物分离蛋白或浓缩蛋白（豌豆、大豆），还可以通过加入面筋以增加黏合性，加入挤压组织化植物蛋白增加产品的弹性，在某些情况下，需要在在斩拌之前需要对低水分组织化蛋白进行复水。再加入植物油如葵花籽油或菜籽油进行乳化，最后加入其他成分，如盐、黏合剂和着色剂，通过热处理使蛋白质变性，并将产品固化成三维黏弹性网络结构

这一过程主要包括混合和水合各种成分以及将油转化为均匀分散的液滴。添加黏合剂以增加水的结合力并获得具有动物性乳化香肠质构特性的热稳定的产品。加入甲基纤维素（1.5%）、淀粉（2.5%）、面筋或其他凝胶以提供理想的质构特性以

及提高持水和持油性（Cavallini et al.，2006）。

理想情况下，应用变性温度接近肌纤维蛋白的植物蛋白于乳化型香肠类似物中，因为这样就可以使用类似的加工条件。然而，大多数常见的植物蛋白具有比肉蛋白更高的变性和胶凝温度。例如，大豆蛋白在80~93℃变性，豌豆蛋白在75~79℃变性，这要比真正肉中的肌球蛋白的变性温度40~60℃要高得多（McClements et al.，2021）。因此，通常需要更高的烹饪温度以使植物基乳化香肠形成黏弹性凝胶。

6.5 关键属性

植物基肉类类似物的配方是为了模仿它们所要替代的真正肉类产品的特性，如香肠、汉堡肉饼或肉块。理想情况下，植物基肉类类似物的外观、感觉、味道和特性都应该与真正的肉类产品一样，以便消费者可以简单地用一种替代另一种。因此，有必要了解如何将在分子特征上与动物来源的成分截然不同的植物来源的成分加工成具有肉类特征的产品。在本节中，我们将讨论植物基肉类类似物的最重要的理化、感官和营养特性，并将其与真正的肉类产品进行比较。

6.5.1 颜色

植物基肉类类似物的外观是消费者用来评估其质量和可接受度的第一感官印象。因此，植物基肉类类似物的颜色应该准确地模仿特定的肉基产品的外观。例如，以植物为原料的博洛尼亚香肠应该呈现米黄色或粉红色，汉堡肉饼在烹饪后应该呈现褐色，而三文鱼应该呈现粉红色或橙色。在某些情况下，产品在烹饪过程中应从一种颜色变为另一种颜色。例如，植物基碎牛肉类似物在加热后应从红色或粉红色变成褐色。这些温度引起的变化可能是由各种物理或化学过程引起的，如蛋白质变性、美拉德反应、氧化反应和聚合反应。

鸡肉类似物应具有淡米色，有时不需要添加着色剂就可以模仿。许多植物蛋白原料天然具有浅米色或褐色，可以模拟真正鸡肉的颜色。然而，在挤压过程中，由于所采用的相对较高的温度促进了化学反应，如美拉德反应或焦糖反应，蛋白质的褐色会增加（Samard et al.，2019）。因此，在选择适当的原料和挤压条件时，应考虑这些颜色变化。对于红肉类似物，如植物基牛肉产品，通常需要使用对热敏感或在烹饪过程中变色的着色剂（见前文）。这些产品的外观也会受到还原糖（如葡萄糖或果糖）存在的影响，因为这些还原糖可以参与美拉德反应从而产生褐色物质。可用于加工植物基肉类类似物的各种着色剂已在第6.3.4节和第2章中进行了详细地讨论。

表 6.5 显示了市售植物基肉饼和真实肉饼颜色（L^*、a^*、b^*）的比较。总的来说，这两种产品的颜色相当相似，具有中等的亮度值（L^*45~48）和中等的红度值（a^*+17~+20）以及黄度值（b^*+11~+15）。这表明通过现有技术有可能准确地模仿这种汉堡肉饼的颜色外观，但必须提到的是，模仿烹调过程中的颜色变化仍然是困难的。

表 6.5　3 种不同的商业植物基汉堡肉饼和 4 种肉类汉堡肉饼的 pH 和 L^*，a^*，b^* 值数据以中值和中位数 95%置信区间描述

指标	肉类汉堡肉饼		植物基汉堡肉饼	
	中位数	95%置信区间	中位数	95%置信区间
pH	5.48	5.28~5.70	5.81	5.58~7.29
L^*	44.9	42.4~48.6	48.0	39.9~48.9
a^*	19.8	17.0~20.9	16.8	15.6~17.5
b^*	14.5	13.6~15.9	11.2	9.6~11.8

6.5.2　质地

理想情况下，植物基肉类类似物的质地特征也应该设计成模仿真正的肉类产品。植物基肉类类似物的质地主要受加工原材料和加工工艺的影响。用质构仪对植物基汉堡肉饼和真正牛肉汉堡肉饼的质构特性的比较结果见表 6.6。虽然数值有一些相似之处，但植物基汉堡肉饼比真正的肉饼更软、弹性更差、嚼劲更弱，这将影响在口腔加工过程中的感觉。这些结果表明，需要进行更多的研究，才能制造出与真实汉堡肉饼的质地更接近的植物基汉堡肉饼。其他研究也表明，植物基肉类似物在横向和纵向上的切割强度都低于真正的肉（Samard et al.，2019）。这项研究还强调了准确模拟真实肉类的各向异性结构和质地的挑战性，这主要归因于动物肉中肌肉纤维、结缔组织和脂肪组织的复杂层次结构，以及动物被宰杀后发生的变化（Bhat et al.，2018）。

表 6.6　不同商业植物基和动物基汉堡肉饼质构特性的比较

指标	植物基肉饼 1	植物基肉饼 2	植物基肉饼 3	牛肉饼
硬度（g）	1300±250	1500±180	270±21	2400±450
黏度（g. sec）	−0.34±0.27	−1.2±0.65	−1.6±0.7	−0.47±0.19
回弹性（%）	20±1.6	16±1.0	5.8±0.68	24±1.3

续表

指标	植物基肉饼 1	植物基肉饼 2	植物基肉饼 3	牛肉饼
内聚性	0. 52±0. 03	0. 46±0. 02	0. 21±0. 02	0. 61±0. 02
弹性（%）	79±5. 0	64±3. 2	32±3. 8	88±2. 8
咀嚼性	530±120	450±62	18±4. 0	1300±250

植物基肉类类似物的质地和感官特性可以通过添加黏合剂来进行控制，黏合剂通过将不同的原料成分结合在一起来增强持水能力，进而增加其硬度和多汁性（Kyriakopoulou et al.，2021）。此外，加入具有强黏性的蛋白质，如面筋，可以促进其形成更多类似肉的结构和质地（Fiorentini et al.，2020）。其他研究人员已经探索了在用大豆分离蛋白制成的植物基香肠中加入 κ-卡拉胶、魔芋甘露聚糖或黄原胶的影响。研究发现，添加相对低浓度的 κ-卡拉胶（0. 3%~0. 6%）或魔芋甘露聚糖（0. 6%）可以提高植物基香肠的感官接受度，但添加黄原胶则没有任何效果（Majzoobi et al.，2017）。研究还表明，添加 κ-卡拉胶或魔芋甘露聚糖增加了植物基香肠的保水能力。另一项研究考查了水分含量和温度对植物基肉类类似物感官特性的影响（Lin et al.，2002）。水分含量（60%、65%或 70%）被认为对产品的感官特性有很大影响，而所使用的挤压温度对产品的影响较小。例如，含水量较低的产品更坚韧、更有嚼劲、更有凝聚力、更有层次感并更富弹性。

6. 5. 3 持液特性

理想情况下，植物基肉类类似物在其生产、储存和制备过程中应该能够保留液体，因为这些液体有助于产品的质地、可煮性和多汁性（Wi et al.，2020）。通常情况下，所涉及的液体主要由水组成，但它们也可能包含溶解的蛋白质、碳水化合物、盐以及脂滴。植物基肉类类似物的持液特性主要受生物聚合物与溶剂的相互作用情况、生物聚合物凝胶网络的弹性强度以及与生物聚合物凝胶网络内外离子分布不均导致的渗透压变化的制约（第 4 章）（Cornet et al.，2021）。通常情况下，随着生物聚合物凝胶网络中孔隙大小的减少和孔隙数量的增加，植物基肉类类似物的持液性能也会增加。此外，润湿性能也很重要，因为它们决定了生物聚合物基质对液体的亲和力。黏合剂（如甲基纤维素、柑橘纤维或其他水胶体）经常被加入植物基肉类类似物中，以提高其持液能力（Kyriakopoulou et al.，2021）。这些黏合剂的存在可以减少孔径大小，增加孔数，并改善植物基肉类类似物基质的润湿性能。

在热加工过程中，植物基肉类类似物的持液性也与其质量的减少（烹饪损失）相关。表 6. 7 比较了一些植物基汉堡肉饼和真实汉堡肉饼的烹饪损失情况。有趣的是，真实汉堡肉饼的烹饪损失率比植物基汉堡肉饼高。这一结果表明，植物基汉堡肉饼可能含有更强的生物聚合物网络，对热的抵抗力更强，并且有更多的小孔。如前所述的黏合剂如淀粉、甲基纤维素和马铃薯蛋白的存在也可能促成了这种效果。众所周知，真肉中的孔隙在加热过程中会收缩，从而导致液体的排出，进而导致其较高的烹饪损失（第6.2.4节）。与真肉相比，煮熟的植物基汉堡肉饼表现出较低的抗切割性，这表明还存在重要的质地差异，这可能与它们的液体保持特性的差异有关。

表6.7　3种商业植物基肉饼和4种肉饼的烹饪损失率（%）、体积损失率（%）和华纳-布拉茨勒剪切力（N）。结果显示为中位数和中位数95%置信区间

指标	肉饼		植物基肉饼	
	中位数	95%置信区间	中位数	95%置信区间
烹饪损失率[a]/%	25.7	24.2~32.5	16.0	8.6~20.4
体积损失率[a]/%	26.0	17.9~34.4	20.2	13.5~25.0
剪切力[a]/N	12.9	10.7~16.9	6.3	5.9~6.7
烹饪损失率[b]/%	23.1	21.2~29.2	21.0	18.8~26.1
体积损失率[b]/%	28.0	25.3~48.1	21.8	14.2~35.1
剪切力[b]/N	13.7	10.6~18.3	10.1	8.8~15.0

注　[a]水浴法（在袋子里烹饪并收集释放的液体）。
[b]烹调盘法（在平底锅中煎炸，并测量肉饼的减重情况）。

另一项研究考查了由大豆蛋白制备的植物基肉类的持水性能（通过离心法测量）。一般来说，组织化（低水分挤压）大豆蛋白的持水能力已被证明在烹饪后会增加（Wi et al.，2020）。这种效果主要归因于加热后三维蛋白质网络的加强，由于蛋白质的解折叠和聚集增加，这使更多的水被困于肉的类似结构内。有趣的是，油的加入增加了未烹饪的组织化蛋白的持水能力，从而减少了烹饪损失。这种效果是由于油能够渗透到组织化蛋白的孔隙中抑制液体的质量运输。相反，在大豆蛋白分散体中浸泡未烹饪的组织化蛋白会降低其持水能力，特别是长时间浸泡，会使其烹饪损失增加。这可能是由于天然大豆蛋白与组织化蛋白的结合强度低于水分子。而一旦组织化蛋白被煮熟，其持水能力受烹饪前用于浸泡液体的类型和浓度的影响较小。

有学者还研究了由大豆蛋白和面筋制备的植物基肉类类似物的溶胀特性的影响因素，这有助于了解如何优化腌制过程（Cornet et al.，2021）。研究发现，植物基肉类类似物在腌制过程中的溶胀性受pH、离子强度和交联程度的影响。在有利于高蛋白电荷的环境条件下（即pH≠p*I*和低离子强度），水更易被吸收到肉类类似物中，从而导致溶胀性增加。这种效果可能与这些条件下肉模拟物基质中的蛋白质分子之间的静电排斥力增加以及存在的水—蛋白质相互作用力增加有关，因为这会使单个孔隙的大小增加，因此它们可以吸收更多的水。

6.5.4　风味

如前所述，肉制品的特色风味是各种挥发性和非挥发性分子的结果，这些分子存在于原始产品中或在烹饪过程中通过一系列复杂的化学反应产生（第 6.2.5 节）。理想情况下，植物基肉类类似物应该准确模仿它们所要替代的肉类产品的风味特征。这通常是具有挑战性的，因为动物源产品中天然存在的芳香族分子类型与用于制备植物基食品的成分（如大豆蛋白、豌豆蛋白或小麦蛋白）中通常存在的芳香族分子类型不同。因此，鉴别从其他植物材料来源中可以找到的或可以从植物材料中生产的类肉风味化合物是很重要的。通常情况下，植物基食品或调味剂制造商会量化这些有助于肉制品肉类味道和香气风味的分子的类型和浓度，然后他们利用这些信息来识别可以产生类似味道的植物基香精。这些香精通常是由香精公司使用受控的化学反应或发酵过程生产的（第 6.3.5 节），或通过确定含有这些香精的合适天然来源（如酵母、蘑菇或海藻）来生产的。

使用许多植物来源的成分（特别是蛋白质）来制备肉类和海鲜类似物的一个主要挑战是它们含有异味。这些异味可能是由于原料中的蛋白质或其他成分的化学降解而产生的，如脂质氧化（脂氧合酶，活性氧）或水解反应（Cosson et al.，2022；Fiorentini et al.，2020）。或者，是与具有不良味道或香气的微小成分有关，如皂苷、酚类物质和生物碱（Roland et al.，2017）。为了减少这些异味，原料制造商正在培育新的植物品种以及开发加工技术来避免、去除或中和这些异味。例如，通过热处理和红外处理结合来降低脂氧合酶活性，降低了鹰嘴豆种子中挥发性异味的浓度（Shariati-Ievari et al.，2016）。关于适用于肉类和海鲜类似物调味剂的更多信息见第 6.3.5 节和第 2 章。

6.5.5　营养价值

理想情况下，肉类和海产品的类似物应具有与真正的肉类和海产品相似或更好的营养价值。这通常是具有挑战性的，因为肉类和海产品来自活的动物，含有对人类健康至关重要的各种营养物质，包括优质蛋白质、维生素和矿物质（Herreman et al.，2020）。此外，这些营养物质通常以生物可利用的形式存在。例如，每天食用 100g 红肉对一个普通人的日常营养需求有重要贡献：维生素 B_{12}（67%）、硒（37%）、锌（26%）、核黄素（25%）、烟酸（25%）、维生素 B_6（25%）、泛酸（25%）和钾（20%）（de Pereira et al.，2013）。然而，肉类和肉类产品也可以是饱和脂肪酸的重要来源（Bohrer，2019），已有许多营养学家和组织建议减少饱和脂肪酸的摄入，因为它们可能会增加冠心病的风险（Hooper et al.，2015），但目前仍有一些科学家质疑这种联系（Astrup et al.，2020；Lawrence，2021），这在第 5

章中进行了详细讨论。目前许多植物基肉类类似物也含有相当数量的饱和脂肪酸（表 6.3）。这些产品可以按照需求进行重新配制以降低这些脂肪酸的浓度，如第 6.3.2 节所述。

营养学研究表明，用植物基替代品取代肉类产品，对人类营养既有好处也有坏处。例如，增加植物基肉类类似物的摄入量会增加膳食纤维、镁、叶酸、多不饱和脂肪酸和总铁的摄入量，但会导致锌、维生素 B_{12} 的缺乏以及整体蛋白质摄入量的减少（Bohrer，2019；Vatanparast et al.，2020）。然而，用植物基肉制品替代动物性肉制品的营养效果仍需在临床研究中仔细评估。如前所述，营养物质的生物利用率在决定其营养影响方面起着关键作用，而植物含有的一些成分（如植酸）会降低重要营养物质（如铁和锌）的利用率。因此，所消耗的这些矿物质的量可能不能反映进入血液并可被人体利用的实际量。

表 6.8 比较了商业化植物基汉堡肉饼与真正的汉堡肉饼的营养状况。这两种产品的蛋白质含量和脂肪含量非常相似，但是植物基汉堡肉饼比动物性汉堡肉饼含有更多的糖类碳水化合物和更多的脂肪。添加糖类是为了通过美拉德反应产生理想的颜色和味道，而添加纤维是为了促进纤维结构的形成以提供理想的质地属性并保留液体。

表 6.8　3 种商业植物基汉堡肉饼和 4 种肉类基汉堡肉饼的营养成分中位数和中位数 95%置信区间

成分	肉类基汉堡肉饼		植物基汉堡肉饼	
	中位数	95%置信区间	中位数	95%置信区间
水分/%	65.9	61.5~69.6	60.9	52.8~64.0
灰分/%	1.79	1.77~1.82	2.52	1.87~3.47
蛋白/%	18.0	15.9~18.8	18.0	13.3~18.4
-胶原蛋白*/%	2.49	1.37~2.83	—	—
脂肪/%	12.5	8.0~20.3	11.1	8.8~19.1
-胆固醇/(mg/100g 湿基)	50.6	48.8~54.3	3.98	3.88~4.55
碳水化合物/%	2.09	2.00~2.76	8.4	7.6~10.0
-淀粉/%	0.93	0.86~1.14	0.31	0.10~1.21
-果糖/%	0.022	0.019~0.055	0.013	0.010~0.056
-总膳食纤维/%	0.74	0.48~0.98	4.27	2.90~5.02
总能量/(MJ/kg 干基)	28.4	26.1~30.3	24.9	24.0~28.6
总能量/(MJ/kg 湿基)	9.7	7.9~12.2	9.4	8.9~13.5

注　* 胶原蛋白百分比计算公式为（羟脯氨酸×8）/10^3。

比较两种产品的氨基酸组成可以看出，植物基汉堡肉饼缺乏蛋氨酸这种必需氨基酸（表 6.9）。这并不奇怪，因为本身豆类蛋白的蛋氨酸含量就低，如豌豆蛋白和大豆蛋白（Grossmann et al.，2021）。尽管如此，这些蛋白质的质量仍然相当高，如大豆蛋白和豌豆蛋白的 DIAAS 值分别为 91 和 70（Herreman et al.，2020）。用于制备植物基肉制品的豆类蛋白中可能缺乏的氨基酸（如半胱氨酸和蛋氨酸）可以从饮食中的谷类蛋白中获得，如从小麦和燕麦中获得。然而，在设计植物基模拟食品时，需要考虑到植物基模拟食品中缺乏的特定氨基酸，以确保人群有足够的氨基酸供应，因为较低的 DIAAS 意味着需要消耗更多的蛋白质来实现足够的氨基酸吸收。

表 6.9　3 种商业植物基汉堡肉饼和 4 种肉类基汉堡肉饼的氨基酸组成（mg/100g 湿基）和矿物质组成（mg/kg 湿基）的中位数和中位数 95%置信区间

氨基酸	氨基酸组成				矿物质	矿物质组成			
	肉饼		植物基汉堡肉饼			肉饼		植物基汉堡肉饼	
	中位数	95%置信区间	中位数	95%置信区间		中位数	95%置信区间	中位数	95%置信区间
丙氨酸	1096	816~1215	687	606~819	钠	4267	4215~4445	4285	3653~7153
精氨酸	1086	913~1489	1061	930~1478	钾	2718	2524~2960	3457	3280~5449
天门冬氨酸	1581	1232~1886	1925	1549~2502	磷	1270	1191~1416	2099	1558~3648
半胱氨酸	154	142~188	252	175~308	硫	1325	1297~1538	1443	1113~1692
甘氨酸	1305	949~1910	689	640~762	镁	159	152~174	615	181~1404
谷氨酸	3027	2276~3516	4352	4018~5805	钙	85.6	79.7~141.5	715	177~854
羟脯氨酸	311	171~354	—	—	—	—	—	—	—
异亮氨酸*	555	464~750	508	472~619	锌	30.7	27.6~36.3	21.4	8.4~25.1
组氨酸*	582	499~774	592	417~869	硅	20.9	19.3~23.6	20.4	16.2~98.8
亮氨酸*	1164	963~1497	1215	872~1500	铁	13.1	11.6~14.1	26.5	23.9~33.1
赖氨酸*	1391	1046~1836	928	707~1604	铜	1.52	0.80~4.28	3.52	2.62~9.12
甲硫氨酸*	300	244~392	13.8	9.6~51.1	锶	0.50	0.46~0.53	2.76	0.61~3.03
苯丙氨酸*	662	613~892	899	630~1067	锰	0.18	0.17~0.27	10.5	2.96~11.3
脯氨酸	856	696~1047	775	534~1160	锂**	0.10	—	0.28	0.26~0.38
丝氨酸	673	536~885	903	593~1039	铬	0.08	0.07~0.11	0.18	0.15~0.31
酪氨酸	482	437~643	591	366~675	钡	0.07	0.06~0.26	0.53	0.14~2.36
苏氨酸*	686	579~927	572	468~648	镍	0.06	0.06~0.10	0.22	0.19~0.33
色氨酸*	103	93~133	108	87~128	钛	0.05	0.04~0.07	0.17	0.11~0.81
缬氨酸*	612	576~826	559	517~672	—	—	—	—	—

注　* 必需氨基酸。

** 锂只在 1 个肉类汉堡肉饼样本和 4 个同种植物基汉堡肉饼品牌样本中被检出。

比较两种产品的矿物质成分可以看出，植物基汉堡肉饼的锌含量比真正的汉堡肉饼低（表6.9）。相反，植物基汉堡肉饼的铁含量更高。但是，植物基食品中的非血红素铁的生物利用率往往低于肉类产品中的血红素铁。其他研究还表明，植物基汉堡肉饼的 K、Zn、Cu 和 Fe 含量比肉类产品低（Kumar et al.，2017）。然而，必须谨慎对待这些结果，因为每个制造商都有不同的配方，因此这种说法并不适用市场上的所有产品。此外，在未来的研究中，应比较植物基肉制品和动物性肉制品中铁和其他必需矿物质的生物利用率。

为了克服这些挑战，研究人员正在研究提高植物基食品中重要营养素浓度和生物利用率的创新方法，包括作物育种、基因工程和加工方法，以提高营养素水平或降低抗营养素含量。此外，可以强化肉类和海产品类似物这种植物基饮食中可能缺乏的微量营养素，如维生素（尤其是维生素 B_{12} 和维生素 D）和矿物质（尤其是铁和锌）（表6.1）。

6.5.6 环境可持续性

与食用富含肉类饮食相关的一个主要问题是其对环境的负面影响，特别是在温室气体排放方面（Scarborough et al.，2014；Willett et al.，2019）。用于制备植物基肉类的成分已被证明比牛肉、羊肉、猪肉和家禽这些肉类产生更低的温室气体排放（表6.10）。

表6.10 每公斤肉制品（无骨）和用于制备植物基肉类类似物成分的温室气体排放量

来源	温室气体排放量/（kg CO_2 当量/kg）
鸡肉	4.12
火鸡肉	6.04
猪肉（世界平均值）	5.85
牛肉（世界平均值）	28.7
羊肉（世界平均值）	27.9
豌豆	0.60
大豆	0.58
马铃薯	0.20
葵花籽油	0.76
菜籽油	0.26
大豆分离蛋白	2.4[a]

注 [a] 大豆分离蛋白的数值是按每公斤蛋白质计算的。

然而，用于将植物来源的成分转化为肉类类似物的制造过程往往是能源密集型的（如挤压和热加工）。此外，原料在使用前必须进行运输和储存，这也涉及能源和其他资源的利用。因此，科学家们通过考虑初级生产、加工、分销和储存等所有生产阶段，对制造肉类和植物基产品相关的环境影响进行更全面的生命周期评估（Saerens et al.，2021）。表6.11总结了最近一项比较生产不同种类的动物性肉饼和植物基汉堡肉饼对环境的影响的研究结果。

表6.11　每公斤肉类汉堡肉饼和植物基汉堡肉饼对环境的影响

指标	牛肉	鸡肉	猪肉	大豆	南瓜
全球变暖潜能值/(kg CO_2 当量)	26.6	6.05	5.83	0.53	0.75
臭氧消耗/(mg CFC-11 当量)	0.088	0.074	0.072	0.033	0.041
占用农业用地/(m^2a^*)	5.91	4.28	5.24	0.79	0.49
颗粒物形成/(kg PM_{10} 当量)	0.1	0.01	0.01	0.001	0.002
陆地酸化/(kg SO_2 当量)	0.7	0.07	0.09	0.003	0.007
占用城市土地/(m^2a^*)	0.002	0.002	0.002	0.01	0.01
淡水富营养化/(kg P 当量)	0.006	0.0006	0.0006	0.0002	0.001

注　$^*m^2a$=平方米/年；每个特定时间的土地使用情况。

这项研究表明，即使在考虑到加工、分销和储存等生产阶段后，与动物性产品相比，植物基肉类类似物在大多数类别中对环境的影响较低。特别是植物基食品的温室气体排放、农业用地占用和臭氧消耗要低得多（表6.11）。用植物基类似物代替牛肉汉堡肉饼会带来巨大的环境效益（Heller et al.，2018）。总的来说，到目前为止，已经进行的生命周期分析是令人鼓舞的，并且与主张出于环境可持续性和健康原因减少肉类产品消费的大型研究相一致（Willett et al.，2019）。

6.6　展望

植物基肉类和海产品类似物背后的科学和技术正在迅速发展。不断挖掘具有更好功能属性和可靠性的植物来源成分，创新加工技术并优化现有的技术，探究改进某些特性或制造具有崭新特性的植物基食品的结构设计原理，这些成果的应用将有助于创造出更多样化的、更能准确模拟真实肉类或海鲜产品的高质量植物基食品，兼具美味、实惠、方便、健康和可持续。然而，要确保植物基肉类产品能够得到更广泛的接受和更深的市场渗透，仍有一些巨大的挑战需要解决。目前，大多数商业上成功的产品都是模拟由肉糜制成的产品，如汉堡肉饼、香肠、肉块和碎牛肉（图6.1）。在未来，重要的是创造更多肉类和海鲜类似物，如牛排、鸡胸肉、猪排和鱼片。

另一个重要挑战就是如何克服接受植物基肉类类似物的社会障碍。最近的一项研究报告指出，肉类通常与积极相关联，而植物基肉类类似物则与消极关联（Michel et al.，2021）。有趣的是，这项研究还表明，同伴的压力往往使人们更加抗拒食用植物基肉类，尤其是在社交场合。作者报告说，单独吃植物基肉类类似物而不与其他人一起吃，会产生最高的接受度，这意味着参与者在没有其他人的情况下吃这类食物会感到更舒服。相比之下，如果在周日与家人一起吃植物基肉类类似物、或被邀请在餐馆吃饭、或是在商务餐或在烧烤聚会上吃这类食物，其接受度较低。这是因为这些人担心别人对他们的饮食行为进行负面评价。这项研究还表明，食肉者倾向于喜欢像真肉一样的植物基产品。因此，更准确地模仿真正的肉类产品对开发下一代的植物基食品非常重要。一些消费者认为植物基肉类类似物是高度加工的食品，这使他们不太可能接受（Michel et al.，2021）。因此，改变消费者对这类产品的看法也很重要。例如，要改变人们认为某些东西经过高度加工就对其有害的想法。

最后，需要进一步研究以确定将更多的植物基肉类和海鲜产品纳入人类饮食对人们营养和健康的影响。这些研究还可用于产品营养平衡的设计、消化率和生物利用率的控制，以制造对人类健康有益的肉类和海鲜类似物。

参考文献

参考文献

第7章　蛋和蛋制品

7.1　引言

鸡蛋是许多人饮食中常见的一部分。它们本身可以作为食物食用，如煮鸡蛋、煎蛋、荷包蛋或炒鸡蛋（图7.1），也可以用作其他食物的配料，如蛋黄酱、酱汁、甜点和烘焙食品（McGee，2004）。与其他动物性食物一样，鸡蛋有着复杂的成分和结构，决定了其许多理想的物理化学、功能和感官特性（Stadelman et al.，2017）。因此在尝试设计能够准确模拟鸡蛋理想属性的植物替代品时，了解真实鸡蛋的特性非常重要（图7.2）。在讨论鸡蛋类似物的设计和生产之前，我们在本章开始时对真实鸡蛋的特性进行了概述。鸡蛋是大多数发达国家消费的最常见的蛋品类型，因此它们将是本章的主要重点。

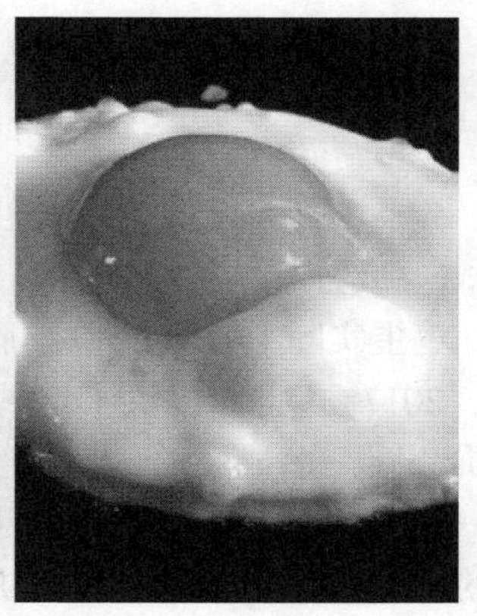

图7.1　鸡蛋的多种食用方式。例如，炒鸡蛋、煮鸡蛋和煎蛋

美国华盛顿良好食品研究所（Good Food Institute）委托的一份报告显示，2020年，美国植物基鸡蛋市场规模约为2700万美元，比前一年增长168%（GFI，2021）。然而，植物基鸡蛋类似物仅占鸡蛋产品总市场（动物基和植物基）的0.4%左右，这突出了该行业的巨大增长空间。销售额的大幅增长在很大程度上可归因于市场上推出了几种高质量的植物基鸡蛋类似物。其他通常使用鸡蛋作为功能性成分的食品也可能需要类似鸡蛋的植物基成分，如植物基烘焙食品（2020年美

国市场价值 1.52 亿美元）和调味品（2020 年美国市场价值 8100 万美元）（GFI, 2021）。显然，植物基鸡蛋有很大的潜在市场，这刺激了这一领域的研究。

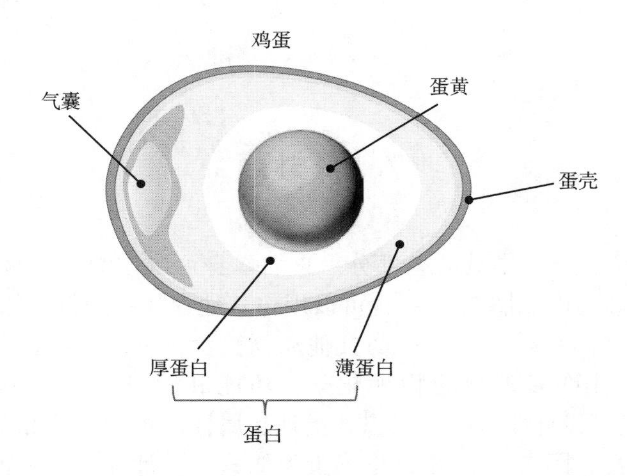

图 7.2　蛋的结构，主要由蛋黄、蛋清（厚蛋白和薄蛋白）和蛋壳组成

7.2　鸡蛋的性质

7.2.1　成分与结构

鸡蛋实际上是大的单细胞，含有胚胎最初发育所需的所有物质（Stadelman et al., 2017）。它们提供了这种大的单个细胞分裂成许多更小的细胞所需的能量和物质基础，形成胚胎，然后生长成一只可以离开蛋自食其力的小鸡。因此，鸡蛋是一种非同寻常的自然现象——一个独立的单元，能够在大约 3 周内生产出一只活的小鸡。为了实现这一非凡的过程，鸡蛋内部必须含有产生和培育胚胎所需的所有营养素和其他物质，如分散在水性介质中的蛋白质、脂质、碳水化合物、维生素和矿物质。对整个鸡蛋的近似分析表明，鸡蛋含有约 75%的水、12%的蛋白质、12%的脂质和少量的碳水化合物、维生素和矿物质（Kovacs-Nolan et al., 2005）。鸡蛋的内部结构也是为了促进胚胎的形成和生长而形成的。鸡蛋由内而外由几个同心的层组成（Kovacs-Nolan et al., 2005）。鸡蛋蛋白可能完全由多肽链组成，也可能由与脂质（脂蛋白）或碳水化合物（糖蛋白）化学结合或物理连接的多肽链构成（表 7.1）。

表7.1　一些最重要的蛋类蛋白质的分子和物理化学特征

成分	蛋白质百分比/%	*MW*/kDa	p*I*	T_m/℃
蛋黄			6.0	
卵黄球蛋白（α、β、γ）	12	33~203	4.3~7.6（5.3）	83.3
卵黄高磷蛋白	7	35	4.0	80.0
HDL	12	400kDa亚基（4~20nm）堆积成较大的颗粒	4.0	72~76
LDL	68	胶体颗粒（约30nm）	3.5	72~76
蛋白			4.5	
卵清蛋白	58	45	4.6	85
伴清蛋白	13	80	6.6	63
卵类黏蛋白	11	28	3.9	70
卵球蛋白	8	30~45	5.5~5.8	93
溶菌酶	3.5	14.6	10.7	78
卵黏蛋白	1.5	21	4.5~5.0	—

注　*MW*：分子量；p*I*：等电点；T_m：热变性温度；HDL：高密度脂蛋白；LDL：低密度脂蛋白。

蛋黄特性：蛋黄是一种天然的胶体分散体，其结构类似于水包油乳液（Anton，2013）。事实上，它含有各种富含脂质的胶体颗粒，悬浮在含有可溶性蛋白质、维生素和矿物质的水性介质中。离心可以将蛋黄分离成颗粒部分（约20%）和浆质部分（约80%），这两部分具有不同的成分和结构（Strixner et al.，2014），并为蛋制品提供不同的功能属性（Huang et al.，2019）。据报道，蛋黄的基本成分约为50%的水、23%的脂质、16%的蛋白质、9%的磷脂、1.7%的矿物质和0.3%的碳水化合物（Clark，2012）。这些成分在溶液中以超分子结构或单个分子的形式存在。蛋黄蛋白质主要是低密度脂蛋白（LDL，68%）、高密度脂蛋白（HDL，12%）、卵黄球蛋白（12%）和卵黄高磷蛋白（7%）（表7.1）。这些蛋白质可能存在于颗粒或浆质中（Anton，2013）：HDL和卵黄高磷蛋白主要存在于颗粒中，而LDL和卵黄球蛋白主要存在于血浆中。这些颗粒由许多高密度脂蛋白和磷葡萄蛋白亚基组成，这些亚基通过磷钙桥连接在一起（Strixner et al.，2014）。颗粒的直径范围从几百纳米到几微米（Anton，2013）。LDL和HDL本身是胶体颗粒（d<1000nm），其具有由甘油三酯和胆固醇分子的混合物组成的疏水核心，被由磷脂和蛋白质组成的界面膜包裹。据报道，蛋黄中主要的不饱和脂肪

酸为油酸（47%）、亚油酸（16%）、棕榈油酸（5%）和亚麻酸（2%），而主要的饱和脂肪酸是棕榈酸（23%）、立体酸（4%）和肉豆蔻酸（1%）（NRC，1976）。据报道，大约9%的脂肪酸是以卵磷脂的形式存在的。当pH值或离子组成改变时，蛋黄中颗粒的结构和完整性可能会改变，因为这会改变将它们结合在一起的静电相互作用（Anton，2013）。蛋黄中的各种形式的蛋白质，无论是分子形式还是胶体形式，在决定鸡蛋的乳化特性方面都起着重要作用，例如在蛋黄酱和调味品中。由于其在为生长中的胚胎提供营养方面的生物学作用，蛋黄还含有广泛的油溶性和水溶性维生素（如维生素A、维生素B_1、维生素B_2、维生素B_5、维生素B_9、维生素D和胆碱），以及矿物质（如磷、锌、铁和钙）。

蛋白：蛋白是一种透明黏稠的溶液，含有各种蛋白质和糖蛋白，溶解在含有水溶性维生素（核黄素）和必需矿物质（硒）的水性介质中（Brady，2013）。蛋清中最丰富的蛋白质是卵清蛋白（58%）、伴清蛋白（13%）、卵类黏蛋白（11%）、卵球蛋白（8%）、溶菌酶（3.5%）和卵黏蛋白（Table 7.1）。这些蛋白质大多是球状蛋白质，在食品中表现出一系列功能属性，特别是发泡、乳化、增稠、凝胶、结合和抗菌特性。成分分析表明，蛋清含有约90%的水和10%的蛋白质，以及少量的碳水化合物、脂质、维生素和矿物质。

7.2.2 加工

消费者、餐馆和食品行业用作食品或配料的鸡蛋有多种形式，包括全蛋、蛋清、蛋黄和混合物，它们可以作为新鲜产品、加工液或粉末供应（McGee，2004；Stadelman et al.，2017）。因此，加工的类型和程度取决于将要生产的最终产品的性质。在商业规模上，新鲜的全蛋通常由被称为“饲养者”的母鸡生产，这些母鸡在经过精心监管的设施中大量饲养，这些设施配有自动喂水、喂食和鸡蛋收集系统（Clauer，2021）。通常，每天收集鸡蛋，并使用皮带和滚筒将其运输到与鸡舍相连的鸡蛋加工设施。然后用专门的机器对鸡蛋进行清洗、分级、分类和包装。包装好的鸡蛋可以作为整颗鸡蛋使用，也可以进行进一步的加工。例如，鸡蛋可以从蛋壳中取出，均质化，巴氏灭菌，并在作为全液体鸡蛋成分出售。或者，可以将蛋白和蛋黄分离，以生产不同种类的食品成分和产品。同样，这些产品可以在销售前进行均质化和巴氏灭菌。在某些情况下，鸡蛋产品会被制成粉末状成分，因为这提高了它们的储存稳定性，并有助于它们在某些食品中的应用。此外，预煮鸡蛋产品可以在食品生产过程中制备，然后出售给消费者、餐馆或机构，以增加便利性。

7.2.3 理化特性

如前一节所述，鸡蛋可以用作各种形式的食物或配料，如新鲜或加工的全蛋、蛋清、蛋黄或其混合物（McGee，2004）。目前，由于植物成分和结构的复杂性，以及经济和加工的限制，不可能用植物成分构建出商业上可行的完整全蛋。出于这个原因，研究人员通常试图模拟混合全蛋的特性，这是由蛋黄和蛋白混合在一起制成的。因此，我们在本节中重点介绍了混合全蛋的物理化学和功能特性。在室温下，混合的全蛋是黏稠的液体，光学不透明，呈乳黄色。通常，新鲜时它们的 pH 略高于中性（pH 7.2~7.5），但在储存过程中可能会因某些化学反应而增加（Panaite et al.，2019）。

7.2.3.1 外观

全蛋的黄橙色主要是因为它们的蛋黄中含有大量的类胡萝卜素，包括叶黄素、玉米黄质、角黄素、阿朴胡萝卜素、柠檬黄质和隐黄质（Grizio et al.，2021）。母鸡本身不能产生类胡萝卜素，因此这些色素来自它们的饮食，而鸡蛋生产商通常通过使用含有所需色素的饲料来控制。在大规模生产中，饲料通常由含有大量所需营养素、维生素、矿物质和色素的谷物颗粒组成。在较小的农场，母鸡也可能被喂食含有各种水果、蔬菜和谷物的更自然的饮食。因此，蛋黄的颜色可以从浅黄色到深橙色不等，这取决于鸡饲料中类胡萝卜素的类型和浓度。这些类胡萝卜素在母鸡的胃肠道中消化后从饲料中释放出来，并被吸收到母鸡体内，然后被掺入蛋黄中的胶体颗粒（脂蛋白）中。研究表明，类胡萝卜素主要位于蛋黄浆质中低密度脂蛋白颗粒的疏水核心内（Anton，2013）。此外，液态全蛋在光学上是不透明的，因为蛋黄中的胶体颗粒（如颗粒、低密度脂蛋白和高密度脂蛋白）强烈散射光。对蛋黄的仪器比色法测量报告称，L^* 值约为 59，a^* 值约-5（略绿色），b^* 值约+54（强烈黄色）（Panaite et al.，2019）。据报道，对于煮熟的全蛋，L^*、a^* 和 b^* 值约为 77、-3 和+21（Li et al.，2018b）。亮度的增加和颜色强度的降低可归因于加热鸡蛋后由于蛋白质聚集体的形成而导致的光散射程度的增加。

7.2.3.2 流变学

液态全蛋比纯水黏性大得多，因为它们含有各种聚合物和胶体颗粒。研究人员利用剪切黏度测量值作为剪切速率的函数来表征液态全蛋的流变学特性（Atilgan et al.，2008；Panaite et al.，2019）。通常，这些产物的表观剪切黏度随着剪切速率、温度和储存时间的增加而降低。一些研究人员报告说，这类液态蛋制品的屈服应力较小，约为 0.2Pa（Atilgan et al.，2008）。流体全蛋产品的屈服应力和剪切变薄（n=0.65~0.72）行为可归因于胶体颗粒和聚合物的精细三维网络的形成，该网络在较高的剪切速率下被破坏。例如，在实验室中，使用剪切流变仪测量了混合全蛋和蛋清的剪切黏度随剪切速率的变化，如图 7.3 所示。这一数据也突出了流体蛋的剪切稀化行为。鸡蛋在烹饪期间和烹饪后的流变学特性的变化对确定其理想的质量属性也起着关键作用，这在功能特性一节（第 7.2.4.1 节）中进行了讨论。此外，据报道，当温度从 4℃升至 25℃和 60℃时，液态全蛋的表观剪切黏度从 37mPa·s 下降至 28mPa·s 和 21mPa·s 左右，液态全鸡蛋的流变学特性也被报道取决于给鸡的饲料（Panaite et al.，2019）。

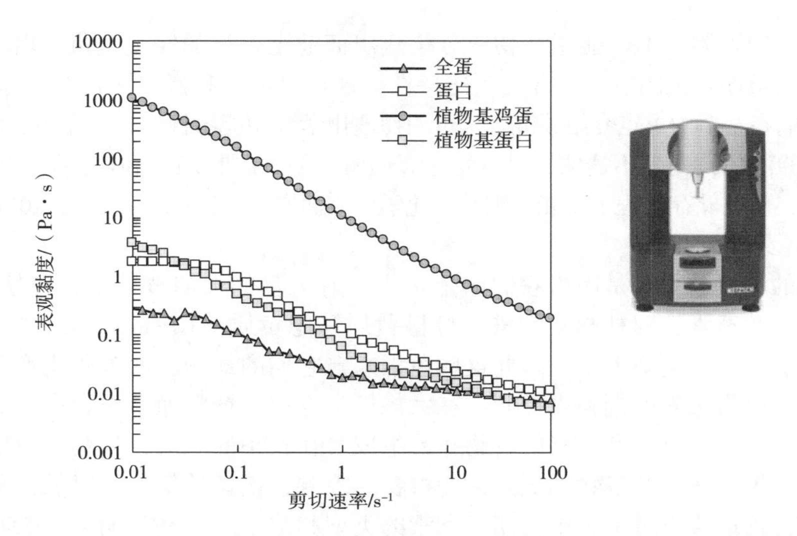

图 7.3 全鸡蛋、蛋清、商业植物基鸡蛋和模型植物蛋白溶液的表观剪切黏度随剪切速率的变化

7.2.3.3 稳定性

由于物理、化学或生物的不稳定机制，液态全蛋在储存过程中可能会分解（Stadelman et al.，2017）。这些产品是胶体分散体，因此由于它们所含的各种颗粒（如颗粒和脂蛋白）的聚集或重力分离，使它们容易发生物理分解。与其他胶体分散体一样，颗粒的聚集阻力取决于它们之间吸引和排斥相互作用的强度（McClements et al.，2021）。静电相互作用强烈依赖于 pH 和离子强度。特别地，如果 pH 太接近等电点或在高盐水平的存在下，蛋白质和脂蛋白可能聚集。因此，在配制液态全蛋时，控制这些因素很重要。当这些鸡蛋被掺入其他种类的食品中时，考虑 pH 值和离子强度如何变化也可能很重要，因为这会影响它们的聚集行为。液体全蛋对乳化或沉淀的抵抗力取决于它们所含颗粒的大小，以及周围液体的黏度。蛋黄中的一些颗粒可能相对较大（几微米），这可能会导致快速乳化或沉淀。事实上，一项离心研究发现，蛋黄中含有 3 种主要的颗粒组分，它们由高密度脂蛋白、低密度脂蛋白和卵黄高磷蛋白组成，分别具有不同的直径和密度：0.84μm 和 $1200kg \cdot m^{-3}$、1.8μm 和 $1081kg \cdot m^{-3}$、4.9μm 和 $1113kg \cdot m^{-3}$（Strixner et al.，2013）。因此，在包装之前使产品均匀化以减小颗粒尺寸可能很重要。然而，液态全蛋产品中水相的相对高黏度可能也会减缓这种分离过程。

鸡蛋在储存过程中也会发生各种化学反应，从而缩短其保质期。在整个鸡蛋中，蛋清和蛋黄的 pH 值都会随着时间的推移而增加，这归因于二氧化碳气体通过多孔蛋壳扩散而导致的碳酸损失（Eke et al.，2013）。因此，由于蛋白质分子之间的静电排斥作用增加，导致蛋白质聚集体解离，蛋清可能会变得明显更清晰、黏性更小。此外，蛋黄中可能含有相当水平的 ω-3 脂肪酸，其含量取决于母鸡的饲料

(Javed et al., 2019)。这些多不饱和脂肪极易受到脂质氧化的影响，从而导致脂肪流失（Galobart et al., 2001)。含有高水平多不饱和脂肪酸的鸡蛋在烹饪过程中也可能加速脂质氧化（Cortinas et al., 2003)。储存研究还表明，全蛋中的甘油三酯和磷脂在储存过程中可能会水解，导致形成具有不良感官特性的游离脂肪酸(Wang et al., 2017)。这种降解归因于鸡蛋中脂肪酶的存在，脂肪酶水解了脂质中的酯键。然而，如果对新鲜鸡蛋进行热处理，脂肪酶分子会失活，因为这会使它们变性，从而降低它们的催化活性。因此，重要的是控制加工条件、储存条件、包装材料和配方，以延缓脂质氧化、水解和其他化学反应。例如，产品可以在没有光的情况下储存在冷藏温度下，以延缓其化学降解。

最后，鸡蛋是营养丰富的产品，极易受到腐败菌和致病菌（如沙门氏菌）的污染（Baron et al., 2011)。因此，重要的是要使用适当的处理和卫生规程来避免污染，并使用适当的加工方法（如巴氏杀菌或辐照）或添加剂（抗菌剂）来灭活污染鸡蛋的任何微生物（Silva et al., 2012; Whiley et al., 2015)。

7.2.4　功能特性

鸡蛋是一种用途广泛的功能性成分，可用于食品中的各种应用，如增稠、凝胶化、黏合、乳化和起泡（Vega et al., 2011)。这些功能特征中的许多是蛋清和蛋黄中存在的球状蛋白的结果（表7.1)。事实上，这些蛋白质的存在在很大程度上决定了鸡蛋在煮、炸、炒或水煮时形成半固体的能力，以及它们促进调味品、蛋黄酱、酱汁、甜点、烘焙食品和蛋白酥皮中油滴或气泡形成和稳定的能力（McGee, 2004)。在本节中，我们将重点介绍鸡蛋的一些最重要的功能属性，包括增稠、凝胶化、黏合、乳化和发泡特性。然而，应该注意的是，鸡蛋在一些食品中也发挥着其他重要作用，如提供保水特性、控制糖、脂肪或冰晶的结晶、发挥抗菌效果或提供表面光泽（Grizio et al., 2021)。

7.2.4.1　增稠、凝胶化和黏合

鸡蛋在许多食品应用中最重要的功能特性之一是它们能够使溶液变稠，或凝胶化，或将不同成分结合在一起。这些功能属性的分子来源是蛋清和蛋黄中的球状蛋白在加热到其热变性温度（T_m）以上时进行部分去折叠的能力。鸡蛋蛋白的 T_m 值取决于蛋白质类型以及溶液条件（如pH和离子强度)，但通常在63至93℃之间（表7.1)。鸡蛋蛋白的热变性可以方便地使用差示扫描量热仪（DSC）来测量，该仪器可测量热流随温度的变化（图7.4)。多肽链在热变性温度以上的部分解开导致具有非极性或含硫侧基的氨基酸暴露在蛋白质表面。这些暴露的基团可以通过疏水吸引和二硫键促进部分变性蛋白质的聚集（图7.5)。如果鸡蛋中的蛋白质浓度足够高，那么就会形成一个聚集的蛋白质分子网络，延伸到整个系统的体积，从而形成凝胶（Kiosseoglou et al., 2005)。首先形成凝胶的温度被称为凝胶化温度（T_{gel}）。如果蛋白质浓度不足以形成凝胶网络，例如，当鸡蛋

以稀释的形式用作另一种产品中的成分时，那么蛋白质的聚集可能导致水相增加。通常，鸡蛋中的球状蛋白质会形成一种颗粒型凝胶，由直径几百纳米到几微米的蛋白质团组成，这些蛋白质团聚集在一起，并将水介质夹在它们之间（Cordobes et al.，2004；Li et al.，2018b）。每个蛋白质团包含大量相互聚集的单个蛋白质分子（图 7.5）。全蛋形成的凝胶还含有蛋黄和蛋清中的颗粒和脂蛋白，它们嵌入蛋白质网络中。由于光散射效应，这些不同种类的胶体颗粒的存在导致鸡蛋看起来在光学上不透明。通过改变加热时间和温度（Vega et al.，2011），以及调节 pH 或离子强度，可以生产出质地从软到硬不等的凝胶（Croguennec et al.，2002；Raikos et al.，2007）。鸡蛋也可以用作食品（如汉堡或香肠）中的黏合剂，它们可以通过范德瓦耳斯力、疏水相互作用、静电相互作用、氢键或二硫化物相互作用将不同的成分结合在一起。同样，这通常需要将它们加热到其热变性温度以上，以使它们展开并暴露出其表面的非极性和含硫基团。由鸡蛋中的成分形成三维网络也可以提供保湿性，即产品保持水分的能力，这对其质地和口感有重要贡献（Grizio et al.，2021）。

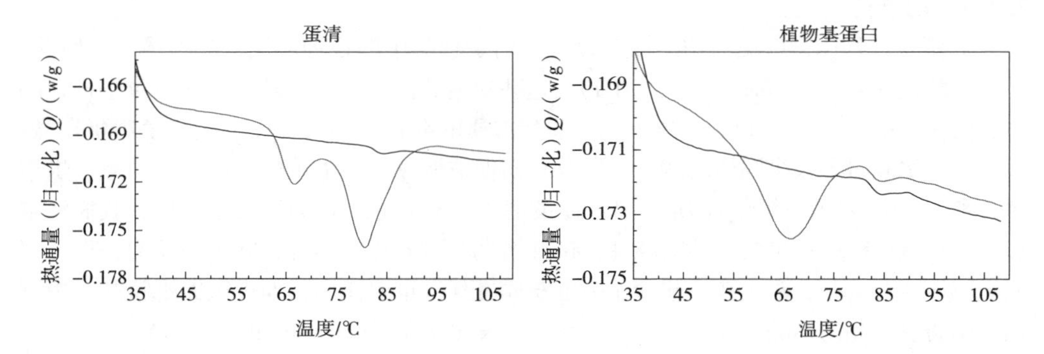

图 7.4　使用差示扫描量热仪（第一次扫描蓝色，第二次扫描红色）测量蛋清和模型植物基蛋白的热流随温度的变化

彩图

鸡蛋在烹饪和热加工过程中表现出一种特殊的变化。例如，蛋清的剪切模量随温度的变化如图 7.6 所示。最初，剪切模量在室温下相对较低，因为球状蛋白处于其天然状态，并且不相互聚集。当鸡蛋被加热时，剪切模量一开始保持较低水平，直到蛋白质开始展开并相互结合，从而形成延伸到整个系统的三维凝胶网络。通常，鸡蛋在加热过程中的凝胶化温度为 65～75℃，略高于主要鸡蛋蛋白的热变性温度。当鸡蛋冷却时，凝胶强度增加，这可归因于蛋白质分子之间的氢键强度随着温度的降低而增加。因此，鸡蛋会形成热定型的热不可逆凝胶。在这项研究中，冷却蛋清的最终凝胶强度约为 20kPa（图 7.6）。此外，煮熟的

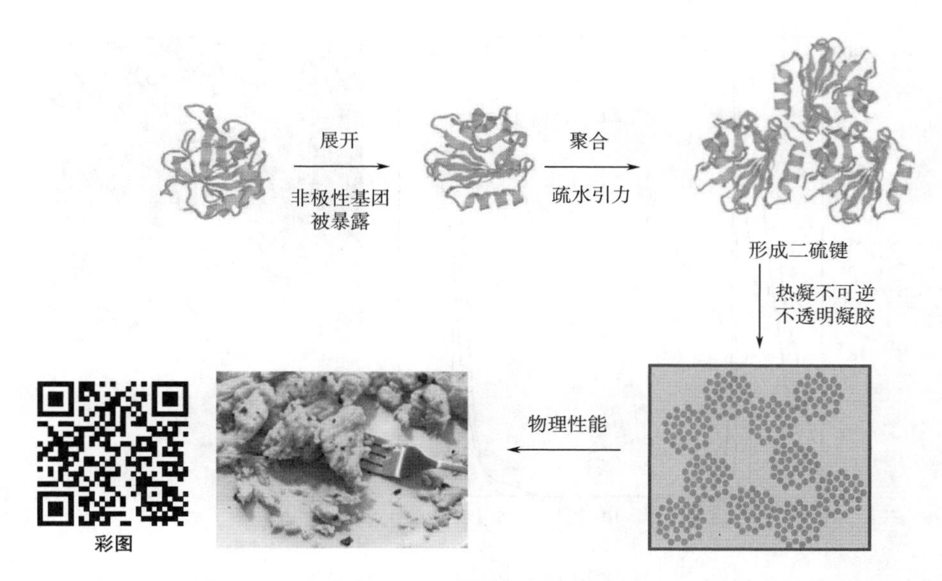

图 7.5　球蛋白和植物基蛋白在加热到热变性温度以上时展开和聚集，形成大的聚集物，这些聚集物相互作用，形成一个三维网络，形成了一些弹性特性

鸡蛋的质地属性也经常使用质地部面分析（TPA）来表征。使用 TPA 仪器对煮熟的蛋清进行的测量结果如图 7.7 所示。将样品压缩/解压缩两次，并在此过程中记录力随时间的变化。煮熟鸡蛋的硬度和断裂特性（以及各种其他质构特性）可以从这些力—时间剖面图中获得（第 4 章）。根据图 7.7 所示的数据确定的煮熟的蛋清的硬度和断裂强度分别约为 1350N 和 1040N。测量的硬度与其他研究人员使用类似的方法来表征煮熟鸡蛋的质地报告的 1300N 的值相似（Kassis et al.，2010）。

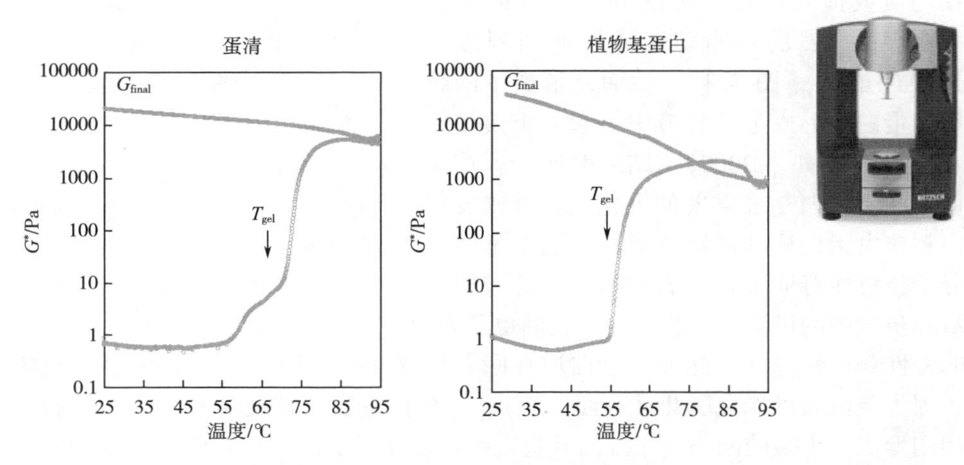

图 7.6　蛋清和植物基蛋白模型（10%核酮糖二磷酸羧化酶）的剪切模量随温度的变化

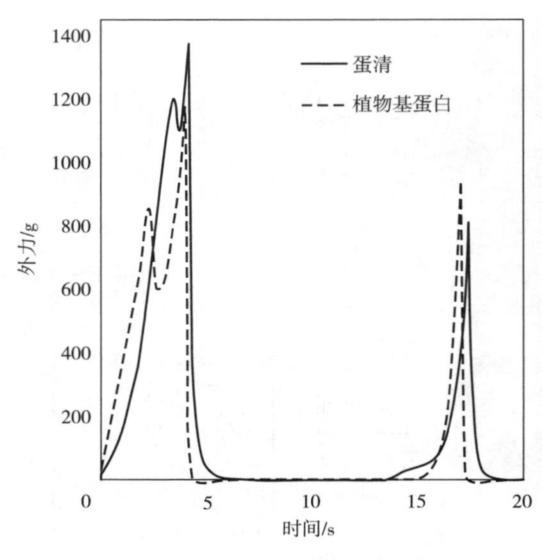

图 7.7　蛋清和一种模型植物基蛋白的结构图谱分析。使用不锈钢圆柱形探针在环境温度下以 2mm/s 将立方体样品（$1cm^3$）压缩/减压至 75%的最终应变

7.2.4.2　乳化和发泡特性

鸡蛋因其良好的乳化性和发泡特性而被用作许多食品的配料（McGee，2004）。例如，它们被用作乳化剂来形成蛋黄酱、调味品和酱汁，或它们被用作蛋白酥皮和蛋糕的发泡剂。这些特性部分是由于蛋清和蛋黄中的球状蛋白在均质或搅打过程中吸附到油水界面或空气—水表面，然后在脂肪滴或气泡周围形成保护膜的能力（图 7.8）。然而，蛋黄中的颗粒和脂蛋白在形成蛋基乳液中也起着重要作用（Le Denmat et al.，2000）。结果表明，蛋黄中的低密度脂蛋白是最重要的乳化剂。低密度脂蛋白颗粒由蛋白质和磷脂组成，它们都是两亲性分子，可能有助于整体表面活性。这类似于蛋清和蛋黄中的可溶性球状蛋白，它们也是表面活性分子，因为它们的外表同时含有非极性和极性基团。然而，蛋白质在附着到界面或表面后可能表现出不同的行为，因为蛋白质可能会展开（表面变性），这会促进它们彼此交联。在脂肪滴或气泡周围形成二维凝胶网络对于提高其稳定性可能是重要的。鸡蛋组分形成的界面层的电特性在确定乳液和泡沫稳定性方面也很重要。鸡蛋形成的水包油乳液中脂肪滴

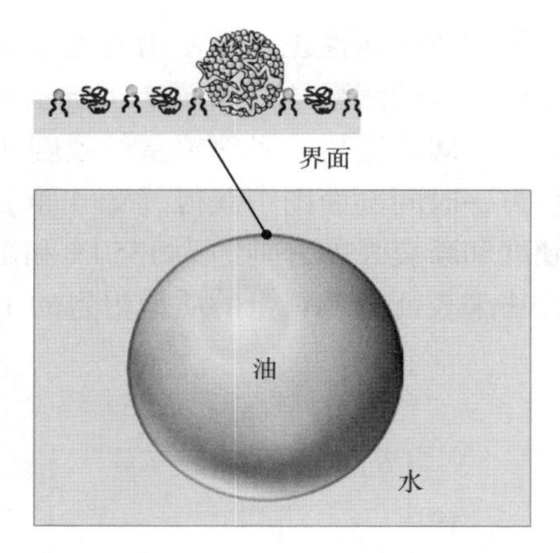

图 7.8　卵蛋白、磷脂或脂体颗粒（如低密度脂蛋白、高密度脂蛋白）组成界面

的 ζ 电位往往从低 pH 时的正电位变为高 pH 时的负电位（Le Denmat et al.，2000），这主要归因于吸附的蛋白质分子的电荷变化。据报道，蛋清和蛋黄分散体的等电点分别约为 pH 5 和 5.5（Li et al.，2018a）。在酸性条件下，氨基和羧基被质子化，产生净正电荷（-COOH 和-NH_3^+），但在中性到碱性条件下，它们被去质子化而产生净负电荷（COO^-和-NH_2）。因此，使用鸡蛋组分作为乳化剂制备的乳液在远高于和远低于静电斥力强的等电点的 pH 下易于相对稳定地聚集，但在静电斥力弱的等电点附近将不聚集（Li et al.，2018a）。

7.2.5 风味

在生鸡蛋的状态下，鸡蛋只有温和的香气，其性质在一定程度上取决于母鸡所吃的饲料类型，但由于各种化学变化，在储存过程中香气往往会增加（McGee，2004；Plagemann et al.，2011）。在烹饪过程中，鸡蛋蛋白会发生进一步的化学反应，从而产生温和但独特的硫香气（Jo et al.，2013；Warren et al.，1995）。这种由硫化氢（H_2S）气体引起的硫香气被认为主要来源于蛋清，并归因于当白蛋白分子被加热到高于其热变性温度时展开，从而暴露出通常埋在蛋白质内部的化学反应性含硫氨基酸。炒鸡蛋的黄油甜味被认为主要来源于蛋黄（Warren et al.，1995；Warren et al.，1991）。生鸡蛋（Xiang et al.，2019）和熟鸡蛋（Goldberg et al.，2012；Jo et al.，2013）中的各种挥发性成分已使用气相色谱—质谱联用技术（GC-MS）进行了定量。据报道，煮熟的鸡蛋通常含有数百种不同的挥发性成分（MacLeod et al.，1975；McGee，2004），这些成分在不同程度上对整体风味有贡献。在实践中，鸡蛋的独特风味取决于所使用的烹饪方法，如烹煮、水煮、搅打或油炸，因为涉及不同的传热介质（水、油）和时间—温度组合（Sheldon et al.，1985）。因此，当试图开发准确模拟鸡蛋风味属性的植物基鸡蛋时，烹饪前后鸡蛋香气特征的信息非常重要。

7.3 植物基鸡蛋类似物

7.3.1 成分与结构

正如前一节所讨论的，鸡蛋天然含有各种不同的成分（如水、蛋白质、脂类、磷脂、碳水化合物、矿物质、维生素和类胡萝卜素），这些成分可能被组织成胶体结构（如高密度脂蛋白、低密度脂蛋白和颗粒），这些结构都有助于它们理想的功能和感官属性。因此，通常需要许多不同的植物成分来准确模拟它们的特性（表 7.2）。例如，植物基脂质可以用来产生脂肪滴的疏水核心，设计用于模拟脂蛋白和颗粒。可以选择具有不同脂肪酸组成的脂质来生产具有不同营养特征和化学稳定性的产品。例如，富含ω-3脂肪酸的油，如藻油或亚麻籽油，可以用来制造用这些健康脂质强化的鸡蛋类似物，但可能需要特殊程序来抑制它们在储存过程中的氧化，例如添加天然抗氧化剂或控制储存和包装条件（Jacobsen，2015；Jacobsen et al.，2013b）。此外，两亲性植物蛋白（如大豆、豌豆、豆类或绿豆蛋白）或磷脂（如向日葵或大豆卵磷脂）可以用作乳化剂或发泡剂，从而稳定乳剂或泡沫。或者，通常在鸡蛋中不存在的植物基乳化剂也可以用于此目的，如藜叶皂苷或改性淀粉。植物基球状蛋白在决定烹饪过程中鸡蛋类似物的增稠、凝胶和结合特性方面也起着重要作用，这是由于它们能够与相邻分子和其他分子展开和聚集。这种行为在植物基炒鸡蛋、甜点或蛋糕等产品中很重要。

表7.2　用于配制植物基鸡蛋类似物的一些关键成分及其功能属性的实例

成分	实例	功能
脂质	藻类、油菜籽、玉米、亚麻籽、橄榄、蔬菜、豆油和葵花籽油	形成脂肪滴的疏水核心；溶解非极性物质、色素和维生素
蛋白质	大豆、豌豆、绿豆、油菜籽、鹰嘴豆、蚕豆、小扁豆、羽扇豆	乳化剂、发泡剂、胶凝剂、增稠剂、黏合剂
磷脂	大豆和葵花籽磷脂	乳化剂、发泡剂
多糖	结冷胶、淀粉、刺槐豆胶、黄原胶、阿拉伯胶	稳定剂、增稠剂
着色剂	类胡萝卜素、姜黄（姜黄素）和苋菜	提供黄色
调味品	盐、香料、糖、味精、含硫饮料	味道和香气
维生素	维生素A、维生素D、维生素E、维生素B_{12}	营养
矿物质	钠、钙、硒等	营养、交联、调味
交联剂	转谷氨酰胺酶	交联蛋白
防腐剂	植物提取物、EDTA、乳酸链球菌素	抗氧化剂，螯合剂，抗菌剂
pH-调节剂	柠檬酸钾，柠檬酸，碳酸钾，碳酸氢钠，碳酸钙，焦磷酸四钠	pH调节，缓冲剂

旨在取代整只鸡蛋的鸡蛋类似物可能还需要一种或多种改良剂或染色剂来模仿其特征性的感官属性。在烹饪过程中，改良剂应能产生蛋黄的甜黄油味和蛋清的轻微硫磺味，但也可能需要其他口味。理想情况下，这些风味应该由用于配制产品的植物蛋白或脂质产生。然而，在某些情况下，可能需要额外的偏好风味改良剂来完成鸡蛋类似物风味的组合。着色剂应该产生鸡蛋的黄色，这可以通过使用类胡萝卜素和姜黄素等天然色素来实现。通过添加合适的维生素或矿物质，鸡蛋类似物的微量营养素含量可以与真正的鸡蛋相匹配。此外，鸡蛋类似物可以用类似的健康促进分子强化，如类胡萝卜素或姜黄素等，它们也可以作为天然色素和抗氧化剂。可能

还需要添加酸性物质、碱性物质或缓冲液来调节和维持鸡蛋类似物的 pH。最后，可能还需要添加天然植物防腐剂，如抗菌剂、抗氧化剂或螯合剂，以抑制微生物生长或不良化学反应。理想情况下，植物鸡蛋的制造商希望尽可能少地使用消费者认为可以接受的成分（标签友好）来模仿真正鸡蛋的特性。此外，所有成分都必须符合销售国的规定，并且具有成本效益，供应充足可靠，易于使用，具有一致的功能特性，最好是非过敏性的。因此，制造商在设计和开发此类产品时必须考虑到许多因素。第 4 章对不同的植物成分及其功能进行了更详细的讨论。

7.3.2　加工

一旦选择了功能成分的适当组合，就有必要将它们组合起来，并使用适当的生产操作进行加工。一般来说，植物基鸡蛋可以通过多种方式生产。在本节中，我们描述了一种简单的方法，其中包含许多可用于制造鸡蛋类似物的关键加工操作。这种方法包括生产一种液态全蛋类似物，该类似物由分散在含有凝胶球状蛋白质和增稠多糖的黏性水性介质中的蛋白质包裹的脂肪滴组成（图 7.9）。在这种配方中，脂肪滴散射光线，从而导致不透明的颜色，以及有助于质地的形成，并作为油溶性添加剂（如色素，生物活性物质和维生素）的溶剂。球状蛋白质在乳化液形成过程中充当乳化剂，在加热过程中充当胶凝剂。此外，它们还可在某些食品应用中提供起泡和黏结性能。多糖（水胶体）使水相变稠，从而抑制颗粒物质（如脂肪滴、蛋白质颗粒或香料）的乳析或沉淀。使用这种方法需要多步骤工艺来形成基于乳液的蛋类似物：

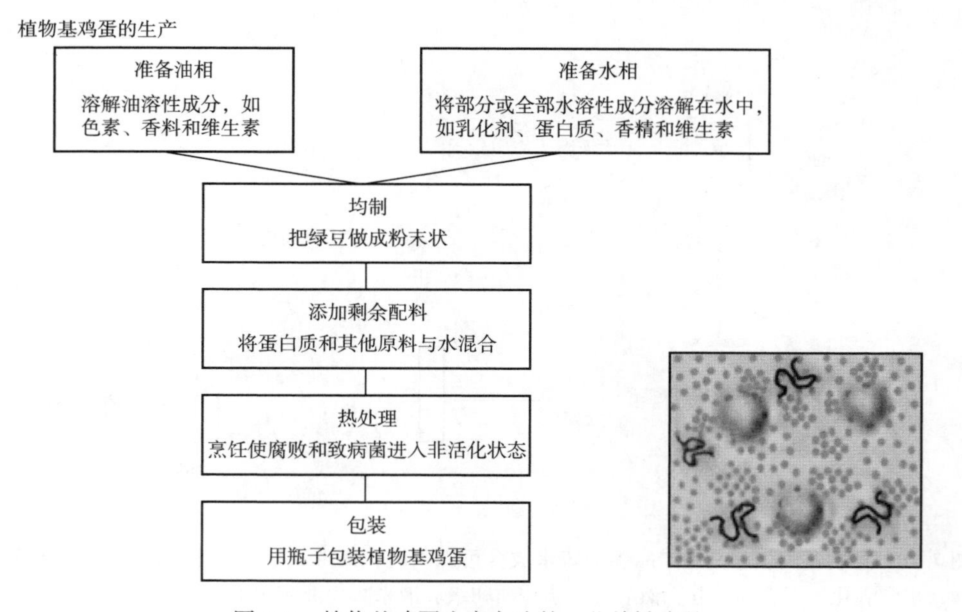

图 7.9　植物基鸡蛋生产方法的一些关键步骤

• 油相制备：油溶性添加剂，如疏水性添加剂、色素或维生素，在均质前溶解在油相中。油相可能需要加热，以帮助溶解室温下结晶的成分，如类胡萝卜素或姜黄素。

• 水相制备：适当的亲水性乳化剂，通常是植物蛋白或磷脂，应溶解在水中。在均质之前，也可以将任何其他亲水性添加剂添加到水相中，例如增稠剂、胶凝剂、着色剂、香料、pH 调节剂和防腐剂。然而，在均化后加入部分或全部这些成分也可能有益处，这必须根据所用成分和工艺的精确性质来确定。应控制水相的 pH（通常略高于中性），以确保成分（尤其是蛋白质）如预期的那样发挥作用。在某些情况下，可能需要加热来溶解一种或多种成分（尤其是水胶体），这可以在它们与其他成分混合之前或之后进行。在这一阶段，关键是选择一种具有适当乳液形成和稳定特性的乳化剂（McClements et al.，2017）。所用乳化剂的类型和浓度应能够在均质过程中形成小的脂肪液滴（以抑制乳析），并在液滴之间产生强大的排斥力（以抑制聚集）。

• 均质：通常使用高剪切混合装置将油相和水相混合在一起，形成含有乳化剂包被脂肪滴的粗乳液（图 7.10）。然后可以使用均化器（如高压阀均化器或超声仪）进一步减小粗乳液中脂肪滴的大小，这降低了它们在储存过程中聚集或凝结的倾向。

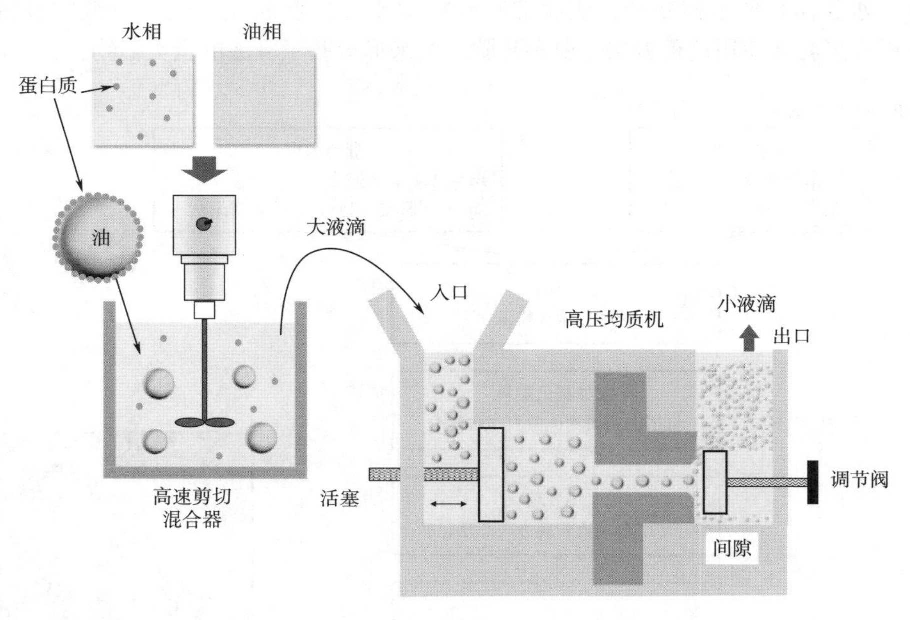

图 7.10　植物基鸡蛋和其他产品中的疏水成分可以以乳化的形式加入。水包油乳液可以通过将油、水和乳化剂混合在一起，然后进一步均质初级乳液来减少液滴大小

• 配方：如果需要，可以在均质后将任何其他水溶性添加剂添加到最终乳液的水相中。有时在这个阶段添加这些成分更好，因为它们可能会导致均质器内的液滴破坏，或者可能会堵塞均质器。在某些情况下，可以将酶促交联剂（如谷氨酰胺转胺酶）引入制剂中，以使蛋白质部分交联并增加水相的黏度。

• 热处理：然后可以对产品进行热处理，以促进蛋白质分子的展开和聚集，或使酶或微生物失活，从而延长保质期并确保其安全。对于液态全蛋类似物，重要的是要确保蛋白质在产品煮熟之前不会凝胶。因此，可能必须小心地控制热过程的温度—时间分布。

• 包装：最后，将产品包装到合适的容器中，密封。

在某些情况下，可能没有必要执行其中的一些步骤，因为油溶性成分（如香料、色素和维生素）可以以预乳化的形式（通常是粉末）购买。这些成分可以简单地与水溶性成分一起分散到水相中，因此不需要油相制备或均质步骤。

7.3.3　理化特性

7.3.3.1　外观

液态全蛋类似物应模仿由鸡蛋形成的全蛋混合物的乳黄色外观（McClements et al.，2021）。真正鸡蛋的奶油状外观是由于散射光的胶体颗粒，如低密度脂蛋白、高密度脂蛋白和颗粒，这些颗粒的尺寸通常从几百纳米到几微米不等。因此，在鸡蛋类似物中加入植物基胶体颗粒也可以散射光，这一点很重要。这可以通过产生水包油乳液来实现，水包油乳液包含乳化剂包被的脂肪滴或包含基于生物聚合物的颗粒，例如蛋白质聚集体或淀粉颗粒。这些颗粒的大小和浓度应该有所不同，以匹配鸡蛋产品的亮度。通过添加适当的植物色素，如姜黄（姜黄素）、类胡萝卜素（如β-胡萝卜素、叶黄素或番茄红素）或苋红，可以模仿整个鸡蛋的黄色。这些色素的类型和浓度应进行优化，以匹配真正鸡蛋的 a^* 和 b^* 值。在某些情况下，可能需要将不同的颜料混合在一起以获得所需的颜色。同样重要的是要考虑这些颜色的储存稳定性，以及食品制备条件对其稳定性的影响。例如，在储存过程中或样品在高温下长时间保存时，可能会出现褪色。在表7.3中，将几种植物基鸡蛋的三色坐标与鸡蛋的三色颜色坐标进行了比较。这些测量结果表明，这两种类型的鸡蛋都有相对较高的亮度（高 L^*）和黄色（高正 b^*），但红/绿度较低（低 a^*）。

表7.3　鸡蛋和植物基鸡蛋类似物（混合整只鸡蛋）的三色坐标

样品	L^*	a^*	b^*	参考文献
母鸡全蛋（生）	71	+6	+53	实验室检测数据
母鸡全蛋（熟）	74	−0.4	+23	实验室检测数据
母鸡全蛋（熟）	77	−3	+21	Li et al.（2018b）

续表

样品	L^*	a^*	b^*	参考文献
母鸡全蛋（熟）	87	−4	+28	Kassis et al. (2010)
植物基鸡蛋（生）	77	+0.6	+45	实验室检测数据
植物基鸡蛋（熟）	74	+1.6	+42	实验室检测数据

注　90℃烹饪30min。

7.3.3.2　流变学

理想情况下，鸡蛋类似物应该模仿生鸡蛋和熟鸡蛋的质地特征，以及这些特征在烹饪过程中的变化（McClements et al.，2021）。因此，它们在环境温度下应该是黏性剪切稀化流体，但当加热到65~75℃以上时，会变成具有特定质地特征的凝胶。可以通过在配方中加入增稠剂来模拟未煮熟鸡蛋的黏性特性，例如水胶体（如结冷胶、槐豆胶或黄原胶）或蛋白质聚集体（如交联植物蛋白）。理想情况下，应优化这些增稠剂的类型和浓度，以获得与未煮熟的鸡蛋相匹配的表观剪切黏度与剪切速率曲线。在实践中，我们实验室的测量表明，商业植物基鸡蛋的剪切黏度可能比真正的鸡蛋高得多（图7.3和表7.4）。这可能是因为需要防止产品中的胶体颗粒在长期储存过程中产生乳析或沉淀，如脂肪滴、蛋白质聚集体或淀粉颗粒。然而，一般来说，通过使用植物蛋白来模仿液体鸡蛋的流变学稳性是可行的。例如，在我们的实验室中测量的植物基蛋白溶液（10%核酮糖-1，5，-二磷酸羧化酶）的剪切黏度与蛋清的剪切黏度相当相似（图7.3）。

表7.4　全蛋及其类似物的流变学特性

样品	屈服应力/Pa	$K/(\mathrm{Pa \cdot S^n})$	n	参考文献
全蛋	0.20	0.030	0.97	Panaite et al. (2019)
全蛋	0.009	0.013	0.97	实验室检测数据
植物基鸡蛋	9.7	0.11	0.95	实验室检测数据

注　K为一致性指标，n为幂指数。

加热过程中凝胶的形成可以通过添加足够量的球状蛋白质来实现，当加热到其热变性温度以上时，球状蛋白质会展开并聚集。理想情况下，这些蛋白质应该在与鸡蛋中的蛋白（如卵清蛋白）相同的温度下展开，温度为63~85℃（表7.1）。使用不同的扫描量热法可以方便地测量植物基蛋白的热变性温度，并将其与鸡蛋蛋白进行比较（图7.4）。然后可以选择合适的植物基蛋白来模拟鸡蛋蛋白的展开行为。形成的凝胶的流变学特性，如凝胶温度、硬度和断裂特性，应与鸡蛋的流变学特性相似。流变学特性取决于蛋白质类型和浓度，以及pH和离子强度、加热条件（时间-温度）和成分间的相互作用，在优化配方时必须考虑这些因素。例如，实验室中测量的植物基蛋白溶液（10%核酮糖-1，5-二磷酸羧化酶）的剪切模量随温度的变化与图7.6中蛋清的剪切模量进行了比较。这些结果表明，当加热到60~70℃以上时，植物基蛋白溶液会形成凝胶，最终凝胶强度与蛋清蛋白形成的凝胶相当相似。因此，这种植物基蛋白可能有助于模仿真实鸡蛋的一些理想质地和烹饪特性。在相同温度下展开并形成热定型凝胶的其他植物蛋白也可用于此目的，例如绿豆或羽扇豆蛋白。此外，研究人员报告称，通过质地分析测量的煮熟的整只鸡蛋的硬度约为1300N（Kassis et al.，2010）。因此，植物基鸡蛋类似物在烹饪后应表现出类似的结构特性。在我们的实验室中，我们发现由模型植物基蛋白（如10%~12.5%核酮糖-1，5-二磷酸羧化酶）形成的热定型凝胶通过质地分析测量的硬度值在1100~1900N这个范围内。

7.3.3.3 稳定性

当在冰箱条件下储存时，真正的鸡蛋可以在蛋壳中储存约60天，从蛋壳中取出后可以储存约4天（Tetrick et al.，2019）。在类似的条件下，经过加工的盒装液态全蛋的保质期约为120天，应在开封后约7天内使用。因此，理想情况下，植物鸡蛋的保质期应该与它们设计用来替代的真正鸡蛋相似或更好。鸡蛋类似物的保质期可以与整盒液态鸡蛋相似，但必须仔细控制其成分和加工，以防止通过物理、化学和微生物不稳定机制而分解。

物理稳定性：鸡蛋类似物可能含有几种不同种类的胶体颗粒，以提供其所需的光学、质地和风味特性，如脂肪滴、淀粉颗粒、蛋白质聚集体、草药和香料。这些颗粒在储存过程中可能形成乳析或沉淀物，从而分别在产品的顶部或底部形成对品质不利的可见层。如第4章所述，胶体颗粒的重力分离可以通过使用各种策略来抑制，其中最重要的策略是减小颗粒尺寸和增加水相黏度。颗粒大小可以通过使用机械设备（如胶体磨、高压均质机或声波仪）对脂肪滴或其他颗粒物质进行均质来减小（图7.10）。通常情况下，粒径应小于几百纳米（<300nm），以强烈地延缓乳析或沉淀。在实践中，达到这些小颗粒尺寸通常是困难的或不切实际的。例如，任何存在的蛋白质聚集体或细胞片段可能很难用传统的均质机破坏，因为它们阻塞了阀门或通道。此外，均质机往往价格昂贵且有一定的操作难度。由于这些原因，通常在水相中加入增稠剂，如水胶体，以增加黏度并减缓颗粒运动。这些水胶体是典型的亲水性多糖，当分散在水中时具有扩展的分子结构，如黄原胶、瓜尔胶和刺槐豆胶。然而，重要的是，它们的加入能够提供一个理想的流动特性和口感。一些水胶体会导致不受欢迎的黏稠或块状质地，消费者可能会觉得不可接受或不喜欢。

鸡蛋类似物中的胶体颗粒也可能因其相互聚集的倾向而不稳定（图7.11）。当粒子之间的吸引力大于排斥力时，聚集倾向于发生（第4章）。许多现象可能导致植物基鸡蛋类似物的聚集（McClements，2015）。

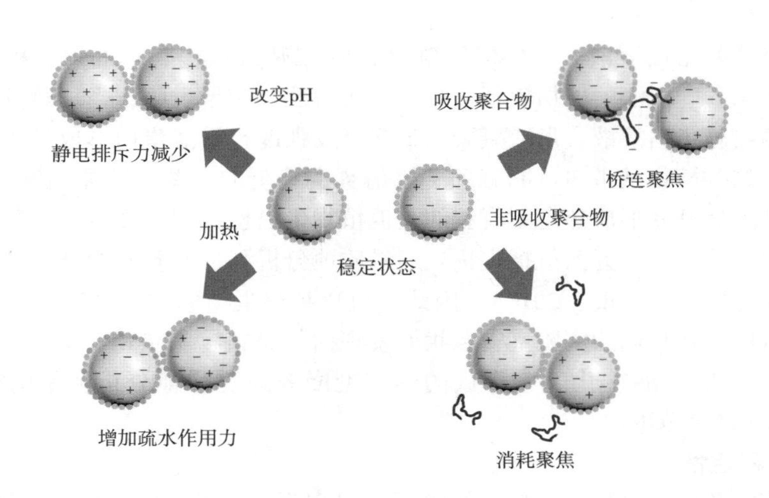

图 7.11　鸡蛋类似物中乳化剂包覆的脂肪滴聚集机制

• 范德瓦耳斯力：这种胶体相互作用在各种粒子之间起作用，并倾向于将其相互吸引。因此，确保存在某些类型的排斥性胶体相互作用总是很重要的，这些相互作用足以克服范德华引力，例如空间排斥或静电排斥。

• 疏水性吸引：疏水性相互作用相对较强且具有长程性，因此往往会将颗粒拉在一起。当颗粒的表面疏水性增加时，疏水相互作用的强度增加。因此，系统中任何增加颗粒表面疏水性的变化都可能通过增加疏水-吸引相互作用的强度而导致不稳定。例如，将球状蛋白加热到其热变性温度以上可以促进游离或吸附的植物蛋白在植物基鸡蛋类似物中的聚集。

• 静电排斥：静电排斥是对抗植物基鸡蛋类似物中颗粒聚集的最重要的胶体相互作用之一。静电排斥的强度通常随着表面电荷的增加和离子强度的降低而增加。因此，系统中任何减少表面电荷或增加离子强度的变化都可能减少静电排斥并导致颗粒聚集。例如，如果 pH 朝着蛋白质的等电点变化，它们的表面电荷会减少，最终会导致聚集。类似地，如果在鸡蛋类似物中加入高水平的盐，特别是多价反离子，那么它可能会由于静电屏蔽或离子结合效应而聚集。

• 空间排斥：鸡蛋类似物中的胶体颗粒可能通过其表面存在的亲水性聚合物而部分稳定，这些聚合物会产生强烈的空间排斥。例如，两亲性聚合物，如阿拉伯树胶或改性淀粉，在脂肪滴或其他胶体颗粒表面的吸附会产生强烈且相对长的空间排斥。然而，如果聚合物层的厚度不够，则空间排斥可能不足以稳定系统。球状植物蛋白往往在脂肪滴周围形成相对较薄的界面层，因为它们的分子尺寸较小，导致相对较短范围的空间排斥。因此，在没有其他类型的排斥相互作用（如长程静电排斥）的情况下，它们无法阻止液滴聚集。

• 桥接效应：鸡蛋类似物可能含有被吸引到任何颗粒表面的聚合物。因此，它们可能在许多不同的颗粒之间形成桥梁，导致它们聚集。这种桥接效应的最常见形式是由于聚合物之间的静电吸引，该聚合物具有与颗粒表面电荷基团符号相反的电荷基团，例如，阴离子水胶体可以与蛋白质表面的阳离子区域结合。即使蛋白质上的净电荷是中性或负的，也可能发生这种情况，因为带负电荷的聚合物可能会附着一些带正电荷的基团。

- 消耗效应：鸡蛋类似物也可能含有未吸附的聚合物（如水胶体），这些聚合物不会被吸引到颗粒表面，但仍然可以通过消耗机制在它们之间产生渗透吸引来促进它们的聚集。在这种情况下，未吸附的聚合物在本体水相中具有有限的浓度，但在每个颗粒周围的狭窄区域中具有零浓度。该区域的尺寸大约等于聚合物分子的流体动力学半径。这种耗尽区的存在是因为聚合物的中心不能比其水合半径更靠近聚合物表面。结果，在本体水相和耗尽区之间存在浓度梯度，这导致渗透压。这种渗透压倾向于将胶体颗粒推到一起，因为当它们彼此聚集时，系统中耗尽区的总体积减少。渗透压的强度随着聚合物的数量密度的增加而增加，并且对于具有更多延伸构象的聚合物趋向于更强。因此，在配制植物基鸡蛋类似物时，选择基于水胶体的功能成分（如增稠剂）时必须小心，否则它们可能会促进聚集。

化学稳定性：鸡蛋类似物的物理化学和感官特性可能在储存过程中由于各种类型的化学反应而发生变化。这些反应的性质取决于存在的成分类型、溶液条件（如 pH 和离子组成）以及外部条件（如温度、光照和氧气水平）。添加到鸡蛋类似物中的一些成分容易被氧化，包括不饱和脂肪酸、类胡萝卜素、姜黄素和蛋白质（Boon et al.，2010；Hellwig，2019；Waraho et al.，2011）。氧化会导致不饱和脂肪酸酸败，天然色素褪色，蛋白质失去营养价值和功能。通常，氧化速率随着温度、氧气水平和光照的增加以及促氧化剂水平（如过渡金属离子、脂氧合酶或光敏剂）的增加而增加。因此，重要的是控制储存和运输条件，使用适当的包装材料，控制产品成分，例如添加抗氧化剂和螯合剂，以及避免、去除或抑制任何促氧化剂。

植物基鸡蛋类似物中可能使用的许多成分在储存过程中也容易水解，例如多糖、磷脂和脂质。例如，多糖可能被植物材料中的酶水解，这可能导致解聚，从而降低其增稠或凝胶特性。脂肪酸可能由于植物材料中的酯酶水解而从磷脂或脂质中释放出来。因此，在分销产品之前，例如通过热处理使这些酶失活通常很重要。水解反应在某些 pH 条件下也可能增加，特别是在升高温度时。此外，由于美拉德反应，蛋白质可能在高温下与还原糖反应，导致产物的颜色为棕色（Tamanna et al.，2015）。鸡蛋类似物的褐变在某些烹饪过程中很重要，如油炸、烧烤和烘焙，因为它可能会导致产品表面出现理想或不理想的棕色。因此，重要的是要了解鸡蛋类似物中发生的各种化学反应的性质，并开发有效的控制方法。

微生物稳定性：植物基鸡蛋是一种丰富的营养来源，因此容易受到微生物污染。鸡蛋类似物的保质期和安全性受到任何可能污染它们的腐败菌或致病微生物的影响。通过在分销之前对鸡蛋类似物进行适当的热处理，可以减少这些微生物的不利影响。例如，可以使用高温短时间（HTST）巴氏灭菌，即在60℃下加热产品约7.6分钟（假设条件与鸡蛋相同）（USDA，2020）。这些条件应足以使微生物失活，而不会在使用前引起产品中蛋白质的凝胶化，但这也取决于存在的微生物污染的性质，需要对每种产品单独进行评估。还可以在产品中添加抗菌剂以减少微生物的生长，如乳酸链球菌素或一些植物提取物。此外，在整个加工、包装、储存和分销操作过程中，应采用良好的处理方法。

7.3.4 功能特性

7.3.4.1 增稠、凝胶和黏合特性

鸡蛋因其增稠、凝胶或黏合特性而被用作许多食品中的功能成分。例如，在一些肉类、鱼类和烘焙产品中，鸡蛋被用来增稠蛋奶沙司，固化馅饼，并将原料黏合在一起（McGee，2004）。因此，重要的是要确保鸡蛋类似物在需要这种行为的应用中实现类似的功能。鸡蛋蛋白使食物变稠、凝胶化和结合的能力是由于蛋白质在加热到高于其热变性温度时展开，然后相互聚集或与环境中的其他物质聚集（图7.12）。蛋白质浓度不高到足以在整个系统中形成3D网络时（例如，在蛋奶冻中），就会发生增稠，而当蛋白质浓度足够高时（例如，熟鸡蛋或馅饼中），会发生凝胶化。当蛋白与环境中的其他物质链接时，如肉或鱼蛋白，就会发生结合。

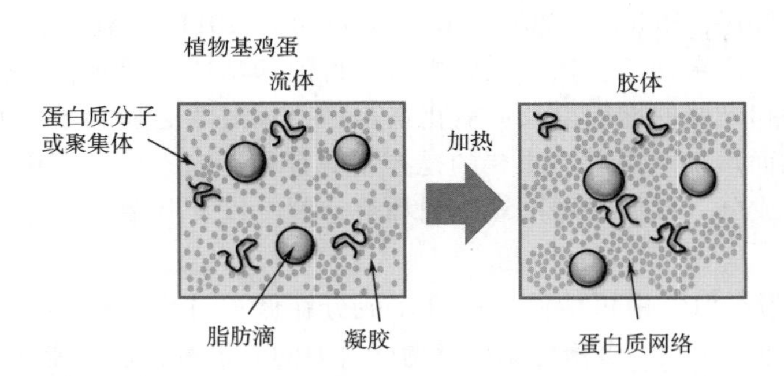

图7.12 植物基鸡蛋可以通过将分散在水中的蛋白质、脂肪滴和水胶体的混合物加热到蛋白质的热变性温度以上而形成

许多植物含有球状蛋白质，这些蛋白质能够在适当的条件下展开和与邻近蛋白质聚集，从而赋予它们增稠、凝胶和黏合特性。例如，大豆、豌豆、鹰嘴豆、豆类和向日葵蛋白质在适当的条件下加热时都会展开和聚集（Hettiarachchy et al.，2013）。然而，植物蛋白在加热时的表现可能与鸡蛋蛋白截然不同。例如，在展开发生的温度、形成凝胶所需的蛋白质量、蛋白质展开和聚集对环境条件的敏感性

（如 pH 和离子强度）以及最终形成的凝胶的性质（如外观、质地和保水性）方面可能存在差异。因此，重要的是确定合适的植物蛋白来源和合适的加工条件来模拟鸡蛋的这些功能属性。

植物蛋白的热变性温度（表 7.5）通常与鸡蛋蛋白的热变质温度（表 7.1）不同。事实上，许多植物蛋白的 T_m 值远高于鸡蛋蛋白，这意味着它们必须加热到更高的温度并持续更长的时间才能展开和聚集。这种热行为的差异会影响鸡蛋类似物的烹饪能力和功能。许多消费者都熟悉烹饪真正的鸡蛋，并期望鸡蛋能以某种方式表现出来。因此，他们可能会发现鸡蛋和鸡蛋类似物的可烹饪性存在巨大差异，这是出乎意料的，也是不可取的。此外，蛋清和蛋黄由于其不同的成分和结构而形成具有不同特征的凝胶。由蛋清形成的凝胶往往是光滑的白色和易碎的，而由蛋黄形成的凝胶则往往是哑光黄色和易碎的。蛋清和蛋黄混合物形成的凝胶具有介于单个成分形成的凝胶之间的特性。因此，基于植物的替代品可能必须设计成模拟其打算替代的特定蛋制品的特性，如蛋清、蛋黄或全蛋。

表 7.5　各种植物蛋白的分子特征

植物蛋白	p*I*	T_m/℃
大豆	4.5~5	80~93
豌豆	4.5	75~79
扁豆	4.5	120
鹰嘴豆	4.5	90
羽扇豆	4.5	79~101
油菜	4.5	84~102
绿豆	4.7	81~83
核酮糖-1，5-二磷酸羧化酶	4.7	74

注　在自然界中，这些蛋白质通常以由一种或多种相似或不同的蛋白质组成的多聚体的形式存在。

植物蛋白在加热时形成的凝胶的性质通常与鸡蛋蛋白形成的凝胶有很大不同。特别是，外观、质地和保水性特性可能会有很大不同。蛋清形成的凝胶具有光滑的白色外观，使用植物蛋白很难模仿。然而，蛋黄和整个鸡蛋形成的凝胶具有哑光的黄色外观，更容易模拟。模拟鸡蛋形成的凝胶的硬度、断裂特性和其他纹理属性很重要，因为这些都是消费者所期望的。如前所述，煮熟的整只鸡蛋的质地特征已通过质地特征分析确定：硬度（1300N）、弹性（2.04）、内聚性（0.61）、黏性（980）、耐嚼性（1600）和弹性（0.32）（Kassis et al.，2010）。通常，重要的是使用仪器方法，如压缩或剪切试验，量化煮熟鸡蛋的流变学特性，然后优化鸡蛋类似物的配方，以创建相同的质地属性。例如，在加热和冷却过程中剪切模量与温度的关系的测量可以用于评估候选植物蛋白作为鸡蛋类似物在烹饪过程中的潜在行为（图 7.6）。此外，进行感官分析也很重要，以确保优化的鸡蛋类似物与煮熟的鸡蛋具有相同的质地和口感（Rondoni et al.，2020）。

7.3.4.2 乳化和发泡

在许多食物中的鸡蛋的另一个关键功能特性是它们能够吸附到油水或空气—水界面，在那里它们会形成界面膜，稳定乳液中的脂肪滴或泡沫中的气泡（图 7.8）。例如，鸡蛋经常被用作蛋黄酱、调味品和酱汁的乳化剂，而蛋清被用作蛋白酥皮和蛋糕的发泡剂（McGee，2004）。因此，鸡蛋类似物含有能够促进乳液和泡沫的形成和稳定性的表面活性物质是很重要的。用于此目的的最常用的植物表面活性物质是蛋白质、磷脂、多糖和皂苷（McClements et al.，2017）。这些通常是水溶性两亲分子，可以吸附到界面上并形成保护膜，在脂肪滴或气泡之间产生强烈的静电或空间排斥。此外，它们在界面处相互作用并形成具有一定机械刚度的黏弹性膜的能力也可能有助于它们稳定脂肪滴和气泡。也可以使用植物基胶体颗粒通过皮克林（Pickering）机制稳定乳液和泡沫，即油滴或气泡被一层小颗粒而不是表面活性分子覆盖（Amagliani et al.，2017）。颗粒稳定的乳液和泡沫特别耐聚集，因为脂肪滴或气泡周围形成了厚厚的致密界面层。

如第 2 章所述，有多种表面活性植物基物质可以用作乳化剂和发泡剂，包括蛋白质（如大豆、豌豆、鹰嘴豆、扁豆、蚕豆和绿豆蛋白质）、多糖（如阿拉伯树胶和改性淀粉）、磷脂（如向日葵或大豆卵磷脂）和皂苷（如藜麦皂苷），其可以单独使用或组合使用。因此，这些植物基物质可能适用于乳化或发泡特性在鸡蛋类似物中很重要的应用。然而，根据最终产品的要求选择最合适的植物成分是很重要的。

7.3.5 鸡蛋类似物的特性

在本节中，我们简要概述了在研究和开发阶段通常用于表征鸡蛋类似物的分析方法。关于不同方法的更多细节在第 4 章中给出。第一，鸡蛋类似物的光学特性可以通过在标准照明条件下拍摄其外观的数字图像来表征。此外，可以通过使用色度计测量它们的色度值（如 L^*，a^*，b^*）来获得关于它们外观的定量信息。第二，流体鸡蛋类似物产品的流变性通常通过测量其表观剪切黏度与剪切速率的关系来评估。鸡蛋类似物的热凝胶化可以通过在受控速率下加热和冷却期间测量其动态剪切模量与温度的关系来表征（图 7.6）。凝胶鸡蛋类似物的质地可以使用质地剖面分析（TPA）确定，其中样品在受控条件下压缩/解压缩两次，并获得硬度、内聚性和弹性等参数。第三，可以通过使用光学或电子显微镜测量其微观结构，或通过使用光散射仪器测量其粒度分布，来深入了解鸡蛋类似物的聚集稳定性。此外，ζ 电位相对于 pH 的测量可以为其稳定性提供有用的见解，因为这提供了关于颗粒表面电荷的信息。最后，鸡蛋类似物对重力分离的稳定性可以通过随时间拍摄照片或使用激光扫描设备来确定。

7.3.6　商品植物基鸡蛋类似物

市场上已经有几种成功的鸡蛋类似物，旨在模拟未煮熟或煮熟的全蛋产品。例如，JUST Egg 是一种模仿液态全蛋的产品，可以通过在煎锅中烹饪来制作炒鸡蛋（图 7.13）。而 JUST Egg Folded 是一种模仿熟鸡蛋片的产品，可以用烤箱、微波炉、煎锅或烤面包机制作，然后作为早餐三明治的一部分食用。流动的鸡蛋装在一个塑料瓶里，而折叠的鸡蛋片则以冷冻的黄色块的形式储存在盒子里（图 7.14）。在这些产品中，绿豆蛋白被用作胶凝剂，以在最终产品中提供半固体的质地特性。绿豆含有球状蛋白，当加热到 82℃左右的热变性温度以上时，这些蛋白质会展开并聚集（表 7.5），因此它们在烹饪时可以用来形成凝胶。液体鸡蛋类似物还含有结冷胶，它会使水相的黏度变稠，并防止在储存过程中产生乳析和沉淀。鸡蛋类似物中含有植物色素，包括胡萝卜中的类胡萝卜素和姜黄中的姜黄素，以提供类似鸡蛋的黄色。鸡蛋类似物的奶油状或亮度可归因于胶体颗粒的光散射，如油菜籽油滴和聚集的绿豆蛋白。鸡蛋类似物中还含有许多其他功能成分，以增强其特性，包括天然配料（如洋葱、大蒜、糖和盐）、pH 调节剂（如柠檬酸盐、磷酸盐和碳酸氢盐）和防腐剂（如乳链菌肽）。鸡蛋类似物还在标签上列出了转谷氨酰胺酶，它可能被用来交联绿豆蛋白，这可能会增加原始产品的黏度，并改变烹饪后形成的凝胶的强度（Gharibzahedi et al.，2018）。

图 7.13　通过烹饪液体鸡蛋类似物制成的植物基炒鸡蛋（JUST Egg）

图 7.14　在市场上可以买到的植物基液体鸡蛋（左）和预制鸡蛋片（右）

7.4　鸡蛋和鸡蛋类似物的营养、可持续性和伦理的比较

正如第一章所强调的，人们可能从动物性食品转向植物基替代品的原因有很多。消费者给出的三个最常见的原因是：植物基食品更健康；植物基食品对环境更有利；植物基食品更符合道德。在本节中，我们简要比较了鸡蛋与鸡蛋类似物的营养、可持续性和伦理方面。

营养：鸡蛋和商品植物全蛋类似物的营养含量比较见表 7.6。在同等重量的基础上，鸡蛋类似物比鸡蛋含有更多的能量、总脂肪、多不饱和脂肪酸、盐和碳水化合物，但饱和脂肪酸和胆固醇含量较低。两种产品的总蛋白质含量相似。但鸡蛋蛋白的营养质量通常比植物蛋白好，因为它们含有高浓度人类健康所需的所有必需氨基酸，而某些种类的植物蛋白缺乏某些种类的氨基酸。这个问题可以通过利用不同植物蛋白的组合来克服，以在最终产品中提供完整的必需氨基酸。加入被认为对鸡蛋类似物有健康益处的脂肪酸以增强其营养特性也可能很重要，如 ω-3 脂肪酸，但在储存和食品制备过程中稳定这些脂肪酸以防氧化也很重要。鸡蛋还含有多种维生素和矿物质，这些维生素和矿物质对人类健康也有益，而鸡蛋类似物可能缺乏这些维生素和矿物，除非它们经过强化。然而，强化植物鸡蛋会增加配料和加工成本，并导致配料标签更长。然而，应该注意的是，鸡的饲料通常已经添加了营养素和生物活性物质，因此直接添加植物性产品会更有效。此外，重要的是，添加的任何维生素和矿物质都要以化学稳定和生物可利用的形式存在。同样重要的是要注意，鸡蛋及其类似物在食用后可能会促进不同的代谢和生理反应，这可能会对健康产生目前尚不清楚的影响。最后，应该考虑鸡蛋类似物中蛋白质和其他成分的致敏性。相当一部分人对鸡蛋制品过敏，这限制了他们的消费。这个问题可以通过使用非致敏成分配制鸡蛋类似物来克服。然而，许多广泛使用的植物成分也会引起过敏，例如大豆蛋白。随着营养科学和食品配方的发展，未来几代植物基鸡蛋很可能会被设计成具有更好的营养和健康状况的产品。

表 7.6　鸡蛋与植物基鸡蛋营养成分的对比

成分/100g	含量/%（质量分数）		
	植物基鸡蛋（流体）	植物基鸡蛋片	鸡蛋
每份热量/kcal	77kcal/44mL	100kcal/57g	72kcal/50g
热量密度/(kcal/100g)	175	175	144
总脂肪	11.4	12.3	10
饱和脂肪	0.0	0.9	3.2
反式脂肪	0.0	0.0	0
多不饱和脂肪酸	3.4	3.5	1.8
单不饱和脂肪酸	6.8	7.9	3.6
胆固醇	0.0	0.0	0.411
钠	0.386	0.526	0.129
总碳水化合物	2.3	5.3	1
膳食纤维	0.0	0.0	0
糖	0.0	0.0	0.2
蛋白质	11.4	12.3	12

注　这些值会有明显的差异，这取决于所比较的动物和植物产品的来源。

成分：

JUST Egg（液体）：水、绿豆分离蛋白、压榨菜籽油，含有不到 2%的脱水洋葱、结冷胶、天然胡萝卜提取物色素、天然香料、天然姜黄提取物色素、柠檬酸钾、盐、大豆卵磷脂、糖、木薯糖浆、焦磷酸四钠、转谷氨酰胺酶、尼辛（防腐剂）。(含有大豆)。

JUST Egg Folded（半固态）：水、绿豆分离蛋白、压榨菜籽油、玉米淀粉，含有不到 2%的烘焙粉（酸焦磷酸钠、碳酸氢钠、玉米淀粉、磷酸一钙）、脱水大蒜、脱水洋葱、天然胡萝卜提取物色素、天然姜黄提取物色素盐，谷氨酰胺转氨酶。

鸡蛋：A 级，大直径全蛋。

可持续性：消费者食用植物鸡蛋的另一个重要驱动因素是它们对环境的影响比鸡蛋低。Eat Just 的生命周期分析报告称，与鸡蛋相比，鸡蛋类似物的用水减少了98%，土地使用减少了 86%，二氧化碳排放减少了 93%。在一项同行评审的研究中，对许多不同种类的动植物食品的环境影响进行了详细分析（Poore et al.，2018）。这项分析表明，鸡蛋制品对环境的影响比豆腐大得多，豆腐通常被用作鸡蛋的植物性富含蛋白质的替代品（表 7.7）。例如，从鸡蛋到豆腐的转换分别使土地利用、水利用、温室气体排放和富营养化减少了 61%、82%、53% 和 80%。然而，进行全面的生命周期评价研究仍有必要，如将植物基鸡蛋产品与鸡蛋在价值链上进行比较。

表 7.7　100g 蛋白质生产鸡蛋和豆腐对环境的影响对比

指标	鸡蛋	豆腐
用地面积（m^2）	5.7	2.2
用水量（L）	521	93
温室气体排放（kg CO_2 当量）	4.21	1.98
富营养化（g PO_4^3 当量）	19.6	3.9

伦理道德：许多消费者关心鸡蛋行业使用的鸡的权益。一些农民饲养自由放养的鸡，这些鸡有相当大的自由度，但大多数鸡都是在大型工厂化农场饲养的，那里的饲养条件对鸟类来说是不自然且有压力的。2018 年，全球约有 690 亿只鸡被宰杀。这些鸡中有许多是为了吃肉而被宰杀的，但也有许多是因为它们已经到了产蛋寿命的尽头或不适合产蛋（雄性）而被宰杀。因此，从鸡蛋转向鸡蛋类似物可能会减少鸡蛋和鸡肉行业目前养殖和屠宰的大量鸡类，从而带来相当大的道德方面的“益处”。

7.5　蛋制品

鸡蛋因其多种功能特性，如乳化、起泡、增稠、黏合、凝胶、抗氧化和抗菌特性，被广泛用作各种食品的配料。在本节中，我们重点介绍一些例子，其中植物成分被用来取代鸡蛋作为一些产品的功能成分。需要注意的是，为此目的使用植物成分有不同的方法。可以使用鸡蛋类似物成分，设计用于模仿蛋清、蛋黄或全蛋的成分，其使用方式与真正的鸡蛋类似物完全相同；或者，可以使用一种更简单的植物成分，它只提供特定产品所需的功能属性，如可以形成并稳定调味品中的脂肪滴或蛋糕中的气泡的植物蛋白。在本节中，我们重点介绍了一些可以使用植物成分代替鸡蛋成分的产品。我们注意到，还有其他几种食品也可以使用这些成分，这些成分在商业上很重要，但这里没有介绍，如酱汁、蘸料、汤、营养棒、意大利面和面条（Grizio et al.，2021）。

7.5.1 乳化产品：蛋黄酱和沙拉酱

鸡蛋通常用于乳化食品，如蛋黄酱和沙拉酱（图7.15），以提供理想的质地、稳定性和风味（Ma et al.，2013）。事实上，美国联邦法律规定的这些产品的标准，它们应该含有一定量的鸡蛋。鸡蛋在这些乳化产品中的一个重要作用是它们形成和稳定脂肪滴的能力。蛋清和蛋黄都含有表面活性物质，如蛋白质和磷脂，这些物质可以吸附在油水界面上，并在脂肪滴周围形成保护层，抑制其聚集（图7.8）。鸡蛋还含有表面活性胶体颗粒，如低密度脂蛋白、高密度脂蛋白和颗粒，它们可以吸附在界面上，并通过皮克林机制稳定乳液（Anton，2013）。特别地，蛋黄中的表面活性分子和胶体颗粒在蛋黄酱和沙拉酱类产品的形成和稳定中发挥着关键作用（Taslikh et al.，2021）。这些乳化产物通常是通过在亲水性乳化剂的存在下使油相和水相一起均质而制备的。为此，商业上使用了各种均质器，最常见的是高剪切混合器、胶体磨和高压阀均质器（McClements，2015）。用于特定产品的均质器取决于所需的脂肪滴大小，以及最终产品的物理化学特性（如黏度）。在许多情况下，首先使用高剪切混合器形成粗乳液预混合物，然后使用胶体磨或高压阀均化器进一步减小液滴尺寸（图7.9）。

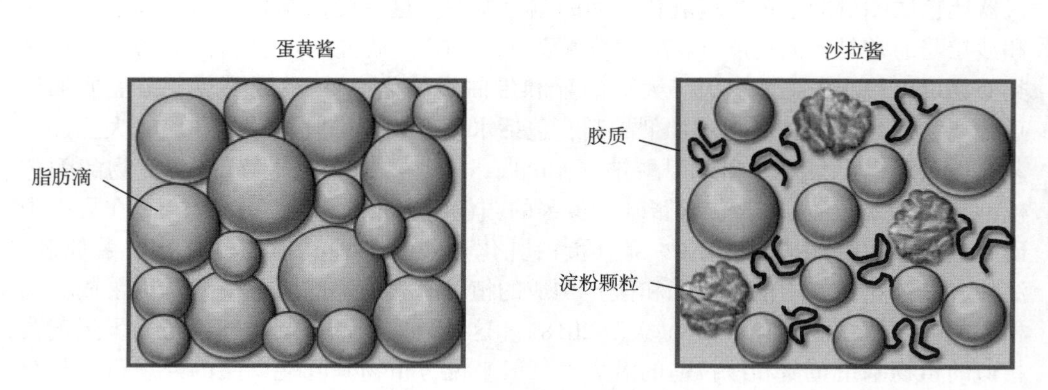

图7.15 植物基成分可以用来模拟传统蛋黄酱和沙拉酱的特性

7.5.1.1 成分与结构

从结构上讲，这些食品乳液由悬浮在水性介质中的含有乳化剂的脂肪滴组成，水性介质也可能含有各种其他成分，如增稠剂、防腐剂和pH调节剂（McClements，

2015；McClements et al.，2021）。这些产品中的脂肪含量可能从百分之几（低脂酱料）到75%左右（蛋黄酱）不等，这会影响所需乳化剂的类型和数量。通常，所需乳化剂的浓度随着脂肪含量的增加和液滴尺寸的减小而增加，但这也取决于乳化剂的类型。特别地，所需乳化剂的量随着其表面负载量的增加而增加，即覆盖单位表面积所需的量。还必须考虑到，蛋黄酱和沙拉酱中的水相通常是酸性的（pH为3~4），这提供了特有的酸味。许多植物基乳化剂（尤其是蛋白质）的溶解度和功能取决于水相的pH。因此，重要的是，所使用的任何植物基乳化剂都要与这些产品中的酸性条件相容。蛋黄酱和沙拉酱也可能含有各种其他功能性成分，这些成分可能与所用乳化剂相互作用，如增稠剂、防腐剂、螯合剂、pH调节剂等。因此，要确保任何乳化剂与成分的相互作用不会对产品质量和保质期产生不利影响。

7.5.1.2　理化特性

了解蛋黄酱和沙拉酱的物理化学特性，如它们的外观、质地和稳定性，在设计与它们所需的功能和感官特性准确匹配的植物替代品时很重要。

①外观。传统的鸡蛋蛋黄酱和沙拉酱是光学不透明的质地，因为它们含有相对高浓度的脂肪滴，会产生强烈的光散射（节7.2.3.1）。此外，散射光的其他种类的胶体颗粒也可能导致其不透明度，包括脂蛋白、淀粉颗粒和蛋白质颗粒。如第4章所述，脂肪从0%到5%增加乳化产品的亮度倾向于急剧增加，但在较高的脂肪含量下亮度保持相对较高和恒定的状态，这在设计这些产品的低脂类别时很重要。蛋基乳化产品由于发色团对光的选择性吸收也具有明显的颜色。例如，由于蛋黄中含有类胡萝卜素和其他天然色素，蛋黄酱和一些沙拉酱都呈黄色。表7.8总结了使用仪器比色法测量的选定蛋基乳化食品的颜色模型。这些测量结果表明，鸡蛋蛋黄酱和沙拉酱通常具有高亮度（>75）和黄度（>+30）。研究人员表明，植物基蛋黄酱类似物可以使用植物油（75%大豆油）和蛋白质乳化剂（3%鹰嘴豆、蚕豆或羽扇豆分离物）以及各种其他添加剂配制，包括水、盐、黄原胶、芥末、醋、大蒜、洋葱、柠檬酸、山梨酸钾和苯甲酸钠（Alu'datt et al.，2017）。蛋黄酱类似物的颜色模型（L^*，a^*，b^*）与传统蛋基蛋黄酱的颜色模型相当相似（表7.8）。在另一项研究中，由20%橄榄油、1.1%豌豆蛋白乳化剂，和各种其他成分（水、黄原胶、淀粉、藏红花粉、胡椒、大蒜和盐）构成的植物基类似物的颜色模型与鸡蛋成分的相当相似（表7.8）（Kaltsa et al.，2018）。这些研究强调了制作外观与鸡蛋蛋黄酱相似的植物基蛋黄酱和沙拉酱的潜力。一般来说，植物基乳化产品的外观可以与鸡蛋性乳化产品相匹配，方法是控制其所含脂肪滴（和其他胶体颗粒）的大小和浓度以控制其亮度，以及控制天然色素（如类胡萝卜素、姜黄素、藏红花或胭脂树）的类型和浓度来控制其颜色。

表 7.8 蛋基和鸡蛋类似物的乳化食品的颜色模型

乳化食品	L^*	a^*	b^*	参考文献
蛋基蛋黄酱	79.5	+7.7	+32.5	Huang et al. (2016)
蛋基蛋黄酱	73.4	+7.1	+35.5	Alu'datt et al. (2017)
相物基蛋黄酱	74.4	+5.3	+26.5	Alu'datt et al. (2017)
相物基蛋黄酱	85.4	+0.8	+19.6	—
蛋基沙拉调味酱	77.8	+0.94	+32.6	Song et al. (2021)
植物基沙拉调味酱	79.8	−10.8	+45.3	Kaltsa et al. (2018)

②质地。蛋黄酱和沙拉酱往往是半固态的质地，表现出非理想的塑性行为（McClements，2015）。在蛋黄酱中，因为脂肪浓度太高（>70%），以至于当施加外力时，脂肪滴紧紧地堆积在一起，不能轻易地相互移动，从而产生一定的机械强度。沙拉酱也会出现类似的效果，但在这种情况下，分散相由脂肪滴和水胶体（如淀粉或树胶）的混合物组成。这些水胶体有助于系统的高分散相体积分数，但也可以通过消耗机制增加脂肪液滴之间的吸引力，从而形成具有一定机械刚性的聚集液滴的三维网络（Parker et al.，1995）。

蛋黄酱和沙拉酱的流变学特性的测量表明，它们表现出非理想的塑性行为，可以用赫歇尔—布尔克利（Herschel-Bulkley）模型来描述：

$$\tau-\tau_0=K\dot{\gamma}^n \tag{7.1}$$

式中，τ_0 是屈服应力，K 是一致性指数，n 是幂指数。幂指数的值对于理想流体为 1（$n=1$），对于剪切稀化流体为小于 1（$n<1$），而对于剪切增稠流体为大于 1（$n>1$）。在屈服应力以下，乳液表现得像一种弹性固体，但在屈服应力以上表现为流体。必须注意的是，只有当超过屈服应力（$\tau>\tau_0$）时，上述方程才适用。表 7.9 显示了各种鸡蛋和植物基蛋黄酱以及沙拉酱产品的屈服应力、稠度指数和功率指数的测量结果。这些结果表明，传统的蛋基蛋黄酱和沙拉酱具有明显的屈服应力，并且它们表现出强烈的剪切稀化行为（$n\approx0.4$）。这些乳化蛋基产品的赫歇尔—布尔克利参数的精确值取决于它们的配方和加工方式（如油含量、液滴尺寸和增稠剂添加）。研究表明，植物基乳化产品可以配制成与鸡蛋基乳化产品具有类似流变学特性的产品。例如，由 20%橄榄油、1.1%豌豆蛋白和各种其他成分（水、黄原胶、淀粉、藏红花粉、胡椒、大蒜和盐）组成的植物基沙拉酱与鸡蛋沙拉酱的流变参数相当相似（表 7.9）（Kaltsa et al.，2018）。此外，商业植物基蛋黄酱产品的剪切应力与剪切速率的关系如图 7.16 所示，这清楚地表明它表现出非理想的塑性行为，具有屈服应力和剪切变稀。一般来说，通过控制脂肪滴的浓度、大小、分子/物理相互作用以及添加的增稠剂的类型和数量，植物基乳化食品的流变学特性可以与其蛋类食品相匹配。

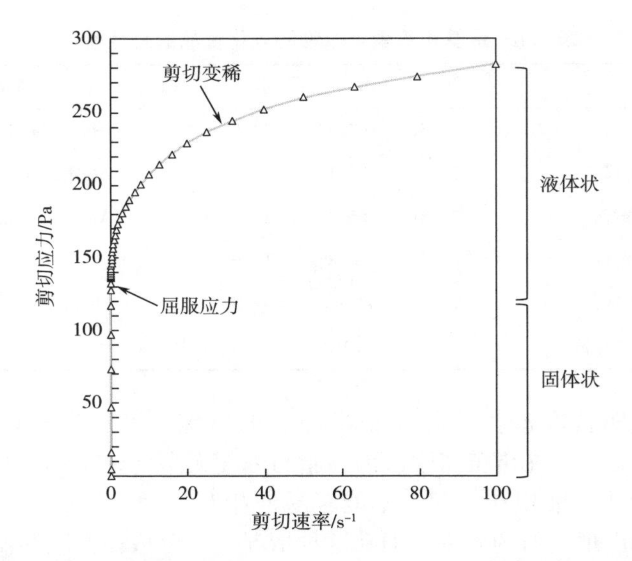

图 7.16 植物基蛋黄酱产品的剪切速率与剪切应力的关系，表明其塑性行为以屈服应力和剪切变稀为特征

表 7.9 蛋基和鸡蛋类似物食品的流变学特性

食品	屈服应力 x/Pa	K/(Pa·s^n)	n	参考文献
蛋基蛋黄酱	22.3	36.7	0.40	Huang et al.（2016）
蛋基蛋黄酱	7.5	44.7	0.32	Yuceer et al.（2016）
蛋基蛋黄酱	85~198	8.5~25.8	0.38~0.49	Katsaros et al.（2020）
相物基蛋黄酱	81.4	82.6	0.21	—
蛋基沙拉调味酱	47	16.2	0.52	Hernandez et al.（2008）
植物基沙拉调味酱	9.20	2.55	0.40	Kaltsa et al.（2018）

注 产品间的组成和结构不同，且测定产品性质的方法不同，因此产品间的差异显著。

③物理稳定性。乳化食品是一种热力学不稳定的材料，往往会通过各种机制分解，包括乳析、沉淀、絮凝和聚结（McClements，2015）（第四章）。因此，任何用于替代这些产品中鸡蛋的植物基乳化剂都必须能够成功抑制这些过程。蛋黄酱是一种高浓度水包油乳液，表现出半固体的特性，因为脂肪滴紧密地堆积在一起，当施加外力时，它们不能轻易地相互移动。因此，脂肪滴对乳析是稳定的，因为它们不能向上移动，即使它们相对较大（通常直径为几到几十微米）。然而，蛋黄酱中的脂肪滴确实有聚结的倾向，因为它们长时间紧密地堆积在一起。鸡蛋蛋黄酱中的液滴聚结通常通过皮克林（Pickering）机制被抑制，因为鸡蛋中存在的胶体颗粒，如

LDL、HDL、颗粒和香料，会吸附在脂肪液滴表面（Wang et al.，2020）。因此，利用植物基胶体颗粒来稳定蛋黄酱类似物可能很重要，因为基于分子的乳化剂通常在抑制聚结方面的效果要差得多。各种植物基胶体颗粒可用于此目的，它们通常由蛋白质、多糖或多酚组装而成（Sarkar et al.，2020；Schroder et al.，2021）。在沙拉酱中，脂肪滴不那么紧密，可以使用分子或颗粒植物基乳化剂来稳定乳液，因为这些系统不太容易聚结。然而，这些产品中较低的脂肪滴浓度（尤其是低脂肪或低脂版本）意味着它们容易乳析。因此，这些产品通常含有增稠剂，如淀粉或黄原胶，可增加水相的黏度，从而抑制脂肪滴的运动（以及其他颗粒物质，如草药和香料）。因此，需要类似的方法来防止植物沙拉酱中的乳析现象。然而，将最终产品的质地属性和口感与鸡蛋产品的质地和口感相匹配也很重要。

④化学稳定性。蛋基乳化产品容易因化学反应而变质，从而导致产品质量下降，例如氧化或水解（Jacobsen et al.，2013a）。因此，在配制植物基类似物时，抑制这些类型的不良反应可能很重要。特别是，含有高水平多不饱和脂肪的植物基乳化食品（如藻类或亚麻籽油）极易发生脂质氧化，从而导致不良反应（酸败）。这些产品的保质期可以通过使用与传统蛋制品类似的策略来提高，例如，通过添加抗氧化剂或螯合剂，减少暴露在光、热或氧气下，去除或去活化促氧化剂，以及控制食物基质的结构组织（Jacobsen et al.，2008；McClements et al.，2000）。一般来说，了解用于配制产品的成分并确定可能发生的任何化学反应是很重要的。然后，这些知识可以用于确定抑制不期望的化学反应的有效策略。

⑤抑菌性。蛋用蛋黄酱和酱料通常对微生物生长具有相对的抵抗力，因为它们具有酸性水相（pH<4.0），并且当pH低于4.4时，常见的食源性病原体往往不会生长（Smittle，2000）。此外，它们可能含有抑制微生物生长的抗微生物防腐剂，如苯甲酸钠、苯甲酸或柠檬酸。因此，它们的保质期相对较长，通常在一年左右或更长时间。同样，在配制植物基乳化食品时可能需要类似的策略。特别地，最终产品的水相应低于pH 4.0，可能需要添加合适的抗菌剂。

7.5.1.3　风味特征和感官特性

乳化食品的总体偏好是食物中不同种类的分子与人体内的天然生物传感器相互作用的结果，如挥发性香气分子与鼻子上的（气味）受体、非挥发性味觉分子与舌头上的（味觉）感受器、聚合物和胶体颗粒与舌头上的压力传感器（口感）（Ma et al.，2013）。这些产品的气味主要是从最初用于配制产品的各种成分中释放出的挥发性小分子的结果，如油、醋、柠檬汁、香草或香料。此外，香气分子可能是由于储存过程中发生的化学降解反应而产生的，这可能会导致不良反应，如脂质氧化引起的酸败（Jacobsen et al.，2013a）。味道主要是由与舌头相互作用的水溶性分子产生的，如有机酸（醋和柠檬汁中）、甜味剂（糖）和调味料（盐、胡椒、芥末、辣椒粉、洋葱和大蒜）。乳化产品的奶油口感主要是由于脂肪滴和增稠剂在咀嚼过程中润滑舌头和上颚（Rudra et al.，2020）。通常，当乳化产品的脂肪含量降低时，例如在开发低热量版本时，有必要加入水胶体（如淀粉或树胶），以取代脂肪滴通常提供的质地和口感特征（Chung et al.，2016；Ma et al.，2013）。此外，可能有必要重新配制产品，以确保有利分子的分布保持不变，因为去除一些脂肪滴会改变水包油乳液中有利分子的平衡分配和释放动力学（McClements，2015）。

7.5.1.4 商业产品

许多植物基蛋黄酱产品已经被引入市场。来自旧金山的 Eat Just（原名 Hampton Creek）生产的 Just Mayo 是一种半固体奶油黄色水包油乳液，含有约 72%的乳化菜籽油。该产品的配料表还包括水、柠檬汁、白醋、有机糖、盐、苹果醋、豌豆蛋白、香料、改性食品淀粉、β-胡萝卜素和乙二胺四乙酸钙二钠。据推测，用于稳定脂肪滴的植物性乳化剂是豌豆蛋白（其浓度低于 2%）。各种醋和柠檬汁形成酸性水相，有助于产生酸味并提供良好的抗菌稳定性。β-胡萝卜素有助于呈现黄色，而糖、盐和香料有助于形成有利的颜色和风味。据推测，添加乙二胺四乙酸二纳钙是为了螯合过渡金属离子，从而抑制脂质氧化反应。鸡蛋蛋黄酱和调味品的传统制造商也推出了纯素食选项，以应对消费者对更多植物基食品需求的变化。例如，联合利华（英国伦敦）公司推出了素食酱料和涂抹酱料。该产品含有约 57%的乳化葵花油和 7%的碳水化合物（主要是改性玉米或土豆淀粉），有助于获得高黏度和奶油状外观。成分表显示，该产品还含有蒸馏醋、糖、盐、浓缩柠檬汁、山梨酸、乙二胺四乙酸二纳钙、天然香料和辣椒粉提取物。因此，这些成分与 Just Mayo 产品中的成分非常相似，并具有类似的功能。

7.5.2 增稠和凝胶制品：蛋奶冻、馅饼和乳蛋饼

鸡蛋蛋白也被用作一些食品的配料，因为它们具有增稠、凝胶或黏合特性。例如，蛋奶冻由于鸡蛋蛋白的存在而变稠。这些产品是通过将鸡蛋、牛奶和糖混合在一起，然后在搅拌的同时缓慢加热混合物来生产的（McGee，2004）。这会导致球状蛋白展开并相互聚集，从而增加其有效体积，从而提高黏度（第四章）。因为鸡蛋是用牛奶稀释的，整个体系是通过搅拌混合的，所以不会形成延伸到整个食物体积的三维蛋白质网络，这会阻止凝胶化。然而，凝胶可以通过使用更高的鸡蛋蛋白浓度（更少的稀释）和在烹饪过程中不搅拌来形成，如在半固态蛋羹、馅饼或蛋奶酥中（McGee，2004）。未折叠的鸡蛋蛋白质也可能有助于将其他成分结合到这些产品中的食物基质中，如肉、蔬菜或乳饼中使用的香料。

植物成分可以用来代替这类产品中的鸡蛋（和牛奶）。通常，球状植物蛋白最适合模拟鸡蛋的增稠、凝胶和黏合特性（McClements et al.，2021）。如前所述，重要的是选择一种或多种植物蛋白，当加热时，它们可以在与鸡蛋蛋白相当相似的温度下展开，然后形成具有与鸡蛋流变特性相似的流变特性的增稠溶液或凝胶，如剪

切黏度与剪切速率、剪切黏度与温度、剪切模量与温度，或质地分析。此外，重要的是要选择能产生所需外观的植物成分，如鸡蛋制品通常是乳黄色。不透明性可以由聚集的蛋白质提供，但也可能需要添加其他类型的胶体颗粒，例如模拟颗粒的脂肪滴、鸡蛋中的LDL和HDL。黄色可以通过加入天然色素来实现，如β-胡萝卜素、姜黄素或苋红。

7.5.3　发泡产品：蛋白霜、慕斯和蛋奶酥

一些传统食品的形成取决于鸡蛋中成分形成和稳定泡沫的能力，泡沫由悬浮在液体或固体基质中的气泡组成。例如，蛋清通常被搅打以产生相对稳定的泡沫，然后烘焙成蛋白酥皮（McGee，2004）。在搅打过程中，蛋清中的一些球状蛋白吸附在形成的气泡表面，在那里它们部分展开（表面变性）并与相邻的蛋白聚集。这导致气泡周围形成黏弹性外壳，有助于稳定气泡。然而，它们最终会由于聚结而分解，这包括气泡合并在一起或气体分子分别从小气泡移动到大气泡。烹饪蛋清泡沫会导致形成更稳定的固体泡沫（蛋白酥皮），蛋白质的进一步交联是由于热量引起的蛋白质热变性和水分蒸发引起的蛋白质浓缩导致的。在一些产品中，如慕斯和蛋奶酥，气泡也可能被原始水溶液中的其他成分稳定下来，这些成分在气泡之间形成黏弹性基质，如明胶或可可脂（巧克力慕斯中）（McGee，2004）。

研究表明，可以生产出与传统鸡蛋泡沫食品具有相似物理化学特性的植物基泡沫食品。例如，素食慕斯已经被生产出来，作为传统动物慕斯的替代品（Schäfer et al.，2011）。这种素食慕斯是用大豆分离蛋白作为发泡剂和增稠剂配制的，在感官试验中被列为消费者可以接受的。研究人员还表明，羽扇豆蛋白分离物可以用来形成泡沫，其物理化学性质与蛋清泡沫有些相似（Raymundo et al.，1998；Volp et al.，2021）。泡沫的特性可以通过羽扇豆蛋白的热预处理、增稠剂（如黄原胶）的加入或水相的pH和离子强度的调整来控制，从而使其质量属性更符合蛋清泡沫的质量属性。总的来说，这些研究表明，鸡蛋类似物确实有潜力用于配制高质量的泡沫食品，但显然需要在这一领域进行更多的研究。

7.5.4　烘焙产品：蛋糕、饼干和糕点

鸡蛋也被广泛用作各种烘焙产品的功能性成分，如蛋糕、饼干和糕点（McGee，2004）。在这种情况下，鸡蛋蛋白在决定这些产品的微观结构、外观、质地和感官属性方面起着重要作用（Deleu et al.，2017；Marcet et al.，2016）。这些产品通常由面粉、鸡蛋、糖和黄油（或另一种半固体脂肪来源，如人造黄油或起酥油）制成。通常，将成分混合在一起（顺序或一次全部混合），然后搅拌以充入空气（McGee，2004）。然后将充气混合物放入烤箱中烘烤，形成最终产品，可以认为是固体泡沫产品。烘焙产品的物理化学和感官属性，如其成分、体积、形状、颜色、

稳定性、质地和口感，取决于形成的气泡的性质（如大小、数量和位置），以及围绕它们的半固态基质的特性。配方中使用的不同功能成分都发挥着重要作用。一些鸡蛋蛋白吸附在气泡表面，并在气泡周围形成保护层，而其余的则留在周围的基质中。在烹饪过程中，球状蛋白展开并相互聚集，这有助于稳定气泡，并为周围的基质提供机械强度。鸡蛋蛋白也可能通过美拉德反应与糖发生反应，这有助于在一些蛋糕表面形成理想的棕色外壳。它们还可以帮助将其他成分结合到最终产品中。蛋白质中的谷物蛋白也相互展开和聚集，这也对最终系统的机械强度做出了重要贡献。脂肪和糖有助于调节小麦蛋白质分子之间的相互作用，从而改变系统的结构，并有助于获得理想的感官特性，如甜味和奶油味。当蛋糕冷却时，脂肪晶体网络的形成增加了产品的机械强度，并且当这些晶体在咀嚼过程中融化时，有助于获得理想的口感。淀粉颗粒在加热过程中吸水、膨胀和破裂，这有助于最终产品的机械特性和口感。素食或素食烘焙产品可以通过用植物替代品代替鸡蛋和黄油来生产。例如，植物蛋白可以用来代替鸡蛋蛋白，而结晶植物脂肪（如椰子油或可可脂）可以用来代替黄油。然而，重要的是，它们要准确地模拟要取代的动物成分的功能属性。

研究人员研究了用羽扇豆蛋白代替鸡蛋蛋白形成植物蛋糕的可能性（Arozarena et al.，2001）。这项研究发现，将植物蛋白与单/二甘油酯乳化剂和黄原胶相结合，可以形成具有良好体积和质地特性的蛋糕。在另一项相关研究中，研究人员检测了用大豆分离蛋白代替鸡蛋对面糊和蛋糕特性的影响（Lin et al.，2017）。他们研究了植物蛋白对面糊比重和黏度的影响，以及对蛋糕的外观、微观结构、体积、比重、水分含量和质地属性的影响。结果表明，在蛋糕的制备中，可以成功地使用大豆蛋白和单/二甘油酯（1%）的混合物来代替鸡蛋。例如，无蛋蛋糕和传统蛋糕的体积比（1.92cm^3/g 与 2.08cm^3/g）、比重（0.95 与 1.03）、硬度（320g 与 376g）和水分含量（28.0%与 29.0%）有些相似，但弹性值略有不同（77%与 98%）。

另一项研究考察了用富含植物蛋白的成分（蚕豆蛋白，LBA）代替蛋清对纸杯蛋糕质量属性的影响（Nguyen et al.，2020）。随着蛋清被 LBA 取代的比例增加，纸杯蛋糕上的大洞数量增加，导致结构更加多孔。这种效应主要归因于蚕豆蛋白（和皂苷）吸附到空气—水界面并稳定气泡的能力，以及它们在加热过程中在周围基质中形成凝胶网络的能力，从而为最终产品提供机械强度。尽管如此，只含有植物蛋白的蛋糕的总体积与使用蛋清蛋白生产的蛋糕非常相似。随着 LBA 浓度的增加，纸杯蛋糕的硬度、黏性、耐嚼性和内聚性降低（表 7.10）。两种蛋白质来源的纸杯蛋糕的光学特性非常相似，当使用蛋清时，蛋糕的 L^*，a^*，b^* 值约为 85.8、−1.4 和 27.3，当使用 LBA 时，L^*，a^*，b^* 值约为 79.5、−1.2 和 26.1。在未来的研究中，进行感官分析以确定消费者是否也喜欢植物基蛋糕将是有效的。

7.5.5　鸡蛋类似物的生产对食品制造商的优势

用鸡蛋类似物代替鸡蛋对通常在产品中使用鸡蛋作为功能成分的食品制造商也有好处（Grizio et al.，2021）。鸡蛋的价格和供应极易受到供应链中断的影响。例如，由于可用的蛋鸡总数减少，或者由于蛋类加工和运输中断，禽流感和其他疫情都在鸡蛋供应链中造成了干扰。因此，用植物成分代替鸡蛋成分可能有助于减少因为食品供应带来的成本波动。从植物中分离出来的成分通常比从鸡蛋中提取的成分便宜，这可以帮助食品制造商降低成本并增加利润。此外，植物来源的成分通常比鸡蛋来源的成分更容易储存和处理，因为鸡蛋极易受到微生物影响而变质。出于同样的原因，植物性成分通常比动物性成分带来的食品安全风险更小。最后，植物性成分的使用可能会减少人们对胆固醇和过敏的担忧，这些问题与鸡蛋产品的消费有关，这可能是食品标签和营销时的一个好处。例如，如果使用的植物成分没有过敏问题，那么食品制造商就不必考虑如何在工厂内分离不同种类的成分并进行清洁以去除任何潜在的过敏原污染物。

表7.10　用蚕豆蛋白（LBA）代替蛋清（EW）对模型纸杯蛋糕的影响

样品	硬度		黏聚性	弹性/mm	胶黏性/g	咀嚼性/mJ
	峰值1/g	峰值2/g				
100%LBA	410[a]	340[a]	0.61[a]	8.8[a]	250[a]	22[a]
25%EW+75%LBA	660[b]	540[b]	0.62[ab]	9.0[ab]	410[b]	36[b]
50%EW+50%LBA	660[b]	544[b]	0.65[ab]	8.9[ab]	430[b]	38[b]
75%EW+25%LBA	1000[c]	860[c]	0.72[ab]	9.2[b]	720[c]	65[c]
100%EW	1500[d]	1300[d]	0.71[b]	9.1[ab]	1060[c]	95[c]

注　同一列中不同的上标小写字母表示差异显著（$P<0.05$）。

7.6　结论及未来发展方向

与植物基食品行业的其他领域一样，人们对开发传统鸡蛋的植物基替代品进行了大量研究。这已经使市场上出现了许多成功的鸡蛋类似物。然而，在这一领域仍有进一步研究的空间。有可能提高现有产品的质量，使其更接近真实鸡蛋的特性和功能多样性。此外，还需要改善鸡蛋类似物的营养状况。这可能包括用有益成分强化它们，如ω-3脂肪酸、必需氨基酸、膳食纤维、维生素、矿物质和生物活性物质，以及降低饱和脂肪、糖和盐的水平。

参考文献

参考文献

第 8 章　植物基乳及奶油的类似物

8.1　引言

植物基的乳类似物是现今整个植物基食品市场最大的部分，其在 2020 年约 25 亿的销售额占到整个乳业市场的 15%（GFI，2021）。并且，这些产品的销售额比传统牛乳的销售额增长要快得多，这导致许多食品公司积极开发改进这类产品。许多种植物乳已经成功上市，其中包括燕麦、大豆、椰子、杏仁、腰果、大米和大麻乳等（Chalupa-Krebzdak et al.，2018；Sethi et al.，2016）。这些产品理化性质和感官特性不尽相同，比如外观、质地、口感、风味特征（Reyes-Jurado et al.，2021）。虽然它们在市场上很受欢迎，但仍有一部分人难以接受，因为他们不喜欢这类产品的感官特性以及它们和普通牛乳的功能不同（如咖啡增白、做鲜奶油、烹饪或者烘焙）。想要克服这些挑战，我们需要提高对植物乳的理想的理化特性和感官特性的认知，然后利用这些知识建立新的配方和工艺来创造新的植物乳。

在本章中，我们首先简要回顾传统牛乳的组成、微观结构和理化性质，因为植物乳在设计时通常会模仿这些性质。其次，我们会回顾影响植物乳理想性质的理化因素。再次，比较牛乳和植物乳的理化性质、感官特性和体内消化特性。最后，我们强调了一些需要进一步研究的领域，以制造具有改进的营养属性的高质量的植物乳。

本章中，我们用“乳”这个字来指代传统牛乳的植物基类似物。但是，需要注意的是，在很多国家，乳制品行业及监管部门将“乳”这个表达方式保留给由动物乳腺分泌的可食用液体，如牛乳、山羊乳、绵羊乳。在这些国家，植物乳贴标售卖时必须使用植物性饮料等术语。但是，我们认为术语“乳”也适用于植物基产品，因为它们的成分、结构、特性以及预期用途都和牛乳相似。

8.2　牛乳的特性

植物乳的设计通常是为了模拟牛乳的成分、微观结构、理化性质、功能性能和感官特性。因此，在设计牛乳的植物替代品时，了解牛乳是很重要的。牛乳是一种天然胶体悬浮液，由脂肪球和酪蛋白胶束组成，分散在含有乳糖、低聚糖、乳清蛋白和盐的水溶液中（Jukkola et al.，2017）。牛乳是在进化的压力下演变而成的，它将营养物质和其他生物活性物质从乳牛输送到小牛身上，以促进它们的生长并刺激它们的免疫系统。因此，它包括小牛生存和生长所需的大量营养素和微量营养素，其中包括脂肪、碳水化合物、蛋白质、维生素和矿物质（Chalupa-Krebzdak et al.，2018）。在一些发达国家，生牛乳在出售前要经过各种加工操作，包括均质、巴氏杀菌、分离和灭菌（Campbell et al.，2016）。生牛乳或加工过的牛乳是一种用途广泛的食品成分，可用于形成各种乳制品，包括奶油、生奶油、冰淇淋、黄油、酸奶和乳酪。牛乳能够制作这些产品的能力是由于其独特的成分和微观结构，这是植物乳很难模仿的。

8.2.1 成分和微观结构

虽然天然（未加工）牛乳的成分和微观结构受到多种因素的影响，如动物的物种、成熟度、健康状况、栖息地和饮食（Pereira，2014），但牛乳的总体成分相当相似，约有87%的水、4.5%的乳糖、3.5%的脂肪、3%的蛋白质、0.8%的矿物质和0.1%的维生素（Pereira，2014）。生牛乳中最重要的结构成分是乳脂球和酪蛋白胶束（Jukkola et al.，2017）。生牛乳中的乳脂球的平均直径约为4.5μm，大多数乳脂球的直径在1~10μm。从结构上讲，它们由一个主要由三酰甘油组成的疏水核心和一个被称为乳脂的两亲性外壳组成，被称为球蛋白膜（MFGM），球蛋白膜由磷脂、蛋白质、糖蛋白、胆固醇、鞘磷脂和其他材料组成，排列成复杂的分级结构（Lopez et al.，2015）。MFGM的主要结构成分是磷脂，其排列成厚度为10~20nm的三层结构。其他成分通常包埋在磷脂分子形成的层内或层之间。其他种类非极性物质，如油溶性维生素和类胡萝卜素，可以在疏水性三酰甘油核心内溶解，这为生长中的小牛提供了重要的营养来源。

牛乳中胶体颗粒的另一种主要形式是酪蛋白胶束。这些颗粒由各种酪蛋白分子（α_{S1}、α_{S2}、β和κ）和矿物质（胶体磷酸钙）的混合物组装而成，这些分子主要通过静电和疏水相互作用结合在一起（Lucey et al.，2018）。酪蛋白胶束平均直径约150nm，大多数酪蛋白胶束的直径在50~500nm（Broyard et al.，2015）。酪蛋白分子具有独特的分子特征，这导致了牛乳的许多独特功能特性。例如，它们往往是相对较小的灵活的两亲性分子，可能含有许多磷酸基团和糖基团。因此它们很难使用植物蛋白来模拟，其在结构上趋向于球状。牛乳中的水相是一种微酸性溶液（pH 6.5~6.7），含有乳清蛋白（β-乳球蛋白、α-乳白蛋白、牛血清白蛋白和免疫球蛋白）、乳糖、低聚糖和矿物质。乳清蛋白具有球状结构，其分子量、等电点和热变性温度有所不同（表8.1）。

表 8.1　牛乳酪蛋白和乳清蛋白的分子和理化特性

蛋白	总蛋白含量/%	摩尔质量/kDa	等电点	T_m/℃
酪蛋白	—	—	4.6	—
α_{s1}-酪蛋白	39	23.6	—	—
α_{s2}-酪蛋白	10	25.2	—	—
β-酪蛋白	36	24	—	—
κ-酪蛋白	13	19	—	—
乳清蛋白	—	—	5.2	—
β-乳球蛋白	51	18.4	5.4	72
α-乳清蛋白	19	14.2	4.4	35 和 64[a]
BSA	6	66.3	4.9	64
免疫球蛋白	12	一定范围内变动	一定范围内变动	一定范围内变动
乳铁蛋白	1~2	78	8~9	70 和 90[a]

注　[a] α-乳清蛋白和乳铁蛋白的较低温度和较高温度分别是 apo-（无钙或铁）和 holo-（钙或铁结合）形式。T_m = 热变性温度。

8.2.2　生产方法

了解用于生产商业牛乳的操作有助于设计创造安全的及货架期稳定的植物乳，如均质、热处理、分离。在未加工的生牛乳中，天然的脂肪球相对较大一些，直径明显小于周围的水溶液。因此，由于重力作用，脂肪球有向上分离的趋势（乳析）（Lopez et al.，2015）。粒子在胶体分散中产生乳析的速率与它们直径的平方成正比。因此，可以通过均质减小脂肪球的大小来减少乳析。通常均质过的牛乳中的脂肪球直径小于 0.5μm，和原料乳比，这样可以将它们的乳析速率降低至百分之一。原料乳中的天然脂肪球通常经过高压均质来减少含量，高压均质产生强烈的破坏力使之变成更小的脂肪液滴（Campbell et al.，2016）。均质后，界面层的组成和结构明显改变了。均质过的乳的脂肪液滴被一层酪蛋白（分子和胶束）与乳清蛋白覆盖而不是被乳球蛋白覆盖。因此，在均质之后，牛乳的理化性质和功能性表现已经被改变。

生乳中含有酶和细菌，可以降解或利用现有的营养物质，导致产品质量的损失，并可能引起食品安全问题。因此，生乳通常会经过热处理，如巴氏灭菌或杀菌，以使酶和细菌失活，从而改善其质量、保质期和安全性（Campbell et al.，2016）。这些热处理可以让牛乳蛋白的分子结构和相互作用发生明显变化，这改变了它们的功能（Livney et al.，2003）。此外，这些操作可以导致牛乳颜色和香型的某些程度的变化，这取决于热处理的程度（Deeth，2017）。例如，如果加热过度，牛乳可能会变成略带褐色，会有烹煮的味道。

牛乳通常具有3%~4%的脂肪。一般来说，牛乳使用离心法进行分级，以产生高脂肪奶油部分和低脂肪脱脂部分。然后，这些馏分可以按原样使用，也可以按不同的比例组合，制成一系列脂肪含量不同的乳制品：脱脂牛乳（<0.5%）、低脂牛乳（1.0%）、减脂牛乳（2.0%）、全脂牛乳（3.3%），混合型牛乳（10%~18%）、淡奶油（18%~20%）和浓奶油（36%~40%）。这些产品的外观、黏度和口感取决于它们的脂肪含量。

8.2.3 理化性质和感官特性

了解牛乳的理化性质和感官特性对于设计出模仿其特性的植物替代品非常有帮助。全脂牛乳是一种乳白色的液体，黏度相对较低，口感温和（Schiano et al.，2017）。然而总体来说，牛乳的特性取决于其脂肪含量，随着脂肪含量的增加，人们对乳脂味的感知也会增加（McCarthy et al.，2017）。通过仪器测量色度以及流变学测量表明，牛乳和奶油的亮度和黏度随着脂肪含量的增加而增加（表8.2），这类现象可归因于脂肪液滴对光散射和流体流动的影响（第4章）。牛乳的风味特征受到脂肪含量和饲料类型的影响，以及在加工、运输和储存过程中由于酶促反应、微生物和物理作用而发生的化学变化（Schiano et al.，2017）。对消费者偏好的研究表明，在确定牛乳的总体喜好方面，香气起着重要作用（McCarthy et al.，2017）。牛乳的淡颜色和平淡的香气意味着消费者很容易察觉到任何不喜欢的香气和颜色。而植物乳类似物具有独特的香味物质和口感，通常与牛乳截然不同，这也是它们不容易被一些消费者接受的原因之一（Jeske et al.，2018）。

表8.2 不同脂肪含量的液体乳制品的色度与剪切黏度。色度值由色度计测量（Kneifel et al.，1992）。使用适合实验测量的方程预测值（Flauzino et al.，2010）

产品	脂肪含量/%	L^*	黏度/(mPa·s)
脱脂乳	0.1	81.7	2.2
全脂乳	3.6	86.1	2.7
植脂末	10.0	86.9	3.9
动物奶油	36.0	88.1	17.6

与其他种类的胶体分散体一样，牛乳在热力学上是不稳定的，并且由于乳析、絮凝、聚结和部分聚结等过程，牛乳有随时间分解的趋势（Dickinson，1992；McClements，2015）。由于重力的作用，乳脂球有向上移动的趋势，因为它们的密度低于周围的水相。这一过程的速率随着液滴尺寸的减小而减小，这就是为什么均质乳比生乳更耐乳析的原因。在均质牛乳中发现，正常pH条件下（pH 6.5~6.7），蛋白质包裹的脂肪会相当耐聚集，因为厚的阴离子界面层产生强大的静电和空间排

斥力。然而，如果将 pH 调节到蛋白质包被的脂肪液滴的等电点，或者将矿物离子添加到水相中，它们将聚集在一起，因为这些变化减少了液滴之间的静电排斥。事实上，牛乳中脂肪滴和蛋白质的聚集在酸奶和乳酪的形成中起着关键作用（第 9 章）。

如前所述，牛乳通常经过热处理（巴氏灭菌或灭菌）以使酶和微生物失活，从而提高其保质期和安全性（Deeth，2017）。当容器未打开并在冷藏条件下保存时，传统巴氏灭菌牛乳的保质期约为几周，打开后约为 1 周。通过使用更极端的热处理，如超高温处理（UHT），牛乳的保质期可以大幅延长。并且，在打开容器约 1 周后，牛乳仍然可以被食用。

8.2.4　功能多样性

牛乳的一个特点是作为一种食物成分具有功能多样性。除了能作为冷饮，牛乳也可以在烹饪中搭配早餐麦片一起食用，加上茶或咖啡，或用于制作各种各样的乳制品如酸奶、乳酪、冰淇淋和生奶油（Walstra et al.，2005）。目前一代的植物基乳还很难应用其中。例如，一些植物乳在添加到茶或咖啡中时有凝聚的现象，导致在其表面形成分层。此外，许多植物乳也不能用与传统牛乳相同的工艺来制作酸奶、乳酪或冰淇淋。

牛乳的功能多样性与它所含结构组分的独特性质有关（Walstra et al.，2005）。乳酪和酸奶的生产取决于牛乳被酸化或添加凝乳酶（一种水解酶）时，酪蛋白分子的三维网络的形成。酪蛋白和乳清蛋白是两亲性分子，可以吸附牛乳在机械搅拌或排气过程中形成的表层气泡，这意味着它们可以用来形成生奶油和其他泡沫。牛乳脂肪球内脂质类的结晶和熔化方式也在牛乳的功能多样性方面起着重要决定作用。乳脂在 37℃以上时是完全液体，但当冷却到较低温度时，它会部分结晶。这种现象对生奶油、冰淇淋和黄油等乳制品的生产非常重要。特别地，当脂肪球被冷却到冷藏温度并被剪切或搅动时，它们容易发生部分凝聚。一些脂肪球的脂肪晶体穿透到另一个流动区，使它们聚集在一起，但也保留了一些原来的特性。例如，在生奶油和冰淇淋中，脂肪球团块在气泡周围形成外壳，这增强了它们对体系坍塌的抵抗力。此外，在水相中形成聚集的脂肪球状网络，形成半固态原料，为体系提供机械强度。在黄油中，在冷却和搅拌过程时，部分结晶的乳脂球的凝集导致相位反转，体系从水包油（牛乳）状转变为油包水（黄油）状乳液。油相中的脂肪晶体形成一个三维网络，变成半固态是很重要的。因为它提供了良好的延展性所需的可塑性结构。同样，由于脂相的不同和脂滴周围界面涂层性质的不同，植物基乳很难模拟这些特性。

牛乳是一种由特殊的脂类、蛋白质、碳水化合物、维生素和矿物质组成的混合物，这些决定了其独特的口感、风味和营养效果。这对于乳制品的生产尤其重要，如依赖于特殊的化学或生化反应的乳酪，将牛乳中的原始成分转化为具有自身独特特性的新物质。许多乳酪特有的香气和味道都是由天然或添加的微生物（如酵母、霉菌或细菌）分泌的酶，对蛋白质和脂质进行化学分解的结果。植物基乳含有不同种类的蛋白质和脂质，这将导致微生物产生不同种类的反应产物（如果使用相同的反应物）。因此，消费者可能不熟悉或不喜欢植物基乳酪，因为它们与传统的乳制品风味不同。下面的章节将更详细地介绍生产植物基乳酪和其他乳制品的理论知识。

8.2.5 丰富的营养

如前所述，经过进化，牛乳演变成生长中的小牛的完整能量和营养来源，含有脂质、蛋白质，碳水化合物、维生素、矿物质和其他重要成分（Chalupa Krebzdak et al.，2018）。据报道，人类消费牛乳来满足他们的营养需求，也可能有助于预防一些慢性病（Thorning et al.，2016）。因此，人们对设计植物乳产生了兴趣，至少与牛乳的营养成分相匹配。然而，也可以制造具有额外营养功能的牛乳类似物，如在完全以植物为基础的饮食中可能缺乏的营养强化剂如维生素 B_{12}，维生素 D 或钙。

8.3 植物乳类似物的加工

植物乳通常被设计成具有与牛乳类似的理化特性，如外观、口感以及风味等。牛乳之所以具有令人满意的特性主要来源于其中的脂肪球和酪蛋白胶粒，因此非常有必要去模仿牛乳的相关胶体特性。当然，水溶液中这些胶粒周围的其他成分也很重要，如糖、盐和乳清蛋白。总的来说，植物乳主要通过两种方法来建立类似牛乳的胶体分散性：改变原有的植物组织和建立新的乳化体系（通过植物油、乳化剂、水和其他原料）。

8.3.1 改变原有植物组织的方法

在这些方法中，使用机械外力（如剪切和均质）或生化反应（如可控酶解反应）可将合适来源的植物（如燕麦、大豆、杏仁、椰子肉或腰果）分解成小的碎片组织（McClements，2020；Nikiforidis et al.，2014；Sethi et al.，2016）。这类植物通常有着天然的油脂，油脂富含甘油三酯且周围被一层磷脂和蛋白质的复合物所包围（Tzen et al.，1993），这类似于牛乳中脂肪球的组成与结构（Michalski，2009）。即便如此，这两者中的脂肪、磷脂和蛋白质的类型和含量也是不同的。植物中最常见的油脂来源是种子，如大豆（豆类种子）、燕麦（谷物种子）和杏仁

（树种子）。种子含有油脂，因为它们是发芽过程中很好的能量来源（Pyc et al.，2017）。油脂的油体结构直径从几百纳米到几千纳米不等，这与牛奶中脂肪球的大小相当相似。因此，植物乳中的油体可以提供许多与牛乳相似的优质特性，如奶油状的外观和质地。它们还可以作为疏水营养物质的储存库，如脂溶性维生素和营养素。

使用机械外力这类方法得到的植物乳还含有其他类型的胶粒，这类胶粒对植物乳的理化、感官和功能特性也起着重要的作用，特别是含有淀粉颗粒和细胞壁材料等植物组织碎片。如果碎片的粒径太大（>1μm），因为它们通常比水的密度大，可能会沉淀并在产品底部形成不理想的分层。此外，较大的粒径（>50μm）会导致形成不理想的粗糙体系或粗糙的口感。因此，确保将植物组织碎片被剪切到特定粒径以下对于获得最终产品的物理化学和感官属性是非常重要的。

有一套处理步骤通常被用来破坏植物种子和制造植物乳（图 8.1）（Campbell et al.，2011；Iwanaga et al.，2007；Nikiforidis et al.，2014）。第一，将种子浸泡在合适的水溶液中（控制其 pH 和离子组分）以软化种子的组织结构，使用合适的机械设备研磨种子，将植物组织分解并能够释放出油体、淀粉颗粒和细胞壁碎片。第二，对所得的浆液进行分离以得到不同的组分，如油体和细胞壁碎片，这可以通过重力分离、离心或过滤等方式实现，这个过程还可分离掉一些不需要的组分。有时体系中的一些大分子还可以通过化学方法或酶解手段进一步被分解。例如，可以添加适合分解淀粉颗粒或细胞壁碎片的特定酶，通常会产生一种更耐重力分离的组分，使口感更丝滑。第三，用于形成植物乳的原料通常经过漂白处理，以钝化大多数可能导致产品质量不良变化的天然酶。第四，人们通常也会采用热处理（巴氏杀菌或灭菌）的方式，以杀灭任何可能导致腐败或食品安全问题的微生物。此外，很多工艺步骤可以用来去除抗营养因子或使其失效。第五，可以采用强度更高的机械外力来降低体系中的胶粒大小并可以增加其分布的均一性。例如，通过高压均质使浆体产生高强度的流动性、剪切力和空化力从而进一步分解颗粒大小。第六，植物乳终产品中的水相是一种含有多种可溶性物质的混合物，如糖、矿物质和蛋白质，这有利于模拟牛奶中的一些理想的风味和营养特征。然而，其他成分也可能在最后添加到产品中，如色素、香精、维生素、矿物质或防腐剂，以确保它具有所需的保质期、感官属性和营养成分。第七，在储存和运输之前将被包装到一个合适的容器中。

8.3.2　建立新的乳化体系

另一种制造植物乳的方法是形成水包油的乳化液体系使其中的脂肪滴分散在水介质中的（McClements，2020）（图 8.2）。人们通常根据牛乳中脂肪球的特性来设计这些脂肪滴，也可以通过添加其他配料来模拟牛乳中酪蛋白胶粒特性和其他功

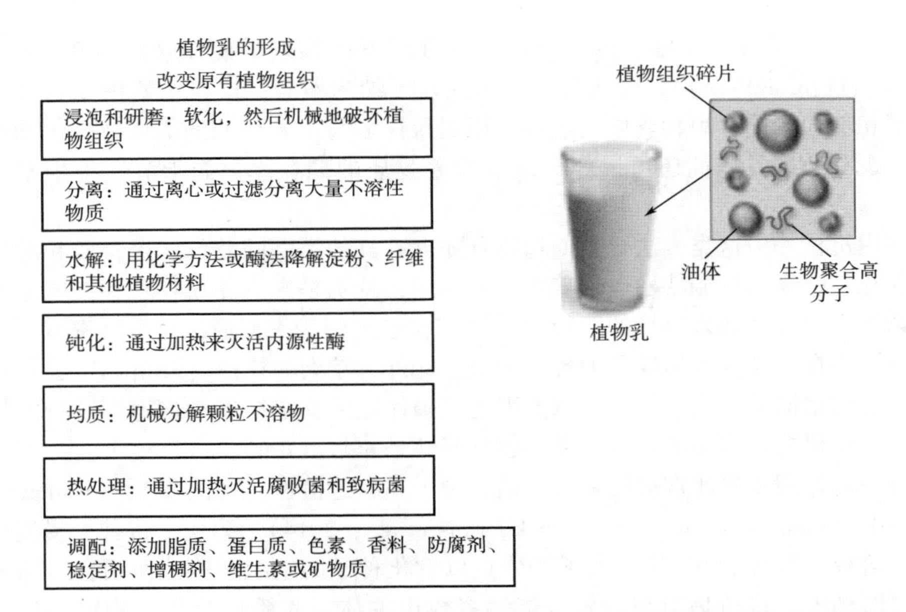

图 8.1　一些常用的生产植物基牛奶的加工操作。这些过程不需要按所示的顺序进行

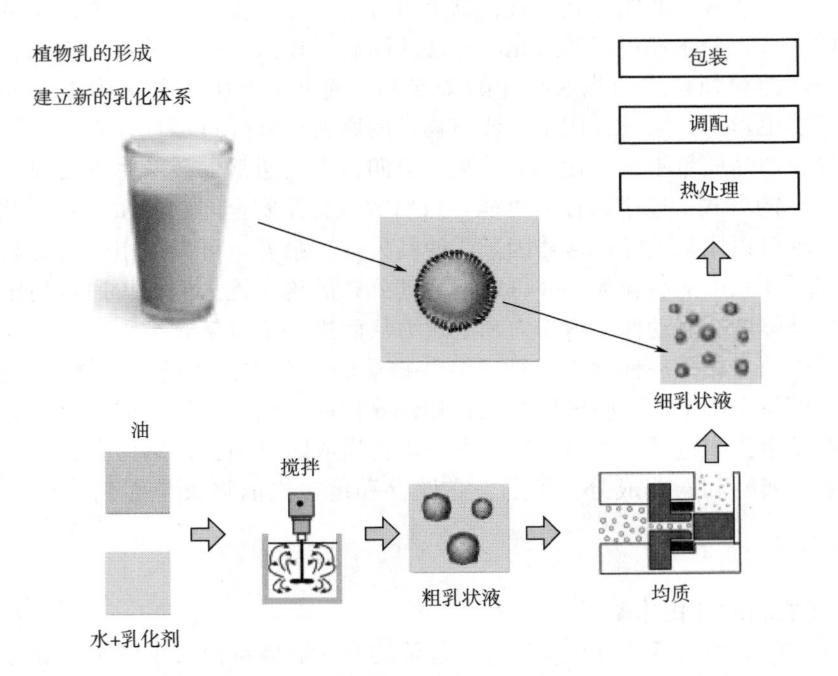

图 8.2　植物基牛奶也可以通过用均质植物性油和乳化剂来生产。通常，先形成粗乳液，然后通过均质器均质

能性成分，如糖、盐、低聚糖和可溶性蛋白质。这种乳液的制备可选用合适的机械设备将植物油、乳化剂、水和其他配料予以均质。图8.1b显示了形成这种牛乳类似物的工艺步骤流程图。如有必要，应将油相加热以熔化其中的晶体，因为这些晶体会阻塞均质机。但是，油相体系也不应该在高温下停留太久，以避免脂质氧化和其他不良的化学反应。水相的形成是通过将合适的亲水性乳化剂（如植物蛋白、多糖、磷脂或皂苷）分散到水溶液中而形成的。多数情况下，乳化剂是完全可溶的，但有时它们只能部分溶解（特别是植物性蛋白质）。其pH通常用酸碱缓冲液来调节。水相还含有其他水溶性成分，如香精、色素、糖、盐、防腐剂和增稠剂，但这些也可以在均质后添加。如果油相中确实含有晶体，那么在水相与油相混合之前就应该预先加热水相，然后使用高剪切混合机将油相和水相混合在一起，形成初步乳化体系，还可以继续通过一次或多次的高压均质来进一步减小脂肪滴的粒径，从而提高终端产品的稳定性。许多不同种类的均质设备均可用于此目的，其中以胶体磨、高压均质机、超声发生器和微流化器最为常见。更多关于配料信息和加工工艺的详细信息将在本章的其他部分介绍。关于一些不同配料的功能性附加信息也在第2章中有所讲述。

8.3.2.1　配料

植物乳的生产过程中会使用不同的配料，这对于产品的稳定性、理化特性、功能特性和感官属性都起着至关重要的作用。这些不同类型的配料，包括植物油、乳化剂、添加剂和水（Do et al.，2018）。

①植物油。许多植物来源的可食用植物油可用于配制水包油的乳化液体系，如玉米、向日葵、菜籽、大豆、藻类、亚麻籽、橄榄、棕榈和椰子。这些油主要由三酰基甘油分子组成，这些分子的位置、链长和脂肪酸的不饱和程度各不相同。这些油的脂肪酸特性在确定乳化液的性能方面也起着重要的作用。椰子油主要由饱和脂肪酸（C_8 到 C_{12}）组成，所以具有很强的抗氧化性，它们在低温（$<25℃$）状态下往往是部分结晶的，这有助于模拟乳脂的一些与熔化式结晶相关的属性。然而，营养研究表明，饱和脂肪酸可能会对健康产生不良影响，如增加冠心病的风险（Ludwig et al.，2018）。相比之下，藻油和亚麻籽油含有相对较多的多不饱和脂肪酸（ω-3）且很容易氧化，这意味着它们在大多数情况下是液态的。营养研究表明，这类 ω-3 多不饱和脂肪酸对人体健康是有益的（Goyal et al.，2014；Kaur et al.，2018）。同时，植物油的界面张力、黏度和熔点也会影响其能否形成稳定的乳化体系（McClements，2015）。例如，均质后的油滴尺寸通常会随着界面张力和油相黏度的降低而减小，因为这些因素会导致油滴被破坏（McClements，2015）。此外，含有晶体的植物油必须在均质前加热，以免堵塞均质机内的微管和阀门。

②水。从一般供水中获得的自来水的pH、矿物成分和有机负荷不断变化，这可能会影响乳化体系的形成和稳定性（Navarini et al.，2010）。因此，水通常应该

在使用前进行处理，以确保它具有适合制造稳定的植物乳的特性。例如，水可以通过碳过滤器、反渗透单元或离子交换柱去除不需要的有机物和矿物质。它也可以用紫外线或热处理，以灭活可能存在的不良微生物。也可以将酸、碱、缓冲液或矿物质添加到处理过的水中，从而获得特定的pH、风味或功能。

③植物基乳化剂。植物基乳化剂的选择是影响能否成功形成具有所需特性的植物性乳制品的最重要因素之一（McClements，2015）。许多植物基乳化剂可用于形成和稳定乳化体系，如两亲性蛋白、磷脂、皂苷和多糖（McClements et al.，2017；McClements et al.，2016）。这些乳化剂可以从天然来源中分离出来，也可以通过细胞农业方法生产（第2章）。这些乳化剂的功能性能取决于它们的分子特性，以及它们所处的环境（如pH、离子强度、温度和成分间相互作用）。乳化剂的有效性取决于两个主要方面，它形成乳化体系的能力和它稳定乳化体系的能力：

一方面，乳化剂必须能够迅速吸附在均质化过程中产生的油滴表面，附着在表面上，然后降低界面张力。对于能够快速吸附到液滴表面的乳化剂，均质过程中产生的液滴的尺寸往往更小（更快的吸附动力学），以及在油水界面上作用的乳化剂，可以有效地减少油和水分子之间的接触（较低的界面张力）。因此，小的表面活性剂（如皂苷）往往比大的两亲性多糖（如阿拉伯胶或改性淀粉）更有利于形成小液滴。乳化剂在形成乳剂时的有效度可通过测量标准化条件下随着乳化剂浓度增加的平均粒径（d_{32}）的变化来确定，即与均质器类型、均质压力、通过次数和油水比有关（图8.3）。这两个参数分别是形成小油滴（c_{min}）所需的最小乳化剂浓度和可产生的最小油滴尺寸（d_{min}）。覆盖给定表面积所需的乳化剂量，

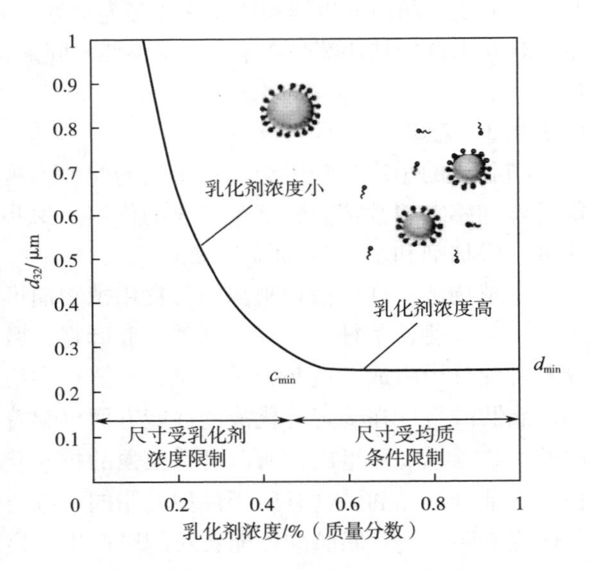

图8.3 植物基乳化剂形成乳液的能力可以通过在标准化均质条件下形成小液滴所需的最小量（c_{min}），以及在这些条件下可以达到的最小液滴尺寸（d_{min}）来表征

即表面负荷（Γ），可以从这些参数中计算出来：$\Gamma=(d_{min}\times c_{min})/(6\phi)$，其中$\phi$是分散相体积分数。利用表面载荷来表征乳化剂的优点是，它应该在很大程度上独立于均质条件。表面负荷越高，形成乳液需要的乳化剂越多。

另一方面，一旦乳液成功形成，重要的是它要在一段时间内或暴露在特定条件下（如摇晃、烹饪或加入咖啡）后保持稳定。乳化剂的稳定性主要取决于乳化剂分子层在乳化剂包覆的脂肪液滴之间产生静电或空间排斥力的能力。然而，它也可能被乳化剂涂层的抵抗破坏能力影响，这取决于被吸附的乳化剂分子之间形成的交联的性质。

不同种类的植物基乳化剂形成和稳定乳剂的能力因其分子特性而变化很大。例如，我们实验室的研究表明，在均质过程中形成小液滴所需的植物基乳化剂的数量按以下顺序增加：皂苷<磷脂<蛋白<多糖（图 8.4）。在实际中，形成小液滴所需的乳化剂的数量取决于其精确的分子性质（如分子量和表面疏水性）。因此，不同的植物基蛋白质（或其他乳化剂）可能或多或少地有效，这取决于它们的原料来源和加工方式。不同植物基乳化剂形成的乳剂的稳定性也存在重大差异（图 8.5）。被植物蛋白包裹的脂滴在接近其等电点、高盐浓度和高温下极易聚集，而被植物多糖包裹的脂滴对这些因素更有抵抗力。这主要是因为植物中的蛋白质是通过静电排斥力来稳定脂肪滴的聚集，而植物多糖主要通过空间排斥力来稳定它们。此外，植物蛋白在加热超过其热变性温度（T_m）时倾向于展开，这增加了被包裹脂肪滴的表面疏水性，从而增加了它们之间的疏水吸引力。例如，模拟由扁豆、豌豆和蚕豆稳定的蛋白在等电点（pH 5）附近的 pH 和高盐含量（>50mmol/L 氯化钠）下表现出广泛的絮凝，因为它们是通过静电斥力稳定的（Gumus et al.，2017a）。相反，由阿拉伯胶稳定的乳剂对 pH 和盐含量的变化具有高度的抗性，因为它们是由空间排斥力稳定的（Ozturk et al.，2015a）。图 8.5 比较了 pH 对各种植物基蛋白、多糖、

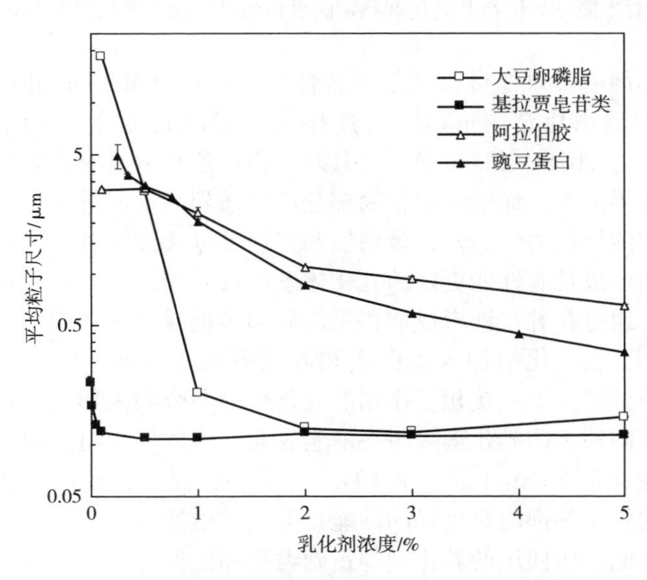

图 8.4　不同植物基乳化剂通过均质形成水包油乳液的能力比较

磷脂和皂苷稳定的乳剂的颗粒大小和电荷的注入情况。这些测量结果表明，脂肪滴聚集的稳定性高度依赖于用于包被它们的乳化剂的性质。例如，蛋白质包覆的脂肪滴在中间 pH（接近其等电点）时容易聚集，因为它们失去了表面电荷，这减少了它们之间的静电斥力。磷脂和皂苷包覆的脂滴从微酸性到微碱性条件下是稳定的，因为它们有很强的负电荷，但它们在强酸性条件下聚集，因为当阴离子基团被质子化时，它们失去了表面电荷。多糖包覆的脂肪滴在整个 pH 范围内聚集是稳定的，因为它们主要是通过空间排斥来稳定的（但单个液滴相对较大，所以它们可能仍然容易聚集）。因此，重要的是根据植物乳的特性和使用需求来选择合适的乳化体系。

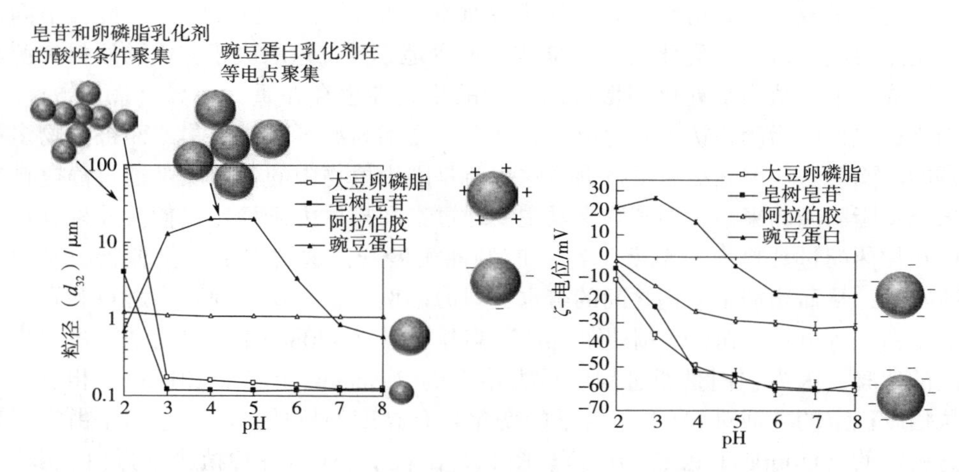

图 8.5　pH 对不同种类植物基乳化剂稳定的水包油乳液的表面电势和平均粒径的影响

植物基乳化剂的有效性可以通过联合使用来提高（McClements et al.，2018）。例如，蛋白质和碳水化合物可以共价连接在一起形成结合物（Gu et al.，2017；McClements et al.，2018；Zha et al.，2019）。蛋白质部分具有良好的表面活性，促进偶联物附着在界面上，而碳水化合物部分产生强烈的空间排斥力，这增加了乳化体系对脂肪聚集的抵抗力。另外，蛋白质和多糖可以通过非共价相互作用，特别是静电吸引，从而形成具有性能更好的乳化体系（Li et al.，2018）。这些复合物可以在均质化之前，通过在乳状液形成前将蛋白质和多糖混合在一起而产生。它们也可以在均化后产生，在乳化前加入蛋白质和乳化后加入多糖（Guzey et al.，2006）；或使用两种或两种以上不直接相互作用的乳化剂的混合物来形成和稳定乳化剂。在这种情况下，不同种类的乳化剂吸附在液滴表面，整体界面组成取决于它们的相对浓度和表面活性（Reichert et al.，2019）。在某些情况下，使用混合乳化剂比使用任何一种单独的乳化剂都能有更好的性能，但在其他情况下，它实际上可能会导致更差的性能。因此，所使用的乳化剂的正确类型和比例必须结合经验来确定。与使用传统的分子乳化剂不同，也可以使用胶体乳化剂，如植物基蛋白质、多糖或多酚颗粒，来形成皮克林乳剂（Sarkar et al.，2020）。这些植物基颗粒通常会导致比分子乳化剂形成更大的脂肪滴，但植物奶中皮克林乳化剂形成的脂肪滴相对较大，这意味着它们可能不适合用于植物奶中，因为这些产品的黏度相对较低，液滴会迅速聚集。

④添加剂。许多其他添加剂可用于植物基牛奶，以改善其质量属性，延长其保质期，增强其营养属性，或提高其安全性（McClements，2020；McClements et al.，2017；McClements et al.，2016）。疏水添加剂通常在均质前添加到油相中，而亲水添加剂则在均质之前或之后添加到水相中。植物基色素或香料可以添加，以改善外观或有利于产品的风味。可以添加植物基抗氧化剂或抗菌剂，通过抑制不良的化学反应或微生物生长来增加产品的储存稳定性和安全性。增稠剂可以加入到水相中，以获得所需的质地和口感，以及抑制胶体颗粒的乳析或沉淀。许多植物基增稠剂可用于这一目的，其中大多数是多糖（第 2 章）。这些多糖可以从陆生植物（如淀粉、纤维素、瓜尔胶、刺槐豆胶或果胶）、海洋植物（如海藻酸盐和角叉菜胶）或通过微生物发酵（如黄原胶）中分离出来。多糖也可以作为稳定剂，通过在其周围形成一层保护涂层来抑制脂肪滴相互聚集的倾向。例如，带负电荷的果胶分子能够吸附在位于蛋白质包覆的脂滴表面的阳离子基团上，通过增加液滴之间的静电和空间斥力来减少等电絮凝（图 8.6）（Guzey et al.，2006）。这种现象可用于含有植物蛋白质包覆的脂肪滴的乳状液，以提高其对絮凝的抗性，特别是当添加到酸性咖啡中时。因此，必须选择适当的植物基添加剂组合，以确保食品产品具有所需的性能。

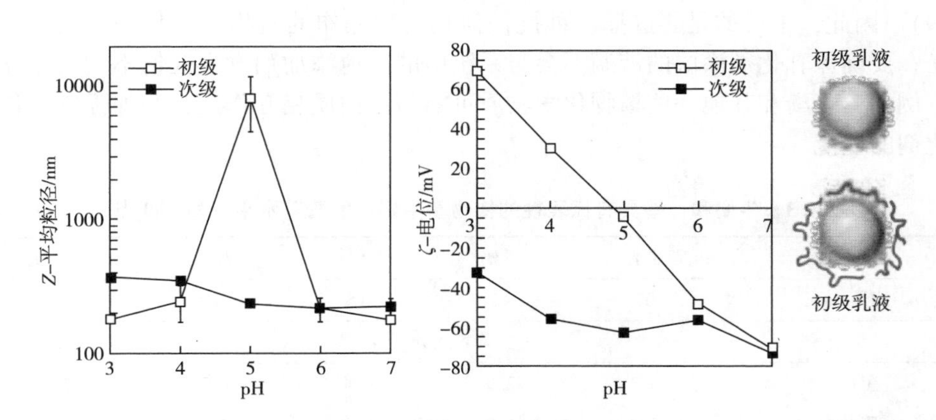

图 8.6　pH 对由蛋白质（β-乳球蛋白）或蛋白质/多糖（β-乳球蛋白/果胶）稳定的水包油乳液的表面电位和平均粒径的影响，它们分别被称为初级乳液和次级乳液。植物蛋白包覆的脂肪滴也会出现类似的现象

将一些常见的植物奶的营养成分与牛奶的营养成分进行了比较（表 8.3）。可以看出，不同种类的牛奶中常量营养素和微量营养素水平存在明显差异，这可能有

一些营养和健康后果，这在 8.6 节中讨论。

8.3.2.2 处理方法

如前所述，许多不同的加工操作被用于使用乳化法生产植物基牛奶类似物（Vogelsang O'Dwyer et al.，2021）。然而，最重要的步骤是均质化，这包括将脂肪滴的大小缩小到它们提供所需的物理化学和稳定性属性的水平（Hakansson，2019）。许多在食品工业中，不同类型的均质器可用于生产乳液，如高剪切混合器、胶体磨机、高压阀均质器（HPVHs）、超声波均质器和微喷雾器。值得注意的是，HPVHs 和超声均质器也被广泛用于生产均质牛奶。每一种均质化技术都有特殊的优缺点，选择最适合设备制备的产品是很重要的。特别地，均质器在初始资本成本、运行成本、稳健性、多功能性、生产速率和产生细小均匀脂肪滴的能力方面有所不同（McClements，2015）。HPVHs 是目前食品工业中最常用的均质器类型，但人们对超声器和微喷雾器的使用越来越感兴趣，因为它们已被证明能够高效地产生细小的液滴（d_{32}<300nm）。

植物乳通常在被经过酶和微生物反应后，要经过某种热处理（如巴氏杀菌或杀菌），这可能会降低其在保质期内的安全风险。植物乳对热处理的抵抗力主要来自于覆盖脂肪滴的乳化剂类型，以及使用的时间—温度组合（McClements et al.，2017）。有些乳化剂比其他的更耐加热。例如，多糖和皂苷往往比蛋白质产生更耐热。然而，蛋白质包覆的脂肪滴的热稳定性高度依赖于溶液条件。通常，如果在低盐含量和远离等电点下，它们更耐加热（Gumus et al.，2017a；Qamar et al.，2019）。因此，重要的是要选择一种抗任何热处理操作的植物基乳化剂。同样重要的是，要确保乳化剂涂层的液滴不会与系统中的其他添加剂发生任何不利的相互作用。例如，多酚和其他一些植物化学物质可能与蛋白质相互作用，并加强它们作为乳化剂的性能。

表 8.3 牛奶和一些具有代表性的植物基牛奶中的营养水平（每 100 克）

营养物质	牛乳	豆奶	杏仁奶	椰奶	米奶
能量/kcal	67	42	15	80	113
主要营养成分					
蛋白/g	3.3	2.9	0.4	0.7	0.7
脂肪/g	3.3	1.7	1.0	2.7	2.3
碳水化合物/g	5.4	3.3	1.3	14.0	22.0
膳食纤维/g	0	0.4	0.2	1.3	0.7
糖/g	5	2.5	0.8	10.0	12.7
矿物质					
Ca/mg	130	130	184	130	280

续表

营养物质	牛乳	豆奶	杏仁奶	椰奶	米奶
Fe/mg	0	0.45	0.28	0.48	0.48
Mg/mg	—	—	6	—	26
K/mg	—	130	—	—	65
Na/mg	52	42	72	20	94
		维生素			
维生素 C/mg	0.50	0	0	3.2	0
核糖蛋白/mg	—	0.21	0.01	—	0.34
维生素 B_{12}/μg	—	1.3	0	0.80	1.5
维生素 A/IU	210	210	0	0	500
维生素 D/IU	42	50	1	53	100
		脂质			
饱和脂肪酸/g	2.1	0.21	0.1	2.3	0
反式脂肪酸/g	0	0	0	0	0
胆固醇/mg	15	0	0	0	0

注　在特定的产品类别中，营养水平可能因其配方而有所不同（如低脂肪、加糖或无糖）。

8.4　理化特性

植物乳类产品通常被设计成具有类似牛乳的理化及功能特性。在这一部分内容中，我们概述了植物乳的主要理化性质，强调了影响他们的主要因素。在此基础上，再进一步提出可用于量化这些因素影响的数学模型。关于光学、流变学、稳定性特性等更多的综合信息已经在本书第 4 章中给出。

8.4.1　外观

植物乳的光学特性通常被设计成与牛乳类似，也就是说，应该是一种具有均匀外观的白色不透明液体（McClements，2020）。实际上，植物乳的外观取决于原料以及加工方法，因为这会影响光波的吸收与散射（第 4 章）。在某些情况下，植物乳可能会有和牛乳明显不同的外观，但是消费者仍然能够接受。例如，榛子乳可能会是浅棕色，但消费者仍然很喜爱，因为这能与坚果风味联系在一起。

8.4.1.1　外观的物理基础

植物基食品光学特性的物理基础在第 4 章中进行了详细讨论，因此这里仅作简要概述。植物乳的细腻外观主要是脂肪滴、油体或是其他胶体颗粒散射光的结果。光散射的程度取决于颗粒的大小、浓度和折射率（Griffn et al.，1985；Stocker et al.，2017）。胶体的折射率很难控制，但是可以控制其大小和浓度。通常，植物乳的亮度随着颗粒浓度的增加而增加，并且在大约 200nm 的中间粒径处具有最大值（图 8.7）因此，重要的是控制粒径大小和浓度，以获得与牛乳相似的植物乳明亮度。

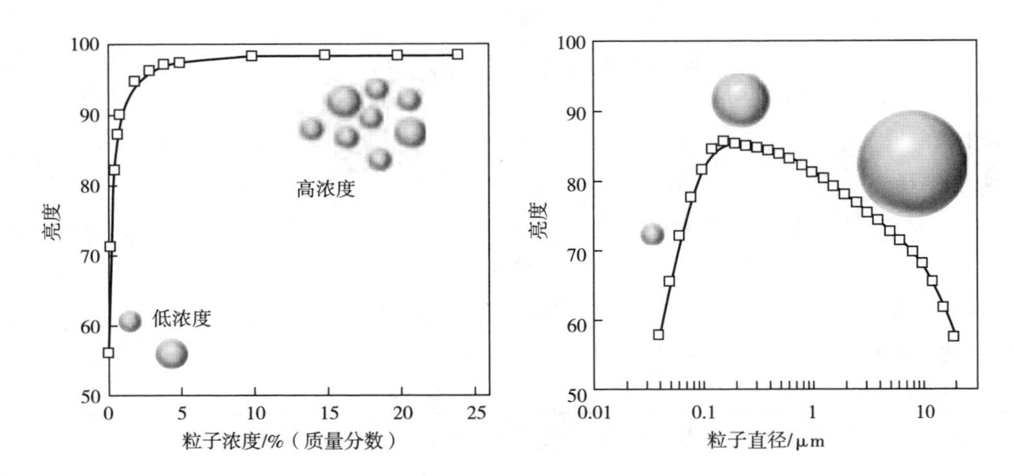

图 8.7　植物乳的亮度取决于散射光线的颗粒物的大小和浓度。作者利用光散射理论对分散在水中的油滴进行了亮度的理论预测。左图中假设颗粒大小是恒定的，右图中假设颗粒浓度是恒定的

由于发色团的存在，植物乳的颜色由可见光谱中特定波长的光波的选择性吸收决定（第 4 章）。牛乳通常有轻微的黄绿色（正 b^* 值和负 a^* 值）是由于动物饲料中存在低水平的天然色素，例如类胡萝卜素或核黄素（McClements，2015；Schiano et al.，2017）。因此，牛乳的颜色可能会因动物饮食中食物的性质而异，而食物的性质又因耕作方法、地理位置和季节而异（Agabriel et al.，2007；Scarso et al.，2017）。植物乳也可能含有影响其颜色的色素，这些色素可能天然存在于用于配制它们的成分中，或在加工又或是在储存过程中产生（如非酶促褐变产品）。此外，也可以特意添加色素使一些特定的植物乳产品达到预期的颜色。例如，可以将棕色、红色或黄色的色素添加到巧克力、草莓或香蕉口味的植物乳中。正如第 2 章所讨论的，利用从植物中提取的天然色素来达到分类标记产品的目的是有好处的。

8.4.1.2　外观的检测

植物乳的整体外观可以采用数字摄影来表征，这有助于确定他们的外观是否均匀，或者是由于乳析（顶层）或沉淀（底层）而分层。例如，亮度和颜色等光学

特性，可以使用色度计或光谱仪方便的量化（第 4 章）。通常，这些仪器根据颜色模型来报告光学特性，如 $L^*a^*b^*$ 系统，其中 L^* 表示亮度（从黑到白，0 到 100），a^* 表示红/绿（+/-），b^* 表示黄/蓝（+/-）（Hutchings，1999）。这些值通常是通过将植物乳倒入透明容器然后使用标准光束从其表面反射，测量反射光谱，然后使用合适的数学模型将测量得到的反射光谱转换为颜色模型。

8.4.1.3 与牛乳的对比

①牛乳。正如高 L^* 值、负 a^* 值和正 b^* 值所示，来自乳牛的全脂乳具有高亮度和略黄绿色外观。高亮度是由于乳脂球和酪蛋白微粒对光波的强烈散射。这种轻微的颜色是由于积聚在乳脂球中的饲料中的色素（如类胡萝卜素和核黄素）对光波的选择性吸收（Schiano et al.，2017）。牛乳的外观也受到脂肪含量的影响（Kneifel et al.，1992）。随着脂肪含量的增加，亮度（L^*）增加，绿色（$-a^*$）减少，黄色（$+b^*$）增加（表 8.4）。这些变化可归因于当脂肪球浓度增加时发生的光散射的增加，以及随着色素浓度增加而发生的选择性光吸收的变化。这些结果表明，若人们需要试图模仿不同种类的牛乳或奶油（如脱脂、低脂、全脂或半脂牛乳），就有必要设计具备不同光学特性的植物乳。

表 8.4　几种动植物乳制品的 L^*、a^*、b^* 值

产品	L^*	a^*	b^*	参考
脱脂牛乳（0.1%）	81.7	-4.8	+4.1	Kneifel et al.（1992）
全脂牛乳（3.6%）	86.1	-2.1	+7.8	Kneifel et al.（1992）
牛乳咖啡植脂末（10%）	86.9	-0.5	+8.6	Kneifel et al.（1992）
奶油（36%）	88.1	-0.2	+8.8	Kneifel et al.（1992）
杏仁奶	71.4	+3.3	+16.0	Zheng et al.（2021）
腰果奶	72.7	+2.9	+15.1	Zheng et al.（2021）
椰奶	85.9	-1.0	+5.1	Zheng et al.（2021）
燕麦奶	67.8	+4.2	+13.8	Zheng et al.（2021）
豆奶	73.1	+12.1	+2.1	Durazzo et al.（2015）

注　牛乳制品的脂肪含量显示在括号中。

②植物乳。植物乳也往往是乳状液体，但它们的亮度和颜色可能与牛乳截然不同。一般来说，用于生产植物乳的原料和加工步骤会影响其外观。在表 8.4 中，将许多植物乳的颜色模型与牛乳产品的颜色模型进行了比较。植物乳的亮度往往低于牛乳，这意味着它们看起来含水更多。并且，它们的色度值（a^* 和 b^*）与牛乳明显不同。此外，特定类型的植物乳的光学特性可能会因为原料和生产工艺不同而有

很大的差异。例如，商品豆乳的比色分析表明，不同的产品之间的光学特性有着明显差异（Liu et al.，2013）：L^* 62～81（亮度增加）；a^* −3～+3（略带红色到略带绿色）；b^* +7～+21（逐渐变黄）。这种结果的根本原因可能是由于乳的成分和结构的差异，特别是他们所含色素以及胶体颗粒类型和浓度的差异。但是，一些植物乳也有一些消费者想要的特征外观。例如，坚果和燕麦乳应该是浅棕色，这是由于植物原料的特定发色团的结果。然而也有一些消费者认为不像牛乳的植物乳没有吸引力。因此，植物乳生产商可能会使用特定工艺来去除色素或是漂白色素。植物乳的亮度取决于它们所含有的胶体颗粒的数量、类型和大小。那么，生产商可以通过控制这些参数来控制产品的亮度，使其更接近牛乳的外观（McClements，2002a，b）。

8.4.2 质地

液态乳产品的流变学特性主要由其脂肪含量决定，剪切黏度随着乳脂肪球含量的增加而增加（表 8.2）。脱脂乳是一种黏度相对较低的理想流体，而重奶油是一种高黏度剪切稀化流体。植物乳通常被配置成模仿乳制品的质地特征的产品。如第 4 章所述，植物乳及其类似物等胶体分散体的流变特性主要取决于所含胶体颗粒和聚合物的性质，包括乳脂肪球、脂肪滴、植物细胞碎片、蛋白质聚集体和水胶体（如增稠剂）。

8.4.2.1 流变学的物理基础

植物乳及其类似物的黏度可以利用描述胶体分散体的黏度而开发的理论来描述（第 4 章）。对于含有非相互作用球形粒子的稀释系统（$\phi<5\%$），剪切黏度（η）可以用式（8.1）描述：

$$\eta = \eta_1(1 + 2.5\phi) \tag{8.1}$$

式中，η_1 是连续相的剪切黏度，ϕ 是颗粒的体积分数。从该方程可以看出，乳状产品的黏度应随着脂肪滴浓度的增加而线性增加。因为牛乳（脱脂至全脂）的颗粒含量相当低，所以该方程对它们的剪切黏度提供了较好的描述。但是该方程不适合奶油，因为在奶油中，脂肪球周围的液体会影响相邻的乳脂肪球。在这种情况下，可以使用有效介质理论（EMT）来描述剪切黏度与颗粒浓度之间的关系（Genovese et al.，2007；McClements，2015）：

$$\eta = \eta_1\left(1-\frac{\phi}{\phi_c}\right)^{-2} \tag{8.2}$$

式中，ϕ_c 被称为临界堆积参数，其数值约为 0.65。这个参数表示胶体颗粒紧密堆积在一起时的体积分数，以至于它们不能相互移动，因此整个系统获得类似固体的行为（弹性）。使用 EMT 进行的预测表明，乳状胶体分散体的黏度应随着脂肪滴浓度的增加而增加（图 8.8）。在实践中，由于存在其他种类的胶体颗粒，如牛乳中的酪蛋白胶束或植物乳中的水胶体，黏度可能高于这些预测值。剪切黏度随着颗粒浓度从 0%较为缓慢地增加到 20%，但随后从 20%增加到 50%的速度要快得多（图 8.8）。因此，牛乳产品（脱脂至全脂）的黏度相对较低是因为它们的脂肪含量较低（0.1%～3.6%）。相比之下，奶油产品（从轻到重）具有相对较高的黏度，因为它们具有高得多的脂肪含量（18%～36%）。如前所述，酪蛋白胶束也会对乳和奶油产品的剪切黏度有一定作用。

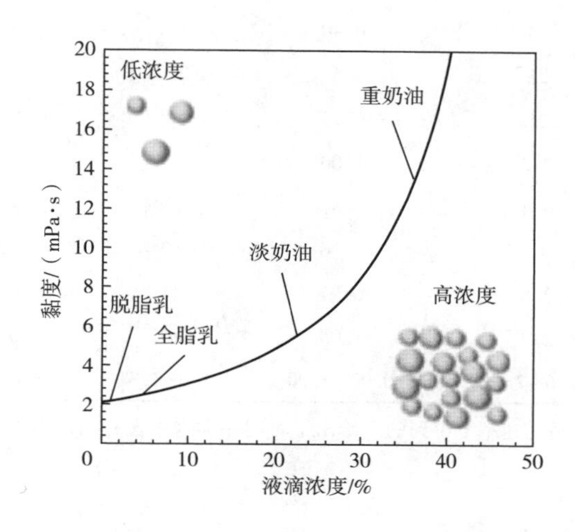

图 8.8　乳类产品的剪切黏度随着脂肪含量的增加而升高。事实上，黏度可能高于这些预测值，因为其他种类的胶体颗粒（如牛乳中的酪蛋白胶束或牛乳类似物中的水胶体）也会提高黏度

通常，稀释的胶体分散体（如牛乳）往往是理想的流体，即它们的剪切黏度与所施加的剪切速率无关。相反，浓缩分散体（如奶油）往往是剪切稀化流体，即其黏度随着剪切速率的增加而降低。这种效应是由于布朗运动效应（有利于粒子的随机分布）和剪切效应（有助于粒子与剪切场的对齐）之间的平衡（McClements，2015）。液态乳制品，尤其是奶油的黏度也取决于胶体颗粒的聚集状态。当乳制品酸化时，脂肪球和酪蛋白胶束可能会絮凝，这是因为液体 pH 向蛋白质的等电点变化（pH 5），从而减少它们之间的静电排斥。部分结晶的乳脂球可能会发生局部聚结，尤其是当产品被剪切时，这可能导致大量结块。脂肪球的絮凝和结块导致分散相的有效体积分数增加，这是由于聚集体中存在水相。这些效应导致了黏度增加［式（8.2）］。对于植物乳，增稠剂（如多糖）的添加也可能有助于提高系统的整体黏度。因此，它们可能表现出强烈的剪切稀化行为，导致流动指数值显著低于 1（表 8.5）。

表 8.5　一些植物乳的流变性、光学性、稳定性和粒径（D_{43}）特征

乳种类	黏度/(mPa·s)	流动指数 n	D_{43}/[μm]	分离率/(%/h)	白度指数
牛乳	3.2	1.00	0.60	3.9	81.9
杏仁奶	3.9~26.3	0.56~0.98	0.9~6.0	1.4~52	52~76
腰果奶	5.6	0.97	29	28	66
椰奶	48	0.40	1.7	37	68
榛子奶	25	0.67	2.2	1.3	56
大麻奶	25	0.73	1.5	4.4	69
坚果奶	2.2	1.00	3.4	54	52
燕麦奶	6.8	0.89	3.8	40	60
藜麦奶	13	0.76	82	32	71
米奶	2.8	0.97	11	43	67
糙米奶	2.2	1.00	0.72	51	64
豆奶	2.6~7.6	0.90~1.00	1.0~1.3	8.6~23	69~75

注　黏度是在 $10s^{-1}$ 的剪切速率下得到的。给出了对同一类别中含有的许多不同产品进行分析的示例的范围。

8.4.2.2　流变学的检测

在研发实验室中，通常使用复杂的仪器，如旋转黏度计或剪切流变仪，来表征牛乳和奶油的流变性（Rao，2013）。在质量保证实验室中，通常会使用更加简便的仪器来快速评估产品是否符合某些特定的质地标准。流体样品最常用的测量工具是旋转黏度计以及锥板黏度计（图 8.9）。当使用杯子与柱体类型时，将样品倒入杯子（外筒）中，并将柱体（内筒）放入其中。在开始之前，先让样品达到所需的测量温度，因为温度对黏度的影响很大。然后将已知的力（剪切应力）施加到内筒上，并使用合适的装置测量其旋转速度（剪切速率）（反之亦然）。然后将剪切应力（τ）绘制为剪切速率（$d\gamma/dt$ 或 $\dot{\gamma}$）。最后，表观剪切黏度可以根据该图的斜率与剪切速率的函数方程 $\tau=\eta\times\dot{\gamma}$ 计算得到（McClements，2015）。

如第 4 章所述，对于理想液体，表观剪切黏度与剪切速率无关，如牛乳产品，因为它们的胶体颗粒浓度较低。然而，对于剪切稀化液体，表观剪切黏度可能随着剪切速率的增加而明显降低，奶油制品的情况就是这样，因为它们具有高脂肪含量，一些植物乳也有这样的情况，因为它们含有基于水胶体的增稠剂。这些剪切稀化流体的表观剪切黏度可以使用幂律方程进行建模：

$$\eta=K\ (\dot{\gamma})^{n-1} \tag{8.3}$$

式中，K 和 n 分别被称为一致性指数和幂指数。幂指数提供了关于流体流动的理

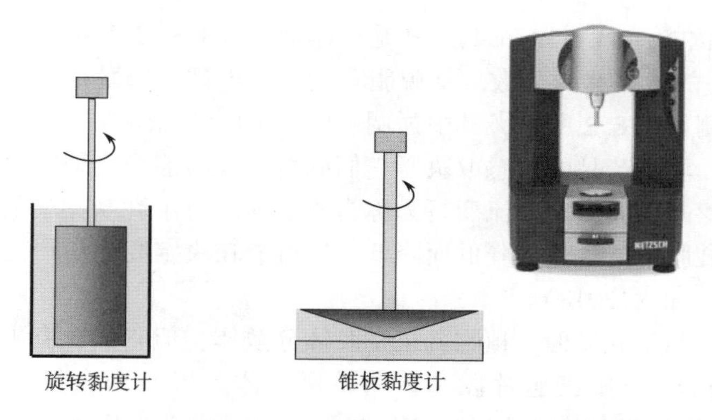

图 8.9　乳类产品的剪切黏度通常使用流变仪或黏度计进行测量。此处显示了最常见的测量用具

想性的信息：对于理想流体，$n=1$；对于剪切稀化流体，$n<1$；对于剪切增稠液体，$n>1$。对于剪切稀化流体，如许多奶油制品和植物乳，n 越小，随剪切速率的增加黏度下降就越明显。它会影响最终产品的稳定性、功能性和口感，所以这是很重要的一种表现。

8.4.2.3　与牛乳的对比

①牛乳。根据描述胶体分散体流变性的方程，牛乳的黏度被认为主要取决于其所含胶体颗粒（乳脂球和酪蛋白胶束）的分散相体积分数以及周围水相的剪切黏度（方程 8.1 和 8.2）。牛乳的水相是由可溶性糖（主要是乳糖）、球状蛋白（主要是乳清蛋白）和矿物质（主要是钾、钠和氯化物）构成的混合物。它的黏度往往与水的黏度非常接近。乳脂球的体积分数取决于牛乳类型，从脱脂牛乳的 0.1%左右（$\phi=0.001$）到全脂牛乳的 3.6%（$\phi=0.036$）不等。牛乳中酪蛋白胶束的体积分数通常在 6%~12%（$\phi=0.06 \sim 0.12$）（Goff，2019）。酪蛋白胶束的体积分数显著高于蛋白质含量（约 4%）的原因是它们捕获了大量的水。因此，在牛乳产品（脱脂至全脂）中发现的总颗粒体积分数（乳脂球+酪蛋白胶束）预计在 6%~16%，这将导致预测黏度比周围仅含有可溶性溶质（如糖、盐和球状蛋白）的水溶液高 1.2~1.8 倍［式（8.2)］。实验测量结果支持有效介质理论的预测。据报道，牛乳的剪切黏度测量值在 1.9（脱脂牛乳）~2.2mPa · s（全脂牛乳）（Li et al.，2018）。实验还表明，当乳制品表现出理想的流体行为（$n=1$），其剪切黏度随着脂肪含量的增加而增加，随着温度的升高而降低（Flauzino et al.，2010）。不过，在牛乳中的脂肪球倾向于相互聚集的温度下，黏度可能会增加，剪切变稀现象可能会发生。

此处有一个经验方程来预估脂肪含量和温度对牛乳产品剪切黏度的影响（Flauzino et al.，2010)：

$$\eta\ (\mathrm{mPa \cdot s}) = 0.00847 e^{\frac{E_a}{RT}} e^{5.83X} \tag{8.4}$$

式中，E_a 是活化能（13.5 kJ/mol），R 是气体常数（8.31 J/K/mol），T 是绝对温度（K），X 是存在的脂肪球的分数，从脱脂乳的 0.005 到全脂乳的 0.4 不等。使用该方程进行的预测如表 8.2 所示，其中强调了剪切黏度随脂肪含量的增加而增加。

人们认为，乳类产品的口感取决于它们润滑口腔的能力，即减少舌头与上颚运动时产生的摩擦的能力。这种流变行为称为摩擦学。对牛乳摩擦学的测量表明，摩擦系数随着牛乳脂肪球含量的降低而降低，这可能在决定高脂肪产品的奶油感方面发挥作用（Li et al.，2018）。

②植物乳。与牛乳类似，植物乳也是胶体分散体，但它们含有不同种类的颗粒（如油体、脂肪滴、植物细胞片段和蛋白质聚集体）以及聚合物（如水胶体增稠剂）。因此，可以使用与描述牛乳流变性相似的数学模型来描述其流变性特征［式（8.1）和式（8.2）］。在这种情况下，有必要知道存在的不同种类的胶体颗粒和聚合物的有效体积分数，这通常较为困难，因为它们具有不均匀性。尤其是想要知道存在的植物组织片段的总浓度和结构很困难。此外，许多植物乳含有水胶体增稠剂，如槐豆胶和瓜尔豆胶，来改变其质地和口感，并延缓颗粒的乳析和沉淀。这些水胶体的增稠能力取决于它们的分子构象、聚集状态和浓度，这往往很难确定。通常情况下，含有增稠剂的植物乳会出现剪切稀化的表现（$n<1$）。在这种情况下，可能需要控制表观黏度随剪切速率的增加而降低，以获得最终产品所需的功能和感官特性。通常，植物乳的黏度随着脂肪滴、油体、细胞壁碎片和增稠剂的浓度增加而增加，增加的程度取决于增稠剂的构象。

第 4 章中我们讨论过，在用于预测聚合物溶液黏度的方程中，应使用聚合物分子的有效体积分数（ϕ_{eff}），而不是聚合物链的体积分数（ϕ）：$\phi_{eff}=R_V\phi$。其中，R_V 是聚合物的体积比，也就是是聚合物在溶液（聚合物链和溶剂）中的有效体积除以仅聚合物链的体积。当聚合物分子具有高分子量和高度伸展的结构时，分子内会包含大量的水，因此它的有效体积分数可以远大于实际的体积分数。

因此，具有高分子量和高度延伸分子构象的多糖（如刺槐豆、瓜尔胶或黄原胶）比紧凑的球状蛋白（如豌豆或大豆蛋白）效果更好。此外，食品级水胶体的分子量和构象会因生产批次和供应商而有所差异，所以在配制植物乳时应注意这一点。

研究人员测量了大量商品植物乳的流变学特性（表 8.5）（Jeske et al.，2018）。在这些研究中，表观剪切黏度是通过剪切黏度计测量剪切速率再通过方程计算测量的。这些产品的黏度变化很大，测量值根据产品类型的不同，结果在 2~48mPa · s。并且，植物乳的剪切稀化表现也截然不同，其幂指数（n）为 0.4（强剪切稀化）~1.0（理想液体）。即使是同一类产品，其黏度也存在明显差异。据报道，不同的商品豆浆的黏度范围为 1.2~9.9mPa · s（Liu et al.，2013）。植物乳的剪切黏度的差异，主要是由于其增稠剂的类型和浓度各不相同。添加这些增稠剂通常是为了在产品储存过程中抑制颗粒物的乳析或沉淀，但它们也会影响最终产品的质地和口感。

总之，一些植物乳的流变特性与牛乳的流变特性明显不同。例如，牛乳是一种理想的流体（$n=1$），具有相对较低的黏度（2~3mPa·s），而许多植物乳是具有相对较高黏度的剪切稀化流体（$n<1$）（表 8.5）。当然，也有一些植物乳的流变特性与牛乳的流变特性非常相似，如某些种类的豆乳以及大米乳。

8.4.3　稳定性

理想情况下，植物乳的稳定性应该与牛乳的稳定性相似或者更好。产品在储存过程中应能够抵抗物理、化学或生物的各种变化而保持稳定。并且，它们可能还需要能在特定的加工操作（如巴氏杀菌或高温灭菌）或食品制备程序（如添加到咖啡中）中保持稳定。因此，我们必须要了解影响植物乳稳定性的主要因素。

植物乳可能会因物理不稳定机制而分层，如沉淀、乳析、絮凝、聚结或油脂析出（McClements，2015）。或者，它们也可能会因化学不稳定机制而分解，如水解或氧化。此外，它们可能会因微生物污染而分解，如霉菌、酵母或细菌的生长。探究对这些不稳定机制的原因，可用于延长植物乳的保质期和提高其安全性。

8.4.3.1　不稳定性的物理基础

①重力分离。植物乳中最常见的导致产品质量下降的不稳定机制之一是重力分离，这是因为它们所含的胶体颗粒与周围的水溶液相比具有不同的密度（McClements，2015，2020）。密度低于水的颗粒，如油体或脂肪滴，由于产生乳析，往往会向上移动。相对的，密度较高的颗粒，如植物细胞碎片或蛋白质聚集体，由于沉降作用，往往会向下移动。这些过程导致在产品的顶部形成难看的环或在底部形成沉积物，或是两者都有。

如第 4 章所述，颗粒在稀释胶体分散体中的乳析速度（v）由斯托克斯定律给出：

$$v=-\frac{gd^2\ (\rho_2-\rho_1)}{18\eta_1} \tag{8.5}$$

式中，v 是颗粒向上移动的速度，d 是颗粒直径，ρ_1 是水相密度，ρ_2 是颗粒密度，g 是重力常数，η_1 是水相黏度。这个方程假设粒子是刚性的和球形的，彼此不相互作用，并且分散在理想流体中。斯托克斯定律预测，随着颗粒大小和密度比的减小以及水相黏度的增加，乳析速率降低。当密度差为负时（$\rho_2<\rho_1$），粒子向上移动，当密度差为正时（$\rho_2>\rho_1$）则向下移动。

将斯托克斯定律用于预测颗粒大小对植物乳模型中脂肪滴（$\rho_2=930\text{kg}\cdot\text{m}^{-3}$）和植物组织碎片（$\rho_2=1350\text{kg}\cdot\text{m}^{-2}$）的乳析速率的影响（表 8.6）。这些预测表明，当胶体颗粒的直径超过 500nm 时，重力分离可能很快发生。这是控制乳类似物中胶体颗粒大小的最重要原因之一。如果颗粒不够小，那么产品在储存过程中可能会因重力作用而分离，导致外观不美观。在某些情况下，可以使用机械（均质）或化学（酶水解）方法来减小颗粒尺寸。如果不可能减小颗粒尺寸，则可以通过添加增稠剂以增加水相的黏度来减少重力分离。因此，一些商业植物乳含有增稠剂，如结冷胶或刺槐豆胶。当然，在使用增稠剂时，同时要考虑消费者能否接受原有的质地和口感被改变。

表 8.6　使用斯托克斯定律计算悬浮在不同黏度（1~500mPa·s）的水溶液（$\rho_1=1050kg \cdot m^{-3}$）中的脂肪滴（$\rho_2=930kg \cdot m^{-3}$）和植物组织碎片（$\rho_2=1350kg \cdot m^{-2}$）的粒径对乳析速度的影响

直径/μm	黏度/(mPa·s)					
	1	5	10	50	100	500
	脂肪滴乳析速度（mm/d）					
0.1	0.1	0.0	0.0	0.0	0.0	0.0
0.2	0.2	0.0	0.0	0.0	0.0	0.0
0.5	1.4	0.3	0.1	0.0	0.0	0.0
1	5.8	1.2	0.6	0.1	0.1	0.0
2	23.0	4.6	2.3	0.5	0.2	0.0
5	144	28.8	14.4	2.9	1.4	0.3
10	576	115	57.6	11.5	5.8	1.2
20	2304	461	230	46.1	23.0	4.6
50	14400	2880	1440	288	144	28.8
直径/μm	植物组织乳析速度/(mm/d)					
0.1	-0.1	0.0	0.0	0.0	0.0	0.0
0.2	-0.6	-0.1	-0.1	0.0	0.0	0.0
0.5	-3.6	-0.7	-0.4	-0.1	0.0	0.0
1	-14.4	-2.9	-1.4	-0.3	-0.1	0.0
2	-57.6	-11.5	-5.8	-1.2	-0.6	-0.1
5	-360	-72	-36.0	-7.2	-3.6	-0.7
10	-1440	-288	-144	-28.8	-14.4	-2.9
20	-5760	-1152	-576	-115	-57.6	-11.5
50	-36000	-7200	-3600	-720	-360	-72.0

斯托克斯定律强调了可以用来减少重力分离对产品质量的不利影响的各种方法：

- 减小颗粒尺寸：乳析速度与胶体颗粒直径的平方成正比（$v \propto d^2$）。因此，延缓植物乳中重力分离的有效方法是将产品中大多数胶体颗粒控制在相对较小（$d<$ 300nm）的范围。对于选用含有油脂的籽粒作为原料配制的植物乳，我们可以选择含有油脂分子体积较小的品种（Tzen et al.，1993；Tzen et al.，1992）。或者，也可以通过均质加工过程中产生的植物材料浆来减小油体的大小（Al Loman et al.，

2018；Preece et al.，2015）。对于通过将油相和水相乳化在一起生产的植物乳，可以通过优化均质过程来降低脂肪滴尺寸，如优化均质机类型、均质压力、均质次数和乳化剂特性。脂肪滴大小通常随着操作压力和通过次数的增加以及乳化剂浓度的增加而减小（McClements，2015）。不过，一旦植物乳中形成了小的胶体颗粒，就有必要防止它们在储存或加工过程中聚集，否则颗粒尺寸反而会增加，从而导致更快的重力分离。下一节将考虑防止颗粒聚集的策略。

• 增加黏度：如前所述，可以通过加入增稠剂来提高植物乳中胶体颗粒周围水相的剪切黏度，增稠剂通常是基于多糖的水胶体，如瓜尔胶、刺槐豆胶或黄原胶。这些物质在增稠溶液中的有效性取决于它们的分子特征，如分子量和构象。通常，分子量越高，构象越延伸，它们的增稠能力就越大，这意味着仅需要更低的浓度就能达到相同的黏度（第4章）。含有增稠剂的水溶液通常表现出剪切稀化行为，这是由于随着剪切速率的增加，聚合物分子发生排列和解缠结，这可能是一些产品的重要结构属性。当使用增稠剂时，需要注意它们可能通过桥接或耗尽机制促进某些类型胶体颗粒的聚集（McClements，2015）。选择能够提供最终产品中可接受的质地和口感特性的增稠剂也很重要。

• 降低组成成分与水相密度差：重力分离速率与胶体颗粒和水相之间的密度差（$\Delta\rho=\rho_2-\rho_1$）成正比（McClements，2015，2020）。因此，可以通过降低密度差来减缓乳析或沉淀。实际上，这是难以实现的，因为植物油的密度在相当窄的范围内，例如，对于室温下的全液态油，密度为910~930kg·m^{-3}。可以通过在所需温度下使用部分结晶的脂肪（如椰子油、可可脂或棕榈油）来增加油相的密度。但是，脂肪滴有可能发生部分聚结（Fredrick et al.，2010）。我们在第4章中讨论了其他降低密度差的技术。

②粒子聚集。植物乳不稳定的一个常见原因是胶体颗粒，如脂肪滴、油体或细胞壁碎片，在食品加工、储存或制备过程中有聚集的趋势（McClements，2015，2020）。颗粒聚集可能以各种方式对牛乳类似物的质量属性产生负面影响：聚集体大到足以被人眼辨别（>100μm），可能会导致不理想的外观；聚集物足够大，可以被舌头识别为离散的聚集体（>100μm），可能会导致不理想的口感（例如砂砾）；大到足以进行重力分离（>500nm）的聚集体可能导致产品顶部出现难看的乳析层或底部出现沉积物层；以及广泛的聚集可能导致产物不希望出现的增稠或胶凝。

胶体颗粒聚集的倾向取决于它们之间吸引和排斥相互作用的平衡（McClements，2015，2020）。植物乳中最重要的吸引相互作用是范德瓦耳斯力、疏水作用力、排空相互作用和桥联相互作用，而最重要的排斥相互作用是空间和静电相互作用（图8.10）。当吸引力占主导地位时，粒子往往会相互聚集，但当排斥力占主导地位后，粒子仍保持为单个个体（McClements，2015）。在本节中，将重点介绍可用于通过控制胶体相互作用来提高植物乳稳定性的不同策略：

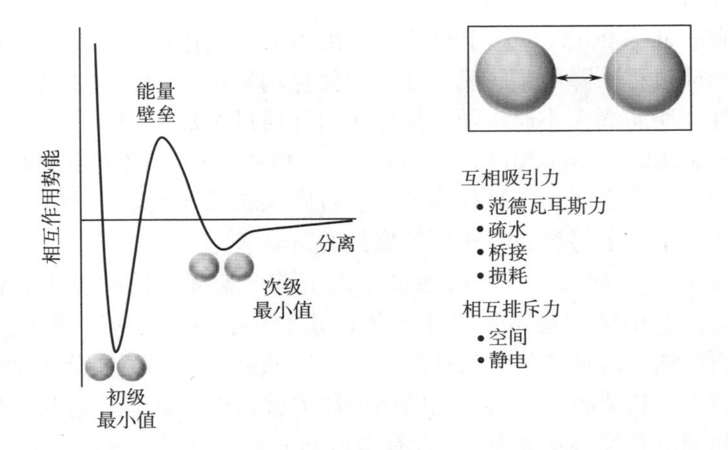

图 8.10　两个粒子之间的胶体相互作用可以通过计算相互作用势与粒子分离的关系来建模。整体相互作用取决于吸引和排斥相互作用的组合，这是系统特定的。对于静电稳定系统，通常具有初级最小值、次级最小值和能量壁垒

- 增加空间排斥力：空间排斥力是抑制粒子聚集的最有效方法之一。这通常是通过确保胶体颗粒被亲水聚合物层（如多糖或蛋白质）包裹来实现的。当两个胶体颗粒接近到足以使这些聚合物层重叠时，会产生极强但短范围的排斥。这种效应的主要是由于界面层中聚合物链相互重叠时的构型熵降低造成。空间排斥的范围随着聚合物涂层厚度的增加而增加，这通常导致更有效的空间稳定。通过空间排斥稳定的胶体颗粒通常能抵抗植物乳可能经历的溶液和环境条件的变化，如 pH、盐成分或温度的变化。

- 增加静电排斥：还可以通过在胶体颗粒之间产生足够强的静电排斥来防止它们彼此聚集。这种静电排斥作用是由于胶体颗粒表面存在带电基团，如羧基（$—CO_2^-$）、氨基（$—NH_3^+$）或磷酸盐（$—PO_4^-$）。表面含有植物磷脂、蛋白质或多糖的胶体颗粒通常具有净电荷，其大小取决于周围水相的 pH（图 8.4）。例如，磷脂或皂苷包被的颗粒在中性条件下具有高负电荷，一旦溶液降低到约 pH 5 以下，其大小就会降低。因此在高酸性 pH 环境下，胶体颗粒由于失去了负电荷导致静电排斥力减弱而更加容易聚集。植物蛋白包被的颗粒在中性条件下带强负电，但在酸性条件下因为 pH 降低到其等电点以下而变得带强正电。因此，它们倾向于在接近蛋白质等电点的中等 pH 下聚集，这也是由于静电排斥的减弱。相反，多糖包被的颗粒（如阿拉伯胶）在中性 pH 下往往具有中等的负电荷，随着 pH 的降低，负电荷的大小会降低。但由于它们主要通过空间排斥来稳定，因此它们的聚集稳定性并不强烈依赖于 pH。植物乳中胶体颗粒周围的水相的离子组成也影响静电排斥力的大小。随着矿物离子浓度的增加，静电排斥力的大小和范围由于静电屏蔽效应而减小，即反离子在粒子表面上带相反电荷的基团周围的积聚。这种作用对于多价反离

子特别重要，如在中性 pH 附近存在阴离子胶体颗粒（如植物乳中发现的那些）的情况下的阳性钙离子。

- 降低疏水吸引力：植物乳中的胶体颗粒可能在其暴露于周围水相的表面上具有非极性部分。例如，许多球状蛋白（如大豆或豌豆蛋白）在加热到高于其热变性温度时会展开，这会暴露出其表面的非极性氨基酸侧基团。这些非极性基团的暴露产生了强大的长距离疏水引力，通过减少非极性基团与水之间的不利接触区，促进颗粒聚集。植物乳中胶体颗粒之间的疏水引力可以通过确保蛋白质不被加热到其热变性温度以上，或者通过添加吸附到暴露的非极性区域并覆盖它们的两亲性成分来降低。

- 避免排空引起的聚集：牛乳类似物在胶体颗粒周围的水相中通常含有一定量的未吸附聚合物，如植物细胞壁产生的多糖（如果胶）或作为增稠剂加入的多糖（如瓜尔胶或刺槐豆胶）。由于渗透压效应，这些聚合物可以在胶体颗粒之间产生吸引力。聚合物不能比其水合半径更接近胶体颗粒的表面。因此，在每个胶体颗粒周围都有一层狭窄的水相，其中聚合物浓度实际上为零。所以，在水相的主体和真空区域之间存在聚合物浓度的差异产生了渗透压。这种渗透压有利于颗粒聚集，因为这会减少系统中真空的总体积。这种排空吸引的强度受到聚合物分子的摩尔质量和水合半径的影响。随着水相中聚合物浓度的增加，它也趋于变得更强。一旦聚合物浓度超过临界水平，吸引力可能超过排斥力，从而导致颗粒聚集。因此，可以通过降低水相中未吸附聚合物的浓度的方式设计植物乳体系来防止这种聚集。

- 避免桥联絮凝：植物乳也可能含有其他种类的聚合物，这些聚合物可以通过吸引的相互作用附着在胶体颗粒的表面。例如，它们可能含有阴离子多糖（如果胶、藻酸盐或卡拉胶），这些阴离子多糖可以与蛋白质涂层颗粒表面的阳离子区域结合。在这种情况下，单个聚合物分子可以附着在两个或多个胶体颗粒的表面，从而将它们连接在一起，并通过桥接絮凝机制促进聚集。聚合物和颗粒表面之间最常见的相互吸引作用形式通常是静电或疏水作用。通过控制植物乳体系的组成，使聚合物不会附着在胶体颗粒的表面，可以避免桥接絮凝引起的聚集。

通常，可以调节以控制植物乳类似物中胶体相互作用的最重要参数是：均质机类型和均质条件，因为这会影响平均粒径和多分散性；用于包覆胶体颗粒的乳化剂的类型，因为这会影响它们的界面厚度、电荷和疏水性；水相的 pH 和矿物组成，因为这影响静电相互作用的大小和范围；以及聚合物类型和浓度，因为这会影响排空和桥联絮凝。

③聚合物类型。植物乳中的胶体颗粒可以通过多种机制相互聚集，包括絮凝、聚合和部分聚合（McClements，2020）。当许多颗粒聚集在一起形成一团，但每个单独的颗粒都保持其原始大小时，就会发生絮凝。形成的团块的大小和形状，以及

它们在搅拌时对破坏的抵抗力，取决于将它们结合在一起的吸引力的强度。絮凝通常会导致快速的重力分离，以及产品黏度的增加。当许多粒子聚集在一起并合并为一个更大的粒子时，就会发生聚合。当颗粒之间的相互吸引作用力相对较强，并且颗粒周围的界面层不足以防止它们被破坏时，就会发生这种情况。聚合还会导致重力分离的增加，有时还会导致油的分离（在产品顶部形成油层），但通常不会导致黏度的增加。当一些部分结晶的脂肪滴相互靠近并部分融合在一起形成不规则的团块时，可能会发生部分聚合。这些团块由晶体固定在一起，晶体的范围从一个液滴穿透另一个液滴的界面层并进入液体油区域。这些团块的形成通常会导致快速的乳析和产品黏度的增加。如果样品以高速剪切，结块可能会变得更大，并最终导致相反转，即从 O/W 体系到 W/O 体系的变化。部分聚合在黄油、生奶油和冰淇淋等乳制品的形成中起着重要作用。因此，在设计乳制品类似物时，模仿这种现象也很重要。

8.4.3.2 乳稳定性的量化

可以使用多种分析方法来评估植物乳在储存过程中或在特定条件下质量的降低（McClements，2015）。通常，需要结合多种方法来充分了解所涉及的不稳定机制的起因和性质。例如，测量整体外观、剪切黏度、微观结构、粒径和颗粒电荷的变化可能很重要，以深入了解产品在加工或储存过程中失效的原因。其他地方对测量胶体分散体稳定性的不同分析仪器和测试方案进行了详细讨论（McClements，2015）。这些方法大多适用于测量植物乳的特性。因此，我们在本节中只简要概述了适用于表征植物乳稳定性的最重要方法。

①重力分离。通常通过记录在受控条件下保存在透明容器中的测试样品的外观变化来监测植物乳因沉淀或乳析而分离的趋势，这可以简单地使用数码相机进行。通过测量任何可见的乳脂层、浆液层或沉淀层的高度，可以定量样品在特定时间内发生的分离速率和分离量。然而，通常很难精确确定光学不透明样品中不同层的位置。因此，通常使用专用的更灵敏的仪器方法来确定样品中颗粒垂直浓度分布的变化。例如，可以使用分析仪器来监测乳脂或沉淀，该分析仪器将激光束指向在垂直方向上可以上下移动的样品。该仪器可以测量试样随时间的反射率高度和透射率高度分布（图 8.11）。当颗粒浓度在特定高度增加时，反射率增加（从样品表面反射的光的比例），而透射率降低（透射通过样品的光的百分比）。通过测量随时间变化的反射率和透射率分布，可以获得有关重力分离动力学的详细信息。这种类型的仪器的局限性在于，人们通常必须等待很长一段时间才能获得有关系统分离的信息，如几天、几周或几个月。另一种基于类似原理的仪器通过离心样品来加速分离过程。在此过程中测量反射率高度和透射率高度分布，以监测分离过程的动力学。尽管该仪器加快了这一过程，但应注意的是，它可能无法捕捉到在长时间储存期间发生的可能导致分离的事件，如絮凝或聚合。

②颗粒大小。了解植物乳中胶体颗粒的大小很重要，因为这会影响它们对聚集

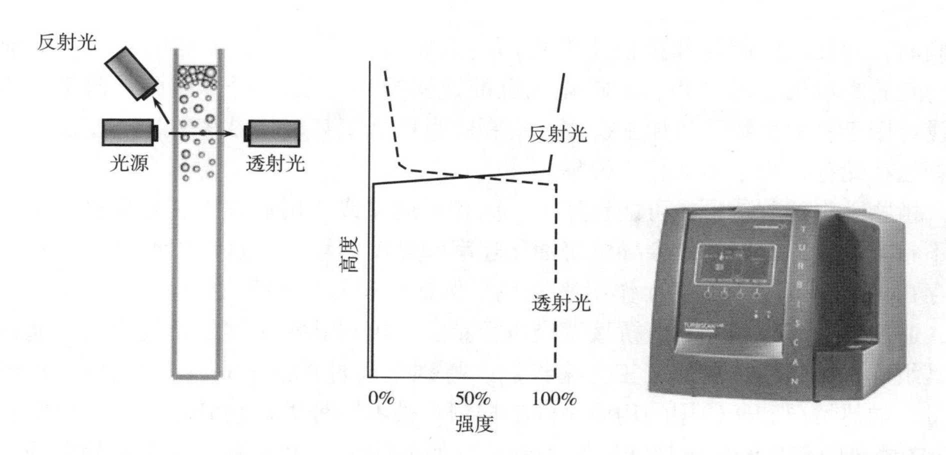

图 8.11　使用测量透射光和反射光随样品高度和时间变化的仪器，可以方便地监测牛乳类似物对沉淀或乳析的稳定性

和重力分离的敏感性，以及各种其他重要的物理化学属性，如最终产品的外观和口感。测量胶体颗粒尺寸最常用的分析仪器是静态光散射（SLS）和动态光散射（DLS）。基于 SLS 的仪器将激光束引导通过稀释的胶体分散体，然后有一系列探测器来测量光散射模式，即光强随散射角的变化。然后，仪器软件利用适当的数学模型，如 Mie 理论，将测量的散射模式转换为粒径分布（PSD）。仪器的用户需要输入分散相（颗粒）和连续相（水）的折射率值，因为数学模型需要这些参数。基于 DLS 的仪器通常将激光束引导到样品上，然后测量反射光强度随时间的变化。强度-时间分布中的波动率提供了有关颗粒尺寸的信息：波动越快，尺寸越小。同样，需要一个合适的数学模型根据强度-时间分布来计算颗粒尺寸分布。许多常用于测量颗粒尺寸的 DLS 仪器也可以测量颗粒电荷（ζ-电势）。他们通过使用激光束测量胶体颗粒在明确定义的电场中的运动速度和方向来实现这一点。关于植物乳中胶体颗粒的大小和聚集状态的信息也经常使用不同类型的显微镜获得，例如传统的光学显微镜、共焦激光扫描荧光显微镜、扫描电子显微镜（SEM）、透射电子显微镜（TEM）和原子力显微镜（AFM）。有时可以通过使用剪切黏度计或流变仪测量其黏度的变化来获得关于牛乳类似物对聚集的稳定性的信息——黏度通常随着聚集的增加而增加。此外，聚集可能导致乳析或沉淀速率的增加，这可以使用前面提到的设备进行监测。

8.4.3.3　与牛乳的比较

生牛乳（非均质化）往往不稳定，因为乳脂肪球的尺寸相对较大（$d \approx 3.5\mu m$）和密度比较高（$\Delta\rho = -110 kg \cdot m^{-3}$），以及水相的黏度相对较低（$\approx 2mPa \cdot s$）。由于牛乳脂肪球的大小减小（$d \approx 0.5\mu m$），牛乳均质后的稳定性大大提高。重力分离引起的不稳定性也是植物乳中的一个问题。脂肪滴或油体（其密度比水低）有乳析的倾向，而细胞壁碎片和蛋白质聚集体（其密度高于水）有沉淀的倾向。如前所述，随着颗粒尺寸的减小，乳析化或沉淀速率减小（表 8.6）。因此，通常重要的是设计用于制造植物乳的加工操作，使颗粒直径低于某个临界水平（<0.5μm），并且颗粒在储存过程中不会相互聚集。

植物乳中的胶体颗粒可能在加工、储存、运输或使用过程中相互聚集，这通常是不希望发生的，因为这会导致奶油化速率和黏度的增加。这可以通过确保粒子之间存在相对较强的排斥相互作用来避免，例如空间排斥和静电排斥（图 8.9）。此外，避免发生疏水、耗端或桥接絮凝也很重要。植物乳对聚集的抵抗力可以通过控制其组成、微观结构和加工工艺来控制，特别是通过控制 pH、矿物组成、水胶体含量、加热情况和所使用的均质条件来控制。被不同种类植物乳化剂包覆的脂肪滴对 pH 诱导的聚集的敏感性如图 8.4 所示。如前所述，由于液滴电荷和静电排斥在该 pH 范围内的降低，蛋白质包被的脂肪液滴倾向于聚集在吸附蛋白质的等电点附近。磷脂和皂苷包覆的脂肪滴往往在低 pH 下聚集，因为它们的负电荷减少，这再次减少了静电排斥。相反，多糖包覆的脂肪滴在整个 pH 范围内对聚集是稳定的，因为它们主要通过空间排斥来稳定。因此，在配制乳化产生的植物乳时，选择合适的植物基乳化剂至关重要。

8.5 感官特性

植物乳必须是被消费者所喜爱和接受的，否则人们不会将其加入到他们的饮食中（Jeske et al.，2018；Makinen et al.，2016）。一些消费者认为植物乳不具有吸引力，因为它们的感官属性与牛乳的感官属性不够相似，例如它们的外观、质地、口感和风味。因此，食品科学家正试图了解影响植物乳感官特性的主要因素，并（在某些情况下）利用这些知识更好地将他们的感官特征与牛乳的感官特征相匹配。因此，改善植物乳的感官特性取决于人类感官（特别是视觉、触觉、味觉和嗅觉）对植物乳的了解程度。此外，学习有关牛乳产品的感官特性信息对于设计更好的植物乳产品是很有用的。

牛乳具有奶油般的外观、奶油般的口感和淡淡的香味，这些都受脂肪球浓度的影响（McCarthy et al.，2017a）。通常情况下，随着脂肪含量的增加，感知到的奶油质感也会增加。消费者对特定类型的牛乳有着个人偏好，如脱脂、低脂、半脱脂或全脂牛乳，这对植物乳的开发有一定影响。牛乳的独特感官特性受到乳脂球的强烈影响，因为它们有助于呈现其奶油般的外观（通过散射光）、质地（通过改变液体流动）、口感（通过润滑舌头）和香气（通过溶解非极性物质）（Schiano et al.，2017）。此外，酪蛋白胶束的存在通过光散射效应有助于呈现其理想的外观。牛乳独特的质地、口感和味道使植物乳难以准确地模仿其感官品质。

植物乳也是乳脂状胶体分散体系，但它们的外观、质地和风味通常与牛乳有明显不同。如前所述，由于其成分和结构的差异，许多植物乳具有与牛乳不同的亮度和颜色（L^*、a^*、b^*），这导致它们的外观不同。此外，许多植物乳的黏度明显高于牛乳，因为它们含有增稠剂，这会改变它们的流动特性和口感。植物乳还可能含有来自原始植物或在加工过程中产生的味道和香气分子，使它们具有特殊的风味特征，如“杏仁味”“豆味”“青草味”“燕麦味”“油漆味”或“坚果味”（Jeske et al.，2018）。在某些情况下，这些是有益的，但在其他情况下，它们是不可取的。植物乳也可能含有颗粒，如细胞组织碎片或蛋白质聚集体，这会导致口腔中出现令人不快的粉感或砂砾感。植物乳的口感特性通常可以通过均质或酶处理来改善，以减小颗粒物的大小。理想情况下，颗粒尺寸应减小到50μm左右，以使产品在口腔中呈现顺滑的感受。例如，研究人员进行了感官研究，以消费者对不同种类的植物乳的总体喜爱程度进行排名，发现喜爱度按以下顺序依次降低：燕麦>大米>杏仁>大豆>扁豆>大麻（Jeske et al.，2019）。通过比较植物乳与牛乳的感官特性发现，消费者对杏仁乳的喜爱程度和牛乳一样多，但对豆乳的喜爱程度远低于牛乳（Kundu et al.，2018）。豆乳不受欢迎的原因主要是由于其不理想的颜色、风味和口感。不过，随着消费者越来越习惯这种新食品，未来人们对植物乳的接受程度可能会发生变化。

8.6 营养特性

理想情况下，植物乳应与牛乳的营养成分相似或更佳，以便食用者从摄入牛乳转为植物乳不会对健康产生不利影响。植物乳的营养和卡路里含量取决于原辅料和生产方式。因此，植物乳的营养成分彼此不同，也不同于牛乳（表8.3）。即使在同一产品类别中（如豆乳），其营养成分也可能存在明显的差异，这取决于配方中所用的糖和其他添加剂的数量。在表8.3所示的商业产品中，椰乳和米乳的卡路里含量高于牛乳，而杏仁和豆乳的卡路里含量较低。就蛋白质含量而言，豆乳的水平与牛乳相似，但杏仁乳、椰乳和米乳的蛋白质含量明显较低。就糖含量而言，椰乳和米乳的糖含量比牛乳高得多，从营养学的角度来看，这可能是不太理想的。有趣的是，英国科学家的一项研究得出结论，由于某些植物乳的含糖量相对较高，可能会对牙齿健康产生不利影响（Sumner et al.，2021）。

牛乳和植物乳中蛋白质的质量也不同，例如氨基酸评分（表8.7）和氨基酸组成（表8.8）。一些植物乳的蛋白质组成缺乏必需氨基酸，如果它们是消费者饮食中蛋白质的主要来源，可能会产生营养不良。此外，牛乳和植物乳所含的维生素和

表 8.7　牛乳和可用于制作植物乳的植物蛋白可消化必需氨基酸评分（DIAAS）

蛋白质来源	组氨酸	异亮氨酸	亮氨酸	赖氨酸	蛋氨酸+半胱氨酸	苯丙氨酸+酪氨酸	苏氨酸	色氨酸	缬氨酸	DIAAS	限制氨基酸
玉米	137±37	95±16	176±63	43±18	148±26	178±54	106±13	66±46	96±16	43	赖氨酸
大米	116±9	95±19	87±13	56±3	122±13	151±38	93±5	146±37	102±19	56	赖氨酸
小麦	148±28	98±11	95±12	56±14	150±22	138±26	97±11	162±25	98±11	56	赖氨酸
大麻	116±9	95±18	87±13	56±23	122±13	151±28	93±5	146±37	102±19	56	赖氨酸
蚕豆	135±5	114±2	103±6	113±5	64±6	150±4	113±8	87±10	90±2. 4	64	蛋氨酸+半胱氨酸
燕麦	114±14	106±4	102±5	68±	177±62	171±12	106±7	142±22	110±4	68	赖氨酸
油菜籽	133±7	95±5	85±5	79±11	145±16	116±14	119±7	136±10	98±5	79	赖氨酸
羽扇豆	153±20	124±11	104±10	92±10	83±10	170±13	129±17	105±5	88±10	83	蛋氨酸+半胱氨酸
豌豆	124±12	108±14	94±12	130±13	83±14	148±21	117±0	100±9	89±1	83	蛋氨酸+半胱氨酸
加拿大油菜	131±9	99±11	85. 4±9	85. 1±11	143±12	123±8	119±12	144±25	93±11	85	赖氨酸
大豆	149±12	133±9	110±7	114±11	106±14	186±17	130±8	170±27	103±8	103	—
番茄	125±9	167±10	155±12	145±6	135±7	266±23	204±15	165±18	149±6	125	—
乳清	106±14	173±24	145±25	151±29	152±26	124±20	213±29	220±58	122±15	106	—
酪蛋白	183±12	163±5	152±7	160±5	137±6	255±10	161±5	205±17	159±3	137	—

注　该数据适用于 3 岁及以上的个体。

矿物质数量也不同（表 8.3），如果这些微量营养素在一个人的饮食中受到限制，也可能对健康产生影响。因此可能需要用微量营养素补充植物乳以改善其营养特性，这将在下一节中讨论。事实上，英国最近的一项研究报告说，如果不强化，只喝植物乳的消费者有患碘缺乏症的风险，这是因为在英国，牛乳是饮食中碘的主要来源，而植物乳的碘含量通常很低（Dineva et al.，2021）。

表 8.8　用于配制乳类产品选用的牛乳和植物蛋白的氨基酸组成

蛋白质来源	燕麦	羽扇豆	大麻	大豆	糙米	豌豆	乳清	牛乳	酪蛋白酸钠	酪蛋白
必需氨基酸										
苏氨酸	1.5	1.6	1.3	2.3	2.3	2.5	5.4	3.5	3.5	2.6
蛋氨酸	0.1	0.2	1	0.3	2	0.3	1.8	2.1	2.2	1.6
苯丙氨酸	2.7	1.8	1.8	3.2	3.7	3.7	2.5	3.5	4.2	3.1
组氨酸	0.9	1.2	1.1	1.5	1.5	1.6	1.4	1.9	2.2	1.7
赖氨酸	1.3	2.1	1.4	3.4	1.9	4.7	7.1	5.9	5.9	4.6
缬氨酸	2	1.4	1.3	2.2	2.8	2.7	3.5	3.6	3.8	3
异亮氨酸	1.3	1.5	1	1.9	2	2.3	3.8	2.9	3	2.3
亮氨酸	3.8	3.2	2.6	5	5.8	5.7	8.6	7	7.8	5.8
总计	13.7	13.1	11.6	19.9	22.1	23.6	34.1	30.3	32.8	24.8
非必需氨基酸										
丝氨酸	2.2	2.5	2.3	3.4	3.4	3.6	4	4	4.2	3.4
甘氨酸	1.7	2.1	2.1	2.7	3.4	2.8	1.5	1.5	1.5	1.2
谷氨酸	11	12.4	7.4	12.4	12.7	12.9	15.5	16.7	16	13.9
脯氨酸	2.5	2	1.8	3.3	3.4	3.1	4.8	7.3	8.7	6.5
半胱氨酸	0.4	0.2	0.2	0.2	0.6	0.2	0.8	0.2	0.1	0.1
丙氨酸	2.2	1.7	1.9	2.8	4.3	3.2	4.2	2.6	2.6	2
酪氨酸	1.5	1.9	1.3	2.2	3.5	2.6	2.4	3.8	4.4	3.4
精氨酸	3.1	5.5	5.3	4.8	5.4	5.9	1.7	2.6	2.9	2.1
总计	24.7	28.2	22.4	31.9	36.8	34.4	34.9	38.6	40.4	32.5

注　未检测天冬氨酸、天冬酰胺、谷氨酰胺和色氨酸，数据以 g/100g 表示。

很少有系统的研究来观察用植物乳代替牛乳对人类营养和健康的长期影响（Vanga et al.，2018）。正如第 5 章所讨论的，如果一个人采用完全以植物为基础的饮食，不服用补充剂，可能会在饮食中缺乏一些必要的维生素和矿物质，如维生素 B_{12}、维生素 D、钙和碘。另外，采用健康植物基饮食的人往往比采用传统西方饮食的人更健康。不过，不同种类植物乳的卡路里含量和营养成分之间在存在很大差异（表8.3），因此，食用的植物乳种类将对其潜在的营养效果产生重要影响。饮用高热量的加糖植物乳来代替牛乳，可能会产生负面的营养后果，而饮用低热量的不加糖的植物乳类似物则可能会带来有益或无害的效果。

了解食物在胃肠道（GIT）内的行为有助于控制营养生物利用率、药物代谢动力学和生理反应，这些可用于设计更健康的产品（Dupont et al.，2018）。基于这个原因，许多研究人员正在研究食物中各种营养素在通过GIT时的消化、溶解、代谢和吸收。最近，人们对了解植物乳在人体肠道中的反应过程产生了兴趣，因为这可能会影响它们的营养和健康效果（Zheng et al.，2019a，2021）。同时，了解植物乳在肠道内的反应过程与牛乳有何不同非常重要，这能便于我们更好地了解增加植物基饮食对人类健康产生的潜在影响。

为了更好地了解牛乳在人类肠道中的反应，已经有学者进行了体外和体内研究（Egger et al.，2017，2018，2019）。植物乳在通过上肠的过程中，牛乳中的脂质和蛋白质被脂肪酶和蛋白酶水解，释放出脂肪酸、甘油单酯、肽和氨基酸，此外，牛乳中的各种小分子溶解在GIT分泌物中，如乳糖、低聚糖和矿物质。亲水性小分子通过GIT分泌物扩散到上皮细胞壁的表面，在那里通过被动或主动运转机制被吸收。由脂质消化产生的疏水分子，如脂肪酸和甘油单酯，与人肠道分泌的胆汁盐和磷脂结合形成混合胶束。这些混合胶束也可以溶解原来位于牛乳脂肪球中的其他疏水性物质，如类胡萝卜素、维生素A和维生素D。然后混合胶束穿过GIT分泌物到达上皮细胞表面，其中包含的成分可以被上皮细胞吸收。吸收后，亲水性物质主要进入门静脉，在那里它们被运送到肝脏（在肝脏可能被代谢），然后再进入血液。相反，疏水性物质被包裹成乳糜微粒，通过淋巴系统移动，直接进入血液。牛乳在人类肠道内的反应过程已经有体外消化模型进行了研究（Van Hekken et al.，2017；Ye et al.，2019）。牛乳中的酪蛋白胶束和蛋白质包裹的脂肪球在模拟的胃环境中发生了明显的聚集，发生这种现象的原因在于pH和离子强度的变化，以及阴离子粘蛋白分子对阳离子蛋白质的连接絮凝作用。这些聚集物在进入模拟小肠后大部分被分解，主要原因是pH值变为中性（其中蛋白质和粘蛋白均为阴性），两亲性胆汁酸的存在以及消化酶对脂质和蛋白质的水解。牛乳均质后，由于暴露在脂肪酶面前的脂质表面积增加，小肠中的脂质消化率相应增加（Van Hekken et al.，2017）。超高温处理后，脂质和蛋白质的消化率增加，这归因于胃液中形成的聚合体结构的变化（Ye et al.，2019）。总的来说，这些结果表明，牛乳在胃肠道中能被有效消化，从而释放出营养物质，但这一过程的速度取决于它们的加工过程。

牛乳通过进化被设计为以生物可获取的形式为成长中的小牛提供所需的所有营养物质（Bourlieu et al.，2018；Le Huerou-Luron et al.，2018；Lee et al.，2018）。牛乳在成分和结构上与人乳有一些相似之处，这意味着它也可以作为婴儿的宝贵营养来源。除了含有营养素外，牛乳还含有其他物质，可以促进有益的肠道菌群形成，并加强婴儿的免疫系统（Bourlieu et al.，2017）。特别是，牛乳含有多种低聚糖，作为益生元，也可以刺激肠道有益菌群的形成（Oliveira et al.，2015；Robinson，2019）。牛乳中的蛋白质在人类肠道内的消化也会产生特定的生物活性肽，对健康有益（Park et al.，2015；Sah et al.，2015）。例如，这些牛乳肽具有抗菌、降血压和益生元活性。牛乳也是人类饮食中生物可利用钙的良好来源，这是由于它包含在酪蛋白胶束中，在人类肠道中可以迅速消化，并以一种易于吸收的形式释放钙（Gueguen et al.，2000）。因此，在设计植物乳时，模拟牛乳产品在胃肠道的生理特性，以获得类似的营养效益和生理效果可能是有用的。

许多研究人员还使用模拟 GIT 模型研究了植物乳的胃肠道特性（Capuano et al.，2019）。这些研究结果表明，植物乳的反应可能与牛乳不同，这是由于两类胶体分散体的组成和结构差异（Do et al.，2018）。使用模拟 GIT 模型的研究表明，来自不同植物的油脂消化方式不同。例如，从燕麦中提取的油脂相当耐水解，原因有很多：当暴露在胃和小肠中时，它们倾向于聚集；它们被抗消化的界面层包裹；它们含有可以抑制消化的微量组分，如膳食纤维和植物化学物质（Wilde et al.，2019）。相比之下，从杏仁中提取的油脂消化速度更快，因为它们不容易在小肠中聚集，其界面层更容易被消化（Gallier et al.，2012）。体外消化模型也被用于研究来自其他植物材料的油脂消化率，如大豆（Ding et al，2019 年）、榛子（Capuano et al.，2018 年）和葵花籽（Makkhun et al.，2015）。这些模型也被用来研究通过乳化工艺制作的植物乳产品中植物蛋白包裹的脂肪滴的消化率，结果表明，这种类型的植物乳往往被快速而完全的消化（Gumus et al.，2017b）。这些体外研究表明，植物乳的消化率取决于它们所含的油脂或脂肪滴的特性（尤其是它们的大小、组成和结构）、周围食物基质的特性，以及对它们进行的所有加工工艺。这些消化率的差异可能导致营养素生物利用率的改变、血液中营养素水平的慢性变化，以及可能对机体营养和健康产生影响的激素反应（如饥饿感、饱腹感和饱腹感）变化。

通过上消化道后到达结肠的植物乳残留物将影响肠道微生物的组成和功能（Doet al，2018）。例如，植物乳中某些种类的膳食纤维或植物化学物质可能作为益生物质，刺激结肠中有益微生物的生长。不管怎样，还需要长期的随机对照试验来比较植物乳和牛乳对人类营养和健康的影响。

8.7 营养强化

一些科学家对从混合饮食转向纯植物饮食表示担忧（Vanga et al.，2018）。不包括任何动物产品的饮食可能缺乏一些对人类健康或改善健康至关重要的营养素，如必需氨基酸、ω-3 脂肪酸、维生素 B_{12}、维生素 D、钙、铁和碘（Obeid et al.，2019；Sebastiani et al.，2019）。必需营养素的长期缺乏可能会对健康产生不利影响，尤其是婴儿和老年人（Hunt，2019；Sebastiani et al.，2019）。出于这个原因，人们对用植物基饮食中可能缺乏的营养素来补充植物基食品产生了兴趣。此外，人们也热衷于用营养补充剂来强化它们，以进一步提高其营养水平，如β-胡萝卜素、叶黄素、玉米黄素、番茄红素、姜黄素、白藜芦醇、槲皮素和其他各种促进健康的植物化学物质（Abuajah et al.，2015；Assadpour et al.，2019；McClements，2020）。植物乳特别适合强化这类生物活性成分。首先，它们可以构成一个人日常饮食的常规部分，因为它们可以作为饮料饮用，也可以用来搭配咖啡或茶，或加入早餐谷物中。其次，植物乳内部同时具有非极性和极性结构域，因此它们可以溶解亲水性和疏水性生物活性物质（图 8.12）。再次，可以利用结构设计原则来提高生物活性物质的生物利用率和生物活性，如可以修改液滴大小、组成或界面特性。尽管如此，在设计强化这些植物乳时，重要的是要确保生物活性物质的引入不会对产品属性（如外观、口感或味道）产生不利影响。最后，植物乳的设计应保护生物活性物质在储存过程中不被降解，并确保它们在食用后处于生物可利用的状态。

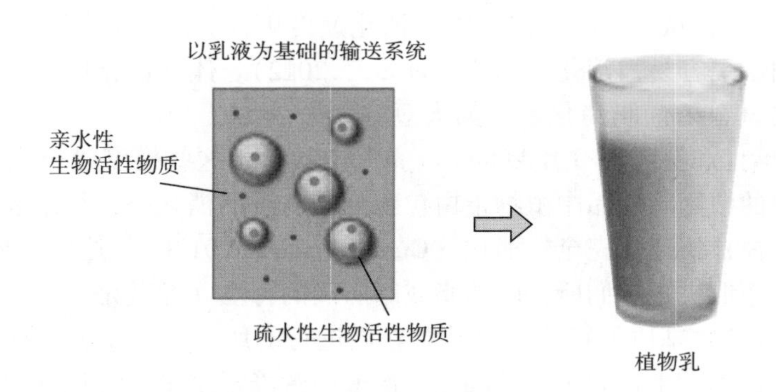

图 8.12　植物乳可以用疏水性或亲水性生物活性成分强化，因为它们含有水、油和水包油区

亲水性生物活性物质（如维生素 B_{12}）通常可以简单地溶解在植物乳的水相中。不溶性矿物盐，如碳酸钙，可以胶体粒子的形式分散在水相中。疏水性生物活性物质通常必须被融合在油相中。这可以通过多种方式实现，具体取决于植物乳的种类。首先，对于通过乳化生产的植物乳，疏水性生物活性物质可以在均质之前简单地与油相混合（图 8.12）。其次，含有生物活性物质脂肪滴的基于乳液的输送系统可以与植物乳混合（图 8.12）。再次，可以将植物乳与含有生物活性物质的油相均质，这可以产生生物活性脂肪滴，前提是原始植物乳中含有足够的天然乳化剂，例如磷脂或蛋白质。最后，某些种类的疏水性生物活性物质（通常是酚类物质，如姜黄素、白藜芦醇或槲皮素）可以在植物乳形成后融合在脂肪滴或油脂中，如通过使

用 pH 转换方法（Zhang et al.，2020）。在后一种情况下，先将生物活性物质溶解在浓碱性溶液中，然后将其与接近中性的植物乳混合，这可以帮助生物活性物质进入脂肪滴或油脂的疏水核心（Zheng et al.，2019a、b）。

在本节的其余部分，我们将重点放在脂溶性生物活性物质的包裹上，因为它们通常是最难融合的。维生素 D 已经被纳入许多不同模型的植物乳中，包括豌豆蛋白包裹的脂肪滴在水中的分散体（Walia et al.，2020）。当平均液滴直径从 350nm 减少到 233nm 时，模型上皮细胞（Caco-2 细胞）对这种维生素的吸收几乎提高了 2.5 倍，这表明较小的脂肪液滴可能对传递这种脂溶性维生素更有效。另外，还有发现表明用于形成豌豆蛋白包裹脂滴的油脂类型会影响维生素 D 的生物有效性（Schoener et al.，2019）。在这项研究中，当维生素被包裹在玉米脂肪滴（富含单不饱和脂肪酸）中时，其生物有效性高于亚麻籽脂肪滴（富含多不饱和脂肪酸），这归因于消化后形成的混合胶束的溶解能力的差异。其他研究表明，脂溶性维生素可以被包裹到使用其他各种类型的植物基乳化剂制备的植物乳模型中，包括大豆蛋白（Zhang et al.，2020）、皂树皂甙（Lv et al.，2019；Ozturk et al.，2015b；Tan et al.，2021）、阿拉伯胶（Lv et al.，2019）和大豆卵磷脂（Mehmood et al.，2019 年）。最近的一项研究表明，将钙加入植物乳模型中，会降低包裹在脂肪滴中的维生素 D 的生物有效性（Zhou et al.，2021），这可能是由于钙离子能够沉淀出含有维生素的混合胶束。这项研究强调了精心设计含有多种生物活性物质的植物乳以确保它们都能被有效吸收的重要性。

任何用于将疏水性生物活性物质引入植物乳的输送系统的组成和微观结构都必须进行优化，以确保它们具有较高的生物利用率（McClements，2018）。所使用脂肪滴的大小、成分和包裹层影响了疏水性生物活性物质在胃肠道内的生物有效性、稳定性和吸收，这决定了它们的整体生物利用率（McClements，2018；McClements et al.，2015）。因此，这些输送系统的设计应旨在制造强化植物乳，这些类似物在整个储存过程中保持稳定，但能在 GIT 中以生物可利用的形式有效地释放营养素。胶体递送系统中影响疏水性生物活性物质整体生物利用率的各种因素的重要性将在别处详细讨论（McClements，2018）。

8.8　环境影响：生命周期分析

许多消费者选用植物乳作为植物性饮食的一部分，因为这种饮食模式比富含动物性食物的饮食模式对环境的影响要小。生命周期分析（LCA）是一种系统的方法，用于比较植物乳与牛乳对环境的影响。LCA 量化了生产、运输、储存和销售产品环节对环境的影响、比如温室气体排放、污染、水使用、土地使用、化石燃料使用和生物多样性丧失。LCA 已经被用来比较生产牛乳与生产杏仁乳以及豆乳对环境的影响（Grant et al.，2018）。报告显示，与植物乳相比，牛乳对环境的负面影主要归咎于牛乳需要相对较高的能源使用、化石燃料的使用以及会产生与乳牛饲养和运送牛乳相关的污染。不过干旱地区生产杏仁乳需要考虑生产所需的水量，这一因素致使杏仁乳得分相对较低。另一项 LCA 研究还发现，生产植物乳（杏仁、燕麦、大米或大豆）对总体环境影响远低于生产牛乳（Wenzel et al.，2017）。一项对多种不同食品的 LCA 综合研究还表明，植物乳对环境的影响要比牛乳低得多（表 8.9）（Poore et al.，2018）。植物乳的生产减少了温室气体的排放，减少污染，对于土地和水的使用也比生产牛乳的少（Poore et al.，2018）。值得注意的是，植物乳对环境的影响取决于用于生产它们的植物材料。例如，生产杏仁乳和米乳所需的水量远远高于大豆乳和燕麦乳。而对于土地使用的情况正好相反。此外，与生产其他种类的植物乳相比，生产米乳会造成更严重的污染（富营养化）。另一项详细的 LCA 研究比较了牛乳和植物乳对环境的影响，发现后者对环境的负面影响要小得多（Detzel et al.，2021）。到目前为止讨论的所有对于生产植物乳的 LCA 研究方法都是使用植物组织破坏的方法。Ripple 食品公司对采用乳化法生产的植物乳进行了 LCA 研究，结果表明，由稳定的豌豆蛋白葵花油乳液构成的植物乳的温室气体排放量和用水量比牛乳和杏仁乳都低得多（www.ripplefoods.com）。事实上，这项分析表明，生产杏仁乳和牛乳所需的水分别是生产乳化葵花油制品的 100 倍和 25 倍（每单位蛋白质量）。

表 8.9　植物乳和牛乳对环境影响的比较（Poore et al.，2018）

乳产品	土地占用/ m^2	温室气体/（kg CO_2 当量）	富营养化/（g PO_4^{3-} 当量）	用水量/ L
牛乳	9.0	3.2	10.7	628
豆奶	0.7	1.0	1.1	28
杏仁奶	0.5	0.7	1.5	371
燕麦奶	0.8	0.9	1.6	48
米奶	0.3	1.2	4.7	270

注　数据是按每升或产品计算的。

总的来说，这些 LCA 研究表明，用植物乳对环境有很大的好处，但这些好处的性质和程度取决于植物乳的种类。

应指出的是，LCA 研究的结果受到所使用数据的性质和质量，以及所诠释的假设的影响。因此，不同因素的影响之下，计算出的植物乳和牛乳的影响结果常常会发生显著的变化，这类因素如所用原料的种类、原料产地、制造工厂、终端产品的零售网点、生长条件、加工操作、转运方式和储存条件等。即使如此，多种不同的LCA 研究结果仍表明，植物乳比牛乳更环保、更具可持续性。

8.9　总结与展望

在与动物性食品相关的可持续性、健康和伦理问题的驱动之下，许多消费者对植物乳越来越感兴趣（McClements，2020；McClements 等，2019）。因此，许多现代食品企业的部门正在开发植物乳的产品，用以替代牛乳，包括大豆、杏仁、燕麦、椰子和大米。这些植物乳的感官属性、成本和便利性将决定它们的商业成功。本章，我们回顾了不同的植物乳的生产方法，并研究了影响其理化、功能、感官和营养属性的主要因素。此外，我们还强调了植物乳与它们设计用来替代的牛乳产品之间的差别和相似之处，许多消费者由于不喜欢植物乳的味道或没有达到预期的效果（例如在咖啡或茶中）而拒绝将植物乳纳入他们的饮食中。但因为它们的质量和功能性能都有了改善，将来可能会有更多的人采用植物乳。

在未来，研究的方向应该是用改良的产品和更多的功能性来制造植物乳，这将取决于对它们的组成、结构、物理化学和感官之间的关系有一个更基本的理解。此外，还需要进行研究，以创造出改善营养状况和降低环境影响的产品。特别地，开发一种含植物性饮食中可能缺乏的生物可利用营养物的植物乳，如碘、钙、维生素 B_{12} 和维生素 D。

参考文献

参考文献

第9章 乳制品替代品
——奶酪、酸奶、黄油和冰淇淋

9.1 引言

植物基奶已经成为一种重要商品和许多消费者的主食（第8章）。这些牛奶类似物通常被设计成与哺乳动物产的奶具有相似的物理化学性质和感官属性，这些哺乳动物通常是奶牛，但也可能是其他家畜，如水牛、山羊或绵羊。原则上，牛奶类似物可用于生产各种其他乳制品类似物，如奶酪、酸奶、冰淇淋或鲜奶油。另外，乳制品类似物可以从植物基原料中生产出来，而无须首先制作牛奶类似物。然而，在这两种情况下，它们都必须经过精心设计，以显示与传统乳品相似的功能属性。

最初，人们制作乳制品是为了通过加热、酸化或脱水等手段，改变牛奶的物理化学性质（如pH、离子强度或水分活度）或生物特性（如酶活性或微生物含量），从而延长牛奶的保质期。如今，乳制品已成为人们熟悉的商品，也因为其良好的风味和营养价值而被食用。植物基原料可以通过适当的加工手段，将其转化为具有与乳制品相似的光学性质、质地和感官属性的原料，从而用于生产乳制品类似物。本章综述了一些主要植物基乳制品（奶酪、酸奶、冰淇淋、鲜奶油和黄油类似物）的原料、加工和特性。

9.2 植物基奶酪的历史

植物基奶酪有着悠久的历史，但它们最初并不被认为是奶酪的替代品。最古老的植物基“奶酪”很有可能是发酵豆腐，中国从17世纪就开始食用它了。这种食物也被称为“腐乳”，与动物基奶酪本质相似（Shurtleff et al.，2011）。有趣的是，豆腐通常不被视为奶酪的替代品，而是作为一种类似肉类的食物。在西方社会，发酵豆腐也很少作为奶酪的替代品来食用。奶酪类似物是一个相当新的产品，当它们首次进入市场时，大多数人认为其是真正奶酪的廉价仿制品。然而，在过去的几年里，随着新一代奶酪类似物产品的出现以及消费者对植物基食品日益积极的看法，这种观念已发生了变化（GFI，2020）。

植物基奶酪通常是为了模拟特定乳制品奶酪的物理化学性质、质地和感官属性而设计的，如切达干酪（cheddar）、罗克福干酪（Roquefort）或卡门培尔奶酪（Camembert）。传统的乳制品奶酪只有一种主要成分：牛奶。各种不同种类的动物基奶酪是通过调整牛奶的组成、加工操作和成熟条件获得的。这与植物基奶酪不同，植物基奶酪通常会使用各种不同的原料和工艺来生产（表9.1）。接下来，我们回顾动物基奶酪的加工工艺和特性，因为这些信息对于创造高质量的植物基奶酪至关重要，其可以准确地模拟动物基奶酪的特性。然后，我们描述了植物基奶酪的原料和加工方法，以及它们的物理化学性质。此外，我们还比较了植物基奶酪与动物基奶酪的环境可持续性和营养特性。

9.3　动物基奶酪

用动物奶生产奶酪被认为是最古老的保存牛奶的方法之一，这类产品在大约8000年前就已经存在了（Fox et al.，2017）。“奶酪”一词包括一系列由牛奶制取的食品，它们表现出不同的物理化学性质和感官特性，但都是使用十分相似的加工方法制备的。一般来说，奶酪是由可控的牛奶蛋白质聚集形成的，尤其是酪蛋白的聚集，这也使产品形成半固体凝胶的状态。酪蛋白的凝聚通常是由酸化或酶的添加引起的，这导致凝乳的形成，然后将其从未聚集的乳清部分分离出来（Johnson，2017）。通常，奶酪可根据其类型（凝乳酶、新鲜或加工过的奶酪）、质构属性（软的、半软的、中硬的、半硬的和硬的）及其来源（如奶牛、水牛或山羊）进行分类。实际上，奶酪的分类方法还有很多，其中许多都遵循地区传统和规定。在本节的其余部分，我们将简要描述用于生产动物基奶酪的加工操作及其物理化学性质。了解乳制品奶酪的形成和特性对于开发具有相似物理化学性质和感官属性的植物基类似物至关重要。

9.3.1　原料

奶酪是由奶制成的，奶是哺乳动物为了喂养它们的幼崽产生的富含营养的液体（Fox et al.，2017）。原则上，每一种富含酪蛋白的奶都可以用于生产奶酪，但最常见的是使用奶牛、山羊、水牛和绵羊的奶。更罕见的手工风格奶酪是由其他种类动物（如驴、骆驼、大羊驼和驼鹿）的奶制成的（Faccia et al.，2019；Holsinger et al.，1995；Konuspayeva et al.，2017）。在下文中，我们将主要介绍牛乳，因为它是奶酪制作中最常用的奶。

表 9.1 在市场上挑选的植物基奶酪类似物和普通牛乳奶酪及其成分，它们的成分以每 100g 为单位，按主要成分分为两种不同的加工路线

产品	成分	热量/kcal	脂肪（饱和脂肪）	碳水化合物	蛋白质	纤维	钠	其他	类型
物料分离路线									
奶油原味：块状	过滤水、椰子油、玉米和马铃薯淀粉、变性马铃薯淀粉、乳豆腐（大豆、水、盐、芝麻油、硫酸钙）、海盐、天然香料、橄榄提取物（抗氧化剂）、β-胡萝卜素（色素）、粉末状纤维素（防止结块）	286	21（21）	21	0	0	0.93	钙：0%DV	半硬的、成熟的风味
中等切达干酪风格的块	过滤水、木薯淀粉、椰子油、素食天然香料、豌豆蛋白、压榨油：菜籽油或红花油、菊苣根纤维、磷酸三钙、盐、黄原胶、乳酸（素食）、豌豆淀粉、素食酶、甘蔗糖、红木（色素）、酵母提取物、椰子奶油	286	21（16）	25	4	0	0.82	钙：0.47g	切达干酪，半硬的
不含乳制品的马苏里拉奶酪块	过滤水、椰子油、改性马铃薯淀粉和改性玉米淀粉、马铃薯淀粉、海盐、天然香料、橄榄提取物、β-胡萝卜素	286	21（21）	21	0	0	0.93	钙：0%DV	马苏里拉奶酪，半软的

续表

产品	成分	热量/kcal	脂肪（饱和脂肪）	碳水化合物	蛋白质	纤维	钠	其他	类型
不含乳制品的帕玛干酪丝	过滤水、有机棕榈果油、变性马铃薯淀粉、压榨菜籽油、天然香料（含自溶酵母）、有机蔬菜甘油、低于 2% 的：海盐、磷酸钙、竹纤维、磷酸钠、卡拉胶、乳酸、营养酵母、有机鹰嘴豆味噌（有机手工米曲、有机全鹰嘴豆、海盐、水、鹰嘴豆孢子）、向日葵卵磷脂、柠檬酸、红木	321	25（13）	29	0	0	1.64	钙：20%DV	帕玛干酪，硬质
不含乳制品的马苏里拉奶酪	过滤水、有机压榨大豆油、有机豆奶粉（有机大豆）、天然香料（植物源）、菊粉（菊苣根提取物）、琼脂、海盐、有机大豆蛋白、乳酸（植物源）	286	29（5）	7	4	4	0.34	钙：0%DV	马苏里拉奶酪，软质
纯素奶酪：类似羊乳酪块	过滤水、椰子油、土豆淀粉、盐（海盐）、葡萄糖酸内酯、香料（素食来源）、橄榄提取物、维生素 B_{12}	321	29（25）	11	0	0	0.68	钙：0.0g B_{12}：30%DV	羊乳酪
纯素奶酪：类似原味奶油奶酪	过滤水、椰子油、土豆淀粉、盐（海盐）、葡萄糖-δ-内酯、香料（素食来源）、橄榄提取物、维生素 B_{12}	233	23（20）	7	0	0	0.47	钙：0.0g B_{12}：30%DV	奶油奶酪

续表

产品	成分	热量/kcal	脂肪（饱和脂肪）	碳水化合物	蛋白质	纤维	钠	其他	类型
豪达干酪块	水、椰子油（21%）、变性性马铃薯淀粉、玉米淀粉、无麸质燕麦纤维、改性玉米淀粉、增稠剂（卡拉胶、瓜尔胶）、盐、天然调味品、酸度调节剂（乳酸、乳酸钠）、酵母提取物、色素（胡萝卜素）	292	23（19）	19	0.5	5.1	1.7（以NaCl为准）	钙：0.15g	豪达干酪，半硬的
奶油	53%腰果乳（饮用水、2%烤腰果）、椰子油、改性淀粉、淀粉、盐、马铃薯蛋白、香料、着色食品（胡萝卜和苹果浓缩物）、抗氧化剂：抗坏血酸钠	272	19（18）	24	<0.5		2（以NaCl为准）		半硬的
经典迷你奶酪轮	水、有机钢切燕麦、有机特级初榨橄榄油、有机木薯粉、天然香料、海盐、有机琼脂、乳酸（素食）	179	16	11	0	0	0.68		马苏里拉奶酪，软质
组织破碎路线									
发酵豆腐	豆腐（98%）（大豆、水、氯化镁、硫酸钙）、海盐、纯素酸奶菌种：嗜热链球菌（取决于制造商）	116	8（1.2）	5.15	8.15		2.87	钙：1.23g	—

续表

产品	成分	热量/kcal	脂肪（饱和脂肪）	碳水化合物	蛋白质	纤维	钠	其他	类型
杏仁乳清干酪替代品	牛奶（水、杏仁）、盐、酶、酒石酸、菌种	246	21（2）	9	9	4	0.40	钙：0.1g	乳清干酪，半软的
胡椒杰克坚果干酪片	坚果乳（水、腰果）、椰子油、改性食品淀粉、土豆淀粉、海盐、辣椒（墨西哥辣椒，哈瓦那辣椒）、天然香料、红木、酵母提取物、菌种	286	25（18）	21	7	0	0.91	钙：2%DV	蒙特利·杰克式，半硬的
明斯特式 H * mp 种子奶酪	大麻奶（过滤水，大麻籽）、有机苹果醋、有机椰子油、木薯粉、营养酵母、k-卡拉胶、海盐、人工蔗糖、有机芥末、有机洋葱粉、有机烟熏辣椒粉			—				明斯特式，半软质	
手工香草羊乳酪	有机豆腐（水、有机全大豆、硫酸钙、氯化镁）、有机精炼椰子油、白葡萄酒醋、海盐、低于到2%的香料、素源乳酸	214	16（11）	4	7	0	1.46	钙：15%DV	羊乳酪
手工马苏里拉卡普里	有机豆浆（大豆、水）、有机精炼椰子油、木薯粉、不到2%的大蒜、海盐、香料、卡拉马塔橄榄、晒干的番茄、k-卡拉胶、素源乳酸	393	36（29）	11	4	0	0.68	钙：2%DV	马苏里拉奶酪

续表

产品	成分	热量/kcal	脂肪（饱和脂肪）	碳水化合物	蛋白质	纤维	钠	其他	类型
经典	腰果、过滤水、纯乳酸、素食嗜酸乳杆菌、山胡桃烟熏海盐	500	39（7）	18	18	4	0.45	钙：0.0g	软熟的
原味	腰果、过滤水、海盐、柠檬汁、素食嗜酸乳杆菌	321	25（4）	14	7	0	0.46	钙：0.07g	奶油奶酪
Happy White 奶酪	腰果（64%）、水，盐、纯素发酵和食用霉菌菌种	359	27.3（5.9）	13.3	13.9		1.2（以 NaCl 为准）		卡门培尔奶酪，软熟的
蓝纹奶酪	生腰果、营养酵母、纯素益生菌、盐、细菌菌种、过滤水	440	36（4）	12	16	4	0.26	钙：4%DV	蓝纹奶酪，软熟的
成熟英式农场腰果牛乳奶酪	有机腰果乳（有机腰果、过滤水）、有机鹰嘴豆味噌（有机大米曲（有机大米、曲的孢子）、有机整鹰嘴豆、海盐，水）、营养酵母、海盐、天然香料（来源于牛至、李子、亚麻籽）、菌种	293	29（5）	25	14	4	0.71	钙：0.04g	农家干酪
有机腰果马苏里拉奶酪	有机腰果乳（过滤水、有机腰果）、有机椰子油、有机木薯淀粉、海盐、有机琼脂、蘑菇提取物、有机魔芋、菌种	214	18（11）	4	4	0	0.75	钙：0.04g	马苏里拉奶酪，软质

续表

产品	成分	热量/kcal	脂肪（饱和脂肪）	碳水化合物	蛋白质	纤维	钠	其他	类型
培养的素食切达干酪块	美代子的培养纯素乳［燕麦乳（过滤水、有机燕麦）、海军豆、有机鹰嘴豆、培养物］、过滤水、有机椰子油、蚕豆蛋白、马铃薯淀粉、有机木薯淀粉、含有低于 2% 的海盐、硫酸钙、天然香料、有机酵母提取物、有机红木、有机培养葡萄糖、魔芋、有机刺槐豆胶	250	16（13）	18	11	0	0.96	钙：0.52g	农家干酪，半硬的
有机布里奶酪	有机腰果、有机椰子油、有机椰奶、水、有机藜麦（水、有机藜麦）、海盐、营养酵母、有机鹰嘴豆味噌（有机大米、有机鹰嘴豆、海盐、水、曲孢子）、发酵有机牛至提取物（水、有机牛至、有机原甘蔗糖、活性培养物）	467	43（20）	17	10	3	0.67	钙：0.03g	布里奶酪，软熟的
牛乳制成的普通奶酪									
卡门培尔奶酪	巴氏杀菌奶、盐、发酵剂、非动物凝乳酶（取决于制造商）	300	24（15）	0.5	20	0	0.84	钙：0.03g V_A：241μg VB_{12}：1.3μg	软熟的
切达干酪	牛奶、盐、培养基、酶（凝乳酶）（取决于制造商）	408	34（19）	2.4	23	0	0.65	钙：0.71g V_A：316μg VB_{12}：1.1μg	半硬的

续表

产品	成分	热量/kcal	脂肪（饱和脂肪）	碳水化合物	蛋白质	纤维	钠	其他	类型
马苏里拉奶酪	巴氏杀菌牛奶、盐、非动物凝乳酶、发酵剂（取决于制造商）	298	20（12）	4.4	24	0	0.7	钙：0.69g V_A：203μg VB_{12}：1.7μg	软质
帕玛干酪	牛奶、盐、动物凝乳酶（取决于制造商）	393	29（21）	0	32	0	0.68	钙：1.25g V_A：1071 IU	硬质

注 有些产物是分离和组织破碎路线的组合，1kcal=4.186kJ。

牛乳的质量受很多种因素的影响，如奶牛品种、泌乳期、气候、饲料和所使用的畜牧系统类型（Franzoi et al.，2019）。例如，对2800头荷斯坦-弗里斯牛（Holstein-Friesian）进行的一项研究表明，泌乳期前10天的牛乳平均酪蛋白含量为3.05%，在第2个月降至2.5%以下，在第11个月上升到2.96%。年龄和季节等因素与酪蛋白含量也有类似的相关性（Ng-Kwai-Hang et al.，1982）。此外，牛乳质量在进一步加工之前受到储存条件的影响。一般来说，用于奶酪加工的牛乳必须满足某些质量标准，如抗菌化合物的存在、微生物数量（包括孢子和相关病原体或大肠菌群）、酸度、体细胞计数以及对发酵剂和凝乳酶发酵的敏感性（Metz et al.，2020）。

牛乳的主要成分是水（87%）、乳糖（4%~5%）、脂肪（3%~4%）、蛋白质（3%）、矿物质（0.8%）和维生素（0.1%）（McClements et al.，2019）。牛奶中蛋白质和钙的存在对于奶酪的制作尤为重要，它们的含量会影响奶酪的产量和质量。通常，酪蛋白约占牛乳中总蛋白质的80%，在奶酪形成中起着最重要的作用，而占总蛋白质剩余的20%为乳清蛋白，其在某些类型的奶酪中也很重要（如意大利乳清干酪）。牛奶中的酪蛋白被组装成胶束，这可被认为是平均直径约为200nm的天然纳米颗粒。酪蛋白由牛奶中几种不同浓度的亚蛋白组分组成：α_{S1}、β、α_{S2} 和 κ-酪蛋白（Farrell et al.，2004）。这些亚蛋白组分通过疏水相互作用和盐桥（磷酸钙纳米簇）在酪蛋白胶束中结合在一起（Lucey et al.，2018）。由于酪蛋白胶束表面存在 κ-酪蛋白（一种糖基化蛋白），酪蛋白胶束通常不能互相聚集。该分子（糖巨肽）的亲水部分突出到周围的水相中，在酪蛋白胶束表面形成带电亲水的“毛状层”，在胶束之间产生强烈的空间位阻和静电排斥，这将胶束的流体动力学半径增加5~10nm（Dalgleish，2011）。在使用凝乳酶制作奶酪的过程中，κ-酪蛋白被凝乳酶部分水解，导致亲水糖巨肽的释放。这会导致酪蛋白胶束之间的空间位阻和静电排斥降低，促进了它们的聚集。因此，通常不可能用 κ-酪蛋白含量低的牛乳制作奶酪（Hallén et al.，2010）。

9.3.2 奶酪的生产

奶酪生产的主要目的是通过诱导溶胶—凝胶转变和收集形成的凝乳，由液态奶获得一种黏弹性固体材料，这种凝乳的蛋白质含量通常比原始奶高10倍左右。在本节中，描述了可用于实现此目标的主要加工路线（Kammerlehner，2009；Kessler，2002；McSweeney et al.，2017）。通常，奶酪的制造涉及许多加工和成熟步骤（图9.1和图9.7）：

• 巴氏杀菌：用于奶酪生产的牛乳通常经过巴氏杀菌，以去除不活跃的病原体，减少整体微生物负荷，并使可能干扰奶酪成熟过程的天然酶失活。通常，这是通过高温短时（HTST）巴氏杀菌步骤实现的，其中包括在72~74℃下加热15~

30s。这种方法的一个优点是不会发生广泛的牛乳蛋白变性，但会影响它们形成生产奶酪所需的凝胶状结构的能力（Hougaard et al.，2010）。

• 标准化：用于奶酪生产的牛乳成分通常是经过标准化的，以达到生产奶酪类型所需的特定近似成分（如脂肪和蛋白质含量）。脂肪含量的标准化是通过将全脂牛奶、奶油和脱脂牛奶以不同比例混合，或者使用自动化加工设备通过控制体积流量和使用连续的脂肪含量测量手段（如使用密度或红外光谱测量）来混合分离过的奶油和脱脂牛奶。蛋白质含量通常通过使用诸如微滤和超滤等过滤技术进行标准化。

• 酸化：细菌将乳糖转化为乳酸在大多数奶酪生产技术中的起着关键作用，并强烈影响奶酪的特性。通常，在奶酪生产的前 24h 或 48h 内，pH 由 5.6 下降到 4.9（凝乳酶凝固奶酪）或 4.9 下降到 4.5（酸性凝固奶酪），然后在成熟过程中 pH 上升。根据奶酪品种的不同，成熟奶酪的最终 pH 可能在 5.1~7.0。在牛奶中加入不同的中温性和嗜热性乳酸菌和丙酸菌来诱导酸化。pH 值的降低会影响酶活性、脱水作用、钙溶解度和蛋白水解等工艺参数。

• 凝固：根据所需的奶酪类型，可以通过不同的方式实现溶胶—凝胶过渡。对于凝乳酶凝固奶酪，将 pH 降到 6.7~6.3，并添加凝乳酶以诱导蛋白质凝固。凝乳酶是一种混合蛋白酶，主要由天冬氨酸内肽酶凝乳酶组成。凝乳酶从 κ-酪蛋白中裂解糖巨肽，导致酪蛋白胶束的聚集和钙桥的形成。对于酸沉淀奶酪，则 pH 调节至 4.6，如果添加少量凝乳酶则 pH 略高。对于某些奶酪，如意大利乳清干酪，酸化需结合热处理，以达到最终产品所需的质构属性。

• 凝乳加工：当酪蛋白聚集足够后，可将凝乳切成更小的块，以促进凝乳中液态乳清的排出。这些碎块的大小会影响最终产品硬度：尺寸越小，奶酪越硬。然而，对于某些奶酪，凝乳是不切的，如夸克奶酪（quark）。乳清的释放量也取决于凝乳切割的时间。含水量较高的软奶酪需要较短的切割时间，而含水量较低的半软质和硬奶酪需要较长的切割时间。对于某些奶酪，可通过将凝乳加热到 36~55℃，来增加酪蛋白分子之间的疏水相互作用，从而促进乳清的排出，进一步促进脱水。奶酪中的部分乳酸和乳糖可以通过使用另一个洗涤步骤去除，以防止 pH 进一步下降（如果需要的话）。随后，将凝乳定型、压榨、并在盐浴中孵育（这取决于奶酪类型）。

• 成熟：奶酪成熟通常在 10~25℃ 下进行，时间可能从几天到几周不等。通常，在最初的成熟阶段后，使用较低的温度。奶酪成熟延长了几个星期或者几个月，成熟过程中的水分流失会导致奶酪形成天然的外皮，并增加奶酪的硬度（如果不是在塑料袋中成熟的话）。奶酪中的蛋白质—脂肪球网络在成熟阶段会由于蛋白水解和脂肪水解部分分解，从而改变了奶酪的微观结构、质地和风味。此外，糖酵解（glycolysis）在最初几天将乳糖和乳酸盐转化为中间化合物。这些过程产生的水解中间体进一步转化为各种挥发性化合物，形成不同奶酪的独特风味。这些过程是天然活性酶以及牛奶中存在或作为发酵剂添加的细菌的结果。不同种类的奶酪呈现出不同的风味，主要是由于奶酪成熟过程中使用的不同酶和微生物产生了不同种类的芳香物质。在某些奶酪的生产过程中，奶酪表面会涂上酵母和细菌等菌种（Dugat-Bony et al.，2015）。酵母通常是第一个生长在奶酪外皮上的微生物物种。它们代谢发酵剂所产生的乳酸和脱氨氨基酸，导致 pH 升高，从而促进后续的细菌生长。

上述操作可产生具有特殊外观、质构和风味特征的黏弹性半固体产品。大多数商业奶酪都遵循这个总体加工方案，但每一种都有一些变化（如下一节所述）。这个过程经过几个世纪的发展、改进和微调。原则上，植物基奶酪产品可以使用类似的工艺生产。但是，它们也可以使用不同的加工手段来生产，后面将对此进行介绍。

9.3.3　不同品种奶酪的生产

上一节中描述的奶酪生产总体过程可以进行微调，以获得不同品种的奶酪。原则上，每种列出的原料和操作过程（牛乳、巴氏杀菌、标准化、酸化、凝固、凝乳处理和成熟）都可以调整，以获得具有不同的特性的奶酪产品（Coker et al.，2005）。这就意味着许多参数都可以改变，如图 9.1 所示。例如，以下是对于卡门培尔奶酪和切达干酪的描述，它们有明显不同的质地和风味。Kammerlehner（2009）描述了更多关于这两种奶酪和其他奶酪具体的不同特性。

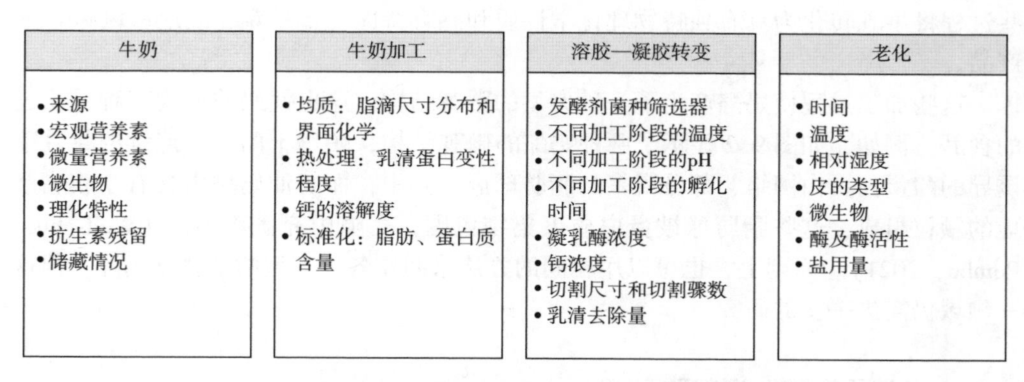

图 9.1　一些影响普通奶酪的最终质地和风味的重要生产参数

• 卡门培尔奶酪：卡门培尔奶酪是一种软质奶酪，其脂肪的干物质含量为 45%~60%，NaCl 含量低于 2%。最初，牛乳的脂肪含量标准化调整到 3%左右或者更高，然后在 72℃下进行 15s 的巴氏杀菌（如果不是用生牛乳制作的）。在冷却到 30~32℃后，加入发酵剂（如乳酸乳球菌乳酸亚种和乳脂亚种）和表面成熟菌种［如白青霉（*Penicillium candidum*），白地霉（*Geotrichum candidum*）和马克斯克鲁维酵母（*Kluyveromyces marxianus*）]。然后将牛奶发酵至 pH 为 6.3~6.5，加入凝乳酶，将混合物孵育 15~20min。将形成的凝乳切成 15~20mm 的小块。在 pH 为 5~6 的情况下，将初始重量的 10%~20%的乳清分离，然后对凝乳进行机械处理以促进脱水，然后再分离出 15%~30%的乳清。所得的凝乳被输送到奶酪模具中，在不加压的情况下成型 10~20h。随后，将奶酪（pH 为 4.5~5.2）在 16~20℃、NaCl 浓度为 16%~18%、pH 为 4.9 的盐溶液中孵育约 100min。最后，将奶酪干燥，在 12~17℃和 85%~95%的相对湿度条件下储存 6~11 天，以激活并促进表面霉菌的生长。由此生产出的卡门培尔奶酪长期储存后中心和表面的最终 pH 约为 7。

• 切达干酪：切达干酪是一种硬奶酪，干物质中脂肪的含量大于 48%。原料乳的脂肪标准化至 3.2%~3.5%，并在 72℃下巴氏杀菌 15s，然后冷却至 30℃左右，并加入发酵剂（通常是乳酸乳球菌乳脂亚种）。将牛奶孵育至 pH 为 6.5~6.6，然后加入凝乳酶。大约 45min 后，将凝乳切成 4~5mm 的小块，并将凝乳搅拌 20~25min。随后，将凝乳加热到 38℃，持续 20~25min，然后在 pH 约为 6.0 时去除约占初始质量 50%~60%的乳清。然后将凝乳静置，再将其切成块状，翻转几次以促进乳清的去除。最后，在 pH 为 5.3~5.4 的条件下，将其切成 4mm 左右的小块。然后加入 3%的盐，并将奶酪进一步定形。奶酪通过自身重量或通过施加压力压制，表面干燥，并在石蜡箔中进行长达数月的老化。之后，它的最终 pH 达到 5.0~5.4。

消费者可以购买的大部分乳制品奶酪品种都是通过对这些过程微调制得的，这些过程将牛乳转化为具有独特物理化学性质和感官特性（如外观、质地和风味）的产品。

这些加工过程使奶酪产生了一种典型的微观结构，这也使奶酪成为一种受欢迎的食品。例如，如图 9.2 显示了两种奶酪的微观结构，帕玛干酪具有连续的凝乳酶诱导的酪蛋白蛋白网络，部分凝聚的脂肪球嵌入其中，而奶油奶酪由含有小簇脂肪球的颗粒组成，这些脂肪球被蛋白质聚集物包围，孔隙中充满乳清。（Wolfschoon Pombo，2021）。原则上，也可以用相同的方法来制作各种类型的植物基奶酪，但这一领域仍需进一步的研究。

9.3.4 关键的物理化学性质

奶酪生产过程目的是将牛乳转化为特定类型的奶酪产品。不同种类的奶酪需要不同的原料和功能特性。例如，用作披萨配料的奶酪应该具有适当的融化性和拉伸性。在本节中，我们将总结奶酪的一些关键特性，特别是它们的质构特性、外观、融化特性、风味特性和切片性，以及用于测量这些参数的方法。

9.3.4.1 质构性质和外观

在设计植物基奶酪时，重要的是要与真正的奶酪的颜色和质构相匹配。表 9.2

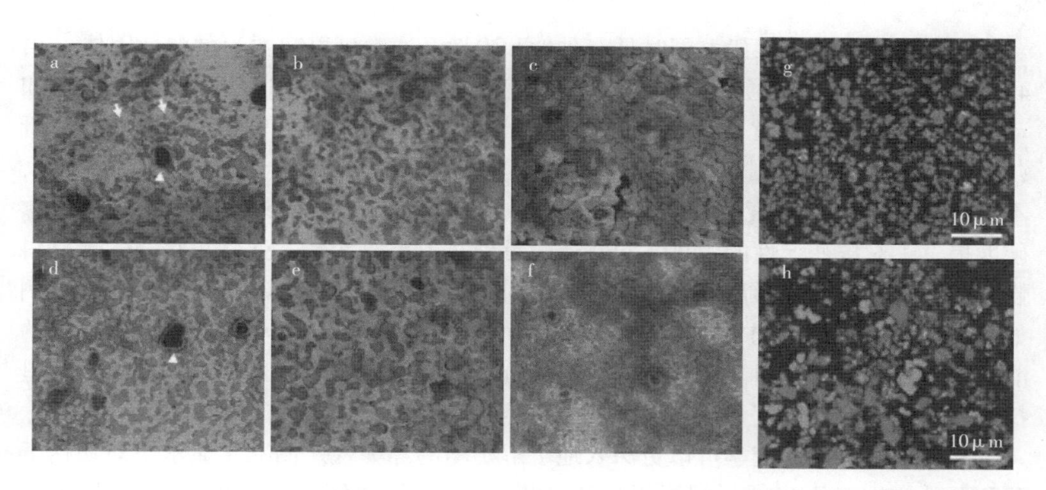

图 9.2　帕玛干酪在 12~50 个月成熟期间的微观结构（a–f）和添加不同稳定剂的奶油奶酪（卡拉胶、刺槐豆胶；g）和（卡拉胶、刺槐豆胶、明胶、柑橘纤维；h）激光共聚焦扫描显微镜图。箭头表示完整的脂肪球。绿色代表蛋白质；红色表示脂肪球

总结了一些代表性的动物基奶酪和植物基奶酪的色度值（L^*、a^*、b^*）。这些结果表明，真正的切达干酪的颜色是中等浅（$L^*=53\sim58$），微红色（$a^*=6\sim7$），强烈的黄色（$b^*=28\sim32$），而植物基奶酪类似物的颜色略有不同：$L^*=36\sim51$，$a^*=6\sim23$，$b^*=24\sim44$。

彩图

表 9.2　动物基奶酪和植物基奶酪的一些颜色和质构特性的比较

产品（不同公司生产）	颜色值			质构剖面分析					
	L^*	a^*	b^*	硬度/g	黏附性/gs	恢复力/%	内聚性	弹性/%	咀嚼性
两年成熟的切达干酪	58.0	5.7	31.7	15300	−489	3.82	0.14	39.5	845
天然甜奶酪	53.6	7.4	28.8	15300	−269	2.78	0.10	23.7	367
切达干酪	55.6	6.0	28.0	16000	−180	3.1	0.10	27.3	439
的纯素奶酪块	35.6	17.1	32.7	18000	−245	9.9	0.24	38.8	1680
成熟切达干酪风味块	51.2	5.8	24.4	19200	−31.2	24.2	0.43	41.2	3290
100%纯素切达干酪类似物	46.3	22.1	41.8	16100	−23.3	41.3	0.74	42.0	4970
美味的不含乳制品的切达奶酪切片	45.0	23.4	44.1	8380	−144.1	4.9	0.09	36.9	282
市场植物基切达奶酪替代品	43.5	18.6	32.8	14000	−56.1	31.4	0.62	36.7	3200

注　质构剖面属性的描述可以在第 4 章中找到。

就质构特性而言，奶酪同时具有黏性和弹性，通常可以归类为黏弹性固体（第4章）。质构特性通常通过单轴拉伸和拉伸测试以及其他流变学性质进行分析，如动态剪切流变学。通常，为了深入了解奶酪的质构特性，对其进行质构剖面分析（双重压缩测试），根据奶酪类型不同，其范围从软到硬（表9.2）。这些结果表明，不同植物基奶酪的硬度（8.4~19kg）与真正的切达干酪（15~16kg）有些相似。硬度提供了对抗变形性的信息，同时还测量到其他重要参数：弹性，它描述了材料恢复变形和第一次变形后反弹的能力；黏附性，即一种材料黏附在另一种材料（例如舌头、刀）上的倾向；内聚性，即材料对断裂测试的抵抗力和承受第二次变形的能力；咀嚼性，即材料在咀嚼过程中的抵抗力（Fox et al.，2017）。例如，马苏里拉奶酪应该具有低硬度和高内聚性，而切达干酪则相反。

利用动态剪切流变学可以更深入地了解奶酪的黏弹性。图9.3显示了对切达干酪和两种植物基奶酪进行的振幅扫描结果。在这里，奶酪产品的线性黏弹性区域（LVR）是通过测量在施加应变（或应力）时的G'和G''来确定的。在LVR内，奶酪的结构不会因施加的应力而受到不可逆转的破坏，但如果在该区域以上，奶酪就会破碎。LVR的端点是应力屈服点，它显示了分解材料结构和软化材料所需的最小应力。如图9.3所示，植物基奶酪的模量和屈服点有很大差异，这导致在切割、咀嚼和加工过程中产生不同的感觉。此外，在相对低的应变力下，奶酪主要是弹性类

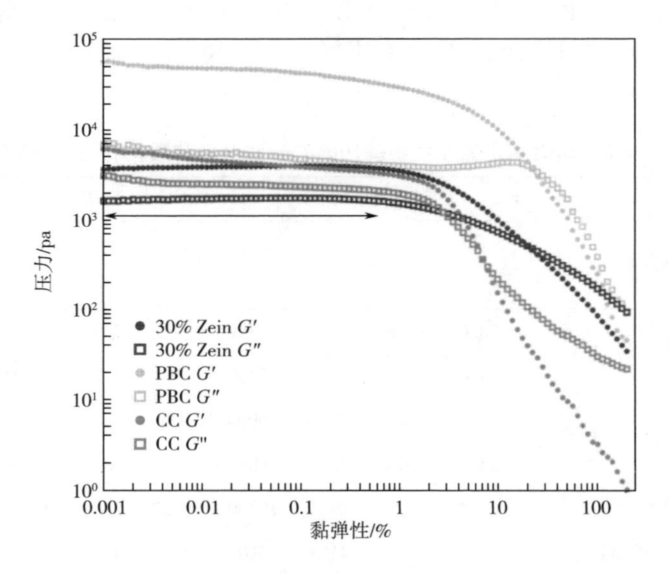

图9.3 普通的切达干酪（CC）、植物基切达干酪（PBC）和30%玉米蛋白“奶酪”（Zein）的振幅扫描。水平箭头表示玉米蛋白奶酪线性黏弹性区域的近似范围。如图所示，与普通奶酪相比，植物基奶酪可以表现出不同的质构特性，如具有更高的类固体特性（G'）和不同的屈服应力行为（线性黏弹性范围的极限）

材料，因此 G' 大于 G''。植物基切达干酪的模量和屈服点越高，表明它的抗变形能力越强，其塑性变形需要施加更多的力。

用于描述奶酪的黏弹性行为的其他方法包括蠕变和应力松弛试验。这些试验可以在剪切力或正常压力的条件下进行。在这些试验中，材料在恒定应力（蠕变）或应变（松弛）下在线性黏弹性范围内发生变形，并分别测量所产生的应变或应力（见第 4 章）。为了更深入地了解这种材料的行为，研究人员使用了几个模型来描述奶酪的黏弹性流变学性质（Muthukumarappan et al.，2017）：

- 麦克斯韦尔模型（Maxwell model）：用弹簧和缓冲器串联在一起来描述材料的流变性。它适用于模拟应力松弛实验，例如测量材料变形到某一恒定点时应力随时间的变化。麦克斯韦模型已被用于描述普通奶酪和低脂奶酪的流变性。
- 开尔文模型（Voigt-Kelvin model）：通过将大量弹簧和缓冲器组合成特定的串联和并联排列来测定表示材料的流变性（图 9.4）。它适用于模拟蠕变恢复实验，例如测量施加恒定应力时材料的变形。该模型已被用于描述切达干酪和马苏里拉奶酪的流变学性质。

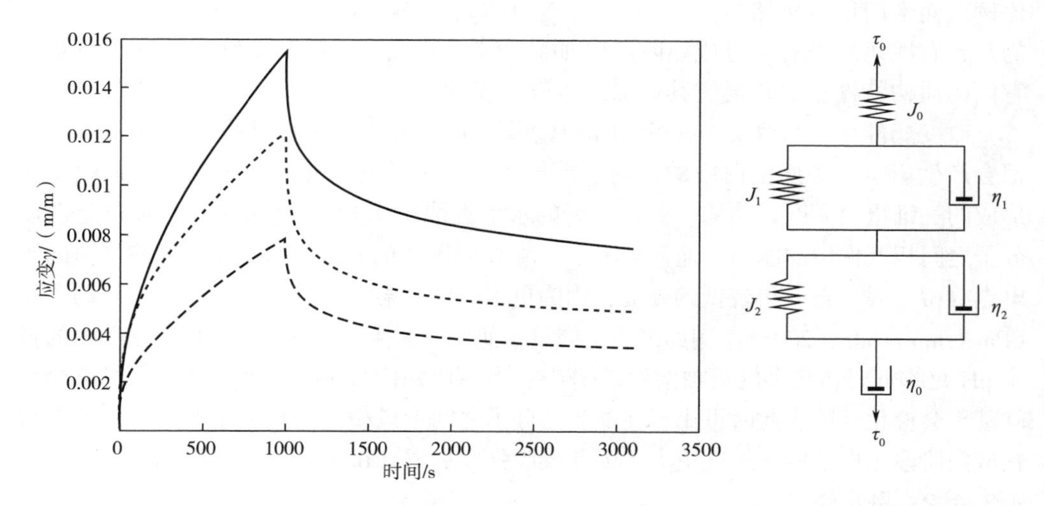

图 9.4　奶酪是黏弹性材料。它们的黏弹性特性可以通过蠕变和松弛试验来分析（见第 4 章），可用不同的模型来表征。此图显示的是对不同马苏里拉奶酪的蠕变试验，它遵循从 $\tau=0$ 到 τ_0 的应力步骤，然后保持 τ_0，并在随后的松弛中测量所产生的变形。这种行为可以用如图所示的一系列并联弹簧和直线连结所表示的开尔文模型来模拟

- Peleg 模型（Peleg model）：该模型使用以下公式来描述应力—松弛和蠕变曲线：

$$\frac{t}{Y(t)}=\frac{1}{ab}+\frac{t}{a} \tag{9.1}$$

式中，$Y(t)$ 代表衰减参数，t 代表松弛时间，a 代表松弛过程中的应力衰减程度，

b 代表应力松弛的速率（Peleg，1979）。如果 $a=0$，同时 $b=0$，则应力完全不松弛（理想弹性固体）。反之，如果 $a=1$，同时 $b=1$，则应力水平为零（理想液体）。用该模型已被用于描述红波奶酪的流变学性质。

有几个参数会影响到奶酪产品的最终质构特性。其中最重要的参数包括牛乳的成分（标准化），牛乳的预处理，如均质化（对某些奶酪）和热处理（对大多数奶酪），以及操作变量（如凝乳酶浓度、钙浓度、钠浓度、pH 和乳清的去除量）。例如，若在在加入凝乳酶之前，用钙和磷强化牛乳，会使奶酪硬度、弹力、内聚性、恢复力和咀嚼性增加（Chevanan et al.，2006）。

成熟阶段对于控制奶酪的质构特性至关重要（Irudayaraj，1999）。这是因为它会诱导酪蛋白的部分水解，从而改变蛋白质网络并从酪蛋白中释放出多肽。这个过程可能增加或减少奶酪的硬度，这取决于 pH 和水与酪蛋白的比例（Lawrence et al.，1987）。例如，切达干酪往往会因为蛋白质分解而变硬；而卡门培尔奶酪往往会变软并形成奶油状的质构，这是因为 pH 的增加，使蛋白质含量增加，降低了钙的溶解度，钙扩散到了外层。这些差异主要与水与酪蛋白的比例有关，切达干酪的比例低而卡门培尔奶酪的高（Irudayaraj，1999；Schlesser et al.，1992）。应该注意的是，有些奶酪没有经过成熟阶段（如乳清干酪、白软干酪和新鲜意面拉丝奶酪），它们的质构特性主要是通过其他加工步骤实现的。

改变奶酪质构特性的另一个重要因素是 pH，这是因为它对很多物理化学参数都会产生影响。牛奶蛋白质的电荷、溶解度和相互作用受 pH 的影响，从而改变所形成的三维蛋白质网络结构。此外，钙的水溶性取决于 pH，这影响了它促进蛋白质分子之间相互作用的能力。通常情况下，凝乳酶诱导的奶酪在 pH 值接近酪蛋白的等电点（pI）时，会获得较低的硬度，因为更多的钙被溶解，所以酪蛋白网络被弱化了（Pastorino et al.，2003）。例如，当卡门培尔奶酪（一种软质奶酪）生产过程中的排水 pH 足够低时，更多的钙被溶解乳清中。当在成熟阶段 pH 再次升高时，奶酪会变软甚至会液化。因为此时可用于在酪蛋白分子之间形成桥梁的钙离子变少了。这导致在成熟阶段蛋白质的溶解度更大，因此凝胶强度更弱（Batty et al.，2019）。

9.3.4.2 融化性

融化性是许多奶酪的另一个关键质量属性。大多数奶酪在 30~75℃ 的温度范围内趋于软化（图 9.5）（Karoui et al.，2003；Ray et al.，2016；Schenkel et al.，2013a，b）。然而，有些种类的奶酪在加热时不会融化，因为它们含有由大量强共价键联接在一起的牢固的蛋白质网络（Lucey et al.，2003）。奶酪的融化特性对于作为披萨配料的奶酪尤为重要。导致奶酪融化的凝胶—溶胶转变主要是加热过程中发生的两种物理化学变化的结果（Schenkel et al.，2013b）。在 40℃ 以下，奶酪软化主要是由于脂肪晶体网络的融化。如果温度进一步升高，单个酪蛋白分子之间的相互作用会因为在高温下疏水吸引力的强度增加而改变，这导致三维酪蛋白网络的收缩和减弱，从而趋于软化（Lucey et al.，2003）。一般来说，任何会改变酪蛋白—酪蛋白相互作用的环境条件的变化，都会改变奶酪的融化行为。

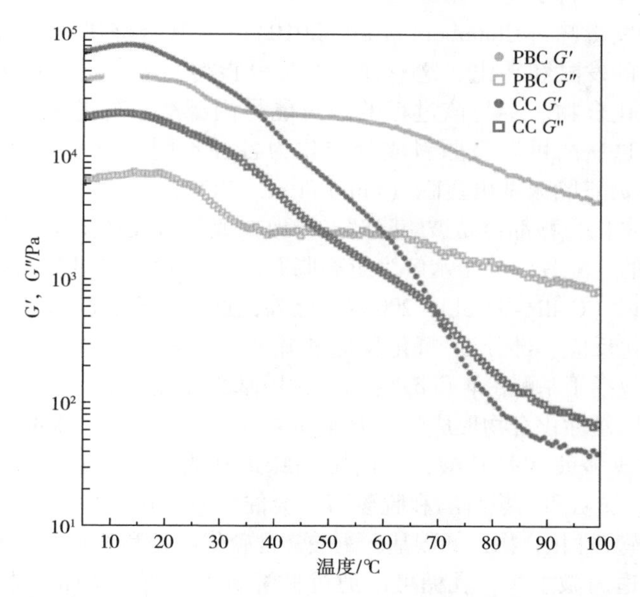

彩图

图 9.5　每种奶酪都有其独特的融化特性。此图显示了通过测量弹性模量和剪切模量随温度的变化的切达干酪（CC）和植物基切达干酪（PBC）融化行为的差异。切达干酪在 70℃左右从主体固体材料转变为主体液体材料（$G'=G''$）

奶酪的融化属性可以通过添加乳化盐来控制，如柠檬酸盐（如柠檬酸钠）和磷酸盐（如磷酸钠）。乳化盐的加入可降低酪蛋白网络的强度，增加奶酪的可融化性，几种作用机制如下：通过结合钙离子减少酪蛋白分子之间钙桥的形成；通过提高 pH，使其远离等电点，来增加蛋白质的溶解度；通过盐溶效应来增加蛋白质的溶解度（Guinee，2017）。必须严格控制所用乳化盐的类型和数量，以获得最终产品所需的物理化学性质。

9.3.4.3　风味特征

从风味相对平淡的牛乳制备出风味丰富的奶酪，这涉及一系列复杂的化学和生物化学转化，这些变化取决于所使用的原料、工艺和成熟条件。用于奶酪生产的原料乳的产地对最终的口味有重要影响。动物的种类（如奶牛、绵羊、山羊或水牛）、饲料、年龄和健康都在奶酪风味的形成中发挥着重要作用（Faulkner et al.，2018）。例如，放牧养殖会导致牛奶中 β-胡萝卜素的浓度增加，而 β-胡萝卜素可以降解为对甲酚，产生“谷仓”般的味道（Kilcawley et al，2018）。此外，奶酪生产过程中所采用的加工步骤也会影响奶酪风味的产生。众所周知，用不经过任何热处理的原料乳生产的奶酪与用巴氏杀菌乳生产的奶酪具有不同的风味。例如，当用原料乳生产法国奶酪（布里奶酪、卡门培尔奶酪、圣内克泰尔奶酪等）时，其整体香气强度和风味特征就会发生变化。特别地，未经巴氏杀菌的奶酪会有更浓烈的刺鼻气味、奶油味、苦味、膻味和发霉味（Chambers et al，2010）。影响奶酪风味的另一个重要因素是成熟阶段原料的发酵和转化。这一过程涉及由脂类、蛋白质和碳水化合物中产生和释放出的特定化合物。参与该过程的酶可能是内源酶、外源酶（凝乳酶）或由微生物产生的酶。这些酶可以将原料成分转化为各种不同的分子，包括羧酸、内酯、酮、醇和醛，为奶酪风味做出贡献（Ianni et al，2020）。

脂类、蛋白质和碳水化合物都容易被酶降解，导致在成熟阶段产生不同种类的特色风味化合物。脂质中的三酰甘油分子水解为游离脂肪酸。乳脂肪中很常见短链脂肪酸，直接影响奶酪的风味（Collins et al.，2003）。此外，这些游离脂肪酸还可通过酯化、羟基酸的分子内酯化反应、部分 β-氧化反应和硫醇反应等反应进一步转化。由此产生的挥发性化合物包括丁基酯、γ 和 δ-内酯、2-甲基酮和硫代酯。然而，脂质氧化反应通常不是奶酪中挥发性化合物形成的主要驱动力（McSweeney，2004）。蛋白质在蛋白酶的作用下水解成多肽和氨基酸，从而影响味道和香气（Laska，2010）。此外，不同的酶（脱氨酶、转氨酶、裂解酶和脱羧酶）会催化多肽和氨基酸的持续分解。这一系列的反应会产生挥发性化合物，如羰基、酮酸、含硫代谢物和胺类（McSweeney，2017）。另外，如果有合适的微生物，乳糖可以通过糖酵解被降解，从而产生乳酸盐。乳糖随后可进一步转化为挥发性化合物，即丙酸盐和乙酸盐（Eugster et al.，2019）。

9.3.4.4 可切碎性

为了使用方便，有些奶酪以切碎的形式出售。消费者和食品制造商选择切碎的奶酪，因为它们可以均匀地铺在食品表面（如披萨上），并且可提高其融化速度（Apostolopoulos et al.，1994）。为了使奶酪有较好的可切碎性，需要严格控制其黏弹性。如果奶酪太软、水分含量高、弹性模量低或表面能高，则在切割过程中会表现出较强的叶片附着力，不利于其可切碎性（Childs et al.，2007）。另外，如果奶酪太硬，水分含量低，弹性模量高，它往往因太黏和太干而无法有效切碎，因为它在切碎过程中会被过度破碎（Kindstedt，1995）。一些研究指出，防止脆性结构形成的加工操作能增强奶酪的可切碎性（Banville et al.，2013）。

对于普通的商品奶酪，常见的切碎问题是形成细粉和奶酪黏附在刀片上（Childs et al.，2007）。因此，在产品生产阶段就应考虑这些问题。在未来，系统地评估控制植物基奶酪的可切碎性的因素是很重要的。

9.4 植物基奶酪成分

植物基奶酪由多种原料制成。与植物基肉类替代品相比，奶酪的主要成分并不总是蛋白质，也可以是淀粉。在本节中，我们将简要总结用于制备植物基奶酪的主要成分及其性质。想要了解更多信息，读者可以参考关于植物基配料的章节（第2章）和最近的综述文献和书籍（BeMiller et al.，2009；Day，2013；Grossmann et al.，2021；Kyriakopoulou et al.，2021；McClements et al.，2019，2021；Nadathur et al.，2016；Zia-ud-Din et al.，2017）。

9.4.1 多糖

由多糖制备的植物基奶酪通常使用淀粉作为主要功能成分（表9.1）。淀粉是一种多糖，由α-1-4（直链淀粉）或α-1-4和α-1-6（支链淀粉）糖苷键连接的葡萄糖分子链组成。直链淀粉主要是一种线性多糖，而支链淀粉是一种高度分支的多糖。在不同的植物来源中，直链淀粉与支链淀粉的比例以及由于它们的分子量和分支程度不同，这决定了它们在最终产品中的功能性质。在植物基奶酪中，通常使用从木薯、马铃薯和玉米中提取的淀粉：

- 木薯淀粉是从木薯根中获得的，木薯根部的淀粉颗粒直径范围为4~35μm。通过洗涤和切割根部来提取淀粉，从而形成浆液。然后淀粉颗粒从浆液中通过一系列孔径逐渐减小的筛网、水力旋流器和沉降式离心机分离出来，在最后一步中干燥得到淀粉（Breuninger et al.，2009）。
- 马铃薯淀粉的生产也采用类似的方法。马铃薯被磨碎，得到的马铃薯浆逐步被送入离心筛、离心分离器和水力旋流器，将淀粉颗粒（1~120μm）与纤维（80~500μm）分离开来（Grommers et al.，2009）。
- 玉米淀粉是通过将玉米粒浸泡在水溶液中，然后进行湿磨、旋风分离、筛选、离心和过滤等步骤，将淀粉从玉米粒中释放出来，碾磨胚乳，并将淀粉颗粒与胚芽、蛋白质和纤维分离（Eckhoff et al.，2009）。

淀粉是植物基奶酪的主要原料，因为它们有增稠、凝胶和保水的特性。在水中加热时，淀粉颗粒膨胀，黏度增加，可形成凝胶。在冷却过程中，水和其他成分被困在由氢键淀粉分子形成的三维聚合物网络中，这被称为老化或回生（Kasprzak et al.，2018）。更详细地说，当淀粉颗粒分散在水中并加热时，淀粉颗粒开始吸水膨胀。膨胀导致颗粒的有效体积增加，从而增加剪切黏度（第4章）。如果温度进一步升高，达到临界膨胀比，淀粉颗粒开始瓦解，从而导致淀粉分子（主要是直链淀粉）的释放。这种现象发生的温度通常被称为“糊化温度”，这可以通过实验确定，即在加热过程中观察到的最大黏度的温度。糊化温度受直链淀粉与支链淀粉比例的影响，因此对于不同淀粉原料来说，糊化温度并不相同。据报道，植物基奶酪中使用的淀粉糊化温度为木薯63℃，马铃薯64℃，玉米80℃（Taggart et al.，2009）。当溶液再次冷却时，释放的直链淀粉分子通过氢键相互结合并形成交联，形成聚合淀粉分子的三维网络，为最终产品提供了黏弹性。

直链淀粉和支链淀粉以不同的方式影响原料的性能。直链淀粉具有较低的增稠性，但由于高度老化能够形成强的不可逆凝胶。相反，支链淀粉具有较高的增稠性，但只能形成弱且可逆的凝胶（Schirmer et al.，2015）。增稠性能还受到淀粉颗粒尺寸的影响，具有较大淀粉颗粒的植物（如马铃薯）具有更高的增稠性能，尤其是在加热期间（Schirmer et al.，2013）。

由于不同来源的淀粉具有不同的功能特性，在植物基奶酪的制备中经常使用几种淀粉，以创造最佳的老化程度，达到最佳的软化温度，最终凝胶强度以及黏弹性性能。要在植物基奶酪中应用，淀粉需要糊化成有弹性和可成团的状态，并在冷却后通过部分老化形成黏弹性凝胶。研究表明，木薯淀粉尤其展现出这些有利的属性（Mattice et al.，2020）。总之，淀粉的功能性取决于颗粒大小、直链淀粉与支链淀粉的比例、直链淀粉和支链淀粉的分子特征以及淀粉的其他物理化学性质或酶改性（Breuninger et al.，2009；Schirmer et al.，2015）。例如，一些淀粉本身具有很高的老化倾向（如玉米淀粉），而其他淀粉的老化倾向则低得多（如马铃薯淀粉和木薯淀粉），这会影响所制备的植物基奶酪的最终质构性质（Jackson，2003）。此外，具有高支链淀粉含量的蜡质淀粉通常用于植物基奶酪的生产，这可能是因为它们的老化趋势较低，有利于形成更柔软的产品质地。同时，这种蜡质淀粉已被证明具有优良的融化特性，这是一些奶酪的重要特性。这种报道的特性包括含蜡质的马铃薯淀粉、大米淀粉和木薯淀粉，并且可以通过将此类淀粉和蛋白质混合来增强奶酪的融化特性（Bergsma，2017）。最后，可对所使用的淀粉进行不同程度的改性，改变其物理化学化性质和功能性质：通过酸水解或酶水解降低淀粉的分子量，从而降低糊化时的黏度，提高老化时的凝胶强度；辛烯基琥珀酸衍生化可以提高淀粉的疏水性，降低脱油效果；淀粉颗粒内部共价交联可以增加其热稳定性和剪切稳定性，这对某些应用具有重要意义（Klemaszewski et al.，2016；Taggart et al.，2009）。

9.4.2 蛋白质

目前，用于植物基奶酪产品的主要植物蛋白来自大豆、豌豆、羽扇豆、马铃薯、坚果和玉米。蛋白质在植物基奶酪应用中最重要的功能特性是乳化性、凝胶性和保水性。然而，由于它们作为风味前体物质，也可能在最终产品的质量属性中发挥重要作用。因此，制造商应选择最合适的植物蛋白或植物蛋白的组合，以获得最终产品所需的物理化学性质、功能特性和感官属性。这就需要对这些蛋白的性质有深入的了解，包括它们在不同 pH 和离子强度条件下的溶解度、界面活性和稳定行为、热变性温度、凝胶性质、保水能力以及蛋白质在酶法改性时的水解和交联性质。植物蛋白最重要的功能特性在第 2 章和第 4 章以及许多综述论文中有更详细的讨论（Day，2013；McClements et al.，2021；Nadathur et al.，2016）。表 9.3 总结了植物蛋白在植物基奶酪应用中所需的最重要的属性。

表9.3　一些用于制作植物基奶酪的重要的蛋白质性质

来源	溶解性	变性条件	酶交联	液相保持性
豆类蛋白质	低离子强度下的最低溶解性：7S球蛋白pH为4.5~7.0；11S球蛋白pH为4.0~7.5 高离子强度下的溶解性：7S球蛋白在pH 3~9时的溶解度>90%；大多数11S球蛋白的溶解度低至pH 5~6	大豆球蛋白（11S）在pH 7.6时T_d为78~94℃； β-伴球蛋白T_d为67~87℃ 豌豆蛋白的T_d为87℃，总豌豆的T_d为76~82℃ 羽扇豆球蛋白T_d为94~114℃	豌豆蛋白、大豆蛋白和羽扇豆蛋白等易受谷氨酰胺转氨酶酶交联的影响	大豆蛋白的持油能力通常最高，其次是羽扇豆蛋白和豌豆蛋白
马铃薯蛋白	马铃薯糖蛋白在pH为3.5和I=200mmol/L时溶解性最低，在低离子强度（I=0.15mmol/L）时溶解性较高；16~25kDa蛋白在pH为2.5~12时，溶解性很高	马铃薯糖蛋白在I=10mmol/L和pH为7时，T_d为59~60℃； 蛋白酶抑制剂在66~68℃时变性	马铃薯蛋白易通过谷氨酰胺转氨酶、过氧化物酶、氧化酶和酪氨酸酶等作用产生交联。	
坚果蛋白	腰果仁蛋白在pH为4.0~5.0时溶解性最低。	腰果蛋白经100℃热处理后凝胶化，最低凝胶化浓度为6.5%~13.5%		坚果蛋白的吸油能力3~4g油/g蛋白质，凝胶浓度为4%~14%
玉米醇溶蛋白		玻璃化转变温度139℃		

这些蛋白质中，尤其是玉米醇溶蛋白，最近已被证明在植物基奶酪的配方中是有用的。玉米醇溶蛋白是从玉米胚乳中提取的，属于不溶于水但可溶于浓缩乙醇水溶液的醇溶蛋白。在工业上，玉米醇溶蛋白通常是通过碾磨和溶剂萃取从玉米中获得的，这个过程可以产生许多蛋白质亚组分：α-玉米醇溶蛋白，β-玉米醇溶蛋白，γ-玉米醇溶蛋白和δ-玉米醇溶蛋白。在这些亚组分中，α-玉米醇溶蛋白（21~26kDa）含量最高（Anderson et al.，2011）。玉米醇溶蛋白是一种疏水储存蛋白，由植物产生，用于将叶黄素储存在具有疏水核心的三螺旋结构中（Anderson et al.，

2011；Momany et al.，2006）。玉米醇溶蛋白已被证明可在食品中用于包封疏水化合物，如油溶性维生素和营养素。此外，由于玉米醇溶蛋白不溶于水，它很容易聚集并形成蛋白质颗粒，这些颗粒通过皮克林效应（Pickering effect）被用于稳定乳液中的油水界面（Fathi et al，2018）。当玉米醇溶蛋白处于干燥状态时，其玻璃化转变温度约为139℃，但水会使蛋白质塑化（Madeka et al.，1996）。这使得在远低于玻璃化转变温度的温度下，其可显示橡胶状可拉伸性。这种现象已被用于制造植物基奶酪类似物，具有与切达干酪相似的质构属性（Mattice et al.，2020，2021）。

9.4.3 脂肪

脂肪和油脂在决定植物基奶酪的物理化学性质、功能特性、感官属性和营养特性方面也起着重要作用。在普通动物奶酪中，脂肪主要以三酰甘油酯的形式存在（Brady，2013）。乳制品脂肪中的主要脂肪酸包括饱和脂肪酸（约70%），单不饱和脂肪酸（约25%），多不饱和脂肪酸（约2.3%）。此外，牛奶还含有相当数量的短链脂肪酸，例如丁酸和辛酸。这些短链脂肪酸具有挥发性，对动物基奶酪的风味有重要影响（Macedo et al.，1996；Månsson，2008）。乳脂肪还含有高比例的长链饱和脂肪酸，在环境温度下，这些脂肪酸往往会部分结晶，这对半固态奶酪的生产至关重要。奶酪产品中的脂肪通常以乳化形式存在，由于它们具有散射光波的能力，有助于这些产品显示理想的外观（第4章）。此外，它们也可以作为非极性风味分子的溶剂，这对设计植物基奶酪的整体风味非常重要。理想情况下，植物基奶酪产品中的脂肪应能提供类似的质构属性。因此，了解和控制植物基奶酪配方的固体脂肪含量（SFC）对获得所需的特性十分重要（图9.6）。为了使植物基奶酪实现所需要的质构和感官属性，生产者尝试使用了许多不同的植物油脂，包括牛油果油、菜籽油、可可油、椰子油、玉米油、棕榈油、红花油、芝麻油、大豆油和葵花籽油（Sha et al.，2020）。只有可可油、椰子油和棕榈油在室温下是固体的，因此可将它们与融点较低的油混合，在奶酪类似物中表现出所需要的固体状质构性质。

一般来说，有各种各样的商业上可行的植物来源，可以用来获得可食用的脂肪和油，如藻类、菜籽、玉米、亚麻籽、橄榄、棕榈、花生、红花、向日葵和蔬菜。由于这些植物生长在世界不同的地区，脂肪储存在植物的不同部位，它们的物理化学性质也有多样性，如脂肪酸组成，熔点，氧化稳定性等。随着脂肪酸链长度的增加和双键数量的减少，脂质的融点趋于升高。大多数植物油的不饱和脂肪酸含量相对较高，这意味着它们在室温下往往是液体（第2章）。因此，它们不能提供某些类型的奶酪所需的理想的质构和融化性。可以通过氢化反应减少脂肪酸中双键的数量，来提高这些液体油的熔点。然而，这种方法已经变得不那么受欢迎，因为若这

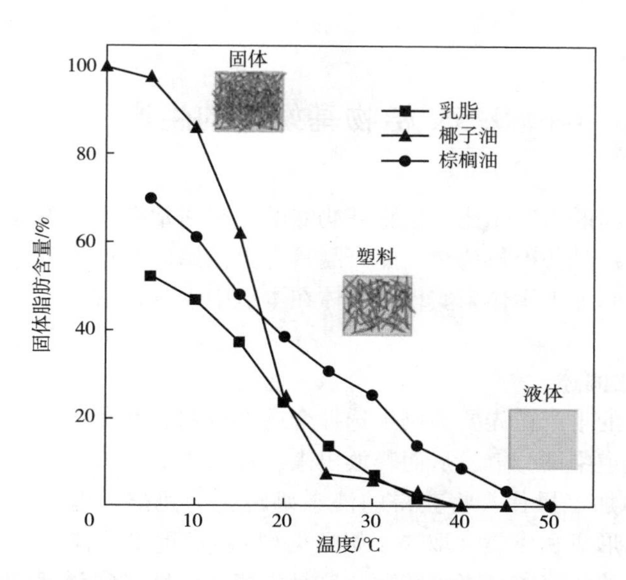

图 9.6　食用脂肪的固体脂肪含量（SFC）—温度图，取决于其脂肪酸的组成，这是由它们的生物来源决定的。植物基脂肪应该模拟动物基脂肪的 SFC 特征

一过程控制不当，会导致不健康的反式脂肪酸的形成（Hu et al.，2001）。

一些植物油本身含有相当多的饱和脂肪酸，如椰子油和可可脂，这意味着它们可以用来创造类似于通常由乳脂肪提供的质构和融化性。通常，将植物基固体脂肪（如椰子油）与植物基液体油（如葵花籽油）混合，以获得与乳脂类似的固体脂肪含量—温度变化曲线（图 9.6）。然而，重要的是要认识到椰子油等固体脂肪也含有相对高含量的饱和脂肪，这也可能对人体健康产生不利影响（Ludwig et al.，2018b）。并且，不同种类的饱和脂肪对健康的影响仍存在争议（第 5 章）。

植物基奶酪配方中不饱和脂肪酸含量较高，会影响其营养特性和保质期（McClements et al.，2017）。不饱和脂肪，特别是多不饱和脂肪（如亚麻籽油或藻类油中含量较高）可能对健康有益（Saini et al.，2018；Shahidi et al.，2018）。这些脂肪酸的一个缺点是不饱和脂肪酸含量高，导致融点低，对脂质氧化的敏感性高，这可能会对这些产品的质构和风味（通过酸腐）产生不利影响（Arab-Tehrany et al.，2012；McClements et al.，2017；Nogueira et al.，2019）。可以采用一些策略来减少不饱和脂类的氧化：通过控制储存条件或使用合适的包装材料来减少暴露于氧气、热或光的机会；减少助氧化物质（如过渡金属离子或脂肪氧合酶）；加入抗氧化剂和螯合剂（如多酚或 EDTA）；或者利用食物基质工程方法（Jacobsen，2015；Jacobsen et al.，2013；McClements et al.，2018）。

9.5 植物基奶酪的生产

与动物基奶酪的生产相比，植物基奶酪的生产通常会采用不同的加工路线。这些工艺的主要目标是获得与传统奶酪产品具有类似属性的植物基产品。这可以通过使用不同的原料和加工操作来实现，具体在本节中进行介绍。

9.5.1 生产方法概述

动物基奶酪的生产首先要为奶牛选择合适的饲料，如草、大豆或谷物。这些物质在奶牛的消化道中被分解，从而释放出来，被奶牛吸收并用于产奶。挤奶后通过使用前面讨论的加工操作，将获得的液态奶转化为奶酪：巴氏杀菌、标准化、酸化、凝固、凝乳形成和成熟（取决于奶酪类型）。最重要的操作工艺包括将液体牛奶转化为固体奶酪的溶胶—凝胶转化，这是由酶或酸性发酵诱发的。植物基奶酪的生产则遵循不同的运作原理：

- 分离路线：该方法采用提取纯化的植物基功能成分作为原料。从不同的来源获得多糖、蛋白质和脂肪，并重新组合以达到所需的成分组成。植物基奶酪中使用的蛋白质通常来自大豆、豌豆、豆角、羽扇豆和马铃薯。淀粉是最常用的多糖，通常从玉米、豌豆、木薯或马铃薯中提取。其他多糖也可以作为功能性成分，如果胶、瓜尔胶、刺槐豆胶、纤维素、琼脂、海藻酸盐、卡拉胶、黄原胶等。植物基液体油和固体脂肪通常是从大豆、向日葵、油菜籽、椰子、油棕或可可豆中提取的。分离出的蛋白质或多糖成分通常溶于水，然后与油混合，得到植物基水包油乳液，其中生物聚合物存在于水相中。最后，可以使用多种方法使该混合物固化，包括加热、冷却、调整 pH、添加酶或使用盐析机制。产生这种结构的一些最常见的物理化学现象有：蛋白质的溶解、变性和聚集；淀粉的糊化和老化；胶体的卷曲—螺旋结构转变；以及油脂的乳化、融化或结晶。总的来说，这条路线在生产奶酪类似物时，从原料到最终产品遵循了如下几种相变过程：固体（植物原料）→液体（提取/分离）→固体（干燥原料）→液体（乳化液）→固体（植物基奶酪）（图 9.7）。
- 组织破碎路线：与分离路线不同，组织破碎路线的原料不是从植物材料中提取、分离，再重新组合，而是将整个植物材料都用于奶酪生产。例如，整个坚果已被用作植物基奶酪生产的一种成分，而不需经过预先提取的步骤。在这种加工路线中，原料（通常是种子）浸泡在水溶液中，以软化外壳和细胞壁，然后进行均质化，得到浓缩的胶体分散物。这种分散物包含了原料中含有的化合物，即油体、植物组织碎片、溶解的生物聚合物、糖和盐。然后可以采用一个额外的分离步骤来分离任何不需要的物质（如纤维）或微调成分组成。为了诱导该体系的溶胶—凝胶转

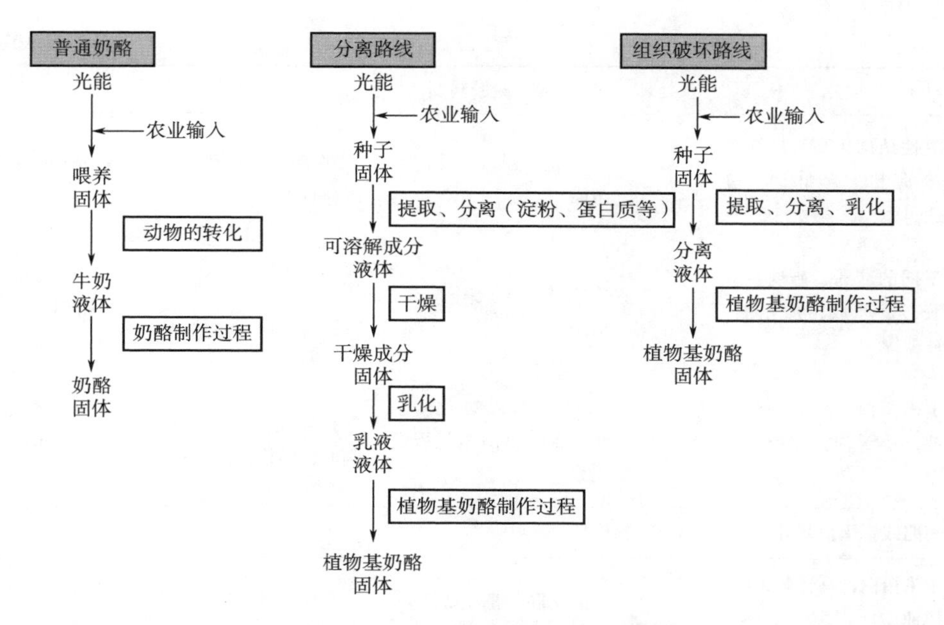

图 9.7　基于相变规则的从原料到最终奶酪和植物基固体黏弹性奶酪的整体加工步骤比较流程图。显而易见，分离路线采用了许多相变来获得最终产品

化，可以采用与分离路线相同的原理。该方法与分离路线相比的一个重要区别是，从原料到植物奶酪只包含两个相变过程：固体（植物原料）→液体（分散体）→固体（植物基奶酪）（图 9.7）。因此，这种处理方式耗能更少。最近的一项研究证实了这一点，该研究调查了蛋白质提取和分离的各种操作对环境的影响（全球变暖趋势），并得出结论，高度精制的成分对环境的不利影响最大（Lie-Piang et al.，2021）。

这两种加工路线之间的主要区别在于与溶胶—凝胶转变相关的主要成分。在分离路线中，由从不同来源的植物材料中分离得到的凝胶成分促进溶胶—凝胶转变。在组织破碎路线中，溶胶—凝胶转变是由来自原始原料的成分引起的。这两种方法都采用不同的溶胶—凝胶转变方法，通过不同的技术获得凝乳：交联、酶交联、pH 的变化、加盐或者热处理。有些方法还将不同方法组合使用（表 9.4）。在下面的部分中，我们将更详细地描述这些方法。

表 9.4　植物基奶酪类似物形成的研究概述

成分	预处理	溶胶—凝胶转变	性质	参考文献
分离路线：淀粉或蛋白基乳液凝胶（油/脂肪晶体分散相）				
蜡质非改性马铃薯淀粉，马铃薯蛋白，葵花籽油		糊化→回生	半硬的，融化	Bergsma (2017)

续表

成分	预处理	溶胶—凝胶转变	性质	参考文献
改性预糊化高直链淀粉玉米淀粉，起酥油，缓冲盐		糊化、融化→回生、结晶	半软的，粉碎性好，融化性差	Zwiercan et al.（1987）
不同的淀粉，脂肪，卡拉胶，黄原胶，瓜尔胶，缓冲盐等		糊化、融化→回生、结晶		Atapattu and Fannon（2014）
玉米蛋白，高油酸葵花籽油，椰子油，淀粉，黄原胶		自组装、塑化、融化、凝胶化→塑化蛋白网络	拉伸性高；当温度升高时，结构较弱	Mattice and Marangoni（2020）
分离路线：蛋白基乳液凝胶（填充/颗粒）				
玉米蛋白，马铃薯蛋白，橄榄油		酶交联（酪氨酸酶）	剪切变稀，质构松散	Glusac et al.（2018）
玉米蛋白，豌豆蛋白，玉米油		酶交联（酪氨酸酶）	糊状结构	Glusac et al.（2019）
豆腐，大豆分离蛋白，麦芽糊精，棕榈油		酶交联（谷氨酰胺转氨酶）	奶油芝士状	Lim et al.（2011）
豌豆球蛋白，葵花籽油分离物，葡萄糖		酶交联（谷氨酰胺转氨酶）+发酵剂酸化		Holz-Schietinger et al.（2014）
大豆球蛋白、葵花籽油/绿豆 8S、棕榈油、缓冲盐/大豆球蛋白、豌豆球蛋白、醇溶蛋白、黄原胶	热处理	热聚集/发酵剂酸化	融化、拉伸性能	Holz-Schietinger et al.（2014）
组织破碎路线：蛋白基乳状凝胶（填充/颗粒）				
腰果、豆乳类似物	热处理	多价阳离子的离子凝胶作用	半硬的，干物质中蛋白质含量可达 64%	Oyeyinka et al.（2019）
羽扇豆糊，油，乳化盐		热聚集	蛋白质含量高达 14.9%，与对照相比，油分离增加，硬度增加，弹性降低	Awad et al.（2014）

续表

成分	预处理	溶胶—凝胶转变	性质	参考文献
豆乳类似物	热处理	发酵剂酸化	进一步加工成软奶酪类似物	Matias et al. (2014)
豆乳类似物	热处理	发酵剂酸化，离子凝胶化（$CaSO_4$）	半硬，硬度高于商品化样品	Chumchuere et al. (2000)
豆乳类似物，椰子油，卡拉胶，乳化盐	热处理	发酵剂/δ-葡萄糖酸内酯酸化	奶油芝士型，蛋白质含量高达 19.5%	Li et al. (2013)
豆乳，豆油，豆腐渣	热处理	发酵剂酸化	奶油芝士型，蛋白质含量高达 17.6%	Giri et al. (2018)
豆乳	热处理	发酵剂酸化	鼠李糖乳杆菌发酵大豆低聚糖	Liu et al. (2006)
豆乳，木豆乳	热处理	发酵剂酸化，多价阳离子（$CaCl_2$）离子凝胶化	干物质中蛋白质含量高达 58.7%	Verma et al. (2005)
豆乳	热处理	发酵剂酸化，多价阳离子离子凝胶化（Ca^{2+} 乳酸盐）	硬干酪，成熟 3 个月后脂肪含量 11.80%	El-Ella (1980)
豆乳	热处理	离子凝胶与多价阳离子（$CaSO_4$），柠檬酸酸化	与棕榈油和多糖混合后形成奶油芝士状	Zulkurnain et al. (2008)
豆乳	热处理	多价阳离子离子凝胶（明矾）		Chikpah et al. (2015)
澳洲杏仁坚果牛奶类似物	热处理	发酵剂酸化，酶交联（谷氨酰胺转氨酶）	新鲜的，咸的，软质成熟奶酪	Holz-Schietinger et al. (2014)
豆浆	热处理	富含酶的辣木提取物	软质白色奶酪	Sánchez-Muñoz et al. (2017)
豆浆	热处理	植物和微生物蛋白酶	只生产凝乳	Murata et al. (1987)
腰果仁		发酵藜麦分散液酸化	布里奶酪，红奶酪，香草奶酪，切达干酪，蓝奶酪等	Chen et al. (2020)

值得注意的是，其中一些方法只描述了植物基奶酪凝乳的形成，而不是最终的像奶酪一样的产品（这通常还需要一个成熟步骤）。

9.5.2 分离路线

分离路线需要通过混合预先提取和精制的功能性成分来形成水包油乳液。对于植物基奶酪，这些成分通常包括蛋白质、脂肪和多糖。随后对乳液进行处理完成溶胶—凝胶转变。最常见的是，用淀粉和脂肪的混合物，或蛋白质和脂肪的混合物来生产奶酪，达到所需的类似质地（图 9.8）。

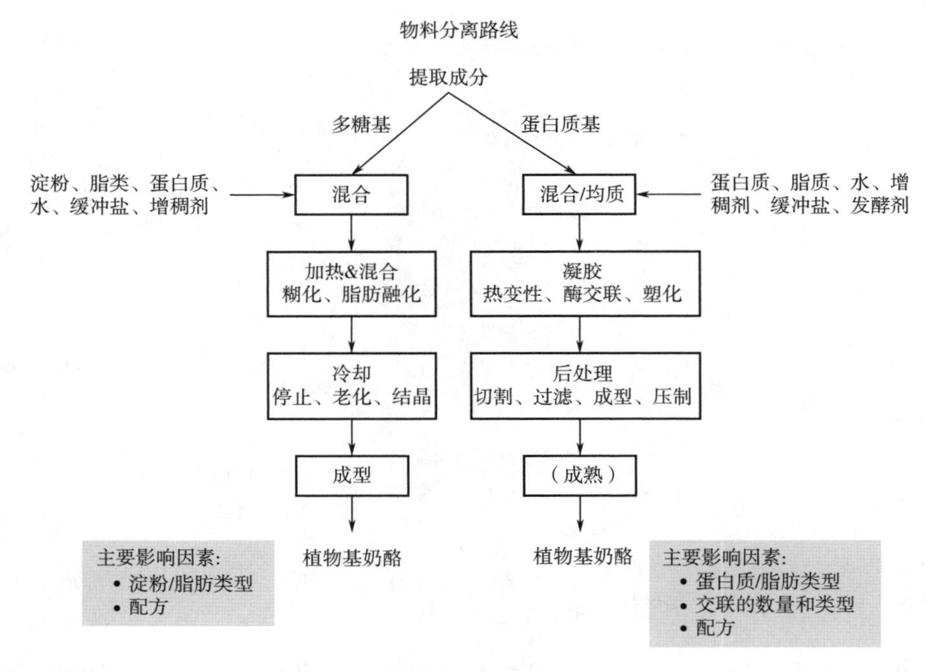

图 9.8 以从不同原料提取的多糖（左）或蛋白质（右）为基础生产植物基奶酪的加工路线流程图

①多糖基奶酪。淀粉是多糖基奶酪类似物的常用原料，其他多糖如海藻酸盐、卡拉胶或瓜尔胶也可以被用作胶凝成分。生产这种植物基奶酪的工艺多在专利中报道过，下面将对其进行综述（Atapattu et al.，2014；Bergsma，2017；Klemaszewski et al.，2016；Schelle et al.，2020；Zwiercan et al.，1987）。

用淀粉生产植物基奶酪的过程包括在高温下淀粉颗粒的糊化，然后在冷却时通过老化发生溶胶—凝胶转变，这使糊化的淀粉分子发生回生并随后形成凝胶（Taggart et al.，2009）。由于在此过程中加入了乳化油，因此会形成具有黏弹性的乳化凝胶（由嵌入液滴的生物高分子连接而成的网络，又称为乳化凝胶）或由絮凝液滴形成的三维脂质网络。通常，这个网络由脂肪滴和水组成，它们被包裹在淀粉形成的半固态三维网络中。所使用的脂肪和油在决定最终结构方面起着重要作用。液滴或晶体可以部分地结合或融合在一起，这会影响产品的最终结构［图 9.9（a）（b）］。

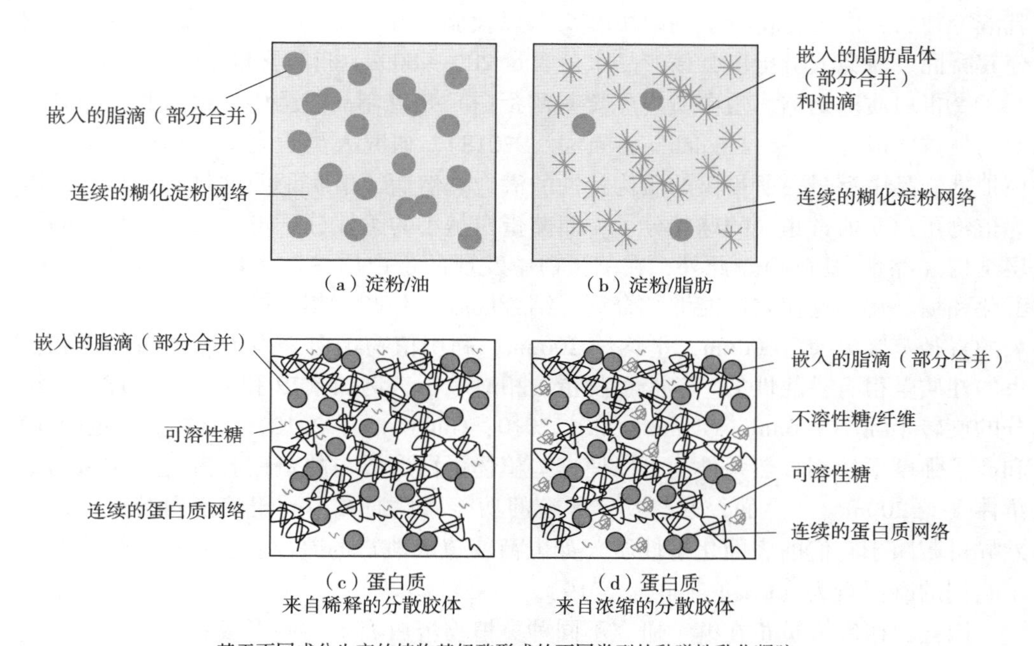

图 9.9　在植物基奶酪生产过程中，会形成不同的黏弹性乳液凝胶。淀粉结构是由分离路线产生的，而蛋白质的凝胶可以由分离路线或组织破碎路线产生。根据工艺的不同，蛋白质的结构可以分为来自分离不溶颗粒的稀胶体分散体（如植物基豆乳）和来自使用整个种子材料的浓缩胶体分散体（如磨碎的坚果糊）

如上所述，使用淀粉生产植物基奶酪涉及乳化和加热步骤。淀粉和其他成分的种类和数量会影响产品的最终属性。例如，通过将淀粉（15%～22%蜡质马铃薯淀粉）、蛋白质（0.5%～8%马铃薯蛋白质）、脂质（15%～35%起酥油）和水（35%～75%）混合并加热至 70～90℃，可以获得淀粉基奶酪类似物（Bergsma，2017）。在此专利中，将熔化和糊化的乳液转移到模具中，并使用冷却步骤达成溶胶—凝胶转变。另一种淀粉基奶酪类似物授权专利也采用了相似的工艺，该方法包括混合预糊化的改性高直链玉米淀粉（>20%）、脂肪（22.8%）、缓冲盐和高于脂肪熔化温度的水，然后将分散物冷却到 4℃，获得黏弹性物料（Zwiercan et al.，1987）。其他研究人员已经证明可以用不同种类的淀粉制备植物基奶酪，并申请了专利，包括天然淀粉、酸处理玉米、辛烯基琥珀酸改性淀粉和羟丙基二淀粉磷酸酯（Atapattu et al.，2014）。还可添加了其他胶体来改变这些产品的结构属性，如卡拉胶和瓜尔胶。此外，可使用缓冲盐来确保植物基奶酪的 pH 接近于真正的乳制品奶酪（pH 为 5~6）。本专利的研究人员使用了类似于前面描述的生产方法。将胶体和脂肪在水中加热到 83℃以溶解和熔化它们，然后将这些成分混合形成水包油乳液。乳液冷却后，由于淀粉分子的纠缠和交联以及脂肪相（熔点在 30~52℃）的结晶，使其凝固。研究人员指出，该产品水分含量 20%~80%，脂肪含量 15%~30%。

②蛋白质基奶酪。蛋白质（主要是酪蛋白）是乳制品奶酪中导致溶胶—凝胶转变的最重要成分之一（Lamichhane et al.，2018）。研究人员研究了多种植物蛋白在模拟乳制品中酪蛋白所提供的质构特性的潜力。然而，事实证明这具有挑战性，因为植物蛋白质通常是大的球状分子，而酪蛋白是小的柔性分子可以组装成复杂的上层结构（酪蛋白胶束）。此外，在酪蛋白中发现的蛋白质参与了翻译后修饰，如磷酸化和糖基化，这使它们能够结合钙，结合成簇，并产生相互排斥作用。酪蛋白胶束的直径范围为 50~600nm，平均约 200nm。利用植物蛋白来模拟酪蛋白分子和胶束的性质是很有挑战性的。单个植物蛋白相对较小，例如，7S 和 11S 大豆球蛋白组分的旋转半径小于 6nm（Glantz et al.，2010；Guo et al.，2012）。通过在特定的 pH 和离子强度下控制加热条件，可以使这些植物蛋白形成与酪蛋白胶束直径相似的聚集体（约 200nm）。然而，这些胶体颗粒的功能属性通常不同于酪蛋白胶束。这些差异可归因于它们的表面化学性质（如电荷或疏水性）的差异，这些化学性质改变了它们的凝固行为（Chen et al.，2019）。

因此，研究人员正在继续研究不同种类植物蛋白聚集物的形成和性质，以便更好地模拟酪蛋白胶束的功能。例如，由这种聚合物形成的凝胶的质构属性和持水能力取决于它们的大小，以及用于组装它们的交联方法（Wang et al.，2017；Wu et al.，2019）。不同的交联方法会影响蛋白质聚集物之间形成交联的类型和数量，从而影响得到的凝胶的特性（Ni et al.，2015）。这在一项使用不同凝胶化方法的研究中得到了证实。以下是不同凝胶化方法制备植物基凝胶（15%豌豆蛋白）的质构特性（Ben-Harb et al.，2018）：通过添加葡萄糖-δ-内酯进行酸凝胶化；加入凝乳酶和谷氨酰胺转氨酶进行酶凝胶化；热处理热凝胶化。有趣的是，这三种凝胶方法都诱导了溶胶—凝胶转变，但所形成的凝胶的质构特性却有很大的不同。例如，酸诱导的凝胶具有最高的弹性，而酶诱导的凝胶具有最高的抗应变能力。因此，可以用单独或组合的方法制备具有不同质构和感官属性的植物基凝胶，这对于设计具有不同硬度的植物基奶酪很重要。该研究还表明，这些植物蛋白可用于获得半固态奶酪状的物料（Ben-Harb et al.，2018）。因此，进一步研究促进植物蛋白聚集的机制，以获得更接近酪蛋白胶束特性的植物基成分是非常重要的。

已经描述了几种加工技术，可以使用分离路线获得蛋白基奶酪类似物（图 9.8）。

这些加工技术可制备半固态乳液凝胶，该凝胶由三维连续蛋白质网络组成，其中嵌入脂肪滴、水和其他成分（图9.9）。所采用的技术可分为自结合、酶法交联和酸化，下面将更详细地描述：

- 自结合技术依赖于某些类型的蛋白质分散在水中时，由于疏水作用而自发地与邻近的蛋白质结合的趋势，这类似于糖巨肽释放时的酪蛋白。基于这种聚合机制的最常见的食物蛋白质是玉米醇溶蛋白（Glusac et al.，2018，2019；Mattice et al.，2020）。例如，Mattice和Marangoni（2020）将30%的玉米醇溶蛋白与1.5%的脂肪、2.8%的淀粉和0.7%的黄原胶混合，然后将该分散物在80℃下塑化5min，可形成可拉伸的富含蛋白质的物质。有趣的是，通过质构剖面分析和拉伸性测试，用这一方法制得的植物基奶酪具有与切达干酪相似的质构特性。然而，在植物基奶酪配方中使用玉米醇溶蛋白的一个缺点是其必需氨基酸含量较低，因此蛋白质质量较低（PDCAAS或DIAAS评分）（Boye et al.，2012）。
- 酶法交联是利用特定的酶（主要是谷氨酰胺转氨酶和酪氨酸酶）来促进蛋白质—蛋白质交联和凝胶化的形成。在一系列研究中，通过将含有豌豆蛋白的水溶液与含有玉米醇溶蛋白（0.8%）的油相均质，制备出了40%的水包油乳液（Glusac et al.，2018，2019）。然后将此乳液与酪氨酸酶一起孵育，因为谷氨酰胺转氨酶不参与玉米醇溶蛋白的交联（Mattice et al.，2021）。玉米醇溶蛋白的存在和酪氨酸酶的加入大幅增加了乳液凝胶的弹性。在一项类似的研究中，用马铃薯蛋白和玉米醇溶蛋白的混合物制备了一种不易碎的糊状物，适用于制作奶酪类似物（Glusac et al.，2018）。利用谷氨酰胺转氨酶交联的大豆蛋白（10%~20%）也被用作奶酪类似物的基础材料（Lim et al.，2011）。其他研究人员使用豌豆球蛋白（4%）、葵花籽糊（20%）和发酵剂的混合物来制作奶酪类似物（Holz-Schietinger et al.，2014）。在该专利中，在与发酵剂共同孵育1h后加入谷氨酰胺转氨酶，然后将该体系孵育至最终pH为4.2时，去除植物乳清部分，并在4℃保存。
- 热处理也可用于获得半固态植物基奶酪类似物。例如，在一项专利中，通过将6%的大豆蛋白球蛋白和20%的葵花籽油与水混合，生产出了一种奶酪类似物。然后将制得的水包油乳液加热，再冷却，获得一种能够熔化的植物基奶酪类似物（Holz-Schietinger et al.，2014）。同一研究人员还将酸化与热处理结合起来使用，将4%的绿豆8S蛋白溶液（pH 7.4，50 mmol/L NaCl）与20%的棕榈油混合，将该乳液加热至95℃后，加入发酵剂和3%柠檬酸钠。令人惊讶的是，这一过程可产生具有熔化可逆性的植物基奶酪。而将大豆球蛋白（4%）、豌豆球蛋白（2%）和豌豆醇溶蛋白（2%）混合，将混合物加热到95℃，然后在冷却后加入发酵剂，就可以生产出具有拉伸性的奶酪。高拉伸性和熔化行为与醇溶蛋白的加入有关。

总之，许多不同的分离成分和加工操作可被用于分离路线生产植物基奶酪。本节讨论的加工过程可促成淀粉或蛋白质网络形成半固态乳液凝胶，捕获脂肪滴和液体。植物基奶酪类似物也可能由各种其他类型的植物基成分或其组合制得，在这一领域显然还需要进一步的研究，以创造出更接近于真实奶酪的产品。

9.5.3 组织破碎路线

在组织破碎路线中，整个植物材料（如种子）被用于制造植物基奶酪类似物(图9.10)。通常，种子首先被浸泡，然后分解形成稀释的［植物基乳，图9.9(c)］或浓缩的［植物基膏，图9.9（d)］胶体分散物，随后转化为固体黏弹性乳液凝胶。最终的分散体可能包含初始种子中的所有成分，也可能经过最小程度的处理，以去除一些不需要的成分，如不溶性颗粒或纤维（McClements et al.，2019)。然后，通过诱导溶胶—凝胶转变，胶体分散物可以转化为奶酪类似物。最常见的是，将植物乳作为起始材料（表9.4)，由加热、酸化、酶交联、盐析或这些方法的一些组合来触发溶胶—凝胶转变。常使用这种方法制造奶酪类似物的起始材料有大豆、豌豆、羽扇豆、燕麦和坚果乳。

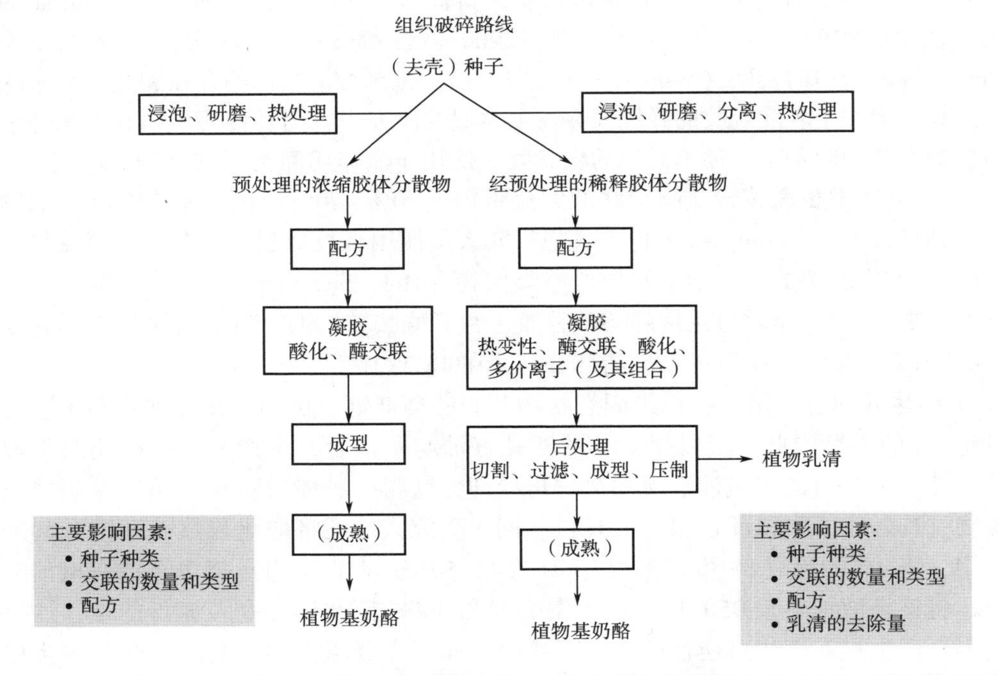

图9.10 植物基奶酪生产的不同加工路线的流程图，其中组织破碎路线基于浓缩（即通常基于坚果的种子糊，左）胶体分散物或稀释（即植物基牛奶，右）胶体分散物

该领域的大多数研究都使用热处理和另一种技术的组合来诱导溶胶—凝胶转

变，例如，热处理与酸化的组合（表 9.4）。在这个过程中，首先加热蛋白质分散体，然后进行冷凝胶化。热处理使球形植物蛋白展开，使官能团暴露在表面，这使它们通过疏水和其他相互吸引作用（如盐桥）产生聚集（图 9.11）（Ni et al.，2015）。热处理还会使不需要的酶失活，比如会产生异味的脂肪氧合酶。重要的是，加热条件（时间和温度）要仔细控制，以确保在加热步骤中不会发生过多的蛋白质聚集和凝胶化。最终的溶胶—凝胶转变通常使用另一个过程来促进，该过程能增加变性或部分变性蛋白质分子之间的吸引力，如添加矿物离子或改变 pH，使其接近等电点。这些过程通过减少蛋白质分子之间的静电排斥力来促进聚集，这些分子已被热处理“激活”（官能团暴露）（Zhang et al.，2018；Zheng et al.，2020）。

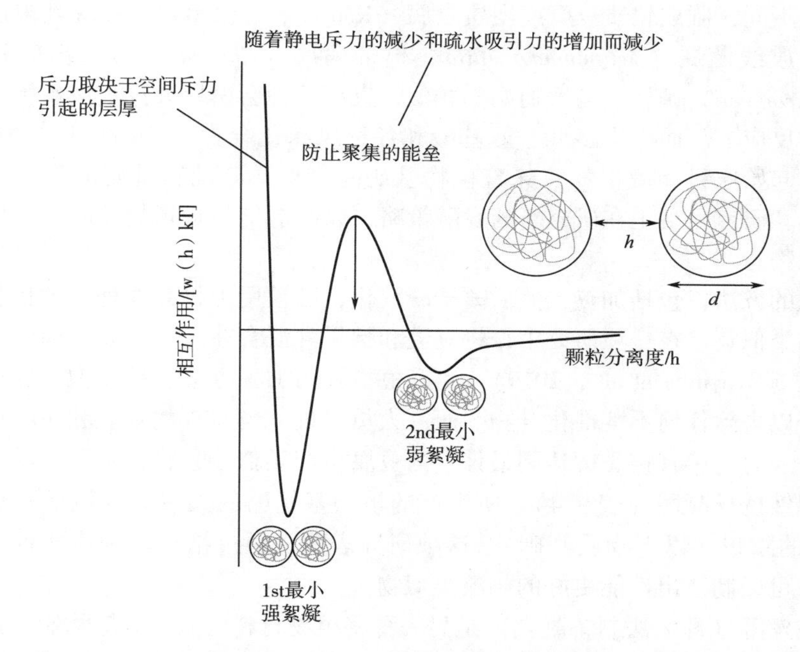

图 9.11　以胶状球形粒子为例的两种蛋白质之间相互作用的示意图，包括初级最小值，次级最小值和能垒。对于以蛋白质基植物基奶酪的生产，必须通过减少静电斥力（添加盐或调整 pH）或增加疏水相互作用（热处理）来降低能垒，从而使蛋白质可以相互靠近来诱导蛋白质聚集

Awad 等（2014）的研究提出，只需进行热处理，无须任何后续步骤，就可能促进溶胶—凝胶转变。研究人员以羽扇豆种子为富含蛋白质的原料，生产一种植物基奶酪类似物。浸泡羽扇豆种子并将其研磨成胶状分散物。随后，加入油（17.5%）、水（11.8%）和乳化盐，将分散物加热至 85~90℃并保持 10min，再将热分散液倒入模具中冷却。然而，据报道，用这种方法制成的羽扇豆奶酪与普通奶酪相比，油分离度更高，硬度更高，弹性更低，感官性质较差。

为了更接近地模拟普通奶酪的特性，许多研究人员采用两步法来制备植物基奶酪。发酵豆腐是一种典型的产品，在其生产过程中使用了与奶酪类似的加工操作，且具有与奶酪相似的特性（Zhang et al.，2018；Zheng et al.，2020）。发酵豆腐的加工过程包括加热豆乳，然后采用离子凝胶或酸化方法进行处理。将豆乳加热到65~95℃，使球状蛋白部分变性，并暴露疏水基团和其他官能团。研究人员指出，二硫键不是这一过程中形成豆腐结构的主要因素（Kohyama et al.，1995）。这一过程促进了蛋白质的展开和聚集，但并未导致凝胶的形成。溶胶—凝胶转化通过添加钙离子，或通过调整含有热变性大豆蛋白的溶液的 pH 来实现（Zhang et al.，2018；Zheng et al.，2020）。凝胶形成后，对凝乳进行挤压，释放出大豆乳清，根据乳清的去除量不同，制成软质豆腐或硬质豆腐（Kao et al.，2003）。该凝乳被进一步压制并接种放线菌属（*Actinomucor* spp）、根霉菌属（*Rhizopus* spp）或霉菌毛霉属（*mold Mucor* spp）菌株。与普通奶酪相似，发酵菌种会诱导大豆蛋白水解，并促进其他化学反应，从而产生多肽、氨基酸和各种风味化合物（Liu et al.，2018）。选取不同的起始原料和微生物意味着植物基奶酪会形成与动物基奶酪不同的感官特性。因此，研究人员正在研究新的发酵策略，以制造出与真正奶酪的味道更接近的奶酪类似物。

类似的方法，包括加热，然后离子凝胶化，已被用于将其他种类的植物基乳转化为奶酪类似物。在一项研究中，将豆乳和腰果乳混合在一起，以提高最终产品的营养价值（Oyeyinka et al.，2019）。生产植物乳的加工方案包括浸泡、碾磨，然后过滤种子以去除任何不溶性化合物。研究人员发现，当60%的豆乳和40%的腰果乳混合在一起时，感官接受度达到最佳。与豆腐生产类似，先将植物乳煮沸，然后加入硫酸铝铵诱导凝固（表 9.4）。所生产的植物基奶酪的大致成分包括 64%的蛋白质和 6%的脂肪（以干物质基础）。这项研究表明，通过结合两种或两种以上的植物原料，可以制造出性能更好的奶酪类似物。

乳酸发酵（即酸法制备凝乳）是另一种将植物材料的胶体分散物制成黏弹性凝胶的方法。Matias 等（2014）的研究表明，用适当的发酵剂接种豆乳可以实现凝胶化。例如，通过将豆乳加热到 95℃，保持 10min，然后冷却，再加入动物双歧杆菌亚种乳酸菌 Bb-12，嗜酸乳酸杆菌 La-5，和嗜热链球菌，可以制得植物基奶酪。通过调控培养物达到不同的最终 pH，可以使奶酪获得不同的结构和质构。例如，当除去植物乳清时，若 pH 为 5.7，将获得柔软的夸克类奶酪，而若 pH 为 4.8，则将获得较硬的奶酪（Matias et al，2014）。最终的 pH 很重要，因为它会影响蛋白质分子之间静电相互作用的大小，而静电相互作用又会影响蛋白质分子的结构组织和抗变形能力。这项研究表明，通过控制发酵条件和最终 pH，可以调整奶酪类似物的质构性质。研究人员还指出，较硬的奶酪可以与大豆乳膏和胶体混合，以获得奶油奶酪类似物。在另一项研究中，嗜热链球菌与发酵乳杆菌结合发酵豆乳，然后进一步加工成半硬奶酪类似物。将豆浆在63℃下保持30min，发酵至pH 4.5，然后将大豆凝乳压榨去除乳清。制得的植物基奶酪具有与乳制品类似的质构属性，但感官评分略低（Chumchuere et al.，2000）。使用类似的方法，用干酪乳杆菌发酵豆乳至最终pH为6.3，或使用嗜酸乳杆菌和动物双歧杆菌亚种共同发酵，结合葡萄糖酸-δ-内酯，至最终pH为4.7~7.2，根据使用的条件不同，制备出可涂抹奶酪或硬质奶酪（可添加大豆油以达到所需的可涂抹性）（Giri et al.，2018；Li et al.，2013）。Li等（2013）进一步研究指出木瓜蛋白酶有助于改善大豆基奶酪的口感，这是由于它能够降低蛋白质聚集物的颗粒大小，从而增加奶油般的口感。此外，已有研究通过使用乳酸菌（鼠李糖乳杆菌）发酵豆乳至最终pH在4.7~5.2，然后将得到的凝乳切割、压榨和加盐，生产奶酪类似物，（Liu等，2006）。

通过热或pH沉淀处理生产的奶酪类似物的质构和物理化学性质与使用凝乳酶处理生产的真正奶酪不同，特别是在涉及分子和胶体相互作用以及形成的结构方面。例如，凝乳酶奶酪中的三维结构是通过钙桥、氢键和疏水相互作用共同达到稳定的（Paula Vilela et al.，2020）。在奶酪类似物中，疏水吸引力是蛋白质-蛋白质相互作用的主要驱动力，因为蛋白质结构在热处理后展开，而发酵将pH降低到蛋白质的等电点附近，使净电荷最小化（图9.11），这与凝乳酶奶酪中存在的相互作用相反。

为了更接近地模拟乳制品奶酪中的分子相互作用，可以在热处理过的植物基乳中添加多价阳离子，使其发挥与钙在真正牛奶中相同的作用（Chikpah et al.，2015）。此外，离子凝胶可与酸凝胶法结合，制成不同性质的植物基奶酪（表9.4）（El-Ella，1980；V erma et al.，2005；Zulkurnain et al.，2008）。离子凝胶和酸凝胶法结合使用会影响植物基奶酪类似物的质构属性，因为当pH降低时，脱质子羧基（-COO-）的数量会减少，从而减少蛋白质分子之间形成的钙桥的数量（Canabady-Rochelle et al.，2009）。这种方法被应用于使用乳酸乳球菌发酵热处理豆乳，制造奶酪类似物（El-Ella，1980）。研究人员用乳酸钙将钙离子引入发酵豆乳中，诱导溶胶—凝胶转变。随后，形成的凝乳被压榨，加盐，并在可控条件下储存长达3个月。一项感官分析显示，奶酪的风味强度在储存期间增加。在成熟4周后，奶酪类似物的味道相对平淡，在2~3个月后，会略带酸味和奶酪味。Verma等（Verma et al.，2005）采用了类似的方法，将酸化、添加钙和热处理结合起来生产植物基奶酪。在木豆乳和豆乳的混合液中接种嗜热链球菌和德氏乳杆菌保加利亚亚种，发酵后，通过添加钙（0.02% $CaCl_2$）和进行热处理（高达95℃，15 min）诱导凝乳形成，植物乳清随后通过过滤和压榨去除。总的来说，这些研究为结合不同的技术来制备植物基奶酪提供了重要的见解，但在这一领域还需要更多的研究。特别地，需要研究确定所涉及的分子相互作用的性质，以及形成的结构类型，然后将这些与最终产品的物理化学性质和感官属性联系起来，如外观、质地、功能和风味特征。

酶交联也可以用来凝固植物基乳，并将其转化为凝乳。一些研究文章和专利描述了可用于诱导溶胶—凝胶转变的不同种类的酶（Brown et al., 2013；Holz-Schietinger et al., 2014；Murata et al., 1987；Sánchez-Muñoz et al., 2017）。例如，澳洲坚果和杏仁坚果的混合物首先在沸水中热烫 30s，软化 16h，然后研磨破碎（Brown et al., 2013；Holz-Schietinger et al., 2014）。通过离心分离不溶性颗粒后，收集脱脂相和奶油相，并按照与乳制品奶酪生产过程中进行标准化类似的规定比例进行重组，以获得所需的脂肪和干物质含量。此外，在奶酪类似物生产之前，采用热处理步骤对标准化的植物乳进行巴氏杀菌。在这种标准化乳的基础上，采用酶交联方法生产出不同类型的奶酪，如新鲜的、后熟且软的和咸的（如切达干酪）植物奶酪。制备这些奶酪的起始过程是类似的。在标准化的植物乳中接种中温发酵剂，即用于软熟奶酪的白地霉、白青霉和汉森德巴利酵母（*Debaromyces hansenii*）。菌种发酵引起 pH 下降，1 h 后 pH 降至 5.6，12 h 后 pH 降至 4.4。随后，将微生物谷氨酰胺转氨酶加入发酵乳中混合。该酶可促进不同蛋白质分子上的赖氨酸和谷氨酰胺残基之间形成异肽键，从而诱导溶胶—凝胶转变。该反应在室温下进行 12h 后，即成功制备出植物基凝乳。然后把凝乳切成 1.3cm 左右的小块。将游离出的植物乳清（40%~50%）从凝乳中分离出来，然后搅拌再次混合剩余的凝乳。这种材料可被用来制作不同种类的植物基奶酪。若要制备新鲜奶酪和咸奶酪，需将凝乳成型，然后压榨。若要制备软熟奶酪，凝乳需在不施加压力的情况下成型。成型后，将奶酪转移到 10℃的盐水溶液中 30min。随后，将其直接转移到包装材料里，即得到新鲜奶酪。软熟奶酪需要继续在 10~16℃和 75%~90%的相对湿度下成熟 17 天。咸干酪需在 13℃和 55%的相对湿度下成熟 3 周，然后熏制或上蜡。此外，外源蛋白酶和脂肪酶的添加能改善了植物基奶酪的质构和感官特性，其化学途径可能与乳制品奶酪相似。最后，专利中也提出用木糖葡萄球菌和短杆菌发酵产生的挥发性化合物，如 3-甲基丁酸和二甲基三硫化物，它们通常存在于真正的奶酪中（Holz-Schietinger et al., 2014）。

Murata 等（1987）采用了另一种酶技术。在该研究中，使用不同的蛋白酶部分水解植物蛋白，而不是在它们之间产生交联，这更类似于用凝乳酶部分水解 κ-酪蛋白生产乳制品奶酪。研究表明，在 pH 为 6.1 条件下对豆乳进行蛋白水解时，大多数研究的蛋白酶都可以通过蛋白水解得到凝乳，除了藤曲霉酸性蛋白酶、凝乳酶和胃蛋白酶。因此，有趣的是，两种完全不同的方法（交联蛋白与水解蛋白）都可以用于制备植物基奶酪凝乳。当然，人们还需要进行更多的研究，以了解这些不同的方法如何影响植物基奶酪的质地和感官属性，并评估将它们的生产规模扩大到商业水平的潜力。

到目前为止，我们已经讨论了生产植物基奶酪凝乳和奶酪的不同方法，包括利用稀释的或者浓缩的植物基乳分散液。在这种情况下，整个植物材料被用来制备奶酪类似物（图 9.10）。这种方法采用的加工步骤少，更加可持续。此外，有益的功能或营养成分可以保留在最终产品中，如已知可改善乳化性的磷脂和改善持油性的纤维（Nikiforidis，2019；Sánchez-Zapata et al.，2009）。广泛地使用发酵的坚果糊也是这个目的。使用这种方法生产的奶酪通常是卡门培尔型奶酪。为了用发酵的坚果糊制备植物基奶酪，需将坚果在热水中浸泡，以软化细胞壁并灭活微生物。然后将软化的坚果研磨成浓缩的胶体分散物，加入嗜中温细菌和真菌作为发酵剂，如乳酸乳球菌乳酸亚种，乳酸乳球菌乳脂亚种和青霉菌。然后将坚果糊发酵约 24h，成型，继续在 12~18℃和相对湿度>80%条件下发酵数周。在此期间，植物基奶酪形成了其特有的风味，以及由于表面霉菌的形成而形成的特有外观。该工艺已被用于利用不同的发酵剂发酵碾碎的腰果仁生产各种奶酪类似物（Chen et al.，2020）。研究人员表明，在“布里腰果奶酪”和“蓝纹腰果奶酪”中生长的细菌主要是乳球菌、小球菌和魏斯氏菌。研究人员还指出，蛋白质的致敏性因发酵而降低。然而，这还需要进一步的研究，以更好地了解结构组成，并优化此加工工艺。脂肪滴嵌入在凝固的蛋白质和纤维组成的基质中，可能形成了一种黏弹性填充乳液凝胶。其中高含量纤维的存在是这种奶酪类似物的营养优势。如前所述，这些植物基奶酪类似物含有与原料相似的成分，因为在其制造过程中没有使用分离或提取加工。因此不会产生植物乳清，最终的坚果奶酪还富含蛋白质、脂肪和纤维（表 9.1）。

总之，组织破碎路线也适用于生产某些种类的植物基奶酪类似物。与分离方法相比，它的加工过程较少，因为不需要将其组分从原料中分离出来。然而，缺点是许多植物基材料中成分的功能不足以满足产品所需的质地和感官属性，因此通常需要添加其他成分来提高质量，满足消费者的需求（表 9.1）。在未来，通过选择具有所需性能的原料组合，如混合不同的植物乳，可以进一步优化奶酪类似物的质构属性。此外，需要通过更好地了解胶体相互作用和所涉及的化学反应来进一步优化溶胶—凝胶和成熟过程。

9.6　可持续性和健康问题

本节简要介绍用植物基类似物取代乳制品奶酪对环境可持续性和人类健康的潜在影响。

9.6.1　温室气体排放

牛乳奶酪是最常食用的奶酪类型，因此它将被用作基准。数项研究表明，奶酪生产过程中的大部分温室气体排放发生在奶牛生产牛乳的过程中。根据研究中使用的假设（如奶酪类型、边界条件等），据估计，牛乳生产步骤的 CO_2 排放占 CO_2 排放总量的 65%～98%（平均 82%）（Bava et al.，2018；Finnegan et al.，2018；González-García et al.，2013；Üçtuğ，2019；van Middelaar et al.，2011）。相比之下，牛乳转化为奶酪以及零售部分的影响要小得多。供应链的 CO_2 排放受到可再生能源使用、污水处理、包装和物流等因素的影响（Bava et al.，2018；Dalla Riva et al.，2017；González-García et al.，2013；Tarighaleslami et al.，2020）。因此，牛乳本身对奶酪的温室气体排放产生了巨大的影响，并且生产 1kg 奶酪需要 4～10L 牛乳。据报道，1kg 牛乳对全球变暖的潜在影响约为 1.39kg CO_2 当量/L（0.54～7.50kg CO_2 当量/L）（Clune et al.，2017）。因此，与奶酪原料乳生产相关的温室气体排放范围为 1.62（新鲜奶酪）～8.3（半硬奶酪）kg CO_2 当量/kg，奶酪产品平均排放量为 8.86kg CO_2 当量/kg（5.3～16.4kg CO_2 当量/kg）（Clune et al.，2017；Finnegan et al.，2018）。

相比之下，用于植物基奶酪的成分通常温室气体排放量要低得多（表 9.5）。然而，在对植物基奶酪进行全面的生命周期评估之前，必须谨慎解释这些数值。此外，用于制备植物基奶酪的成分与乳制品奶酪的营养价值不同，因此通常很难在同等营养基础上准确计算它们对环境的影响。此外，植物基乳转化为植物基奶酪的比率尚未被报道，这也会对环境可持续性的评估产生相当大的影响。

表 9.5 已报道的用于生产植物基奶酪替代品的原料和牛乳的温室气体排放

成分	温室气体排放 CO_2 当量/kg 或 L
杏仁椰奶	0.42（0.39～0.44）
豆浆	0.88（0.66～1.44）
大豆分离蛋白	2.4
豌豆豆奶	0.39
木薯淀粉	0.59
坚果	1.42（0.43～3.77）
棕榈油	1.4～2.0
向日葵油	0.8
豆腐	0.98（0.87～1.1）
牛奶	1.39（0.54～7.50）
奶酪	8.86（5.33～16.35）

注 通常，生产 1kg 奶酪需要 4～10L 牛奶。括号中的数据范围代表从最小值到最大值（摘自 Braun et al.，2016；Clune et al.，2017；Henderson et al.，2017；Schmidt，2015；Usubharatana et al.，2015）

尽管如此，据报道，植物基乳的温室气体排放量通常比牛乳低。若假设两者的乳—奶酪转换比相似，那么就意味着植物基奶酪的温室气体排放量较低。然而，还需要进一步的研究来得到可靠的数据，以评估这一说法。尽管如此，我们已经可以从现有的产品和价值链中得出一些初步假设。例如，以坚果为原料的奶酪是按照组织破碎路线生产的，没有分离乳清步骤。这意味着无须考虑转化比率，1kg 植物基乳将产生大约 1kg 植物基奶酪（以干重为基础）。因此，用植物基奶酪制备软质到半硬奶酪排放的 CO_2 当量分别要比普通奶酪少 5.1～6.9kg（假设 1kg 坚果排放 1.42kg CO_2 当量，而奶酪排放 6.5～8.3kg CO_2 当量）（Clune et al.，2017；Finnegan et al.，2018）。豆腐的加工操作与奶酪相似，但其全球变暖潜能值比奶酪低得多，这一事实也可支持以上初步数据。生产 1kg 豆腐需要排放 0.98kg CO_2 当量，包括与农业生产大豆和豆腐工厂加工相关的排放量（Mejia et al.，2018）。这与奶酪产生的排放量形成鲜明对比，据报道，每公斤奶酪产生的排放量约为 8.86kg CO_2 当量（5.33～16.35kg CO_2 当量）（Clune et al.，2017）。如上文所述，当考虑营养价值（如必需氨基酸含量）并比较类似产品类别时，实际排放量可能会有所不同（Tessari et al.，2016）。

总之，植物基奶酪比动物基奶酪产生的温室气体更少，但需要进一步的生命周期评价来证实这一点。此外，根据第 8 章中讨论的植物基乳的生命周期分析，可以预估奶酪类似物比真正的奶酪产生更少的污染、土地使用、水使用和生物多样性损失。

9.6.2　健康方面

奶酪是一种营养丰富的食物，含有高比例的可能对人体健康有益的宏量营养素和微量营养素，包括蛋白质、脂质、维生素和矿物质。当人们从动物基奶酪转向植物基奶酪时，可能会有营养上的影响。因此，我们将在本节讨论食用植物基奶酪可能带来的营养和健康后果。

根据观察性研究结果，将“健康的”植物基食物引入饮食利于人类健康（Kim et al.，2018，2019；Satija et al.，2017）。例如，研究发现，食用更健康的植物基食物的人患全因和心血管疾病的死亡风险较低（Kim et al.，2018）。在这些研究中，被认为是健康的植物基食物包括全谷物、水果、蔬菜、坚果、豆类、茶和咖啡。相比之下，被认为不健康的植物基食物包括精制谷物、糖果、零食、烘焙食品、果汁和含糖饮料。其他研究报告指出，遵循健康素食饮食的人死于缺血性心脏病的可能性较低，但与全因死亡率和癌症死亡率之间没有相关性（Dinu et al.，2017）。这与一些基于人群的研究形成了鲜明对比，这些研究没有发现这种影响，甚至将素食饮食与中风等某些疾病的风险增加联系起来（Appleby et al.，2016；Mihrshahi et al.，2017；Orlich et al.，2013；Tong et al.，2019）。这种影响很可能与素食饮食不一定只含有健康食品有关（Magkos et al.，2020；Mihrshahi et al.，2017）。富含糖和淀粉类食物的饮食仍然被认为是素食饮食，但可能会对健康产生负面影响，这可能没有在大量未严格控制的研究中反映出来。这种方法上的不同已经通过使用植物基饮食指数和根据食物对人类健康的可能影响将食物分为不同类别来弥补，这表明健康植物基食物消费的增加与良好的健康结果有关（Kim et al.，2018，2019；Satija et al.，2017）。

可见，阐明植物基奶酪对人类健康和幸福的潜在影响十分重要。植物基奶酪通常含有相对大量的加工成分，如淀粉和脂肪（表 9.1）。对于传统的乳制奶酪来说，大多数观察性研究都未发现奶酪摄入量与更高的死亡率或更高的心血管疾病风险之间存在任何关联（de Goede et al.，2016；Farvid et al.，2017；Guo et al.，2017；Hjerpsted et al.，2016；Mazidi et al.，2019；Pala et al.，2019）。然而，这些结果应谨慎解释，因为仍然缺少严格的随机对照研究（Sacks et al.，2017）。尽管如此，最近对观察性研究的荟萃分析报告称，食用乳制品后血液生物标志物增加的人，患心血管疾病的概率更小（Trieu et al.，2021）。此外，大多数营养研究似乎表明，食用乳制品奶酪对人体健康有积极或中立的影响（de Goede et al.，2016；Farvid et al.，2017；Guo et al.，2017；Hjerpsted et al.，2016；Mazidi et al.，2019；Pala et al.，2019）。这可能是因为奶酪含有一系列促进健康的成分，包括高含量的钙、蛋白质、有益的脂肪酸（例如，共轭亚油酸）、维生素和其他可能对身体有益的化合物（Hjerpsted et al.，2016；Magkos et al.，2020）。这些发现有些令人惊讶，因为奶酪等乳制品的饱和脂肪酸含量很高。饱和脂肪酸与全因死亡率和心血管疾病风险增加有关，因为它们增加了血液中的 LDL 胆固醇浓度，特别是当饱和脂肪酸取代饮食中的单不饱和脂肪酸或多不饱和脂肪酸时（但当它们取代碳水化合物时就不是这样了）（Sacks et al.，2017）。然而，关于不同类型的饱和脂肪酸对人类健康的影响仍有很多争论，但最近的一项荟萃分析得出结论，饱和脂肪含量高的饮食与全因、心血管疾病和癌症的高死亡率相关，而多不饱和脂肪含量高的饮食与全因、心血管疾病和癌症的低死亡率相关（Heileson，2020；Kim et al.，2021；Lawrence，2021）。

关于食用植物基奶酪对健康的影响的数据很少，因此将主要讨论制备这些产品的主要成分，以每日推荐营养素摄入量（daily value，DV）为参考（表 9.1）。牛奶奶酪富含蛋白质、脂肪、钙（8%~79% DV/100g）、磷（16%~57% DV/100g）、维生素 A（3%~20% DV/100g）、维生素 B_{12}（7%~56% DV/100g）等（Górska-Warsewicz et al.，2019）。此外，这些营养素的质量和生物利用度也很高。酪蛋白具有较高的蛋白质质量，其可消化的必需氨基酸评分（DIAAS）为 1.29，高于报道的植物蛋白（Guillin et al.，2021；Mathai et al.，2017）。牛奶中的钙很容易被人体吸收，约 30%被吸收到血液中，这比大多数植物来源中的钙含量要高（Yang et al.，2012）。植物中营养物质生物利用度较低的一个原因是抑制消化和吸收的抗营养物质的存在，如胰蛋白酶抑制剂和植酸盐（第 5 章）。

相比之下，许多植物基奶酪配方不具备与乳制品奶酪相同的营养素组成（表 9.1）。这对于遵循分离路线并以淀粉和油为基础的配方来说尤其如此。这些植物基奶酪不能为人类饮食提供大量的钙、蛋白质、维生素 A 和维生素 B_{12}（除非强化）。此外，这些配方可能含有相对多的饱和脂肪酸，这些脂肪酸来自此类产品中用于模拟乳脂的植物基脂肪，如椰子油（饱和脂肪酸>90%）。此外，它们可能含有高水平的精制碳水化合物（快速消化淀粉），如果经常食用，由于胰岛素反应失调，可能对人体健康有害（Ludwig et al.，2018a）。然而，关于椰子油（具有高含量的中链饱和脂肪酸）是否与动物脂肪（具有高含量的长链饱和脂肪酸）一样，对 LDL 水平有类似的负面影响，还存在一些争议（Eyres et al.，2016；Hewlings，2020）。此外，正如前面提到的，关于饱和脂肪是否会对心脏病产生不利影响，也还存在争议。

创造出营养成分更健康的植物基奶酪产品，这应该是未来研发的重点。以坚果为原料的奶酪类似物是营养配方的一个很好的例子。坚果富含多种重要营养素，饱和脂肪酸含量低，与改善人类健康有积极关系（Chen et al.，2017；Fardet et al.，2014；Schwingshackl et al.，2017）。例如，腰果有高含量的油酸、蛋白质和膳食纤维。它们每 100g 还含有各种维生素，如维生素 B_1（37% DV）、维生素 B_5（17% DV）、维生素 B_6（32% DV）和维生素 K（32% DV）；富含矿物质，如锌（61% DV）、铁（51%DV）、镁（82% DV）、铜（110% DV）、硒（28% DV）和磷（85% DV）（美国农业部，2021）。尽管坚果是营养丰富的食物，但它缺乏一些通常在奶酪中存在的重要营养物质，如钙、维生素 A 和维生素 B_{12}。为了克服这一缺陷，可以在植物基奶酪中添加这些营养素，或者可以指导消费者应该吃什么样的食物，以确保有效摄入所有必需的营养素。

另一个需要考虑的重要营养素是盐。许多种类的奶酪盐含量较高（美国农业部，2021）。例如，切达干酪、羊乳酪、高达干酪、卡门培尔干酪和帕玛干酪含有相对较高浓度的钠，每 100g 奶酪中含有 600~1500mg 钠。其他一些奶酪含钠量较低，例如，瑞士奶酪和乳清干酪每 100g 奶酪通常含有 100~200mg 钠。摄入高水平的钠与血压升高有关，这可能导致冠心病、脑卒中和肾衰竭的发病率更高（Chobanian et al.，2000；Farquhar et al.，2015；Wang et al.，2020）。血压升高的效果在“盐敏感”人群中尤其强烈，30%~50%的高血压患者和 25%的正常血压受试者易受此影响（Balafa et al.，2021；Gholami et al.，2020）。极低的钠摄入量对人体健康也有害，因此我们也应该避免（Adedinsewo et al.，2021；Messerli et al.，2020）。然而，成人每日推荐盐摄入量约为 5g，因此奶酪的摄入可能会显著影响盐的总摄入量（Adedinsewo et al.，2021；Messerli et al.，2020）。本章讨论的植物基奶酪也存在同样的问题（表 9.1），这些奶酪也含有相当数量的盐和钠。因此，未来的研究和开发应聚焦于生产含有健康水平的盐和其他营养素的植物基奶酪类似物。

9.7 其他乳制品替代品

9.7.1 酸奶

乳制品酸奶是一种酸化食品，通常由嗜热链球菌和德尔布鲁氏乳杆菌保加利亚杆菌亚种发酵牛奶至 pH 4.5 以下制得，产品中最终乳酸菌（LAB）浓度超过 10^8CFU/g（（Montemurro et al.，2021）。酸奶的生产通常需要一系列步骤。将牛奶标准化，达到所需的初始成分（脂肪和干物质含量），均质，热处理，然后接种 LAB，在 40~44℃发酵诱导凝胶化。溶胶—凝胶转变是由蛋白质分子之间静电和空间排斥（κ-酪蛋白从胶束释放）的减少引起的（Sinaga et al.，2017）。在发酵过程中，LAB 将部分乳糖转化为乳酸，这导致水相的 pH 降低到酪蛋白的等电点（约 4.6）。结果，酪蛋白胶束上的负电荷减少，胶束表面的 κ-酪蛋白“毛发”结构瓦解。此外，因为可用来结合钙离子的阴离子羧基的数量减少了，钙离子从胶束中释放出来。因此，胶束分离，蛋白质与相邻的蛋白质聚集，从而形成一个精细的具备一定的机械强度的 3D 蛋白质网络（图 9.12）（Lucey，2020）。因此，在施加应力时，酸奶具有屈服应力。一旦变形或流动趋势开始，酸奶就会表现出剪切稀化特性，因为聚集的生物聚合物在剪切场中容易对齐和定向排布（图 9.14），这可以用赫谢尔-巴尔克莱（Herschel-Bulkley）模型清晰地描述（Hassan et al.，2003）：

$$\tau=\tau_y+K\dot{\gamma}^n \tag{9.2}$$

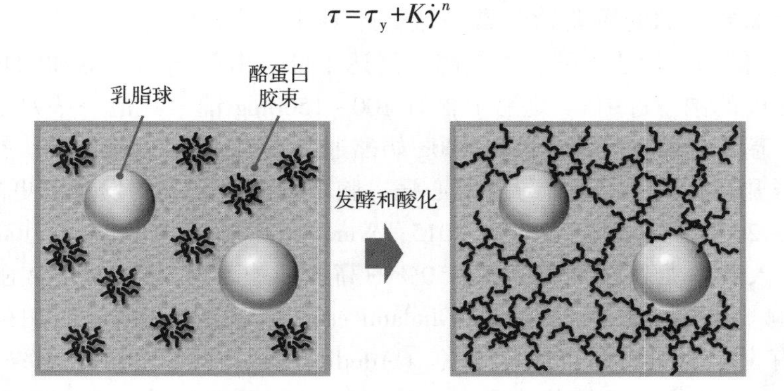

图 9.12　可以通过向牛奶中添加发酵剂来酸化体系以生产酸奶，这可以促进酪蛋白胶束的解离，并形成一个精细的 3D 蛋白质网络，将脂肪滴困在其中

其中 τ 为剪切应力（Pa），τ_y 为屈服应力，K 为稠度指数，也称为“赫歇尔/巴尔克利黏度”（$Pa \cdot s^n$），$\dot{\gamma}$ 为剪切速率（s^{-1}），n 为流动指数。当 $n<1$ 时，流体为剪切稀化，而当 $n>1$ 时，流体为剪切增稠。例如，该方程已被用于描述酸奶的质构特性，该酸奶用不黏稠、无包埋的嗜热链球菌和保加利亚杆菌发酵得到，其测量值 $\tau_y = 15.4Pa$，$K=0.9Pa \cdot s^n$，流动指数为 0.65。最后，必须指出的是，酸奶凝胶可以通过搅拌来破坏，这导致“搅拌型酸奶”具有较低的屈服应力。

发酵方法也适用于植物基酸奶的生产。目前市场上的植物基酸奶产品通常以大豆、燕麦、豌豆、杏仁、腰果、椰子和羽扇豆种子为原料（Boeck et al.，2021；Montemurro et al.，2021）。通过发酵将这些原料制得稳定的凝胶已经被证明是困难的，因为该凝胶不能表现出与乳制品酸奶相同的质地和液体保留特性。这是因为植物蛋白的分子结构和相互作用与酪蛋白不同，一些植物基牛奶的总蛋白质含量低于牛奶，尤其是谷物基酸奶类似物（Bernat et al.，2014）。如前所述，与球状植物蛋白及其聚集物相比，酪蛋白分子和胶束具有不同的结构性质。因此，酸化导致植物蛋白形成与酪蛋白之间不同的相互作用和结构组织，从而表现出不同的凝胶性质。为了克服这一问题，植物基酸奶中通常加入淀粉、结冷胶、瓜尔胶、刺槐豆胶、黄原胶、果胶、琼脂或卡拉胶等胶体，以增强其结构和机械性能（Boeck et al.，2021）。此外，使植物蛋白质变性或部分变性的热处理已被证明可以增强酸发酵产品的结构形成能力（Montemurro et al.，2021）。例如，部分变性被证明有利于豌豆蛋白酸奶类似物的结构形成。这是因为轻微的变性有助于官能团的释放，如果采用正确的温度—时间组合，可以防止热处理期间过度聚集，从而在接下来的酸化过程中实现更有效的凝胶化（Klost et al.，2019）。

图 9.13 展示了一种植物基酸奶的典型加工方案。首先，以一种或多种植物原料为基础制备“植物乳”，如面粉、麦片和从植物中提取的分离物或浓缩物。这一过程通常包括机械破碎、混合和水分散步骤（第 8 章）。在标准化和配方调整后，通常对牛奶进行均质和巴氏消毒，这可能会导致淀粉糊化（如果存在）。过滤步骤可用于浓缩植物基牛奶或分散物，以获得所需的干物质含量，这对实现最佳结构性能很重要。其次，将此植物基的分散物接种发酵剂以诱导酸化。原则上，可以将乳制品酸奶中使用的发酵剂（如乳酸菌）用于植物基酸奶的生产，即嗜热链球菌和保加利亚杆菌（表 9.6）。然而，与牛奶相比，这些品种通常不太适合在植物乳中存在的不同条件下实现最佳生长速度、酸度水平和挥发性化合物的产生。例如，据报道，用保加利亚杆菌和嗜热链球菌发酵豌豆蛋白分散液，pH 从 6.6 下降到 4.7（18h 后）（Klost et al.，2019）。这一 pH 远远高于乳制品酸奶，后者的 pH 通常低于 4.5（Dahlan et al.，2017）。这部分是因为牛奶中含有乳糖，可以被 LAB 发酵，而同样的细菌发酵若要发生在豌豆蛋白分散液中，必须添加蔗糖。因此，在某些配方中添加柠檬酸或苹果酸等有机酸以达到所需的最终 pH 值（Boeck et al.，2021）。

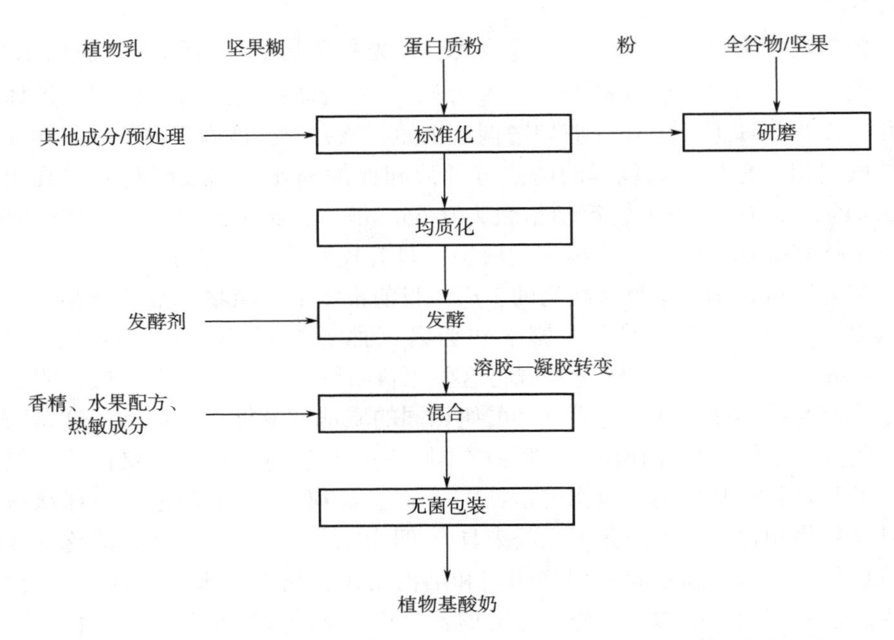

图 9.13　植物基酸奶替代品生产中可能涉及的加工操作和原料。可以使用不同的原料来获得植物基酸奶。如果存在有害微生物或产品在室温下储存，则可以添加热处理步骤

因此，人们已经开展了研究，以评估其他可能更适合发酵植物基原料的细菌的功效。让所需的植物基材料自发发酵，然后筛选能够在这一过程中生长的特定细菌进行进一步研究，可以确定用于此目的的潜在细菌。例如，从自发发酵的藜麦汤中获得的植物乳杆菌，与融合魏斯氏菌 DSM 201194 相比，植物乳杆菌的酸化性能和总酚的释放有所增强（Lorusso et al.，2018）。其他发酵剂已被用于生产几种植物基酸奶，如表 9.6 所示。还可以选择这些细菌来产生胞外多糖，以增强植物基酸奶的质构特性（图 9.14），如果最初的植物材料不能提供所需的机械性能，这将是有益的（Montemurro et al.，2021）。

表 9.6　一些用于植物基酸奶生产的原料、加工参数和发酵剂

主要成分	使用的发酵剂	预处理	类别	参考文献
浓缩燕麦蛋白［15%（质量分数）］	嗜热链球菌和保加利亚杆菌（酸奶生产的商业菌株）	90℃热处理 30min	试验性	Brückner-Gühmann et al.（2019）
马铃薯分离蛋白［5%（质量浓度）］	嗜热链球菌和保加利亚杆菌（酸奶生产的商业菌株）	高压均质（200MPa）	试验性	Levy et al.（2021）

续表

主要成分	使用的发酵剂	预处理	类别	参考文献
豌豆分离蛋白［10%（质量分数）］	嗜热链球菌和保加利亚杆菌（酸奶生产的商业菌株）	60℃热处理60min，高压均质（3MPa）	试验性	Klost and Drusch (2019)
豆乳［固体含量6.8%］	嗜热链球菌和保加利亚杆菌（酸奶生产的商业菌株）	浓缩（90℃热处理15min），添加草莓酱或橙酱［30%（质量分数）］	试验性	Al-Nabulsi et al. (2014)
糙米、浸泡过的米或发芽的米［22%（质量浓度）］	商业嗜热发酵菌株	明胶补充，95℃热处理30min，过滤	试验性	Cáceres et al. (2019)
豆乳	嗜热链球菌St1342和保加利亚杆菌Lb1466，一种益生菌菌株（嗜酸乳杆菌L10，副干酪乳杆菌L26，乳酸双歧杆菌B94）	90℃热处理30min	试验性	Donkor et al. (2005)
脱脂大豆粉［11.6%（质量分数）］	嗜热链球菌ATCC 19987和干酪乳杆菌ATCC 393	121℃热处理15min，明胶补充	试验性	Cheng et al. (1990)
小米粉［8%（质量浓度）］	鼠李糖乳杆菌GR-1和嗜热链球菌C106	90~95℃热处理60min	试验性	Stefano et al. (2017)
杏仁［8%（质量分数）］	罗伊氏乳杆菌A TCC 55730（益生菌）和乳酸链球菌CECT 986	高压均质（172MPa，2~4s），85℃热处理30min	试验性	Bernat et al. (2015)
二粒小麦粉［30%（质量浓度）］	植物乳杆菌6E，鼠李糖乳杆菌SP1，魏斯氏乳酸菌WC4（EPS-生产者）	淀粉在60℃时糊化30min，使用EPS-生产者LAB菌株	试验性	Coda et al. (2011)
藜麦［35%（质量浓度）］	植物乳杆菌T6B10，鼠李糖乳杆菌SP1（益生菌），融合魏斯氏菌DSM 20194，（EPS-生产者）	淀粉在63℃时糊化大约19min	试验性	Lorusso et al. (2018)
羽扇豆分离蛋白［2%（质量浓度）］	植物乳杆菌TMW 1.460和TMW 1.1468，戊糖片球菌BGT B34和短左乳杆菌BGT L150	热处理（140℃ 10s或80℃ 60s）和EPS-生产者LAB菌株	试验性	Hickisch et al. (2016)
燕麦片［25%（质量分数）］	植物乳杆菌LP09	酶处理（木聚糖酶和α-淀粉酶）	试验性	Luana et al. (2014)

续表

主要成分	使用的发酵剂	预处理	类别	参考文献
大米［10%（质量分数）］，扁豆［5%（质量分数）］和鹰嘴豆［5%（质量分数）］面粉	植物乳杆菌 DSM33326 和短左乳杆菌 DSM33325，鼠李糖乳杆菌 SP1（益生菌）	80℃热处理 15min	试验性	Pontonio et al.（2020）
藜麦粉［14.3%（质量分数）］	魏斯氏乳酸菌 MG1（EPS producer）	121℃热处理 15min，α-淀粉酶和蛋白酶处理，高压均质（180MPa）	试验性	Zannini et al.（2018）
大豆［10%（质量浓度）］	植物乳杆菌 B1-6	108℃热处理 15min	试验性	Rui et al.（2019）
大豆，浸泡大豆，或发芽大豆［10%（质量浓度）］	短左乳杆菌 KCTC 3320	121℃热处理 15min	试验性	Hwang et al.（2018）
花生［16.7%（质量分数）］	粪肠球菌 T110（益生菌）	在高压灭菌器中在 121℃和 15psi 下热处理 3~5min	试验性	Bansal et al.（2016）
豆浆［12.5%（质量分数）］	长双歧杆菌 SPM1205	95℃热处理 5min，添加琼脂、草莓糖浆［20%（质量分数）］和冻干草莓丁［0.05%（质量分数）］	试验性	Park et al.（2012）
大豆和富含色素的提取物（红甜菜根，芙蓉，仙人掌，红萝卜）			试验性	Dias et al.（2020）
去壳黄豆［7.9%（质量浓度）］	嗜热链球菌和保加利亚杆菌（酸奶生产的商业菌株）	果胶补充	商业化	Grasso et al.（2020）
去壳黄豆［9%（质量浓度）］	嗜热链球菌和保加利亚杆菌（酸奶生产的商业菌株）		商业化	Grasso et al.（2020）
椰子乳［20%（质量浓度）］和改性玉米淀粉	嗜热链球菌和保加利亚杆菌（酸奶生产的商业菌株）	果胶补充	商业化	Grasso et al.（2020）

续表

主要成分	使用的发酵剂	预处理	类别	参考文献
腰果乳［97%（体积分数）］和木薯淀粉	嗜热链球菌和保加利亚杆菌（酸奶生产的商业菌株）	角豆胶补充	商业化	Grasso et al.（2020）
杏仁乳［95%（体积分数）］和木薯淀粉	嗜热链球菌和保加利亚杆菌（酸奶生产的商业菌株）	角豆胶补充	商业化	Grasso et al.（2020）
大麻汁 96%［水，大麻籽 3%（质量浓度）］和大米淀粉	双歧杆菌和嗜酸乳杆菌精选菌株	琼脂补充	商业化	Grasso et al.（2020）
燕麦 12%（质量浓度）		补充马铃薯淀粉和马铃薯蛋白	商业化	Greis et al.（2020）
燕麦 8%（质量浓度）		添加改性淀粉、果胶	商业化	Greis et al.（2020）
燕麦 8%（质量浓度）		补充马铃薯蛋白、淀粉（玉米、马铃薯）、果胶	商业化	Greis et al.（2020）
燕麦 12%（质量浓度）		补充马铃薯蛋白、木薯淀粉、马铃薯淀粉、黄原胶、刺槐豆胶	商业化	Greis et al.（2020）
燕麦		补充豌豆蛋白、改性马铃薯淀粉	商业化	Greis et al.（2020）
燕麦 12%（质量浓度）（OATLY©）	酸奶生产的商业菌株	补充马铃薯淀粉	商业化	Oatly AB，Sweden
大豆 10.7%（质量浓度）（ALPRO©）	嗜热链球菌和保加利亚杆菌（酸奶生产的商业菌株）	果胶补充	商业化	Alpro Comm. V A，Belgium
燕麦 8%（质量浓度）（YOSA©）	双歧杆菌 BB12 和鼠李糖乳酸菌 GG	果胶补充	商业化	Fazer Oy，Finland

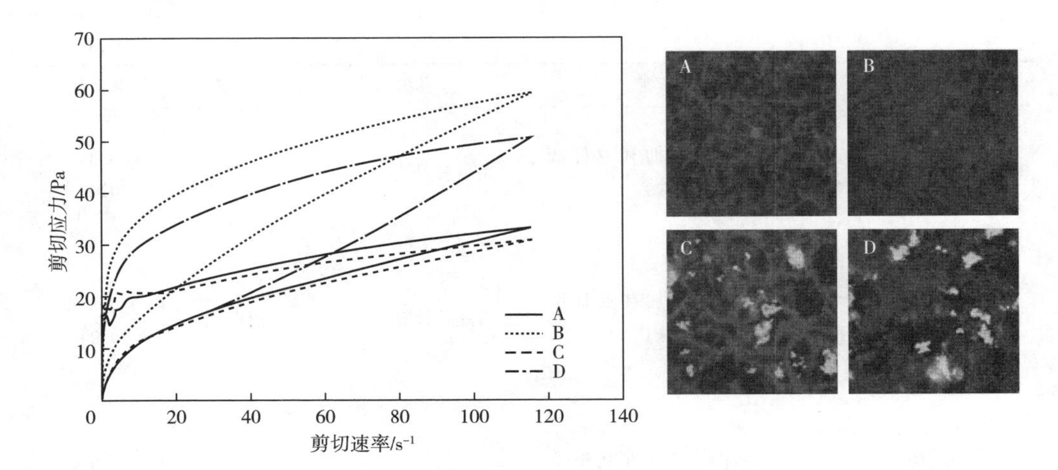

图 9.14　植物基酸奶的质构属性应该模拟由动物乳制成的酸奶。酸奶是一种具有剪切稀化特性的非牛顿材料。如果使用特定的发酵剂，可以改变酸奶的质地。在这种情况下，用不同的（A～D）胞外多糖发酵菌株（嗜热链球菌和保加利亚杆菌）发酵牛乳酸奶。红色为蛋白质，绿色为胞外多糖

彩图

发酵植物原料的一个主要优点是减少了抗营养化合物。这些化合物包括但不限于棉子糖、植酸、缩合单宁、生物碱、凝集素、嘧啶苷和蛋白酶抑制剂（Montemurro et al.，2021）。发酵可以减少此类抗营养化合物（Tangyu et al.，2019）。研究表明，用植物乳杆菌 DSM33326 和短链乳酸菌 DSM33325 发酵大米、鹰嘴豆和扁豆粉可以降低植酸、冷凝单宁、皂苷和棉子糖含量（Pontonio et al.，2020）。此外，胰蛋白酶抑制剂的活性也可通过发酵作用降低（Montemurro et al.，2021）。因此，用植物基原料生产酸奶似乎有利于获得低抗营养化合物的食品。

与植物基酸奶生产相关的主要挑战之一是获得理想的、与乳制品酸奶相当的感官属性。影响乳制品酸奶风味的主要芳香族化合物是乙醛、丙酮、乙酰和双乙酰，以及乙酸、甲酸、丁酸和丙酸（Routray et al.，2011）。相比之下，植物基酸奶与“豆”和“葡萄干”的香气以及“苦味”和“涩味”有关，尤其是以大豆为基础的酸奶（Montemurro et al.，2021）。同样，谷物酸奶配方也发现有“苦味”“涩味”和“植物”的味道，这是脂氧合酶加速脂质氧化和酚类化合物存在的结果（Doehlert et al.，2010；Montemurro et al.，2021）。为了克服这一挑战，可以采用一些方

法来减少或去除异味，如植物育种、前体分离、热加工、真空蒸馏、发酵和掩盖味道（Tangyu et al.，2019）。

最后，植物基酸奶的营养价值与乳制品酸奶不同，这可能会对健康产生影响。酸奶类似物的营养成分因原料、加工操作和使用的添加剂而有很大差异。因此，与乳制品相比，它们可能含有更多或更少的糖、蛋白质和饱和脂肪酸。此外，用于制备酸奶类似物的植物材料通常比牛奶含有更少的钙和维生素 B_{12}，因此植物基酸奶通常要补充这些微量营养素（Boeck et al.，2021）。

9.7.2　冰淇淋

冰淇淋是一种结构复杂的胶体食品，它含有不同种类的颗粒（结晶脂肪滴、气泡和冰晶），它们分散在冷冻浓缩的水溶液中（图 9.15）（Goff，1997）。它通常由牛奶、外加的脂肪（奶油或其他脂肪）、脱脂乳固体、乳化剂、水胶体、调味剂和其他成分的混合物制成。冰淇淋配料是把所有的成分都在水中混合制成的。然后进行巴氏杀菌、均质、冷却至 4℃、成熟、冷冻至-16～-20℃（通常采用机械搅拌），然后在-25～-40℃保存。

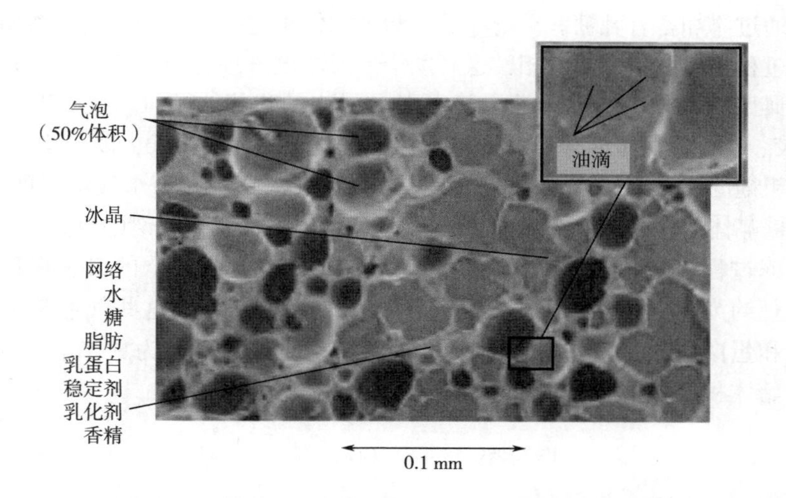

图 9.15　扫描电子显微镜显示的冰淇淋的微观结构，由分散在冷冻浓缩水溶液中的微粒（结晶脂肪滴、气泡和冰晶）组成

每个加工步骤和成分都有其特定的用途（Goff，1997）：

- 巴氏杀菌：食品安全。
- 均质：形成乳液，提高搅打性，产品更光滑。
- 冷却：脂肪液滴结晶，成分水化。
- 老化：脂肪滴界面改性。

- 冻结：冰晶形成，空气掺入，固体结构形成。

一方面，在均质化过程中，会产生被一层蛋白质膜（通常是酪蛋白）包裹的小脂肪球。在冷却过程中，脂肪液滴内的脂相部分结晶。在老化过程中，加入低分子量表面活性剂（如卵磷脂、单/双酰甘油酯或聚山梨酸酯），这部分取代了脂肪液滴界面上的蛋白质。这很重要，因为它在随后的冷却/冻结和剪切阶段促进了部分聚结。原本在脂肪球周围的厚厚的蛋白质层会抑制这一过程。在部分聚结过程中，部分结晶的脂肪液滴也相互聚集，因为来自一个液滴的固体脂肪晶体会渗透到另一个部分结晶液滴的液体油区域。这在冰淇淋生产中很重要，因为它会在气泡周围和水相内形成晶体脂肪滴网络，这有助于最终产品的机械强度。部分聚结速率取决于脂相的固体脂肪含量，而固体脂肪含量又取决于温度。部分聚结通常发生在脂肪液滴部分结晶的温度下。因此，在开发植物基冰淇淋时，识别出与乳脂表现出类似结晶行为的植物脂肪是至关重要的，因为这将导致最终产品中相似的机械性能、融化行为和口感。

另一方面，是低分子量化合物（如糖和矿物质）的加入，这有助于冰淇淋的口感和降低水相的融点，这对控制冰淇淋的硬度和融化行为很重要。这通常通过添加糖来控制，并通过添加含有乳糖和矿物质的脱脂乳固体来进一步增强。这些溶质的存在导致在冷冻过程中形成浓缩的水相，这有助于形成冰淇淋理想的柔软质构。这种非冻结的水相是典型的高黏性浓缩溶液，其中嵌入了冰晶和其他颗粒。也可以加入水胶体（如卡拉胶、刺槐豆胶或黄原胶）来减缓冰晶和乳糖晶体的生长，以避免形成大晶体，从而导致粗糙的口感（Cook et al.，2010），并结合水来减缓滴水现象。理想情况下，冰晶和乳糖晶体的直径应该在10~20μm，以使最终产品具有光滑的口感。

在冷冻过程中向冰淇淋混合物中加入空气对获得光滑柔软的口感很重要。气泡的平均直径约为50μm（Clarke，2007；Goff et al.，2013）。这些气泡是由部分结合的脂肪球和蛋白质来稳定的。加入产品的空气量通常被描述为“增容”，这是与混合物的初始体积相比体积的增加：

$$增容率(\%) = 100 \times \frac{V_P - V_M}{V_M} \tag{9.3}$$

这里，V_M 是初始冰淇淋混合物的体积，V_P 是最终冰淇淋产品的体积。通常，增容率在25%~120%，便宜的产品通常增容率较高（Clarke，2007；Goff & Hartel，2013）。

植物基冰淇淋的生产过程与乳制品冰淇淋相似，但所使用的成分不同。冰淇淋类似物可以将植物乳（如腰果乳、豌豆乳或燕麦乳）或精制植物组分（如面粉、浓缩物或分离物）混合到冰淇淋配料中生产。通常，蛋白质、脂质、糖、盐、胶体、乳化剂、色素和香料的混合物混合在一起。所使用的植物成分应该具有与乳制品相同的功能特性，但由于它们的分子特征不同，它们的表现往往不同。

植物基冰淇淋和乳制品冰淇淋的主要区别是分别使用了植物蛋白质和脂肪

（图9.16）。理想情况下，要利用与乳制品功能相似的成分，以便在最终的冰淇淋中实现类似的理想质量属性。如前所述，乳制品蛋白被用来促进冰淇淋的乳化性、保水性和搅打特性。因此，应选择具有与乳制品相似乳化性和保水性的植物蛋白，以确保冰淇淋混合物的脂肪球直径和黏度相似。这些特性的缺乏可以通过添加其他植物基乳化剂或加入胶体来克服，如植物胶、淀粉、黄原胶或卡拉胶。乳制品脂肪是气泡稳定、质地、口感和熔化行为所必需的。因此，植物基脂肪应该模拟这些特征。通常情况下，这意味着植物基脂肪的固体脂肪含量与温度的关系应该与乳制品脂肪相匹配。这可以通过在室温下使用部分固体的植物基油来实现，如棕榈油或椰子油（图9.6）。棕榈油在5℃时固体脂肪含量约为60%，这与乳脂相当相似，乳脂肪在4℃时固体脂肪含量约为56%（Lopez et al.，2006；Noor Lida et al.，2002）。也可以使用椰子油，但它的固体脂肪含量比乳制品脂肪高得多（在5℃时约为80%）（Smith，2015）。因此，植物基固体脂肪（如棕榈油或椰子油）可以与植物基液体油（如菜籽油、葵花籽油或大豆油）混合，以获得适当的固体脂肪含量与温度曲线的关系。通过选择和混合合适的植物基成分，可以实现设计植物基冰淇淋的优化配方。以下突出显示了用于生产商业产品的两个示例（成分列表拍摄于2021年10月）：

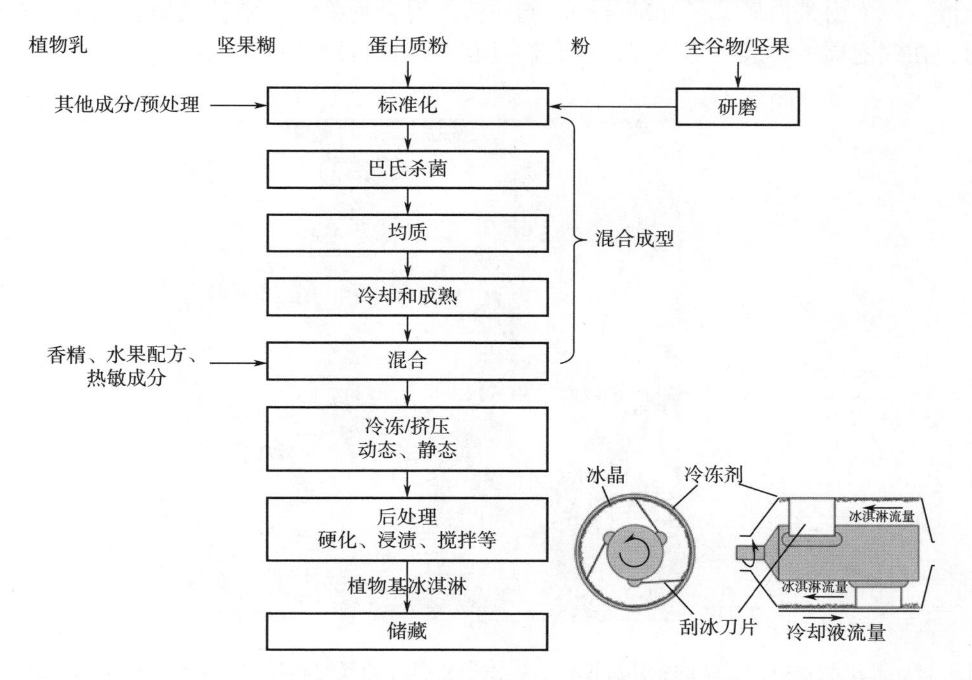

图9.16　植物基冰淇淋的生产流程与乳制品冰淇淋相似，但需要针对不同的原料进行调整。添加的其他成分可能包括糖、乳化剂、结构改进剂、脂肪/油，以及预处理可能包括混合、巴氏杀菌和初级乳液形成。该图为连续式冰淇淋冷冻机的工作原理，通过搅拌和刮壁将冰淇淋冷冻并加入空气

• 巧克力软糖布朗尼（Ben & Jerry's 自制控股有限公司，美国）：杏仁乳（水，杏仁）、液态糖（糖，水）、椰子油、糖、可可粉（碱法加工）、小麦粉、玉米糖浆粉、大豆油、可可粉、玉米糖浆、豌豆蛋白、向日葵卵磷脂、玉米淀粉、瓜尔胶、香草精、刺槐豆胶、盐、小苏打、天然香精（椰子）、大豆卵磷脂、大麦芽。

• 燕麦巧克力：水、燕麦、糖、葡萄糖、菜籽油、葡萄糖糖浆、全氢化植物油（椰子油、菜籽油）、2.5%的可可粉、椰子油、乳化剂（脂肪酸的单甘油酯和双甘油酯）、稳定剂（刺槐豆胶、瓜尔胶）、盐、天然香精。

与其他植物基产品一样，冰淇淋类似物的营养成分与乳制品冰淇淋不同，这取决于用于配制它们的不同配料的类型和数量。比较乳制品冰淇淋和植物基冰淇淋的营养成分及其对人类健康的潜在影响将非常重要。然而，由于食用冰淇淋主要是作为休闲食品，营养素可能不像其他产品那么重要。还需要进行更多的研究来比较乳制品冰淇淋和植物基冰淇淋对环境的影响。

9.7.3 鲜奶油

鲜奶油也是一种复杂的胶体分散体（图 9.17），它由悬浮在水相介质中的气泡组成。气泡由蛋白质分子和部分结晶脂肪滴的混合物稳定。脂肪液滴彼此聚集在一起，在气泡周围形成一个外壳，使它们具有一定的机械刚性和稳定性。

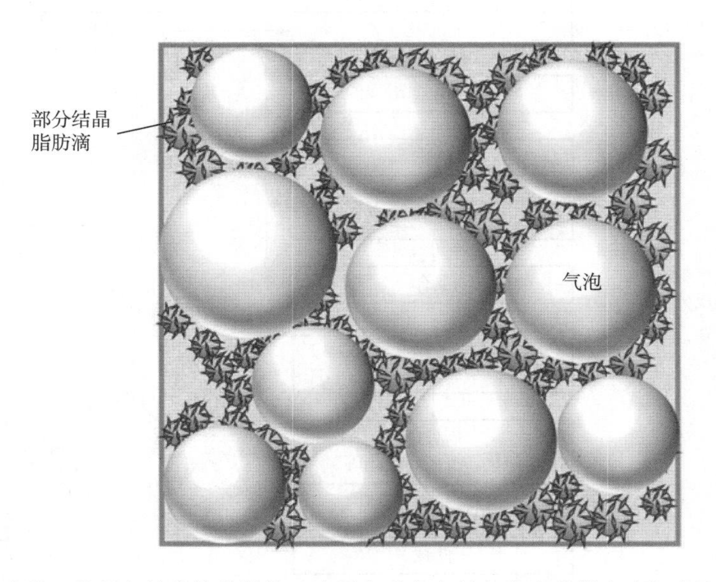

图 9.17 鲜奶油是一种复杂的胶体分散体，由蛋白质包裹的气泡和分散在水相中聚集的脂肪液滴组成

鲜奶油通常是在相对较低的温度下（0~7℃）用空气搅拌奶油，其中部分脂肪

相结晶，因为搅拌导致脂肪液滴部分聚合并形成网络。在连续相中，聚集的脂肪液滴形成三维网络，有助于最终产品的质地和稳定性。如上所述，在搅拌过程中产生的机械力将气泡引入水相，然后由吸附的蛋白质和聚集的脂肪球的混合物稳定。球状蛋白在界面处吸附后可能部分展开，然后相互作用，增加了界面层的机械强度，从而增强了气泡的抗聚结或抗破碎能力。水胶体，如凝胶或植物胶，经常被添加到乳制品鲜奶油中，以增稠水相，通过减缓气泡的运动来提高其稳定性。糖的加入可能会提高或降低泡沫质量，这取决于它们何时被加入到鲜奶油中。当在搅拌前加入糖时，泡沫的体积和稳定性通常会降低，因为糖增加了球状乳清蛋白的稳定性，这抑制了它们在空气—水界面的展开和聚集，从而减少了它们在气泡周围形成保护层的倾向。相反，当搅拌后加入糖时，泡沫的体积和稳定性往往会提高，因为它们通过渗透效应增加了被吸附的蛋白质分子之间相互吸引作用的强度，并增加了水相的黏度，从而抑制气泡的运动。

高质量的植物基鲜奶油的制造取决于在鲜奶油中模拟乳脂球的行为。与冰淇淋一样，这在很大程度上取决于在脂肪滴周围形成一个类似于乳脂球周围的界面层，以及使用与乳脂具有类似的固体脂肪含量与温度分布和结晶行为的脂质相。这可以通过使用适当的植物基乳化剂（如蛋白质和磷脂），以及使用适当的固体脂肪含量的植物基油（如椰子油和葵花籽油）的混合物来实现（图 9.6）。研究表明，可以用大豆原料生产植物基鲜奶油，但是，需要对大豆蛋白进行部分水解才能获得合适的泡沫体积和稳定性（Fu et al.，2020）。

9.7.4　黄油

由牛乳制成的黄油是另一种复杂的胶体体系。从成分上来说，它由大约 80%的乳脂，18%的水和 2%的乳固体组成。从结构上看，它由分散在部分结晶性脂质相中的水滴组成，脂质相由悬浮在液体油中聚集的脂肪晶体组成三维网络（图 9.18）。

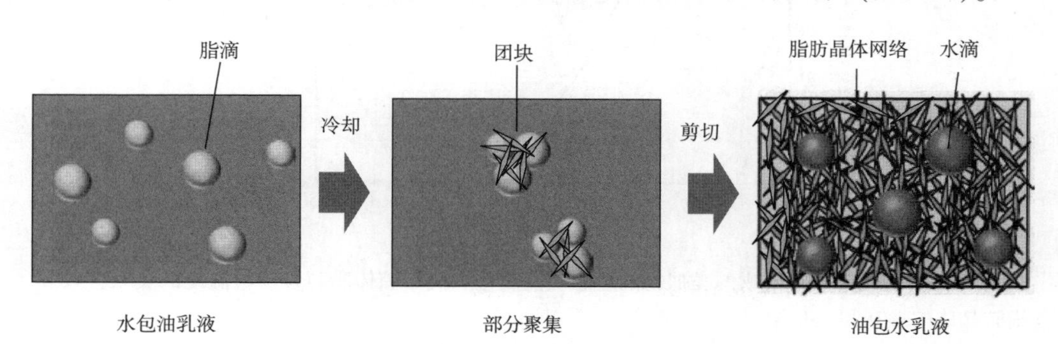

图 9.18　黄油或植物基黄油类似物的生产涉及将水包油乳液转化为油包水乳液，这是通过冷却和剪切来促进部分聚结实现的

通常，黄油是由巴氏杀菌奶油通过搅拌的可控相变过程形成的。这包括一个特定的冷却和加热过程，以获得最佳比例的结晶脂肪（如以固体脂肪为起始材料，8℃→21℃→20℃），然后使用螺旋式热交换器进行机械搅拌。在此过程中，奶油（水包油乳液）通过相转换过程转化为黄油（油包水乳液）（图 9.18）。部分结晶的脂肪球在搅拌过程中聚集在一起，这是一种被称为部分聚结的现象。随着进一步的加工，这些聚集体变得越来越大，最终发生相位反转，导致包含水滴和气泡的系统被束缚三维脂肪晶体网络中。黄油的结构特征取决于固体脂肪含量和脂肪晶体形态，这是由乳脂的初始脂肪酸组成和产品的热机械经历决定的。黄油通常被设计成在特定的温度范围内表现出类似塑料的流变特性。因此，它们的结构特性以屈服应力为特征，屈服应力应该足够高，以防止黄油在自身重量下坍塌，但又应该足够低，以确保它是可涂抹的。因此，重要的是仔细控制固体脂肪含量随温度分布的变化，以及脂肪晶体形态和相互作用，以便其在最终产品中获得理想的质地和感官属性（图 9.19）。例如，当它从冰箱里拿出来时，应该可涂抹，在室温下放置时不坍塌，在口腔里能熔化。

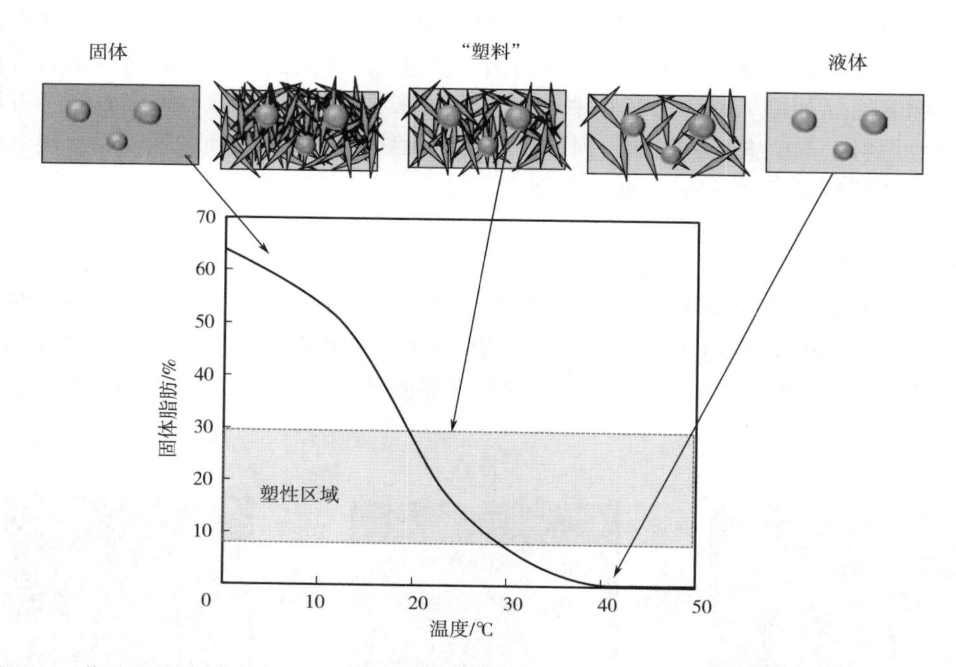

图 9.19　黄油或其基于植物的类似物的理想功能属性取决于固体脂肪含量与温度的关系，以及脂肪晶体的形态和相互作用

以植物基黄油替代品已经以人造黄油产品的形式存在多年。它们最初是作为黄油的廉价替代品而开发的，但现在的开发是为了满足人们对植物基食品日益增长的

需求。这些产品可以使用与黄油生产类似的工艺来制造，例如水包油乳液的冷却和机械搅拌可诱导相反转，并制备具有部分凝固脂肪相的油包水乳液。然而，重要的是选择合适的植物基乳化剂（如单酰甘油和二酰甘油、卵磷脂）来形成原始的水包油乳化剂，以及选择合适的植物基脂质（如棕榈，椰子，乳木果，向日葵），这将提供所需的固体脂肪含量和脂肪晶体特征。

9.8　未来展望

植物基乳制品类似物的商业化生产已经取得了相当大的进展，一些成功的产品已经投放市场。然而，仍需要研发出高质量的植物基乳制品，以满足消费者的饮食需求，尤其是奶酪类似物产品。其中一些产品的设计应该精确地模拟现有乳制品（如切达干酪或乳清干酪）的理想物理化学性质和感官属性。然而，其他产品可以被设计成具有自己独特的特性。例如，它们可以被设计成与现有乳制品有点相似的功能特性（如味道、硬度、屈服应力、可融化性和拉伸性），而不是只模拟它们的感官属性。以功能为先的方法设计植物基乳制品将会利于新产品类别的涌现。

基于本章提供的信息，强调一些我们认为未来仍然需要发展的重要领域：

- 感官属性：我们仍然迫切需要更好地理解和控制植物基乳制品替代品的感官属性，以提高消费者的接受度。这类产品通常具有不理想的味道和口感。例如，据报道，植物基奶酪具有豆味和砂砾味（特别是那些由大豆配制的），而植物基酸奶则具有豆味、葡萄干味、苦味和涩味（Montemurro et al.，2021；Short et al.，2021）。本章讨论了一些提高乳制品感官属性的策略，包括发酵、热处理和植物育种，但仍需要进一步的发展来实现更理想的风味特征。但是，随着植物基食品越来越为消费者所熟悉，他们可能会更加接受与之相关的独特风味。
- 蛋白质凝胶：奶酪和酸奶等乳制品含有聚合牛奶蛋白的三维网络，这赋予了它们独特的质构、液体保留和其他特征功能属性。正如本章所讨论的，由于植物蛋白的分子特征不同，因此很难用植物蛋白来模拟乳制品凝胶的结构性质和物理化学性质。相反，植物蛋白通常必须与水胶体结合使用，以实现与乳制品凝胶中类似的功能特性。因此，植物基产品的蛋白质含量通常低于乳制品。为了克服这一问题，无论是单独使用还是与其他植物基成分结合使用，都需要更好地了解植物蛋白的凝胶特性。此外，农业专家和食品科学家之间需要进行更多的合作，以生产具有所需功能属性的成分，例如表面具有更多疏水氨基酸的蛋白质，因为这可能会增强其凝胶性质。
- 整体原料：本章中介绍的许多加工路线都是基于提取和分离的成分。有价值的促进健康的成分，如纤维素和微量营养素，往往从这些成分中分离。此外，通常需要利用能源、水和化学品的加工步骤来分离这些成分，这导致工艺的可持续性较低。在未来，从只经过最低限度加工的全部成分中获得植物基乳制品将是有益的，促进健康的营养物质得以保留，消耗的能量和资源也更少。因此，设计新的加工操作工艺，允许整个植物来源的成分转化为植物基乳制品替代品将是有利的。这种方法的一个例子是由坚果制成的奶酪类似物。当然，应该注意的是，植物通常含有抗营养物质和潜在的有毒化合物，需要在加工过程中去除或灭活。

- 健康和可持续性：需要对乳制品类似物的营养和可持续性进行严格评估，以便与真正的乳制品相比，评估它们可能具有的任何健康和环境优势或劣势。这些比较应由对结果没有既得利益的独立研究人员使用标准化的验证方法进行。

参考文献

参考文献

第 10 章　促进向植物性饮食的过渡

10.1　引言

正如本书所强调的，许多消费者对食用更多的植物性饮食越来越感兴趣，这促使许多食品制造商创造新的植物基产品。事实上，这个细分市场已经有一些非常成功的商业产品（图 10.1、图 10.2）。尽管如此，该领域仍有相当大的发展空间。目前，只有一小部分消费者主要食用植物性饮食，并且植物基食品在其竞争的所有类别（如肉类、海鲜、鸡蛋、牛奶、酸奶和奶酪）所占有的市场份额也很少。为了促进向植物性饮食的过渡，仍然有许多挑战，这为食品行业、企业家和投资者带来了新的机遇。在本章中，我们强调了一些我们认为应该解决以促进这一转变的最重要问题。其中包括供应方问题，例如增加高质量植物基食品的供应量，以及需求方问题，如提高消费者对植物基食品的认识和渴望。

图 10.1　植物基汉堡烹饪前后的图像

图 10.2　植物基汉堡、香肠和鸡块的图片

10.2 相关研究

10.2.1 原料的创新

通过增加明确且一致的具有功能性的植物基成分的数量、质量和多样性，将极大地促进下一代高质量植物基食品的设计和生产。目前，可用于制作植物基食品的植物基成分（特别是蛋白质）的供应相对有限，其功能特性通常不适合所需的应用，或者其功能特性在批次之间差异很大。该领域有一些需要创新：

- 确定新的可持续植物成分来源，这些来源可以经济地大规模生产以应用于食品工业，例如陆地作物、水生植物、工业副产品或农业残留物。
- 利用育种或基因工程方法开发含有更高水平的优质功能成分的农作物新品种。
- 创建新的加工方法，或优化现有的加工方法，以可持续地分离出具有高纯度和功能性的植物成分。
- 确定需要较少加工即可生产的功能性成分，这将减少浪费并提高可持续性。
- 开发标准化的分析方法来表征和比较植物成分的特性，以便可以严格评估它们对特定应用的适用性。理想情况下，这些方法应该经济实惠、快速且简单，以便可以轻松地被行业采用。

10.2.2 食品品质设计

第一代植物基食品的制造商专注于模拟重组产品的外观、触感和味道，如汉堡、香肠、鸡块和肉丸，因为它们的感官属性对消费者的接受程度至关重要（图10.1、图10.2）。而且，这些产品是消费广泛的食品，其结构、理化特性和质量属性比牛排、猪排、鸡胸肉和鱼片等全肌肉食品更容易模仿。学术界和工业界的科学家已经在致力于开发生产高质量全肌肉食品所需的科学技术，但仍需要开展进一步的工作。理想情况下，需要开放访问的数据库以标准化的方式提供有关不同植物成分功能性的信息，以便研究人员和制造商可以为特定的应用选择最合适的成分（Clayton and Specht，2021）。这些数据库将提供有关不同蛋白质的溶解度、增稠性、结合性、发泡性和胶凝特性的信息，以及不同环境条件（如pH、离子强度和温度）如何影响这些特性的信息。此外，应该建立结构—功能关系，将蛋白质的分子特征与其在食品中的功能表现联系起来。先进的计算机技术可能在建立这些关系方面发挥重要的作用，然后利用这些以更合理和更系统的方式设计植物基食品。特别地，它们可以促进使用植物成分模拟全肌肉食品中的复杂的层次结构。

10.2.3　营养的影响

如果向植物基食品的转移取得成功，全球很大一部分的人将用植物基替代品取代动物性食品。正如本书前面所讨论的，植物基食品的营养状况及对健康的影响与动物性食品不同（第 5 章）。因此，向更多植物性饮食的过渡可能会对普通人群的健康产生重要的影响。第一代植物基食品主要专注于创造外观、触感和味道都很美味的产品，同时尽可能模拟真正的动物性食品的特性。这一点至关重要，因为味道是消费者在购买这些食品时所考虑的最重要的因素（Parry et al.，2019）。然而，在设计下一代植物基食品时，考虑对营养和健康的影响将是至关重要的。现代食品工业在生产价格实惠、方便、丰富和美味的食品方面取得了巨大成功，但也因生产不健康食品（高脂肪、高盐和高糖）而遭受批评，这些食品与肥胖、糖尿病、高血压、心脏病等慢性疾病的增加有关。从动物性食品向植物基食品的转变是食品工业一个很好的机会，即提高其产品的健康性并促进人类健康的大幅改善。因此，人们需要进行更多的研究，以了解植物基食品相对于其替代的目标动物性食品的营养状况、胃肠道的消化吸收及对健康影响之间的关系；需要研究植物基食品的消化率，如大量营养素的消化速度和程度，营养素和功能物质吸收的药代动力学，以及植物基食品对肠道微生物菌群和人类健康的影响。这些知识可以用来设计更健康的植物基食品，以确保下一代植物基产品能够为创造更健康的社会做出贡献。

10.2.4　环境的影响

大量产品生命周期分析表明，植物基食品对环境的影响远低于同等动物性食品。然而，它们对环境的影响和可持续性仍有待改善。例如，对原料功能更好的理解可能会使食品制造商能够利用来自当地的成分来生产植物基食品，而不是运往世界各地。这将减少原料和食品需要运输的距离，从而减少化石燃料的使用，并提高经济可行性。此外，在原料种植地附近加工食品可以刺激当地经济，特别是农村地区，可在农业和工业领域提供就业机会。为了实现这一目标，我们需要提高对不同农作物中原料的表现以及如何提取和加工这些成分来获得所需功能特性的理解，这是很重要的。

还可以使用各种其他方法来提高植物基食品生产的可持续性（Clayton et al.，2021）。目前，用作植物原料的农作物并没有根据这个目的进行优化。而是已被优化来生产油或淀粉。传统的选择性育种或现代基因工程方法可用于重新设计这些农作物，以增加其所含的有用成分的含量，并提高其可提取率和功能性，从而降低成本和对环境的影响。同时，需要确保尽可能多的农作物转化为有价值的原料，而不是浪费。因此，应确定所产生的废物的可持续和经济用途。此外，需要优化现有的制造业，以及开发新的能源和资源效率更高的制造业，以提高可持续性并减少植物基食品和配料生产对环境产生的影响。

更多关于从动物性饮食转向植物性饮食的环境效益的信息将有助于为消费者的选择和政府的决策提供信息。因此，需要对特定种类的植物基食品（如肉类、海鲜、鸡蛋和牛奶）进行更全面的产品生命周期分析（LCA）研究。这些研究应该由对结果没有既得利益的独立科学家进行。改进有关动植物产品对温室气体排放、用水、土地利用、污染和生物多样性丧失的相对影响的信息对于政府、工业界和消费者来说非常重要。理想情况下，应该开发一个易于被行业采用、政府监管和消费者理解的标准化 LCA 协议。并且，该协议背后的原则和程序应由该领域的专家制定，由独立专家评估、公开透明并且被食品行业内各利益相关者所接受。这些产品生命周期评估的可适用性将有助于识别原料和工艺，从而形成更可持续的食品生产体系。此外，如果产品生命周期评价信息以统一的方式清晰地显示在食品标签上，消费者就可以根据其环境影响从特定食品类别中做出明确的选择。

通过在整个供应链中使用现代技术创新，如自动化、人工智能、大数据、区块链、生物技术、纳米技术和结构设计方法，也可以减少生产植物基食品对环境的影响（McClements，2019）。

10.2.5 社会经济影响

据预测，向现代植物性饮食的转变将对社会经济产生巨大的影响（Tubb et al.，2020）。肉类、鱼类、蛋类和乳制品行业以及依赖这些行业的其他工业的销售额可能会大幅下降。例如，目前如果农民所种植的农作物主要用于喂养牲畜，这导致农作物的销售额大幅下降。此外，农民所使用的种子、化肥、农药、拖拉机和其他农业设备的生产商的销售额也会下降。对屠宰场、肉类加工设备和炼油厂的需求将会大大减少。这会导致许多人将失去工作、没有生计，对他们所居住的社区也会产生重大影响。因此，需要进行研究以更好地了解现代粮食系统转型的社会经济影响，并确定有效的策略来应对不可避免的破坏。由于全球人口的持续增长，对富含蛋白质的食物的需求不断增加，这可能是一个相对缓慢的转变，但仍然迫切需要采取行动，以便尽快解决这些问题。此外，重要的是降低植物基食品的价格，使更多的人能够负担得起并将它们纳入自己的饮食中。

10.3 教育

植物基食品行业的发展将取决于拥有设计、开发、生产和测试其产品所需的知识和技能的劳动者。所需的大部分知识是传统食品科学和工程课程的一部分，但也有一些方面目前没有以全面综合的方式涵盖。此外，许多在该领域工作的人员并不具备与植物基食品相关的物理、化学、生物和工程原理的基础知识，只接受过其他学科的培训。因此，教育需要创新。在大学层面，这可能涉及修改现有课程，例如在食品化学、食品分析、食品微生物学和食品工程课程中添加植物基食品部分。或者，也可以在本科生或研究生教育中开设新课程，专门关注植物基食品的科学和技术。事实上，我们希望本书能够作为此类课程的资料。加州大学伯克利分校等一些大学开设了创新课程，将植物基食品的商业和科学融为一体，聘请来自该领域学术界和工业界的外部演讲者，并让学生参与产品开发项目。此外，非营利组织美食协会（Good Food Institute）拥有免费的在线材料，可用于开发该领域的课程。还需要为已经在食品行业工作的人们提供有关植物基食品的短期课程，他们需要更多地了解植物基食品的成分、加工操作、理化特性、感官属性和营养特性背后的科学和技术。除了食品和营养科学家外，与植物基食品行业相关的其他学科的教育和推广也很重要，包括化学工程、社会学、经济学、消费者科学和营销。为了覆盖更广泛的受众，学术和劳动力培训课程应以面授和在线的方式教授，并可选择点播观看，以提高日程繁忙的人们学习的灵活性。

10.4　消费者意识

尽管饮食中加入植物基食品的人数迅速增加，但大多数消费者仍然不经常食用这些产品。因此，需要进行更多研究来了解影响消费者偏好和选择的因素。这些知识可以用来更好地设计满足消费者需求的产品，以及创建更多消费者尝试和食用的植物基食品的信息，从而改变他们的长期消费行为。目前，早期的植物基食品的食用者的人群更加年轻、更加城市化、种族更加多样化。未来，鼓励其他人群食用植物基食品非常重要。例如，有报告研究了影响普通人群消费者对植物基食品看法的一些因素（Parry et al.，2019）。这份报告发现，味道是对消费者决策最重要的影响因素，但其他因素也有一些影响，包括产品熟悉度、食品传统、健康、营养、动物福利和环境问题。他们还确定了导致人们潜在选择和喜欢植物基食品的几个因素，如包装材料和营销。更好地了解消费者对植物基食品的看法以及影响决定他们饮食的因素，可能会影响营销策略制定，从而增加采用更可持续和健康的植物基饮食的人数。

10.5　政府的支持

现代食品供应对人类健康和环境的不利影响使其成为公共政策的紧迫问题。政府可以采取多种措施来支持向更健康、更可持续的植物基食品供应过渡。需要更多的资金来支持植物基食品发展的基础研究。正如本书所强调的，这些食品是高度复杂的材料，对其特性仍然知之甚少，这阻碍了下一代高质量、健康和可持续产品的设计和生产。需要对整个领域的研究提供支持：创造新的农作物、提供新植物原料来源；开发从这些农作物中提取植物原料的新的分离和纯化方法；建立结构设计规则，将植物成分组装成具有所需理化、功能和感官属性的高质量食品；开发和优化加工技术，以经济地大规模生产植物基食品；提高对植物基食品与人类感官（嗅觉、味觉和口感）相互作用的了解，以提高消费者的接受度；与动物基食品相比，增加对植物基食品的胃肠道消化吸收和健康影响的了解。

各国政府还可以通过向植物基原料和食品生产商提供更多补贴和税收优惠，促进向植物性饮食的过渡。此外，还可以开展教育活动，强调消费植物基食品的潜在健康、可持续性和道德益处。地方和国家政府可以鼓励在食品计划和控制的大型机构（如学校、医院和军事基地）中采用植物基食品。这些活动可以成为健康饮食运动的一部分，这可以在健康、可持续性和经济方面产生巨大的好处。改善饮食习惯将减少与许多与饮食相关的慢性疾病相关的医疗费用，并减少因疾病而损失的工作时间。

政府还需要建立一个明确的监管框架，使新兴的植物基食品公司能够将新产品推向市场。例如，传统动物基食品行业的某些领域反对使用“肉”“鱼”“牛奶”“鸡蛋”或“奶酪”等名称来称呼植物基产品。他们声称这些术语应该只适用于来自动物的食品。在一些国家，这给动物基食品替代品的开发和营销带来了挑战。总之，各国政府需要促进建立从动物基食品向植物基食品过渡所需的国家和国际基础设施，如新的生产、分配和储存系统，以及新的标准和测试制度。

总而言之，各国政府需要制定国家战略，促进向优先考虑可持续性、人类健康和营养、环境、动物福利和公平的食品系统过渡。这样的战略将确保政府政策（补贴、激励措施、税收和其他政策工具）可用于实现这些目标。

10.6 食品系统方法

采用将饲养者、农民、生产者、零售商、消费者、医疗行业和政府联系起来的综合食品系统方法将有益于向植物基饮食的过渡。应鼓励所有利益相关者积极参与制定有效战略以促进这一转变，因为这将在社会许多层面产生重要影响。如前所述，目前在肉类、鱼类、蛋类或乳制品行业工作的人们可能会失去工作，这将对他们的生活以及他们所居住的社区产生重大影响。在某些情况下，现有的劳动力、生产设施和营销网络可能会被重新利用来生产植物基食品，但情况并非总是如此。因此，制定政府政策来解决这些重要问题非常重要。例如，政府可以利用教育计划、税收或补贴来支持农民从饲养牲畜转向种植农作物。

应该指出的是，目前大多数植物性作物（如大豆）都是为了喂养动物而种植的。如果转向更多以植物基食品的饮食，那么需要种植的农作物就会少得多，这也会影响这些农民的利润和生计。未来，农民有可能种植更少的农作物，但通过选择提供更适合人类而不是动物的植物基食品的理化和营养特性的品种来增加其价值。因此，农作物种植总量可能会减少，但其价值可能会增加。同样，这可能需要政府税收、补贴或激励措施来促进这一转变。未来，手工农业可能会受到重视，这种农业生产的高质量动物基食品数量相对较少，对人类健康和环境更好，对动物福利的危害也较小。

10.7　最后的想法

食品供应对我们的健康和环境所发挥的关键作用越来越受到消费者、工业界和政府的认可。人们现在普遍认为，现代粮食生产系统需要转型，以解决对全球变暖、生物多样性丧失、污染、动物福利和人类健康所造成的不利影响。许多科学家、企业家、投资者和监管机构已经认识到这些机遇和挑战，现在正在积极努力地通过技术和政策创新来改变粮食系统。特别地，开发替代传统动物蛋白的替代蛋白已被确定为改善食品供应对环境和健康影响的最重要方法之一。在本书中，我们专注于植物基食品的发展，这些食品被设计成健康和可持续的产品，以替代富含蛋白质的动物性食品，如肉类、海鲜、鸡蛋和乳制品。然而，其他来源的替代蛋白质也可能在减少动物基食品的食用中发挥重要作用，包括从培养肉、细胞农业、真菌和昆虫中获得的蛋白质。例如，由细胞农业（而不是奶牛）生产的乳蛋白制成的食品如图 10.3 所示。此外，植物原料可用于创造创新的植物基食品，这些食品并非旨在模拟动物基食品。豆腐、面筋和豆豉是公认的富含蛋白质的动物基产品替代品。然而，全新的富含蛋白质的食物可以被创造出来，它们具有目前不存在的外观、质地和味道，如辛辣耐嚼的红色球体、浓郁的脆绿色方块或甜美的海绵状紫色三角形。这些还可以设计为可持续和健康的产品，如富含膳食纤维、生物活性物质、维生素和矿物质。

未来，我们相信人类将大幅减少食用动物产品的数量，以帮助避免环境退化并改善人体健康。科学技术将在这一转变中发挥关键作用。我们希望这本书将有助于促进这一重要领域的进一步研究，并开发出更广泛的高质量植物基食品，从而有助于促进这一转变。

彩图

图 10.3　使用细胞农业（发酵）而非奶牛生产的乳蛋白制成的食品图像

参考文献

参考文献

附录　植物基成分和食品分析

在本附录中，我们提供了关于各种方法的信息，可以用来表征植物基成分和食品的组成。

引言

了解植物基食品的组成和成分，如蛋白质、脂肪、碳水化合物、矿物质和水分含量，是非常重要的，因为它决定了它们的理化、功能和营养特性。此外，它是产品标签所必需的。在本附录中，我们概述了测量植物基食物和配料中主要营养素的种类和浓度的常用程序。我们也强调其他方法，可以提供关于营养素的状态信息，如变性状态的蛋白质。应该指出的是，像美国分析化学家协会（AOAC）或国际标准化组织（ISO）这样的协会通常规定了为监管目的所需要的特定食品类型的近似分析方法。

水分含量

测量食品或配料水分含量的最直接方法是将其转化为小颗粒（例如，通过切割、混合、研磨或碾磨），将其与干燥的砂混合并研磨，然后在常规对流烘箱或真空烘箱中干燥材料直到其达到恒定质量（如 AOAC 950.46）。对于烘箱设置，使用的温度通常略高于 100℃，而对于真空烘箱，由于水的沸点降低，温度可以更低。样品在干燥器中冷却后，通过称重测量干物质。重要的是要确保样品不含明显量的非水挥发性化合物，并且在干燥过程中不会热降解，否则将获得错误的结果。如果常规对流烘箱中的温度过高，则应考虑使用真空烘箱。

另外，样品的含水量可以用卡尔·费休滴定法进行分析，这种方法特别适用于低水分或温度敏感的食品（如植物蛋白粉）。这种方法利用水、二氧化硫和碘之间的反应来量化原始样本中的水分量（Park，2008）：

$$2H_2O+SO_2+I_2 \rightarrow H_2SO_4+2HI$$

在实践中，还会使用另外的试剂以促进反应的完成和终点检测。通常，反应需要每 1mol 水、1mol 二氧化硫、1mol 碘、3mol 吡啶和 1mol 甲醇。一旦所有的水被消耗，使用滴定单元中的指示电极可以电压方式检测过量碘的存在。

蛋白质分析

总蛋白含量

有几种分析方法可用于测量食物的总蛋白质含量，最常见的是测量总氮含量的方法和利用分光光度计的方法（Mæhre et al.，2018）。分光光度法通常不用于测定植物基食品的蛋白质含量，因为它们需要用适当的参比物质进行校准，需要可溶性蛋白质，容易受到干扰化合物的影响，并且不允许作为产品标签的参比方法（Moore et al.，2010）。特别地，测量的吸光度取决于蛋白质的氨基酸序列，这在不同的蛋白质之间有很大的不同。尽管这些方法并不特别适合测定植物基食品的总蛋白质含量，但它们可以用于评估蛋白质浓度的相对变化，例如在蛋白质溶解度测定中（Grossmann et al.，2019）。

大多数实验室使用杜马森法方法（例如，AOAC 992.15）或凯氏定氮法（例如，AOAC 981.10 或 928.08）来确定植物基食品和配料的蛋白质含量，这涉及测量氮含量，然后使用校准因子将其转换成蛋白质含量。

杜马森法

杜马森法是基于食物样品在 900~1300℃ 的富氧环境中燃烧（Etheridge et al.，1998）（附图 1）。释放出的气体（O_2、CO_2、H_2O、N_2 和 NO_x）随后通过一个填充铜的管，这有助于还原成 N_2。剩余的气体通过气/水敏感的捕集器和膜来去除不含氮的气体。气体混合物最终通过热传导检测器传输，该检测器产生与氮含量成正比的电信号。

凯氏定氮法

测定食品中总蛋白质含量的凯氏定氮法是基于三个步骤：消化、蒸馏、滴定（附图 2）。第一，样品消化使用沸腾的硫酸和催化剂，它将样品中的氮转化为铵离子。第二，氢氧化钠中和液体，铵离子与氢氧根离子的反应在随后的蒸馏一步促进释放氨气。氨通常由冷凝回收，再转换到不挥发性铵弱酸，如硼酸。第三，硼酸盐中回收铵的是由酸滴定测定的（Marco et al.，2002）。

对比

凯氏定氮法和杜马森法都是许多协会（如 AACC、AOAC、AOACS 和 ISO）发布的参考方法的基础（Moore et al.，2010）。它们通常被用于分析植物基食品和配料的总蛋白质含量（Chiang et al.，2019；Schneider et al.，2019）。传统上，凯氏定氮法被用作金标准参考，但杜马森方法现在已被确立为可靠的替代方法。与凯氏定氮法相比，杜马森法有几个优点，包括较高的处理量（分析时间通常为 3~4 分

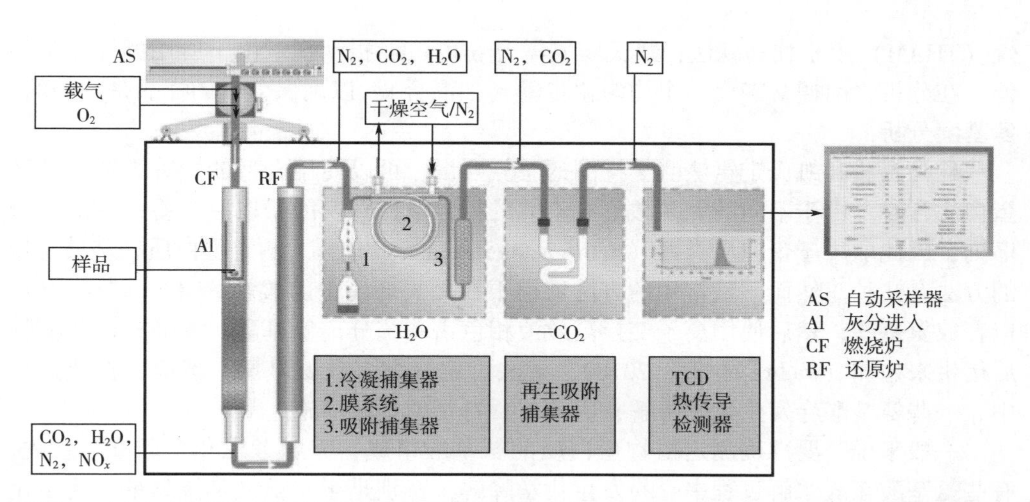

附图 1　用杜马森燃烧法测量材料氮含量的装置的工作原理示意图。含蛋白质的样品在富氧环境中燃烧。这些气体随后被处理以获得 N_2，并使用热导检测器进行测量。然后用氮含量计算蛋白质含量

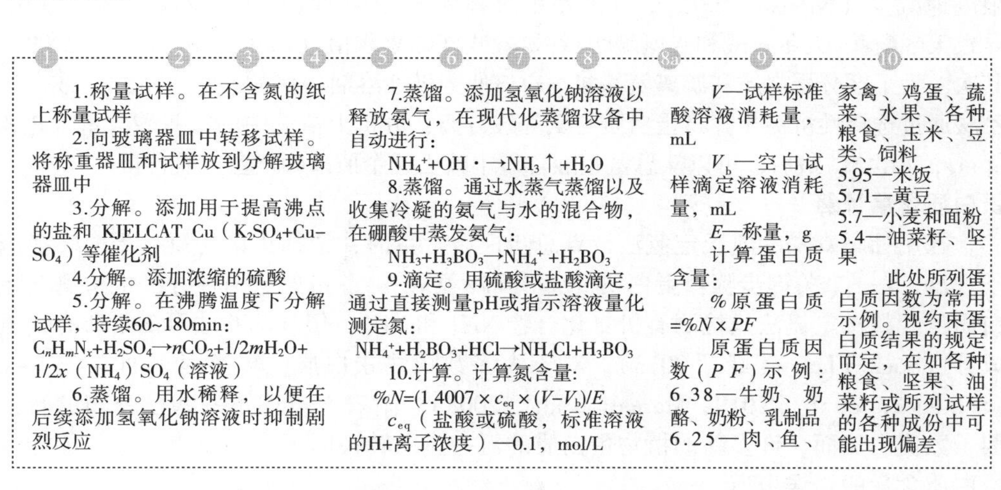

附图 2　凯氏定氮法测定食品中蛋白质含量的工作流程

钟，而不是几个小时），安全问题（无须处理腐蚀性酸，没有有毒化学物质），以及每个样品的检测成本较低（Moore et al.，2010）。然而，杜马森仪器相对昂贵，需要定期维护和更换消耗品，如铜和吸附器，这需要训练有素的工作人员。杜马森仪器可以在质量从几毫克到几克的样品中检测到 0.003~50mg 的氮水平，而凯氏定氮法的定量下限在 0.02mg 左右（Buchi，2010）。

杜马森和凯氏定氮法可用于分析不同类型的样品（固体、半固体和液体）。它们还需要用合适的标准进行校准：乙二胺四乙酸（EDTA）或三（羟甲基）氨基甲

烷（THAM）用于杜马森法；凯氏定氮需要 pH 校准/指示剂。由于所用的样品量很低，在分析之前通常需要一个均匀化步骤（如混合），以确保分析的样品是均匀的。

氨基酸分析

杜马森法和凯氏定氮法测量样品的总氮含量，可以使用合适的换算系数来计算蛋白质含量。由于不同的氨基酸具有不同的氮含量，转换因子取决于蛋白质的一级序列，因此取决于蛋白质类型（Schwenzfeier et al.，2011）。测定蛋白质氨基酸含量的方法有几种。然而，最常用的方法依赖于在无氧环境中的酸水解（6 mol/L HCl）以释放氨基酸，然后使用离子交换高效液相色谱系统分离氨基酸，并通过茚三酮柱后衍生来检测（Méhre et al.，2018）。此法可定量大多数氨基酸。然而，在此过程中，一些氨基酸会发生化学降解，因此需要特别的预防措施。

一般来说，要准确测定植物蛋白质的氨基酸组成，需要考虑几个因素。首先，有些氨基酸在酸水解过程中容易发生化学降解，特别是半胱氨酸和蛋氨酸。为了定量，这些氨基酸应该在酸水解之前被氧化，这提高了它们的耐化学性（Rayner，1985）。酪氨酸在酸水解过程中也容易发生化学降解，这可以通过添加苯酚来最大限度地减少（Nissen，1992）。在酸水解过程中，天冬酰胺和谷氨酰胺发生脱酰化，导致天冬酰胺/天冬氨酸和谷氨酰胺/谷氨酸残基的累积值（Rutherfurd et al.，2009）。其次，为了区分蛋白质和游离氨基酸，应该使用极性溶剂（例如乙醇或丙酮）或三氯乙酸通过选择性沉淀步骤将蛋白质与氨基酸分离，分析上清液中的氨基酸含量（Park et al.，2014）。最后，可以从总氨基酸含量中减去这个值来确定蛋白质含量。

蛋白质含量计算

在用杜马森法和凯氏定氮法计算总蛋白质含量时，选择正确的氮—蛋白转换因子（k）是一个关键步骤：蛋白质（%）$=k\times$氮（%）。虽然这两种方法也检测非蛋白质氮，凯氏定氮法只检测有机氮化合物 NH_3 和 NH_4^+，但杜马森法可确定所有含氮成分（Sáez-Plaza et al.，2013）。对于大多数植物蛋白质，转换因子通常在 5~6（Schreuders et al.，2019；Mariotti et al.，2008）。附表 1 概述了一些已公布的转换因子数值。然而，许多新的植物蛋白质的氮—蛋白转换因子尚未发表，这可能导致蛋白质含量的错误报道。

对于新原料，可以根据其已知的氨基酸组成、无水分子量（附表 2）和样品中测定的氮含量来确定转换因子。k_b（有时称为 k_p）和 k_a 是常用的两个因子（FAO，2019）：

k_b 为无水氨基酸残基（水解时加入水分子，不使用游离氨基酸的 mW）重量之和与总氮含量（蛋白氮+非蛋白氮）的比值：

$$k_b=\sum \text{无水氨基酸残基/总氮}$$

k_a 是无水氨基酸残基重量之和与仅在检测氨基酸中发现的氮之和的比值：

$$k_a=\sum \text{无水氨基酸残基/蛋白质氮}$$

附表 1　重要植物材料氮—蛋白质的转化因子

材料	氮—蛋白转化因子
大麦	5.45
黑小麦	5.49
燕麦	5.34
黑麦	5.34
小米（谷子）	5.80
小米（珍珠小米）	5.47
小麦（全麦）	5.49
小麦及其衍生物	5.52
小麦胚芽	4.99
小麦麸皮	4.96
荞麦	5.24
大米	5.34
玉米	5.62
高粱	5.67
其他谷物	5.50
大豆或豆粕	5.50
豌豆	5.36
羽扇豆	5.44
干豆	5.28
其他豆类	5.40
黄芥末	5.12
油菜籽	5.35
葵瓜子（去壳）	5.29
蔬菜，蘑菇和叶蛋白	4.40
菜籽粉	5.53[a]
葵花籽粉（去壳）	5.36[a]
亚麻子粉	5.41[a]
萝卜油菜籽粉	5.43[a]
油菜籽粉	5.36[a]
向日葵粉	5.40[a]
红花粉	5.37[a]

续表

材料	氮—蛋白转化因子
萝卜菜籽分离蛋白	5.33[a]
菜籽分离蛋白	5.52[a]
亚麻籽分离蛋白	5.57[a]
向日葵分离蛋白	5.43[a]
红花分离蛋白	5.49[a]
大豆蛋白	5.69~5.79
坚果	5.18~5.46[a]
蘑菇	4.7/3.99[a]

注 a为k_a。

附表2 游离（水解）和残基（作为蛋白质的一部分）的氨基酸（AA）重量

氨基酸	游离氨基酸的质量	残留氨基酸的质量	残留氨基酸中氮元素含量
丙氨酸	89.1	71.1	19.7
精氨酸	174.2	156.2	35.9
天冬酰胺	132.1	114.1	24.6
天冬氨酸	133.1	115.1	12.2
半胱氨酸	121.2	103.1	13.6
谷氨酸	147.1	129.1	10.8
谷氨酰胺	146.1	128.1	21.9
甘氨酸	75.1	57.1	24.6
组氨酸	155.2	137.1	30.6
异亮氨酸	131.2	113.2	12.4
亮氨酸	131.2	113.2	12.4
赖氨酸	146.2	128.2	21.9
甲硫氨酸	149.2	131.2	10.7
苯丙氨酸	165.2	147.2	9.5
脯氨酸	115.1	97.1	14.4
丝氨酸	105.1	87.1	16.1
苏氨酸	119.1	101.1	13.9
色氨酸	204.2	186.2	15.0
酪氨酸	181.2	163.2	8.6
缬氨酸	117.1	99.1	14.1

这两个因子都有其局限性：k_b 可能不能准确地表征蛋白质含量，因为非蛋白质氮含量可能随样品而变化，而 k_a 可能高估实际蛋白质含量，因为它没有考虑非蛋白质氮。由于这些原因，建议对两个因子取平均值，以获得氮—蛋白质转化率的平均 k 因子。此外，由于辅基也可以对总蛋白质含量有影响，科学家还可以考虑蛋白质相关基团（Mariotti et al.，2008）。然而，大多数作者考虑 k_a 和 k_b 来计算蛋白质含量，因为需要复杂的方法来确定相关的辅基，这在许多实验室中并不容易获得。如何获得蛋白质含量的概述见附图 3。

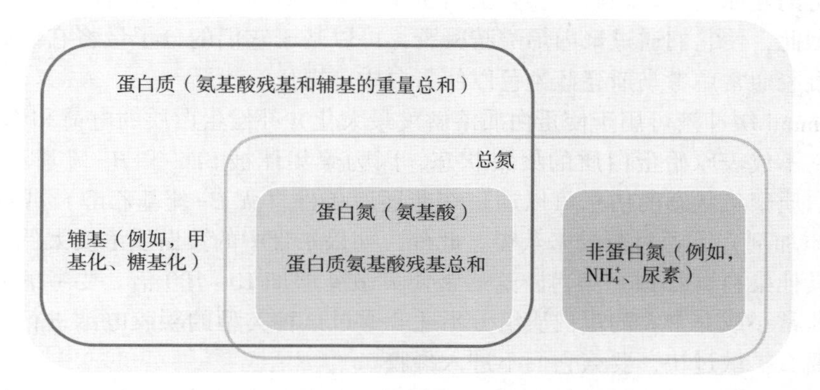

附图 3　蛋白质由氨基酸和辅基组成。蛋白质含量可以通过考虑氨基酸残基的总和并将该值与相关辅基的重量结合来确定

此外，蛋白质质量指数，如蛋白质消化率校正的氨基酸评分（PDCAAS）或可消化的必需氨基酸评分（DIAAS），应予以考虑，因为它们在不同的蛋白质来源之间存在差异（第 2 章）。DIAAS 值是由 FAO 推荐的，并且使用与参考蛋白质相比的食物蛋白质中不可缺少的氨基酸的真实回肠氨基酸消化率来确定（Mathai et al.，2017）。例如，大豆蛋白的 DIAAS 为 84，而小麦蛋白的 DIAAS 为 45（Mathai et al.，2017）。这样的分数可以影响特定国家中蛋白质值的标签，例如使用包装声明“良好的蛋白质来源”（Nosworthy et al.，2017）。

蛋白质组成

植物蛋白成分的功能性能取决于它们含有的不同蛋白质的类型和量。例如，大豆蛋白含有 β-伴大豆球蛋白（7S）和大豆球蛋白（11S），它们具有不同的功能属性，例如，溶解性、乳化性和胶凝性。这些组分的含量也随季节而变化（Chen，1993）。因此，重要的是要了解成分的蛋白质组成。

蛋白质组成通常通过使用聚丙烯酰胺凝胶电泳分离溶液中的蛋白质混合物来确定。SDS-PAGE 是用于该目的的最常见和最直接的方法（Chen et al.，2010；Azzollini et al.，2019）。这些方法还可用于监测加工过程中蛋白质性质的变化，例如由挤出机中的高温和剪切应力引起的交联或降解（Chen et al.，2011）的报告。在SDS-PAGE期间，通过将混合样品中的蛋白质添加到聚丙烯酰胺凝胶（8%~12%）上，然后施加电场来分离混合样品中的蛋白质。已知分子量的蛋白质在与样品相同的条件下运行。通常，首先将蛋白质分散在Laemmli缓冲溶液中，所述Laemmli缓冲溶液含有十二烷基硫酸钠（SDS）、β-巯基乙醇和尿素，然后在95℃下加热（Chen et al.，2005，J. Immunol. 2010，2011；Azzollini et al.，2019；Li et al.，2018）。SDS是一种阴离子表面活性剂，其与蛋白质结合并赋予它们强负电荷。β-巯基乙醇是裂解二硫键的还原剂。处理后，所有蛋白质应具有相似的线性电荷密度和相似的延伸结构。因此，使它们通过聚丙烯酰胺凝胶，可以基于它们的分子量将它们分离。电泳后，凝胶通常用考马斯亮蓝染色以使蛋白质可视化。

Laemmli缓冲液可用于使蛋白质溶解度最大化并补偿蛋白质的电荷和构象差异。然而，它不代表原始蛋白质的聚集状态，因为聚集体被SDS和β-巯基乙醇分解。关于蛋白质聚集状态的信息可以通过在非还原条件（无β-巯基乙醇）或在天然条件（无添加剂）下通过凝胶来获得。此外，如果条带中的蛋白质浓度太低，则蛋白质可用其他染料（如银）染色，这通常使灵敏度增加10~100倍。要考虑的另一个问题是非常小或非常大的蛋白质组分不适合通过这种类型的凝胶电泳进行分析，因为它们要么扩散过快，要么它们不进入凝胶。

获得的条带可以使用图像分析来定量。在这里，从染色的凝胶拍摄照片/扫描并转换成灰度。然后可以进行相对或绝对定量。这些技术涉及使用图像处理程序将来自图像的光学数据转换成像素强度，所述图像处理程序例如ImageJ（Butler et al.，2011）。这可以（附图4）在亮度、对比度、背景和过饱和度调整之后确定每个条带的峰值面积（Villela et al.，2020）。

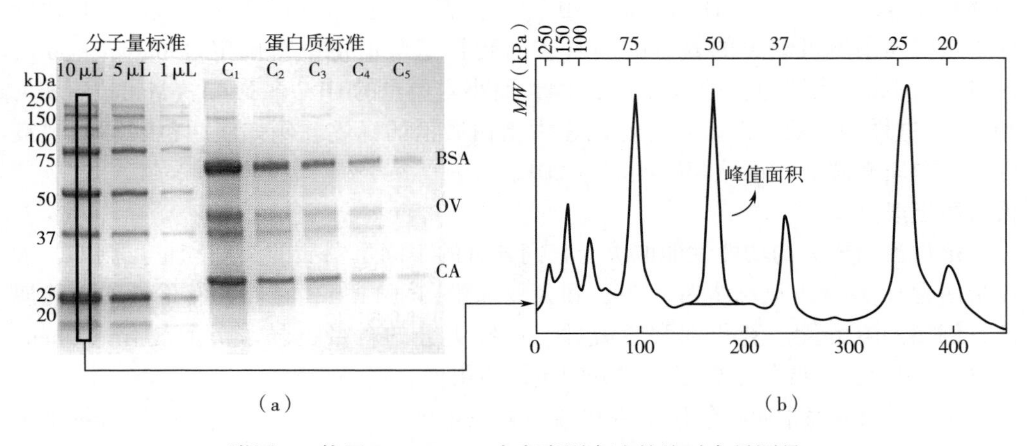

（a）　　（b）

附图4　使用SDS-PAGE光密度测定法的绝对定量测量

随后通过将特定条带的峰面积除以所有条带下的总面积来进行相对定量。结果是一种单独蛋白质相对于完整组分的百分比浓度。绝对定量是通过将不同浓度的已知蛋白质施加到凝胶上（例如，牛血清白蛋白或卵白蛋白）来实现的。通过将测量的峰面积相对于已知蛋白质浓度作图并确定线性范围来计算标准曲线（Miles et al.，2009）。峰面积应用于此目的，而不是峰体积或峰强度（Gassmann et al.，2009）。此外，需要说明的是，绝对定量仅在使用相同的蛋白质作为标准物时才是合理的，因为不同的蛋白质显示出与蛋白质染色剂不同的染色强度（如考马斯）。Gassmann等人讨论了凝胶电泳的更多潜在缺陷。

蛋白质组成也可以使用蛋白质组学来表征。该技术比SDS-PAGE更先进，但需要更复杂和昂贵的设备。然而，它可以精确地确定样品中不同类型的蛋白质。在下文中，我们回顾了基于2D电泳的常见方法，然后是使用消化和Nano-CNOLC-CNOESI-MS/MS分离和检测的自下而上胰蛋白酶方法（鸟枪法）。然而，还有许多其他可用的技术和方法，Aslam等讨论了这些技术和方法。

对于该方法，使用2D凝胶电泳分离蛋白质，其涉及两个阶段。在第一阶段中，使用含有确定的pH梯度的专用条带根据其等电点分离蛋白质。将蛋白质放置在条带上，然后施加电场，这使得它们朝向带相反电荷的电极移动。当外部pH与其等电点匹配时，蛋白质停止移动，即，蛋白质具有零净电荷的pH。在第二阶段中，基于蛋白质的分子量分离蛋白质。这是通过用SDS和其他试剂处理条带上的蛋白质以使其变性并给予其强负电荷，然后将条带置于聚丙烯酰胺凝胶上并施加电场来实现的，这使得蛋白质基于其分子量被分离。不同蛋白质在2D凝胶上的位置可以通过使用考马斯蓝或另一种合适的染料来显示。如果需要，可以通过从凝胶上切下单个点，然后使用质谱法（通常在蛋白质部分水解后）来获得关于不同蛋白质的信息。

纳米液相色谱—电喷雾电离—串联质谱（Nano-LC-ESI-MS/MS）可用于鉴定从这些点回收的蛋白质。最初，将蛋白质部分水解，然后使用反相液相色谱柱（通常是预柱，然后是分析柱）分离肽，然后通过电喷雾电离进行电离。通过在喷雾针和通向质谱仪的加热毛细管之间施加高电压（2~6kV），在电离室中进行肽的电喷雾电离。将肽注射到针中，并且强电场引起高度带电的电喷雾液滴的气溶胶的产生。随后通过氮气流将液滴引导至质谱仪，并且将分析物（肽）从液滴释放到加热毛细管的孔中，所述加热毛细管的孔位于距离通向质量分析仪的喷雾针几厘米处。在质量分析仪中，离子在真空下基于它们的质荷比（m/z）分离，然后传递到检测器（Banerjee et al.，2012）。

通常，质谱仪系统由三重四极杆设置（称为串联MS或MS/MS，四极杆能够基于影响离子在振荡电场中的轨迹的离子的m/z比来选择离子）组成，其中离子基于它们在第一四极杆中的m/z比来分离。然后将所选择的离子推进通过碎裂室，在该碎裂室中它们通过与气体（如氦气或氩气）碰撞而破碎。然后将所得离子化的物质输送到最后的四极杆中，其根据它们的 *m/z* 比分离产生的离子（Domon et al.，2006；Ho et al.，2003）。

一个工作流程包括首先在 LC/MS 系统中分析没有片段的电离肽，以获得没有片段的肽的 m/z 比，这也被称为前体离子（附图 5）。根据 *m/z* 结果，采用“乘积扫描”，前体离子在第一个四极中分离，在碰撞室中碎片，根据最后一个四极的 *m/z* 比检测碎片离子。通过调整四极子的参数，对不同的前驱体离子重复如此。然后根据数据库与肽理论片段模式的比较，将片段离子谱分配肽序列，并使用肽序列预测蛋白质类型（Chen et al.，2020）。

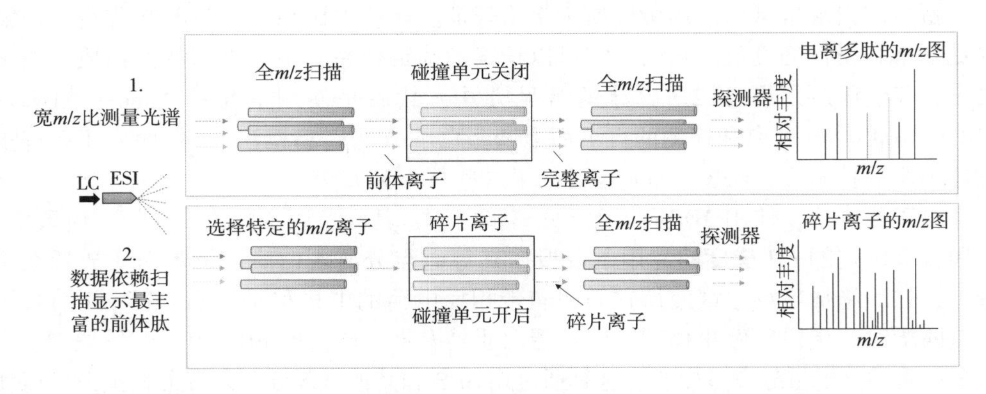

附图 5　基于纳米液相色谱（LC）分离并电喷雾电离技术（ESI）电离的三重四极杆自下而上蛋白质组学工作流程示意图。这些肽是通过比较测量的片段模式与理论（在计算机中）消化模式的蛋白质数据库来确定的

蛋白变性状态

蛋白质的变性状态在它们的许多功能属性中起着重要作用，如它们的溶解性、乳化性、发泡性、增稠性和胶凝性。植物蛋白在用于从植物材料中提取和纯化它们的过程中经常变性。因此，通常要获得关于食品成分中蛋白质变性状态的信息。测量变性状态的最常用方法是使用差示扫描量热法（DSC）。在该方法中，蛋白质溶解或分散在已知 pH 和离子强度的合适水溶液中。通常，1%～20%的蛋白质浓度用于此方法，这取决于所用仪器的灵敏度。常规 DSC 仪器需要相对浓缩的样品（如10%蛋白质），而更灵敏的微 DSC 仪器（微 DSC 中的基线噪声 0.015μW，而在正常DSC 中为 5μW）可以使用相对稀释的样品（如 1%蛋白质）。

通常，DSC 比较两个不同的盘（样品盘和参考盘）在以相同速率加热时的热流。将蛋白质溶液置于样品盘中，并将参考盘留空。将两个盘置于 DSC 仪器中并使其平衡至起始温度。然后将两个盘以恒定的加热速率从起始温度加热到结束温度（如以 10℃/min 从 20℃加热至 150℃）。在此过程中，测量将两个盘保持在相同温度所需的热流（*q*），为调节后的功率输入。如果初始蛋白质处于天然状态，则它们在其热变性温度（T_m）下展开并吸收能量（吸热转变），这可以被视为热流与温度曲线中的峰值（附图 6）。相反，如果初始蛋白质已经变性，则观察不到峰值。因此，DSC 可用于为植物蛋白质的变性状态和变性温度提供有价值的数据。

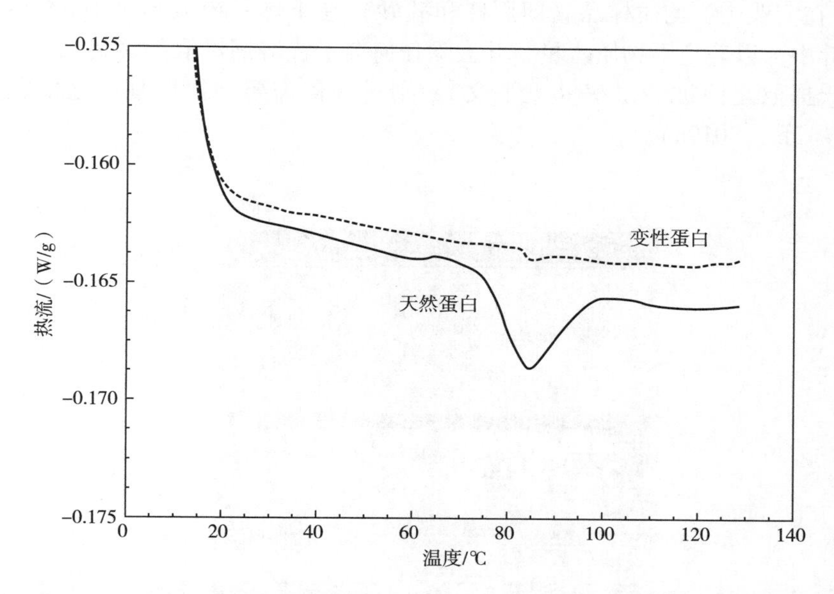

附图 6　在 DSC 仪器中以恒定速率加热过程中天然和变性植物蛋白的热流与温度曲线。天然蛋白质展开并显示吸热峰，而变性蛋白质则没有

其他方法也可用于提供关于蛋白质变性和展开信息，如荧光光谱法。荧光光谱中的峰取决于蛋白质中酚类氨基酸（如酪氨酸、色氨酸和苯丙氨酸）的局部分子环境。在天然状态下，这些基团位于蛋白质的疏水内部并且主要被疏水基团包围。然而，一旦蛋白质展开，这些酚类氨基酸暴露，这改变了荧光信号。因此，荧光光谱随温度的变化可用于监测球状植物蛋白的热变性行为。

脂质分析

总脂肪含量

脂肪有助于植物基食物的理化、感官和营养特性，因此测量脂肪的种类和含量是很重要的。索氏提取法是测定食品总脂肪含量最常用的方法之一（附图 7）。最初，样品被称重，然后在烤箱中干燥，以去除大部分水分。随后将样品放入用低沸点的非极性有机溶剂（如己烷或石油醚）浸泡多次的顶针中，该溶剂可以溶解并去除脂肪（如 AOAC 960.39）。在足够长的时间进行完全萃取后，收集含有脂肪的溶剂，然后使用蒸馏设备蒸发溶剂。溶剂可以重复用于分析。将预称重的溶剂容器干燥，并用重力法测定提取的脂肪。为了缩短提取时间，可以利用超声波来破坏食物结构，或者使用高压来获得更高的沸点，从而提高提取温度和提取速率（Webster，2006）。在实践中，均质样品（即用杵和硅砂）在干燥一夜或超过 100℃ 后转移到索氏顶针中，以确定干物质含量，并去除任何会干扰溶剂提取的多余水分。如果样品在索氏提取之前被酸水解（见下文），则过滤器需要在提取程序之前完全干燥（Hilbig et al.，2019a）。

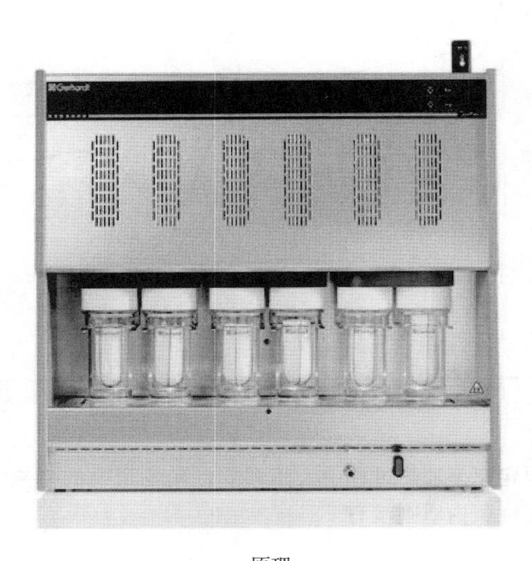

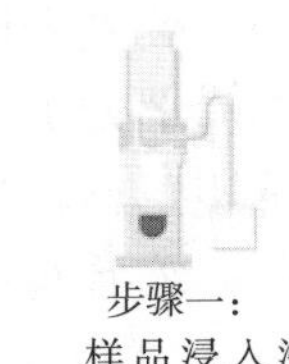

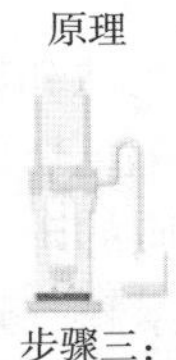

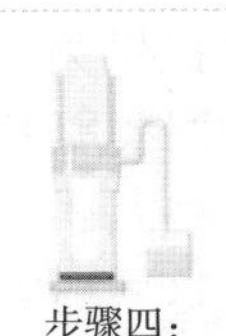

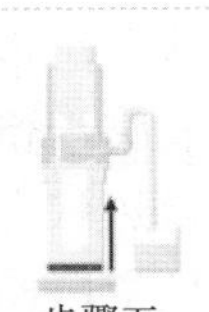

附图 7　索氏溶剂萃取法自动提取脂肪装置的工作原理示意图

如果样品的脂肪含量很低（<0.1%），由于它是重量法，所以很难准确地测量总脂肪含量。大多数分析天平的可读性约为 0.1mg，这通常导致溶剂萃取前样品重量的可靠结果约为 10 克。在脂肪含量非常低的情况下，样本大小可能会增加，这取决于索氏提取器可用的最大顶针大小。或者，可以使用诸如核磁共振（NMR）或近红外光谱（NIR）的方法（Colnago et al.，2011；Krepper et al.，2018）。

如果脂肪结合在蛋白质基质上，并且没有被溶剂充分提取，那么简单的索氏提取将导致总脂肪含量的漏报（如 AOAC 922.06）。结合的脂肪可以在索氏提取之前通过沸腾酸（4 mol/L HCl）水解释放，从而提高总脂肪含量分析的准确性，这通常被称为索化提取法（Petracci et al.，2011）。在这种方法中，样品在装有空气冷却器或自动水解器的手动回流加热器中水解（附图 8），多余的酸被洗掉，然后在溶剂萃取步骤之前干燥样品。

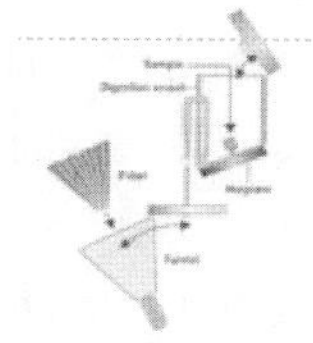

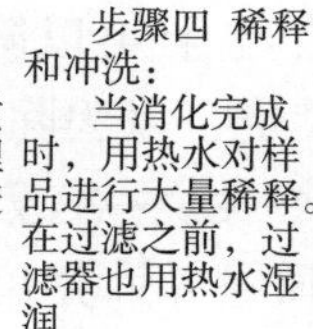
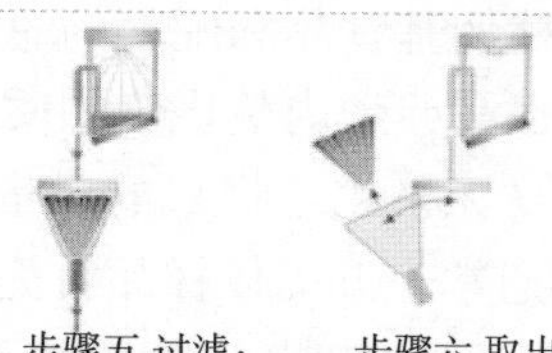

附图 8　通过盐酸水解从食物基质中自动释放脂肪的装置的工作原理示意图。释放的脂肪留在干燥的过滤器中，用于随后的索氏提取

在另一种广泛用于液态奶的方法中（如 AOAC 905.02），称为罗紫—哥特里（Röse-Gottlieb）法，将一定量的加热样品（60～70℃）与氨混合，水解脂肪球周围的蛋白质。混合物用乙醇沉淀，用乙醚、石油苯等溶剂萃取。将样品混合，离

心，除去上部溶剂相，蒸馏，释放提取的脂肪，称重定量。

脂肪组成

通常用气相色谱（GC）结合火焰离子化检测（GC-FID）来分析脂质的脂肪酸组成。最初，提取的脂质被转化为挥发性较高的化合物，称为脂肪酸甲酯（FAMEs）。在此操作中，脂肪酸通过水解从甘油三酯和磷脂中释放出来，然后酯化成FAMEs。这些脂质首先溶解在合适的溶剂中（如甲基叔丁基醚），然后用氢氧化三甲基硫铵或氢氧化钾酯化和水解。随后，这些FAMEs被转移到GC小瓶中，并注入GC柱，该柱通常使用加热的氢气（H_2，280℃）作为载气。FAMEs通常在熔融二氧化硅毛细管柱上分离，该柱具有由聚乙二醇或酸改性聚乙二醇组成的化学结合固定相来分离脂肪酸。分离的FAMEs通过FID检测，该FID使用氢火焰燃烧洗脱的化合物。通过测量产生的电流来电检测由于火焰中燃烧而形成的离子。然后通过分析已知浓度的脂肪酸标准，将这一电信号转换成可用于定性和定量检测并确定脂肪酸组成及其各自浓度的峰（Nielsen，2017）。在此，色谱图中峰的位置可以用来确定脂肪酸的同一性，而峰下的面积可以用来确定它们的浓度。

矿物质分析

食物中矿物质的种类和浓度也会影响其理化、感官和营养特性。植物基食品中各种矿物质（如钠、钙或钾）的浓度可以用原子发射光谱法或离子色谱法测定。

植物基食品和配料的总矿物质含量通常通过测量灰分含量来确定。在这种方法中，在马弗炉内焚烧已知质量的食物（m_T）（燃烧所有有机化合物），并测量剩余灰分（无机化合物）的质量，m_A（如AOAC 920.153）：灰分含量（%）$= 100 \times m_A / m_T$。通常，湿固体样品首先在干燥的瓷碟中用醋酸镁（释放氧气并形成气泡，增加表面积）均匀化，然后将混合物干燥以除去残余水分。随后，样品在高温（<550℃，不释放碱卤化物）下焚烧，以去除非挥发性矿物中的任何有机化合物。整个过程通常需要几个小时，最终焚烧-夜或更长时间进行，以确保完全燃烧。完全燃烧后，用重力法测定灰分的质量并计算灰分含量（Hilbig et al.，2019b）。

尽管该方法相对简单，但要获得准确的结果，必须仔细考虑许多事情。首先，完全去除所有有机化合物对于准确测定总矿物含量至关重要。最后的燃烧应进行足够长的时间，完全焚化所需的时间可能因样本而异。通常，样品燃烧几天，但达到重量平衡的最短时间（即样品完全焚化）可以通过分析确定，以最大限度地减少分析时间。其次，样品需要在烤箱中干燥，并在干燥器中冷却，以便在分析之前去除任何残留的水分。

氯化钠含量

氯化钠含量是食品原料和植物基食品的另一重要成分。这些食品中有许多富含氯化钠（例如植物奶酪和肉类），在许多国家，钠（氯化钠）的含量必须在包装上标明。有几种方法可用于确定含量，其中大多数依赖于测量钠或氯含量（NaCl 为40%钠），然后计算氯化钠含量（假设 NaCl 是食物中 Na^+ 和 Cl^- 的主要形式，但情况可能并不总是如此）。最常用的氯化钠含量测量技术是火焰发射光谱法和电位滴定法（Capuano et al.，2013）。火焰发射光谱利用元素中的电子一旦被火焰激发并回到其初始能级时的特征发射光谱。光谱中峰的位置用来确定元素的同一性，而峰的强度用来确定它们的浓度。通常，提取的样品在 2200℃ 或 2800℃ 下使用乙炔/空气或氢气/空气混合物燃烧，钠在 589nm 左右被检测到。

此外，样品中的氯离子可以用 Ag^+ 离子滴定，形成 AgCl 沉淀，直至氯离子耗尽，即可得到样品的氯化物含量。过量的 Ag^+ 离子要么用铬酸盐测定，形成橙色固体铬酸银（莫尔法），要么用硫氰酸盐溶液滴定，一旦剩余的 Ag^+ 耗尽，硫氰酸盐溶液与铁离子反应（沃尔哈德法）。然而，现代仪器通常使用电位沉淀滴定法来检测该反应的滴定终点。

碳水化合物分析

各种碳水化合物常被用作配制植物基食品的功能性成分，包括单糖、双糖、寡糖和多糖。摄入后，这些碳水化合物有的被直接吸收（如葡萄糖），有的消化后再被吸收（如淀粉），还有的不被消化或吸收（如膳食纤维）。

食物样本的总碳水化合物含量 C_c 通常是根据存在的其他物质的已知浓度计算出来的，如蛋白质（C_p）、脂肪（C_f）、灰分（C_a）和水分（C_w）含量：

$$C_c = 100 - (C_p + C_f + C_a + C_w)$$

因此，该值容易出现测量误差，该测量误差可能在确定其他成分期间发生。然而，这些误差通常相当低，因为用于测量蛋白质、脂肪、灰分和水分含量的技术是可靠的（Miller et al.，2007）。也可用分光光度法测定总碳水化合物含量，如蒽酮法或苯酚-硫酸法（Capuano et al.，2013；Masuko et al.，2005）。这些方法依赖于溶解碳水化合物和使用已知化合物建立标准曲线。

植物基食物也可能含有大量的糖，如单糖（如葡萄糖和果糖）和双糖（如蔗糖和麦芽糖）。这些糖的种类和浓度可通过 HPLC 分析确定。通常，提取的糖用阴离子交换或修饰的硅胶柱分离，这些硅胶柱已经被氨基酸衍生化。随后用脉冲电化学或折射率检测器检测糖。每种糖都可以通过参考化合物检测浓度通过使用外部标准的峰值面积来确定（Bemiller，2017）。

纤维含量

植物基食物还含有各种纤维，如纤维素、半纤维素、木质素、果胶和抗性淀粉。食物的总纤维含量可以使用模拟人体胃肠道的标准化方法来测定，如 AOAC 985.29、AOAC 2009.01 和 AOAC 2017.06 方法。食物样本通过模拟的上消化道（口、胃和小肠），然后测量剩余的膳食纤维量。

首先，样品被干燥并转化为粉末，然后将其分散到水溶液中。通过添加模拟人体肠道酶活性的消化酶（如脂肪酶、淀粉酶、蛋白酶）来分解可消化的大量营养素（如可消化的脂类、淀粉和蛋白质）。总膳食纤维含量通过测定可溶性膳食纤维（如果胶）和不溶性膳食纤维（如纤维素）并汇总其含量来分析。可溶性纤维是经过蛋白酶、淀粉酶和糖化酶消化后，通过过滤从不溶部分中分离出来的未被消化但可溶的物质。同样，不溶性纤维是经过类似酶处理和过滤后未被消化但不溶性的物质。详细地说，不溶性膳食纤维是通过过滤酶消化材料并用水、乙醇和丙酮洗涤保留物以除去所有可溶性化合物来获得的。干燥后保留物的重量等于不溶性膳食纤维。在过滤和水洗步骤中溶解的渗透物随后用乙醇处理，沉淀用预洗涤的硅藻土过滤收集。所得保留物用乙醇和丙酮洗涤，干燥，所得粉末等于可溶性纤维（Bemiller，2017）。残留在渗透液中的低分子量可溶性膳食纤维可以通过 HPLC 进一步分析（McCleary et al.，2015）。

用乙醇沉淀消化物中的所有纤维，可一步测定总膳食纤维。然后通过过滤收集沉淀，用乙醇和丙酮洗涤，然后称重。此外，任何残余脂肪、蛋白质和灰分的质量可以用前面讨论的方法来确定，然后从沉淀的质量中减去，以确定膳食纤维的含量（附图 9）。

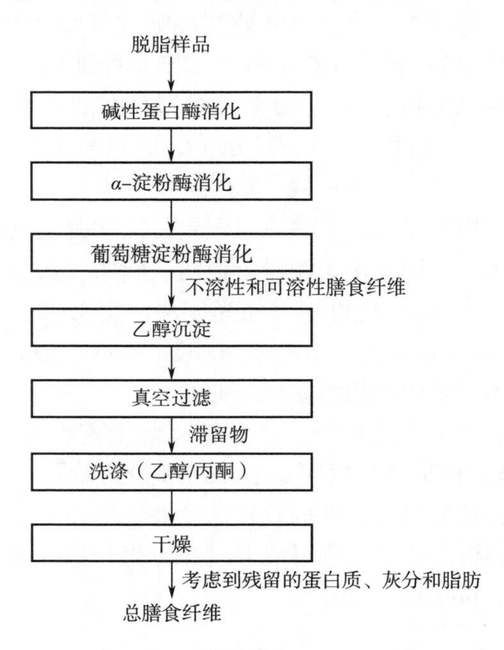

附图 9　总膳食纤维测定方法示意图

维生素分析

植物基食品中维生素的种类和浓度可以用各种分析方法进行分析，包括光谱法、色谱法和质谱法。感兴趣的读者可以参考教科书了解更多信息（De La Guardia et al.，2015；健康和食品科学的维生素分析，2016）。

快速成分分析：近红外光谱法

近红外光谱学（NIR）几十年来一直被成功地用于分析传统动物产品的主要成分（如水、脂肪和蛋白质）（Tøgersen et al.，1999；Prieto et al.，2009）。近红外采用红外光谱中700~2500nm的波长。该技术分析不同波长近红外光的吸收，并记录所有含有C—H、N—H或O—H基团的分子（如水、脂肪和蛋白质）的分子振动。每种食物通常在适合特定应用的特定波长进行分析。例如，在许多研究的成功实施之后，发布了官方的AOAC方法在肉类和肉制品中使用自由和开放源码软件FoodScan™（AOAC2007.04）。该装置利用卤素钨灯产生的近红外光，在850~1100nm光谱区域发射单色光，以透射模式和400~700nm反射模式分析样品成分，并结合FOSS人工神经网络校准模型（Anderson，2007）。近红外技术的主要优点是分析短，它可作为在线测量技术使用，以及它具有非破坏性，但它需要大量的校准。目前正在进行利用近红外测量技术来表征植物基食品的研究。

结论

在本附录中，我们描述了一些可用于确定植物基食品和成分的组成和性质的方法（附表3）。为这些产品建立一个系统的检测制度对于确保成分和食品符合加工要求和消费者的期望至关重要。有许多其他分析技术可以用来提供关于植物基食品和成分的有价值的信息，但这些都超出了本书的范围。

附表3 用于分析组成成分的常用方法

混合物	选择方法
蛋白质	凯氏定氮法/杜马斯法
蛋白质复合物	凝胶电泳；基于软电离耗合-串联质谱联用的蛋白质组学研究

续表

混合物	选择方法
脂肪	索氏提取，威布尔—斯托尔特，罗紫—哥特里
脂肪酸复合物	脂肪酸甲酯的 GC-FID 分析
干物质	烘箱干燥；卡尔费休滴定法
矿物总量	灰化
特定矿物	原子发射光谱；离子色谱法；滴定方法
碳水化合物	减法，高效液相色谱
纤维素	酶消化提取